高性能波束形成声源识别方法

褚志刚　杨　洋　著

科学出版社
北　京

内 容 简 介

基于传声器阵列测量的波束形成声源识别技术在军事、工业、环境等领域的目标探测、故障诊断和噪声控制中具有广阔应用前景。本书以褚志刚教授、杨洋副教授团队过去十余年的研究成果为核心，并参考国内外众多同行学者的最新研究成果系统归纳整理而成。内容涵盖平面和球面传声器阵列，包括反卷积波束形成、函数型波束形成和压缩波束形成三类高性能方法。

本书可作为机械、航空、舰船、环境、电力、交通运输等领域相关学科专业人员和工程技术人员的科研参考书，亦可作为高等院校机械工程、环境工程、仪器科学与技术、声学及水声学等专业研究生的教学参考书。

图书在版编目(CIP)数据

高性能波束形成声源识别方法 / 褚志刚，杨洋著.—北京：科学出版社，2023.11（2024.12 重印）

ISBN 978-7-03-075488-2

Ⅰ.①高… Ⅱ.①褚… ②杨… Ⅲ.①传声器-自适应波束形成 Ⅳ.①TN641

中国国家版本馆 CIP 数据核字（2023）第 078782 号

责任编辑：孟 锐 / 责任校对：彭 映

责任印制：罗 科 / 封面设计：墨创文化

科学出版社 出版

北京东黄城根北街16号

邮政编码：100717

http://www.sciencep.com

成都蜀印鸿和科技有限公司 印刷

科学出版社发行 各地新华书店经销

*

2023 年 11 月第 一 版 开本：787×1092 1/16

2024 年 12 月第二次印刷 印张：15 1/2

字数：368 000

定价：148.00 元

（如有印装质量问题，我社负责调换）

前　　言

基于传声器阵列测量的波束形成声源识别技术具有测量速度快、因适宜中远距离测量而易于布置等优势，已被广泛应用于军事、工业、环境等领域的目标探测、故障诊断、噪声源识别。延时求和和球谐函数等传统波束形成方法原理简单，但性能受限。围绕波束形成声源识别方法的“空间分辨能力增强、寄生虚假声源抑制、定位定量精度提升、鲁棒稳健性能强化、声源识别功能完善”目标，探索新型的高性能波束形成声源识别方法，具有重要意义。

围绕“高性能波束形成声源识别方法”的开发，国内外学者进行了大量且深入的研究并取得了丰硕的研究成果。本书以作者及研究团队在过去十余年中围绕该主题进行的一些有益探索和做出的一些积极贡献为基础系统归纳整理而成，内容涵盖平面和球面传声器阵列的反卷积波束形成、函数型波束形成和压缩波束形成方法。主体分五部分，每部分中理论推导、数学建模、数值模拟、试验验证等研究方法被综合运用。

(1) 发展了平面传声器阵列反卷积波束形成方法。针对平面传声器阵列的反卷积波束形成，系统分析对比四类十种算法的性能，明确各算法的优劣势，建议各类算法的选择原则，从而指导算法的正确选择；为基于点传播函数(point spread function，PSF)空间转移不变假设的第三类算法和基于空间源相干性的第四类算法分别提出性能增强方法，完善其功能：前者采用能提高真实 PSF 空间转移不变性的新型不规则聚焦点分布来扩大有效识别区域且增强空间分辨能力，后者采用新型声源标示点选择方法来增强空间分辨能力。

(2) 提出了球面传声器阵列的反卷积波束形成。以全新视角推导球谐函数波束形成(spherical harmonics beamforming，SHB)理论，确立 SHB 的 PSF 及输出间相干系数，建立 PSF 计算所需阶截断的确定方法、声源标示点确定方法和传声器处声源声压互谱矩阵重构方法，最终为球面传声器阵列测量实现以 SHB 为基础的四类反卷积，为 360°全景准确识别声源提供新途径；检验反卷积对 SHB 的性能提升、分析对比各反卷积算法的性能、探究聚焦距离不等于声源距离时 SHB 和反卷积的表现及机理、建议聚焦声源面设置原则，为实际应用提供指导。

(3) 提出了球面传声器阵列的函数型延迟求和波束形成。球面传声器阵列框架下，建立函数型延迟求和(functional delay and sum，FDAS)波束形成方法，为 360°全景准确识别声源提供另一新途径；揭示聚焦距离不等于声源距离、聚焦方向不涵盖声源方向、背景噪声、传声器及测试通道频响特性幅相误差、数据快拍数目、声源相干性六个典型因素对 FDAS 性能的影响规律及影响机理，分析 FDAS 对不同类型声源的适用性并建议使用原则；引入互谱矩阵对角线重构移除背景噪声导致的 FDAS 性能下降，引入脊检测和反卷积提高 FDAS 的空间分辨能力和声源量化精度；系统分析对比函数型波束形成和反卷积波束形成两类方法的性能，为各方法的恰当选择提供指导。

(4)提出了平面传声器阵列的无网格连续压缩波束形成。矩形和稀疏矩形平面传声器阵列框架下，建立基于原子范数最小化(atomic norm minization，ANM)的无网格连续压缩波束形成方法，揭示声源相干性、声源最小分离、噪声干扰、数据快拍数目四个典型因素对性能的影响规律及影响机理，发展基于交替方向乘子方法(alternating direction method of multipliers，ADMM)的高效 ANM 求解器，提出能显著提高小声源分离和强噪声干扰下声源识别精度的迭代重加权 ANM 方法，最终实现基于矩形或稀疏矩形平面传声器阵列测量的无网格连续压缩波束形成，为阵列前方半球空间内声源的准确识别提供新途径。

(5)提出了球面传声器阵列的无网格连续压缩波束形成。利用球谐函数的特殊结构，建立可转化为半正定规划进行求解的基于 ANM 的传声器测量声压信号去噪声数学模型，发展基于 ADMM 的高效 ANM 求解器，引入球面旋转不变信号参数估计方法(estimation of signal parameters via rotational invariance technique，ESPRIT)后处理求解结果来提取声源信息，最终实现基于球面传声器阵列测量的能 360°全景准确识别多种类型声源的无网格连续压缩波束形成。研究提出方法相比传统球面 ESPRIT 的优势及在不同测试环境下的有效性，为实际应用提供指导。

五个板块的研究内容相互补充，丰富完善了波束形成技术的声源识别功能。不同传声器阵列适宜不同声源识别区域：平面传声器阵列适宜识别局部区域内声源；球面传声器阵列适宜 360° 全景识别声源。不同方法适宜不同声源类型：反卷积和函数型波束形成适宜识别稳态不相干声源；压缩波束形成对不相干、部分相干、完全相干声源均适宜，对数据快拍数目亦无要求；联合脊检测的 FDAS 对分布声源识别极具潜力。

本书由重庆大学的褚志刚教授和重庆工业职业技术学院的杨洋副教授联合编著。书中研究工作得到国家自然科学基金项目(11874096，11704040)和重庆市自然科学基金项目(cstc2019jcyj-msxmX0399)资助。研究工作还得到了重庆大学机械与运载工程学院、重庆工业职业技术学院车辆工程学院、Hottinger Brüel & Kjær 公司的大力支持。感谢为本书作出积极贡献的历届研究生，包括：沈林邦、周亚男、蒋忠翰、蔡鹏飞、段云炀、平国力、陈涛、陈才慧、赵书艺、张鑫、余立超、翁靖、杨咏馨、谭大艺、殷实家、刘宴利、赵洋、杨亮、张晋源等。感谢重庆大学徐中明教授、贺岩松教授、张志飞教授、张永祥教授和中国汽车工程研究院股份有限公司李沛然博士的大力帮助和支持。本书研究工作还得益于国内外阵列信号处理领域的专家与学者的相关研究成果，作者在此一并感谢。感谢孟锐编辑在本书策划和出版过程中的指导和辛勤付出。

由于作者水平有限，书中疏漏之处在所难免，敬请同行读者批评指正。

目　录

第1章　绪　　论

波束形成[1-5]声源识别技术利用一组传声器构成的阵列测量声压信号，基于特定方法后处理测得的声压信号来获取被测对象表面的声学成像图，通过匹配光学照片等方式来确定声源，又名“声学照相机”[6]，具有测量速度快、因适宜中远距离测量而易于布置等优势，在噪声源识别、目标探测、故障诊断等领域被广泛应用，自 1974 年由 Billingsley 和 Kinns[7]提出至今一直备受关注。

传声器阵列的结构形式决定波束形成声源识别的空间范围和应用场景。平面和球面是最常用的传声器阵列结构形式。平面传声器阵列的所有传声器共平面，几何形状有矩形网格形、圆环形、螺旋形、Fibonacci 形、扇形轮形等；球面传声器阵列的所有传声器共球面，几何形状有开口球和刚性球。全球著名声振测试仪器供应商 Brüel & Kjær(必凯)公司、西门子、GFai 公司等均提供平面传声器阵列和球面传声器阵列定制服务。平面传声器阵列适宜识别阵列前方局部区域内声源，典型应用场景包括发动机噪声源识别[8-11]、道路及轨道车辆通过噪声源识别[12-16]等。凭借旋转对称性好和声场记录全面，球面传声器阵列能 360°全景识别声源，适宜在舱室等封闭环境内使用，典型应用场景包括汽车及高速列车车内噪声源识别[17-20]等。图 1.1 呈现了五种典型传声器阵列和四种典型应用场景。本书同时涵盖平面传声器阵列和球面传声器阵列。

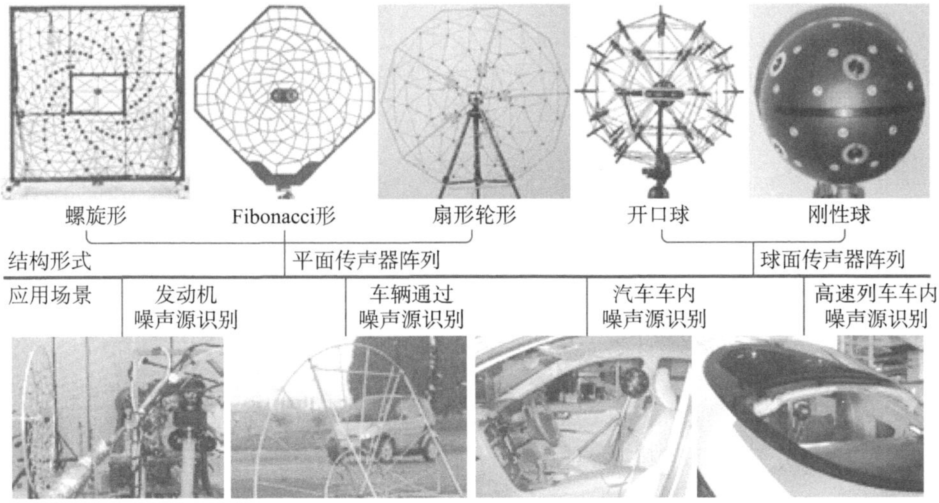

图 1.1　传声器阵列及应用场景照片

传声器阵列测量声压信号的后处理方法决定波束形成声源识别的性能。延迟求和(delay and sum，DAS)[21-24]和球谐函数波束形成(spherical harmonics beamforming，SHB)[25-30]是常用的传统方法。平面传声器阵列采用 DAS；球面传声器阵列理论上既可采用 DAS 又可采用 SHB，实际上主要采用 SHB(低频表现更佳)。两种方法均离散目标声源区域形成一组聚焦网格点，聚焦各网格点时，DAS 根据聚焦点位置或方向对各传声器测量的声压信号进行“相位对齐”和“求和运算”，SHB 根据聚焦点位置或方向对传声器测量声压信号的各阶次球傅里叶变换系数进行“模态强度及球谐函数缩放”和“求和运算”，基于“一组复数加和的模在各复数同相位时最大”的原理和球谐函数的正交性[31]，二者均能在声源位置或方向输出极大值。这些极大值虽能指示声源，但与非声源位置或方向处的输出值差异不显著，最终导致围绕声源位置或方向形成具有一定宽度的“主瓣”且在其他位置或方向形成高水平的“旁瓣”，主瓣宽度影响空间分辨能力，旁瓣形成寄生虚假声源，使结果分析承受不确定性，故 DAS 和 SHB 均可看作低性能方法。突破 DAS 和 SHB 的性能局限、发展高性能方法对提高声源识别精度和完善声源识别功能具有重要意义。自波束形成技术诞生至今，对高性能声源识别方法的探索从未间断且方兴未艾，包括本书作者在内的大批国内外学者都致力于该主题的研究并取得丰硕成果。本书研究同时关注反卷积波束形成、函数型波束形成和压缩波束形成三类具有旺盛生命力的高性能方法。

1.1 反卷积波束形成研究现状

反卷积波束形成本质上是求解式(1.1)所示线性方程组的逆问题：

$$\boldsymbol{b} = \boldsymbol{A}\boldsymbol{q} \tag{1.1}$$

式中，向量 $\boldsymbol{b}$ 和矩阵 $\boldsymbol{A}$ 已知，向量 $\boldsymbol{q}$ 未知。求解该线性方程组可从 $\boldsymbol{b}$ 中剔除 $\boldsymbol{A}$ 的影响，重构 $\boldsymbol{q}$ 。

如图 1.2 所示，已有求解算法可大致分为五类。前四类中，$\boldsymbol{b}$ 由传统波束形成方法在各聚焦点处的输出的自谱构成，$\boldsymbol{q}$ 由各聚焦点处的声源强度的自谱构成，$\boldsymbol{A}$ 为点传播函数(point spread function，PSF)矩阵。PSF 被定义为传统波束形成方法对单位强度单极子点声源的响应，传声器离散采样等因素使 PSF 不为理想 δ 函数是传统方法承受宽主瓣和高旁瓣缺陷的根本原因。

第一类算法在每个聚焦点处假设一个声源，计算各声源到各聚焦点的 PSF 构建完整的 $\boldsymbol{A}$ 后迭代求解式(1.1)。根据迭代过程中对 $\boldsymbol{q}$ 施加的约束，第一类算法又可分为两小类：第一小类只施加元素非负约束，已有算法包括采用高斯-塞德尔迭代方案的反卷积声源成像(deconvolution approach for the mapping of acoustic sources，DAMAS)、采用梯度投影法的非负最小二乘(non-negative least-squares，NNLS)和快速迭代收缩阈值算法(fast iterative shrikage-thresholding algorithm，FISTA)、采用概率统计法的 Richardson-Lucy (RL)和采用单纯形法的线性规划(linear programming，LP)；第二小类既施加元素非负约束又施加稀疏约束，已有算法包括稀疏约束 DAMAS(sparsity constrained DAMAS，SC-DAMAS)、稀疏约束稳健 DAMAS(sparsity constrained robust DAMAS，SC-RDAMAS)、基于弹性网正则化采用 ℓ_1 和 ℓ_2 范数的 DAMAS(L_1-L_2-DAMAS)、采用 $\ell_{1/2}$ 范数的 DAMAS($L_{1/2}$-DAMAS)、正交匹配追踪 DAMAS(orthogonal matching pursuit DAMAS，OMP-DAMAS)及改进版本、光滑 FISTA(smoothing FISTA，SFISTA)、全变差范数约束反卷积(total variation

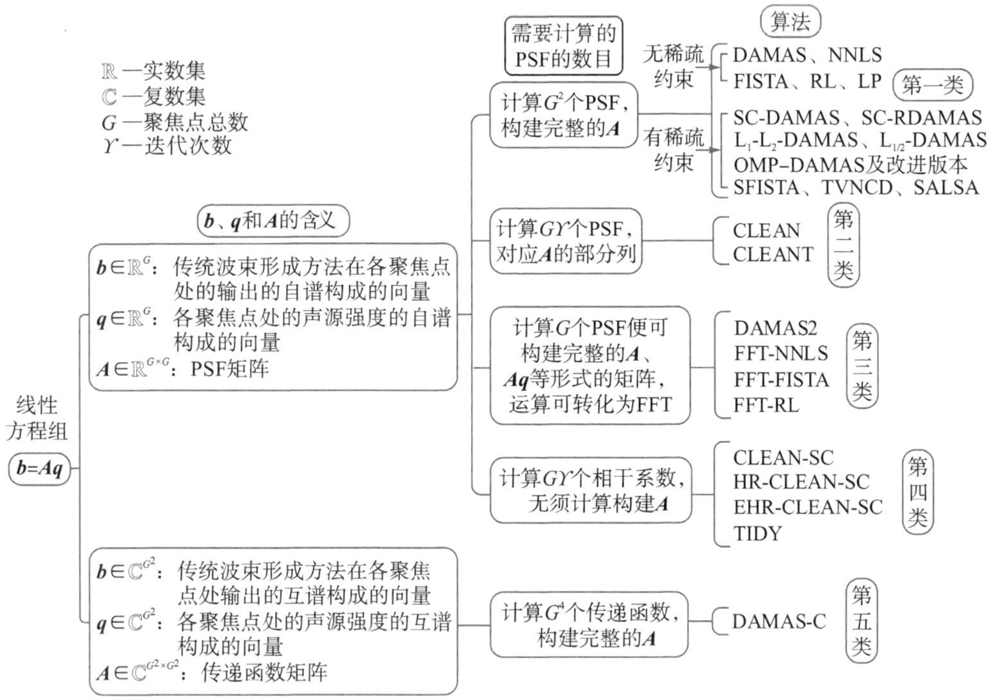

图 1.2　反卷积波束形成的求解算法分类

norm constrained deconvolution，TVNCD）和分裂增广拉格朗日收缩算法（split augmented lagrangian shrinkage algorithm，SALSA）。增加稀疏约束可加快收敛速度进而带来更清晰直观的成像图，但以引入参数（如声源数目、规则化参数、光滑参数等）的恰当选择为前提。

第二类算法仅计算构建 $\boldsymbol{A}$ 的部分列，迭代求解式(1.1)的思路为：用 $\boldsymbol{b}$ 的最大值指示一个声源；计算该声源到各聚焦点的 PSF，即 $\boldsymbol{A}$ 中的一列，用其与该声源的强度的乘积表示该声源对 $\boldsymbol{b}$ 的贡献，从 $\boldsymbol{b}$ 中移除该贡献得新 $\boldsymbol{b}$；重复前两步直至迭代终止，根据每次迭代确定的声源可得 $\boldsymbol{q}$。已有算法包括应用于频域的清除法（CLEAN）和其在时域下的变体 CLEANT。

第三类算法假设 PSF 空间转移不变（只取决于聚焦点与声源间的相对位置或方向，而与具体位置或方向无关），仅计算中心聚焦点处声源到各聚焦点的 PSF，再结合边界条件便可构建完整的 $\boldsymbol{A}$，迭代求解式(1.1)时，诸如 $\boldsymbol{Aq}$ 等形式的矩阵运算还可转化为快速傅里叶变换（fast Fourier transform，FFT）进行求解。已有算法包括 DAMAS2、FFT-NNLS、FFT-FISTA 和 FFT-RL，DAMAS2 采用雅可比迭代方案，FFT-NNLS、FFT-FISTA 和 FFT-RL 分别为 NNLS、FISTA 和 RL 的变体。

第四类算法求解式(1.1)的迭代思路与第二类算法类同，不同之处在于第二步：第四类算法用相干系数与传统波束形成方法的输出的乘积表示声源对 $\boldsymbol{b}$ 的贡献。因此，$\boldsymbol{A}$ 完全无须被计算构建，取而代之的是计算传统波束形成方法在各聚焦点处的输出与最大输出间的相干系数。已有算法包括应用于频域的基于源相干性的清除法（CLEAN based on source coherence，CLEAN-SC）、高分辨率 CLEAN-SC（High-Resolution CLEAN-SC，HR-CLEAN-

SC)、增强型 HR-CLEAN-SC(Enhanced HR-CLEAN-SC，EHR-CLEAN-SC)及 CLEAN-SC 在时域下的变体 TIDY。

第五类算法中，$\boldsymbol{b}$ 由传统波束形成方法在各聚焦点处的输出的互谱构成，$\boldsymbol{q}$ 由各聚焦点处的声源强度的互谱构成，$\boldsymbol{A}$ 为传递函数矩阵。已有算法命名为 DAMAS-C，其计算构建出完整的 $\boldsymbol{A}$ 后通过施加约束和采用高斯-塞德尔迭代方案求解式(1.1)。记 $\mathbb{R}$ 为实数集，$\mathbb{C}$ 为复数集，G 为聚焦点总数，$\varUpsilon$ 为迭代次数，根据上述分析，前四类算法中，$\boldsymbol{b}\in\mathbb{R}^G$、$\boldsymbol{q}\in\mathbb{R}^G$ 且 $\boldsymbol{A}\in\mathbb{R}^{G\times G}$，第五类算法中，$\boldsymbol{b}\in\mathbb{C}^{G^2}$、$\boldsymbol{q}\in\mathbb{C}^{G^2}$ 且 $\boldsymbol{A}\in\mathbb{C}^{G^2\times G^2}$，第一类算法需计算 G^2 个 PSF，第二类算法需计算 $G\varUpsilon$ 个 PSF，第三类算法仅需计算 G 个 PSF，第四类算法不计算 PSF 但需计算 $G\varUpsilon$ 个相干系数，第五类算法不计算 PSF 但需计算 G^4 个传递函数，故可认为上述分类的依据是需要计算的 PSF 的数目。

实际应用中，式(1.1)中的“=”不绝对成立，$\boldsymbol{b}$ 和 $\boldsymbol{Aq}$ 间的差异越小，重构的 $\boldsymbol{q}$ 越准确。若不考虑测量噪声干扰，第一类、第二类和第四类算法中，当且仅当声源互不相干且采用足够多数据快拍来计算传声器测量声压信号的互谱矩阵时，$\boldsymbol{b}=\boldsymbol{Aq}$ 才成立；第三类算法中，使 $\boldsymbol{b}=\boldsymbol{Aq}$ 成立不仅需要第一类、第二类和第四类算法对应的条件，而且需要 PSF 空间转移不变；第五类算法无条件限制。这意味着第一至四类算法最适宜应用于声源互不相干且数据快拍充足的工况，声源间存在相干性及数据快拍缺乏都会降低这些算法的性能，真实 PSF 的空间转移变化还会进一步降低第三类算法的性能；第五类算法则完美适用于任意相干程度声源和任意数据快拍数目，然而，由于涉及超大维度矩阵运算，第五类算法耗时极其严重，这极大地限制了其在实际工程中的推广应用。接下来，1.1.1 节和 1.1.2 节将分别详细综述上述反卷积算法在平面和球面传声器阵列框架下的研究现状。

1.1.1 平面传声器阵列

平面传声器阵列框架下，图 1.2 中涉及算法均已被建立。DAMAS 和 DAMAS-C 均由美国宇航局的 Brooks 等[32-34]于 2004～2006 年提出，DAMAS2 由美国 OptiNav 公司的 Dougherty[35]于 2005 年提出。NNLS[36]和 RL[37,38]由德国宇航中心的 Ehrenfried 和 Koop[39]于 2007 年引入到传声器阵列声源识别领域并给出相应变体 FFT-NNLS 和 FFT-RL。CLEAN 最早出现在天文学领域[40,41]，由荷兰国家航天试验室的 Sijtsma[42]于 2007 年引入到传声器阵列声源识别领域并同时提出 CLEAN-SC；CLEAN-SC 在时域下的变体 TIDY 由 Dougherty 和 Podboy[43]于 2009 年提出；CLEAN 在时域下的变体 CLEANT 由 Cousson 和 Leclere[44]于 2019 年提出；2016～2019 年，包括 Sijtsma 在内的多位学者[45-48]还相继提出 CLEAN-SC 的性能增强版本 HR-CLEAN-SC 和 EHR-CLEAN-SC；2018 年，重庆大学的褚志刚等[49]重新推导 HR-CLEAN-SC 的理论公式并给出详细直观的实施步骤，论文作者参与该工作并作出主要贡献。SC-DAMAS 由美国佛罗里达大学的 Yardibi 等[50]于 2007 年提出，基于此，法国高等电力学院的 Chu 等[51]于 2014 年提出 SC-RDAMAS，北京航空航天大学的 Li 等[52]于 2014 年提出 L_1-L_2-DAMAS，清华大学的 Bai 和 Li[53]于 2019 年提出 $L_{1/2}$-DAMAS。LP 由 Dougherty 等[54]于 2013 年提出。FISTA 最早出现在图像处理领域[55]，由丹麦科技大学的 Lylloff 等[56]于 2015 年引入到传声器阵列声源识别领域并给出相应变体 FFT-FISTA，基于此，重庆大学的 Shen 等[57]于 2020 年提出 SFISTA。OMP-DAMAS 由加拿大舍布鲁克大学的 Padois 和 Berry[58]于 2014 年提出，其改进版本由挪威奥斯陆大学的 Bergh[59]于 2018 年提出。TVNCD 和 SALSA 由褚志刚等[60,61]分别于 2018 年和 2020 年提出。

国内外学者亦致力于上述算法的性能改进研究。第一类和第五类算法的最主要问题是耗时严重，尤其是第五类。上海交通大学的 Ma 和 Liu[62,63]采用压缩计算网格提高 DAMAS 的计算效率；浙江大学的 Chu 等[64]采用小维度矩阵的卷积近似第一类算法中大维度矩阵的乘积，并采用图形处理器（graphics processing unit，GPU）平台进一步加速；合肥工业大学的徐亮等[65]抛弃 DAMAS-C 的互谱表示，令 $\boldsymbol{b}\in\mathbb{C}^{G}$ 为单快拍下传统波束形成方法在各聚焦点处的输出构成的向量，$\boldsymbol{q}\in\mathbb{C}^{G}$ 为单快拍下各聚焦点处的声源强度构成的向量，$\boldsymbol{A}\in\mathbb{C}^{G\times G}$ 为从 $\boldsymbol{q}$ 到 $\boldsymbol{b}$ 的传递函数矩阵，提出的方法既远快于 DAMAS-C 又可识别相干声源；美国宇航局的 Bahr 和 Cattafesta[66,67]采用波空间法提高 DAMAS-C 的计算效率。第三类算法的最主要问题是主瓣宽度缩减及旁瓣水平衰减效果欠佳且仅适用于声源覆盖区域不大的情况，这主要与 PSF 不满足空间转移不变假设有关，采用的边界条件亦有影响。为解决这些问题，Ehrenfried 和 Koop[39]将 DAMAS2 和 FFT-NNLS 嵌套到考虑 PSF 空间转移变化的迭代运算中，提出嵌套反卷积；美国波音公司的 Suzuki[68]通过将 PSF 展开为泰勒级数并保留到第二阶引入弱变 PSF，提出采用弱变 PSF 的 DAMAS2；Dougherty[35]、丹麦科技大学的 Xenaki 等[69,70]及本书作者[71,72]均通过生成新型聚焦点分布来提高 PSF 的空间转移不变性，前两者生成的聚焦点分布在一组同心球面上，适宜阵列前方三维区域内的声源识别，后者生成的聚焦点分布在同一平面上，适宜阵列前方二维平面内的声源识别；Shen 等[73,74]尝试用周期边界条件替代习惯采用的零边界条件。四种方法中，前两种能缓解上述问题，但牺牲第三类算法的效率优势，尤其是嵌套反卷积，其计算耗时几乎与第一类算法相当；第三种能缓解上述问题，同时能保留第三类算法的效率优势；第四种能一定程度上提高计算效率，对上述问题的缓解效果不明显。此外，国内外学者还致力于反卷积波束形成在特定场景下的应用研究，如移动声源识别[75]、旋转声源识别[76-78]、多运动模式声源识别[79-80]、存在地面反射时的声源识别[81]和水下声源识别[82]。

历经十余年发展，平面传声器阵列的反卷积波束形成日趋成熟，已被成功应用于解决发动机[83-85]、汽车[86-90]、飞机[91,92]、风力涡轮机[93,94]等对象的噪声源识别问题。反卷积算法种类众多，只有了解各算法的优缺点才能根据实际需求做出恰当选择，这就需要全面系统地对比分析已有算法的性能。国内外学者已致力于该工作：Ehrenfried 和 Koop[39]对比 DAMAS、DAMAS2、FFT-NNLS 和 FFT-RL 的性能；Yardibi 等[95]对比 DAMAS、SC-DAMAS、CLEAN-SC 和协方差矩阵拟合[50]的性能；本书作者[96]对比 DAMAS、DAMAS2、NNLS、FFT-NNLS、CLEAN 和 CLEAN-SC 的性能；Ramachandran 等[97]对比 DAMAS、LP、CLEAN-SC 和 TIDY 的性能；Herold 等[98,99]既将 DAMAS、CLEAN-SC、协方差矩阵拟合和正交波束形成[100]进行对比，又将 DAMAS、NNLS 和 OMP-DAMAS 进行对比。本书第 2 章亦进行对比研究，相比文献[39]，文献[95]～文献[99]，第 2 章的研究更全面系统，内容涵盖 10 种算法的 11 项性能指标，以及第三类和第四类算法的性能增强算法。

1.1.2 球面传声器阵列

球面传声器阵列框架下，图 1.2 中涉及的算法已被部分建立。虽然平面传声器阵列的 DAS 和反卷积算法可挪用至球面传声器阵列，如文献[101]，但基于 SHB 为球面传声器阵列发展反卷积更有意义，这是因为 SHB 的低频表现优于 DAS，以 SHB 为基础更利于低频声源的准确识别。本书作者一直致力于此项研究，先后发表了文献[102]～文献[106]。2015 年，文献[102]推导 SHB 的 PSF，成功改编第一类算法中的 DAMAS、NNLS 和 RL 及第二类算法中的 CLEAN，使之适用于球面传声器阵列测量，该工作受启发于丹麦科技大学的 Tiana-Roig 和 Jacobsen[107]的一项研究(基于圆谐函数波束形成[108]为安装在刚性球赤道上的圆环形传声器阵列发展 DAMAS2、FFT-NNLS 和 FFT-RL)。为提高计算效率，2018 年，Yang 等又提出适用于球面传声器阵列测量的第三类反卷积并对比不同边界条件的影响[103]。为避免计算 PSF 与真实 PSF 不一致带来的影响，2018～2019 年，Chu 等推导 SHB 在不同位置输出间的相干系数[104]，Zhao 等推导基于 SHB 的输出确定声源标示点并重构各声源在传声器处产生声压信号的互谱矩阵的相关理论，分别为球面传声器阵列测量实现 CLEAN-SC 和 HR-CLEAN-SC[105]。文献[102]～文献[105]未在统一数学框架下实现反卷积，即采用不同 SHB 输出表达式，这不便于应用推广；文献[102]和文献[103]计算 PSF 时采用的阶截断方案还不够优化。为解决这些问题，2021 年，Chu 等重新推导 SHB 的输出，将其表示为兼容所有现有反卷积算法的简洁矩阵运算形式，同时优化阶截断方案[106]。以文献[102]～文献[106]的工作为基础，第 3 章将系统研究球面传声器阵列的反卷积波束形成。除 SHB 外，FAS 方法[109,110]近年来亦被频繁使用，其以 SHB 为基础，相比 SHB 能衰减旁瓣。近期，本书作者等[111]尝试以 FAS 为基础实现 HR-CLEAN-SC 和 EHR-CLEAN-SC 以期获得更清晰直观准确的结果。

1.2 函数型波束形成研究现状

函数型波束形成具有式(1.2)所示的输出形式：

$$b_F(\boldsymbol{f})=\left(\boldsymbol{f}^{\mathrm{H}}\boldsymbol{C}^{1/\xi}\boldsymbol{f}\right)^{\xi}\quad(\xi>1)\tag{1.2}$$

式中，$\boldsymbol{f}\in\mathbb{C}^{M}$ 为聚焦向量；$\boldsymbol{C}\in\mathbb{C}^{M\times M}$ 为传声器测量声压信号的互谱矩阵，M 为传声器总数；ξ 为指数；上标“H”为共轭转置；$\boldsymbol{C}^{1/\xi}\equiv\boldsymbol{U}\mathrm{Diag}\left(\begin{bmatrix}\sigma_1^{1/\xi} & \sigma_2^{1/\xi} & \cdots & \sigma_M^{1/\xi}\end{bmatrix}\right)\boldsymbol{U}^{\mathrm{H}}$，$\mathrm{Diag}(\cdot)$ 为形成以括号内向量为对角线的对角矩阵，$\boldsymbol{U}\mathrm{Diag}\left(\begin{bmatrix}\sigma_1 & \sigma_2 & \cdots & \sigma_M\end{bmatrix}\right)\boldsymbol{U}^{\mathrm{H}}$ 为 $\boldsymbol{C}$ 的特征值分解。

传统波束形成方法(DAS 或 SHB)的输出形式也如式(1.2)所示，只需令 $\xi=1$。与反卷积波束形成需在传统波束形成的基础上迭代求解线性方程组不同，函数型波束形成相比传统波束形成仅需额外执行一次特征值分解，十分简便高效。某声源引起的 $b_F(\boldsymbol{f})$ 可转化为该声源的强度与该声源引起的 PSF ξ 次方的乘积，若 PSF 在声源位置或方向的输出值等于或极接近 1，在非声源位置或方向的输出值大于 0 且小于 1，根据“底数为 1 的指数函数为常数 1，底数大于 0 且小于 1 的指数函数为减函数”的性质，函数型波束形成能在维持声源位置或方向处输出的同时弱化非声源位置或方向处输出，从而缩减主瓣宽度并衰减旁瓣水平。接下来，1.2.1 节和 1.2.2 节将分别详细综述函数型波束形成在平面和球面传声器阵列框架下的研究现状。

1.2.1 平面传声器阵列

平面传声器阵列框架下，Dougherty 是函数型波束形成的提出者和倡导者：2014 年，其首次提出该方法[112]；同年，其又引入声源密度标准化、脊检测(ridge detection，RD)和 LP 来提高该方法的性能[113]，声源密度标准化能降低量化偏差，RD 能增强主瓣宽度缩减效果，联合 RD 和 LP 能提高空间分辨能力和声源量化精度；2019 年，Dougherty 又基于函数型波束形成提出函数型投影波束形成[114]，后者用于积分量化前者成像的声源区域，对不相干、部分相干和相干声源均能提供准确结果；2020 年，Dougherty 又提出低频性能优于函数型投影波束形成的自适应投影波束形成[115]；同年，Dougherty 还联合荷兰代尔夫特理工大学的 Merino-Martinez 等[116]对比函数型波束形成、函数型投影波束形成、正交波束形成、CLEAN-SC、EHR-CLEAN-SC、协方差矩阵拟合、广义逆波束形成[117,118]等方法的性能。除 Dougherty 外，其他国内外学者亦做出许多研究：Merino-Martinez 等[119]和美国伊利诺伊理工大学的 Ramachandran 和 Raman[120]分别研究函数型波束形成在飞机和风力涡轮机噪声源识别中的应用；褚志刚等[121]研究声源未落在聚焦点上和传声器及测试通道频响特性幅相误差对函数型波束形成性能的影响规律及影响机理；Ma 和 Liu[122]基于函数型波束形成提出一种压缩计算网格生成方法用以提高 DAMAS 的计算效率；重庆大学的 Xu 等[123-128]将函数型波束形成的思想应用于等效源近场声全息和广义逆波束形成。

1.2.2 球面传声器阵列

球面传声器阵列框架下，相关研究工作主要由本书作者完成，先后发表文献[129]和文献[130]。以球面传声器阵列的常用传统方法 SHB 为基础无法实现函数型波束形成，鉴于此，2016 年，Yang 等在球谐函数域为球面传声器阵列测量建立一种全新方法并以此为基础发展函数型波束形成[129]。2017 年，Chu 等引入 RD 和 DAMAS 来提高空间分辨能力和声源量化精度[130]。以文献[129]和文献[130]的工作为基础，第 4 章将系统研究球面传声器阵列的函数型波束形成。

1.3 压缩波束形成研究现状

基于压缩感知理论[131-133]的压缩波束形成本质上是通过对声源分布施加稀疏约束后从传声器测量声压信号中提取声源信息(位置或方向及强度)的逆问题。记 $\boldsymbol{P}^{\star}\in\mathbb{C}^{M\times L}$ 为传声器测量声压信号矩阵，L 为数据快拍总数，建立 $\boldsymbol{P}^{\star}$ 的数学模型是压缩波束形成的第一步，已有数学模型可统一表示为

$$\boldsymbol{P}^{\star}=\boldsymbol{D}\boldsymbol{S}+\boldsymbol{N} \tag{1.3}$$

式中，$N \in \mathbb{C}^{M\times L}$ 为噪声干扰矩阵；$\boldsymbol{D}$ 和 $\boldsymbol{S}$ 分别为感知矩阵和声源分布矩阵。

不同的数学模型建立方法对应不同属性的 $\boldsymbol{D}$ 和 $\boldsymbol{S}$，如图 1.3 所示，已有方法可大致概括为四种。令 I 为声源总数，G 为一自然数，$G \gg M > I$。第一种离散目标声源区域形成 G 个位置或方向已知且固定不动的网格点，假设声源落在网格点上，用各网格点到各传声器的传递函数构成 $\boldsymbol{D}$，$\boldsymbol{D} \in \mathbb{C}^{M\times G}$ 且已知(可计算获得)，用各网格点处的声源强度构成 $\boldsymbol{S}$，$\boldsymbol{S} \in \mathbb{C}^{G\times L}$ 且未知。第二种亦离散目标声源区域形成 G 个位置或方向已知且固定不动的网格点，但会考虑声源可能偏离网格点的因素，并采用一阶泰勒展开对声源与网格点间的位置或方向偏差进行补偿，用各网格点到各传声器的传递函数及泰勒展开中的系数构成 $\boldsymbol{D}$，$\boldsymbol{D} \in \mathbb{C}^{M\times \alpha G}$ 且已知，用各网格点处的声源强度及位置或方向偏差构成 $\boldsymbol{S}$，$\boldsymbol{S} \in \mathbb{C}^{\alpha G\times L}$ 且未知，α 为考虑声源与网格点间的位置或方向偏差所带来的矩阵维度增益。第三种离散目标声源区域形成 G 个位置或方向未知且动态可变的网格点，$\boldsymbol{D}$ 和 $\boldsymbol{S}$ 的维度及物理意义与第一种方法中的一致，不同之处在于这里的 $\boldsymbol{D}$ 和 $\boldsymbol{S}$ 均未知。第四种将目标声源区域看作连续体，相当于目标声源区域内有 ∞ 个网格点，$\boldsymbol{D}$ 和 $\boldsymbol{S}$ 的物理意义亦与第一种方法中的一致，不同之处在于 $\boldsymbol{D} \in \mathbb{C}^{M\times \infty}$、$\boldsymbol{S} \in \mathbb{C}^{\infty\times L}$ 且二者均未知。根据采用的网格点类型，四种数学模型可依次命名为定网格(第一种和第二种)、动网格(第三种)和无网格(第四种)数学模型；根据是否假设声源落在网格点上，定网格数学模型又有定网格在网(第一种)和定网格离网(第二种)之分。四种数学模型下的压缩波束形成相应可划分为定网格在网、定网格离网、动网格和无网格四类，前三类属于离散型，最后一类属于连续型，如图 1.3 所示。

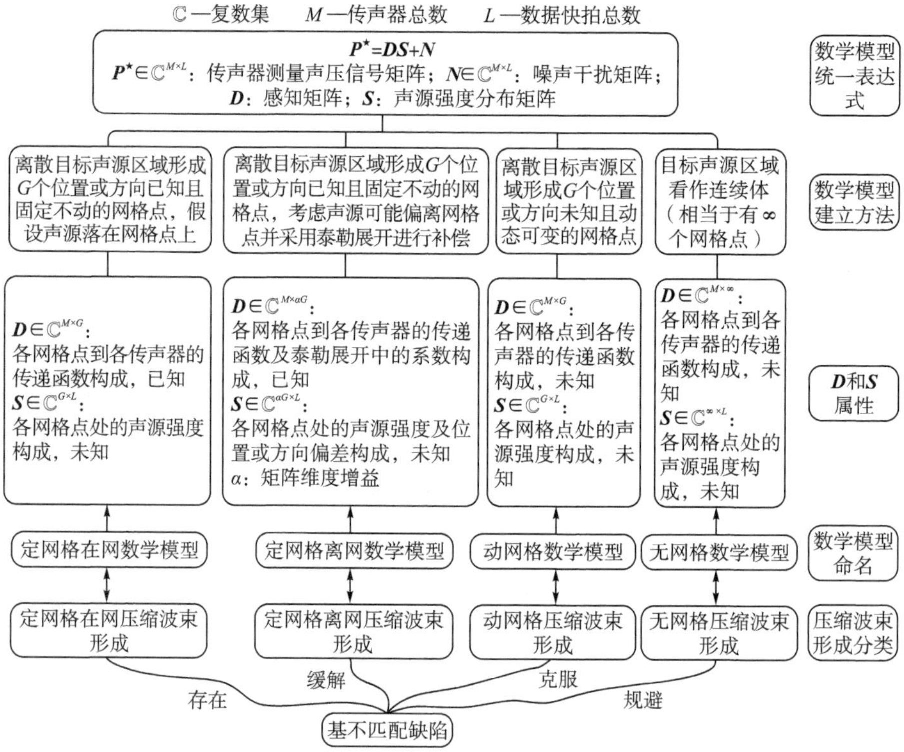

图 1.3 压缩波束形成分类

定网格在网压缩波束形成出现最早，又称“传统有网格离散压缩波束形成”，存在基不匹配[134]缺陷，即无法准确重构未落在网格点上的声源，虽然简单地加密网格点能抑制该缺陷，但以加重计算量为代价，过密的网格点还会加大感知矩阵的列相干性，导致结果不准确[135,136]。定网格离网压缩波束形成对声源与网格点间的位置或方向偏差进行补偿，能缓解基不匹配缺陷；动网格压缩波束形成使网格点动态逼近声源，能克服基不匹配缺陷；无网格压缩波束形成不离散目标声源区域，能从根本上规避基不匹配缺陷。

四类压缩波束形成的第二步均是以 $\boldsymbol{S}$ 稀疏为约束求解式(1.3)所示的欠定线性方程组。已有求解算法可大致分为凸优化算法、贪婪算法和贝叶斯学习算法三类。凸优化算法建立声源分布稀疏性的凸近似度量，将方程组求解问题转化为凸优化问题进行求解；贪婪算法通过迭代方式依次找出感知矩阵中用于感知非零元素的列，基于某种贪婪准则求出原始信号的构成元素；贝叶斯学习算法通过信号先验分布引入稀疏性，依靠概率统计规则进行学习推理。接下来，1.3.1 节和 1.3.2 节将分别详细综述四类压缩波束形成在平面和球面传声器阵列框架下的研究现状。

1.3.1　平面传声器阵列

平面传声器阵列框架下，四类压缩波束形成均已被研究。

1. 定网格在网压缩波束形成

关于定网格在网压缩波束形成的研究主要集中在数学模型、求解算法和应用三个方面。北京大学的 Wei 等[137-139]用传声器测量声压信号互谱构成的向量替代 $\boldsymbol{P}^{\star}$，用各网格点处声源强度自谱构成的向量替代 $\boldsymbol{S}$，重新推导感知矩阵 $\boldsymbol{D}$ 的表达式，建立一种适用于不相干声源的新颖数学模型，采用该数学模型的压缩波束形成具有强抗干扰能力。西北工业大学的 Ning 等[140-143]研究正交匹配追踪(属于贪婪算法)的性能并结合奇异值分解提出改进算法。张晋源等[144]基于加权迭代提高 ℓ_1 范数最小化(属于凸优化算法)的性能。美国加州大学的 Gerstoft 等[145]检验采用贝叶斯学习算法时稀疏平面传声器阵列的性能。西北工业大学的 Lei 等[146]提出一种基于压缩波束形成的被动合成孔径方法，并将其用于识别低频声源。德国亚琛工业大学的 Meng 等[147]将压缩波束形成用于快速运动声源的信号重构。香港科技大学的 Bu 等[148]将压缩波束形成用于旋转声源识别。

2. 定网格离网压缩波束形成

定网格离网数学模型的建立思路由新加坡南洋理工大学的 Yang 等[149]于 2011 年提出，发展的方法可用于线性传声器阵列的一维声源识别。南京航空航天大学的 Li 等[150]、西安电子科技大学的 Shen 等[151]、武汉大学的 Yu 等[152]和哈尔滨工程大学的 Si 等[153]均拓展该方法至二维源识别，发展的方法适用于特定结构形式的平面阵列。借鉴文献[149]的思路，美国加州大学的 Park 等[154,155]于 2019 年提出适用于任意平面传声器阵列的二维定网格离网压缩波束形成，并用于识别螺旋桨叶尖涡空化噪声源。

3. 动网格压缩波束形成

褚志刚等[156,157]于 2020 年先后提出两种适用于任意平面传声器阵列的二维动网格压缩波束形成。第一种[156]采用凸优化算法迭代求解式(1.3)所示的方程组，每次迭代使所有网格点均动态变化，迭代终止时的网格点会覆盖声源，其受启发于电子科技大学的 Fang 等[158,159]为一维谱估计提出的迭代重加权方法。第二种[157]采用贪婪算法迭代求解式(1.3)所示的方程组，每次迭代识别一个声源并根据本次迭代识别的声源对已识别出的所有声源进行位置或方向优化，即每次迭代仅使少数网格点动态变化，这些动态变化的网格点在迭代终止时会逼近声源，其受启发于美国加州大学的 Mamandipoor 等[160]为一维谱估计提出的牛顿化正交匹配追踪方法。

4. 无网格压缩波束形成

压缩感知框架下将目标区域看作连续体进行处理的思想由美国斯坦福大学的 Candes 等[161,162]于 2012 年提出并用于一维谱估计。声源识别领域，Xenaki 和 Gerstoft[163]率先借鉴 Candes 等的方法为线性传声器阵列的一维声源识别发展无网格压缩波束形成，韩国首尔国立大学的 Park 等[164]和新加坡南洋理工大学的 Ang 等[165]还分别将 Xenaki 等的方法拓展至多数据快拍情形和多频率情形。相比线性阵列的一维问题，平面阵列的二维问题因涉及矩阵层级更高而更复杂，为平面阵列实现无网格压缩波束形成是近年来备受关注的主题。中国科学院声学研究所的 Lin 等[166]借鉴 Yang 等[167,168]的一维谱估计方法和多层级托普利茨(Toeplitz)矩阵范德蒙(Vandermonde)分解方法为稀疏矩形阵列发展无网格方法；美国乔治梅森大学的 Tian 等[169,170]为矩形阵列发展基于解耦原子范数最小化的无网格方法；西安电子科技大学的 Liu 等[171]基于加权迭代提高 Tian 等的方法的空间分辨能力；中国人民解放军陆军工程大学的 Lu 等[172]为互质平面阵列发展基于解耦原子范数最小化的无网格方法。这些方法均可用于二维声源识别。本书作者自 2017 年至今也一直致力于该主题的研究，先后发表文献[173]～文献[178]。借鉴美国俄亥俄州立大学的 Chi 和 Chen[179]的二维谱估计方法，Yang 等[173]为矩形阵列和稀疏矩形阵列的二维声源识别发展一种无网格压缩波束形成方法，其用声源在传声器处产生声压信号的原子范数来量度声源分布稀疏性，基于原子范数最小化(atomic norm minimization，ANM)去除测量声压信号中的噪声，基于矩阵加强矩阵束方法[180]从去噪后的声压信号中提取声源信息。基于迭代重加权 ANM(iterative reweighted ANM，IRANM)，Yang 等[174]提高文献[173]中方法的空间分辨能力。文献[175]为文献[174]中加权 ANM 的求解发展高效的基于交替方向乘子方法(alternating direction method of multipliers，ADMM)[181]的求解器。文献[173]～文献[175]中方法适用于单数据快拍情形，为利用多数据快拍提高稳态声源的识别性能，基于 ANM 和矩阵束与配对(matrix pencil and pairing，MaPP)方法[168]，Yang 等[176]为矩形阵列和稀疏矩形阵列的二维声源识别发展一种多快拍无网格压缩波束形成方法。文献[177]和文献[178]分别为文献[176]中 ANM 的求解发展基于 ADMM 的求解器和基于迭代 Vandermonde 分解收缩阈值方法的求解器，前者高效且适用于多数据快拍下的 ANM，后者无须估计噪声尚仅适用于单数据快拍下的 ANM。以文献[173]～文献[178]的工作为基础，第 5 章将系统研究平面传声器阵列的无网格连续压缩波束形成。

1.3.2 球面传声器阵列

球面传声器阵列框架下，定网格在网、定网格离网和无网格压缩波束形成均已被研究，而关于动网格压缩波束形成迄今尚未见报道。

1. 定网格在网和离网压缩波束形成

关于定网格在网压缩波束形成，国内外学者已做出较多工作。丹麦科技大学的 Fernandez-Grande 等[182,183]推导 $\boldsymbol{D}$ 的表达式、建立 $\boldsymbol{P}^{\star}$ 的数学模型并基于 ℓ_1 范数最小化进行求解。上海大学的 Huang 等[184]基于稀疏贝叶斯学习提出一种适用于球面阵列的实值方法。重庆大学的 Ping 等[185,186]对比正交匹配追踪、广义正交匹配追踪、ℓ_1 范数最小化和迭代重加权 ℓ_1 范数最小化四种算法的性能，还基于稀疏贝叶斯学习实现球面传声器阵列的三维声源定位。重庆大学的 Yin 等[187]提出基于自适应重加权同伦算法的压缩波束形成，相比基于 ℓ_1 范数最小化和基于迭代重加权 ℓ_1 范数最小化的压缩波束形成，其具有无须估计噪声、对低信噪比工况适应性好、弱源量化精度高和计算速度快等优势。关于定网格离网压缩波束形成，已有工作尚比较缺乏，目前仅见 Huang 等[188,189]的两篇报道，其借鉴文献[149]的思路。

2. 无网格压缩波束形成

关于无网格压缩波束形成，国内外学者亦做出一些工作。以色列理工大学的 Bendory 等[190-192]将文献[161]和文献[162]中的无网格方法拓展至球面阵列的二维问题，应用于声源识别时，该方法用声源强度的原子范数量度声源分布稀疏性，基于 ANM 建立传声器测量声压信号按模态强度缩放的球傅里叶变换系数的去噪声数学模型，在对偶域采用半正定规划求解该数学模型，基于多项式求根从对偶变量的最优解中提取声源信息。与 Bendory 等的思路不同，扬州大学的 Pan 等[193-195]为球面阵列发展另一种无网格方法，应用于声源识别时，该方法用声源在传声器处产生声压信号变换形式的原子范数来量度声源分布稀疏性，基于 ANM 建立传声器测量声压信号球傅里叶变换系数(或变换系数的协方差矩阵)的去噪声数学模型，在原始域采用半正定规划求解该数学模型，基于球面旋转不变信号参数估计方法(estimation of signal parameters via rotational invariance technique，ESPRIT)[196]从半正定规划结果中提取声源信息。本书作者亦研究该主题，发表文献[197]。文献[197]中方法的思路与文献[193]～文献[195]中的相似，不同之处在于前者：①直接建立传声器测量声压信号的去噪声数学模型，丢弃了传声器采样球谐函数需满足正交性的约束条件，有利于高频声源的准确识别；②为半正定规划的求解发展基于 ADMM 的高效求解器；③基于采用三种球谐函数递归关系的新版本球面 ESPRIT 方法[198-200]提取声源信息，能克服旧版本球面 ESPRIT 方法(文献[193]～文献[195]中采用)的歧义和奇异问题。以文献[197]的工作为基础，第 6 章将系统研究球面传声器阵列的无网格连续压缩波束形成。

1.4 本书主要内容

传统波束形成声源识别方法围绕声源位置或方向输出的宽主瓣限制空间分辨能力、在其他非声源位置或方向输出的高旁瓣形成寄生虚假声源，导致声源识别结果的分析承受不确定性。围绕“空间分辨能力增强、寄生虚假声源抑制、定位定量精度提升、鲁棒稳健性能强化、声源识别功能完善”的目标，本书作者开展高性能波束形成声源识别方法研究。宜识别局部区域内声源的平面传声器阵列测量和宜360°全景识别声源的球面传声器阵列测量同时被涵盖，反卷积波束形成、函数型波束形成和无网格连续压缩波束形成三类高性能方法同时被关注。

本书内容可划分为五个板块，各板块的主题及具体内容详述如下。

(1) 平面传声器阵列反卷积波束形成的算法性能分析及改进。具体内容包括三个方面。①系统分析对比常用反卷积算法的性能，为恰当选择算法提供指导。四类十种算法(第一类：DAMAS、NNLS、FISTA、RL；第二类：CLEAN；第三类：DAMAS2、FFT-NNLS、FFT-FISTA、FFT-RL；第四类：CLEAN-SC)被比较；十一项性能指标(清晰化效果、靠近中心聚焦点声源的识别精度、远离中心聚焦点声源的识别精度、收敛所需迭代次数、收敛后标准差、单次迭代计算效率、小分离声源空间分辨能力、对相干声源有无适用性、对少量数据快拍的适用性、对背景噪声的鲁棒性、对传声器及测试通道频响特性幅相误差的鲁棒性)被评价。②针对常规条件下第三类算法对远离中心聚焦点的声源失效缺陷，提出采用新型二维不规则聚焦点分布的性能增强方法，克服该缺陷的同时增强对小分离声源的空间分辨能力。③研究 CLEAN-SC 的改进方法，增强对小分离声源的空间分辨能力。

(2) 球面传声器阵列的反卷积波束形成。具体内容包括三个方面。①从全新视角推导 SHB 的理论，为在统一数学框架下实现四类反卷积波束形成奠定基础。②通过推导 SHB 的 PSF、SHB 在不同位置输出间的相干系数等相关量的数学表达式，实现球面传声器阵列的四类反卷积波束形成，检验其清晰化效果并分析对比各类反卷积算法的性能，为三维空间内声源的 360° 全景准确识别提供新途径。③探究聚焦距离不等于声源距离时 SHB 和反卷积波束形成的性能表现及相应机理，为声源识别结果的分析提供指导。

(3) 球面传声器阵列的函数型延迟求和波束形成。具体内容包括三个方面。①建立球面传声器阵列的函数型延迟求和波束形成方法，为三维空间内声源的 360° 全景准确识别提供另一新途径。该内容包含三个方面：第一，提出新颖的 DAS 作为实现函数型延迟求和波束形成方法的基础；第二，推导函数型延迟求和波束形成方法的理论；第三，检验清晰化效果并揭示典型因素(聚焦距离不等于声源距离、聚焦方向不涵盖声源方向、背景噪声、传声器及测试通道频响特性幅相误差、数据快拍数目、声源相干性)对清晰化效果和声源识别精度的影响规律及影响机理。②研究性能增强方法，用以抑制背景噪声干扰、增强空间分辨能力和提高声源定量精度。③系统分析对比函数型延迟求和波束形成和反卷积波束形成两类方法的性能，有助于这些方法的恰当运用。

(4) 平面传声器阵列的无网格连续压缩波束形成。具体内容包括三个方面。①基于

ANM 和 MaPP 为平面传声器阵列测量提出无网格连续压缩波束形成，检验其对传统有网格离散压缩波束形成的基不匹配缺陷的克服能力并揭示典型因素(声源相干性、声源最小分离、噪声干扰、数据快拍数目)对声源识别性能的影响规律及影响机理，为三维空间内局部区域声源的准确识别提供新途径。②发展基于 ADMM 的求解器，为 ANM 的高效求解提供新工具。③提出基于 IRANM 的性能增强方法，用以提高小声源分离和强噪声干扰下的声源识别精度和鲁棒性。

(5) 球面传声器阵列的无网格连续压缩波束形成。具体内容包括三个方面。①基于 ANM 和球面 ESPRIT 为球面传声器阵列测量提出无网格连续压缩波束形成，为三维空间内声源的 360° 全景准确识别提供又一新途径。②检验提出方法相比传统球面 ESPRIT 方法的优势。③研究提出方法在半消声和普通测试环境下的有效性。

五个板块的研究内容相互补充，能够丰富完善波束形成技术的声源识别功能，依次对应第 2～6 章。理论推导、数学建模、数值模拟和试验验证等研究方法将综合被运用，所有计算均在 3.70GHz Intel(R) Core(TM) i7-8700K 的 CPU 上用 MATLAB R2014a 完成。

第2章　平面传声器阵列的反卷积波束形成

迄今，适用于平面传声器阵列的多种反卷积波束形成算法已被提出。根据需要计算点传播函数(PSF)的数目，常用经典算法可分为四类。第一类的典型代表有反卷积声源成像(DAMAS)、非负最小二乘(NNLS)、快速迭代收缩阈值算法(FISTA)和Richardson-Lucy(RL)；第二类的典型代表是清除(CLEAN)；第三类可看作第一类引入PSF空间转移不变假设和快速傅里叶变换(FFT)后的变体，典型代表相应被称为DAMAS2、FFT-NNLS、FFT-FISTA和FFT-RL；第四类是第二类引入空间源相干性后的变体，典型代表相应被称为CLEAN-SC。不同反卷积算法的思想不同，声源识别性能亦不同，全面系统地分析对比这些算法的性能对恰当选择算法具有指导意义，明确这些反卷积算法的缺陷并采用合理有效的方法增强性能，对完善反卷积波束形成的声源识别功能具有重要意义。

本章首先阐明平面传声器阵列的传统延迟求和(DAS)波束形成和四类反卷积波束形成的基本理论；然后基于数值模拟和验证试验对十种典型算法的性能进行综合分析对比；接着提出能增强第三类反卷积波束形成算法性能的不规则聚焦点分布，并基于数值模拟和验证试验检验其效果；最后改进第四类反卷积波束形成算法使之具有更强空间分辨能力。值得说明的是，虽然本章呈现的理论推导、数值模拟和验证试验均采用近场模型(声波被认为是球面波，声源位置被确定)，但相关算法同样适用于远场模型(声波被认为是平面波，声源方向被确定)，且两种模型下，上述算法具有一致的性能。

2.1　传统延迟求和波束形成基本理论

2.1.1　输出量

DAS是平面传声器阵列的传统方法，其后处理各传声器测量的声压信号时，首先离散目标声源区域形成聚焦网格点，然后根据各聚焦网格点位置对各传声器测量的声压信号进行“相位对齐”和“求和运算”，使真实声源附近聚焦点处的输出量被增强，其他聚焦点处的输出量被衰减，从而识别声源[22]。图2.1为几何模型，符号“●”表示传声器，$m=1,2,\cdots,M$ 为传声器索引，$\boldsymbol{r}_m$ 为 m 号传声器的位置矢量，符号“○”表示聚焦点，$\boldsymbol{r}$ 为其位置矢量。聚焦点 $\boldsymbol{r}$ 处的输出量为

$$b(\boldsymbol{r})=\frac{1}{M}\frac{\boldsymbol{v}^{\mathrm{H}}(\boldsymbol{r})\boldsymbol{C}\boldsymbol{v}(\boldsymbol{r})}{\left\|\boldsymbol{v}(\boldsymbol{r})\right\|_2^2} \tag{2.1}$$

式中，$\boldsymbol{v}(\boldsymbol{r})=\left[v_1(\boldsymbol{r}),v_2(\boldsymbol{r}),\cdots,v_M(\boldsymbol{r})\right]^{\mathrm{T}}\in\mathbb{C}^M$ 为聚焦列向量，$\mathbb{C}$ 为复数集；$\boldsymbol{C}\in\mathbb{C}^{M\times M}$ 为传声

器测量声压信号的互谱矩阵；上标 T 和上标 H 分别为转置和共轭转置；$\|\cdot\|_2$ 为向量的 ℓ_2 范数。$v_m(\boldsymbol{r})$ 的表达式为

$$v_m(\boldsymbol{r}) = \frac{\mathrm{e}^{-\mathrm{j}k|\boldsymbol{r}-\boldsymbol{r}_m|}}{|\boldsymbol{r}-\boldsymbol{r}_m|} \tag{2.2}$$

式中，$\mathrm{j}=\sqrt{-1}$ 为虚数单位；$|\boldsymbol{r}-\boldsymbol{r}_m|$ 为 $\boldsymbol{r}-\boldsymbol{r}_m$ 的模；$k=2\pi f/c$ 为波数，f 为频率，c 为声速。

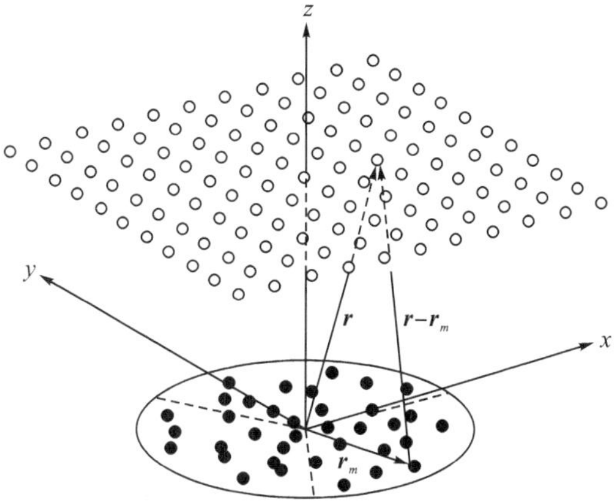

图 2.1　几何模型(一)

2.1.2　点传播函数

阵列传声器测量声压信号的互谱矩阵 $\boldsymbol{C}$ 为

$$\boldsymbol{C} = \mathbb{E}\left(\boldsymbol{p}^\star \boldsymbol{p}^{\star\mathrm{H}}\right) \approx \frac{1}{L}\sum_{l=1}^{L} \boldsymbol{p}_l^\star \boldsymbol{p}_l^{\star\mathrm{H}} \tag{2.3}$$

式中，$\boldsymbol{p}^\star \in \mathbb{C}^M$ 为单快拍下各传声器测量声压信号组成的列向量；$\mathbb{E}(\cdot)$ 为期望，实际应用中，期望计算由足够多个快拍下结果的均值近似替代；$l=1,2,\cdots,L$ 为快拍索引；$\boldsymbol{p}_l^\star$ 为 l 号快拍下的 $\boldsymbol{p}^\star$。$\boldsymbol{p}^\star$ 可写为

$$\boldsymbol{p}^\star = \sum_{\boldsymbol{r}_0 \in \mathbb{B}} s(\boldsymbol{r}_0)\boldsymbol{v}(\boldsymbol{r}_0) + \boldsymbol{n} \tag{2.4}$$

式中，$\boldsymbol{r}_0$ 为声源的位置矢量；$\mathbb{B}$ 为所有声源位置矢量组成的集合；$s(\boldsymbol{r}_0) \in \mathbb{C}$ 为单快拍下 $\boldsymbol{r}_0$ 位置处声源的强度；$\boldsymbol{v}(\boldsymbol{r}_0) \in \mathbb{C}^M$ 为 $\boldsymbol{r}_0$ 位置处声源到各传声器传递函数组成的列向量，其元素的表达式与式(2.2)类同，只需将式(2.2)中的 $\boldsymbol{r}$ 替换为 $\boldsymbol{r}_0$ 即可；$\boldsymbol{n} \in \mathbb{C}^M$ 为单快拍下各传声器承受噪声干扰组成的列向量，这里的“噪声干扰”是一个广义概念，所有使 $\boldsymbol{p}^\star$ 不等于 $\sum_{\boldsymbol{r}_0 \in \mathbb{B}} s(\boldsymbol{r}_0)\boldsymbol{v}(\boldsymbol{r}_0)$ 的因素(如背景噪声、传声器及测试通道频响特性幅相误差等)都引起噪声干扰。将式(2.4)代入式(2.3)可得

$$
\begin{aligned}
\boldsymbol{C} = & \underbrace{\sum_{\boldsymbol{r}_0\in\mathbb{B}} \mathbb{E}\left(\left|s(\boldsymbol{r}_0)\right|^2\right)\boldsymbol{v}(\boldsymbol{r}_0)\boldsymbol{v}^{\mathrm{H}}(\boldsymbol{r}_0)}_{\boldsymbol{C}_I} \\
& + \underbrace{\sum_{\substack{\boldsymbol{r}_0,\boldsymbol{r}_0'\in\mathbb{B}\\ \boldsymbol{r}_0\neq\boldsymbol{r}_0'}} \mathbb{E}\left[s(\boldsymbol{r}_0)s^*(\boldsymbol{r}_0')\right]\boldsymbol{v}(\boldsymbol{r}_0)\boldsymbol{v}^{\mathrm{H}}(\boldsymbol{r}_0')}_{\boldsymbol{C}_C} \\
& + \underbrace{\sum_{\boldsymbol{r}_0\in\mathbb{B}}\boldsymbol{v}(\boldsymbol{r}_0)\mathbb{E}\left[s(\boldsymbol{r}_0)\boldsymbol{n}^{\mathrm{H}}\right] + \sum_{\boldsymbol{r}_0'\in\mathbb{B}}\mathbb{E}\left[s^*(\boldsymbol{r}_0')\boldsymbol{n}\right]\boldsymbol{v}^{\mathrm{H}}(\boldsymbol{r}_0') + \mathbb{E}\left(\boldsymbol{n}\boldsymbol{n}^{\mathrm{H}}\right)}_{\boldsymbol{C}_N}
\end{aligned}
\tag{2.5}
$$

式中，$\boldsymbol{r}_0'$为声源的位置矢量，上标*为共轭，$\boldsymbol{C}_I$、$\boldsymbol{C}_C$和$\boldsymbol{C}_N$分别为$\boldsymbol{C}$中不同的项，$\boldsymbol{C}_I$为所有声源中每个声源单独引起互谱矩阵的和，不论是声源互不相干，还是部分相干，或是完全相干，该项均存在；$\boldsymbol{C}_C$为所有声源中每对声源引起互谱矩阵的和，$\boldsymbol{r}_0$位置处声源与$\boldsymbol{r}_0'$位置处声源不相干时，$\mathbb{E}\left[s(\boldsymbol{r}_0)s^*(\boldsymbol{r}_0')\right]=0$，故准确地讲，$\boldsymbol{C}_C$为所有声源中每对相干声源引起的互谱矩阵的和；$\boldsymbol{C}_N$为$\boldsymbol{n}$引起的互谱矩阵。

定义声源平均声压贡献为声源在各传声器处产生声压信号自谱的均值：

$$
P_{AC}(\boldsymbol{r}_0) = \frac{1}{M}\mathbb{E}\left(\left|s(\boldsymbol{r}_0)\right|^2\right)\left\|\boldsymbol{v}(\boldsymbol{r}_0)\right\|_2^2 \tag{2.6}
$$

联立式(2.1)、式(2.5)和式(2.6)可得

$$
b(\boldsymbol{r}) = \underbrace{\sum_{\boldsymbol{r}_0\in\mathbb{B}} P_{AC}(\boldsymbol{r}_0)\frac{\boldsymbol{v}^{\mathrm{H}}(\boldsymbol{r})\boldsymbol{v}(\boldsymbol{r}_0)\boldsymbol{v}^{\mathrm{H}}(\boldsymbol{r}_0)\boldsymbol{v}(\boldsymbol{r})}{\left\|\boldsymbol{v}(\boldsymbol{r}_0)\right\|_2^2\left\|\boldsymbol{v}(\boldsymbol{r})\right\|_2^2}}_{b_I(\boldsymbol{r})} + \underbrace{\frac{1}{M}\frac{\boldsymbol{v}^{\mathrm{H}}(\boldsymbol{r})\boldsymbol{C}_C\boldsymbol{v}(\boldsymbol{r})}{\left\|\boldsymbol{v}(\boldsymbol{r})\right\|_2^2}}_{b_C(\boldsymbol{r})} + \underbrace{\frac{1}{M}\frac{\boldsymbol{v}^{\mathrm{H}}(\boldsymbol{r})\boldsymbol{C}_N\boldsymbol{v}(\boldsymbol{r})}{\left\|\boldsymbol{v}(\boldsymbol{r})\right\|_2^2}}_{b_N(\boldsymbol{r})} \tag{2.7}
$$

式中，$b_I(\boldsymbol{r})$、$b_C(\boldsymbol{r})$和$b_N(\boldsymbol{r})$分别为$\boldsymbol{C}_I$、$\boldsymbol{C}_C$和$\boldsymbol{C}_N$引起的输出。定义 PSF 为

$$
\mathrm{psf}(\boldsymbol{r}|\boldsymbol{r}_0) = \frac{\boldsymbol{v}^{\mathrm{H}}(\boldsymbol{r})\boldsymbol{v}(\boldsymbol{r}_0)\boldsymbol{v}^{\mathrm{H}}(\boldsymbol{r}_0)\boldsymbol{v}(\boldsymbol{r})}{\left\|\boldsymbol{v}(\boldsymbol{r}_0)\right\|_2^2\left\|\boldsymbol{v}(\boldsymbol{r})\right\|_2^2} \tag{2.8}
$$

表示 DAS 对单位平均声压贡献的单极子点声源的响应，当$\boldsymbol{v}(\boldsymbol{r})=\boldsymbol{v}(\boldsymbol{r}_0)$时，$\mathrm{psf}(\boldsymbol{r}|\boldsymbol{r}_0)=1$，否则，$\mathrm{psf}(\boldsymbol{r}|\boldsymbol{r}_0)<1$。式(2.7)表明 DAS 的输出为各声源的平均声压贡献与对应 PSF 乘积的和再加上由于声源相干性和噪声干扰带来的附加项。DAS 的 PSF 很大程度上决定了其声源识别性能。图 2.2 给出了 1000Hz、3000Hz、5000Hz 和 7000Hz 频率下声源位于(0,0,1)m 位置时的 PSF(参考标准声压 2×10^{-5}Pa 进行 dB 缩放)，显然，PSF 不仅在真实声源位置输出具有一定宽度的“主瓣”，还在非声源位置输出“旁瓣”，且频率越低主瓣越宽、频率越高旁瓣越高。主瓣宽度影响空间分辨能力，旁瓣污染声源成像图且形成寄生虚假声源，使声源识别结果的分析具有不确定性。仿真图 2.2 时，36 个传声器构成直径为 0.65m 的扇形轮阵列被采用，传声器布局如图 2.1 所示，传声器坐标详见文献[201]，本章后续所有数值模拟和验证试验均采用该阵列。

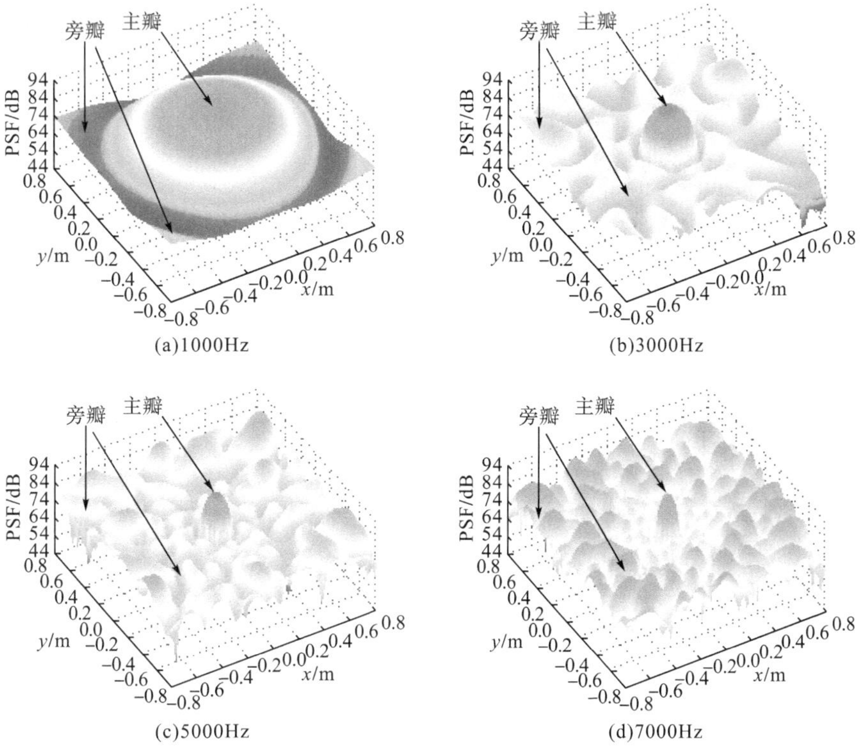

(a)1000Hz　(b)3000Hz

(c)5000Hz　(d)7000Hz

图 2.2　平面传声器阵列 DAS 方法对应的点传播函数

2.2　反卷积波束形成基本理论

为了清晰化传统 DAS 波束形成的结果(缩减主瓣宽度并衰减污染)，反卷积波束形成被提出。根据需要计算的 PSF 的数目，常用反卷积算法可分为四类。

2.2.1　第一类反卷积

该类反卷积算法需要计算目标声源区域内所有聚焦点处声源的 PSF，典型代表有 DAMAS、NNLS、FISTA 和 RL。构建 PSF 矩阵 $\boldsymbol{A}=\left[\operatorname{psf}\left(\boldsymbol{r}\middle|\boldsymbol{r}_0\right)\middle|\boldsymbol{r}\in\mathbb{F},\boldsymbol{r}_0\in\mathbb{F}\right]\in\mathbb{R}^{G\times G}$，其中，$\mathbb{F}$ 为所有聚焦点位置矢量组成的集合；$\mathbb{R}$ 为实数集；G 为聚焦点总数。构建列向量 $\boldsymbol{b}=\left[b\left(\boldsymbol{r}\right)\middle|\boldsymbol{r}\in\mathbb{F}\right]\in\mathbb{R}^{G}$、$\boldsymbol{b}_I=\left[b_I\left(\boldsymbol{r}\right)\middle|\boldsymbol{r}\in\mathbb{F}\right]\in\mathbb{R}^{G}$、$\boldsymbol{b}_C=\left[b_C\left(\boldsymbol{r}\right)\middle|\boldsymbol{r}\in\mathbb{F}\right]\in\mathbb{R}^{G}$、$\boldsymbol{b}_N=\left[b_N\left(\boldsymbol{r}\right)\middle|\boldsymbol{r}\in\mathbb{F}\right]\in\mathbb{R}^{G}$ 和 $\boldsymbol{q}=\left[P_{AC}\left(\boldsymbol{r}_0\right)\middle|\boldsymbol{r}_0\in\mathbb{F}\right]\in\mathbb{R}^{G}$，根据式(2.7)，建立带非负约束的线性方程组：

$$\boldsymbol{b}_I+\boldsymbol{b}_C+\boldsymbol{b}_N=\boldsymbol{b}\Rightarrow\boldsymbol{b}_I=\boldsymbol{A}\boldsymbol{q},\ \boldsymbol{q}\geqslant 0 \tag{2.9}$$

式中，$\boldsymbol{b}\Rightarrow\boldsymbol{b}_I$ 表示用 $\boldsymbol{b}$ 替代 $\boldsymbol{b}_I$；$\boldsymbol{q}\geqslant 0$ 表示 $\boldsymbol{q}$ 中所有元素均非负。该方程组中，$\boldsymbol{b}$ 和 $\boldsymbol{A}$ 可分别基于式(2.1)和式(2.8)计算构造，$\boldsymbol{q}$ 为未知量。上述 DAMAS、NNLS、FISTA 和 RL 算法均采用迭代方法求解该方程组以从 $\boldsymbol{b}$ 中提取 $\boldsymbol{q}$，进而移除 PSF 对声源成像结果的影响。值得强调的是，当且仅当声源互不相干、计算互谱矩阵时，采用的数据快拍足够多且

不存在任何噪声干扰，$\boldsymbol{b}=\boldsymbol{b}_I$，这种工况在实际应用中几乎不存在，即经常地，由于$\boldsymbol{b}_C$和$\boldsymbol{b}_N$的存在，$\boldsymbol{b}\neq\boldsymbol{b}_I$。

1. DAMAS

DAMAS 采用高斯-塞德尔迭代方案求解$\boldsymbol{q}$[32,39]。初始化$\boldsymbol{q}^{(0)}=\boldsymbol{0}$，由第$\gamma$次迭代计算结果$\boldsymbol{q}^{(\gamma)}$到第$\gamma+1$次迭代计算结果$\boldsymbol{q}^{(\gamma+1)}$的具体方案如下。

(1) 计算残差r_e：

$$r_e^{(\gamma)}(\boldsymbol{r})=\sum_{\boldsymbol{r}_0\in\mathbb{D}}P_{AC}^{(\gamma+1)}(\boldsymbol{r}_0)\mathrm{psf}(\boldsymbol{r}|\boldsymbol{r}_0)+\sum_{\boldsymbol{r}_0\in\mathbb{D}_C}P_{AC}^{(\gamma)}(\boldsymbol{r}_0)\mathrm{psf}(\boldsymbol{r}|\boldsymbol{r}_0)-b(\boldsymbol{r}) \tag{2.10}$$

式中，$\mathbb{D}$为已完成$\gamma+1$次迭代的聚焦点位置矢量组成的集合；$\mathbb{D}_C$为未完成$\gamma+1$次迭代的聚焦点位置矢量组成的集合，$\mathbb{D}\cup\mathbb{D}_C=\mathbb{F}$，$\cup$表示并集。

(2) 计算$P_{AC}^{(\gamma+1)}(\boldsymbol{r}_0)$：

$$P_{AC}^{(\gamma+1)}(\boldsymbol{r}_0)=\max\left[P_{AC}^{(\gamma)}(\boldsymbol{r}_0)-\frac{r_e^{(\gamma)}(\boldsymbol{r})}{\mathrm{psf}(\boldsymbol{r}|\boldsymbol{r}_0)},0\right],\boldsymbol{r}=\boldsymbol{r}_0 \tag{2.11}$$

按照该方案依次计算每个聚焦点，即可得$\boldsymbol{q}^{(\gamma+1)}$。

2. NNLS

NNLS 转化式(2.9)所示线性方程组的求解问题：

$$\hat{\boldsymbol{q}}=\underset{\boldsymbol{q}\in\mathbb{R}^G}{\arg\min}\frac{1}{2}\|\boldsymbol{A}\boldsymbol{q}-\boldsymbol{b}\|_2^2,\quad \boldsymbol{q}\geqslant 0 \tag{2.12}$$

并采用梯度投影法求解[39]。梯度投影法的基本思想是负梯度方向指向标量场下降最快的方向，通过在成本函数关于$\boldsymbol{q}$的负梯度方向上反复迭代搜索来获取最优解。初始化$\boldsymbol{q}^{(0)}=\boldsymbol{0}$，由第$\gamma$次迭代计算结果$\boldsymbol{q}^{(\gamma)}$到第$\gamma+1$次迭代计算结果$\boldsymbol{q}^{(\gamma+1)}$的具体方案如下。

(1) 计算残差向量$\boldsymbol{r}_e^{(\gamma)}\in\mathbb{R}^G$：

$$\boldsymbol{r}_e^{(\gamma)}=\boldsymbol{A}\boldsymbol{q}^{(\gamma)}-\boldsymbol{b} \tag{2.13}$$

(2) 计算成本函数关于$\boldsymbol{q}^{(\gamma)}$的负梯度向量$\boldsymbol{\beta}^{(\gamma)}\in\mathbb{R}^G$：

$$\boldsymbol{\beta}^{(\gamma)}=-\boldsymbol{A}^{\mathrm{T}}\boldsymbol{r}_e^{(\gamma)} \tag{2.14}$$

(3) 重置$\boldsymbol{\beta}^{(\gamma)}$在$\boldsymbol{q}^{(\gamma)}$可行域边界上的元素值，确定搜索路径$\widehat{\boldsymbol{\beta}}^{(\gamma)}=\left[\widehat{\beta}^{(\gamma)}(\boldsymbol{r}_0)|\boldsymbol{r}_0\in\mathbb{F}\right]\in\mathbb{R}^G$：

$$\widehat{\beta}^{(\gamma)}(\boldsymbol{r}_0)=\begin{cases}0, & \beta^{(\gamma)}(\boldsymbol{r}_0)<0\text{且}P_{AC}^{(\gamma)}(\boldsymbol{r}_0)=0\\ \beta^{(\gamma)}(\boldsymbol{r}_0), & \text{其他}\end{cases} \tag{2.15}$$

(4) 计算辅助向量$\boldsymbol{g}^{(\gamma)}\in\mathbb{R}^G$：

$$\boldsymbol{g}^{(\gamma)}=\boldsymbol{A}\widehat{\boldsymbol{\beta}}^{(\gamma)} \tag{2.16}$$

(5) 用$\langle\bullet,\bullet\rangle$表示内积，计算最优搜索步长$t^{(\gamma)}$：

$$t^{(\gamma)}=-\frac{\left\langle\boldsymbol{g}^{(\gamma)},\boldsymbol{r}_e^{(\gamma)}\right\rangle}{\left\langle\boldsymbol{g}^{(\gamma)},\boldsymbol{g}^{(\gamma)}\right\rangle} \tag{2.17}$$

(6) 计算 $\boldsymbol{q}^{(\gamma+1)}$：

$$\boldsymbol{q}^{(\gamma+1)}=\mathcal{P}_{+}\left[\boldsymbol{q}^{(\gamma)}+t^{(\gamma)}\widehat{\boldsymbol{\beta}}^{(\gamma)}\right] \tag{2.18}$$

式中，$\mathcal{P}_{+}(\cdot)$ 表示括号内向量在非负象限上的欧几里得投影。

3. FISTA

像 NNLS 一样，FISTA 也基于梯度投影法求解式(2.12)最小化问题，不同的是，FISTA 在迭代过程中引入辅助向量 $\boldsymbol{y}\in\mathbb{R}^{G}$ 和采用新的步长计算方法[55,56]。初始化 $\boldsymbol{q}^{(0)}=\boldsymbol{0}$、$t^{(1)}=1$ 和 $\boldsymbol{y}^{(1)}=\boldsymbol{0}$，由第 γ 次迭代计算结果 $\boldsymbol{q}^{(\gamma)}$、$t^{(\gamma+1)}$ 和 $\boldsymbol{y}^{(\gamma+1)}$ 到第 $\gamma+1$ 次迭代计算结果 $\boldsymbol{q}^{(\gamma+1)}$、$t^{(\gamma+2)}$ 和 $\boldsymbol{y}^{(\gamma+2)}$ 的具体方案如下。

(1) 计算 $\boldsymbol{q}^{(\gamma+1)}$：

$$\boldsymbol{q}^{(\gamma+1)}=\mathcal{P}_{+}\left[\boldsymbol{y}^{(\gamma+1)}-\frac{\boldsymbol{A}^{\mathrm{T}}\left(\boldsymbol{A}\boldsymbol{y}^{(\gamma+1)}-\boldsymbol{b}\right)}{L_{\lambda}}\right] \tag{2.19}$$

式中，L_{λ} 为常数，取 $\boldsymbol{A}^{\mathrm{T}}\boldsymbol{A}$ 的最大特征值。

(2) 计算步长 $t^{(\gamma+2)}$：

$$t^{(\gamma+2)}=\frac{1}{2}\left\{1+\sqrt{1+4\left[t^{(\gamma+1)}\right]^{2}}\right\} \tag{2.20}$$

(3) 计算 $\boldsymbol{y}^{(\gamma+2)}$：

$$\boldsymbol{y}^{(\gamma+2)}=\boldsymbol{q}^{(\gamma+1)}+\frac{t^{(\gamma+1)}-1}{t^{(\gamma+2)}}\left[\boldsymbol{q}^{(\gamma+1)}-\boldsymbol{q}^{(\gamma)}\right] \tag{2.21}$$

4. RL

与 DAMAS、NNLS 和 FISTA 的代数解法不同，RL 采用概率统计法求解 $\boldsymbol{q}$ [39]。定义系数 $\varsigma(\boldsymbol{r}_0)$ 为

$$\varsigma(\boldsymbol{r}_0)=\sum_{\boldsymbol{r}\in\mathbb{F}}\mathrm{psf}(\boldsymbol{r}|\boldsymbol{r}_0) \tag{2.22}$$

初始化 $P_{AC}^{(0)}(\boldsymbol{r}_0)$ 为

$$P_{AC}^{(0)}(\boldsymbol{r}_0)=\frac{b(\boldsymbol{r})}{\varsigma(\boldsymbol{r}_0)},\boldsymbol{r}=\boldsymbol{r}_0 \tag{2.23}$$

由第 γ 次迭代计算结果 $\boldsymbol{q}^{(\gamma)}$ 到第 $\gamma+1$ 次迭代计算结果 $\boldsymbol{q}^{(\gamma+1)}$ 的具体方案为

$$P_{AC}^{(\gamma+1)}(\boldsymbol{r}_0)=\frac{P_{AC}^{(\gamma)}(\boldsymbol{r}_0)}{\varsigma(\boldsymbol{r}_0)}\left[\sum_{\boldsymbol{r}\in\mathbb{F}}\mathrm{psf}(\boldsymbol{r}|\boldsymbol{r}_0)\frac{b(\boldsymbol{r})}{b^{(\gamma)}(\boldsymbol{r})}\right] \tag{2.24}$$

其中，

$$b^{(\gamma)}(\boldsymbol{r})=\sum_{\boldsymbol{r}_0\in\mathbb{F}}\mathrm{psf}(\boldsymbol{r}|\boldsymbol{r}_0)P_{AC}^{(\gamma)}(\boldsymbol{r}_0) \tag{2.25}$$

2.2.2 第二类反卷积

该类反卷积算法需要计算的 PSF 的数目与迭代次数有关，每次迭代计算一个声源位置下的 PSF，典型代表是 CLEAN。每次迭代中，CLEAN 认为 DAS 最大输出值的位置为声源位置，最大输出值为该声源的平均声压贡献，用平均声压贡献与该声源的 PSF 的乘积来表示该声源的 DAS 贡献，并将其部分或全部移除[42]。初始化 $\boldsymbol{b}^{(0)}=\boldsymbol{b}$ 和 $\boldsymbol{q}^{(0)}=\boldsymbol{0}$，由第 γ 次迭代计算结果 $\boldsymbol{b}^{(\gamma)}$ 和 $\boldsymbol{q}^{(\gamma)}$ 到第 $\gamma+1$ 次迭代计算结果 $\boldsymbol{b}^{(\gamma+1)}$ 和 $\boldsymbol{q}^{(\gamma+1)}$ 的具体方案如下。

(1) 搜索 DAS 的最大输出值 $b_{\max}^{(\gamma+1)}=\left\|\boldsymbol{b}^{(\gamma)}\right\|_{\infty}$ 及其位置 $\boldsymbol{r}_{\max}^{(\gamma+1)}$，这里，$\|\bullet\|_{\infty}$ 为向量的 ℓ_{∞} 范数；$\boldsymbol{r}_{\max}^{(\gamma+1)}$ 和 $b_{\max}^{(\gamma+1)}$ 分别为第 $\gamma+1$ 次迭代确定的声源位置及声源平均声压贡献。

(2) 计算 $\boldsymbol{q}^{(\gamma+1)}$：

$$\boldsymbol{q}^{(\gamma+1)}=\boldsymbol{q}^{(\gamma)}+\vartheta b_{\max}^{(\gamma+1)}\boldsymbol{\varphi} \tag{2.26}$$

式中，$0<\vartheta\leqslant 1$ 为循环因子；$\boldsymbol{\varphi}=\left[\varphi\left(\left|\boldsymbol{r}-\boldsymbol{r}_{\max}^{(\gamma+1)}\right|\right)\middle|\boldsymbol{r}\in\mathbb{F}\right]\in\mathbb{R}^{G}$ 为波束宽度限制向量，设定波束宽度为 Θ_0，当 $\left|\boldsymbol{r}-\boldsymbol{r}_{\max}^{(\gamma+1)}\right|\leqslant\Theta_0$ 时，$0<\varphi\left(\left|\boldsymbol{r}-\boldsymbol{r}_{\max}^{(\gamma+1)}\right|\right)\leqslant 1$，反之，$\varphi\left(\left|\boldsymbol{r}-\boldsymbol{r}_{\max}^{(\gamma+1)}\right|\right)=0$，特别地，$\varphi(0)=1$。

(3) 计算 $b^{(\gamma+1)}(\boldsymbol{r})$：

$$b^{(\gamma+1)}(\boldsymbol{r})=b^{(\gamma)}(\boldsymbol{r})-\vartheta b_{\max}^{(\gamma+1)}\mathrm{psf}\left[\boldsymbol{r}\middle|\boldsymbol{r}_{\max}^{(\gamma+1)}\right] \tag{2.27}$$

形成列向量 $\boldsymbol{b}^{(\gamma+1)}$。值得强调的是，根据式(2.7)和式(2.27)，CLEAN 每次迭代中仅部分或全部移除该次迭代确定的声源对 $\boldsymbol{b}_I$ 的贡献，而未移除其对 $\boldsymbol{b}_C$ 和 $\boldsymbol{b}_N$ 的贡献。

2.2.3 第三类反卷积

该类反卷积算法仅需计算目标声源区域内中心聚焦点位置处声源的 PSF，典型代表是 DAMAS2、FFT-NNLS、FFT-FISTA 和 FFT-RL，依次可看作 DAMAS、NNLS、FISTA 和 RL(第一类反卷积算法)的变体。定义函数为

$$\mathrm{psf}_s(\Delta\boldsymbol{r})=\mathrm{psf}_s(\boldsymbol{r}-\boldsymbol{r}_c)=\mathrm{psf}(\boldsymbol{r}|\boldsymbol{r}_c) \tag{2.28}$$

式中，$\boldsymbol{r}_c$ 为中心聚焦点的位置矢量。若所有声源的 PSF 均满足：

$$\mathrm{psf}(\boldsymbol{r}|\boldsymbol{r}_0)=\mathrm{psf}_s(\boldsymbol{r}-\boldsymbol{r}_0) \tag{2.29}$$

则称 PSF 空间转移不变，即仅取决于聚焦点与声源间的相对位置，而与具体位置无关，该性质是该类反卷积算法成功识别声源的关键前提。

沿 x 维度和 y 维度均等间隔离散目标声源区域，所得聚焦点分布如图 2.3(a)所示，其中，$x_{\min}$ 和 $x_{\max}$ 分别为目标声源区域在 x 维度上的最小和最大值；$y_{\min}$ 和 $y_{\max}$ 分别为目标声源区域在 y 维度上的最小和最大值；Δx 和 Δy 分别为 x 维度和 y 维度上的间隔；$g_x=1,2,\cdots,G_x$ 和 $g_y=1,2,\cdots,G_y$ 分别为聚焦点在 x 维度和 y 维度上的索引，即列索引和行索引，$G_xG_y=G$。构建矩阵：

$$\boldsymbol{Q}=\begin{bmatrix} Q_{g_y g_x}=P_{AC}\left\{\left[x_{\min}+\left(g_x-1\right)\Delta x, y_{\min}+\left(g_y-1\right)\Delta y, z_0\right]\right\} \\ g_x\in\left\{1,2,\cdots,G_x\right\}, g_y\in\left\{1,2,\cdots,G_y\right\} \end{bmatrix}\in\mathbb{R}^{G_y\times G_x} \tag{2.30}$$

式中，$Q_{g_y g_x}$ 为 $\boldsymbol{Q}$ 中 g_y 行 g_x 列的元素，其数值对应 g_y 行 g_x 列的聚焦点处的声源平均声压贡献；$\left[x_{\min}+\left(g_x-1\right)\Delta x, y_{\min}+\left(g_y-1\right)\Delta y, z_0\right]$ 为 g_y 行 g_x 列聚焦点的位置坐标；z_0 为目标声源区域与传声器阵列平面间的距离。用 $\mathrm{mat}(\bullet)$ 表示将括号内向量矩阵化，则 $\boldsymbol{Q}=\mathrm{mat}(\boldsymbol{q})$。记 g_{xc} 和 g_{yc} 分别为中心聚焦点的列索引和行索引，将图 2.3(a)所示的聚焦点向左、右、上、下依次扩展 G_x-g_{xc} 列、$g_{xc}-1$ 列、G_y-g_{yc} 行、$g_{yc}-1$ 行，所得分布如图 2.3(b)所示。采用与 $\boldsymbol{Q}$ 相同的元素布局方式，构建矩阵 $\boldsymbol{Q}_L\in\mathbb{R}^{G_y\times(G_x-g_{xc})}$、$\boldsymbol{Q}_R\in\mathbb{R}^{G_y\times(g_{xc}-1)}$、$\boldsymbol{Q}_U\in\mathbb{R}^{(G_y-g_{yc})\times(2G_x-1)}$ 和 $\boldsymbol{Q}_D\in\mathbb{R}^{(g_{yc}-1)\times(2G_x-1)}$，令

$$\boldsymbol{Q}_E=\begin{bmatrix} & \boldsymbol{Q}_U & \\ \boldsymbol{Q}_L & \boldsymbol{Q} & \boldsymbol{Q}_R \\ & \boldsymbol{Q}_D & \end{bmatrix}\in\mathbb{R}^{(2G_y-1)\times(2G_x-1)} \tag{2.31}$$

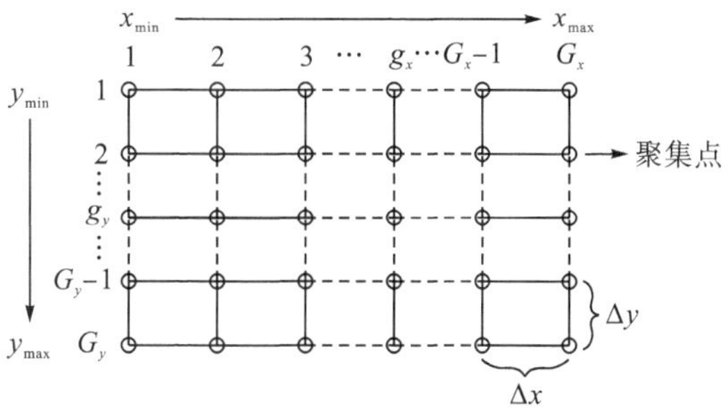

(a)聚焦点分布

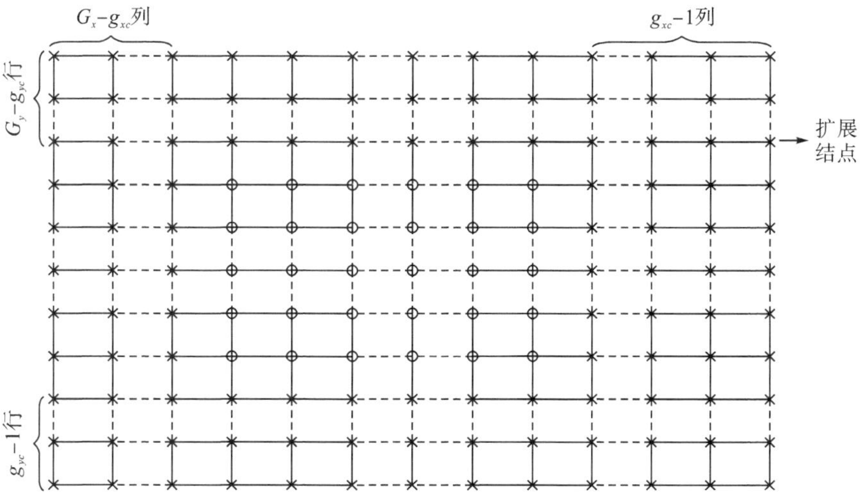

(b)聚焦点及扩展结点分布

图 2.3　聚焦点及扩展结点分布

构建矩阵：

$$\boldsymbol{A}_c = \begin{bmatrix} A_{cg_yg_x} = \mathrm{psf}\left\{\left[x_{\min} + (g_x - 1)\Delta x, y_{\min} + (g_y - 1)\Delta y, z_0\right] \middle| \boldsymbol{r}_c\right\} \\ \middle| g_x \in \{1,2,\cdots,G_x\}, g_y \in \{1,2,\cdots,G_y\} \end{bmatrix} \in \mathbb{R}^{G_y \times G_x} \tag{2.32}$$

式中，$A_{cg_yg_x}$ 为 $\boldsymbol{A}_c$ 中 g_y 行 g_x 列的元素，等于 $\boldsymbol{r}_c$ 位置处的声源在 g_y 行 g_x 列聚焦点处的 PSF。以 $A_{cg_{yc}g_{xc}}$ 为中心将 $\boldsymbol{A}_c$ 旋转 180° 得 $\boldsymbol{A}_R$，对聚焦点 $\boldsymbol{r}$，通过对齐 $A_{cg_{yc}g_{xc}}$ 和 $\boldsymbol{r}$ 位置使 $\boldsymbol{A}_R$ 与 $\boldsymbol{Q}_E$ 中的元素相对应，对应元素相乘相加得

$$\tilde{b}_I(\boldsymbol{r}) = \sum_{\boldsymbol{r}_0 \in \mathbb{G}_1 \cup \mathbb{G}_2} P_{AC}(\boldsymbol{r}_0)\mathrm{psf}(\boldsymbol{r} - \boldsymbol{r}_0 + \boldsymbol{r}_c | \boldsymbol{r}_c) \tag{2.33}$$

式中，$\mathbb{G}_1$ 为部分或全部聚焦点位置矢量组成的集合；$\mathbb{G}_2$ 为部分扩展结点位置矢量组成的集合或空集，$\mathbb{G}_1$ 的势（$|\mathbb{G}_1|$）与 $\mathbb{G}_2$ 的势（$|\mathbb{G}_2|$）之和为 G。例如，当 $\boldsymbol{r} = \boldsymbol{r}_c$ 且 G_x 和 G_y 均为奇数时，$\mathbb{G}_1 = \mathbb{F}$，$\mathbb{G}_2 = \varnothing$；当 $\boldsymbol{r} = (x_{\min}, y_{\min}, z_0)$ 时，$\mathbb{G}_1$ 中包含 1 到 g_{yc} 行、1 到 g_{xc} 列聚焦点的位置矢量，$\mathbb{G}_2$ 中包含 1 到 G_y 行、1 到 $G_x - g_{xc}$ 列和 1 到 $G_y - g_{yc}$ 行、$G_x - g_{xc} + 1$ 到 G_x 列扩展结点的位置矢量。构建列向量 $\tilde{\boldsymbol{b}}_I = \left[\tilde{b}_I(\boldsymbol{r}) \middle| \boldsymbol{r} \in \mathbb{F}\right] \in \mathbb{R}^G$ 和矩阵 $\tilde{\boldsymbol{A}} \in \mathbb{R}^{G \times G}$ 使得

$$\tilde{\boldsymbol{b}}_I = \tilde{\boldsymbol{A}}\boldsymbol{q} \tag{2.34}$$

根据式(2.33)，$\tilde{\boldsymbol{A}}$ 中一部分元素来自 $\boldsymbol{A}_c$，另一部分元素的值取决于采用的边界条件（$\boldsymbol{Q}_L$、$\boldsymbol{Q}_R$、$\boldsymbol{Q}_U$ 和 $\boldsymbol{Q}_D$ 的取值）。与第一类反卷积算法类似，该类反卷积算法也通过迭代求解一个带非负约束的线性方程组以从 $\boldsymbol{b}$ 中提取 $\boldsymbol{q}$，进而移除 PSF 的影响。方程组的表达式为

$$\boldsymbol{b}_I + \boldsymbol{b}_C + \boldsymbol{b}_N = \boldsymbol{b} \Rightarrow \tilde{\boldsymbol{b}}_I = \tilde{\boldsymbol{A}}\boldsymbol{q}, \ \boldsymbol{q} \geqslant 0 \tag{2.35}$$

值得强调的是，这里用 $\boldsymbol{b}$ 替代 $\tilde{\boldsymbol{b}}_I$，实际应用中，$\boldsymbol{b}$ 不可能等于 $\tilde{\boldsymbol{b}}_I$，这不仅与 $\boldsymbol{b}_C$ 和 $\boldsymbol{b}_N$ 的存在有关，还与 $\boldsymbol{b}_I \neq \tilde{\boldsymbol{b}}_I$（$\boldsymbol{A} \neq \tilde{\boldsymbol{A}}$）有关，其原因有两个：①PSF 不绝对满足式(2.28)和式(2.29)所示的空间转移不变性；②计算 $b_I(\boldsymbol{r})$ 时，$\boldsymbol{q}$ 中每个元素的贡献均被百分百计入，而计算 $\tilde{b}_I(\boldsymbol{r})$ 时，有可能 $\boldsymbol{q}$ 中仅部分元素的贡献被百分百计入。

平面传声器阵列的声源识别中，零边界条件（$\boldsymbol{Q}_L = \boldsymbol{0}$、$\boldsymbol{Q}_R = \boldsymbol{0}$、$\boldsymbol{Q}_U = \boldsymbol{0}$ 和 $\boldsymbol{Q}_D = \boldsymbol{0}$）被普遍采用。此时，$\tilde{\boldsymbol{A}}$ 是由 $\boldsymbol{A}_c$ 中元素和 0 元素组成的矩阵，式(2.33)变为

$$\tilde{b}_I(\boldsymbol{r}) = \sum_{\boldsymbol{r}_0 \in \mathbb{G}_1} P_{AC}(\boldsymbol{r}_0)\mathrm{psf}(\boldsymbol{r} - \boldsymbol{r}_0 + \boldsymbol{r}_c | \boldsymbol{r}_c) \tag{2.36}$$

根据式(2.29)，式(2.36)可进一步写为

$$\tilde{b}_I(\boldsymbol{r}) = \sum_{\boldsymbol{r}_0 \in \mathbb{G}_1} P_{AC}(\boldsymbol{r}_0)\mathrm{psf}_s(\boldsymbol{r} - \boldsymbol{r}_0) \tag{2.37}$$

这意味着 $\tilde{\boldsymbol{b}}_I$ 是 $\boldsymbol{Q}$ 与 $\boldsymbol{A}_c$ 进行二维卷积后再向量化的结果，进一步根据卷积理论，空间域卷积可转化为波数域乘积，即式(2.34)和式(2.35)所示的大维度矩阵向量乘积运算可转化为如下小维度矩阵运算：

$$\tilde{\boldsymbol{b}}_I = \mathrm{vec}(\boldsymbol{Q} * \boldsymbol{A}_c) = \mathrm{vec}\left\{\mathcal{F}^{-1}\left[\mathcal{F}(\boldsymbol{Q}) \circ \mathcal{F}(\boldsymbol{A}_c)\right]\right\} \tag{2.38}$$

式中，符号“$*$”表示二维卷积运算；符号“$\circ$”表示阿达马(Hadamard)积运算；$\mathrm{vec}(\bullet)$ 表示将括号内矩阵向量化；$\mathcal{F}(\bullet)$ 和 $\mathcal{F}^{-1}(\bullet)$ 分别表示对括号内矩阵进行二维傅里叶正变换

和逆变换。式(2.37)中，把 $\tilde{b}_I(\boldsymbol{r})$ 换做其他任意关于 $\boldsymbol{r}$ 的量，把 $P_{AC}(\boldsymbol{r}_0)$ 换做其他任意关于 $\boldsymbol{r}_0$ 的量，式(2.38)仍成立。对任意关于 $\boldsymbol{r}$ 的量 $x(\boldsymbol{r})$ 和关于 $\boldsymbol{r}_0$ 的量 $\tilde{x}(\boldsymbol{r}_0)$，若

$$\tilde{x}(\boldsymbol{r}_0)=\sum_{\boldsymbol{r}\in\mathbb{G}_1}x(\boldsymbol{r})\mathrm{psf}_s(\boldsymbol{r}-\boldsymbol{r}_0) \tag{2.39}$$

类似地，

$$\tilde{\boldsymbol{x}}=\mathrm{vec}(\boldsymbol{X}*\boldsymbol{A}_R)=\mathrm{vec}\left\{\mathcal{F}^{-1}\left[\mathcal{F}(\boldsymbol{X})\circ\mathcal{F}(\boldsymbol{A}_R)\right]\right\} \tag{2.40}$$

式中，$\tilde{\boldsymbol{x}}=\left[\tilde{x}(\boldsymbol{r}_0)\middle|\boldsymbol{r}_0\in\mathbb{F}\right]\in\mathbb{R}^G$；$\boldsymbol{X}=\left[x(\boldsymbol{r})\middle|\boldsymbol{r}\in\mathbb{F}\right]\in\mathbb{R}^{G_y\times G_x}$。上述 DAMAS2、FFT-NNLS、FFT-FISTA 和 FFT-RL 算法在求解式(2.35)所示的线性方程组时将应用式(2.37)～式(2.40)。

1. DAMAS2

DAMAS2 采用雅可比迭代方案求解 $\boldsymbol{q}$ [35,39]。令 L_c 为 $\boldsymbol{A}_c$ 中所有元素的和，初始化 $\boldsymbol{q}^{(0)}=\boldsymbol{0}$，由第 γ 次迭代计算结果 $\boldsymbol{q}^{(\gamma)}$ 到第 $\gamma+1$ 次迭代计算结果 $\boldsymbol{q}^{(\gamma+1)}$ 的具体方案为

$$\boldsymbol{q}^{(\gamma+1)}=\mathcal{P}_+\left\{\boldsymbol{q}^{(\gamma)}+\frac{\boldsymbol{b}-\mathrm{vec}\left[\mathcal{F}^{-1}\left(\mathcal{F}\left\{\mathrm{mat}\left[\boldsymbol{q}^{(\gamma)}\right]\right\}\circ\mathcal{F}(\boldsymbol{A}_c)\right)\right]}{L_c}\right\} \tag{2.41}$$

2. FFT-NNLS

与 NNLS 一样，FFT-NNLS 也将线性方程组的求解转化为最小化问题的求解，具体地，式(2.35)线性方程组的求解被转化为

$$\begin{aligned}\hat{\boldsymbol{q}}&=\underset{\boldsymbol{q}\in\mathbb{R}^G}{\arg\min}\frac{1}{2}\left\|\tilde{\boldsymbol{A}}\boldsymbol{q}-\boldsymbol{b}\right\|_2^2\ ,\ \boldsymbol{q}\geqslant 0\\&=\underset{\boldsymbol{q}\in\mathbb{R}^G}{\arg\min}\frac{1}{2}\left\|\mathrm{vec}\left\{\mathcal{F}^{-1}\left(\mathcal{F}\left[\mathrm{mat}(\boldsymbol{q})\right]\circ\mathcal{F}(\boldsymbol{A}_c)\right)\right\}-\boldsymbol{b}\right\|_2^2,\boldsymbol{q}\geqslant 0\end{aligned} \tag{2.42}$$

FFT-NNLS 的初始化条件和迭代方案均与 NNLS 相同，只需将式(2.13)、式(2.14)和式(2.16)依次替换为

$$\boldsymbol{r}_e^{(\gamma)}=\mathrm{vec}\left[\mathcal{F}^{-1}\left(\mathcal{F}\left\{\mathrm{mat}\left[\boldsymbol{q}^{(\gamma)}\right]\right\}\circ\mathcal{F}(\boldsymbol{A}_c)\right)\right]-\boldsymbol{b} \tag{2.43}$$

$$\boldsymbol{\beta}^{(\gamma)}=-\mathrm{vec}\left[\mathcal{F}^{-1}\left(\mathcal{F}\left\{\mathrm{mat}\left[\boldsymbol{r}_e^{(\gamma)}\right]\right\}\circ\mathcal{F}(\boldsymbol{A}_R)\right)\right] \tag{2.44}$$

和

$$\boldsymbol{g}^{(\gamma)}=\mathrm{vec}\left[\mathcal{F}^{-1}\left(\mathcal{F}\left\{\mathrm{mat}\left[\hat{\boldsymbol{\beta}}^{(\gamma)}\right]\right\}\circ\mathcal{F}(\boldsymbol{A}_c)\right)\right] \tag{2.45}$$

3. FFT-FISTA

FFT-FISTA 的初始化条件和迭代方案均与 FISTA 相同，只需将式(2.19)替换为

$$q^{(\gamma+1)}=\mathcal{P}_{+}\left[y^{(\gamma+1)}-\frac{\operatorname{vec}\left(\mathcal{F}^{-1}\left\{\mathcal{F}\left[\mathcal{F}^{-1}\left(\mathcal{F}\left\{\operatorname{mat}\left[y^{(\gamma+1)}\right]\right\}\circ\mathcal{F}\left(A_{c}\right)\right)-\operatorname{mat}(b)\right]\circ\mathcal{F}\left(A_{R}\right)\right\}\right)}{L_{\lambda}}\right] \tag{2.46}$$

此时，常数 L_{λ} 取为 $\tilde{A}^{\mathrm{T}}\tilde{A}$ 的最大特征值，可由幂法求得，涉及的矩阵运算亦可转化为 FFT 运算。

4. FFT-RL

FFT-RL 初始化 $q^{(0)}=b/L_{c}$，由第 γ 次迭代计算结果 $q^{(\gamma)}$ 到第 $\gamma+1$ 次迭代计算结果 $q^{(\gamma+1)}$ 的具体方案为

$$q^{(\gamma+1)}=\frac{q^{(\gamma)}\circ\operatorname{vec}\left[\mathcal{F}^{-1}\left(\mathcal{F}\left\{\operatorname{mat}(b)\circ\left[\mathcal{F}^{-1}\left(\mathcal{F}\left\{\operatorname{mat}\left[q^{(\gamma)}\right]\right\}\circ\mathcal{F}\left(A_{c}\right)\right)\right]^{\circ(-1)}\right\}\circ\mathcal{F}\left(A_{R}\right)\right)\right]}{L_{c}} \tag{2.47}$$

式中，上标 $\circ(-1)$ 表示阿达马逆运算。式(2.47)是 RL 迭代方案中式(2.24)和式(2.25)的变体。

2.2.4 第四类反卷积

该类反卷积无须计算 PSF，典型代表是 CLEAN-SC。CLEAN-SC 是 CLEAN(第二类反卷积算法)的变体。初始化 $b^{(0)}=b$、$q^{(0)}=\mathbf{0}$ 和 $C^{(0)}=C$，进行第 $\gamma+1$ 次迭代时，CLEAN-SC 的前两步与 CLEAN 完全相同，第三步计算 $b^{(\gamma+1)}(r)$ 时，与 CLEAN 用声源平均声压贡献与 PSF 的乘积来表示确定声源的 DAS 贡献的思路不同，CLEAN-SC 基于空间源相干性(同一声源产生的主瓣与旁瓣相干)用 DAS 输出与相干系数的乘积来计算与确定声源相干的 DAS 贡献[42]。相应地，式(2.27)变为

$$b^{(\gamma+1)}(r)=b^{(\gamma)}(r)-\vartheta b^{(\gamma)}(r)\gamma\left[r,r_{\max}^{(\gamma+1)}\right] \tag{2.48}$$

式中，$\gamma\left[r,r_{\max}^{(\gamma+1)}\right]$ 为 r 聚焦点处 DAS 输出与最大输出间的相干系数；$b^{(\gamma)}(r)\gamma\left[r,r_{\max}^{(\gamma+1)}\right]$ 为 r 聚焦点处 DAS 输出与 $r_{\max}^{(\gamma+1)}$ 指示声源相干的成分。$\gamma\left[r,r_{\max}^{(\gamma+1)}\right]$ 的表达式为

$$\gamma\left[r,r_{\max}^{(\gamma+1)}\right]=\frac{1}{b^{(\gamma)}(r)b_{\max}^{(\gamma+1)}}\left\{\frac{\left|v^{\mathrm{H}}(r)C^{(\gamma)}v\left[r_{\max}^{(\gamma+1)}\right]\right|}{M\|v(r)\|_{2}\left\|v\left[r_{\max}^{(\gamma+1)}\right]\right\|_{2}}\right\}^{2} \tag{2.49}$$

式中，$C^{(\gamma)}$ 为完成 γ 次迭代后的互谱矩阵。每次迭代中，互谱矩阵可按下式更新：

$$\begin{cases}C^{(\gamma+1)}=C^{(\gamma)}-\vartheta G^{(\gamma+1)}\\ G^{(\gamma+1)}=b_{\max}^{(\gamma+1)}s\left[r_{\max}^{(\gamma+1)}\right]s^{\mathrm{H}}\left[r_{\max}^{(\gamma+1)}\right]\end{cases} \tag{2.50}$$

式中，$G^{(\gamma+1)}\in\mathbb{C}^{M\times M}$ 为分析各聚焦点处 DAS 输出与最大输出间的相干性而获得的互谱矩

阵；$\boldsymbol{s}\left[\boldsymbol{r}_{\max}^{(\gamma+1)}\right]\in\mathbb{C}^{M}$ 为相应的源成分向量。联立式(2.48)～式(2.50)和

$$b^{(\gamma+1)}(\boldsymbol{r})=\frac{1}{M}\cdot\frac{\boldsymbol{v}^{\mathrm{H}}(\boldsymbol{r})\boldsymbol{C}^{(\gamma+1)}\boldsymbol{v}(\boldsymbol{r})}{\left\|\boldsymbol{v}(\boldsymbol{r})\right\|_2^2} \tag{2.51}$$

可得

$$\boldsymbol{s}\left[\boldsymbol{r}_{\max}^{(\gamma+1)}\right]=\frac{\boldsymbol{C}^{(\gamma)}\boldsymbol{v}\left[\boldsymbol{r}_{\max}^{(\gamma+1)}\right]}{\sqrt{M}b_{\max}^{(\gamma+1)}\left\|\boldsymbol{v}\left[\boldsymbol{r}_{\max}^{(\gamma+1)}\right]\right\|_2} \tag{2.52}$$

式(2.52)亦可从另一角度获得。因为$\boldsymbol{G}^{(\gamma+1)}$为分析各聚焦点处的 DAS 输出与最大输出间的相干性而获得的互谱矩阵，故对于任意$\boldsymbol{r}$聚焦点，$\boldsymbol{G}^{(\gamma+1)}$需满足：

$$\frac{1}{M}\cdot\frac{\boldsymbol{v}^{\mathrm{H}}(\boldsymbol{r})\boldsymbol{C}^{(\gamma)}\boldsymbol{v}\left[\boldsymbol{r}_{\max}^{(\gamma+1)}\right]}{\left\|\boldsymbol{v}(\boldsymbol{r})\right\|_2\left\|\boldsymbol{v}\left[\boldsymbol{r}_{\max}^{(\gamma+1)}\right]\right\|_2}=\frac{1}{M}\cdot\frac{\boldsymbol{v}^{\mathrm{H}}(\boldsymbol{r})\boldsymbol{G}^{(\gamma+1)}\boldsymbol{v}\left[\boldsymbol{r}_{\max}^{(\gamma+1)}\right]}{\left\|\boldsymbol{v}(\boldsymbol{r})\right\|_2\left\|\boldsymbol{v}\left[\boldsymbol{r}_{\max}^{(\gamma+1)}\right]\right\|_2} \tag{2.53}$$

联立式(2.50)和式(2.53)便可得式(2.52)。值得强调的是，根据式(2.48)，CLEAN-SC 每次迭代中部分或全部移除所有与该次迭代确定声源相干的成分，$\boldsymbol{b}_I$中有这样的成分，$\boldsymbol{b}_C$和$\boldsymbol{b}_N$中也可能有这样的成分。

2.3　综合性能对比分析

本节基于数值模拟和验证试验对上述反卷积算法进行综合性能对比分析。

2.3.1　数值模拟

正如 2.1 节所述，DAS 的输出为各声源单独引起输出的和加上由于声源相干性和噪声干扰带来的附加项，即$\boldsymbol{b}=\boldsymbol{b}_I+\boldsymbol{b}_C+\boldsymbol{b}_N$。正如 2.2 节所述，第一类反卷积算法建立和求解的数学模型(带非负约束的线性方程组)忽略$\boldsymbol{b}_C$和$\boldsymbol{b}_N$的存在，用$\boldsymbol{b}$替代$\boldsymbol{b}_I$；第二类反卷积算法每次迭代中仅部分或全部移除该次迭代确定的声源对$\boldsymbol{b}_I$的贡献，而未移除其对$\boldsymbol{b}_C$和$\boldsymbol{b}_N$的贡献；第三类反卷积算法建立和求解的数学模型不仅忽略$\boldsymbol{b}_C$和$\boldsymbol{b}_N$的存在，而且用$\boldsymbol{b}$替代$\boldsymbol{b}_I$在空间转移不变 PSF 假设下的变体$\tilde{\boldsymbol{b}}_I$；第四类反卷积算法每次迭代中部分或全部移除所有与该次迭代确定声源相干的成分，$\boldsymbol{b}_I$中有这样的成分，$\boldsymbol{b}_C$和$\boldsymbol{b}_N$中也可能有这样的成分。鉴于此，本节首先在$\boldsymbol{b}=\boldsymbol{b}_I$的理想工况下，对比分析各类反卷积算法的清晰化效果、声源识别(定位定量)精度、收敛性能、计算效率和对小分离声源的空间分辨能力，然后对比分析$\boldsymbol{b}_C$和$\boldsymbol{b}_N$的存在对各类反卷积算法性能的影响。

相关参数设置如下：假设 4 个声源，位置依次为(−0.2,0,1)m、(0.2,0,1)m、(−0.2,0.6,1)m和(0.2,0.6,1)m，平均声压贡献依次为 93.59dB、93.59dB、92.44dB 和 92.44dB(参考标准声压 2×10^{-5}Pa 进行 dB 缩放，对应$\mathbb{E}\left[\left|s(\boldsymbol{r}_0)\right|^2\right]=1$)；目标声源区域与声源平面重合，尺寸为 1.6m×1.6m，x方向和y方向上的离散间隔均为 0.025m；用 CLEAN 和 CLEAN-SC 计算$\boldsymbol{q}$时，设定循环因子ϑ为 1，波束宽度Θ_0为 0，即仅考虑 DAS 的最大输出值，成像$\boldsymbol{q}$时，

为了美观，加大主声源的波束宽度使其包含 9 个聚焦点。

1. $\boldsymbol{b}=\boldsymbol{b}_I$ 工况

图 2.4 给出了 $\boldsymbol{b}=\boldsymbol{b}_I$ 工况下 3000Hz 频率的声源成像图，图 2.4(a)为声源平均声压贡献的真实分布，图 2.4(b)为 DAS 的输出，图 2.4(c)～图 2.4(l)为各类反卷积算法完成 500 次迭代后重构的声源平均声压贡献分布，每幅子图均参考最大输出值进行 dB 缩放，显示动态范围均从-20dB 至 0dB，上方还标出参考标准声压 2×10^{-5}Pa 进行 dB 缩放的最大输出值。DAS 的输出承受宽主瓣和大面积旁瓣，各类反卷积算法均有效缩减了主瓣宽度并衰减了旁瓣污染，获得的声源成像图更清晰明确，且 DAMAS、NNLS、FISTA、RL、CLEAN 和 CLEAN-SC 的效果明显优于 DAMAS2、FFT-NNLS、FFT-FISTA 和 FFT-RL。DAS、DAMAS、NNLS、FISTA、RL、CLEAN 和 CLEAN-SC 的输出形状规整且峰值落在声源位置(由“+”标记)的主瓣，这样的主瓣能准确指示声源位置；DAMAS2、FFT-NNLS、FFT-FISTA 和 FFT-RL 仅对靠近中心聚焦点的声源，即(−0.2,0,1) m 和(0.2,0,1) m 位置处的声源具备该特征，对远离中心聚焦点的声源，即(−0.2,0.6,1) m 和(0.2,0.6,1) m 位置处的声源，输出的主瓣具有明显拖尾现象，且峰值偏离声源位置较多，这样的主瓣不仅无法准确指示声源位置，还极易造成拖尾方向具有其他声源的假象。图 2.4(a)中，每个声源附近均标出了声源平均声压贡献的真实值，图 2.4(b)～图 2.4(l)中，每个声源附近均标出了声源平均声压贡献的计算

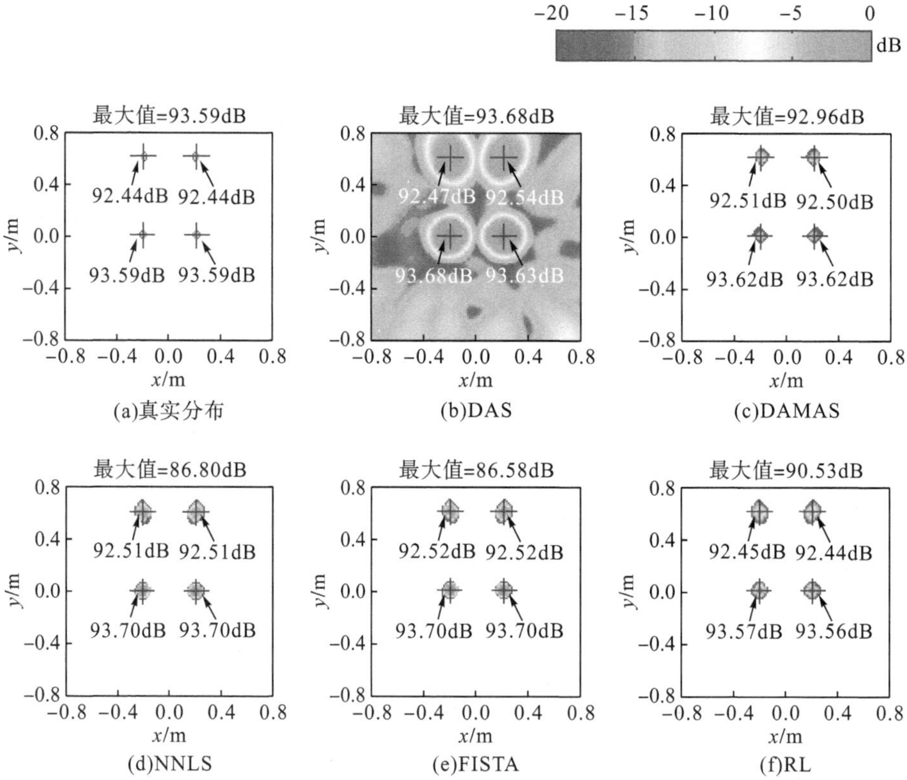

(a)真实分布 (b)DAS (c)DAMAS

(d)NNLS (e)FISTA (f)RL

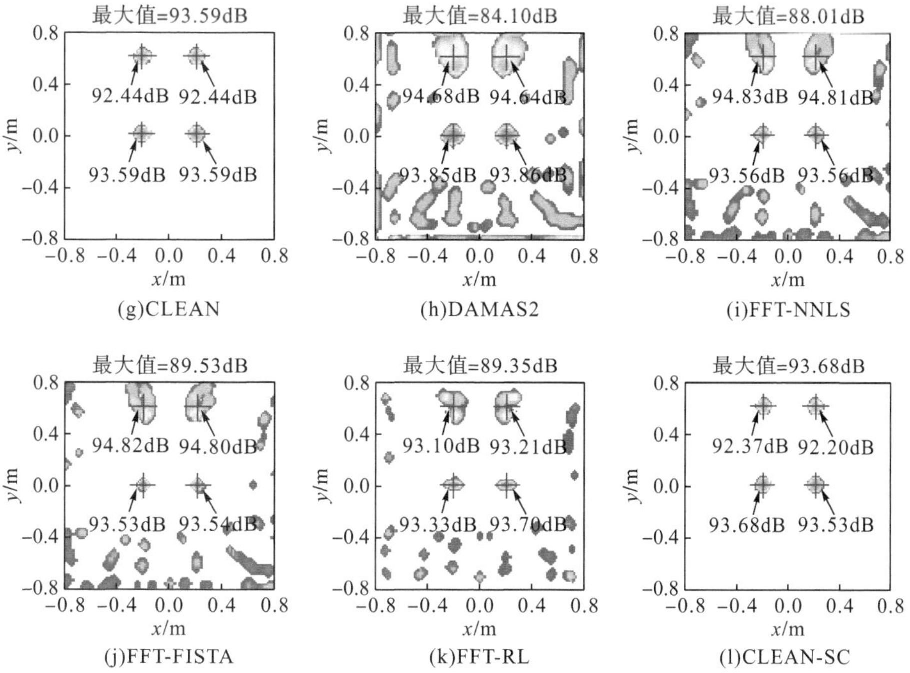

图 2.4　$\boldsymbol{b}=\boldsymbol{b}_I$ 工况下 3000Hz 频率的声源成像图

值。根据 DAS、CLEAN 和 CLEAN-SC 的原理，这三种算法计算的声源平均声压贡献均为其输出的主瓣峰值；其他反卷积算法计算的声源平均声压贡献均为其在主瓣区域内各聚焦点处输出值的线性叠加，这是由于这些算法迭代的结果会使部分声源能量泄漏扩散至声源附近聚焦点。可以看出，DAS、DAMAS、NNLS、FISTA、RL、CLEAN 和 CLEAN-SC 均准确量化了各声源的平均声压贡献；DAMAS2、FFT-NNLS、FFT-FISTA 和 FFT-RL 均准确量化了靠近中心聚焦点处声源的平均声压贡献，而对远离中心聚焦点的声源，除 FFT-RL 外，其他三种算法的量化误差均较大，最大高达 2.39dB。

综上所述，四类反卷积算法均能有效清晰化传统 DAS 的结果，且第一类、第二类和第四类反卷积算法的清晰化效果明显优于第三类算法；第一类、第二类和第四类反卷积算法对靠近和远离中心聚焦点的声源均能有效识别，而第三类反卷积算法仅对靠近中心聚焦点的声源有效。导致第三类反卷积算法存在上述性能落后的根本原因在于 PSF 不绝对满足空间转移不变要求等因素使 $\boldsymbol{b}_I \neq \tilde{\boldsymbol{b}}_I$，且声源越远离中心聚焦点，二者间的偏差越大。

用声源平均声压贡献分布标准差来衡量各类反卷积算法的重构结果与真实结果间的差异，其定义式为

$$\sigma\left[\boldsymbol{q}^{(\gamma)}-\boldsymbol{q}_t\right]=\frac{\left\|\boldsymbol{q}^{(\gamma)}-\boldsymbol{q}_t\right\|_2}{\sqrt{G}} \tag{2.54}$$

式中，$\boldsymbol{q}_t \in \mathbb{R}^G$ 为各聚焦点处的真实声源平均声压贡献组成的列向量。图 2.5 给出了该标准差随迭代次数的变化曲线，计算频率亦为 3000Hz。DAMAS、NNLS、FISTA、RL、CLEAN、FFT-NNLS 和 CLEAN-SC 的标准差均先随迭代次数的增加而下降，并在一定迭代次数后

趋于稳定（暂忽略 CLEAN-SC 标准差最后的急剧上升现象）；DAMAS2、FFT-FISTA 和 FFT-RL 的标准差随迭代次数的增加先下降后缓慢上升最终趋于稳定。就收敛至稳定值所需的迭代次数，CLEAN 和 CLEAN-SC 最少，DAMAS、FFT-NNLS、FFT-FISTA 和 FFT-RL 次之，NNLS 第三，FISTA 和 DAMAS2 第四，RL 最多；CLEAN 和 CLEAN-SC 仅需数次迭代便收敛，其他算法需数千次迭代才收敛。就收敛后的标准差，DAMAS、FISTA、CLEAN 和 CLEAN-SC 最小，几乎为 0，NNLS 次之，RL 第三，FFT-NNLS 和 FFT-FISTA 第四，FFT-RL 第五，DAMAS2 最大。另外，值得注意的是，从 1878 次迭代开始，CLEAN-SC 的标准差急剧上升，说明过多的迭代会使 CLEAN-SC 失效。为避免该问题，第 $\gamma+1$ 次迭代中，CLEAN-SC 可用如下条件作为终止迭代的判据：

$$\left\|\text{vec}\left[\boldsymbol{C}^{(\gamma+1)}\right]\right\|_1 \geqslant \left\|\text{vec}\left[\boldsymbol{C}^{(\gamma)}\right]\right\|_1 \tag{2.55}$$

式中，$\|\bullet\|_1$ 表示向量的 ℓ_1 范数。虽然 CLEAN 不存在该问题，但也可以采用同样的迭代终止条件来避免不必要的迭代，初始化 $\boldsymbol{C}^{(0)}=\boldsymbol{C}$，第 $\gamma+1$ 次迭代中，CLEAN 可按下式更新互谱矩阵：

$$\boldsymbol{C}^{(\gamma+1)}=\boldsymbol{C}^{(\gamma)}-\vartheta b_{\max}^{(\gamma+1)}\boldsymbol{v}\left[\boldsymbol{r}_{\max}^{(\gamma+1)}\right]\boldsymbol{v}^{\mathrm{H}}\left[\boldsymbol{r}_{\max}^{(\gamma+1)}\right] \tag{2.56}$$

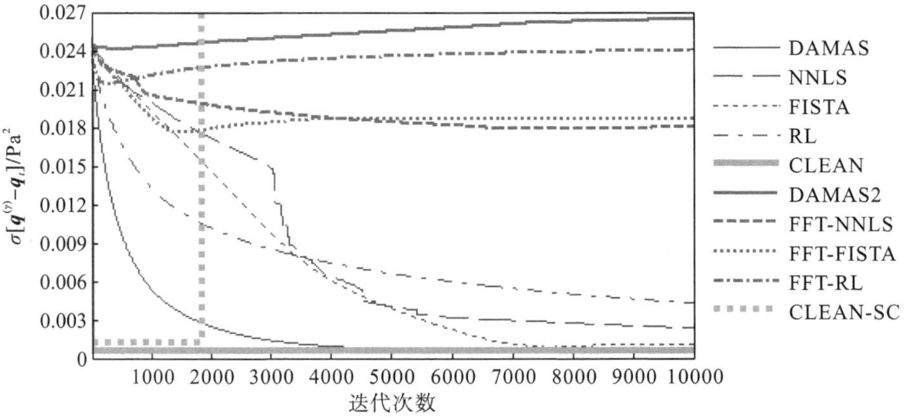

图 2.5 声源平均声压贡献分布标准差曲线

图 2.6 给出了采用该迭代终止条件时 CLEAN 和 CLEAN-SC 的声源成像图，其几乎与图 2.4(g) 和图 2.4(l) 无差，且分别仅需运行 5 次和 8 次迭代。综合上述分析，本章后续所有数值模拟和验证试验中，CLEAN 和 CLEAN-SC 均采用式(2.55)所示的条件终止迭代，其他反卷积算法均在完成设定迭代次数（500 次）后结束迭代。表 2.1 第二行列出了获得图 2.4(c)～图 2.4(l) 各类反卷积算法的耗时：第一类算法远比其他算法耗时严重，计算单个频率需要数分钟，其中，DAMAS 和 NNLS 的耗时又多于 FISTA 和 RL；第三类算法的耗时极少，计算单个频率不足 1s，其中，DAMAS2 最少，FFT-FISTA 和 FFT-RL 次之，FFT-NNLS 第三；第二类和第四类算法的耗时居中，计算单个频率需要十多秒或数秒。这与需要计算的 PSF（对 CLEAN-SC 是相干系数）的多少和涉及矩阵运算的多少与维度大小有关。表 2.1 第三行列出了获得图 2.6 的耗时，快速收敛特性使 CLEAN 和 CLEAN-SC 用极少耗时便可达到最佳重构效果。

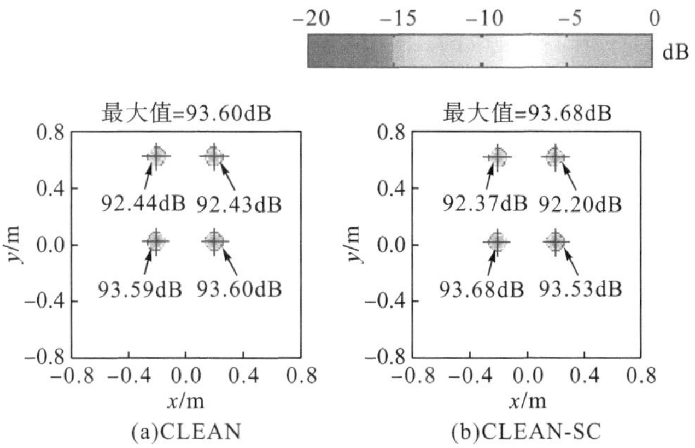

图 2.6　采用迭代终止条件时 CLEAN 和 CLEAN-SC 的声源成像图

表 2.1　反卷积算法的耗时

反卷积算法	第一类				第二类	第三类				第四类
	DAMAS	NNLS	FISTA	RL	CLEAN	DAMAS2	FFT-NNLS	FFT-FISTA	FFT-RL	CLEAN-SC
获得图 2.4(c)～图 2.4(l)的耗时/s	186.73	181.29	131.13	126.36	14.72	0.33	0.68	0.44	0.42	8.93
获得图 2.6 的耗时/s	—	—	—	—	0.18	—	—	—	—	0.15

根据 DAS 波束形成空间分辨率的瑞利法则[22]，对两个声源，若一个声源对应主瓣的峰值恰好落在另一个声源对应主瓣的零点处，则两个声源刚好可被准确分辨。记 R 为 DAS 波束形成可准确分辨两声源间的最小距离，其与声源仰角 θ（声源和阵列中心的连线与阵列轴线间夹角）、目标声源区域与阵列间距离 z_0、阵列孔径 D、声速 c 和频率 f 有关：

$$R \propto \frac{1}{\cos^3\theta}\cdot\frac{z_0}{D}\cdot\frac{c}{f} \tag{2.57}$$

显然，θ、z_0 和 c 越大，D 和 f 越小，R 越大。称间距大于或等于 R 的声源为大分离声源，间距小于 R 的声源为小分离声源，上述数值模拟中假设的 3000Hz 频率下的声源即为大分离声源，所有算法均能有效分辨这样的声源（在各声源位置处输出的主瓣彼此独立）。为了探究各类反卷积算法对小分离声源的分辨能力，降低频率进行计算，图 2.7 给出了声源成像图，Ⅰ～Ⅲ列依次对应 1600Hz、1300Hz 和 1000Hz，a～k 行依次对应 DAS、DAMAS、NNLS、FISTA、RL、CLEAN、DAMAS2、FFT-NNLS、FFT-FISTA、FFT-RL 和 CLEAN-SC。三个频率下，声源平均声压贡献的真实分布均与图 2.4(a)中的分布一致。将 4 个声源分为两对，其中(−0.2,0,1)m 和(0.2,0,1)m 位置处的声源为第一对；(−0.2,0.6,1)m 和(0.2,0.6,1)m 位置处的声源为第二对。各对声源的间距与 R 的关系如表 2.2 所示，第一对声源在 1600Hz 时可看作大分离声源，其他频率下均为小分离声源，第二对声源在三个频率下均为小分离声源，频率越低，声源分离程度越小。如图 2.7(aⅠ)～图 2.7(aⅢ)所示，DAS 的“低频差空间分辨率”特性使频率越低，主瓣融合越严重，声源越难被分辨。如图 2.7(bⅠ)～

图 2.7(bⅢ)所示，三个频率下，DAMAS 输出的主瓣均彼此独立且正确指示声源的位置和平均声压贡献。如图 2.7(cⅠ)～图 2.7(cⅢ)所示，NNLS 输出的主瓣在 1600Hz 和 1300Hz 时彼此独立、在 1000Hz 时仅轻微融合，类似现象同样出现在对应 FISTA 算法[图 2.7(dⅠ)～图 2.7(dⅢ)]中和对应 RL 算法[图 2.7(eⅠ)～图 2.7(eⅢ)]中，在 1600Hz 和 1300Hz 时，NNLS、FISTA 和 RL 输出的所有主瓣均能正确指示声源的位置和平均声压贡献，在 1000Hz 时，NNLS 和 FISTA 输出的所有主瓣以及 RL 对应第一对声源输出的主瓣亦能正确指示声源的位置和平均声压贡献，而 RL 对应第二对声源输出的主瓣则偏离声源位置较多。如图 2.7(fⅠ)～图 2.7(fⅢ)所示，三个频率下，CLEAN 输出的主瓣虽均彼此独立，但仅在 1600Hz 时能正确指示声源的位置和平均声压贡献，而在 1300Hz 和 1000Hz 时，主瓣严重偏离声源位置，类似现象同样出现在对应 CLEAN-SC 算法[图 2.7(kⅠ)～图 2.7(kⅢ)]中。如图 2.7(gⅠ)～图 2.7(gⅢ)所示，1600Hz 和 1300Hz 时，DAMAS2 对应第一对声源输出的主瓣能正确指示声源的位置和平均声压贡献，对应第二对声源输出的主瓣虽仅轻微融合，偏离声源位置较多，这归因于第三类反卷积算法对远离中心聚焦点的声源失效的缺陷，在 1000Hz 时，DAMAS2 输出的主瓣严重融合，由此无法分辨声源，类似现象同样出现在对应 FFT-NNLS 算法[图 2.7(hⅠ)～图 2.7(hⅢ)]中和对应 FFT-FISTA 算法[图 2.7(iⅠ)～图 2.7(iⅢ)]中。如图 2.7(jⅠ)～图 2.7(jⅢ)所示，三个频率下，对每对声源，FFT-RL 均在两声源连线的中垂线上输出声学中心，引入虚假声源，在 1600Hz 时，虚假声源的能量较弱，对应真实声源输出的主瓣能正确指示声源的位置和平均声压贡献，在 1300Hz 和 1000Hz 时，虚假声源的能量很强，对应真实声源输出的主瓣也偏离真实声源位置较多。联合图 2.7 和表 2.2 得表 2.3，其反映声源间距与 R 的 6 个关系下各算法的声源识别效果，可以看出，对小分离声源的空间分辨能力，第一类反卷积算法最强，第三类反卷积算法次之，第二类和第四类反卷积算法较弱；相比于 DAS，第一类和除 FFT-RL 外的第三类反卷积算法均提高了空间分辨率，而 FFT-RL 及第二类和第四类反卷积算法没有提高空间分辨率。FFT-RL 的上述性能落后现象可能与其概率统计的求解思想和 $\boldsymbol{b}$ 偏离 $\tilde{\boldsymbol{b}}_l$ 较多有关。第二类和第四类反卷积算法存在上述性能落后现象的根本原因在于每次迭代中，它们认为 DAS 最大输出值的位置为声源位置，当 DAS 输出的主瓣严重融合、最大输出值的位置偏离声源位置时，它们的结果亦不准确。综合表 2.3 和图 2.7 可得，第一类反卷积算法中，DAMAS 对小分离声源的空间分辨能力最强，FISTA 次之，NNLS 第三，RL 最弱；第三类反卷积算法中，DAMAS2、FFT-NNLS 和 FFT-FISTA 对小分离声源的空间分辨能力相当，均强于 FFT-RL。

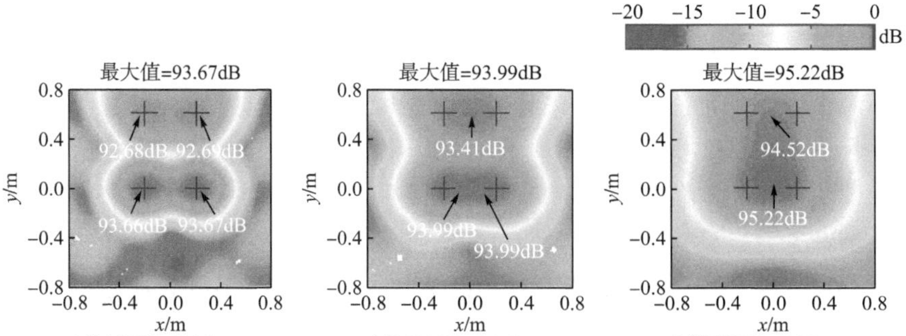

(aⅠ)1600Hz,DAS (aⅡ)1300Hz,DAS (aⅢ)1000Hz,DAS

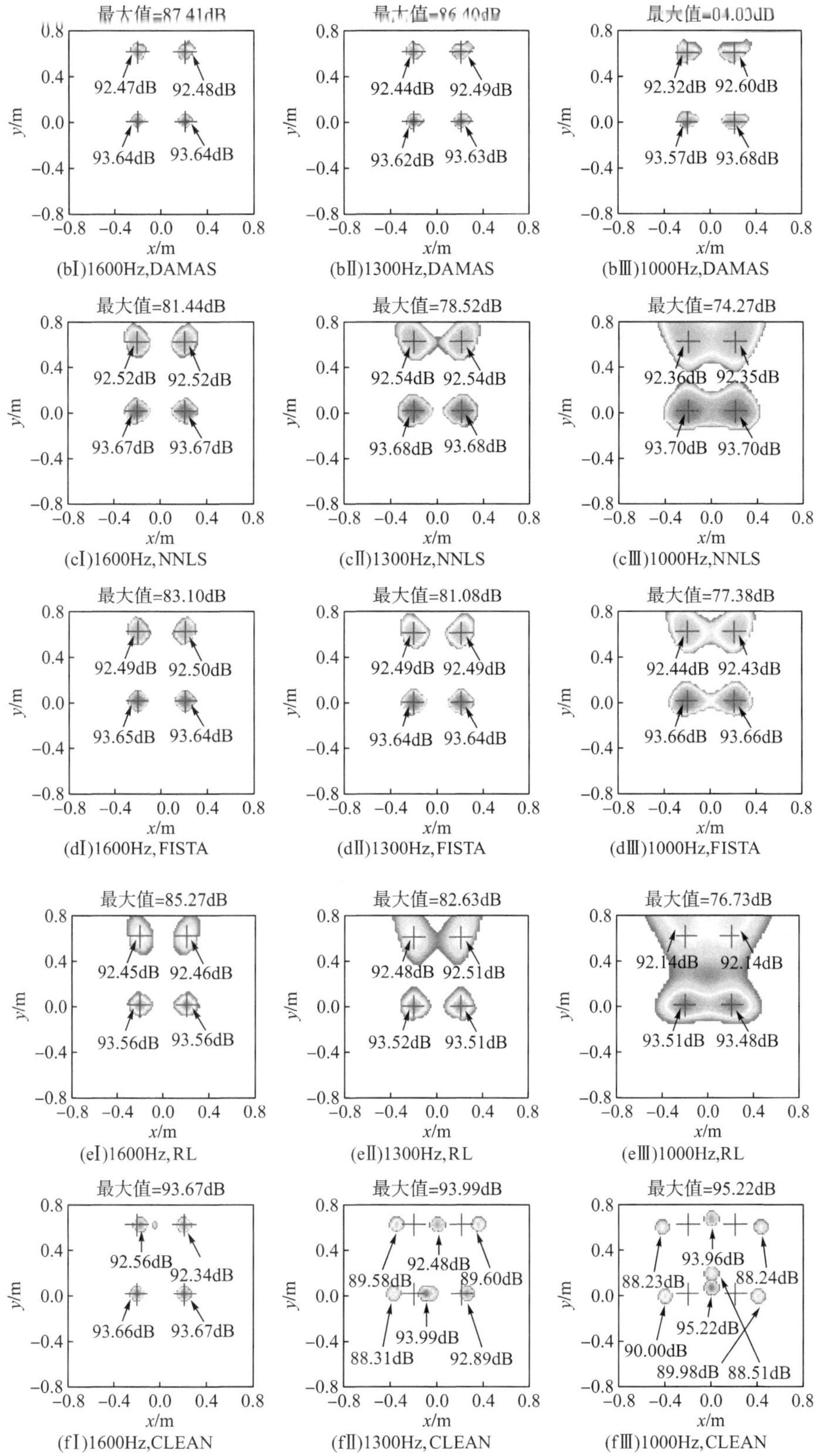

(bⅠ)1600Hz,DAMAS (bⅡ)1300Hz,DAMAS (bⅢ)1000Hz,DAMAS

(cⅠ)1600Hz,NNLS (cⅡ)1300Hz,NNLS (cⅢ)1000Hz,NNLS

(dⅠ)1600Hz,FISTA (dⅡ)1300Hz,FISTA (dⅢ)1000Hz,FISTA

(eⅠ)1600Hz,RL (eⅡ)1300Hz,RL (eⅢ)1000Hz,RL

(fⅠ)1600Hz,CLEAN (fⅡ)1300Hz,CLEAN (fⅢ)1000Hz,CLEAN

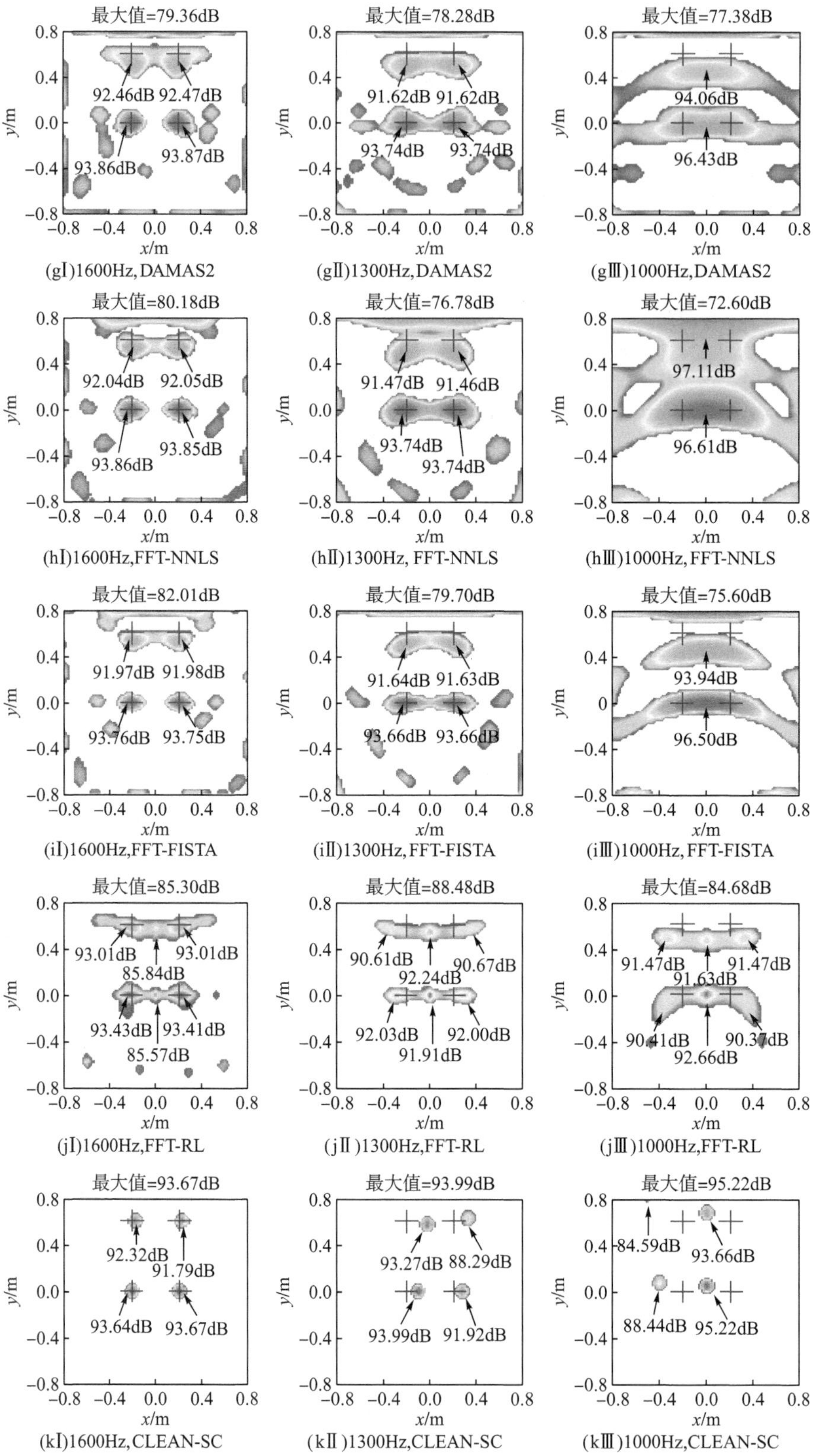

图 2.7 $\boldsymbol{b}=\boldsymbol{b}_I$ 工况下 1600Hz、1300Hz 和 1000Hz 频率的声源成像图

表 2.2　声源间距与 R 的关系

声源	频率		
	1600Hz	1300Hz	1000Hz
第一对声源 [位置：(−0.2,0,1) m 和(0.2,0,1) m]	R ($R\approx0.4$m)	$0.75R$ ($R\approx0.53$m)	$0.57R$ ($R\approx0.7$m)
第二对声源 [位置：(−0.2,0.6,1) m 和(0.2,0.6,1) m]	$0.8R$ ($R\approx0.5$m)	$0.67R$ ($R\approx0.6$m)	$0.48R$ ($R\approx0.83$m)

注：R 由数值模拟获得。

表 2.3　声源间距与 R 的 6 个关系下各算法的声源识别效果

算法			声源间距与 R 的关系					
			R	$0.8R$	$0.75R$	$0.67R$	$0.57R$	$0.48R$
DAS			✓	✓	×	×	×	×
反卷积算法	第一类	DAMAS	✓	✓	✓	✓	✓	✓
		NNLS	✓	✓	✓	✓	✓	✓
		FISTA	✓	✓	✓	✓	✓	✓
		RL	✓	✓	✓	✓	✓	×
	第二类	CLEAN	✓	✓	×	×	×	×
	第三类	DAMAS2	✓	✗	✓	✗	×	×✗
		FFT-NNLS	✓	✗	✓	✗	×	×✗
		FFT-FISTA	✓	✗	✓	✗	×	×✗
		FFT-RL	☑	☑	×	×✗	×	×✗
	第四类	CLEAN-SC	✓	✓	×	×	×	×

注：✓表示能准确(小误差地)定位定量声源；

×和✗均表示不能准确定位定量声源，前者归因于对小分离声源的有限空间分辨能力，后者归因于对远离中心聚焦点的声源失效的缺陷；

☑表示能准确定位定量声源，但会引入虚假声源。

2. $\boldsymbol{b}=\boldsymbol{b}_I+\boldsymbol{b}_C$ 工况

当存在相干声源或声源互不相干但计算互谱矩阵时采用的数据快拍较少时，$\boldsymbol{b}_C$ 存在，本部分讨论 $\boldsymbol{b}_C$ 存在对各类反卷积算法性能的影响，探究这些算法对相干声源和少量数据快拍的适用性。

1) $\boldsymbol{b}_C$ 由声源相干性引起

假设 4 个声源彼此相干，即具有固定强度比和固定相位差，这里的 4 个声源强度相等，随机生成 4 个声源的初始相位为 33.82°、26.85°、256.57°和 317.55°，其决定了声源间的相位差。图 2.8 为模拟计算 3000Hz 频率下的声源成像图。对比图 2.8 和图 2.4 可见：DAS、DAMAS、NNLS、FISTA、RL、CLEAN、DAMAS2、FFT-NNLS、FFT-FISTA 和 FFT-RL 仍能识别声源，尽管 $\boldsymbol{b}_C$ 的存在会降低声源定位定量的精度并增大旁瓣；CLEAN-SC 仅识别了一个声源，丢失了三个声源。改变声源的数目、位置、强度比、相位差、频率等参数进行数值模拟，类似现象可被获得。该现象表明：第一类、第二类和第三类反卷积算法对相干声源有适用性，而第四类反卷积算法没有。导致 CLEAN-SC 不适用于相干声源的根本原因在于每次迭代中，其移除所有与识别出声源相干的成分，该成分中包含了与识别出声源相干的声源。

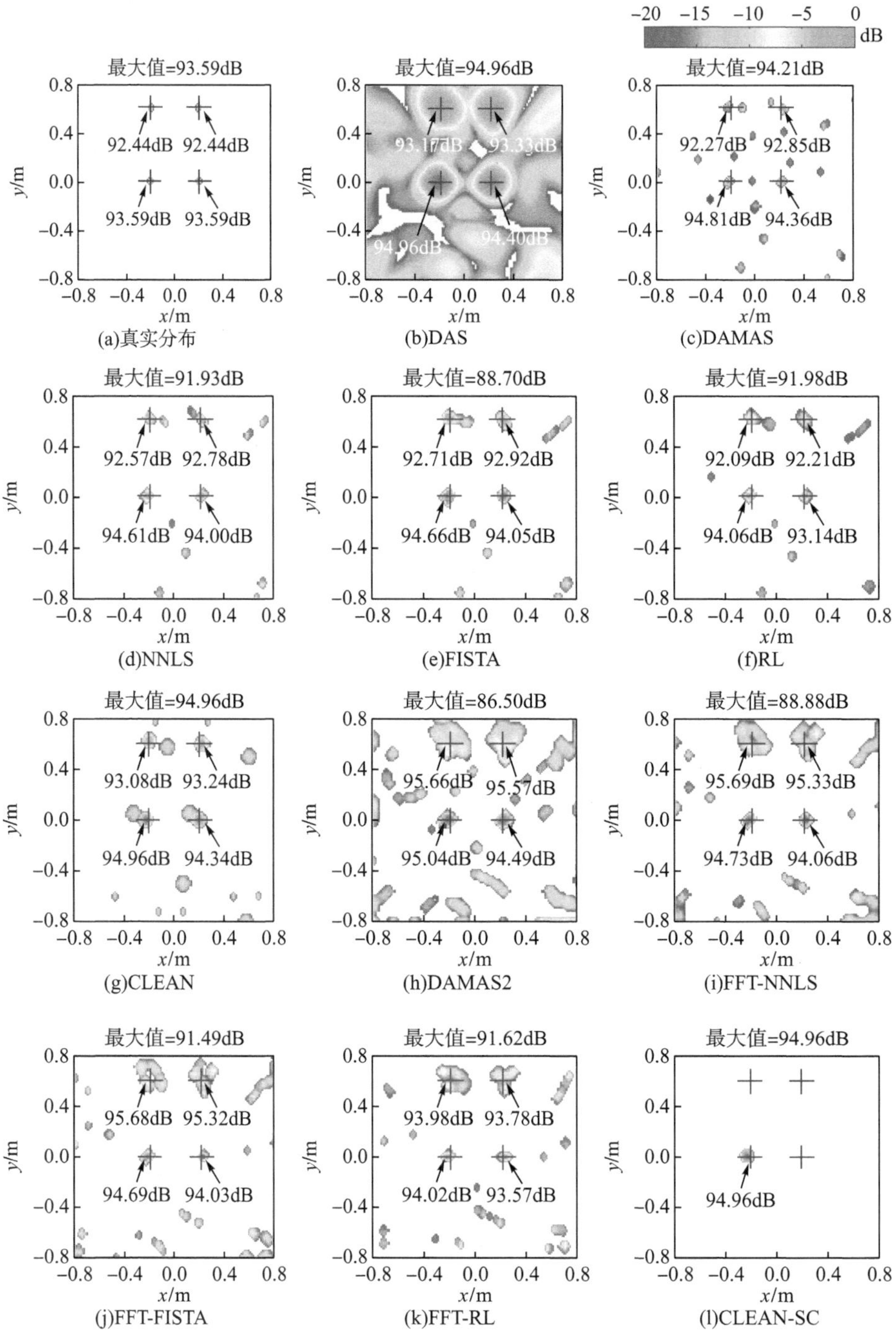

图 2.8　模拟计算 3000Hz 频率下的声源成像图

2）$\boldsymbol{b}_C$ 由数据快拍偏少引起

对不相干声源，$\boldsymbol{r}_0 \neq \boldsymbol{r}_0'$ 时，$\mathbb{E}\left[s(\boldsymbol{r}_0)s^*(\boldsymbol{r}_0')\right]=0$，相应地，$\boldsymbol{C}_C=\boldsymbol{0}$［式(2.5)］，$\boldsymbol{b}_C=\boldsymbol{0}$［式(2.7)］。实际应用中，无法直接计算期望，仅用有限多个快拍下的结果均值 $(1/L)\sum_{l=1}^{L} s_l(\boldsymbol{r}_0)s_l^*(\boldsymbol{r}_0')$ 进行替代，其中，$s_l(\boldsymbol{r}_0)$ 和 $s_l(\boldsymbol{r}_0')$ 分别为 $\boldsymbol{r}_0$ 和 $\boldsymbol{r}_0'$ 位置处声源 l 号快拍下的强度。当数据快拍足够多时，$(1/L)\sum_{l=1}^{L} s_l(\boldsymbol{r}_0)s_l^*(\boldsymbol{r}_0') \approx \mathbb{E}\left[s(\boldsymbol{r}_0)s^*(\boldsymbol{r}_0')\right]=0$，$\boldsymbol{b}_C \approx \boldsymbol{0}$，可忽略；当数据快拍偏少时，$(1/L)\sum_{l=1}^{L} s_l(\boldsymbol{r}_0)s_l^*(\boldsymbol{r}_0') \neq \mathbb{E}\left[s(\boldsymbol{r}_0)s^*(\boldsymbol{r}_0')\right]=0$，$\boldsymbol{b}_C$ 显著存在。改变数据快拍总数(L)进行数值模拟，各快拍下，固定声源的强度均为 1，随机生成声源的初始相位。单快拍下，声源可看作彼此相干，结果与图 2.8 类同，不重复给出。图 2.9 和图 2.10 分别给出了 $L=3$ 和 $L=5$ 时的声源成像图，计算频率为 3000Hz。如图 2.9(b)～图 2.9(k)和图 2.10(b)～图 2.10(k)所示，DAS、DAMAS、NNLS、FISTA、RL、CLEAN、DAMAS2、FFT-NNLS、FFT-FISTA 和 FFT-RL 仍能识别声源，尽管相比于图 2.4(b)～图 2.4(k)，声源定位定量的精度普遍略有降低且旁瓣水平普遍有所增长。如图 2.9(l)所示，CLEAN-SC 丢失了(0.2,0.6,1)m 位置处的声源，对(−0.2,0.6,1)m 位置处的声源量化也明显偏低；如图 2.10(l)所示，CLEAN-SC 虽未丢失声源，但对(−0.2,0.6,1)m 和(0.2,0.6,1)m 位置处的声源量化均明显偏低。该现象表明：第一类、第二类和第三类反卷积算法对少量数据快拍的适用性强于第四类反卷积算法。当增加数据快拍至足够多，如 50 时，各算法的结果已接近图 2.4 所示的 $\boldsymbol{b}=\boldsymbol{b}_I$ 工况下的结果，不重复给出。

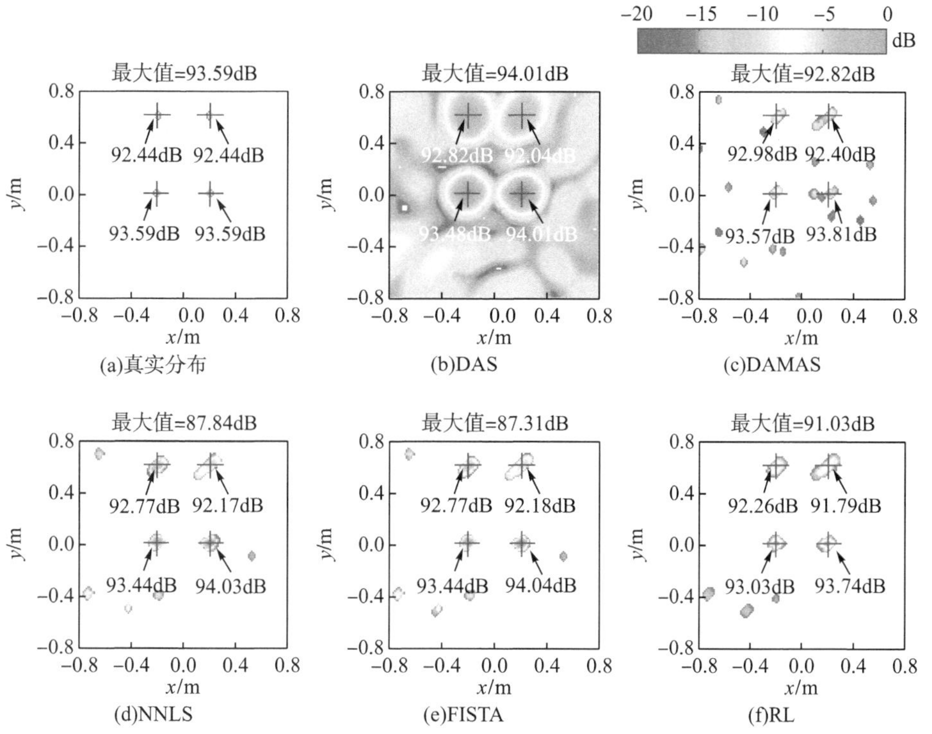

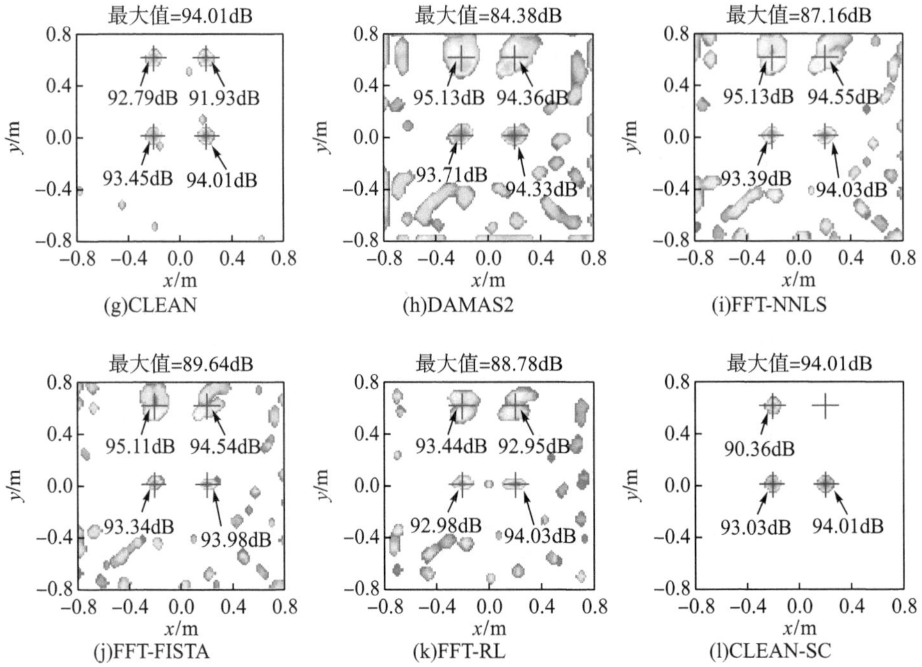

图 2.9 $L=3$ 时的声源成像图

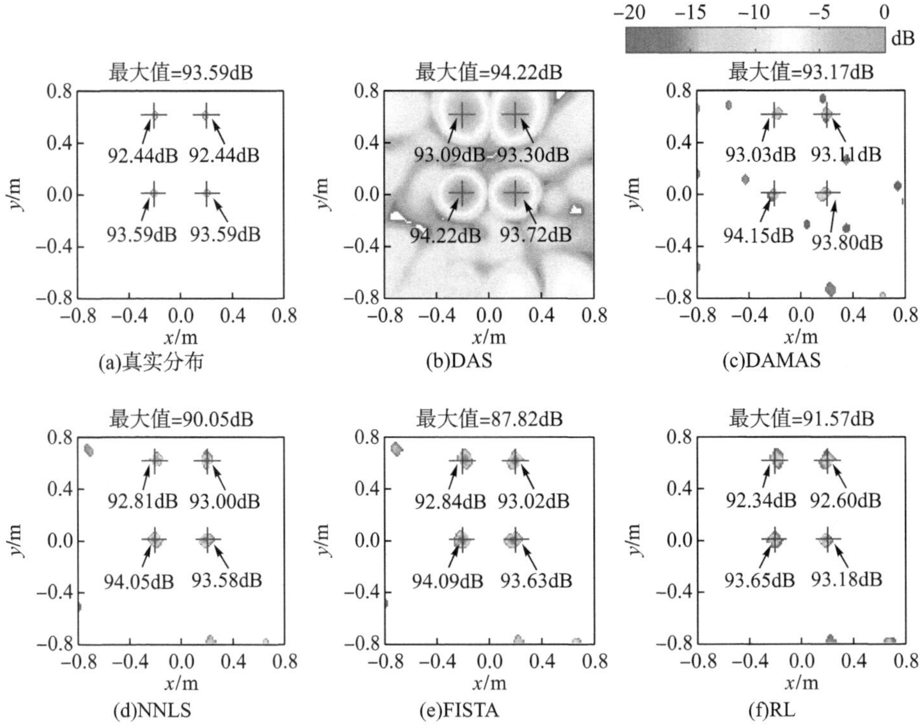

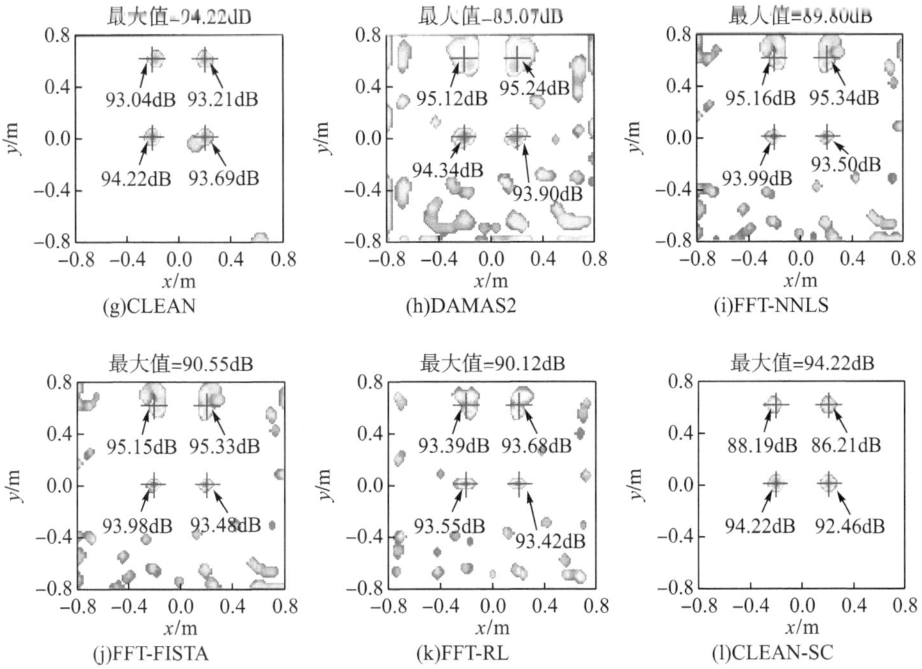

图 2.10　$L=5$ 时的声源成像图

3. $\boldsymbol{b}=\boldsymbol{b}_I+\boldsymbol{b}_N$ 工况

背景噪声、传声器及测试通道频响特性幅相误差等因素引起噪声干扰 $\boldsymbol{n}$，进而引起 $\boldsymbol{b}_N$，本部分讨论 $\boldsymbol{b}_N$ 的存在对各类反卷积算法性能的影响，探究这些算法的鲁棒性。

1) $\boldsymbol{b}_N$ 由背景噪声引起

通常地，背景噪声与声源信号不相干，各传声器测量信号中的背景噪声亦互不相干，式(2.5)中，$\boldsymbol{C}_N=\mathbb{E}\left(\boldsymbol{n}\boldsymbol{n}^{\mathrm{H}}\right)$ 为对角矩阵，即背景噪声存在于各传声器测量信号的自谱(互谱矩阵的对角线元素)中。用 $\operatorname{diag}(\bullet)$ 提取括号内矩阵的对角元素形成向量，定义信噪比(signal noise ratio，SNR)为 $10\lg\left(\left\|\operatorname{diag}\left(\boldsymbol{C}-\boldsymbol{C}_N\right)\right\|_2/\left\|\operatorname{diag}\left(\boldsymbol{C}_N\right)\right\|_2\right)$。添加不同 SNR 的背景噪声进行数值模拟，图 2.11 给出了 SNR 为 5dB 时的声源成像图。对比图 2.11(b)和图 2.4(b)可见：背景噪声引起的 $\boldsymbol{b}_N$ 给 DAS 带来的最显著影响是增大旁瓣水平；对比图 2.11(c)～图 2.11(l)和图 2.4(c)～图 2.4(l)及对应数据可见：增大旁瓣水平的影响同样体现在各类反卷积算法的结果中，尽管在图 2.11(f)中，显示动态范围内，RL 算法的该影响不可见。定义标准 ℓ_2 范数偏差 $\left\|\boldsymbol{q}_{\boldsymbol{b}=\boldsymbol{b}_I+\boldsymbol{b}_N}-\boldsymbol{q}_{\boldsymbol{b}=\boldsymbol{b}_I}\right\|_2/\left\|\boldsymbol{q}_{\boldsymbol{b}=\boldsymbol{b}_I}\right\|_2$ 来衡量 $\boldsymbol{b}_N$ 的存在对各类反卷积算法的影响，其中，$\boldsymbol{q}_{\boldsymbol{b}=\boldsymbol{b}_I+\boldsymbol{b}_N}$ 和 $\boldsymbol{q}_{\boldsymbol{b}=\boldsymbol{b}_I}$ 分别为 $\boldsymbol{b}=\boldsymbol{b}_I+\boldsymbol{b}_N$ 和 $\boldsymbol{b}=\boldsymbol{b}_I$ 工况下各类反卷积算法重构的 $\boldsymbol{q}$。图 2.12 给出了该偏差随 SNR 的变化曲线，每个 SNR 下的偏差为 100 次蒙特卡洛计算结果的均值，每次蒙特卡洛计算根据 SNR 随机生成背景噪声。图 2.12(a)中，各类算法的偏差基本上均随 SNR 的增大先减小后趋于稳定，SNR 较低时，CLEAN 和 CLEAN-SC 的偏差显著低于其他算法，SNR 足够大时，所有算法的偏差几乎为 0，FFT-NNLS 的偏差相对较大，说明低背景噪声几乎不影响反卷积算法(FFT-NNLS 除外)的结果，CLEAN 和 CLEAN-SC 对背景噪声的鲁棒性强于其他算法。导致大 SNR 下 FFT-NNLS 的偏差仍较大的原因可能是计

算图 2.12(a)时，目标声源区域聚焦网格点的离散间隔(0.025m×0.025m)太小，聚焦网格点太密，FFT-NNLS 输出的主瓣峰值漂移到邻近聚焦网格点上。为了验证该推测，增大离散间隔至 0.050m×0.050m 进行计算，所得结果如图 2.12(b)所示，显然，SNR 足够大时，FFT-NNLS 的偏差亦几乎为 0，证明推测正确。CLEAN 和 CLEAN-SC 对背景噪声具有强鲁棒性的优势主要得益于其仅提取 DAS 输出的主瓣峰值为声源的基本思想。

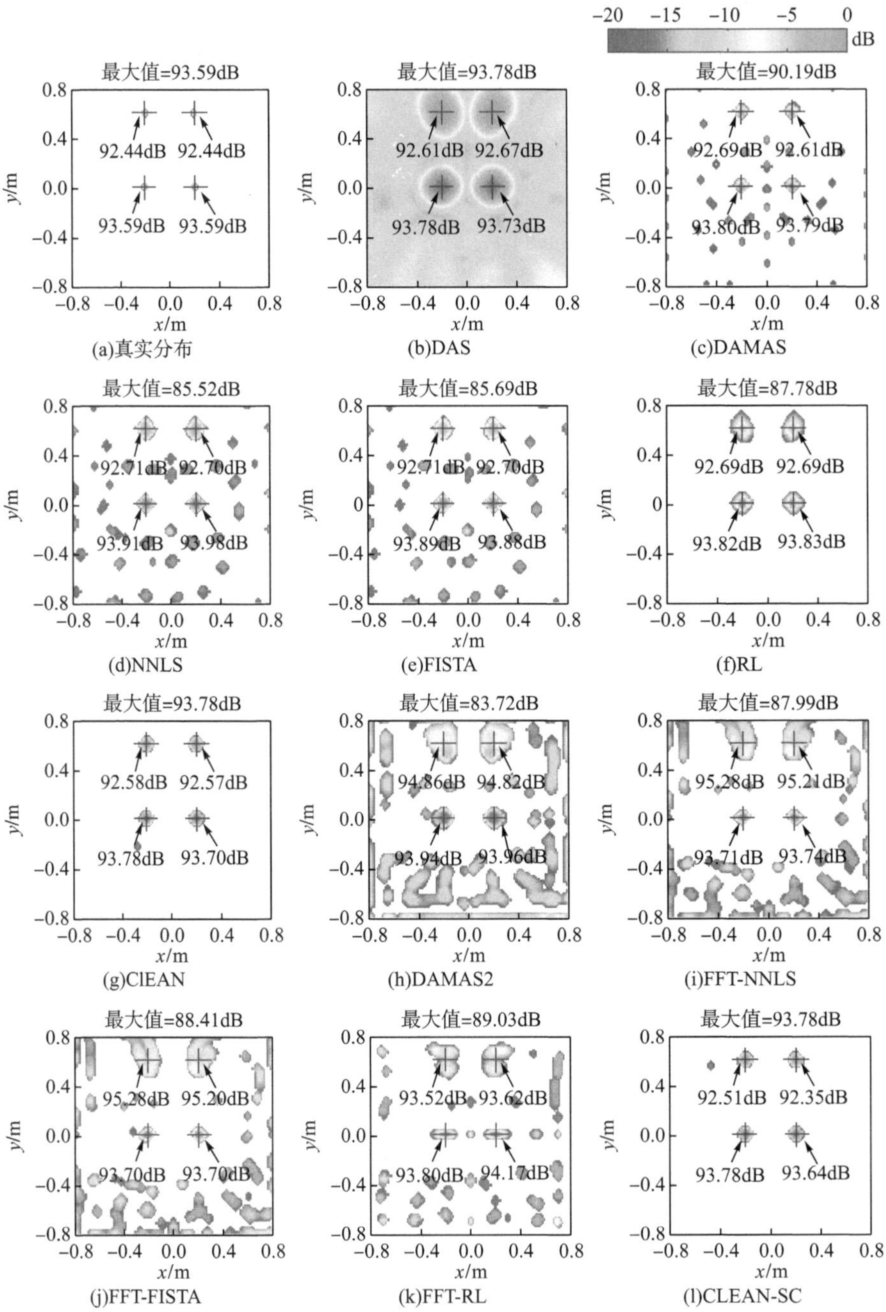

图 2.11 SNR 为 5dB 时的声源成像图

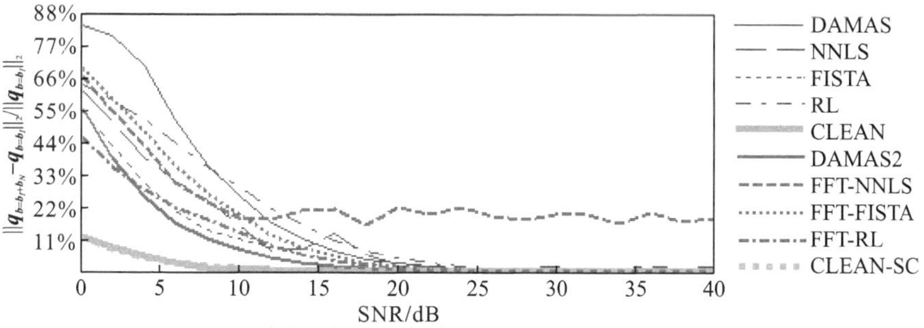

(a)聚焦网格点的离散间隔：0.025m × 0.025m

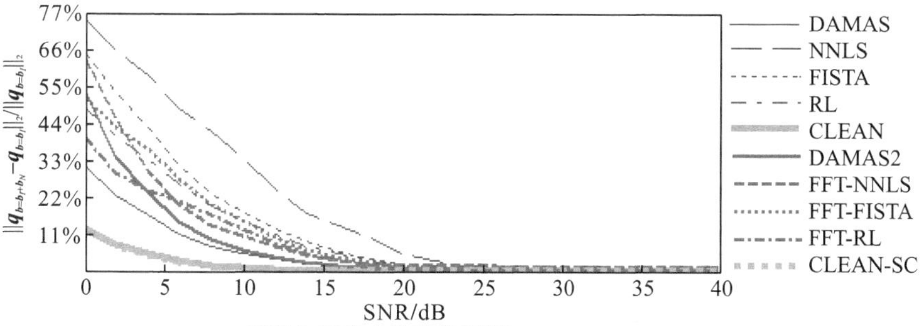

(b)聚焦网格点的离散间隔：0.050m × 0.050m

图 2.12　标准 ℓ_2 范数偏差随 SNR 的变化曲线

2) $\boldsymbol{b}_N$ 由传声器及测试通道频响特性幅相误差引起

记 $\boldsymbol{e}_A \in \mathbb{C}^M$ 和 $\boldsymbol{e}_P \in \mathbb{C}^M$ 分别为各传声器及测试通道频响特性的幅值误差系数和相位误差组成的列向量，$\boldsymbol{p} \in \mathbb{C}^M$ 为声源在各传声器处产生的声压信号组成的列向量，$\boldsymbol{p}^{\star} = \boldsymbol{e}_A \circ \mathrm{e}^{\mathrm{j}\boldsymbol{e}_P} \circ \boldsymbol{p}$，$\boldsymbol{n} = \boldsymbol{e}_A \circ \mathrm{e}^{\mathrm{j}\boldsymbol{e}_P} \circ \boldsymbol{p} - \boldsymbol{p}$，$\boldsymbol{n}$ 中元素与声源信号相干。在区间[0.8,1.25]内随机生成 $\boldsymbol{e}_A$ 中的元素，即考虑最大±2dB 的幅值误差，在区间[−10°,10°]内随机生成 $\boldsymbol{e}_P$ 中的元素，图 2.13 为模拟计算 3000Hz 频率下的声源成像图。对比图 2.13(b)～图 2.13(k)和图 2.4(b)～图 2.4(k)可见：传声器及测试通道频响特性幅相误差引起的 $\boldsymbol{b}_N$ 对 DAS、DAMAS、NNLS、FISTA、RL、CLEAN、DAMAS2、FFT-NNLS、FFT-FISTA 和 FFT-RL 的最显著影响亦是增大旁瓣。对比图 2.13(l)和图 2.4(l)及对应数据可见：传声器及测试通道频响特性幅相误差引起的 $\boldsymbol{b}_N$ 对 CLEAN-SC 几乎无影响。图 2.13(c)～图 2.13(l)对应的标准 ℓ_2 范数偏差 $\left\|\boldsymbol{q}_{\boldsymbol{b}=\boldsymbol{b}_I+\boldsymbol{b}_N} - \boldsymbol{q}_{\boldsymbol{b}=\boldsymbol{b}_I}\right\|_2 / \left\|\boldsymbol{q}_{\boldsymbol{b}=\boldsymbol{b}_I}\right\|_2$ 依次为 33.53%、43.58%、22.66%、15.92%、4.27%、

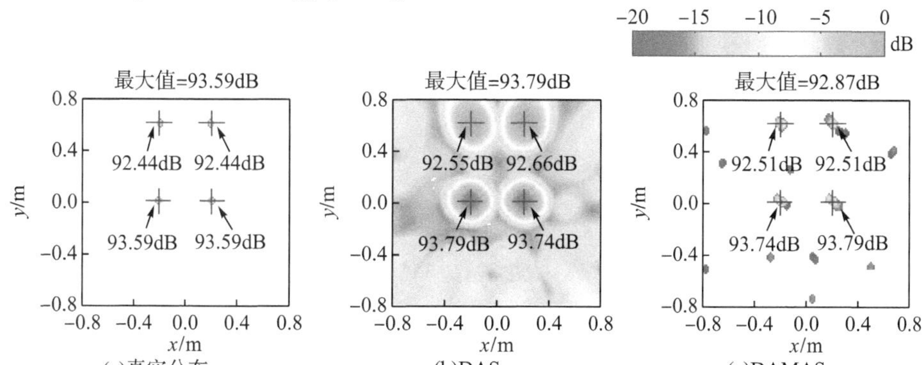

(a)真实分布　　(b)DAS　　(c)DAMAS

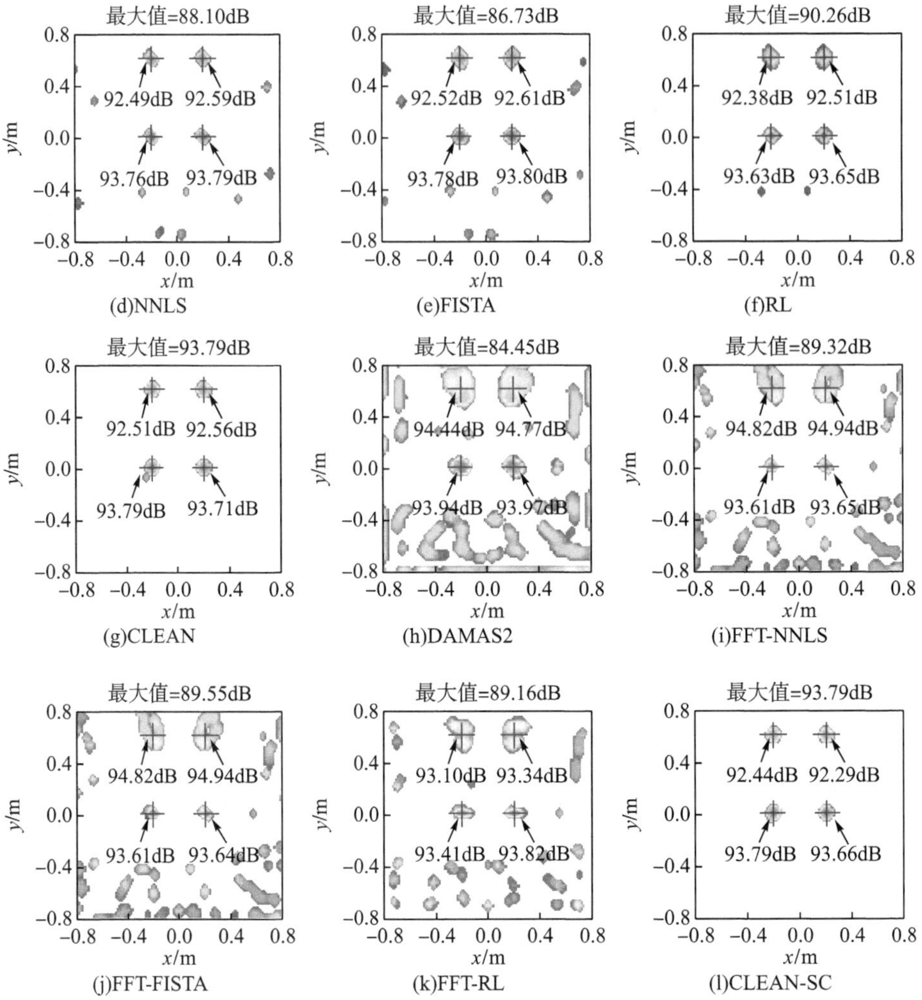

图 2.13 模拟计算 3000Hz 频率下的声源成像图

18.66%、41.24%、25.52%、13.79%和 2.61%。这些现象表明，对传声器及测试通道频响特性幅相误差，CLEAN 和 CLEAN-SC 的鲁棒性亦强于其他算法，且 CLEAN-SC 最强。CLEAN 和 CLEAN-SC 具有该优势的原因与上述二者对背景噪声具有强鲁棒性的一致。此外，CLEAN-SC 还得益于其每次迭代中移除所有与识别出的声源相干成分的基本思想和 $\boldsymbol{b}_N$ 属于该成分的事实。

4. 小结

反卷积算法的综合性能对比如表 2.4 所示。根据表 2.4，表 2.5 从是否适用于大、小目标声源区域，追求计算效率时是否适用，是否适用于大、小分离声源，是否适用于不相干声源、相干声源、稳态声源、瞬态或运动声源和对测试环境要求方面总结了各类反卷积算法适用的工况条件，对稳态声源，大量数据快拍可被采用来计算阵列传声器测量声压信号的互谱矩阵，对瞬态或运动声源，仅极少量数据快拍可被采用。

表 2.4　反卷积算法的综合性能对比

性能	第一类				第二类	第三类				第四类
	DAMAS	NNLS	FISTA	RL	CLEAN	DAMAS2	FFT-NNLS	FFT-FISTA	FFT-RL	CLEAN-SC
清晰化效果	优	优	优	优	优	良	良	良	良	优
声源识别精度（靠近中心聚焦点）	高	高	高	高	高	高	高	高	高	高
声源识别精度（远离中心聚焦点）	高	高	高	高	高	低	低	低	低	高
收敛所需迭代次数	中等	多	更多	最多	少	更多	中等	中等	中等	少
收敛后标准差	最小	更小	最小	小	最小	最大	大	大	更大	最小
单次迭代计算效率	最低	最低	低	低	高	最高	更高	更高	更高	高
小分离声源空间分辨能力	第一强	第三强	第二强	第四强	弱	第五强	第五强	第五强	弱	弱
对相干声源有无适用性	有	有	有	有	有	有	有	有	有	无
对少量数据快拍的适用性	强	强	强	强	强	强	强	强	强	弱
对背景噪声的鲁棒性	弱	弱	弱	弱	强	弱	弱	弱	弱	强
对传声器及测试通道频响特性幅相误差的鲁棒性	弱	弱	弱	弱	强	弱	弱	弱	弱	最强

表 2.5　反卷积算法适用的工况条件

工况条件	第一类				第二类	第三类				第四类
	DAMAS	NNLS	FISTA	RL	CLEAN	DAMAS2	FFT-NNLS	FFT-FISTA	FFT-RL	CLEAN-SC
小目标声源区域	✓	✓	✓	✓	✓	✓	✓	✓	✓	✓
大目标声源区域	✓	✓	✓	✓	✓	×	×	×	×	✓
追求计算效率	×	×	×	×	✓	✓	✓	✓	✓	✓
小分离声源	✓	✓	✓	✓	×	✓	✓	✓	×	×
大分离声源	✓	✓	✓	✓	✓	✓	✓	✓	✓	✓
不相干声源	✓	✓	✓	✓	✓	✓	✓	✓	✓	✓
相干声源	✓	✓	✓	✓	✓	✓	✓	✓	✓	×
稳态声源	✓	✓	✓	✓	✓	✓	✓	✓	✓	✓
瞬态或运动声源	✓	✓	✓	✓	✓	✓	✓	✓	✓	×
测试环境要求	略高	略高	略高	略高	低	略高	略高	略高	略高	低

注：✓表示适用，×表示不适用。

2.3.2 验证试验

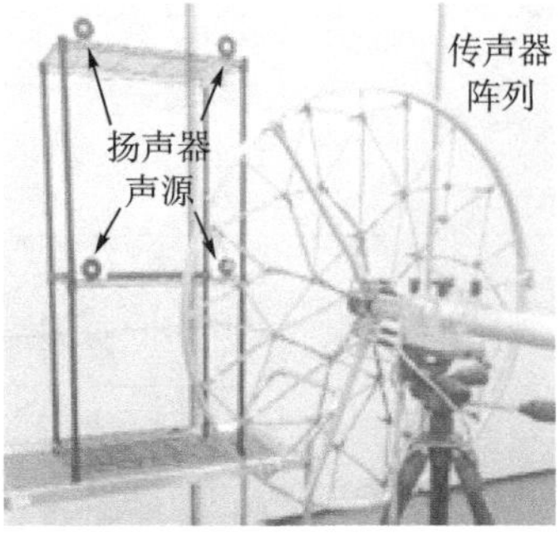

图 2.14 试验布局

图 2.14 为试验布局。为了验证数值模拟结论的正确性，将稳态白噪声信号激励的中心位于(−0.2,0,1)m、(0.2,0,1)m、(−0.2,0.6,1)m 和(0.2,0.6,1)m 位置且直径约 5cm 的 4 个扬声器作为声源，采用 Brüel & Kjær 公司、直径为 0.65m、集成 4958 型传声器的 36 通道扇形轮阵列测量声压信号。测得信号经 PULSE 3660C 型数据采集系统同步采集并传输到 BKCONNECT 中进行频谱分析，得互谱。使用信号段总时长为 4s，采样频率为 16384Hz，信号添加汉宁窗，每个快拍时长为 0.25s、对应的频率分辨率为 4Hz，采用 66.7%的重叠率，共 46 个数据快拍被获得。

基于各类算法后处理传声器测量声压信号的互谱矩阵，相关参数(如目标声源区域尺寸及离散间隔、CLEAN 和 CLEAN-SC 算法中的循环因子和波束宽度等)的设定与数值模拟中一致。

首先，考虑计算传声器测量声压信号的互谱矩阵时 46 个数据快拍均被采用的情形。图 2.15 给出了 3000Hz 频率下的声源成像图，与数值模拟中的不同，这里未给出声源平均声压贡献的真实分布，这是由于无法准确测量各声源的平均声压贡献。对比各类算法输出的主瓣宽度和旁瓣水平可验证表 2.4 中关于清晰化效果的数值模拟结论。对比各类算法输出主瓣位置和声源位置间的偏差可验证表 2.4 中关于声源识别精度的数值模拟结论。对比图 2.15 和图 2.4 可见：实际应用中，各类算法输出的旁瓣水平更高，这与实际应用中存在 $\boldsymbol{b}_N$ 有关。联合图 2.15 和图 2.4，对比 $\boldsymbol{b}_N$ 的存在对各类算法输出旁瓣的影响，在一定程度上可验证表 2.4 中关于对噪声干扰鲁棒性的数值模拟结论。获取图 2.15(b)～图 2.15(k)，DAMAS、NNLS、FISTA、RL、CLEAN、DAMAS2、FFT-NNLS、FFT-FISTA、FFT-RL 和 CLEAN-SC 的耗时依次分别为 186.96s、182.74s、132.34s、128.34s、0.47s、0.27s、0.66s、0.48s、0.43s 和 0.68s，CLEAN 和 CLEAN-SC 分别仅运行 16 次和 38 次迭代，其他算法均运行 500 次迭代，这可验证表 2.4 中关于计算效率的数值模拟结论。图 2.16 给出了 1300Hz 频率下的声源成像图，其与图 2.7 第 II 列呈现类同的现象：DAS 因“低频差空间分辨率”特性无法分辨声源；第一类反卷积算法均能明确分辨声源，且对应各声源输出主瓣的融合程度从无到有、从轻微到略严重依次为 DAMAS、FISTA、NNLS 和 RL；第三类反卷积算法中的 DAMAS2、FFT-NNLS 和 FFT-FISTA 能准确识别靠近中心聚焦点的声源，对远离中心聚焦点的声源，其输出的主瓣虽能指示有两个声源，但由于对远离中心聚焦点声源失效的缺陷指示声源位置不准确；第三类反卷积算法中的 FFT-RL 及第二类和第四类反卷积算法(CLEAN 和 CLEAN-SC)对声源的定位误差偏大，尤其是远离中心聚焦点的声源，这可以验证表 2.4 中关于空间分辨能力的数值模拟结论。

然后，考虑计算传声器测量声压信号的互谱矩阵时仅单个数据快拍被采用的情形，此时，声源可看作彼此相干。图 2.17 给出了 3000Hz 频率下的声源成像图，其与图 2.8 呈现类同的现象：DAS、DAMAS、NNLS、FISTA、RL、CLEAN、DAMAS2、FFT-NNLS、FFT-FISTA 和 FFT-RL 仍能识别声源，而 CLEAN-SC 仅识别了一个声源，丢失了三个声源，这可验证表 2.4 中关于对相干声源适用性的数值模拟结论。

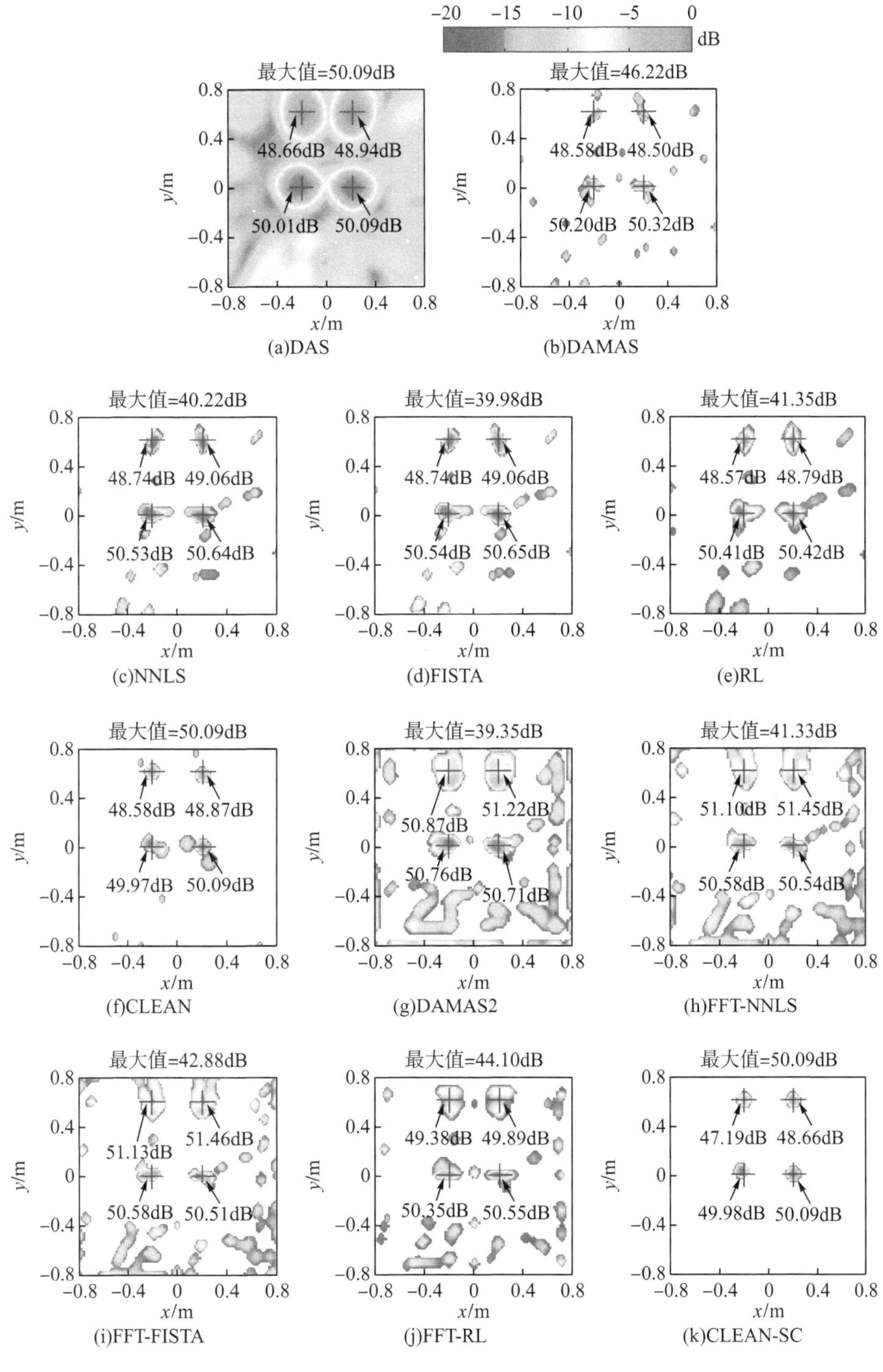

图 2.15　46 个快拍均被采用时 3000Hz 频率下的声源成像图

最后，考虑计算传声器测量声压信号的互谱矩阵时仅 5 个数据快拍被采用的情形。图 2.18 给出了 3000Hz 频率的声源成像图，其与图 2.10 呈现类同的现象：DAS、DAMAS、NNLS、FISTA、RL、CLEAN、DAMAS2、FFT-NNLS、FFT-FISTA 和 FFT-RL 仍能识别声源，而 CLEAN-SC 弱化声源，这可验证表 2.4 中关于对少量数据快拍的适用性的数值模拟结论。

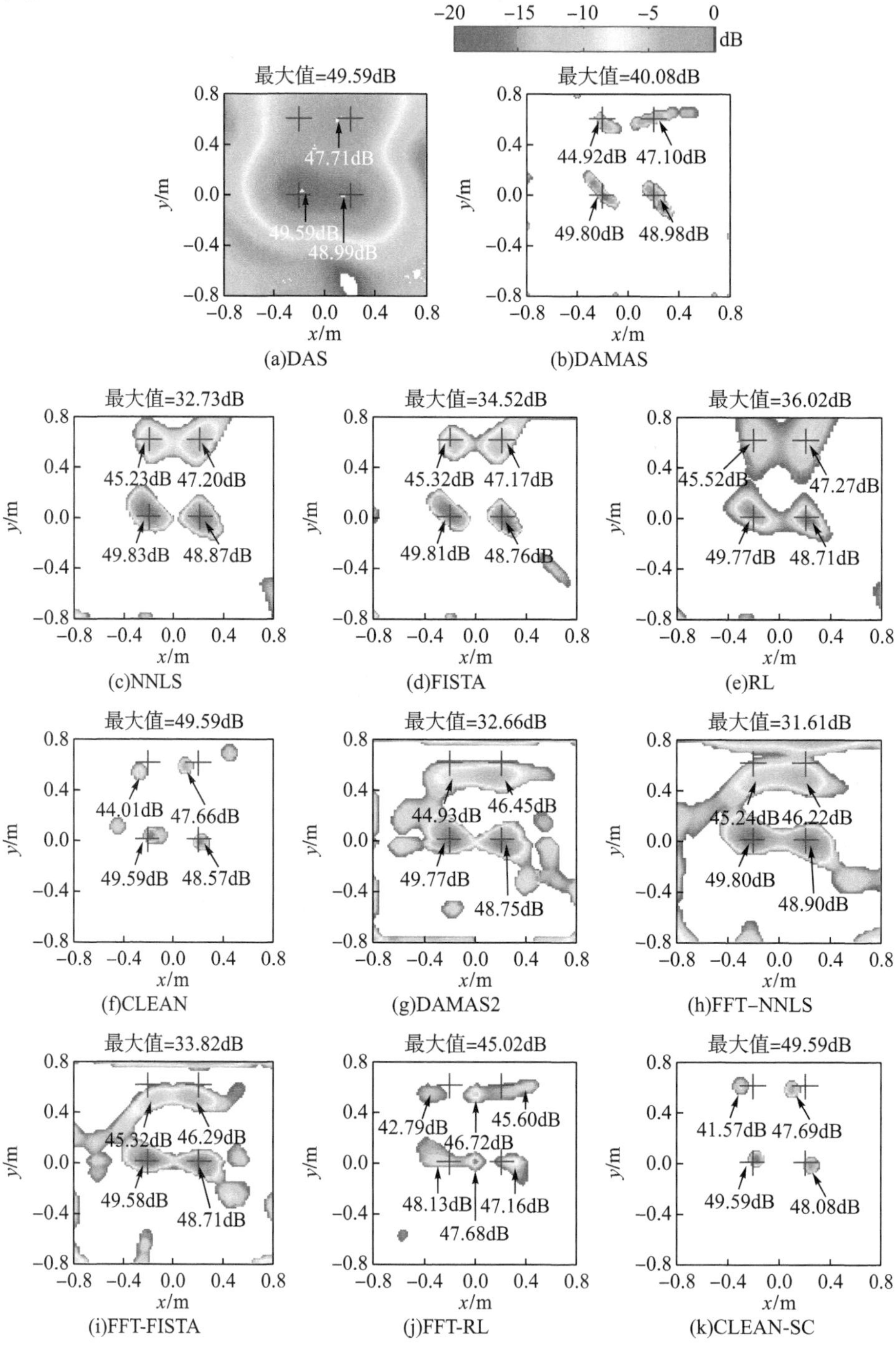

图 2.16 46 个快拍均被采用时 1300Hz 频率下的声源成像图

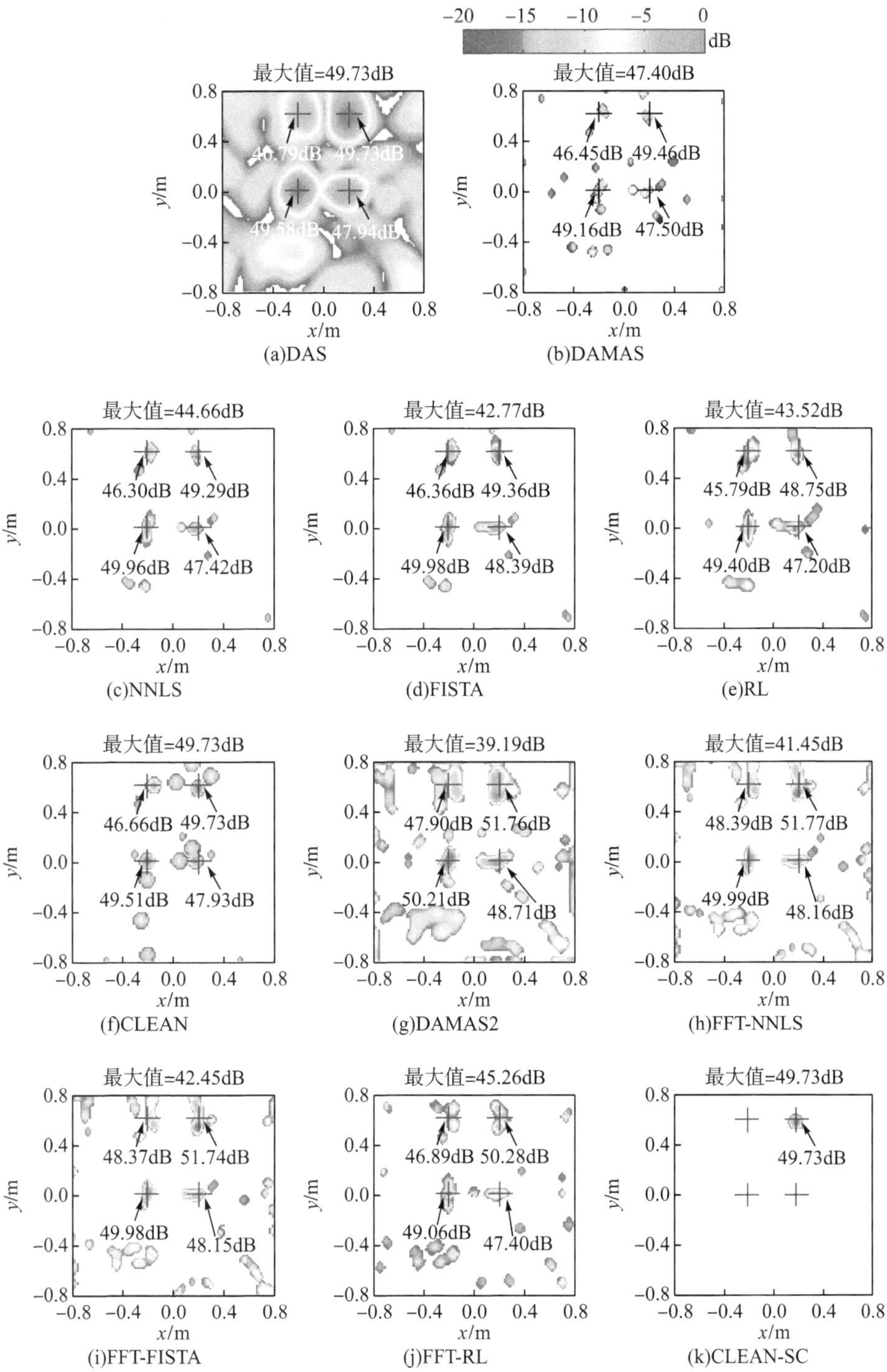

图 2.17　单个快拍被采用时 3000Hz 频率下的声源成像图

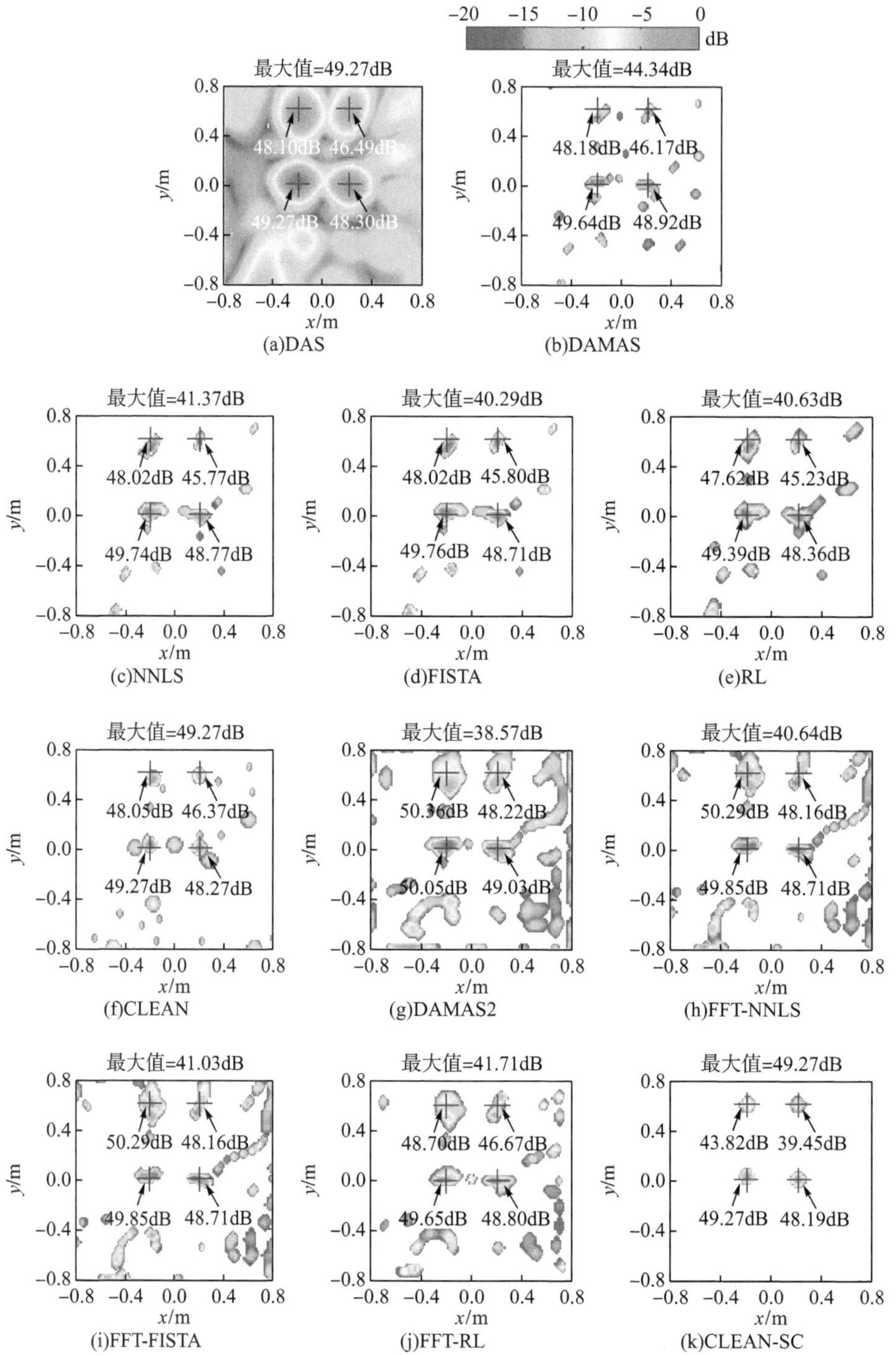

图 2.18 5 个快拍被采用时 3000Hz 频率下的声源成像图

2.4　第三类反卷积波束形成性能增强

根据表 2.4，第三类反卷积算法相比第一类反卷积算法更高效，相比第二类和第四类反卷积算法总体上对小分离声源的空间分辨能力更强，相比第四类反卷积算法对相干声源和少量数据快拍的适用性更强，然而，采用规则聚焦点分布(通过沿 x 方向和 y 方向等间隔离散目标声源区域形成)的常规条件下，第三类反卷积算法存在对远离中心聚焦点的声源失效的显著缺陷，这使其仅能有效识别小区域内的声源。正如 2.3.1 节的分析，导致该缺陷的一个根本原因是 PSF 的低空间转移不变性。本节提出能提高 PSF 空间转移不变性的新型二维聚焦点生成方法，用生成的不规则聚焦点分布取代常规的规则聚焦点分布，数值模拟及验证试验均证明提出的方法不仅能克服上述缺陷、扩大第三类反卷积算法的声源识别区域，而且能增强对小分离声源的空间分辨能力。

2.4.1　提高 PSF 空间转移不变性的二维不规则聚焦点分布

设定目标声源区域参数 $x_{\min}$、$x_{\max}$、$y_{\min}$ 和 $y_{\max}$ 后，常规波束形成直接沿 x 方向和 y 方向等间隔离散目标声源区域形成规则分布的聚焦点。与常规波束形成不同，本节提出一种新型二维聚焦点生成方法。改编图 2.1 所示的几何模型如图 2.19 所示，定义位置矢量 $\boldsymbol{r}$ 在 yoz 平面上的投影与其自身的夹角为 ψ，在 xoz 平面上的投影与其自身的夹角为 θ，$\boldsymbol{r}$ 的笛卡儿坐标 (x,y,z) 与 ψ 和 θ 之间存在如下关系：

$$\begin{cases} x=|\boldsymbol{r}|\sin\psi \\ y=|\boldsymbol{r}|\sin\theta \\ z=|\boldsymbol{r}|\sqrt{1-\sin^2\psi-\sin^2\theta} \end{cases} \tag{2.58}$$

对目标声源区域内的点，ψ 和 θ 均大于 $-\pi/2$ 且小于 $\pi/2$，$\sin\psi$ 和 $\sin\theta$ 单调，目标声源区域与阵列间距离 z_0 为恒定常数，任一聚焦点均可由 $(\sin\psi,\sin\theta,z_0)$ 唯一确定。记 $(\sin\psi)_{\min}$ 和 $(\sin\psi)_{\max}$ 分别为目标声源区域内 $\sin\psi$ 的最小和最大值；$(\sin\theta)_{\min}$ 和 $(\sin\theta)_{\max}$ 分别为目标声源区域内 $\sin\theta$ 的最小和最大值。几何分析可得，$(\sin\psi)_{\min}$ 和 $(\sin\psi)_{\max}$ 分别出现在 $(x_{\min},0,z_0)$ 和 $(x_{\max},0,z_0)$ 位置处，$(\sin\theta)_{\min}$ 和 $(\sin\theta)_{\max}$ 分别出现在 $(0,y_{\min},z_0)$ 和 $(0,y_{\max},z_0)$ 位置处，则有

$$\begin{cases} (\sin\psi)_{\min}=\dfrac{x_{\min}}{\sqrt{x_{\min}^2+z_0^2}} \\ (\sin\psi)_{\max}=\dfrac{x_{\max}}{\sqrt{x_{\max}^2+z_0^2}} \\ (\sin\theta)_{\min}=\dfrac{y_{\min}}{\sqrt{y_{\min}^2+z_0^2}} \\ (\sin\theta)_{\max}=\dfrac{y_{\max}}{\sqrt{y_{\max}^2+z_0^2}} \end{cases} \tag{2.59}$$

新型方法通过等间隔离散区间$\left[(\sin\psi)_{\min},(\sin\psi)_{\max}\right]$和$\left[(\sin\theta)_{\min},(\sin\theta)_{\max}\right]$来生成聚焦点。根据式(2.58)，新型聚焦点$(\sin\psi,\sin\theta,z_0)$对应的笛卡儿坐标为

$$\begin{cases} x=\dfrac{z_0\sin\psi}{\sqrt{1-\sin^2\psi-\sin^2\theta}} \\ y=\dfrac{z_0\sin\theta}{\sqrt{1-\sin^2\psi-\sin^2\theta}} \end{cases} \tag{2.60}$$

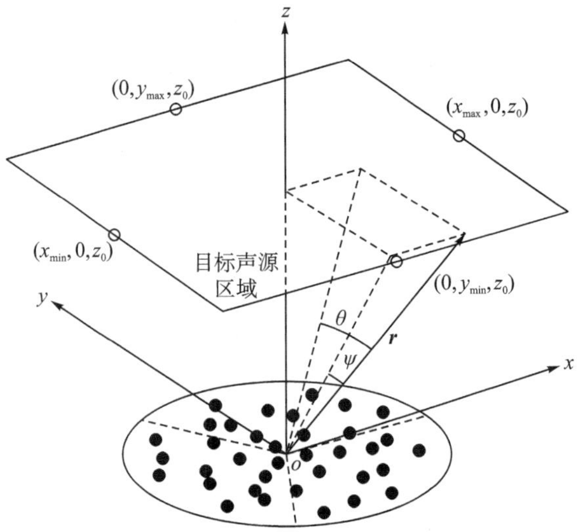

图 2.19　几何模型

图 2.20 给出了两种聚焦点分布及 3000Hz 频率下不同位置处声源的 PSF。图 2.20(a)为常规的规则聚焦点分布，$x_{\min}=y_{\min}=-0.8\mathrm{m}$，$x_{\max}=y_{\max}=0.8\mathrm{m}$，$z_0=1\mathrm{m}$，图 2.20(b)为新方法生成的不规则聚焦点分布，部分聚焦点落在目标声源区域(虚线框包围区域)外。为了清晰呈现，这里采用的分布较稀疏，仅 17×17 个聚焦点，后续计算 PSF 时考虑采用 65×65 的聚焦点分布。位于 33 行 33 列、45 行 45 列和 57 行 57 列的聚焦点处的声源采用规则聚焦点分布的 PSF 如图 2.20(c)、图 2.20(e)和图 2.20(g)所示，随着声源位置越来越远离中心聚焦点，主瓣形状从圆变为椭圆，旁瓣分布也发生变化，且参考图 2.20(c)，图 2.20(g)中的变化比图 2.20(e)中更大，证明采用常规的规则聚焦点分布时，PSF 是空间转移变化的，且声源相距越远，变化越严重。采用不规则聚焦点分布的 PSF 如图 2.20(d)、图 2.20(f)和图 2.20(h)所示，其横轴和纵轴分别为$\sin\psi$和$\sin\theta$，随声源位置的改变，尽管旁瓣分布仍有所不同，但主瓣始终为大小相同的圆形，主瓣内相应聚焦点处的输出值也基本一致，证明采用新型的不规则聚焦点分布时，主瓣内的 PSF 关于$\sin\psi$和$\sin\theta$几乎空间转移不变。

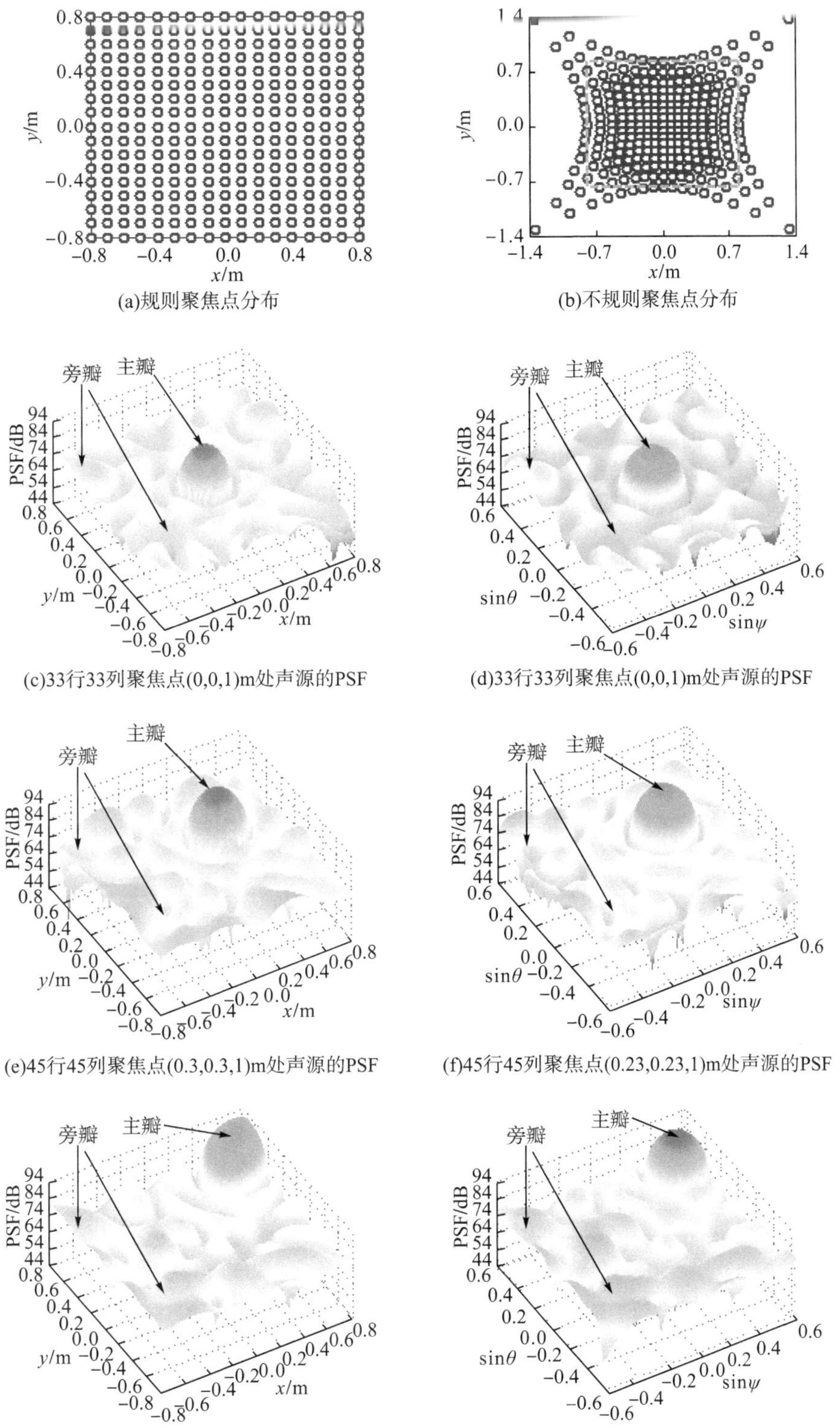

(a)规则聚焦点分布　(b)不规则聚焦点分布

(c)33行33列聚焦点(0,0,1)m处声源的PSF　(d)33行33列聚焦点(0,0,1)m处声源的PSF

(e)45行45列聚焦点(0.3,0.3,1)m处声源的PSF　(f)45行45列聚焦点(0.23,0.23,1)m处声源的PSF

(g)57行57列聚焦点(0.6,0.6,1)m处声源的PSF　(h)57行57列聚焦点(0.47,0.47,1)m处声源的PSF

图 2.20　聚焦点分布及点传播函数

采用新型不规则聚焦点分布时主瓣内的 PSF 关于 $\sin\psi$ 和 $\sin\theta$ 几乎空间转移不变的理论证明如下。式(2.8)所示的 $\mathrm{psf}\left(\boldsymbol{r}|\boldsymbol{r}_0\right)$ 可写为

$$\mathrm{psf}\left(\boldsymbol{r}|\boldsymbol{r}_0\right)=\frac{\sum_{m,n=1}^{M} v_m^*\left(\boldsymbol{r}\right)v_m\left(\boldsymbol{r}_0\right)v_n^*\left(\boldsymbol{r}_0\right)v_n\left(\boldsymbol{r}\right)}{\sum_{m,n=1}^{M}\left|v_m\left(\boldsymbol{r}_0\right)\right|^2\left|v_n\left(\boldsymbol{r}\right)\right|^2} \tag{2.61}$$

式中，和 m 一样，n 亦为传声器索引。将式(2.2)代入式(2.61)得

$$\mathrm{psf}\left(\boldsymbol{r}|\boldsymbol{r}_0\right)=\frac{\sum_{m,n=1}^{M}\frac{\mathrm{e}^{\mathrm{j}k\left[\left(|\boldsymbol{r}-\boldsymbol{r}_m|-|\boldsymbol{r}-\boldsymbol{r}_n|\right)-\left(|\boldsymbol{r}_0-\boldsymbol{r}_m|-|\boldsymbol{r}_0-\boldsymbol{r}_n|\right)\right]}}{|\boldsymbol{r}-\boldsymbol{r}_m||\boldsymbol{r}-\boldsymbol{r}_n||\boldsymbol{r}_0-\boldsymbol{r}_m||\boldsymbol{r}_0-\boldsymbol{r}_n|}}{\sum_{m,n=1}^{M}\frac{1}{|\boldsymbol{r}_0-\boldsymbol{r}_m|^2|\boldsymbol{r}-\boldsymbol{r}_n|^2}} \tag{2.62}$$

式中，$-k\left(|\boldsymbol{r}_0-\boldsymbol{r}_m|-|\boldsymbol{r}_0-\boldsymbol{r}_n|\right)$ 为 $\boldsymbol{r}_0$ 位置处声源在 m 和 n 号传声器处产生声压信号的互谱相位，$k\left(|\boldsymbol{r}-\boldsymbol{r}_m|-|\boldsymbol{r}-\boldsymbol{r}_n|\right)$ 为聚焦 $\boldsymbol{r}$ 位置时的延迟相位。根据 DAS 理论，k 一定时，$\left(|\boldsymbol{r}-\boldsymbol{r}_m|-|\boldsymbol{r}-\boldsymbol{r}_n|\right)-\left(|\boldsymbol{r}_0-\boldsymbol{r}_m|-|\boldsymbol{r}_0-\boldsymbol{r}_n|\right)$ 是决定 $\mathrm{psf}\left(\boldsymbol{r}|\boldsymbol{r}_0\right)$ 取值的关键。记位置矢量 $\boldsymbol{r}_0$ 对应的角度为 ψ_0 和 θ_0，则有

$$\begin{cases}\boldsymbol{r}_0-\boldsymbol{r}_m=\left[|\boldsymbol{r}_0|\sin\psi_0-x_m,|\boldsymbol{r}_0|\sin\theta_0-y_m,z_0\right]\\ \boldsymbol{r}-\boldsymbol{r}_m=\left[|\boldsymbol{r}|\sin\psi-x_m,|\boldsymbol{r}|\sin\theta-y_m,z_0\right]\end{cases} \tag{2.63}$$

式中，x_m 和 y_m 分别为 $\boldsymbol{r}_m$ 在 x 轴和 y 轴上的分量。进一步有

$$\begin{aligned}|\boldsymbol{r}-\boldsymbol{r}_m|-|\boldsymbol{r}_0-\boldsymbol{r}_m|=&|\boldsymbol{r}|\sqrt{1+\frac{x_m^2+y_m^2}{|\boldsymbol{r}|^2}-2\frac{x_m\sin\psi+y_m\sin\theta}{|\boldsymbol{r}|}}\\&-|\boldsymbol{r}_0|\sqrt{1+\frac{x_m^2+y_m^2}{|\boldsymbol{r}_0|^2}-2\frac{x_m\sin\psi_0+y_m\sin\theta_0}{|\boldsymbol{r}_0|}}\end{aligned} \tag{2.64}$$

应用平方根的二阶二项展开公式得

$$\begin{aligned}&|\boldsymbol{r}-\boldsymbol{r}_m|-|\boldsymbol{r}_0-\boldsymbol{r}_m|\\&\approx|\boldsymbol{r}|\left(1+\frac{x_m^2+y_m^2}{2|\boldsymbol{r}|^2}-\frac{x_m\sin\psi+y_m\sin\theta}{|\boldsymbol{r}|}\right)-|\boldsymbol{r}_0|\left(1+\frac{x_m^2+y_m^2}{2|\boldsymbol{r}_0|^2}-\frac{x_m\sin\psi_0+y_m\sin\theta_0}{|\boldsymbol{r}_0|}\right)\\&=x_m\left(\sin\psi_0-\sin\psi\right)+y_m\left(\sin\theta_0-\sin\theta\right)+\frac{x_m^2+y_m^2}{2}\left(\frac{1}{|\boldsymbol{r}|}-\frac{1}{|\boldsymbol{r}_0|}\right)+\left(|\boldsymbol{r}|-|\boldsymbol{r}_0|\right)\end{aligned} \tag{2.65}$$

当 $|\boldsymbol{r}|\approx|\boldsymbol{r}_0|$ 时，式(2.65)变为

$$|\boldsymbol{r}-\boldsymbol{r}_m|-|\boldsymbol{r}_0-\boldsymbol{r}_m|\approx x_m\left(\sin\psi_0-\sin\psi\right)+y_m\left(\sin\theta_0-\sin\theta\right) \tag{2.66}$$

相应地，

$$\begin{aligned}&\left(|\boldsymbol{r}-\boldsymbol{r}_m|-|\boldsymbol{r}-\boldsymbol{r}_n|\right)-\left(|\boldsymbol{r}_0-\boldsymbol{r}_m|-|\boldsymbol{r}_0-\boldsymbol{r}_n|\right)\\&\approx\left(x_m-x_n\right)\left(\sin\psi_0-\sin\psi\right)+\left(y_m-y_n\right)\left(\sin\theta_0-\sin\theta\right)\end{aligned} \tag{2.67}$$

式中，x_n 和 y_n 分别为 $\boldsymbol{r}_n$ 在 x 轴和 y 轴上的分量。式(2.67)证明当 $|\boldsymbol{r}|\approx|\boldsymbol{r}_0|$ 时，$\mathrm{psf}\left(\boldsymbol{r}|\boldsymbol{r}_0\right)$ 几乎

仅取决于 $\sin\psi_0-\sin\psi$ 和 $\sin\theta_0-\sin\theta$，即靠近声源的主瓣区域内，$\mathrm{psf}\left(\boldsymbol{r}\left|\boldsymbol{r}_0\right.\right)$ 关于 $\sin\psi$ 和 $\sin\theta$ 几乎空间转移不变。根据式(2.62)，$\mathrm{psf}\left(\boldsymbol{r}_0\left|\boldsymbol{r}_0\right.\right)=1$，即聚焦位置与声源位置一致时，PSF 输出的主瓣峰值与声源位置无关，始终等于 1 Pa^2 (93.98dB)。

2.4.2 数值模拟

对应图 2.4(h)～图 2.4(k)，图 2.21 给出了采用不规则聚焦点分布的声源成像图，DAMAS2、FFT-NNLS、FFT-FISTA 和 FFT-RL 在各声源位置处均输出形状规整的主瓣，计算的平均声压贡献也非常接近真实值，4 个声源都被准确识别，表明第三类反卷积算法对远离中心聚焦点的声源失效缺陷被克服。对应图 2.7(gⅠ)～图 2.7(jⅢ)，图 2.22 给出了采用不规则聚焦点分布的声源成像图。对比 1600Hz 和 1300Hz 频率下采用规则聚焦点分布和不规则聚焦点分布时 DAMAS2、FFT-NNLS 和 FFT-FISTA 的结果可知，用不规则聚焦点分布取代规则聚焦点分布不仅能有效克服对远离中心聚焦点的声源失效缺陷，还能缩减主瓣的宽度，有望增强对小分离声源的空间分辨能力。1000Hz 频率下，图 2.22(aⅢ)和图 2.7(gⅢ)、图 2.22(bⅢ)和图 2.7(hⅢ)及图 2.22(cⅢ)和图 2.7(iⅢ)的对比结果证明 DAMAS2、FFT-NNLS 和 FFT-FISTA 对小分离声源的空间分辨能力确实被增强。对比采用规则聚焦点分布和不规则聚焦点分布时 FFT-RL 的结果可知，用不规则聚焦点分布取代规则聚焦点分布能改善 FFT-RL 对小分离声源的识别效果，但仍不能准确识别每个声源。例如，1000Hz 时 4 个声源及 1600Hz 和 1300Hz 时(−0.2,0.6,1)m 和(0.2,0.6,1)m 位置处声源的识别精度仍较低，这印证了 2.3.1 节中关于 FFT-RL 对小分离声源空间分辨能力低的原因分析，即不仅与 $\boldsymbol{b}\neq\tilde{\boldsymbol{b}}_I$ 有关，还与其概率统计的求解思想有关。此外，将图 2.22(aⅠ)～图 2.22(cⅢ)与图 2.7(bⅠ)～图 2.7(dⅢ)进行对比，各频率下，采用不规则聚焦点分布的 DAMAS2 输出主瓣宽于 DAMAS 输出，与 NNLS 输出的主瓣宽度相当，采用不规则聚焦点分布的 FFT-NNLS 输出主瓣与 NNLS 的相当，采用不规则聚焦点分布的 FFT-FISTA 输出主瓣与 FISTA 的相当，表明采用不规则聚焦点分布使 DAMAS2 和 FFT-NNLS 具有与 NNLS 相当的小分离声源空间分辨能力(位居第三强，如表 2.4 所示)，使 FFT-FISTA 具有与 FISTA 相当的小分离声源空间分辨能力(位居第二强，如表 2.4 所示)。值得说明的是，采用不规则聚焦点分布未使 DAMAS2 在空间分辨能力方面赶上 DAMAS 的原因是二者采用的迭代方案不同，前者为雅可比迭代，后者为高斯-塞德尔迭代。

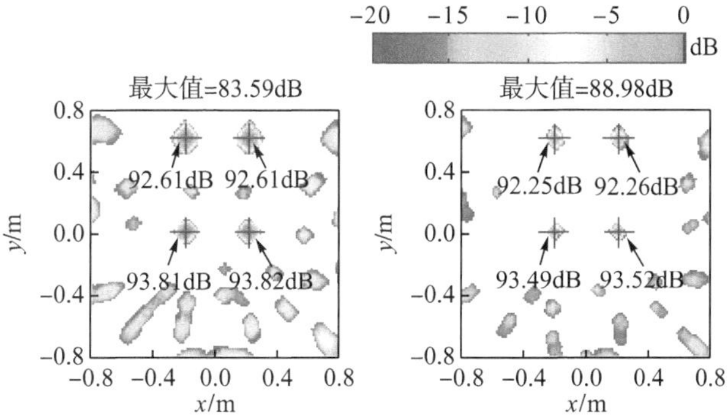

(a)DAMAS2　(b)FFT-NNLS

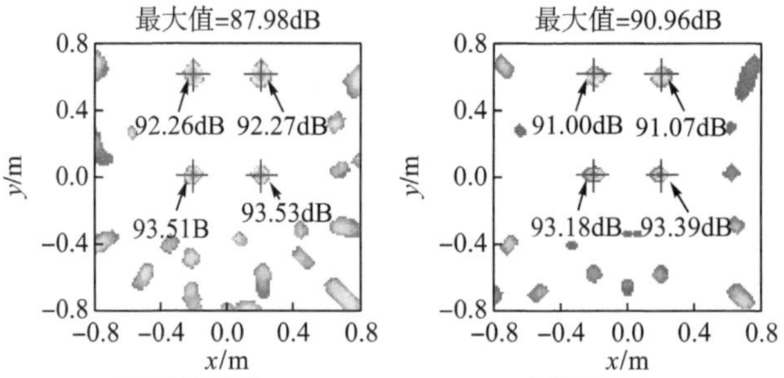

(c)FFT-FISTA (d)FFT-RL

图 2.21 对应图 2.4(h)～图 2.4(k)的采用不规则聚焦点分布的声源成像图

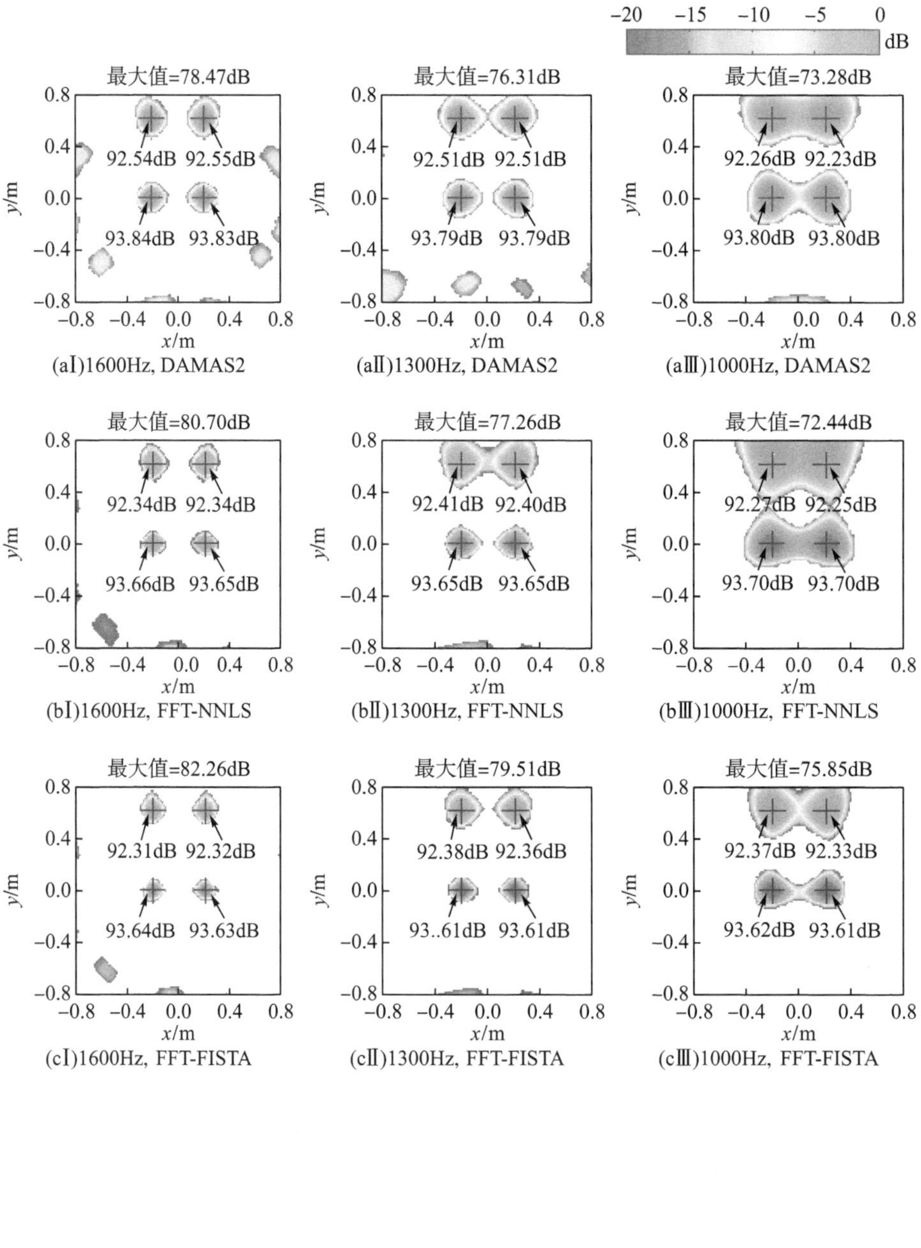

(aⅠ)1600Hz, DAMAS2 (aⅡ)1300Hz, DAMAS2 (aⅢ)1000Hz, DAMAS2

(bⅠ)1600Hz, FFT-NNLS (bⅡ)1300Hz, FFT-NNLS (bⅢ)1000Hz, FFT-NNLS

(cⅠ)1600Hz, FFT-FISTA (cⅡ)1300Hz, FFT-FISTA (cⅢ)1000Hz, FFT-FISTA

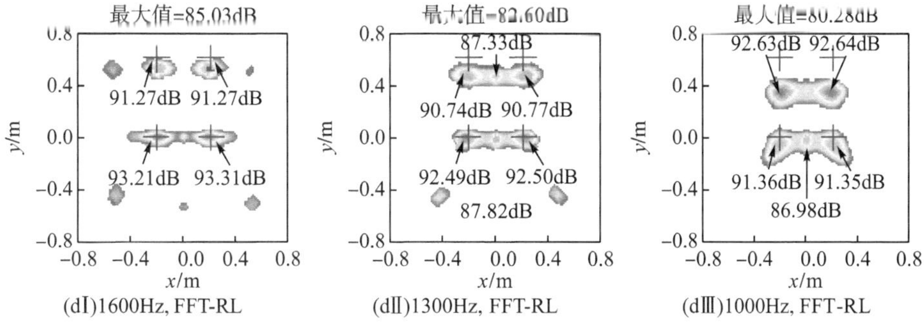

图 2.22　对应图 2.7(gⅠ)～图 2.7(jⅢ)的采用不规则聚焦点分布的声源成像图

2.4.3　验证试验

用非规则聚焦点分布取代规则聚焦点分布，再次后处理 2.3.2 节中的试验数据。图 2.23 给出了对应图 2.15(g)～图 2.15(j)的声源成像图，与图 2.15(g)～图 2.15(j)所示的 DAMAS2、FFT-NNLS、FFT-FISTA 和 FFT-RL 仅准确定位(−0.2,0,1)m 和(0.2,0,1)m 位置处的声源现象不同，图 2.23 中，4 种算法均能准确定位每个声源，这可验证“用不规则聚焦点分布取代规则聚焦点分布能有效克服第三类反卷积算法对远离中心聚焦点的声源失效的缺陷”的数值模拟结论。图 2.24 给出了对应图 2.16(g)～图 2.16(j)的声源成像图，对比图 2.24(a)和图 2.16(g)、图 2.24(b)和图 2.16(h)及图 2.24(c)和图 2.16(i)中主瓣的位置、形状大小及融合程度可验证“用不规则聚焦点分布取代规则聚焦点分布能增强 DAMAS2、FFT-NNLS 和 FFT-FISTA 对小分离声源的空间分辨能力”的数值模拟结论；对比图 2.24(d)和图 2.16(j)中主瓣的位置可验证“采用不规则聚焦点分布仅能轻微改善 FFT-RL 对小分离声源的识别效果”的数值模拟结论。此外，对比图 2.24(a)～图 2.24(c)和图 2.16(b)～图 2.16(d)中主瓣的形状大小及融合程度可验证“采用不规则聚焦点分布使 DAMAS2 和 FFT-NNLS 具有与 NNLS 相当的小分离声源空间分辨能力，使 FFT-FISTA 具有与 FISTA 相当的小分离声源空间分辨能力”的数值模拟结论。试验结果亦证明改进的第三类反卷积算法在实际应用中有效可行。

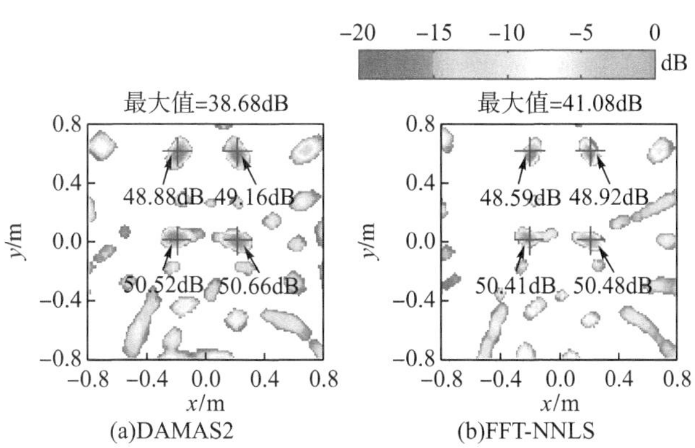

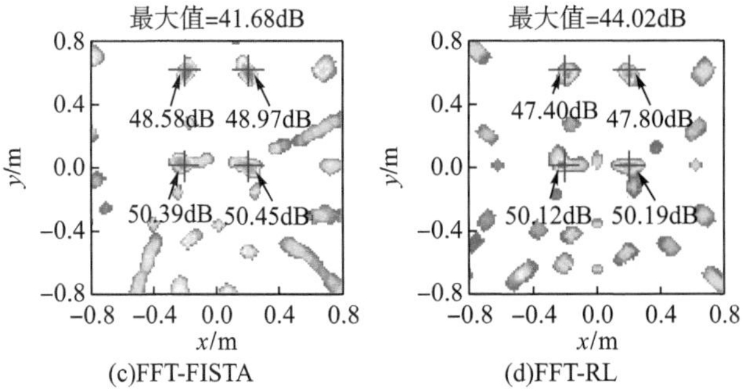

图 2.23　对应图 2.15(g)～图 2.15(j) 的采用不规则聚焦点分布的声源成像图

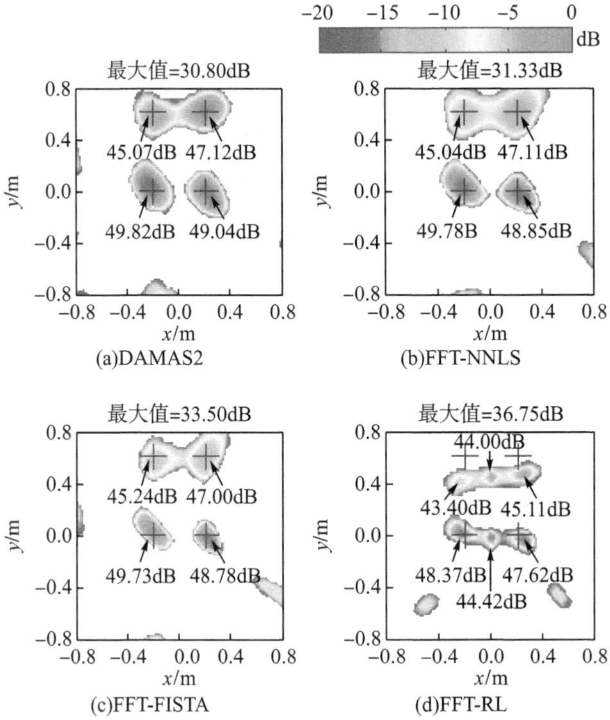

图 2.24　对应图 2.16(g)～图 2.16(j) 的采用不规则聚焦点分布的声源成像图

2.5　第四类反卷积波束形成性能增强

根据表 2.4，第四类反卷积算法(CLEAN-SC)适合识别稳态不相干声源，具有清晰化效果好、计算效率高、收敛速度快、收敛后标准差小和对噪声干扰鲁棒性极强的显著优势，然而，其对小分离声源的空间分辨能力弱，几乎依赖于 DAS 的空间分辨能力。正如 2.3.1 节分析的一样，导致该缺陷的根本原因是 DAS 输出的主瓣严重融合时，CLEAN-SC 所基于的 DAS 最大输出值位置即为声源位置的假设不恰当。从源相干性角度，当某聚焦点处的 DAS 输出主要由某声源贡献时，该聚焦点可标示该声源，即基于该聚焦点的位置及 DAS 输出可找到该声源。基于此，进一步以 CLEAN-SC 识别的声源为初值迭代寻找正确的声源位置及平均声压贡献，每次迭代中，最小化其余声源与某一声源波束形成贡献的比值为每个声源选择标示点，根据标示点更新声源。数值模拟及验证试验均证明该方法能增强对小分离声源的空间分辨能力。

2.5.1　基本理论

称重构声源在各传声器处产生声压信号的互谱矩阵 $\boldsymbol{G}$ 时所基于的聚焦点为声源标示点，标示点所指示的声源为标示声源。如 2.2.4 节所述，CLEAN-SC 采用的声源标示点为 DAS 最大输出值对应的聚焦点，指示的声源位于最大值位置，平均声压贡献等于最大值。DAS 输出的主瓣轻微融合或未融合时，最大值中标示声源的贡献远大于其他声源，$\boldsymbol{G}$ 重构准确，声源识别准确；DAS 输出的主瓣严重融合时，最大值中各声源的贡献均较大，声源无法被准确识别。事实上，只要 DAS 在声源标示点处的输出主要由标示声源贡献时，便可基于标示点准确重构标示声源对应的 $\boldsymbol{G}$，进而准确识别声源[45-49]。基于该事实，CLEAN-SC 通过选择声源标示点重新确定标示声源来提高 DAS 输出主瓣严重融合时的声源识别准确度。图 2.25 为声源标示点的选择示意图，其中，“○”代表声源；“☆”代表 CLEAN-SC 采用的声源标示点；“◇”和“△”分别代表改进 CLEAN-SC 为声源 1 和声源 2 重新选择的标示点。从图中可以看出，声源 1 的标示点(◇)落在声源 1 的主瓣内、声源 2 的主瓣边界上，声源 1 在该位置的贡献显著大于声源 2；声源 2 的标示点(△)落在声源 2 的主瓣内、声源 1 的主瓣边界上，声源 2 在该位置的贡献显著大于声源 1。

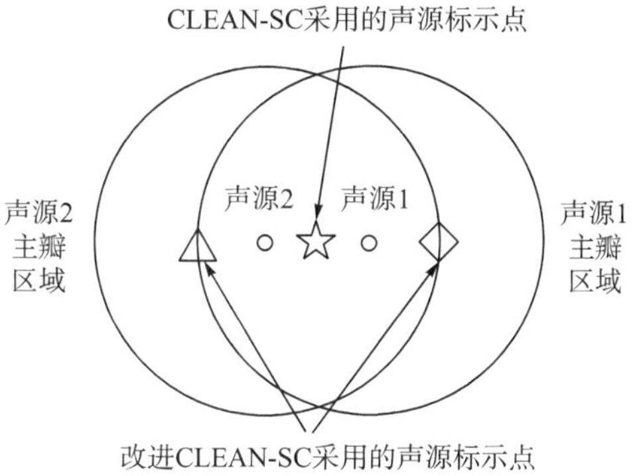

图 2.25　声源标示点的选择示意图

改进 CLEAN-SC 的流程如下：①根据 CLEAN-SC 重构的 $\boldsymbol{q}$ 确定声源总数 I 并初始化声源位置 $\boldsymbol{r}_{0i}^{(0)}$ 和声源平均声压贡献 $P_{AC}^{(0)}\left[\boldsymbol{r}_{0i}^{(0)}\right]$，其中，$i=1,2,\cdots,I$ 为声源索引，$P_{AC}^{(0)}\left[\boldsymbol{r}_{01}^{(0)}\right]\geqslant P_{AC}^{(0)}\left[\boldsymbol{r}_{02}^{(0)}\right]\geqslant\cdots\geqslant P_{AC}^{(0)}\left[\boldsymbol{r}_{0I}^{(0)}\right]$；②迭代寻找正确的声源位置和声源平均声压贡献，每次迭代包含声源标示点更新、声源位置及平均声压贡献更新和声源排序；③联合 CLEAN-SC 重构的 $\boldsymbol{q}$ 和改进 CLEAN-SC 更新的声源位置和声源平均声压贡献，确定新的 $\boldsymbol{q}$。②中，由第 γ 次迭代计算结果 $\boldsymbol{r}_{0i}^{(\gamma)}$ 和 $P_{AC}^{(\gamma)}\left[\boldsymbol{r}_{0i}^{(\gamma)}\right]$ 到第 $\gamma+1$ 次迭代计算结果 $\boldsymbol{r}_{0i}^{(\gamma+1)}$ 和 $P_{AC}^{(\gamma+1)}\left[\boldsymbol{r}_{0i}^{(\gamma+1)}\right]$ 的具体方案如下。

(1) 依次更新每个声源的标示点。

$$\boldsymbol{r}_{\mathrm{ma}i}^{(\gamma+1)}=\boldsymbol{r}_{\mathrm{ma}}^{(\gamma+1)}\left[\boldsymbol{r}_{0i}^{(\gamma)}\right]=\arg\min_{\boldsymbol{r}\in\mathbb{F}} F\left[\boldsymbol{r}_{0i}^{(\gamma)},\boldsymbol{r}\right] \tag{2.68}$$

式中，$\boldsymbol{r}_{\mathrm{ma}i}^{(\gamma+1)}=\boldsymbol{r}_{\mathrm{ma}}^{(\gamma+1)}\left[\boldsymbol{r}_{0i}^{(\gamma)}\right]$ 表示第 $\gamma+1$ 次迭代中为第 γ 次迭代确定的 i 号声源更新的标示点位置；$F\left[\boldsymbol{r}_{0i}^{(\gamma)},\boldsymbol{r}\right]$ 为成本函数，其表达式为

$$F\left[\boldsymbol{r}_{0i}^{(\gamma)},\boldsymbol{r}\right]=\begin{cases}\dfrac{\left\|\sum\limits_{i'=1,i'\neq i}^{I}\boldsymbol{v}^{\mathrm{H}}\left[\boldsymbol{r}_{0i'}^{(\gamma)}\right]\boldsymbol{v}(\boldsymbol{r})\boldsymbol{v}\left[\boldsymbol{r}_{0i'}^{(\gamma)}\right]\right\|_2^2}{\left|\boldsymbol{v}^{\mathrm{H}}\left[\boldsymbol{r}_{0i}^{(\gamma)}\right]\boldsymbol{v}(\boldsymbol{r})\right|^2\left\|\boldsymbol{v}\left[\boldsymbol{r}_{0i}^{(\gamma)}\right]\right\|_2^2}, & \dfrac{\left|\boldsymbol{v}^{\mathrm{H}}\left[\boldsymbol{r}_{0i}^{(\gamma)}\right]\boldsymbol{v}(\boldsymbol{r})\right|^2\left\|\boldsymbol{v}\left[\boldsymbol{r}_{0i}^{(\gamma)}\right]\right\|_2^2}{\left|\boldsymbol{v}^{\mathrm{H}}\left[\boldsymbol{r}_{0i}^{(\gamma)}\right]\boldsymbol{v}\left[\boldsymbol{r}_{0i}^{(\gamma)}\right]\right|^2\left\|\boldsymbol{v}(\boldsymbol{r})\right\|_2^2}\geqslant 0.25\\ +\infty, & \dfrac{\left|\boldsymbol{v}^{\mathrm{H}}\left[\boldsymbol{r}_{0i}^{(\gamma)}\right]\boldsymbol{v}(\boldsymbol{r})\right|^2\left\|\boldsymbol{v}\left(\boldsymbol{r}_{0i}^{(\gamma)}\right)\right\|_2^2}{\left|\boldsymbol{v}^{\mathrm{H}}\left[\boldsymbol{r}_{0i}^{(\gamma)}\right]\boldsymbol{v}\left[\boldsymbol{r}_{0i}^{(\gamma)}\right]\right|^2\left\|\boldsymbol{v}(\boldsymbol{r})\right\|_2^2}<0.25\end{cases} \tag{2.69}$$

式中，i' 亦为声源索引。当 $\left|\boldsymbol{v}^{\mathrm{H}}\left[\boldsymbol{r}_{0i}^{(\gamma)}\right]\boldsymbol{v}(\boldsymbol{r})\right|^2\left\|\boldsymbol{v}\left[\boldsymbol{r}_{0i}^{(\gamma)}\right]\right\|_2^2\Big/\left|\boldsymbol{v}^{\mathrm{H}}\left[\boldsymbol{r}_{0i}^{(\gamma)}\right]\boldsymbol{v}\left[\boldsymbol{r}_{0i}^{(\gamma)}\right]\right|^2\left\|\boldsymbol{v}(\boldsymbol{r})\right\|_2^2<0.25$ 时，$F\left[\boldsymbol{r}_{0i}^{(\gamma)},\boldsymbol{r}\right]=+\infty$ 且是为了保证 DAS 在确定的声源标示点位置的输出比 DAS 在声源位置的输出小且不超过 6dB，即确定的声源标示点落在主瓣内；当 $\left|\boldsymbol{v}^{\mathrm{H}}\left[\boldsymbol{r}_{0i}^{(\gamma)}\right]\boldsymbol{v}(\boldsymbol{r})\right|^2$ $\left\|\boldsymbol{v}\left[\boldsymbol{r}_{0i}^{(\gamma)}\right]\right\|_2^2\Big/\left|\boldsymbol{v}^{\mathrm{H}}\left[\boldsymbol{r}_{0i}^{(\gamma)}\right]\boldsymbol{v}\left[\boldsymbol{r}_{0i}^{(\gamma)}\right]\right|^2\left\|\boldsymbol{v}(\boldsymbol{r})\right\|_2^2\geqslant 0.25$ 时，$F\left[\boldsymbol{r}_{0i}^{(n)},\boldsymbol{r}\right]$ 的表达式可理解为 I 个单位强度声源中，除 i 号声源外的其他声源在 $\boldsymbol{r}$ 聚焦点处的波束形成贡献与 i 号声源在 $\boldsymbol{r}$ 聚焦点处的波束形成贡献的比值。

(2) 基于确定的声源标示点，更新声源的位置及平均声压贡献。采用与 CLEAN-SC 类同的相干性分析得声源标示点 $\boldsymbol{r}_{\mathrm{ma}i}^{(\gamma+1)}$ 所标示的 i 号声源在各传声器处产生声压信号的互谱矩阵为

$$\boldsymbol{G}_i^{(\gamma+1)}=b\left[\boldsymbol{r}_{\mathrm{ma}i}^{(\gamma+1)}\right]\boldsymbol{s}\left[\boldsymbol{r}_{\mathrm{ma}i}^{(\gamma+1)}\right]\boldsymbol{s}^{\mathrm{H}}\left[\boldsymbol{r}_{\mathrm{ma}i}^{(\gamma+1)}\right] \tag{2.70}$$

$$b\left[\boldsymbol{r}_{\mathrm{ma}i}^{(\gamma+1)}\right]=\frac{1}{M}\cdot\frac{\boldsymbol{v}^{\mathrm{H}}\left[\boldsymbol{r}_{\mathrm{ma}i}^{(\gamma+1)}\right]\left[\boldsymbol{C}-\sum\limits_{i'=1}^{i-1}\boldsymbol{G}_{i'}^{(\gamma+1)}\right]\boldsymbol{v}\left[\boldsymbol{r}_{\mathrm{ma}i}^{(\gamma+1)}\right]}{\left\|\boldsymbol{v}\left[\boldsymbol{r}_{\mathrm{ma}i}^{(\gamma+1)}\right]\right\|_2^2} \tag{2.71}$$

$$\boldsymbol{s}\left[\boldsymbol{r}_{\mathrm{ma}i}^{(\gamma+1)}\right]=\frac{\left[\boldsymbol{C}-\sum\limits_{i'=1}^{i-1}\boldsymbol{G}_{i'}^{(\gamma+1)}\right]\boldsymbol{v}\left[\boldsymbol{r}_{\mathrm{ma}i}^{(\gamma+1)}\right]}{\sqrt{M}b\left[\boldsymbol{r}_{\mathrm{ma}i}^{(\gamma+1)}\right]\left\|\boldsymbol{v}\left[\boldsymbol{r}_{\mathrm{ma}i}^{(\gamma+1)}\right]\right\|_2} \tag{2.72}$$

式中，$b\left[\boldsymbol{r}_{\mathrm{ma}i}^{(\gamma+1)}\right]$ 和 $\boldsymbol{s}\left[\boldsymbol{r}_{\mathrm{ma}i}^{(\gamma+1)}\right]$ 分别为标示声源的成分系数和成分向量。计算 i 号声源引起的 DAS 输出 $b_i^{(\gamma+1)}(\boldsymbol{r})=\boldsymbol{v}^{\mathrm{H}}(\boldsymbol{r})\boldsymbol{G}_i^{(\gamma+1)}\boldsymbol{v}(\boldsymbol{r})\big/M\left\|\boldsymbol{v}(\boldsymbol{r})\right\|_2^2$，搜索最大输出值对应位置得新的声源位置 $\boldsymbol{r}_{0i}^{(\gamma+1)}$，最大输出值为相应声源平均声压贡献 $P_{AC}^{(\gamma+1)}\left[\boldsymbol{r}_{0i}^{(\gamma+1)}\right]$。对 $i=1,2,\cdots,I$，依次进行上述分析。

(3) 对 (2) 获得的 I 个声源按声源平均声压贡献降序排列，返回 (1) 重复循环，直至完成迭代。

2.5.2　数值模拟

对应图 2.7(kⅠ)～图 2.7(kⅢ)，图 2.26 给出了改进 CLEAN-SC 的声源成像图。1600Hz 和 1300Hz 频率下，改进 CLEAN-SC 精准定位每个声源，量化的声源平均声压贡献也极接近真实值，1000Hz 频率下，改进 CLEAN-SC 识别的声源偏离真实声源仅一或两个聚焦点，量化的声源平均声压贡献与真实值间的偏差最大约 1dB。对比图 2.26(a)和图 2.7(kⅠ)、图 2.26(b)和图 2.7(kⅡ)及图 2.26(c)和图 2.7(kⅢ)可得，三个频率下，改进 CLEAN-SC 均提高了声源识别准确度，具有更强的小分离声源空间分辨能力。值得说明的是，改进 CLEAN-SC 对小分离声源空间分辨能力的增强效果与声源数目有关，少声源时的增强效果强于多声源时，对双声源，增强效果可达一倍，就本章给出的 4 个声源案例，改进 CLEAN-SC 的空间分辨能力虽未比 CLEAN-SC 强一倍，但已与第二强的 FISTA 相当。改进 CLEAN-SC 在 CLEAN-SC 的基础上添加了一个迭代过程，数次迭代便可使其收敛，仿真图 2.26 时，5 次迭代被计算。表 2.6 列出了获得图 2.7(kⅠ)～图 2.7(kⅢ)时 CLEAN-SC 的耗时和获得图 2.26 时改进 CLEAN-SC 的耗时，可以看出改进 CLEAN-SC 相比 CLEAN-SC 的耗时增加很少，仅约 1s。

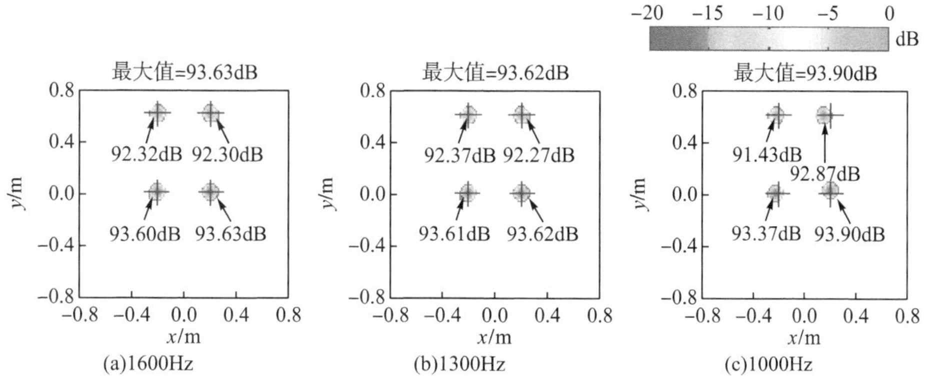

图 2.26　对应图 2.7(kⅠ)～图 2.7(kⅢ)的改进 CLEAN-SC 的声源成像图

表 2.6　CLEAN-SC 的耗时和改进 CLEAN-SC 的耗时

参数	图 2.7(kⅠ)	图 2.7(kⅡ)	图 2.7(kⅢ)
CLEAN-SC 的耗时/s	0.11	0.15	0.17
参数	图 2.26(a)	图 2.26(b)	图 2.26(c)
改进 CLEAN-SC 的耗时/s	1.08	1.14	1.37

2.5.3　验证试验

用改进 CLEAN-SC 算法后处理 2.3.2 节中的试验数据，图 2.27 给出了对应图 2.16(k)的声源成像图，对比显见，图 2.27 中的声源识别准确度显著更高，这可验证“改进 CLEAN-SC 能增强对小分离声源的空间分辨能力”的数值模拟结论。获得图 2.16(k)时

CLEAN-SC 的耗时为 0.50s，获得图 2.27 时改进 CLEAN-SC 的耗时为 1.20s，后者仅大于前者 0.70s，与数值模拟结论一致。试验结果亦证明改进 CLEAN-SC 在实际应用中有效可行。

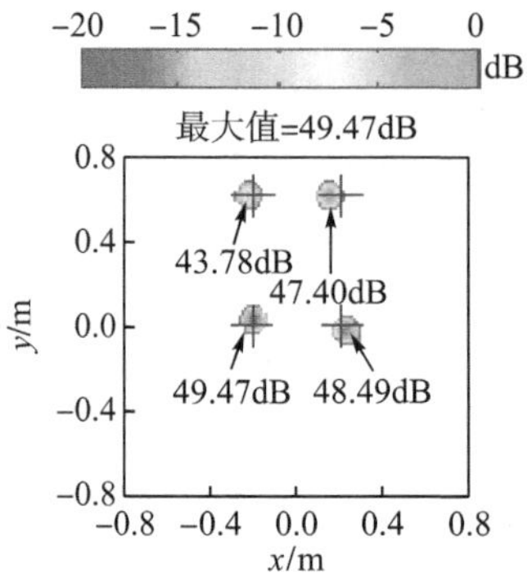

图 2.27　对应图 2.16(k) 的改进 CLEAN-SC 的声源成像图

2.6 本章小结

针对平面传声器阵列的反卷积波束形成声源识别方法，本章完成三部分工作。第一部分为四类反卷积算法的综合性能对比分析；第二部分为第三类反卷积算法的性能增强；第三部分为第四类反卷积算法的性能增强。每部分均综合运用理论推导、数值模拟和试验验证的研究方法。所做工作及取得结论能为恰当选择算法提供科学依据。具体结论如下：

(1) 以 DAMAS、NNLS、FISTA 和 RL 为代表的第一类反卷积算法对传统 DAS 声源识别结果的清晰化效果优、对靠近和远离中心聚焦点的声源均能高精度识别、收敛后重构结果与真实结果间的标准差小［(DAMAS 和 FISTA)<NNLS<RL］、对小分离声源的空间分辨能力最强(DAMAS>FISTA>NNLS>RL)、对相干声源和少量数据快拍具有适用性，收敛所需迭代次数多 (RL>FISTA>NNLS>DAMAS)、计算效率低［(DAMAS 和 NNLS)<(FISTA 和 RL)］、对噪声干扰的鲁棒性弱。背景噪声强、传声器及测试通道频响特性幅相误差大等恶劣测试条件下或追求计算效率时，不宜选择该类算法。

(2) 以 CLEAN 为代表的第二类反卷积算法对传统 DAS 声源识别结果的清晰化效果亦优、对靠近和远离中心聚焦点的声源亦均能高精度识别、以极少迭代便能获得极接近真实分布的结果、计算效率高、对相干声源和少量数据快拍亦具有适用性、对噪声干扰的鲁棒性强，对小分离声源的空间分辨能力弱。该类算法适合快速识别各种声源(如不相干声源、相干声源、稳态声源、瞬态声源、运动声源)，即使测试条件稍恶劣，但要求声源足够分离。

(3) 以 DAMAS2、FFT-NNLS、FFT-FISTA 和 FFT-RL 为代表的第三类反卷积算法最显著优点是计算效率高和对相干声源及少量数据快拍亦具有适用性，这使其适合快速识别各种声源，最显著的缺点是仅能高精度识别靠近中心聚焦点的声源(采用规则聚焦点分布的常规条件下)，这使其仅适用于目标声源区域较小的工况。该类算法对传统 DAS 声源识别结果的清晰化效果低于其他三类算法、对小分离声源的空间分辨能力弱于第一类算法且强于第二类和第四类算法(FFT-RL 除外，FFT-RL 与第二类和第四类算法具有几乎相当的小分离声源空间分辨能力)、收敛所需迭代次数多、收敛后重构结果与真实结果间的标准差大、对噪声干扰的鲁棒性弱。

(4) 以 CLEAN-SC 为代表的第四类反卷积算法最显著优点是对噪声干扰的鲁棒性极强，最显著缺点是对相干声源无适用性、对少量数据快拍的适用性弱、对小分离声源的空间分辨能力弱，这使其只能用于识别大分离的稳态不相干声源，在恶劣测试条件下尤其适用。该类算法还具有对传统 DAS 声源识别结果的清晰化效果优、对靠近和远离中心聚焦点的声源均能高精度识别、以极少迭代便能获得极接近真实分布的结果、计算效率高的优点。

(5) 用提出的新型二维聚焦点生成方法生成的不规则聚焦点分布取代常规的规则聚焦点分布，能有效克服第三类反卷积算法对远离中心聚焦点的声源失效缺陷，能增强 DAMAS2、FFT-NNLS 和 FFT-FISTA 对小分离声源的空间分辨能力(使 DAMAS2 和 FFT-NNLS 具有与 NNLS 相当的能力、FFT-FISTA 具有与 FISTA 相当的能力)，能改善 FFT-RL 对小分离声源的识别性能。

(6) 改进 CLEAN-SC 算法能有效增强对小分离声源的空间分辨能力，仅以轻微增加计算耗时为代价。

第 3 章　球面传声器阵列的反卷积波束形成

平面传声器阵列适宜识别阵列前方局部区域内的声源，相比之下，球面传声器阵列可识别的声源区域更广阔，能 360° 全景识别整个三维空间内的声源。球谐函数波束形成(SHB)是球面传声器阵列的常用方法。与平面传声器阵列的 DAS 一样，SHB 的结果亦存在低频主瓣宽和高频旁瓣高的缺陷，声源识别结果的分析亦具有不确定性。若能为球面传声器阵列测量发展兼具主瓣宽度缩减和旁瓣水平衰减功能的反卷积波束形成，则有望获得清晰明辨的全景声源成像图，对三维空间内声源的准确识别具有重要意义，然而，迄作者开展工作之时，关于该主题的研究尚为空白。球面传声器阵列框架下，基于 SHB，实现第一类和第二类反卷积算法的难点在于推导 SHB 的点传播函数(PSF)并为 PSF 计算确定合理的阶截断；实现第三类反卷积算法的难点之一与实现第一类和第二类反卷积算法的难点相同，难点之二在于扩大有效声源识别区域；实现第四类反卷积算法(包括改进版本)的难点在于推导 SHB 在不同位置输出间的相干系数和基于 SHB 的输出确定声源标示点并重构各声源在传声器处产生声压信号的互谱矩阵。本章将逐一攻克这些难题，为球面传声器阵列测量实现四类反卷积算法。

运用球面传声器阵列识别声源时，常将聚焦声源面设为简单球面，实际应用中，识别对象往往是不规则的复杂三维结构，各声源到阵列中心的距离互不相等，将聚焦声源面设为简单球面必然无法保证每个声源的聚焦距离都等于其到阵列中心的距离。鉴于此，距离因素被考虑时(近场模型)，探究聚焦距离不等于声源到阵列中心的距离时各算法的性能至关重要，然而，迄作者开展工作之时，关于该问题的研究报道还极鲜见，即便是针对已有的 SHB 方法。本章亦将关注该问题，所得结论对实际应用中声源识别结果的准确分析具有指导价值。

球面传声器阵列包括开口球和刚性球，相比前者，后者由于球体散射作用具有强鲁棒性和更高的低频信噪比，应用更普遍，本章研究亦采用刚性球。首先，针对 SHB，推导理论并基于数值模拟研究性能；然后，分别针对四类反卷积算法，推导理论并基于数值模拟研究性能；最后，基于试验验证数值模拟结论的正确性、对比分析各类算法的综合性能并检验各算法在识别实际声源时的有效性。值得强调的是，虽然 SHB 是已有方法，但这里关于其理论的描述不是前人工作的简单复制，而是首次从全新视角进行推导，并将结果表达为简洁的矩阵运算形式，这为后续在统一数学框架下(基于同一 SHB 输出表达式)实现四类反卷积奠定基础。值得说明的是，与第 2 章一样，本章呈现的理论推导、数值模拟和试验均采用近场模型，远场模型下，相关算法亦同样适用且性能与近场模型下一致。

3.1 球谐函数波束形成

3.1.1 基本理论

本节从测量模型、单快拍下的 SHB 输出、声压贡献修正和基于互谱的 SHB 输出四个方面推导 SHB 的基本理论。

1. 测量模型

图 3.1 为球面传声器阵列测量的几何模型，坐标原点位于阵列中心，三维空间内的任意位置可用 (r,Ω) 表示，r 为该位置到阵列中心的距离；$\Omega=(\theta,\phi)$ 为该位置的方向，$\theta\in[0^\circ,180^\circ]$ 为仰角，$\phi\in[0^\circ,360^\circ)$ 为方位角；符号“○”和“●”分别为声源和传声器。声源的位置记为 $(r_\mathrm{S},\Omega_\mathrm{S})$，$q$ 号传声器的位置记为 $(a,\Omega_{\mathrm{M}q})$，a 为阵列半径，$q=1,2,\cdots,Q$。辐射声波的波数为 k 时，由 $(r_\mathrm{S},\Omega_\mathrm{S})$ 位置处的声源强度到 q 号传声器处的声压信号的传递函数为[102,103,106]：

$$t\left[\left(ka,\Omega_{\mathrm{M}q}\right)\middle|\left(kr_\mathrm{S},\Omega_\mathrm{S}\right)\right]=\sum_{n=0}^{\infty}\sum_{m=-n}^{n}b_n\left(kr_\mathrm{S},ka\right)Y_n^{m*}\left(\Omega_\mathrm{S}\right)Y_n^m\left(\Omega_{\mathrm{M}q}\right) \tag{3.1}$$

式中，n 和 m 为阶和次；$b_n\left(kr_\mathrm{S},ka\right)$ 为模态强度（又称径向函数）；$Y_n^m(\Omega)$ 为 Ω 方向的球谐函数；上标“*”为共轭。$b_n\left(kr_\mathrm{S},ka\right)$ 的表达式为[102-104,106]

$$b_n\left(kr_\mathrm{S},ka\right)=-4\pi\mathrm{j}h_n^{(2)}\left(kr_\mathrm{S}\right)\left[j_n(ka)-\frac{j_n'(ka)}{h_n^{(2)'}(ka)}h_n^{(2)}(ka)\right] \tag{3.2}$$

式中，$\mathrm{j}=\sqrt{-1}$ 为虚数单位；$j_n(ka)$ 为 n 阶第一类球贝塞尔函数；$h_n^{(2)}\left(kr_\mathrm{S}\right)$ 和 $h_n^{(2)}(ka)$ 为 n 阶第二类球汉克尔函数；$j_n'(ka)$ 和 $h_n^{(2)'}(ka)$ 分别为 $j_n(ka)$ 和 $h_n^{(2)}(ka)$ 的一阶导数。$b_n\left(kr_\mathrm{S},ka\right)$ 中，被减数项由自由场中的声传播引起，减数项由球体散射作用引起。$Y_n^m(\Omega)$ 的表达式为[25-27]

$$Y_n^m(\Omega)=A_{n,m}P_n^m(\cos\theta)\mathrm{e}^{\mathrm{j}m\phi} \tag{3.3}$$

式中，$A_{n,m}=\sqrt{(2n+1)(n-m)!/\left[4\pi(n+m)!\right]}$；$P_n^m(\cos\theta)$ 为连带勒让德函数。

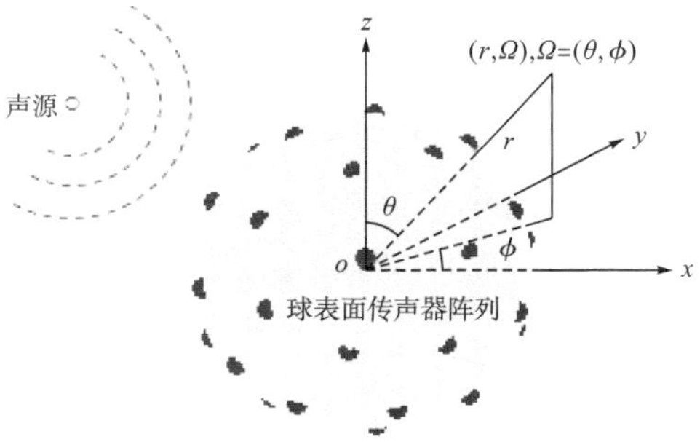

图 3.1 球面传声器阵列测量的几何模型

记 $\mathbb{C}$ 为复数集；$\boldsymbol{p}^{\star}\in\mathbb{C}^{Q}$ 为单快拍下各传声器测量声压信号组成的列向量；$\boldsymbol{t}(kr_{\mathrm{S}},\Omega_{\mathrm{S}})\in\mathbb{C}^{Q}$ 为 $(r_{\mathrm{S}},\Omega_{\mathrm{S}})$ 位置处声源到各传声器传递函数组成的列向量；$s(kr_{\mathrm{S}},\Omega_{\mathrm{S}})\in\mathbb{C}$ 为单快拍下 $(r_{\mathrm{S}},\Omega_{\mathrm{S}})$ 位置处声源的强度；$\boldsymbol{n}\in\mathbb{C}^{Q}$ 为单快拍下各传声器承受噪声干扰组成的列向量，则：

$$\boldsymbol{p}^{\star}=\sum_{(r_{\mathrm{S}},\Omega_{\mathrm{S}})\in\mathbb{B}}s(kr_{\mathrm{S}},\Omega_{\mathrm{S}})\boldsymbol{t}(kr_{\mathrm{S}},\Omega_{\mathrm{S}})+\boldsymbol{n} \tag{3.4}$$

式中，$\mathbb{B}$ 为所有声源位置坐标组成的集合。

2. 单快拍下的 SHB 输出

1) 理想输出

SHB 根据球谐函数的正交性聚焦设定声源面上的各位置，$(r_{\mathrm{F}},\Omega_{\mathrm{F}})$ 位置处单快拍下的理想输出被构造为

$$\widehat{b}(kr_{\mathrm{F}},\Omega_{\mathrm{F}})=\sum_{\Omega_{\mathrm{S}}\in\tilde{\mathbb{B}}}s(kr_{\mathrm{F}},\Omega_{\mathrm{S}})\sum_{n=0}^{\infty}\sum_{m=-n}^{n}Y_n^{m*}(\Omega_{\mathrm{S}})Y_n^{m}(\Omega_{\mathrm{F}}) \tag{3.5}$$

式中，$\tilde{\mathbb{B}}$ 为所有声源方向组成的集合；$s(kr_{\mathrm{F}},\Omega_{\mathrm{S}})\in\mathbb{C}$ 为按照在各传声器处产生声压信号近似相等原则将 $(r_{\mathrm{S}},\Omega_{\mathrm{S}})$ 位置处声源投影到 $(r_{\mathrm{F}},\Omega_{\mathrm{S}})$ 位置处而获得的强度。球谐函数的正交性带来[31]：

$$\sum_{n=0}^{\infty}\sum_{m=-n}^{n}Y_n^{m*}(\Omega_{\mathrm{S}})Y_n^{m}(\Omega_{\mathrm{F}})=\delta(\phi_{\mathrm{F}}-\phi_{\mathrm{S}})\delta(\cos\theta_{\mathrm{F}}-\cos\theta_{\mathrm{S}}) \tag{3.6}$$

式中，$\delta(\phi_{\mathrm{F}}-\phi_{\mathrm{S}})$ 和 $\delta(\cos\theta_{\mathrm{F}}-\cos\theta_{\mathrm{S}})$ 均为狄拉克 δ 函数。因此，当 $\Omega_{\mathrm{F}}=\Omega_{\mathrm{S}}$ 时，$\widehat{b}(kr_{\mathrm{F}},\Omega_{\mathrm{F}})$ 输出极大值，否则，$\widehat{b}(kr_{\mathrm{F}},\Omega_{\mathrm{F}})=0$，由此可定位声源。

用上标“T”表示转置，$\Omega_{\mathrm{S}i}$ 表示 i 号声源的方向，$i=1,2,\cdots,I$，I 等于 $\mathbb{B}$ 或 $\tilde{\mathbb{B}}$ 的势，令

$$\boldsymbol{y}_{\mathrm{F}\infty}=\Big[\underbrace{Y_0^0(\Omega_{\mathrm{F}})}_{n=0}\quad\underbrace{Y_1^{-1}(\Omega_{\mathrm{F}})\quad Y_1^{0}(\Omega_{\mathrm{F}})\quad Y_1^{1}(\Omega_{\mathrm{F}})}_{n=1}\quad\cdots\quad\underbrace{Y_\infty^{-\infty}(\Omega_{\mathrm{F}})\quad\cdots\quad Y_\infty^{\infty}(\Omega_{\mathrm{F}})}_{n=\infty}\Big]\in\mathbb{C}^{1\times\infty} \tag{3.7}$$

$$\boldsymbol{Y}_{\mathrm{S}\infty}=\begin{bmatrix}\underbrace{\begin{matrix}Y_0^0(\Omega_{\mathrm{S1}})\\Y_0^0(\Omega_{\mathrm{S2}})\\\vdots\\Y_0^0(\Omega_{\mathrm{S}I})\end{matrix}}_{n=0} & \underbrace{\begin{matrix}Y_1^{-1}(\Omega_{\mathrm{S1}}) & Y_1^{0}(\Omega_{\mathrm{S1}}) & Y_1^{1}(\Omega_{\mathrm{S1}})\\Y_1^{-1}(\Omega_{\mathrm{S2}}) & Y_1^{0}(\Omega_{\mathrm{S2}}) & Y_1^{1}(\Omega_{\mathrm{S2}})\\\vdots & \vdots & \vdots\\Y_1^{-1}(\Omega_{\mathrm{S}I}) & Y_1^{0}(\Omega_{\mathrm{S}I}) & Y_1^{1}(\Omega_{\mathrm{S}I})\end{matrix}}_{n=1} & \begin{matrix}\cdots\\\cdots\\\ddots\\\cdots\end{matrix} & \underbrace{\begin{matrix}Y_\infty^{-\infty}(\Omega_{\mathrm{S1}}) & \cdots & Y_\infty^{\infty}(\Omega_{\mathrm{S1}})\\Y_\infty^{-\infty}(\Omega_{\mathrm{S2}}) & \cdots & Y_\infty^{\infty}(\Omega_{\mathrm{S2}})\\\vdots & \ddots & \vdots\\Y_\infty^{-\infty}(\Omega_{\mathrm{S}I}) & \cdots & Y_\infty^{\infty}(\Omega_{\mathrm{S}I})\end{matrix}}_{n=\infty}\end{bmatrix}\in\mathbb{C}^{I\times\infty} \tag{3.8}$$

$$\boldsymbol{s}_{\mathrm{F}}=\left[s(kr_{\mathrm{F}},\Omega_{\mathrm{S1}})\quad s(kr_{\mathrm{F}},\Omega_{\mathrm{S2}})\quad\cdots\quad s(kr_{\mathrm{F}},\Omega_{\mathrm{S}I})\right]^{\mathrm{T}}\in\mathbb{C}^{I} \tag{3.9}$$

则式(3.5)可写成如下矩阵运算形式：

$$\widehat{b}(kr_{\mathrm{F}},\Omega_{\mathrm{F}})=\boldsymbol{y}_{\mathrm{F}\infty}\boldsymbol{Y}_{\mathrm{S}\infty}^{\mathrm{H}}\boldsymbol{s}_{\mathrm{F}} \tag{3.10}$$

式中，上标“H”表示共轭转置。

2) 实际输出

理想输出[式(3.5)和式(3.10)]中包含无穷多阶，这在实际应用中难以实现，需进行阶截断，记 N 为截断后的最高阶。式(3.5)相应变为

$$\breve{b}\left(kr_{\mathrm{F}},\Omega_{\mathrm{F}}\right)=\sum_{\Omega_{\mathrm{S}}\in\mathbb{B}} s\left(kr_{\mathrm{F}},\Omega_{\mathrm{S}}\right)\sum_{n=0}^{N}\sum_{m=-n}^{n} Y_n^{m*}\left(\Omega_{\mathrm{S}}\right)Y_n^m\left(\Omega_{\mathrm{F}}\right) \tag{3.11}$$

式(3.10)相应变为

$$\breve{b}\left(kr_{\mathrm{F}},\Omega_{\mathrm{F}}\right)=\boldsymbol{y}_{\mathrm{F}N}\boldsymbol{Y}_{\mathrm{S}N}^{\mathrm{H}}\boldsymbol{s}_{\mathrm{F}} \tag{3.12}$$

式中，$\boldsymbol{y}_{\mathrm{F}N}\in\mathbb{C}^{1\times(N+1)^2}$ 为 $\boldsymbol{y}_{\mathrm{F}\infty}$ 中左侧的块[由 $\boldsymbol{y}_{\mathrm{F}\infty}$ 的 1 到 $(N+1)^2$ 列组成]；$\boldsymbol{Y}_{\mathrm{S}N}\in\mathbb{C}^{I\times(N+1)^2}$ 为 $\boldsymbol{Y}_{\mathrm{S}\infty}$ 中左侧的块[由 $\boldsymbol{Y}_{\mathrm{S}\infty}$ 的 1 到 $(N+1)^2$ 列组成]。获得输出 $\breve{b}\left(kr_{\mathrm{F}},\Omega_{\mathrm{F}}\right)$ 需要 $\boldsymbol{y}_{\mathrm{F}N}$ 和 $\boldsymbol{Y}_{\mathrm{S}N}^{\mathrm{H}}\boldsymbol{s}_{\mathrm{F}}$，前者可根据式(3.3)计算得出，后者需从各传声器测量的声压信号（$\boldsymbol{p}^{\star}$）中提取。提取过程分为声源投影、球傅里叶变换和除以模态强度三步。

(1) 声源投影。聚焦 $\left(r_{\mathrm{F}},\Omega_{\mathrm{F}}\right)$ 位置时，SHB 假想所有声源到阵列中心的距离均为 r_{F}。所谓“声源投影”即是按照在各传声器处产生声压信号近似相等原则将每个声源投影到方向与声源方向一致而到阵列中心距离为 r_{F} 的位置。具体地，$\forall\left(r_{\mathrm{S}},\Omega_{\mathrm{S}}\right)\in\mathbb{B}$，存在 $s\left(kr_{\mathrm{F}},\Omega_{\mathrm{S}}\right)$，使得

$$s\left(kr_{\mathrm{S}},\Omega_{\mathrm{S}}\right)\boldsymbol{t}\left(kr_{\mathrm{S}},\Omega_{\mathrm{S}}\right)\approx s\left(kr_{\mathrm{F}},\Omega_{\mathrm{S}}\right)\boldsymbol{t}\left(kr_{\mathrm{F}},\Omega_{\mathrm{S}}\right) \tag{3.13}$$

式中，$\boldsymbol{t}\left(kr_{\mathrm{F}},\Omega_{\mathrm{S}}\right)\in\mathbb{C}^{Q}$ 为 $\left(r_{\mathrm{F}},\Omega_{\mathrm{S}}\right)$ 位置处声源到各传声器传递函数组成的列向量，其元素的表达式与式(3.1)类同，只需将式(3.1)中的 r_{S} 替换为 r_{F} 即可。相应地，

$$\boldsymbol{p}^{\star}=\sum_{\Omega_{\mathrm{S}}\in\mathbb{B}} s\left(kr_{\mathrm{F}},\Omega_{\mathrm{S}}\right)\boldsymbol{t}\left(kr_{\mathrm{F}},\Omega_{\mathrm{S}}\right)+\boldsymbol{e}+\boldsymbol{n} \tag{3.14}$$

式中，$\boldsymbol{e}\in\mathbb{C}^{Q}$ 为声源投影带来的偏差列向量。

用 $\mathrm{Diag}(\cdot)$ 表示形成以括号内向量为对角线的对角矩阵，令

$$\boldsymbol{B}_{\mathrm{F}\infty}=\mathrm{Diag}\left(\left[\underbrace{b_0\left(kr_{\mathrm{F}},ka\right)}_{n=0}\ \underbrace{b_1\left(kr_{\mathrm{F}},ka\right)\ b_1\left(kr_{\mathrm{F}},ka\right)\ b_1\left(kr_{\mathrm{F}},ka\right)}_{n=1}\ \cdots\ \underbrace{b_\infty\left(kr_{\mathrm{F}},ka\right)\ \cdots\ b_\infty\left(kr_{\mathrm{F}},ka\right)}_{n=\infty}\right]\right)\in\mathbb{C}^{\infty\times\infty} \tag{3.15}$$

$$\boldsymbol{Y}_{\mathrm{M}\infty}=\begin{bmatrix} Y_0^0\left(\Omega_{\mathrm{M}1}\right) & Y_1^{-1}\left(\Omega_{\mathrm{M}1}\right) & Y_1^0\left(\Omega_{\mathrm{M}1}\right) & Y_1^1\left(\Omega_{\mathrm{M}1}\right) & \cdots & Y_\infty^{-\infty}\left(\Omega_{\mathrm{M}1}\right) & \cdots & Y_\infty^{\infty}\left(\Omega_{\mathrm{M}1}\right) \\ Y_0^0\left(\Omega_{\mathrm{M}2}\right) & Y_1^{-1}\left(\Omega_{\mathrm{M}2}\right) & Y_1^0\left(\Omega_{\mathrm{M}2}\right) & Y_1^1\left(\Omega_{\mathrm{M}2}\right) & \cdots & Y_\infty^{-\infty}\left(\Omega_{\mathrm{M}2}\right) & \cdots & Y_\infty^{\infty}\left(\Omega_{\mathrm{M}2}\right) \\ \vdots & \vdots & \vdots & \vdots & \ddots & \vdots & \ddots & \vdots \\ \underbrace{Y_0^0\left(\Omega_{\mathrm{M}Q}\right)}_{n=0} & \underbrace{Y_1^{-1}\left(\Omega_{\mathrm{M}Q}\right) \quad Y_1^0\left(\Omega_{\mathrm{M}Q}\right) \quad Y_1^1\left(\Omega_{\mathrm{M}Q}\right)}_{n=1} & & & \cdots & \underbrace{Y_\infty^{-\infty}\left(\Omega_{\mathrm{M}Q}\right) \quad \cdots \quad Y_\infty^{\infty}\left(\Omega_{\mathrm{M}Q}\right)}_{n=\infty} & & \end{bmatrix}\in\mathbb{C}^{Q\times\infty} \tag{3.16}$$

联合式(3.1)，式(3.14)可重写为

$$\boldsymbol{p}^{\star}=\boldsymbol{Y}_{\mathrm{M}\infty}\boldsymbol{B}_{\mathrm{F}\infty}\boldsymbol{Y}_{\mathrm{S}\infty}^{\mathrm{H}}\boldsymbol{s}_{\mathrm{F}}+\boldsymbol{e}+\boldsymbol{n} \tag{3.17}$$

(2) 球傅里叶变换。对单位球面上平方可积的连续函数 $f(\Omega)$，球傅里叶变换被定义为[31]

$$f_{n,m}=\mathcal{S}\left[f(\Omega)\right]=\int_{\Omega\in S^2} f(\Omega)Y_n^{m*}(\Omega)\mathrm{d}\Omega \tag{3.18}$$

式中，$f_{n,m}$ 为 $f(\Omega)$ 的球傅里叶变换系数；$\mathcal{S}(\cdot)$ 为球傅里叶变换；S^2 为单位球面，$\int_{\Omega\in S^2}\mathrm{d}\Omega=\int_0^{\pi}\int_0^{2\pi}\sin\theta\mathrm{d}\theta\mathrm{d}\phi=4\pi$。传声器测量的声压信号为离散信号，只能进行离散球傅里叶变换，对应式(3.18)，传声器测量声压信号的离散球傅里叶变换为

$$p_{n,m}=\sum_{q=1}^{Q}\alpha_q p^{\star}\left(ka,\Omega_{\mathrm{M}q}\right)Y_n^{m*}\left(\Omega_{\mathrm{M}q}\right) \tag{3.19}$$

式中，$\alpha_q\in\mathbb{R}$ 为 q 号传声器的权，$\mathbb{R}$ 为实数集，$\sum_{q=1}^{Q}\alpha_q=4\pi$；$p^{\star}\left(ka,\Omega_{\mathrm{M}q}\right)$ 为 q 号传声器测量的声压信号，位于 $\boldsymbol{p}^{\star}$ 中第 q 行。令

$$\boldsymbol{p}_S=\Big[\underbrace{p_{0,0}}_{n=0}\quad\underbrace{p_{1,-1}\quad p_{1,0}\quad p_{1,1}}_{n=1}\quad\cdots\quad\underbrace{p_{N,-N}\quad\cdots\quad p_{N,N}}_{n=N}\Big]^{\mathrm{T}}\in\mathbb{C}^{(N+1)^2} \tag{3.20}$$

$$\boldsymbol{\Gamma}=\mathrm{Diag}\left(\begin{bmatrix}\alpha_1 & \alpha_2 & \cdots & \alpha_Q\end{bmatrix}\right)\in\mathbb{R}^{Q\times Q} \tag{3.21}$$

$\boldsymbol{Y}_{\mathrm{M}N}\in\mathbb{C}^{Q\times(N+1)^2}$ 为 $\boldsymbol{Y}_{\mathrm{M}\infty}$ 中左侧的块[由 $\boldsymbol{Y}_{\mathrm{M}\infty}$ 的 1 到 $(N+1)^2$ 列组成]，则有

$$\boldsymbol{p}_S=\boldsymbol{Y}_{\mathrm{M}N}^{\mathrm{H}}\boldsymbol{\Gamma}\boldsymbol{p}^{\star} \tag{3.22}$$

(3) 除以模态强度。定义 $\boldsymbol{y}\in\mathbb{C}^{(N+1)^2}$ 为 $\boldsymbol{p}_S$ 中各元素除以相应阶模态强度的结果，即

$$\boldsymbol{y}=\boldsymbol{B}_{\mathrm{F}N}^{-1}\boldsymbol{p}_S=\boldsymbol{B}_{\mathrm{F}N}^{-1}\boldsymbol{Y}_{\mathrm{M}N}^{\mathrm{H}}\boldsymbol{\Gamma}\boldsymbol{p}^{\star} \tag{3.23}$$

式中，$\boldsymbol{B}_{\mathrm{F}N}\in\mathbb{C}^{(N+1)^2\times(N+1)^2}$ 为 $\boldsymbol{B}_{\mathrm{F}\infty}$ 中左上角的块[由 $\boldsymbol{B}_{\mathrm{F}\infty}$ 的 1 到 $(N+1)^2$ 行，1 到 $(N+1)^2$ 列组成]。第二个“=”成立的依据是式(3.22)。联立式(3.17)和式(3.23)可得

$$\boldsymbol{y}=\boldsymbol{B}_{\mathrm{F}N}^{-1}\boldsymbol{Y}_{\mathrm{M}N}^{\mathrm{H}}\boldsymbol{\Gamma}\boldsymbol{Y}_{\mathrm{M}\infty}\boldsymbol{B}_{\mathrm{F}\infty}\boldsymbol{Y}_{\mathrm{S}\infty}^{\mathrm{H}}\boldsymbol{s}_{\mathrm{F}}+\boldsymbol{B}_{\mathrm{F}N}^{-1}\boldsymbol{Y}_{\mathrm{M}N}^{\mathrm{H}}\boldsymbol{\Gamma}\boldsymbol{e}+\boldsymbol{B}_{\mathrm{F}N}^{-1}\boldsymbol{Y}_{\mathrm{M}N}^{\mathrm{H}}\boldsymbol{\Gamma}\boldsymbol{n} \tag{3.24}$$

引入矩阵划分：

$$\boldsymbol{Y}_{\mathrm{M}\infty}=\left[\boldsymbol{Y}_{\mathrm{M}N}\in\mathbb{C}^{Q\times(N+1)^2}\quad \boldsymbol{Y}_{\mathrm{M}[N+1:\infty]}\in\mathbb{C}^{Q\times\infty}\right],\ \boldsymbol{Y}_{\mathrm{S}\infty}=\left[\boldsymbol{Y}_{\mathrm{S}N}\in\mathbb{C}^{I\times(N+1)^2}\quad \boldsymbol{Y}_{\mathrm{S}[N+1:\infty]}\in\mathbb{C}^{I\times\infty}\right] \tag{3.25}$$

$$\boldsymbol{B}_{\mathrm{F}\infty}=\begin{bmatrix}\boldsymbol{B}_{\mathrm{F}N}\in\mathbb{C}^{(N+1)^2\times(N+1)^2} & \boldsymbol{0}\in\mathbb{C}^{(N+1)^2\times\infty}\\ \boldsymbol{0}\in\mathbb{C}^{\infty\times(N+1)^2} & \boldsymbol{B}_{\mathrm{F}[N+1:\infty]}\in\mathbb{C}^{\infty\times\infty}\end{bmatrix} \tag{3.26}$$

其中，下标“$[N+1:\infty]$”表示对应 $N+1$ 到 ∞ 阶。$\boldsymbol{y}$ 中第一项可写为

$$\begin{aligned}&\boldsymbol{B}_{\mathrm{F}N}^{-1}\boldsymbol{Y}_{\mathrm{M}N}^{\mathrm{H}}\boldsymbol{\Gamma}\boldsymbol{Y}_{\mathrm{M}\infty}\boldsymbol{B}_{\mathrm{F}\infty}\boldsymbol{Y}_{\mathrm{S}\infty}^{\mathrm{H}}\boldsymbol{s}_{\mathrm{F}}\\&=\boldsymbol{B}_{\mathrm{F}N}^{-1}\boldsymbol{Y}_{\mathrm{M}N}^{\mathrm{H}}\boldsymbol{\Gamma}\boldsymbol{Y}_{\mathrm{M}N}\boldsymbol{B}_{\mathrm{F}N}\boldsymbol{Y}_{\mathrm{S}N}^{\mathrm{H}}\boldsymbol{s}_{\mathrm{F}}+\boldsymbol{B}_{\mathrm{F}N}^{-1}\boldsymbol{Y}_{\mathrm{M}N}^{\mathrm{H}}\boldsymbol{\Gamma}\boldsymbol{Y}_{\mathrm{M}[N+1:\infty]}\boldsymbol{B}_{\mathrm{F}[N+1:\infty]}\boldsymbol{Y}_{\mathrm{S}[N+1:\infty]}^{\mathrm{H}}\boldsymbol{s}_{\mathrm{F}}\\&=\boldsymbol{Y}_{\mathrm{S}N}^{\mathrm{H}}\boldsymbol{s}_{\mathrm{F}}+\boldsymbol{B}_{\mathrm{F}N}^{-1}\boldsymbol{Y}_{\mathrm{M}N}^{\mathrm{H}}\boldsymbol{\Gamma}\boldsymbol{Y}_{\mathrm{M}N}\boldsymbol{B}_{\mathrm{F}N}\boldsymbol{Y}_{\mathrm{S}N}^{\mathrm{H}}\boldsymbol{s}_{\mathrm{F}}-\boldsymbol{Y}_{\mathrm{S}N}^{\mathrm{H}}\boldsymbol{s}_{\mathrm{F}}+\boldsymbol{B}_{\mathrm{F}N}^{-1}\boldsymbol{Y}_{\mathrm{M}N}^{\mathrm{H}}\boldsymbol{\Gamma}\boldsymbol{Y}_{\mathrm{M}[N+1:\infty]}\boldsymbol{B}_{\mathrm{F}[N+1:\infty]}\boldsymbol{Y}_{\mathrm{S}[N+1:\infty]}^{\mathrm{H}}\boldsymbol{s}_{\mathrm{F}}\end{aligned} \tag{3.27}$$

显见，$\boldsymbol{y}$ 中包含了需要的 $\boldsymbol{Y}_{\mathrm{S}N}^{\mathrm{H}}\boldsymbol{s}_{\mathrm{F}}$，后续会具体分析二者间偏差带来的影响。用式(3.23)所示的 $\boldsymbol{y}$ 替代式(3.12)中的 $\boldsymbol{Y}_{\mathrm{S}N}^{\mathrm{H}}\boldsymbol{s}_{\mathrm{F}}$，单快拍下 SHB 的实际输出为

$$\hat{b}\left(kr_{\mathrm{F}},\Omega_{\mathrm{F}}\right)=\boldsymbol{y}_{\mathrm{F}N}\boldsymbol{B}_{\mathrm{F}N}^{-1}\boldsymbol{Y}_{\mathrm{M}N}^{\mathrm{H}}\boldsymbol{\Gamma}\boldsymbol{p}^{\star} \tag{3.28}$$

3) 实际输出与理想输出间的差异分析

联立式(3.23)、式(3.24)、式(3.27)和式(3.28)可得

$$\begin{aligned}\hat{b}\left(kr_{\mathrm{F}},\Omega_{\mathrm{F}}\right)=&\ \boldsymbol{y}_{\mathrm{F}N}\boldsymbol{Y}_{\mathrm{S}N}^{\mathrm{H}}\boldsymbol{s}_{\mathrm{F}}+\boldsymbol{y}_{\mathrm{F}N}\boldsymbol{B}_{\mathrm{F}N}^{-1}\boldsymbol{Y}_{\mathrm{M}N}^{\mathrm{H}}\boldsymbol{\Gamma}\boldsymbol{Y}_{\mathrm{M}N}\boldsymbol{B}_{\mathrm{F}N}\boldsymbol{Y}_{\mathrm{S}N}^{\mathrm{H}}\boldsymbol{s}_{\mathrm{F}}\\&-\boldsymbol{y}_{\mathrm{F}N}\boldsymbol{Y}_{\mathrm{S}N}^{\mathrm{H}}\boldsymbol{s}_{\mathrm{F}}+\boldsymbol{y}_{\mathrm{F}N}\boldsymbol{B}_{\mathrm{F}N}^{-1}\boldsymbol{Y}_{\mathrm{M}N}^{\mathrm{H}}\boldsymbol{\Gamma}\boldsymbol{Y}_{\mathrm{M}[N+1:\infty]}\boldsymbol{B}_{\mathrm{F}[N+1:\infty]}\boldsymbol{Y}_{\mathrm{S}[N+1:\infty]}^{\mathrm{H}}\boldsymbol{s}_{\mathrm{F}}\\&+\boldsymbol{y}_{\mathrm{F}N}\boldsymbol{B}_{\mathrm{F}N}^{-1}\boldsymbol{Y}_{\mathrm{M}N}^{\mathrm{H}}\boldsymbol{\Gamma}\boldsymbol{e}+\boldsymbol{y}_{\mathrm{F}N}\boldsymbol{B}_{\mathrm{F}N}^{-1}\boldsymbol{Y}_{\mathrm{M}N}^{\mathrm{H}}\boldsymbol{\Gamma}\boldsymbol{n}\end{aligned} \tag{3.29}$$

根据式(3.10)和式(3.29)，实际输出与理想输出间的差异为

$$
\begin{aligned}
\hat{b}(kr_{\mathrm{F}},\Omega_{\mathrm{F}})-\widehat{b}(kr_{\mathrm{F}},\Omega_{\mathrm{F}})&=\underbrace{\boldsymbol{y}_{\mathrm{F}N}\boldsymbol{Y}_{\mathrm{S}N}^{\mathrm{H}}\boldsymbol{s}_{\mathrm{F}}-\boldsymbol{y}_{\mathrm{F}\infty}\boldsymbol{Y}_{\mathrm{S}\infty}^{\mathrm{H}}\boldsymbol{s}_{\mathrm{F}}}_{\varDelta_1}\\
&+\underbrace{\underbrace{\boldsymbol{y}_{\mathrm{F}N}\boldsymbol{B}_{\mathrm{F}N}^{-1}\boldsymbol{Y}_{\mathrm{M}N}^{\mathrm{H}}\boldsymbol{\Gamma}\boldsymbol{Y}_{\mathrm{M}N}\boldsymbol{B}_{\mathrm{F}N}\boldsymbol{Y}_{\mathrm{S}N}^{\mathrm{H}}\boldsymbol{s}_{\mathrm{F}}-\boldsymbol{y}_{\mathrm{F}N}\boldsymbol{Y}_{\mathrm{S}N}^{\mathrm{H}}\boldsymbol{s}_{\mathrm{F}}}_{\varDelta_{21}}+\underbrace{\boldsymbol{y}_{\mathrm{F}N}\boldsymbol{B}_{\mathrm{F}N}^{-1}\boldsymbol{Y}_{\mathrm{M}N}^{\mathrm{H}}\boldsymbol{\Gamma}\boldsymbol{Y}_{\mathrm{M}[N+1:\infty]}\boldsymbol{B}_{\mathrm{F}[N+1:\infty]}\boldsymbol{Y}_{\mathrm{S}[N+1:\infty]}^{\mathrm{H}}\boldsymbol{s}_{\mathrm{F}}}_{\varDelta_{22}}}_{\varDelta_2}\\
&+\underbrace{\boldsymbol{y}_{\mathrm{F}N}\boldsymbol{B}_{\mathrm{F}N}^{-1}\boldsymbol{Y}_{\mathrm{M}N}^{\mathrm{H}}\boldsymbol{\Gamma}\boldsymbol{e}}_{\varDelta_3}+\underbrace{\boldsymbol{y}_{\mathrm{F}N}\boldsymbol{B}_{\mathrm{F}N}^{-1}\boldsymbol{Y}_{\mathrm{M}N}^{\mathrm{H}}\boldsymbol{\Gamma}\boldsymbol{n}}_{\varDelta_4}
\end{aligned}
\tag{3.30}
$$

式中，$\varDelta_1$ 由阶截断引起；$\varDelta_2$、$\varDelta_3$ 和 $\varDelta_4$ 由 $\boldsymbol{y}$ 与 $\boldsymbol{Y}_{\mathrm{S}N}^{\mathrm{H}}\boldsymbol{s}_{\mathrm{F}}$ 间的偏差引起，$\varDelta_2$、$\varDelta_3$ 和 $\varDelta_4$ 分别与传声器离散采样、声源投影和噪声干扰有关。对于 $\varDelta_1$，N 趋于 ∞ 时，$\varDelta_1$ 趋于 0。球谐函数的正交性带来[31]：

$$
\int_{\Omega\in S^2}Y_{n'}^{m'}(\Omega)Y_n^{m*}(\Omega)\mathrm{d}\Omega=\delta_{n-n'}\delta_{m-m'}=\begin{cases}1, & n=n'\text{且}m=m'\\ 0, & \text{其他}\end{cases}
\tag{3.31}
$$

式中，n' 和 m' 分别为阶和次；$\delta_{n-n'}$ 和 $\delta_{m-m'}$ 均为克罗内克 δ 函数。若阵列包含无限多传声器，即传声器连续分布，根据式(3.31)，$\boldsymbol{Y}_{\mathrm{M}N}^{\mathrm{H}}\boldsymbol{\Gamma}\boldsymbol{Y}_{\mathrm{M}N}$ 为单位矩阵，$\boldsymbol{Y}_{\mathrm{M}N}^{\mathrm{H}}\boldsymbol{\Gamma}\boldsymbol{Y}_{\mathrm{M}[N+1:\infty]}$ 为零矩阵，$\varDelta_2=0$。对于有限多传声器离散分布的阵列，式(3.31)退化为[31]

$$
\sum_{q=1}^{Q}\alpha_q Y_{n'}^{m'}(\Omega_{\mathrm{M}q})Y_n^{m*}(\Omega_{\mathrm{M}q})\approx\delta_{n-n'}\delta_{m-m'}=\begin{cases}1, & n=n'\leqslant N_D\text{且}m=m'\\ 0, & \text{其他}\end{cases}
\tag{3.32}
$$

其中，N_D 为近似满足正交性传声器采样球谐函数的最高阶，传声器数目越多，N_D 越大，$\boldsymbol{Y}_{\mathrm{M}N}^{\mathrm{H}}\boldsymbol{\Gamma}\boldsymbol{Y}_{\mathrm{M}N}$ 仅在 $N\leqslant N_D$ 时近似为单位矩阵。另外，$b_n(kr_{\mathrm{F}},ka)$ 在 n 足够大时几乎为 0。当 N 的取值过大以致 $\boldsymbol{B}_{\mathrm{F}N}$ 中包含几乎为 0 的对角线元素时，$\boldsymbol{B}_{\mathrm{F}N}^{-1}$ 中存在极大的对角线元素，这会导致 $\varDelta_{21}$ 很大，对应问题称为“混叠”，此时，由于 $\boldsymbol{B}_{\mathrm{F}[N+1:\infty]}\approx\boldsymbol{0}$、$\boldsymbol{B}_{\mathrm{F}[N+1:\infty]}$ 的对角线元素小于 $\boldsymbol{B}_{\mathrm{F}N}$ 的对角线元素且 $\boldsymbol{Y}_{\mathrm{M}N}^{\mathrm{H}}\boldsymbol{\Gamma}\boldsymbol{Y}_{\mathrm{M}[N+1:\infty]}$ 的元素亦较小，$\varDelta_{22}$ 相对很小；当 N 的取值过小致 $\boldsymbol{B}_{\mathrm{F}[N+1:\infty]}$ 中包含相对较大的对角线元素时，$\varDelta_{22}$ 相对更大，对应问题称为“泄露”，此时，$\varDelta_{21}$ 较小，尤其还在 $N\leqslant N_D$ 时，$\boldsymbol{Y}_{\mathrm{M}N}^{\mathrm{H}}\boldsymbol{\Gamma}\boldsymbol{Y}_{\mathrm{M}N}$ 近似为单位矩阵，$\varDelta_{21}$ 几乎为 0。对于 $\varDelta_3$，所有声源的 r_{S} 均等于 r_{F} 时，$\boldsymbol{e}=\boldsymbol{0}$，$\varDelta_3=0$；存在 r_{S} 不等于 r_{F} 时，由于波束形成是识别中远距离声源的技术，r_{S} 和 r_{F} 均较大，$s(kr_{\mathrm{F}},\Omega_{\mathrm{S}})=\left(r_{\mathrm{F}}\mathrm{e}^{-\mathrm{j}k(r_{\mathrm{S}}-r_{\mathrm{F}})}/r_{\mathrm{S}}\right)s(kr_{\mathrm{S}},\Omega_{\mathrm{S}})$，$\boldsymbol{e}$ 中元素相对较小。$\varDelta_4$ 与 $\boldsymbol{n}$ 有关，$\boldsymbol{n}$ 取决于测试环境、仪器精度等因素。$\boldsymbol{e}$ 和 $\boldsymbol{n}$ 中元素较小时，若 N 的取值恰当，$\boldsymbol{B}_{\mathrm{F}N}^{-1}$ 中不存在极大的对角线元素，则 $\varDelta_3$ 和 $\varDelta_4$ 均较小。

4) N 的确定

根据实际输出与理想输出间的差异分析，N 的取值很大程度上决定 SHB 的性能。图 3.2 给出了 SHB 输出[$\hat{b}(kr_{\mathrm{F}},\Omega_{\mathrm{F}})$]的气球图，Ⅰ～Ⅲ列，频率依次为 1000Hz、3000Hz 和 5000Hz，a～j 行，N 取 1～10。声源位置为(1m,90°,180°)，具有单位强度，$\boldsymbol{e}=\boldsymbol{n}=\boldsymbol{0}$，采用阵列为半径 0.0975m 包含 36 个传声器的刚性球，用 50 替代 ∞。气球图中，三个坐标轴分别表示 SHB 输出的模在 x 方向、y 方向和 z 方向上的分量，点的坐标指示聚焦方向，点到原点的距离等于该方向上输出的模，颜色的变化也反映模的变化。频率一定时，一定范围内，随 N 增大，SHB 在声源方向输出的气球由矮胖变得高瘦，指向性变好，这主要

与 Δ_1 有关。N 过大时，SHB 在非声源方向输出大量高幅值气球，甚至会淹没掉声源方向的输出，如 1000Hz 且 N 取 5～10 和 3000Hz 且 N 取 8～10 时；N 过小时，SHB 输出的气球不正对声源方向，如 5000Hz 且 N 取 1～3 时，这主要与 Δ_{21} 和 Δ_{22} 对应的混叠和泄露问题有关。N 一定时，频率不同，SHB 的表现不同，这主要是因为频率影响模态强度。综合上述分析，基于指向性尽量好和声源方向输出不被淹没的原则，N 的取值方案被推荐为[102,103,109]

$$N=\begin{cases}\lfloor ka\rceil+1, & \lfloor ka\rceil+1\leqslant N_D\\ \lfloor ka\rceil, & \lfloor ka\rceil+1>N_D\end{cases}\tag{3.33}$$

式中，$\lfloor\cdot\rceil$ 表示按照四舍五入原则将数值圆整到最近的整数。

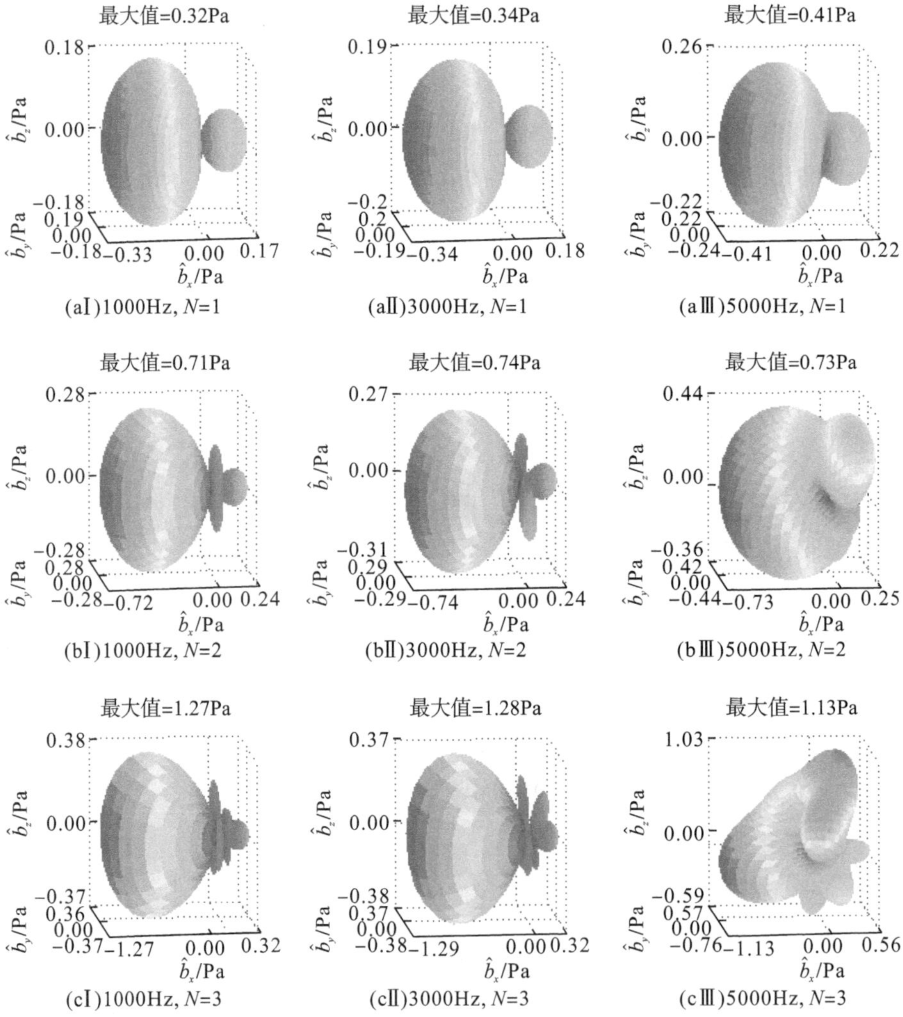

(aⅠ)1000Hz, N=1　(aⅡ)3000Hz, N=1　(aⅢ)5000Hz, N=1

(bⅠ)1000Hz, N=2　(bⅡ)3000Hz, N=2　(bⅢ)5000Hz, N=2

(cⅠ)1000Hz, N=3　(cⅡ)3000Hz, N=3　(cⅢ)5000Hz, N=3

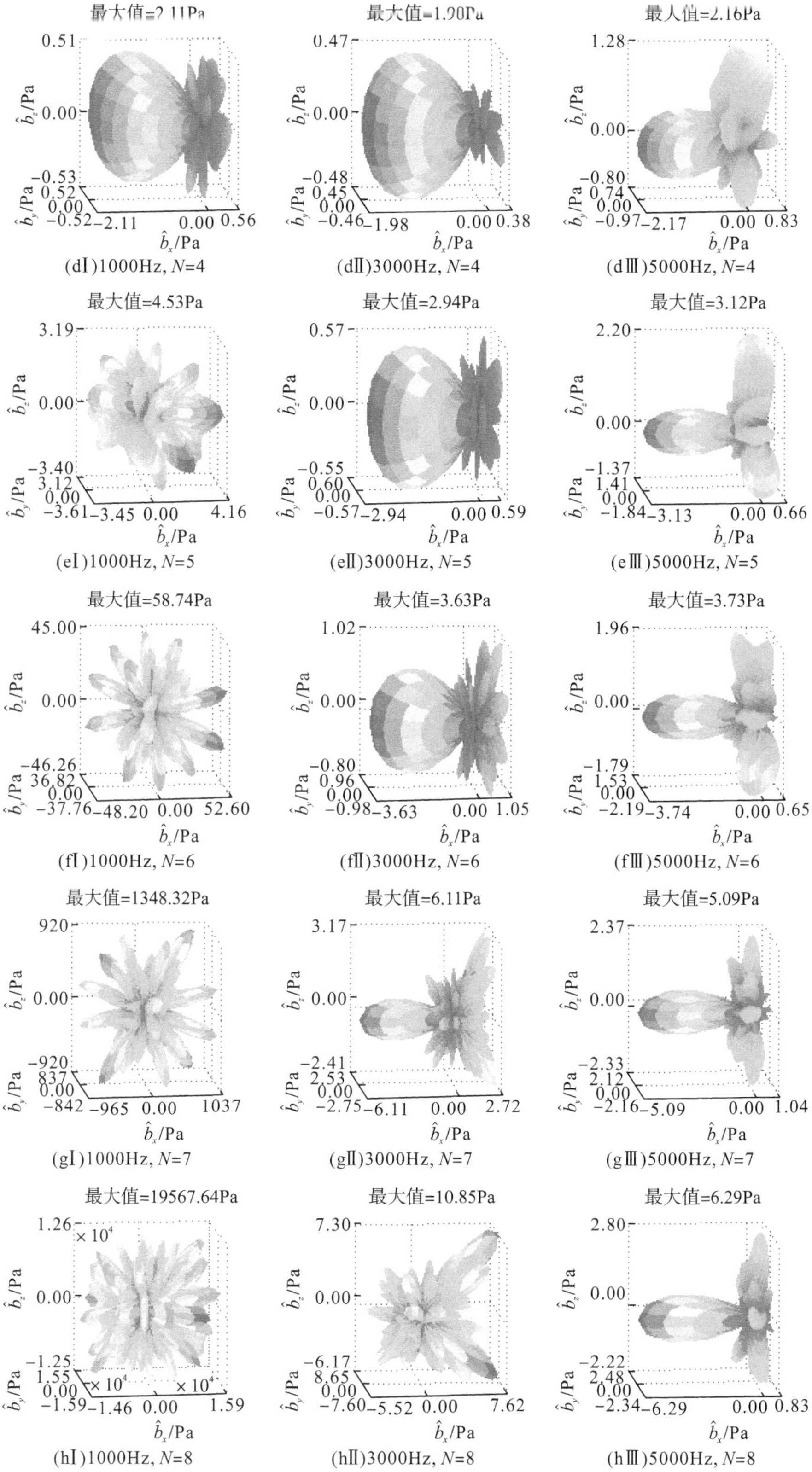

(dⅠ)1000Hz, N=4　(dⅡ)3000Hz, N=4　(dⅢ)5000Hz, N=4

(eⅠ)1000Hz, N=5　(eⅡ)3000Hz, N=5　(eⅢ)5000Hz, N=5

(fⅠ)1000Hz, N=6　(fⅡ)3000Hz, N=6　(fⅢ)5000Hz, N=6

(gⅠ)1000Hz, N=7　(gⅡ)3000Hz, N=7　(gⅢ)5000Hz, N=7

(hⅠ)1000Hz, N=8　(hⅡ)3000Hz, N=8　(hⅢ)5000Hz, N=8

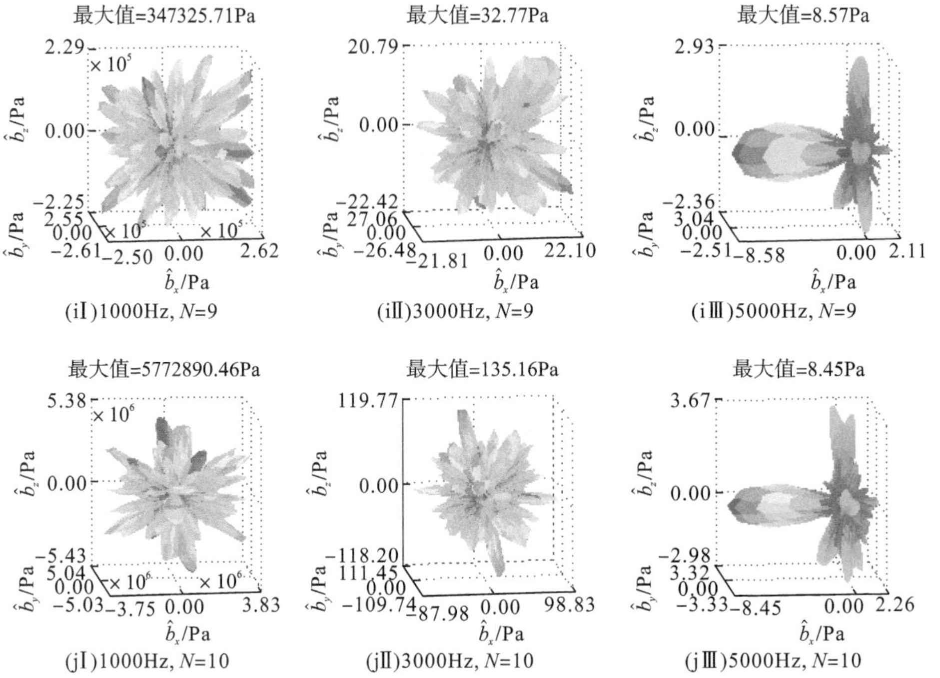

(iⅠ)1000Hz, N=9 (iⅡ)3000Hz, N=9 (iⅢ)5000Hz, N=9

(jⅠ)1000Hz, N=10 (jⅡ)3000Hz, N=10 (jⅢ)5000Hz, N=10

图 3.2 SHB 输出的气球图

3. 声压贡献修正

定义声压贡献为声源在阵列中心位置处产生的声压(假设阵列被移开)[28,102]，波数为 k 时单快拍下 (r_S,Ω_S) 位置处声源的声压贡献记为 $p_C(kr_S,\Omega_S)$。声压贡献是排序评价各声源贡献量的重要指标，修正 SHB 的输出使其能量化声源声压贡献具有重要意义。

根据式(3.1)和式(3.2)，$p_C(kr_S,\Omega_S)$ 与 $s(kr_S,\Omega_S)$ 间的关系为

$$\begin{aligned}p_C(kr_S,\Omega_S)&=s(kr_S,\Omega_S)\sum_{n=0}^{\infty}\sum_{m=-n}^{n}-4\pi\mathrm{j}h_n^{(2)}(kr_S)j_n(0)Y_n^{m*}(\Omega_S)Y_n^m(\Omega_{Mq})\\&=-4\pi\mathrm{j}s(kr_S,\Omega_S)h_0^{(2)}(kr_S)Y_0^{0*}(\Omega_S)Y_0^0(\Omega_{Mq})\\&=s(kr_S,\Omega_S)\frac{\mathrm{e}^{-\mathrm{j}kr_S}}{kr_S}\end{aligned}\tag{3.34}$$

式中，第一个“=”成立的依据是阵列中心的位置可表示为 $(0,\Omega_{Mq})$；第二个“=”成立的依据是 $j_0(0)=1$ 和 $j_{n\neq 0}(0)=0$；第三个“=”成立的依据是 $h_0^{(2)}(kr_S)=\mathrm{j}\mathrm{e}^{-\mathrm{j}kr_S}/kr_S$ 和 $Y_0^0(\Omega_S)=Y_0^0(\Omega_{Mq})=\sqrt{1/4\pi}$。$k$ 的量纲为 m^{-1}，故 $s(kr_S,\Omega_S)$ 和 $p_C(kr_S,\Omega_S)$ 同量纲，均为 Pa。

以单声源为例推导 SHB 在声源方向的输出。按照式(3.33)为 N 取值时，SHB 在声源方向的输出[$\hat{b}(kr_F,\Omega_S)$]中，Δ_2 和 Δ_3 因占比很小可忽略，$\boldsymbol{n}$ 中元素较小时 Δ_4 亦可忽略，则有

$$\hat{b}(kr_F,\Omega_S)\approx\breve{b}(kr_F,\Omega_S)=s(kr_F,\Omega_S)\sum_{n=0}^{N}\sum_{m=-n}^{n}Y_n^{m*}(\Omega_S)Y_n^m(\Omega_S)\tag{3.35}$$

已知

$$\sum_{n=0}^{N}\sum_{m=-n}^{n}Y_n^{m*}\left(\Omega_{\mathrm{S}}\right)Y_n^{m}\left(\Omega_{\mathrm{F}}\right)=\sum_{n=0}^{N}\frac{2n+1}{4\pi}P_n\left\{\cos\left[\angle\left(\Omega_{\mathrm{S}},\Omega_{\mathrm{F}}\right)\right]\right\} \tag{3.36}$$

式中，$P_n(\bullet)$ 为 n 阶勒让德多项式；$\angle\left(\Omega_{\mathrm{S}},\Omega_{\mathrm{F}}\right)$ 为 Ω_{S} 和 Ω_{F} 间的角距离。$\Omega_{\mathrm{F}}=\Omega_{\mathrm{S}}$ 时，$\angle\left(\Omega_{\mathrm{S}},\Omega_{\mathrm{F}}\right)=0^{\circ}$，$\cos\left[\angle\left(\Omega_{\mathrm{S}},\Omega_{\mathrm{F}}\right)\right]=1$，由于 $P_n(1)\equiv 1$，则：

$$\sum_{n=0}^{N}\sum_{m=-n}^{n}Y_n^{m*}\left(\Omega_{\mathrm{S}}\right)Y_n^{m}\left(\Omega_{\mathrm{S}}\right)=\sum_{n=0}^{N}\frac{2n+1}{4\pi}=\frac{\left(N+1\right)^2}{4\pi} \tag{3.37}$$

联立式(3.35)、式(3.37)和 $s\left(kr_{\mathrm{F}},\Omega_{\mathrm{S}}\right)=\left[r_{\mathrm{F}}\mathrm{e}^{-\mathrm{j}k\left(r_{\mathrm{S}}-r_{\mathrm{F}}\right)}/r_{\mathrm{S}}\right]s\left(kr_{\mathrm{S}},\Omega_{\mathrm{S}}\right)$ 可得

$$\hat{b}\left(kr_{\mathrm{F}},\Omega_{\mathrm{S}}\right)\approx\frac{\left(N+1\right)^2}{4\pi}\cdot\frac{r_{\mathrm{F}}\mathrm{e}^{-\mathrm{j}k\left(r_{\mathrm{S}}-r_{\mathrm{F}}\right)}}{r_{\mathrm{S}}}\cdot s\left(kr_{\mathrm{S}},\Omega_{\mathrm{S}}\right) \tag{3.38}$$

即 SHB 在声源方向的输出近似等于 $\left(N+1\right)^2 r_{\mathrm{F}}\mathrm{e}^{-\mathrm{j}k\left(r_{\mathrm{S}}-r_{\mathrm{F}}\right)}/4\pi r_{\mathrm{S}}$ 与声源强度 $s\left(kr_{\mathrm{S}},\Omega_{\mathrm{S}}\right)$ 的乘积。当同时存在多个声源，且对某一声源，其他声源在该声源方向引起的输出较小时，式(3.38)所示的关系依旧成立。

对比式(3.34)和式(3.38)，修正后的 SHB 输出为

$$\tilde{b}\left(kr_{\mathrm{F}},\Omega_{\mathrm{F}}\right)=\frac{4\pi\mathrm{e}^{-\mathrm{j}kr_{\mathrm{F}}}}{\left(N+1\right)^2 kr_{\mathrm{F}}}\hat{b}\left(kr_{\mathrm{F}},\Omega_{\mathrm{F}}\right)=\frac{4\pi\mathrm{e}^{-\mathrm{j}kr_{\mathrm{F}}}}{\left(N+1\right)^2 kr_{\mathrm{F}}}\boldsymbol{y}_{\mathrm{F}N}\boldsymbol{B}_{\mathrm{F}N}^{-1}\boldsymbol{Y}_{\mathrm{M}N}^{\mathrm{H}}\boldsymbol{\Gamma}\boldsymbol{p}^{\star} \tag{3.39}$$

联立式(3.34)、式(3.38)和式(3.39)可得：$\tilde{b}\left(kr_{\mathrm{F}},\Omega_{\mathrm{S}}\right)\approx p_C\left(kr_{\mathrm{S}},\Omega_{\mathrm{S}}\right)$。不论 r_{F} 取何值，只要 r_{S} 和 r_{F} 均较大，$\tilde{b}\left(kr_{\mathrm{F}},\Omega_{\mathrm{S}}\right)\approx p_C\left(kr_{\mathrm{S}},\Omega_{\mathrm{S}}\right)$ 始终成立。后续数值模拟和试验中将验证该规律。

4. 基于互谱的 SHB 输出

令

$$\begin{aligned}b\left(kr_{\mathrm{F}},\Omega_{\mathrm{F}}\right)&=\mathbb{E}\left[\tilde{b}\left(kr_{\mathrm{F}},\Omega_{\mathrm{F}}\right)\tilde{b}^{*}\left(kr_{\mathrm{F}},\Omega_{\mathrm{F}}\right)\right]\\&=\frac{16\pi^2}{\left(N+1\right)^4 k^2 r_{\mathrm{F}}^2}\boldsymbol{y}_{\mathrm{F}N}\boldsymbol{B}_{\mathrm{F}N}^{-1}\boldsymbol{Y}_{\mathrm{M}N}^{\mathrm{H}}\boldsymbol{\Gamma}\boldsymbol{C}\boldsymbol{\Gamma}\boldsymbol{Y}_{\mathrm{M}N}\left(\boldsymbol{B}_{\mathrm{F}N}^{-1}\right)^{\mathrm{H}}\boldsymbol{y}_{\mathrm{F}N}^{\mathrm{H}}\end{aligned} \tag{3.40}$$

式中，$\boldsymbol{C}=\mathbb{E}\left(\boldsymbol{p}^{\star}\boldsymbol{p}^{\star\mathrm{H}}\right)\in\mathbb{C}^{Q\times Q}$ 为传声器测量声压信号的互谱矩阵，$\mathbb{E}(\bullet)$ 表示期望，实际应用中，期望计算由足够多个快拍下结果的均值近似替代；$b\left(kr_{\mathrm{F}},\Omega_{\mathrm{F}}\right)$ 为基于互谱的输出，是后续实现四类反卷积算法的基础。

已有文献[25-31]在推导 SHB 理论时多采用简单的单声源模型，不考虑多个声源同时存在时各声源到阵列中心的距离不相等且不等于聚焦距离所带来的影响，不考虑噪声干扰，未系统分析实际输出与理想输出间的差异，仅给出单快拍下 SHB 输出的代数运算形式。本节在推导 SHB 理论时采用更吻合实际情况的多声源模型，同时考虑声源到阵列中心的距离与聚焦距离不相等和噪声干扰因素，系统分析实际输出与理想输出间的差异，不仅给出单快拍下的输出，还给出基于互谱的输出，且整个推导过程采用简洁的矩阵运算形式。

3.1.2 数值模拟

本节基于算例数值模拟研究SHB的性能。假设5个声源，位置依次为(0.5m,125°,40°)、(1.0m,70°,120°)、(1.5m,90°,180°)、(2.0m,130°,200°)和(2.5m,75°,290°)，声压贡献均为93.98dB(参考标准声压2×10^{-5}Pa进行dB缩放，对应单位声压贡献)，彼此互不相干，即所有声源在传声器处产生声压信号的互谱矩阵等于各声源单独在传声器处产生声压信号的互谱矩阵的和。聚焦声源面设为半径1m的球面，θ和ϕ方向上的离散间隔均为5°(后续数值模拟均采用该聚焦声源面)。除(1.0m,70°,120°)位置处声源外，其他声源到阵列中心的距离均不等于聚焦距离。采用半径0.0975m包含36个传声器的刚性球阵列测量声压信号(无特别说明，后续数值模拟和试验均采用该阵列，传声器的坐标和权详见文献[202]和文献[203])，不添加噪声干扰。模拟声源产生的声压信号时，用50替代∞(后续数值模拟均采用该替代)。

图3.3给出了1000Hz、3000Hz和5000Hz频率下SHB的声源成像图。SHB围绕声源方向(由“+”标记)输出具有一定宽度的主瓣，频率越低，主瓣越宽；在其他方向输出旁瓣，频率越高，旁瓣越高。主瓣宽度影响空间分辨率，如图3.3(a)所示，1000Hz频率下，SHB为(1.5m,90°,180°)和(2.0m,130°,200°)位置处两个声源输出的两个主瓣已融合为一个类似椭圆形的主瓣，由此难以明确区分声源；旁瓣污染声源成像图，形成寄生虚假声源，限制有效动态范围，如图3.3(c)所示，5000Hz频率下，SHB输出的最大旁瓣仅低于最大值约5dB。这些现象证明很有必要发展反卷积波束形成来清晰化SHB的结果。除1000Hz频率下对应(1.5m,90°,180°)和(2.0m,130°,200°)位置处声源的主瓣外，其他主瓣的峰值方向均与声源方向吻合，表明主瓣不严重融合时，不论聚焦距离是否等于声源到阵列中心的距离，SHB均能准确定向声源。实际应用中，沿识别方向反推到被测物体表面便可定位声源，即准确定向意味着准确定位。每幅子图中，SHB输出的主瓣峰值被标出，这些主瓣峰值为声源声压贡献的计算值。声源被准确定向时，声压贡献的计算值接近真实值(93.98dB)，表明不论聚焦距离是否等于声源到阵列中心的距离，SHB在准确定向声源的同时亦能准确定量声源，这与3.1.1节中的理论分析一致。就声源声压贡献的计算值与真实值间的偏差而言，5000Hz频率下的最大偏差(0.83dB)相比3000Hz和1000Hz频率下的(0.41dB和0.24dB)略大，这主要与高频高旁瓣特性(其他声源在某一声源处产生的干扰相对较大)有关。改变聚焦声源面的半径进行计算，只要该半径足够大(不小于$3a$)，上述规律均成立，表明球面传声器阵列声源识别中，将聚焦声源面设为简单球面可行。

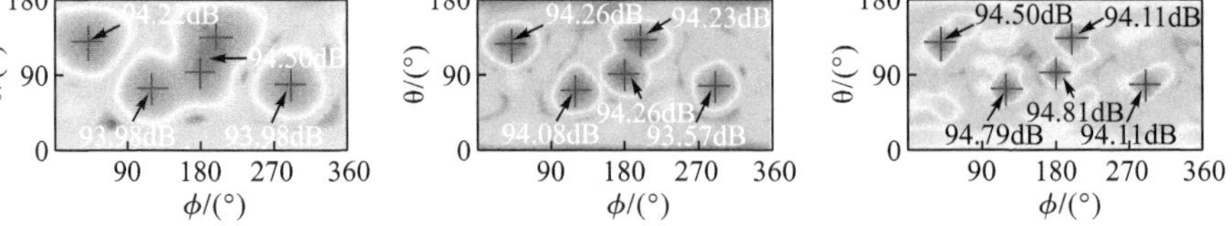

(a)1000Hz (b)3000Hz (c)5000Hz

图3.3 SHB的声源成像图

3.2　第一类和第二类反卷积波束形成

3.2.1　基本理论

本节从 PSF 推导、第一类和第二类反卷积三个方面阐明基本理论。

1. PSF 推导

用$|\cdot|$表示求标量的模，$(r_{\mathrm{S}},\Omega_{\mathrm{S}})$和$(r'_{\mathrm{S}},\Omega'_{\mathrm{S}})$均表示声源位置坐标，$\boldsymbol{C}_I$表示所有声源中每个声源单独引起的互谱矩阵的和，$\boldsymbol{C}_C$表示所有声源中每对相干声源引起的互谱矩阵的和，$\boldsymbol{C}_N$表示$\boldsymbol{n}$引起的互谱矩阵，联立式(3.4)和$\boldsymbol{C}=\mathbb{E}\left(\boldsymbol{p}^{\star}\boldsymbol{p}^{\star\mathrm{H}}\right)$可得

$$\begin{aligned}\boldsymbol{C}=&\underbrace{\sum_{(r_{\mathrm{S}},\Omega_{\mathrm{S}})\in\mathbb{B}}\mathbb{E}\left[\left|s\left(kr_{\mathrm{S}},\Omega_{\mathrm{S}}\right)\right|^2\right]\boldsymbol{t}\left(kr_{\mathrm{S}},\Omega_{\mathrm{S}}\right)\boldsymbol{t}^{\mathrm{H}}\left(kr_{\mathrm{S}},\Omega_{\mathrm{S}}\right)}_{\boldsymbol{C}_I}\\&+\underbrace{\sum_{\substack{(r_{\mathrm{S}},\Omega_{\mathrm{S}}),(r_{\mathrm{S}}',\Omega_{\mathrm{S}}')\in\mathbb{B}\\(r_{\mathrm{S}},\Omega_{\mathrm{S}})\neq(r_{\mathrm{S}}',\Omega_{\mathrm{S}}')}}\mathbb{E}\left[s\left(kr_{\mathrm{S}},\Omega_{\mathrm{S}}\right)s^*\left(kr_{\mathrm{S}}',\Omega_{\mathrm{S}}'\right)\right]\boldsymbol{t}\left(kr_{\mathrm{S}},\Omega_{\mathrm{S}}\right)\boldsymbol{t}^{\mathrm{H}}\left(kr_{\mathrm{S}}',\Omega_{\mathrm{S}}'\right)}_{\boldsymbol{C}_C}\\&+\underbrace{\sum_{(r_{\mathrm{S}},\Omega_{\mathrm{S}})\in\mathbb{B}}\boldsymbol{t}\left(kr_{\mathrm{S}},\Omega_{\mathrm{S}}\right)\mathbb{E}\left[s\left(kr_{\mathrm{S}},\Omega_{\mathrm{S}}\right)\boldsymbol{n}^{\mathrm{H}}\right]+\sum_{(r_{\mathrm{S}}',\Omega_{\mathrm{S}}')\in\mathbb{B}}\mathbb{E}\left[s^*\left(kr_{\mathrm{S}}',\Omega_{\mathrm{S}}'\right)\boldsymbol{n}\right]\boldsymbol{t}^{\mathrm{H}}\left(kr_{\mathrm{S}}',\Omega_{\mathrm{S}}'\right)+\mathbb{E}\left(\boldsymbol{n}\boldsymbol{n}^{\mathrm{H}}\right)}_{\boldsymbol{C}_N}\end{aligned}\tag{3.41}$$

将式(3.41)代入式(3.40)得

$$\begin{aligned}b\left(kr_{\mathrm{F}},\Omega_{\mathrm{F}}\right)=&\underbrace{\frac{16\pi^2}{\left(N+1\right)^4k^2r_{\mathrm{F}}^2}\boldsymbol{y}_{\mathrm{F}N}\boldsymbol{B}_{\mathrm{F}N}^{-1}\boldsymbol{Y}_{\mathrm{M}N}^{\mathrm{H}}\boldsymbol{\Gamma}\boldsymbol{C}_I\boldsymbol{\Gamma}\boldsymbol{Y}_{\mathrm{M}N}\left(\boldsymbol{B}_{\mathrm{F}N}^{-1}\right)^{\mathrm{H}}\boldsymbol{y}_{\mathrm{F}N}^{\mathrm{H}}}_{b_I\left(kr_{\mathrm{F}},\Omega_{\mathrm{F}}\right)}\\&+\underbrace{\frac{16\pi^2}{\left(N+1\right)^4k^2r_{\mathrm{F}}^2}\boldsymbol{y}_{\mathrm{F}N}\boldsymbol{B}_{\mathrm{F}N}^{-1}\boldsymbol{Y}_{\mathrm{M}N}^{\mathrm{H}}\boldsymbol{\Gamma}\boldsymbol{C}_C\boldsymbol{\Gamma}\boldsymbol{Y}_{\mathrm{M}N}\left(\boldsymbol{B}_{\mathrm{F}N}^{-1}\right)^{\mathrm{H}}\boldsymbol{y}_{\mathrm{F}N}^{\mathrm{H}}}_{b_C\left(kr_{\mathrm{F}},\Omega_{\mathrm{F}}\right)}\\&+\underbrace{\frac{16\pi^2}{\left(N+1\right)^4k^2r_{\mathrm{F}}^2}\boldsymbol{y}_{\mathrm{F}N}\boldsymbol{B}_{\mathrm{F}N}^{-1}\boldsymbol{Y}_{\mathrm{M}N}^{\mathrm{H}}\boldsymbol{\Gamma}\boldsymbol{C}_N\boldsymbol{\Gamma}\boldsymbol{Y}_{\mathrm{M}N}\left(\boldsymbol{B}_{\mathrm{F}N}^{-1}\right)^{\mathrm{H}}\boldsymbol{y}_{\mathrm{F}N}^{\mathrm{H}}}_{b_N\left(kr_{\mathrm{F}},\Omega_{\mathrm{F}}\right)}\end{aligned}\tag{3.42}$$

式中，$b_I\left(kr_{\mathrm{F}},\Omega_{\mathrm{F}}\right)$、$b_C\left(kr_{\mathrm{F}},\Omega_{\mathrm{F}}\right)$和$b_N\left(kr_{\mathrm{F}},\Omega_{\mathrm{F}}\right)$分别为$\boldsymbol{C}_I$、$\boldsymbol{C}_C$和$\boldsymbol{C}_N$引起的输出。令$\boldsymbol{B}_{\mathrm{S}\infty}\in\mathbb{C}^{\infty\times\infty}$具有与$\boldsymbol{B}_{\mathrm{F}\infty}$类同的表达式[式(3.15)]，只需将$\boldsymbol{B}_{\mathrm{F}\infty}$中的$r_{\mathrm{F}}$替换为$r_{\mathrm{S}}$即可，$\boldsymbol{y}_{\mathrm{S}\infty}\in\mathbb{C}^{1\times\infty}$具有与$\boldsymbol{y}_{\mathrm{F}\infty}$类同的表达式[式(3.7)]，只需将$\boldsymbol{y}_{\mathrm{F}\infty}$中的$\Omega_{\mathrm{F}}$替换为$\Omega_{\mathrm{S}}$即可。根据式(3.1)有

$$\boldsymbol{t}\left(kr_{\mathrm{S}},\Omega_{\mathrm{S}}\right)=\boldsymbol{Y}_{\mathrm{M}\infty}\boldsymbol{B}_{\mathrm{S}\infty}\boldsymbol{y}_{\mathrm{S}\infty}^{\mathrm{H}}\tag{3.43}$$

联立式(3.41)中$\boldsymbol{C}_I$的表达式、式(3.42)中$b_I\left(kr_{\mathrm{F}},\Omega_{\mathrm{F}}\right)$的表达式和式(3.43)可得

$$b_I\left(kr_{\rm F},\Omega_{\rm F}\right)=\sum_{(r_{\rm S},\Omega_{\rm S})\in\mathbb{B}}\frac{\mathbb{E}\left[\left|s\left(kr_{\rm S},\Omega_{\rm S}\right)\right|^2\right]}{k^2r_{\rm S}^2}\frac{16\pi^2r_{\rm S}^2}{\left(N+1\right)^4r_{\rm F}^2}\boldsymbol{y}_{{\rm F}N}\boldsymbol{B}_{{\rm F}N}^{-1}\boldsymbol{Y}_{{\rm M}N}^{\rm H}\boldsymbol{\Gamma}\left(\boldsymbol{Y}_{{\rm M}\infty}\boldsymbol{B}_{{\rm S}\infty}\boldsymbol{y}_{{\rm S}\infty}^{\rm H}\boldsymbol{y}_{{\rm S}\infty}\boldsymbol{B}_{{\rm S}\infty}^{\rm H}\boldsymbol{Y}_{{\rm M}\infty}^{\rm H}\right)\boldsymbol{\Gamma}\boldsymbol{Y}_{{\rm M}N}\left(\boldsymbol{B}_{{\rm F}N}^{-1}\right)^{\rm H}\boldsymbol{y}_{{\rm F}N}^{\rm H} \tag{3.44}$$

定义理论的 PSF 为

$$\begin{aligned}&\mathrm{psf}_\infty\left[\left(kr_{\rm F},\Omega_{\rm F}\right)\middle|\left(kr_{\rm S},\Omega_{\rm S}\right)\right]\\&=\frac{16\pi^2r_{\rm S}^2}{\left(N+1\right)^4r_{\rm F}^2}\boldsymbol{y}_{{\rm F}N}\boldsymbol{B}_{{\rm F}N}^{-1}\boldsymbol{Y}_{{\rm M}N}^{\rm H}\boldsymbol{\Gamma}\left(\boldsymbol{Y}_{{\rm M}\infty}\boldsymbol{B}_{{\rm S}\infty}\boldsymbol{y}_{{\rm S}\infty}^{\rm H}\boldsymbol{y}_{{\rm S}\infty}\boldsymbol{B}_{{\rm S}\infty}^{\rm H}\boldsymbol{Y}_{{\rm M}\infty}^{\rm H}\right)\boldsymbol{\Gamma}\boldsymbol{Y}_{{\rm M}N}\left(\boldsymbol{B}_{{\rm F}N}^{-1}\right)^{\rm H}\boldsymbol{y}_{{\rm F}N}^{\rm H}\end{aligned} \tag{3.45}$$

其表示 SHB 对单位声压贡献单极子点声源的响应。实际应用中，无法计算无穷多阶，只能用一个有限正整数(记为 N_0)替代∞。定义可数值模拟的 PSF 为

$$\begin{aligned}&\mathrm{psf}\left[\left(kr_{\rm F},\Omega_{\rm F}\right)\middle|\left(kr_{\rm S},\Omega_{\rm S}\right)\right]\\&=\frac{16\pi^2r_{\rm S}^2}{\left(N+1\right)^4r_{\rm F}^2}\boldsymbol{y}_{{\rm F}N}\boldsymbol{B}_{{\rm F}N}^{-1}\boldsymbol{Y}_{{\rm M}N}^{\rm H}\boldsymbol{\Gamma}\left(\boldsymbol{Y}_{{\rm M}N_0}\boldsymbol{B}_{{\rm S}N_0}\boldsymbol{y}_{{\rm S}N_0}^{\rm H}\boldsymbol{y}_{{\rm S}N_0}\boldsymbol{B}_{{\rm S}N_0}^{\rm H}\boldsymbol{Y}_{{\rm M}N_0}^{\rm H}\right)\boldsymbol{\Gamma}\boldsymbol{Y}_{{\rm M}N}\left(\boldsymbol{B}_{{\rm F}N}^{-1}\right)^{\rm H}\boldsymbol{y}_{{\rm F}N}^{\rm H}\end{aligned} \tag{3.46}$$

式中，$\boldsymbol{Y}_{{\rm M}N_0}\in\mathbb{C}^{Q\times(N_0+1)^2}$ 为 $\boldsymbol{Y}_{{\rm M}\infty}$ 中左侧的块[由 $\boldsymbol{Y}_{{\rm M}\infty}$ 的 1 到 $\left(N_0+1\right)^2$ 列组成]；$\boldsymbol{B}_{{\rm S}N_0}\in\mathbb{C}^{(N_0+1)^2\times(N_0+1)^2}$ 为 $\boldsymbol{B}_{{\rm S}\infty}$ 中左上角的块[由 $\boldsymbol{B}_{{\rm S}\infty}$ 的 1 到 $\left(N_0+1\right)^2$ 行、1 到 $\left(N_0+1\right)^2$ 列组成]；$\boldsymbol{y}_{{\rm S}N_0}\in\mathbb{C}^{1\times(N_0+1)^2}$ 为 $\boldsymbol{y}_{{\rm S}\infty}$ 中左侧的块[由 $\boldsymbol{y}_{{\rm S}\infty}$ 的 1 到 $\left(N_0+1\right)^2$ 列组成]。相应地，式(3.44)可重写为

$$\begin{aligned}b_I\left(kr_{\rm F},\Omega_{\rm F}\right)=&\underbrace{\sum_{(r_{\rm S},\Omega_{\rm S})\in\mathbb{B}}\frac{\mathbb{E}\left[\left|s\left(kr_{\rm S},\Omega_{\rm S}\right)\right|^2\right]}{k^2r_{\rm S}^2}\mathrm{psf}\left[\left(kr_{\rm F},\Omega_{\rm F}\right)\middle|\left(kr_{\rm S},\Omega_{\rm S}\right)\right]}_{b_{I1}(kr_{\rm F},\Omega_{\rm F})}\\&+\underbrace{\sum_{(r_{\rm S},\Omega_{\rm S})\in\mathbb{B}}\frac{\mathbb{E}\left[\left|s\left(kr_{\rm S},\Omega_{\rm S}\right)\right|^2\right]}{k^2r_{\rm S}^2}\left\{\mathrm{psf}_\infty\left[\left(kr_{\rm F},\Omega_{\rm F}\right)\middle|\left(kr_{\rm S},\Omega_{\rm S}\right)\right]-\mathrm{psf}\left[\left(kr_{\rm F},\Omega_{\rm F}\right)\middle|\left(kr_{\rm S},\Omega_{\rm S}\right)\right]\right\}}_{b_{I2}(kr_{\rm F},\Omega_{\rm F})}\end{aligned} \tag{3.47}$$

显然，$\mathrm{psf}\left[\left(kr_{\rm F},\Omega_{\rm F}\right)\middle|\left(kr_{\rm S},\Omega_{\rm S}\right)\right]$ 为 $\left(r_{\rm S},\Omega_{\rm S}\right)$ 位置处单位声压贡献单极子点声源引起的 $b_{I1}\left(kr_{\rm F},\Omega_{\rm F}\right)$，$b_{I1}\left(kr_{\rm F},\Omega_{\rm F}\right)$ 为具有能量意义的声源声压贡献 $P_C\left(kr_{\rm S},\Omega_{\rm S}\right)=\mathbb{E}\left(\left|s\left(kr_{\rm S},\Omega_{\rm S}\right)\right|^2\right)\Big/k^2r_{\rm S}^2$ 与对应 PSF 乘积的和，$b_{I2}\left(kr_{\rm F},\Omega_{\rm F}\right)$ 为 $b_I\left(kr_{\rm F},\Omega_{\rm F}\right)$ 减去 $b_{I1}\left(kr_{\rm F},\Omega_{\rm F}\right)$。

2. 第一类反卷积

构建 PSF 矩阵 $\boldsymbol{A}=\left[\mathrm{psf}\left[\left(kr_{\rm F},\Omega_{\rm F}\right)\middle|\left(kr_{\rm S},\Omega_{\rm S}\right)\right]\middle|\left(r_{\rm F},\Omega_{\rm F}\right)\in\mathbb{F},\left(r_{\rm S},\Omega_{\rm S}\right)\in\mathbb{F}\right]\in\mathbb{R}^{G\times G}$，其中，$\mathbb{F}$ 为所有聚焦点位置坐标组成的集合；G 为聚焦点总数，构建列向量 $\boldsymbol{b}=\left[b\left(kr_{\rm F},\Omega_{\rm F}\right)\middle|\left(r_{\rm F},\Omega_{\rm F}\right)\in\mathbb{F}\right]\in\mathbb{R}^G$、$\boldsymbol{b}_{I1}=\left[b_{I1}\left(kr_{\rm F},\Omega_{\rm F}\right)\middle|\left(r_{\rm F},\Omega_{\rm F}\right)\in\mathbb{F}\right]\in\mathbb{R}^G$、$\boldsymbol{b}_{I2}=\left[b_{I2}\left(kr_{\rm F},\Omega_{\rm F}\right)\middle|\left(r_{\rm F},\Omega_{\rm F}\right)\in\mathbb{F}\right]\in\mathbb{R}^G$、$\boldsymbol{b}_C=\left[b_C\left(kr_{\rm F},\Omega_{\rm F}\right)\middle|\left(r_{\rm F},\Omega_{\rm F}\right)\in\mathbb{F}\right]\in\mathbb{R}^G$、$\boldsymbol{b}_N=\left[b_N\left(kr_{\rm F},\Omega_{\rm F}\right)\middle|\left(r_{\rm F},\Omega_{\rm F}\right)\in\mathbb{F}\right]\in\mathbb{R}^G$ 和 $\boldsymbol{q}=\left[P_C\left(kr_{\rm S},\Omega_{\rm S}\right)\middle|\left(r_{\rm S},\Omega_{\rm S}\right)\in\mathbb{F}\right]\in\mathbb{R}^G$，根据式(3.42)和式(3.47)，建立带非负约束的线性方程组：

$$\underbrace{\boldsymbol{b}_{I1}+\boldsymbol{b}_{I2}}_{\boldsymbol{b}_I}+\boldsymbol{b}_C+\boldsymbol{b}_N=\boldsymbol{b}\Rightarrow\boldsymbol{b}_{I1}=\boldsymbol{A}\boldsymbol{q},\quad \text{subject to } \boldsymbol{q}\geqslant 0 \tag{3.48}$$

式中，$\boldsymbol{b}\Rightarrow\boldsymbol{b}_{I1}$ 表示用 $\boldsymbol{b}$ 替代 $\boldsymbol{b}_{I1}$；$\boldsymbol{q}\geqslant 0$ 表示 $\boldsymbol{q}$ 中所有元素均非负。该方程组中，$\boldsymbol{b}$ 和 $\boldsymbol{A}$ 可分别基于式(3.40)和式(3.46)计算构造，$\boldsymbol{q}$ 为未知量。用 DAMAS、NNLS、FISTA 和 RL 算法求解该方程组的迭代过程与第 2 章中所述一致，不重复给出。与第 2 章中平面传声器阵列的第一类反卷积的线性方程组[式(2.9)]相比，式(3.48)中的 $\boldsymbol{b}$、$\boldsymbol{b}_I$、$\boldsymbol{b}_C$ 和 $\boldsymbol{b}_N$ 分别相当于式(2.9)中的 $\boldsymbol{b}$、$\boldsymbol{b}_I$、$\boldsymbol{b}_C$ 和 $\boldsymbol{b}_N$，式(3.48)中仅用 $\boldsymbol{b}$ 替代 $\boldsymbol{b}_I$ 中的一部分($\boldsymbol{b}_{I1}$)，而式(2.9)中用 $\boldsymbol{b}$ 替代整个 $\boldsymbol{b}_I$，这由球面传声器阵列声源识别中计算 PSF 时只计算有限多阶引起，平面传声器阵列声源识别中不存在该问题，即是说，相比平面传声器阵列，球面传声器阵列的第一类反卷积多了影响因素 $\boldsymbol{b}_{I2}$。

3. 第二类反卷积

初始化 $\boldsymbol{b}^{(0)}=\boldsymbol{b}$ 和 $\boldsymbol{q}^{(0)}=\boldsymbol{0}$，第二类反卷积(CLEAN)的迭代过程与第 2 章中所述基本一致，唯一不同之处在于波束宽度限制向量变为

$$\boldsymbol{\varphi}=\left[\varphi\left(\angle\left\{(r_{\mathrm{F}},\Omega_{\mathrm{F}}),\left[r_{\max}^{(\gamma+1)},\Omega_{\max}^{(\gamma+1)}\right]\right\}\right)\middle|(r_{\mathrm{F}},\Omega_{\mathrm{F}})\in\mathbb{F}\right]\in\mathbb{R}^G \tag{3.49}$$

式中，$\left[r_{\max}^{(\gamma+1)},\Omega_{\max}^{(\gamma+1)}\right]$ 为 $\gamma+1$ 次迭代确定的声源位置坐标；$\angle\left[(r_{\mathrm{F}},\Omega_{\mathrm{F}}),\left(r_{\max}^{(\gamma+1)},\Omega_{\max}^{(\gamma+1)}\right)\right]$ 为 $(r_{\mathrm{F}},\Omega_{\mathrm{F}})$ 和 $\left[r_{\max}^{(\gamma+1)},\Omega_{\max}^{(\gamma+1)}\right]$ 间的角距离与平面传声器阵列的第二类反卷积相比，球面传声器阵列亦多了影响因素 $\boldsymbol{b}_{I2}$。

3.2.2　数值模拟

本节基于数值模拟探究 $\boldsymbol{b}_{I2}$ 对反卷积性能的影响、N_0 的确定和聚焦距离不等于声源到阵列中心的距离时第一类和第二类反卷积的表现。

1. $\boldsymbol{b}_{I2}$ 的影响

假设 5 个声源，位置依次为(1m,0°,任意方位角)(仰角为 0° 或 180° 时，不论方位角为何值，均指示极点位置)、(1m,120°,80°)、(1m,80°,160°)、(1m,50°,240°)和(1m,160°,320°)，均落在聚焦声源面上，声压贡献均为 93.98dB。声源互不相干，不添加噪声干扰，即 $\boldsymbol{b}=\boldsymbol{b}_I=\boldsymbol{b}_{I1}+\boldsymbol{b}_{I2}$。各类反卷积算法的最大迭代次数设为 500，DAMAS、NNLS、FISTA 和 RL 在完成设定的最大迭代次数后结束迭代，CLEAN 采用式(2.55)所示的条件终止迭代，若完成设定的最大迭代次数后仍未达到式(2.55)所示的条件，迭代结束。CLEAN 计算 $\boldsymbol{q}$ 时，设定循环因子 ϑ 为 1，波束宽度 Θ_0 为 0，即仅 SHB 的最大输出值被考虑，成像 $\boldsymbol{q}$ 时，为了美观，加大主声源的波束宽度使其包含 9 个聚焦点(极点位置处声源除外)。

图 3.4 给出了 3000Hz 频率下的声源成像图，声源方向由“+”标记(对第一个声源，+虽标记在 180° 方位角处，但不论识别的方位角为多少，只要识别的仰角为 0°，定向便准确)，声源声压贡献的计算值被标注在识别声源的附近。a～f 行依次对应 SHB、DAMAS、NNLS、FISTA、RL 和 CLEAN，DAMAS、NNLS、FISTA 和 RL 计算的声源声压贡献为

其在主瓣区域内各聚焦点处输出值的线性叠加，SHB 和 CLEAN 计算的声源声压贡献为其输出的主瓣峰值。b～f 行中，第Ⅰ列对应 N_0 取∞(计算时亦用 50 替代)的情形，此时，$\boldsymbol{b}_{I2}=\mathbf{0}$，$\boldsymbol{b}=\boldsymbol{b}_{I1}$。图 3.4(a)、图 3.4(bⅠ)、图 3.4(cⅠ)、图 3.4(dⅠ)、图 3.4(eⅠ)和图 3.4(fⅠ)显示：声源均能被准确定向定量；相比 SHB，DAMAS、NNLS、FISTA、RL 和 CLEAN 均能显著缩减主瓣宽度并衰减旁瓣。b～f 行中，第Ⅱ列对应 N_0 取 N (5)的情形，此时，$\boldsymbol{b}_{I2}\neq\mathbf{0}$，$\boldsymbol{b}\neq\boldsymbol{b}_{I1}$。对比第Ⅰ列和第Ⅱ列可以看出：$\boldsymbol{b}_{I2}$ 的存在明显降低了 DAMAS、NNLS、FISTA 和 RL 的清晰化效果，而对 CLEAN 的清晰化效果的影响不明显，会降低各算法对一些声源的量化精度。b～f 行中，第Ⅲ列对应 N_0 取 11 的情形。对比第Ⅰ列和第Ⅲ列可以看出：N_0 取 11 时各反卷积的结果与 N_0 取∞时几乎无差，说明 N_0 取 11 时 $\boldsymbol{b}_{I2}$ 已几乎为 $\mathbf{0}$。图 3.5 给出了 1000Hz 频率下的声源成像图，显见，N_0 取 N (3)时各反卷积的结果与 N_0 取∞时差异已很小，N_0 取 7 时各反卷积的结果与 N_0 取∞时几乎无差，对应 $\boldsymbol{b}_{I2}$ 已几乎为 $\mathbf{0}$。图 3.6 给出了 5000Hz 频率下的声源成像图，显见，N_0 取 N (9)时，$\boldsymbol{b}_{I2}\neq\mathbf{0}$，明显降低了 DAMAS、NNLS、FISTA 和 RL 的清晰化效果；N_0 取 15 时，$\boldsymbol{b}_{I2}$ 已几乎为 $\mathbf{0}$。此外，值得一提的是，对极点位置处声源，DAMAS 已使声源能量集中在少数聚焦点上，对应聚焦点的输出较大，而 NNLS、FISTA 和 RL 使声源能量分散于所有指示极点位置的聚焦点及其附近聚焦点上，各聚焦点的输出均较小，显示动态范围不大时，可能显现不出该声源，实际应用中需注意，这与各算法的收敛特性有关；CLEAN 基于 SHB 输出的主瓣峰值提取声源，不存在能量扩散现象。

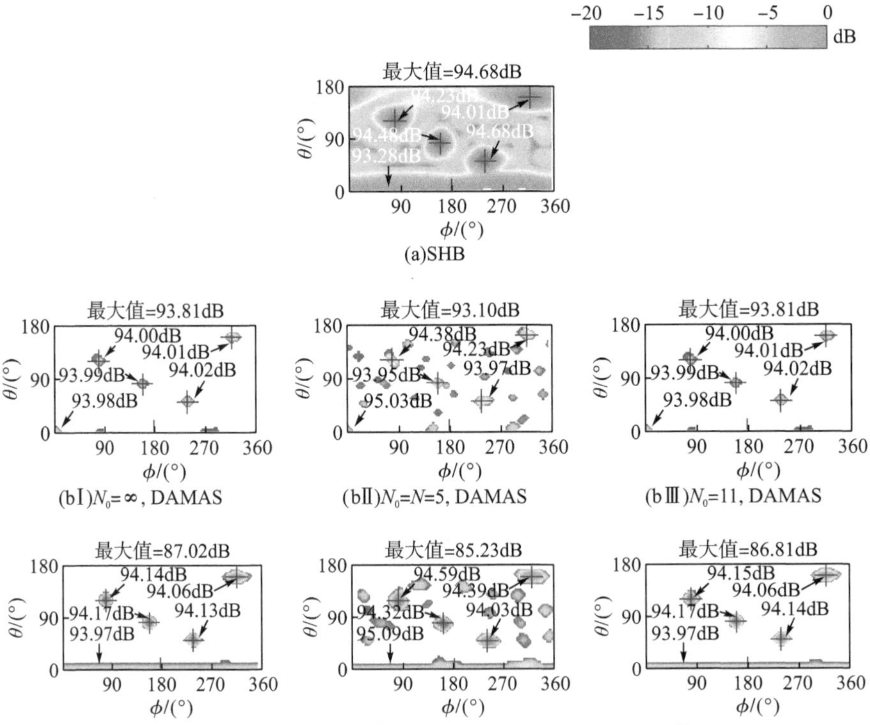

(a)SHB

(bⅠ)N_0=∞, DAMAS　(bⅡ)N_0=N=5, DAMAS　(bⅢ)N_0=11, DAMAS

(cⅠ)N_0=∞, NNLS　(cⅡ)N_0=N=5, NNLS　(cⅢ)N_0=11, NNLS

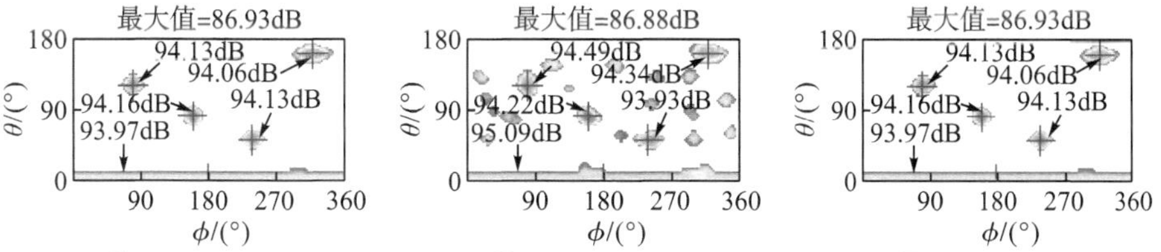

(dⅠ)$N_0=\infty$, FISTA (dⅡ)$N_0=N=5$, FISTA (dⅢ)$N_0=11$, FISTA

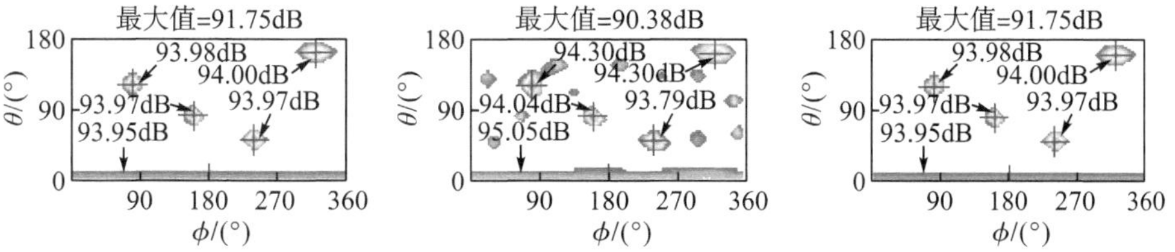

(eⅠ)$N_0=\infty$, RL (eⅡ)$N_0=N=5$, RL (eⅢ)$N_0=11$, RL

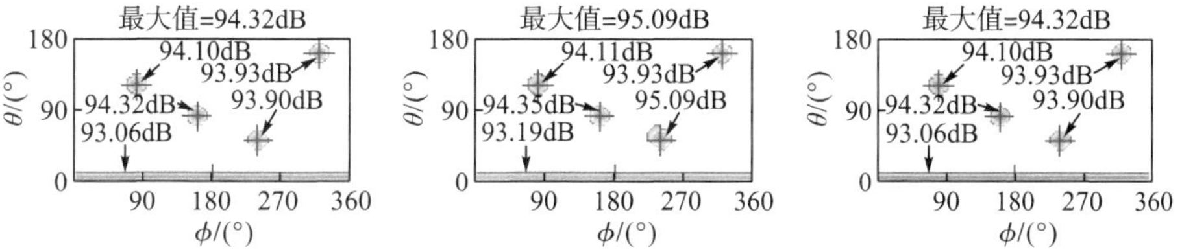

(fⅠ)$N_0=\infty$, CLEAN (fⅡ)$N_0=N=5$, CLEAN (fⅢ)$N_0=11$, CLEAN

图 3.4 3000Hz 频率下 SHB 及 N_0 取不同值时第一类和第二类反卷积的声源成像图

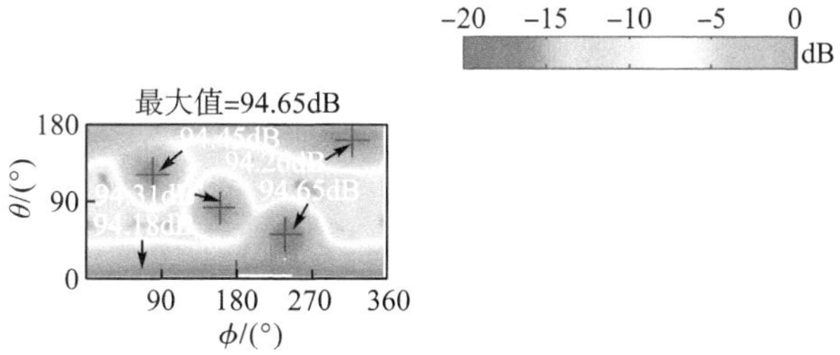

(a)SHB

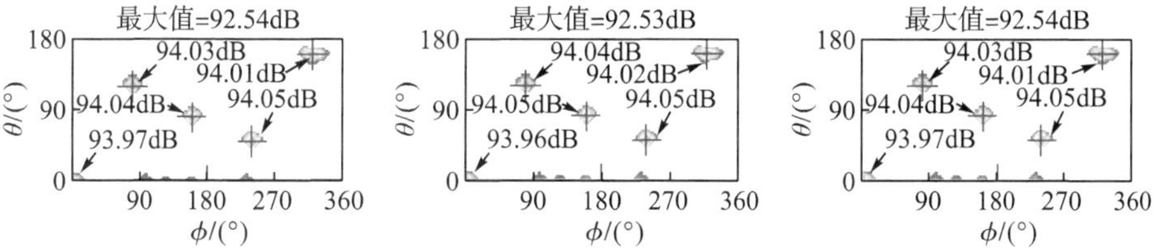

(bⅠ)$N_0=\infty$, DAMAS (bⅡ)$N_0=N=3$, DAMAS (bⅢ)$N_0=7$, DAMAS

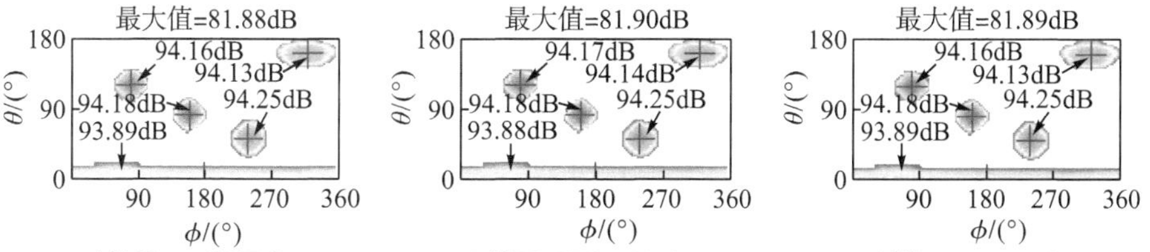

(cⅠ)$N_0=\infty$, NNLS (cⅡ)$N_0=N=3$, NNLS (cⅢ)$N_0=7$, NNLS

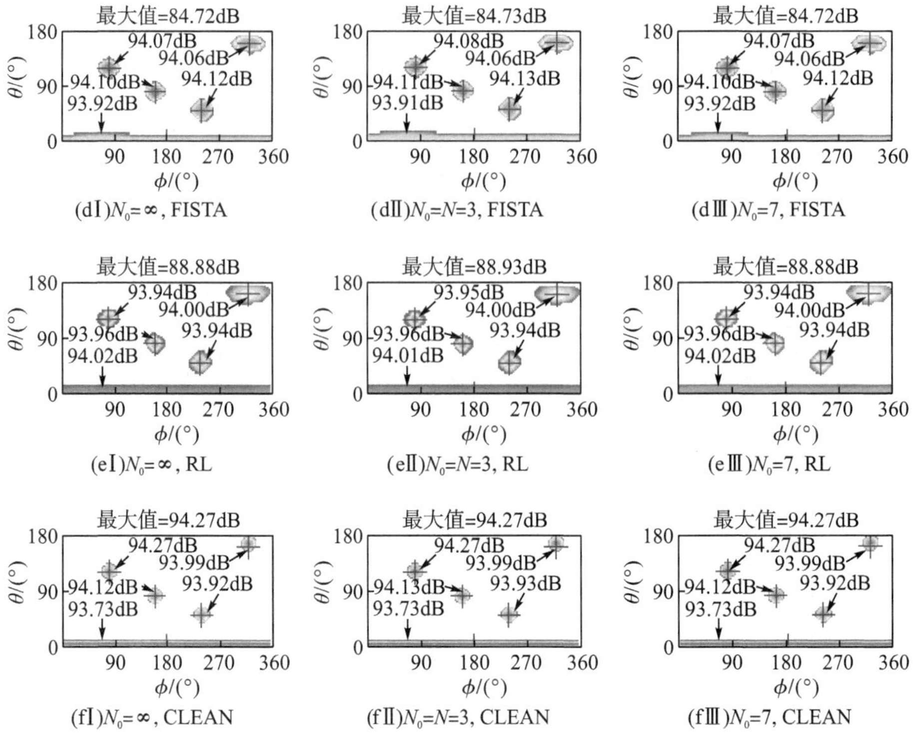

(dⅠ)$N_0=\infty$, FISTA (dⅡ)$N_0=N=3$, FISTA (dⅢ)$N_0=7$, FISTA

(eⅠ)$N_0=\infty$, RL (eⅡ)$N_0=N=3$, RL (eⅢ)$N_0=7$, RL

(fⅠ)$N_0=\infty$, CLEAN (fⅡ)$N_0=N=3$, CLEAN (fⅢ)$N_0=7$, CLEAN

图 3.5 1000Hz 频率下 SHB 及 N_0 取不同值时第一类和第二类反卷积的声源成像图

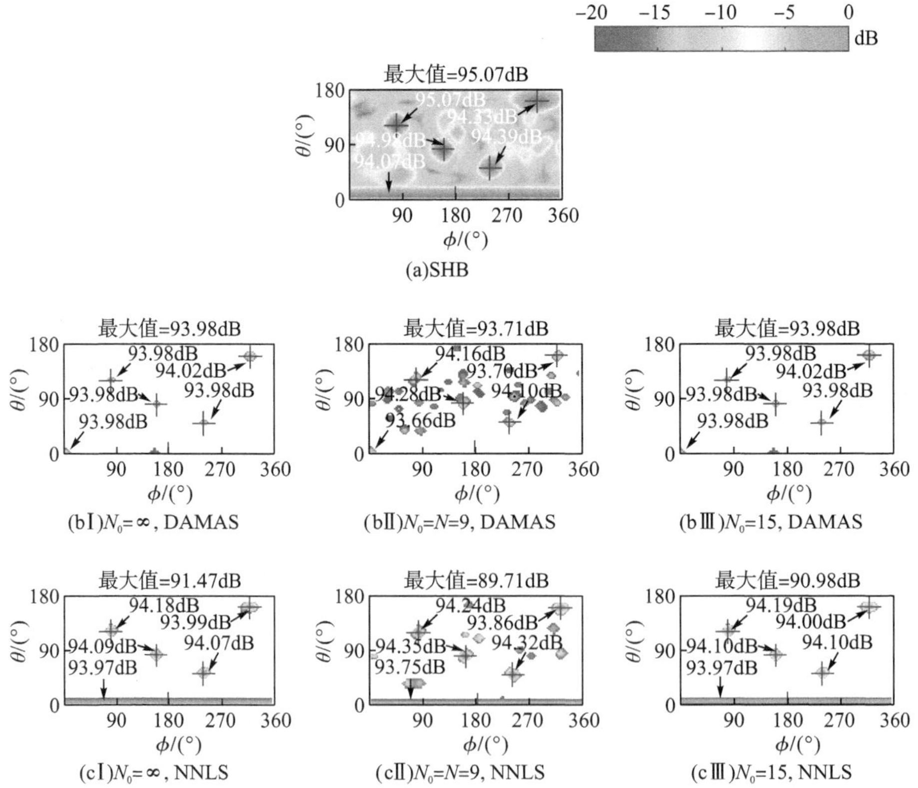

(a)SHB

(bⅠ)$N_0=\infty$, DAMAS (bⅡ)$N_0=N=9$, DAMAS (bⅢ)$N_0=15$, DAMAS

(cⅠ)$N_0=\infty$, NNLS (cⅡ)$N_0=N=9$, NNLS (cⅢ)$N_0=15$, NNLS

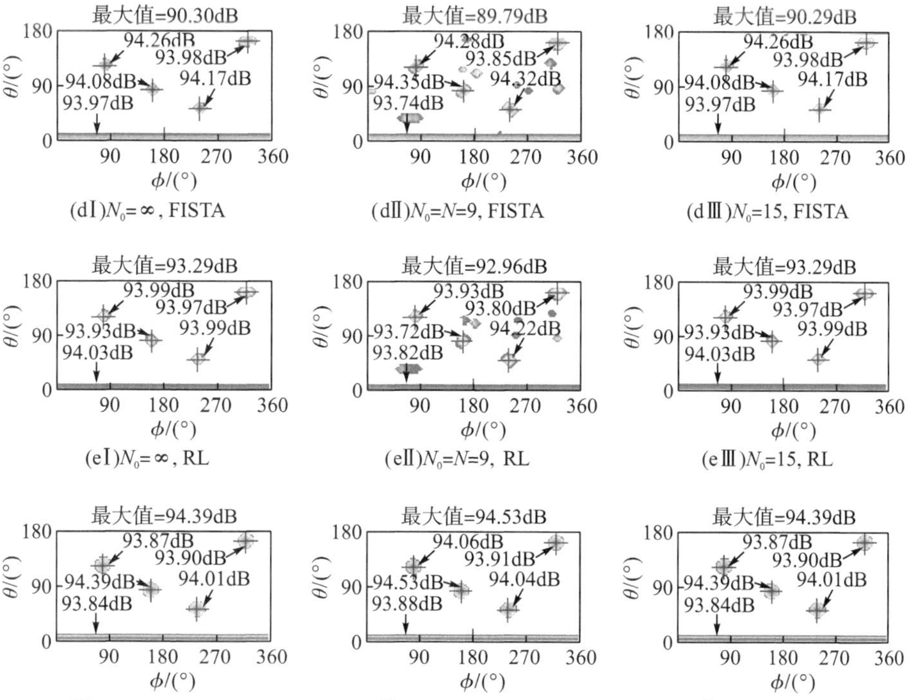

(dⅠ)$N_0=\infty$, FISTA　(dⅡ)$N_0=N=9$, FISTA　(dⅢ)$N_0=15$, FISTA

(eⅠ)$N_0=\infty$, RL　(eⅡ)$N_0=N=9$, RL　(eⅢ)$N_0=15$, RL

(fⅠ)$N_0=\infty$, CLEAN　(fⅡ)$N_0=N=9$, CLEAN　(fⅢ)$N_0=15$, CLEAN

图 3.6　5000Hz 频率下 SHB 及 N_0 取不同值时第一类和第二类反卷积的声源成像图

2. N_0 的确定

根据 $\boldsymbol{b}_{I2}$ 分析，大的 $\boldsymbol{b}_{I2}$ 会恶化 DAMAS、NNLS、FISTA 和 RL 的清晰化效果，甚至降低 DAMAS、NNLS、FISTA、RL 和 CLEAN 的声源量化精度，应使 $\boldsymbol{b}_{I2}$ 尽量小，$\boldsymbol{b}_{I2}$ 的大小与 N_0 的取值有关，一方面，N_0 大于特定值时，$\boldsymbol{b}_{I2}$ 约等于 $\mathbf{0}$，另一方面，N_0 越大，PSF 的计算越耗时，因此，探究确定恰当 N_0 的方法很有必要。

图 3.7 给出了 $\left|b_n\left(kr_{\mathrm{S}},ka\right)\right|$ 随 n 的变化曲线，各条曲线均显示：n 不小于特定值(用“◆”标记，记为 n_0)时，$b_n\left(kr_{\mathrm{S}},ka\right)\approx 0$。$N_0 \geqslant n_0$ 时，$\boldsymbol{Y}_{\mathrm{M}\infty}\boldsymbol{B}_{\mathrm{S}\infty}\boldsymbol{y}_{\mathrm{S}\infty}^{\mathrm{H}} \approx \boldsymbol{Y}_{\mathrm{M}N_0}\boldsymbol{B}_{\mathrm{S}N_0}\boldsymbol{y}_{\mathrm{S}N_0}^{\mathrm{H}}$，$\mathrm{psf}_{\infty}\left[\left(kr_{\mathrm{F}},\Omega_{\mathrm{F}}\right)\middle|\left(kr_{\mathrm{S}},\Omega_{\mathrm{S}}\right)\right] \approx \mathrm{psf}\left[\left(kr_{\mathrm{F}},\Omega_{\mathrm{F}}\right)\middle|\left(kr_{\mathrm{S}},\Omega_{\mathrm{S}}\right)\right]$，$\boldsymbol{b}_{I2}\approx\mathbf{0}$，同时考虑 PSF 的计算耗时，$N_0$ 应尽量接近 n_0。$b_n\left(kr_{\mathrm{S}},ka\right)$ 是关于 k、r_{S} 和 a 的函数，图 3.7(a) 中的七条曲线对应七组 $\left(k,r_{\mathrm{S}},a\right)$，可以看出：改变 r_{S} 不影响 n_0 的值，改变 k 和 a 影响 n_0 的值，k 越大，a 越大，n_0 越大，说明 n_0 的取值与 r_{S} 无关，仅与 k 和 a 有关。图 3.7(b) 中的六条曲线对应六组 (k,a)，前三组 (k,a) ka 一致，后三组 (k,a) ka 一致，可以看出：同一 ka 对应同一 n_0，说明 n_0 取决于 ka。分析 $b_n\left(kr_{\mathrm{S}},ka\right)$ 的表达式［式 (3.2)］可得：$b_n\left(kr_{\mathrm{S}},ka\right)$ 为 0 等价于 $j_n(ka)$ 等于 $j_n'(ka)h_n^{(2)}(ka)\big/h_n^{(2)'}(ka)$，获得的 n_0 必然仅取决于 ka。改变频率进行计算，统计不同 ka 对应的 n_0，所得结果如图 3.8 中“◆”所示。基于 N_0 应不小于 n_0 且尽量靠近 n_0 的原则，拟合 N_0 与 ka 的关系为

$$N_0=\lceil 1.2ka\rceil+4 \tag{3.50}$$

式中，$\lceil\cdot\rceil$ 表示将数值向正无穷方向圆整到最近的整数，拟合 N_0 如图 3.8 中带“□”实线

所示。图 3.4～图 3.6 第III列中 N_0 的取值即是根据式(3.50)计算得出的，后续数值模拟及试验均根据式(3.50)为 N_0 取值。

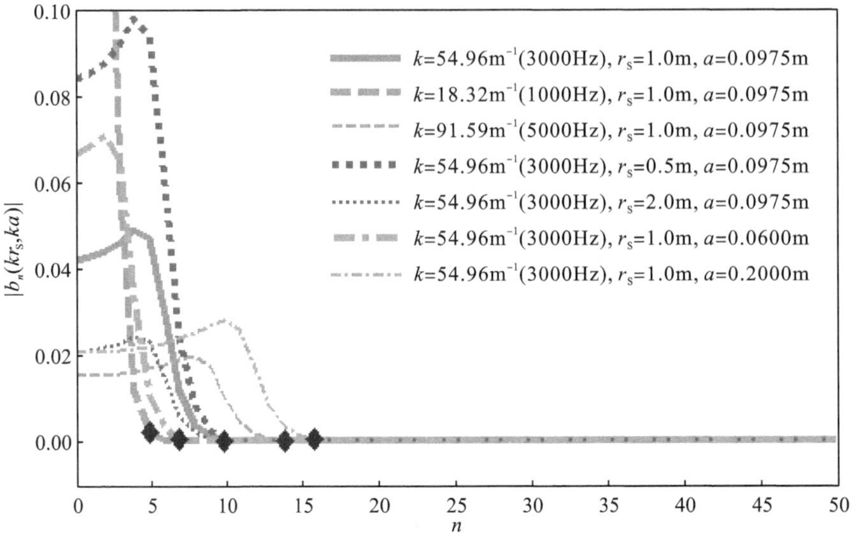

(a)七组(k,r_s,a)下

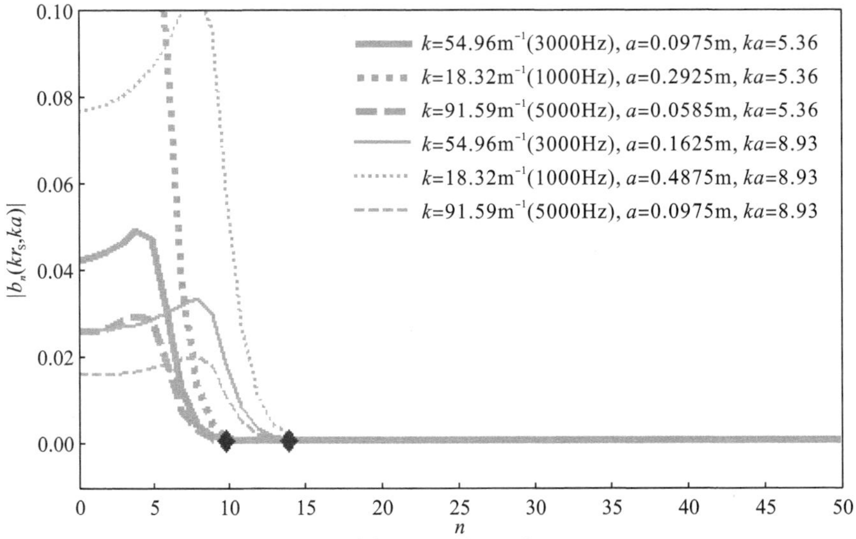

(b)六组(k,a)(两组ka)下

图 3.7 $\left|b_n\left(kr_S,ka\right)\right|$ 随 n 的变化曲线

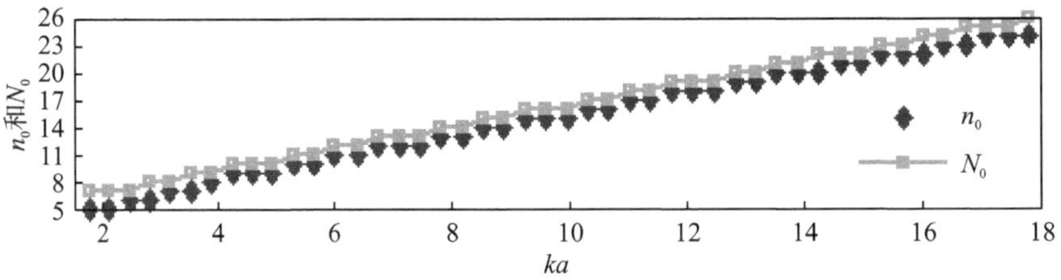

图 3.8 n_0 和 N_0 与 ka 的关系

3. 聚焦距离不等于声源到阵列中心的距离时的表现

将 DAMAS、NNLS、FISTA、RL 和 CLEAN 算法应用于 3.1.2 节中，迭代次数等参数的设置与第 1 小节中一致，所得声源成像图如图 3.9 所示。对比图 3.9 和图 3.3 可见：相比 SHB，第一类和第二类反卷积算法显著缩减了主瓣宽度并衰减了旁瓣，尽管由于部分声源未落在聚焦声源面上 5000Hz 频率下 DAMAS、NNLS 和 FISTA 的成像图中残存些许低水平旁瓣。如图 3.9(aⅠ)～图 3.9(dⅢ)所示，DAMAS、NNLS、FISTA 和 RL 在三个频率下均准确定向定量每个声源；如图 3.9(eⅠ)～图 3.9(eⅢ)所示，CLEAN 在 1000Hz 频率下未能准确定向定量(1.5m,90°,180°)和(2m,130°,200°)位置处的声源，而能准确定向定量其他三个声源，在 3000Hz 和 5000Hz 频率下能准确定向定量每个声源。该现象表明不论聚焦距离是否等于声源到阵列中心的距离，各算法均能明确有效地识别声源；第一类反卷积算法对小分离声源的空间分辨能力更强，第二类反卷积算法对小分离声源的空间分辨能力几乎依赖于 SHB，第 2 章中平面传声器阵列的第一类和第二类反卷积亦如此。

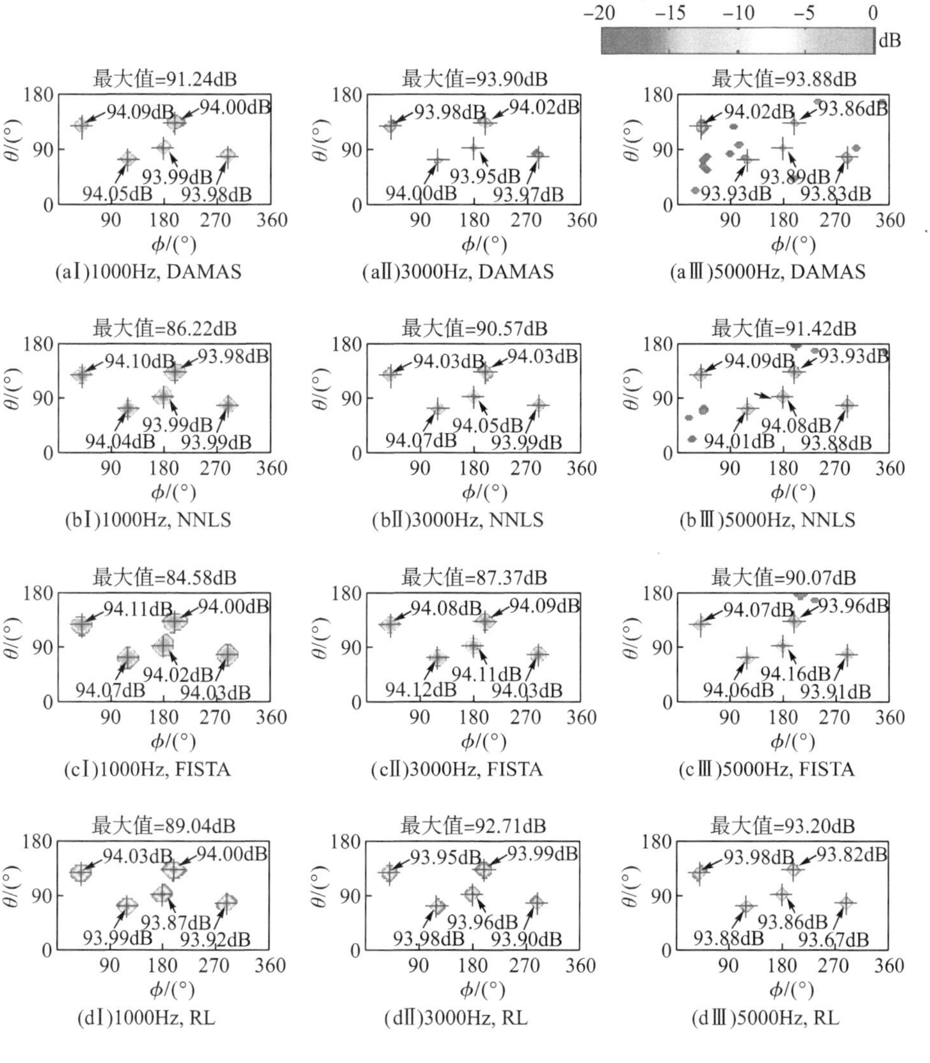

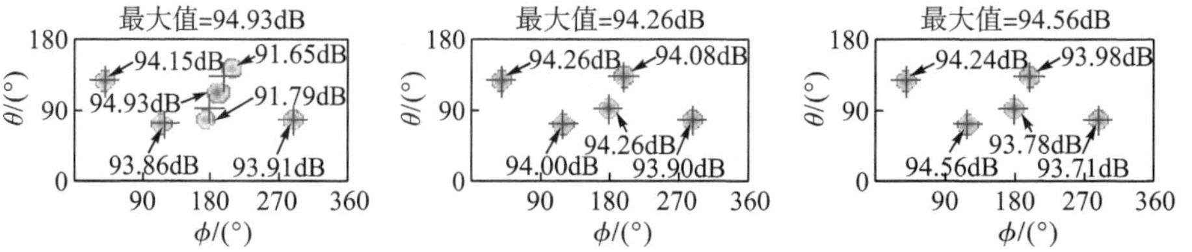

(eⅠ)1000Hz, CLEAN (eⅡ)3000Hz, CLEAN (eⅢ)5000Hz, CLEAN

图 3.9 第一类和第二类反卷积的声源成像图

关于“不论聚焦距离是否等于声源到阵列中心的距离，第一类和第二类反卷积均能准确定向定量声源”的结论的理论解释如下。令 r'_{F} 亦为聚焦距离，$s\left(kr'_{\mathrm{F}},\Omega_{\mathrm{S}}\right)=\left[r'_{\mathrm{F}}\mathrm{e}^{-\mathrm{j}k\left(r_{\mathrm{S}}-r'_{\mathrm{F}}\right)}/r_{\mathrm{S}}\right]s\left(kr_{\mathrm{S}},\Omega_{\mathrm{S}}\right)$，不论 r'_{F} 取何值，只要 r_{S} 和 r'_{F} 均较大，$s\left(kr_{\mathrm{S}},\Omega_{\mathrm{S}}\right)\boldsymbol{t}\left(kr_{\mathrm{S}},\Omega_{\mathrm{S}}\right)\approx s\left(kr'_{\mathrm{F}},\Omega_{\mathrm{S}}\right)\boldsymbol{t}\left(kr'_{\mathrm{F}},\Omega_{\mathrm{S}}\right)$ 始终成立，相应地，

$$
\begin{aligned}
b_{I1}\left(kr_{\mathrm{F}},\Omega_{\mathrm{F}}\right) &\approx \sum_{\left(r'_{\mathrm{F}},\Omega_{\mathrm{S}}\right)\in\mathbb{F}} \frac{\mathbb{E}\left(\left|s\left(kr'_{\mathrm{F}},\Omega_{\mathrm{S}}\right)\right|^{2}\right)}{k^{2}\left(r'_{\mathrm{F}}\right)^{2}} \operatorname{psf}\left[\left(kr_{\mathrm{F}},\Omega_{\mathrm{F}}\right)\middle|\left(kr'_{\mathrm{F}},\Omega_{\mathrm{S}}\right)\right] \\
&= \sum_{\left(r_{\mathrm{S}},\Omega_{\mathrm{S}}\right)\in\mathbb{B},\left(r'_{\mathrm{F}},\Omega_{\mathrm{S}}\right)\in\mathbb{F}} P_{C}\left(kr_{\mathrm{S}},\Omega_{\mathrm{S}}\right) \operatorname{psf}\left[\left(kr_{\mathrm{F}},\Omega_{\mathrm{F}}\right)\middle|\left(kr'_{\mathrm{F}},\Omega_{\mathrm{S}}\right)\right]
\end{aligned}
\tag{3.51}
$$

始终成立，因此，第一类反卷积通过求解 $\boldsymbol{b}_{I1}=\boldsymbol{A}\boldsymbol{q}$ 提取的 $\boldsymbol{q}$ 中始终包含准确的声源方向和声压贡献信息，第二类反卷积每次迭代均能准确移除该次迭代确定声源对 $\boldsymbol{b}_{I1}$ 的贡献，进而提取准确的声源声压贡献分布。

3.3 第三类反卷积波束形成

3.3.1 基本理论

第三类反卷积建立如下带非负约束的线性方程组：

$$
\underbrace{\boldsymbol{b}_{I1}+\boldsymbol{b}_{I2}}_{\boldsymbol{b}_{I}}+\boldsymbol{b}_{C}+\boldsymbol{b}_{N}=\boldsymbol{b}\Rightarrow\tilde{\boldsymbol{b}}_{I1}=\tilde{\boldsymbol{A}}\boldsymbol{q},\quad \boldsymbol{q}\geqslant 0 \tag{3.52}
$$

式中，$\tilde{\boldsymbol{b}}_{I1}\in\mathbb{R}^{G}$ 和 $\tilde{\boldsymbol{A}}\in\mathbb{R}^{G\times G}$ 分别为 $\boldsymbol{b}_{I1}$ 和 $\boldsymbol{A}$ 在空间转移不变 PSF 假设和特定边界条件下的变体；$\tilde{\boldsymbol{A}}$ 中元素的取值取决于 $\boldsymbol{A}_{c}$ 和边界条件，$\boldsymbol{A}_{c}\in\mathbb{R}^{G_{\theta}\times G_{\phi}}$ 为中心聚焦点处声源的 PSF 矩阵，G_{θ} 和 G_{ϕ} 分别为 θ 维和 ϕ 维上的聚集点数目，$G_{\theta}G_{\phi}=G$。PSF 的空间转移变化越弱，$\tilde{\boldsymbol{b}}_{I1}$ 越接近 $\boldsymbol{b}_{I1}$。根据式(3.50)为 N_0 取值，$\boldsymbol{b}_{I2}\approx\boldsymbol{0}$。本节从理论角度为球面传声器阵列声源识别实现采用零边界条件和周期边界条件的第三类反卷积。

1. 零边界条件

记 $g_{\theta c}$ 和 $g_{\phi c}$ 分别为中心聚焦点在 θ 维和 ϕ 维上的索引，$\boldsymbol{Q}_{L}\in\mathbb{R}^{G_{\theta}\times\left(G_{\phi}-g_{\phi c}\right)}$、$\boldsymbol{Q}_{R}\in\mathbb{R}^{G_{\theta}\times\left(g_{\phi c}-1\right)}$、$\boldsymbol{Q}_{U}\in\mathbb{R}^{\left(G_{\theta}-g_{\theta c}\right)\times\left(2G_{\phi}-1\right)}$ 和 $\boldsymbol{Q}_{D}\in\mathbb{R}^{\left(g_{\theta c}-1\right)\times\left(2G_{\phi}-1\right)}$ 为扩展结点上的声压贡献分布(参考图 2.3)。采用零边界条件，即 $\boldsymbol{Q}_{L}=\boldsymbol{0}$、$\boldsymbol{Q}_{R}=\boldsymbol{0}$、$\boldsymbol{Q}_{U}=\boldsymbol{0}$ 和 $\boldsymbol{Q}_{D}=\boldsymbol{0}$ 时，$\tilde{\boldsymbol{A}}$ 是 $\boldsymbol{A}_{c}$ 中元素和零组成的带特普利茨(Toeplitz)块的块 Toeplitz 矩阵。用 DAMAS2、FFT-NNLS、FFT-FISTA 和 FFT-RL 算法求解

式(3.52)的迭代过程与第 2 章中所述一致，不重复给出。此时，球面传声器阵列的第三类反卷积可看作平面传声器阵列的第三类反卷积的拓展。

2. 周期边界条件

采用周期边界的第三类反卷积由作者首次提出[103]。周期边界条件意味着：

$$\begin{cases} \boldsymbol{Q}_L = \boldsymbol{Q}\left(:,\left(g_{\phi c}+1\right):G_\phi\right) \\ \boldsymbol{Q}_R = \boldsymbol{Q}\left(:,1:\left(g_{\phi c}-1\right)\right) \\ \boldsymbol{Q}_U = \left[\boldsymbol{Q}_L\left(\left(g_{\theta c}+1\right):G_\theta,:\right) \quad \boldsymbol{Q}\left(\left(g_{\theta c}+1\right):G_\theta,:\right) \quad \boldsymbol{Q}_R\left(\left(g_{\theta c}+1\right):G_\theta,:\right)\right] \\ \boldsymbol{Q}_D = \left[\boldsymbol{Q}_L\left(1:\left(g_{\theta c}-1\right),:\right) \quad \boldsymbol{Q}\left(1:\left(g_{\theta c}-1\right),:\right) \quad \boldsymbol{Q}_R\left(1:\left(g_{\theta c}-1\right),:\right)\right] \end{cases} \tag{3.53}$$

式中，$\boldsymbol{Q}\in\mathbb{R}^{G_\theta\times G_\phi}$ 表示聚焦点上的声压贡献分布；“:”表示其左侧数字指示的行(列)到其右侧数字指示的行(列)，无数字时表示所有行(列)。周期边界条件下，$\tilde{\boldsymbol{A}}$ 是由 $\boldsymbol{A}_c$ 中元素组成的带循环块的块循环矩阵。

$\tilde{\boldsymbol{A}}$ 的谱分解为

$$\tilde{\boldsymbol{A}} = \boldsymbol{F}^{\mathrm{H}}\boldsymbol{\Lambda}\boldsymbol{F} \tag{3.54}$$

式中，$\boldsymbol{F}\in\mathbb{C}^{G\times G}$ 为二维酉离散傅里叶变换矩阵；$\boldsymbol{\Lambda}\in\mathbb{C}^{G\times G}$ 为 $\tilde{\boldsymbol{A}}$ 的特征值矩阵。$\boldsymbol{F}$ 和 $\boldsymbol{F}^{\mathrm{H}}$ 与任意向量的乘积可通过二维傅里叶变换获得，无须计算 $\boldsymbol{F}$。对任意矩阵 $\boldsymbol{X}\in\mathbb{C}^{G_\theta\times G_\phi}$ 和列向量 $\boldsymbol{x}=\mathrm{vec}\left(\boldsymbol{X}\right)\in\mathbb{C}^{G}$，$\mathrm{vec}(\bullet)$ 表示将括号内矩阵向量化，下列关系成立：

$$\sqrt{G}\boldsymbol{F}\boldsymbol{x} \Leftrightarrow \mathcal{F}\left(\boldsymbol{X}\right),\ \frac{1}{\sqrt{G}}\boldsymbol{F}^{\mathrm{H}}\boldsymbol{x} \Leftrightarrow \mathcal{F}^{-1}\left(\boldsymbol{X}\right),\ \boldsymbol{F}^{\mathrm{H}}\boldsymbol{F}\boldsymbol{x} \Leftrightarrow \mathcal{F}^{-1}\left[\mathcal{F}\left(\boldsymbol{X}\right)\right] \tag{3.55}$$

式中，$\Leftrightarrow$ 表示等价；$\mathcal{F}(\bullet)$ 和 $\mathcal{F}^{-1}(\bullet)$ 分别表示对括号内矩阵进行二维傅里叶正变换和逆变换。根据式(3.54)有

$$\boldsymbol{F}\tilde{\boldsymbol{A}}(:,1) = \boldsymbol{\Lambda}\boldsymbol{F}(:,1) = \frac{1}{\sqrt{G}}\boldsymbol{\lambda} \tag{3.56}$$

式中，$\boldsymbol{\lambda}\in\mathbb{C}^{G}$ 为 $\boldsymbol{\Lambda}$ 的对角线元素组成的列向量，第一个“=”成立的依据是 $\boldsymbol{F}$ 为酉矩阵，第二个“=”成立的依据是 $\boldsymbol{F}(:,1)=[1,1,\cdots,1]^{\mathrm{T}}/\sqrt{G}$。联立式(3.55)和式(3.56)可得

$$\boldsymbol{\lambda} = \sqrt{G}\boldsymbol{F}\tilde{\boldsymbol{A}}(:,1) \Leftrightarrow \mathcal{F}\left(\boldsymbol{A}_1\right) \tag{3.57}$$

式中，$\boldsymbol{A}_1\in\mathbb{R}^{G_\theta\times G_\phi}$ 为 $\tilde{\boldsymbol{A}}$ 中第 1 列元素组成的矩阵，将 $\boldsymbol{A}_c$ 的 1 到 $g_{\theta c}-1$ 行移至底部、1 到 $g_{\phi c}-1$ 列移至右侧得 $\boldsymbol{A}_1$。基于上述分析得

$$\tilde{\boldsymbol{A}}\boldsymbol{x} = \boldsymbol{F}^{\mathrm{H}}\boldsymbol{\Lambda}\boldsymbol{F}\boldsymbol{x} \Leftrightarrow \mathcal{F}^{-1}\left[\mathcal{F}\left(\boldsymbol{X}\right)\circ\mathcal{F}\left(\boldsymbol{A}_1\right)\right] \tag{3.58}$$

$$\tilde{\boldsymbol{A}}^{\mathrm{T}}\boldsymbol{x} = \tilde{\boldsymbol{A}}^{\mathrm{H}}\boldsymbol{x} = \boldsymbol{F}^{\mathrm{H}}\boldsymbol{\Lambda}^{*}\boldsymbol{F}\boldsymbol{x} \Leftrightarrow \mathcal{F}^{-1}\left\{\mathcal{F}\left(\boldsymbol{X}\right)\circ\left[\mathcal{F}\left(\boldsymbol{A}_1\right)\right]^{*}\right\} \tag{3.59}$$

式中，符号“$\circ$”表示阿达马积运算。周期边界条件下，求解式(3.52)所示的线性方程组时将应用式(3.58)和式(3.59)所示的性质。为与零边界条件进行区分，采用周期边界条件的四种算法依次记为 DAMAS2-P、FFT-NNLS-P、FFT-FISTA-P 和 FFT-RL-P。

1) DAMAS2-P

初始化 $\boldsymbol{q}^{(0)}=\boldsymbol{0}$，DAMAS2-P 由第 γ 次迭代计算结果 $\boldsymbol{q}^{(\gamma)}$ 到第 $\gamma+1$ 次迭代计算结果 $\boldsymbol{q}^{(\gamma+1)}$

的具体方案为

$$\boldsymbol{q}^{(\gamma+1)}=\mathcal{P}_{+}\left\{\boldsymbol{q}^{(\gamma)}+\frac{\boldsymbol{b}-\operatorname{vec}\left[\mathcal{F}^{-1}\left(\mathcal{F}\left\{\operatorname{mat}\left[\boldsymbol{q}^{(\gamma)}\right]\right\}\circ\mathcal{F}\left(\boldsymbol{A}_{1}\right)\right)\right]}{L_{c}}\right\} \tag{3.60}$$

式中，$\mathcal{P}_{+}(\bullet)$ 为括号内向量在非负象限上的欧几里得投影；L_c 为 $\boldsymbol{A}_c$ 中所有元素的和；$\operatorname{mat}(\bullet)$ 为将括号内向量矩阵化。

2) FFT-NNLS-P

FFT-NNLS-P 的初始化条件和迭代方案均与 NNLS 相同，$\gamma+1$ 次迭代中，只需将残差向量[$\boldsymbol{r}_e^{(\gamma)}$]、负梯度向量[$\boldsymbol{\beta}^{(\gamma)}$]和辅助向量[$\boldsymbol{g}^{(\gamma)}$]的更新依次替换为

$$\boldsymbol{r}_e^{(\gamma)}=\operatorname{vec}\left[\mathcal{F}^{-1}\left(\mathcal{F}\left\{\operatorname{mat}\left[\boldsymbol{q}^{(\gamma)}\right]\right\}\circ\mathcal{F}\left(\boldsymbol{A}_{1}\right)\right)\right]-\boldsymbol{b} \tag{3.61}$$

$$\boldsymbol{\beta}^{(\gamma)}=-\operatorname{vec}\left\{\mathcal{F}^{-1}\left(\mathcal{F}\left\{\operatorname{mat}\left[\boldsymbol{r}_e^{(\gamma)}\right]\right\}\circ\left[\mathcal{F}\left(\boldsymbol{A}_{1}\right)\right]^{*}\right)\right\} \tag{3.62}$$

和

$$\boldsymbol{g}^{(\gamma)}=\operatorname{vec}\left[\mathcal{F}^{-1}\left(\mathcal{F}\left\{\operatorname{mat}\left[\widehat{\boldsymbol{\beta}}^{(\gamma)}\right]\right\}\circ\mathcal{F}\left(\boldsymbol{A}_{1}\right)\right)\right] \tag{3.63}$$

3) FFT-FISTA-P

FFT-FISTA-P 的初始化条件和迭代方案均与 FISTA 相同，$\gamma+1$ 次迭代中，只需将声压贡献向量[$\boldsymbol{q}^{(\gamma+1)}$]的更新替换为

$$\boldsymbol{q}^{(\gamma+1)}=\mathcal{P}_{+}\left[\boldsymbol{y}^{(\gamma+1)}-\frac{\operatorname{vec}\left(\mathcal{F}^{-1}\left\{\mathcal{F}\left[\mathcal{F}^{-1}\left(\mathcal{F}\left\{\operatorname{mat}\left[\boldsymbol{y}^{(\gamma+1)}\right]\right\}\circ\mathcal{F}\left(\boldsymbol{A}_{1}\right)\right)-\operatorname{mat}(\boldsymbol{b})\right]\circ\left[\mathcal{F}\left(\boldsymbol{A}_{1}\right)\right]^{*}\right\}\right)}{L_{\lambda}}\right] \tag{3.64}$$

此时，常数 L_λ 取为 $\tilde{\boldsymbol{A}}^{\mathrm{T}}\tilde{\boldsymbol{A}}$ 的最大特征值。根据式(3.54)，$\tilde{\boldsymbol{A}}^{\mathrm{T}}\tilde{\boldsymbol{A}}=\tilde{\boldsymbol{A}}^{\mathrm{H}}\tilde{\boldsymbol{A}}=\boldsymbol{F}^{\mathrm{H}}\boldsymbol{\Lambda}^{*}\boldsymbol{\Lambda}\boldsymbol{F}$，故 $\boldsymbol{\Lambda}^{*}\boldsymbol{\Lambda}$ 为 $\tilde{\boldsymbol{A}}^{\mathrm{T}}\tilde{\boldsymbol{A}}$ 的特征值矩阵，L_λ 可取 $\boldsymbol{\Lambda}$ 的最大元素的模平方，即为 $\mathcal{F}(\boldsymbol{A}_1)$ 的最大元素的模平方。

4) FFT-RL-P

初始化 $\boldsymbol{q}^{(0)}=\boldsymbol{b}/L_c$，FFT-RL 由第 γ 次迭代计算结果 $\boldsymbol{q}^{(\gamma)}$ 到第 $\gamma+1$ 次迭代计算结果 $\boldsymbol{q}^{(\gamma+1)}$ 的具体方案为

$$\boldsymbol{q}^{(\gamma+1)}=\frac{\boldsymbol{q}^{(\gamma)}\circ\operatorname{vec}\left(\mathcal{F}^{-1}\left\{\mathcal{F}\left\{\operatorname{mat}(\boldsymbol{b})\circ\left[\mathcal{F}^{-1}\left(\mathcal{F}\left\{\operatorname{mat}\left[\boldsymbol{q}^{(\gamma)}\right]\right\}\circ\mathcal{F}\left(\boldsymbol{A}_{1}\right)\right)\right]^{\circ(-1)}\right\}\circ\left[\mathcal{F}\left(\boldsymbol{A}_{1}\right)\right]^{*}\right\}\right)}{L_{c}} \tag{3.65}$$

式中，上标“$\circ(-1)$”表示阿达马逆运算。

3.3.2 数值模拟

本节基于数值模拟从适用声源对象和声源识别效果两个方面探究采用零边界条件和周期边界条件下第三类反卷积的差异。

1. 适用声源对象

任一位置处声源引起的 $\boldsymbol{b}$ 和 $\boldsymbol{b}_{I1}$ 几乎相等，第一类和第二类反卷积能有效识别三维空间内任意位置处声源。与此相同，根据式(3.52)，第三类反卷积是否有效识别某位置处声源取决于该声源引起的 $\boldsymbol{b}$ 和 $\tilde{\boldsymbol{b}}_{I1}$ 间的差异，定义 $\left\|\boldsymbol{b}-\tilde{\boldsymbol{b}}_{I1}\right\|_2 / \|\boldsymbol{b}\|_2$ 来衡量该差异，其中，$\|\bullet\|_2$ 表示向量的 ℓ_2 范数。计算聚焦声源面上各聚焦点处具有单位声压贡献的声源引起的 $\boldsymbol{b}$ 和 $\tilde{\boldsymbol{b}}_{I1}$，得 $\left\|\boldsymbol{b}-\tilde{\boldsymbol{b}}_{I1}\right\|_2 / \|\boldsymbol{b}\|_2$。图 3.10 给出了 $\left\|\boldsymbol{b}-\tilde{\boldsymbol{b}}_{I1}\right\|_2 / \|\boldsymbol{b}\|_2$ 的成像图，获得图 3.10(aⅠ)～图 3.10(aⅢ)，零边界条件被采用，频率依次为 1000Hz、3000Hz 和 5000Hz，获得图 3.10(bⅠ)～图 3.10(bⅢ)，周期边界条件被采用，频率依次为 1000Hz、3000Hz 和 5000Hz。各图中，中心聚焦方向(仰角：90°，方位角：180°)的输出几乎为 0，这是由于中心聚焦点处声源的 PSF 被用作空间转移不变 PSF 来取代各位置处声源的 PSF，中心聚焦点处声源的 PSF 如图 3.11(aⅠ)～图 3.11(aⅢ)所示。各图中，仰角远离中心仰角(90°)的方向的输出较大，这是由于 SHB 的 PSF 不完全空间转移不变，声源仰角相差越大，对应 PSF 的空间转移变化越显著，不同仰角 180° 方位角处声源的 PSF 如图 3.11(aⅠ)～图 3.11(dⅢ)所示。图 3.10(aⅠ)～图 3.10(aⅢ)中，仰角靠近中心仰角且方位角不接近 0°(360°)方向的输出相对较小，图 3.10(bⅠ)～图 3.10(bⅢ)中，仰角靠近中心仰角所有方向的输出均相对较小，90° 仰角 0°(360°)方位角方向的输出几乎为 0，这是由于仰角靠近中心仰角时，不论方位角为何值，PSF 的空间转移变化均相对较弱，90° 仰角 0°(360°)方位角方向和中心聚焦方向声源的 PSF 满足空间转移不变性，90° 仰角不同方位角处声源的 PSF

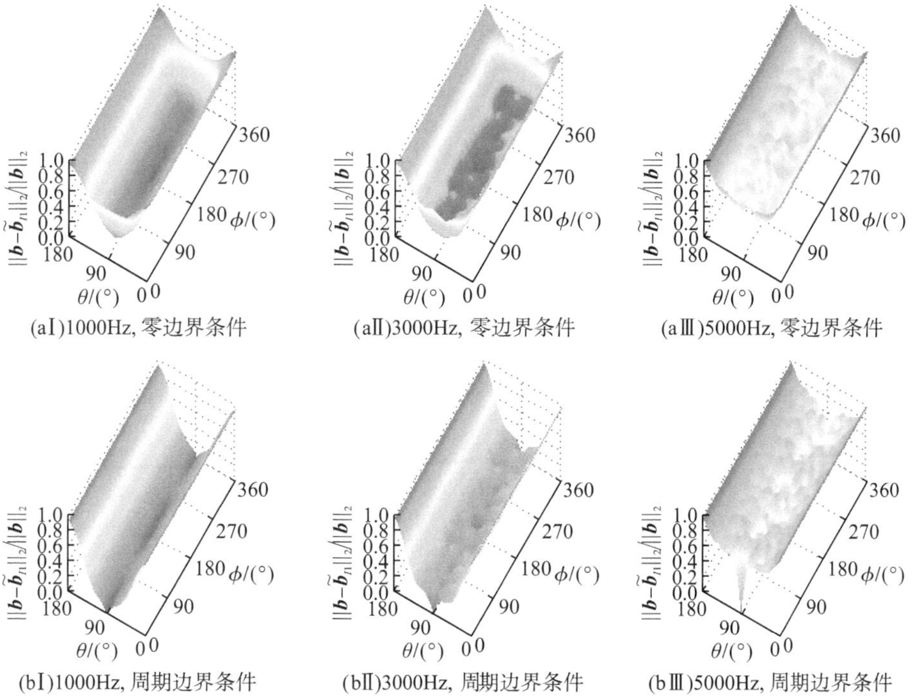

(aⅠ)1000Hz, 零边界条件　(aⅡ)3000Hz, 零边界条件　(aⅢ)5000Hz, 零边界条件

(bⅠ)1000Hz, 周期边界条件　(bⅡ)3000Hz, 周期边界条件　(bⅢ)5000Hz, 周期边界条件

图 3.10　$\left\|\boldsymbol{b}-\tilde{\boldsymbol{b}}_{I1}\right\|_2 / \|\boldsymbol{b}\|_2$ 的成像图

如图 3.11(a I)～图 3.11(aIII)和图 3.11(e I)～图 3.11(gIII)所示。相比零边界条件，周期边界条件的小输出区域更大，差别主要体现在仰角靠近中心仰角且方位角接近 0°(360°)的方向，这是由于周期边界条件考虑了方位角的实际循环性。对比图 3.10(a I)、图 3.10(a II)和图 3.10(aIII)及图 3.10(b I)、图 3.10(b II)和图 3.10(bIII)可知，频率越高，输出总体越大，这是由于频率越高，PSF 的旁瓣越高，而这些旁瓣分布又随空间转移变化。基于上述现象及仅 $\boldsymbol{b}$ 和 $\tilde{\boldsymbol{b}}_{I1}$ 间差异相对较小的声源能被有效识别的原则，采用零边界条件的第三类反卷积适用于仰角维度上集中分布且方位角不在 0°(360°)附近的声源；采用周期边界条件的第三类反卷积适用于仰角维度上集中分布的声源，对方位角无要求，相比前者更具优势；不论是零边界条件还是周期边界条件被采用，第三类反卷积承受的 $\boldsymbol{b}$ 和 $\tilde{\boldsymbol{b}}_{I1}$ 间的差异在高频时相比在中低频时更大。进一步，解释“仰角维度上集中分布”为声源的最大仰角或最小仰角与聚焦声源面中心仰角的差值较小，根据图 3.10，推荐不超过 30°；解释“方位角不在 0°(360°)附近”为偏离至少 20°。球面传声器阵列的第三类反卷积虽仅能有效识别局部区域内声源，但其声源识别区域比第 2 章中平面传声器阵列的第三类反卷积更广阔，后者要求声源在 x 维和 y 维上均集中分布。

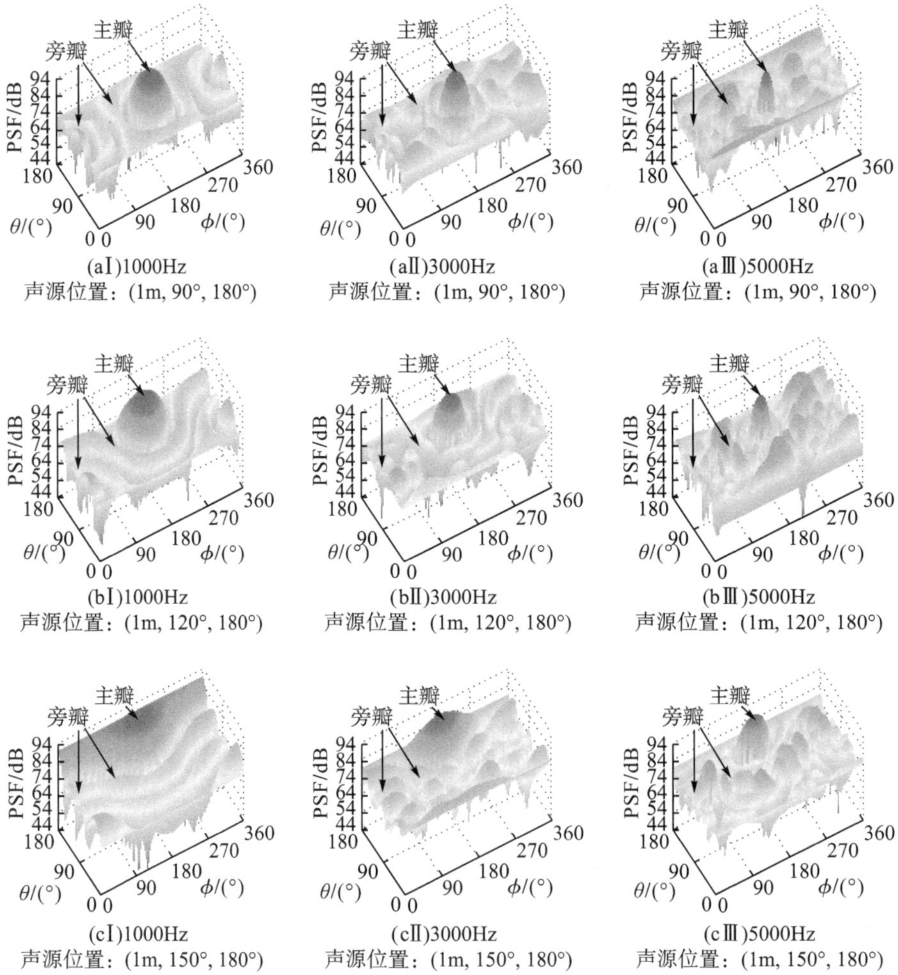

(a I)1000Hz 声源位置：(1m, 90°, 180°)
(a II)3000Hz 声源位置：(1m, 90°, 180°)
(a III)5000Hz 声源位置：(1m, 90°, 180°)
(b I)1000Hz 声源位置：(1m, 120°, 180°)
(b II)3000Hz 声源位置：(1m, 120°, 180°)
(b III)5000Hz 声源位置：(1m, 120°, 180°)
(c I)1000Hz 声源位置：(1m, 150°, 180°)
(c II)3000Hz 声源位置：(1m, 150°, 180°)
(c III)5000Hz 声源位置：(1m, 150°, 180°)

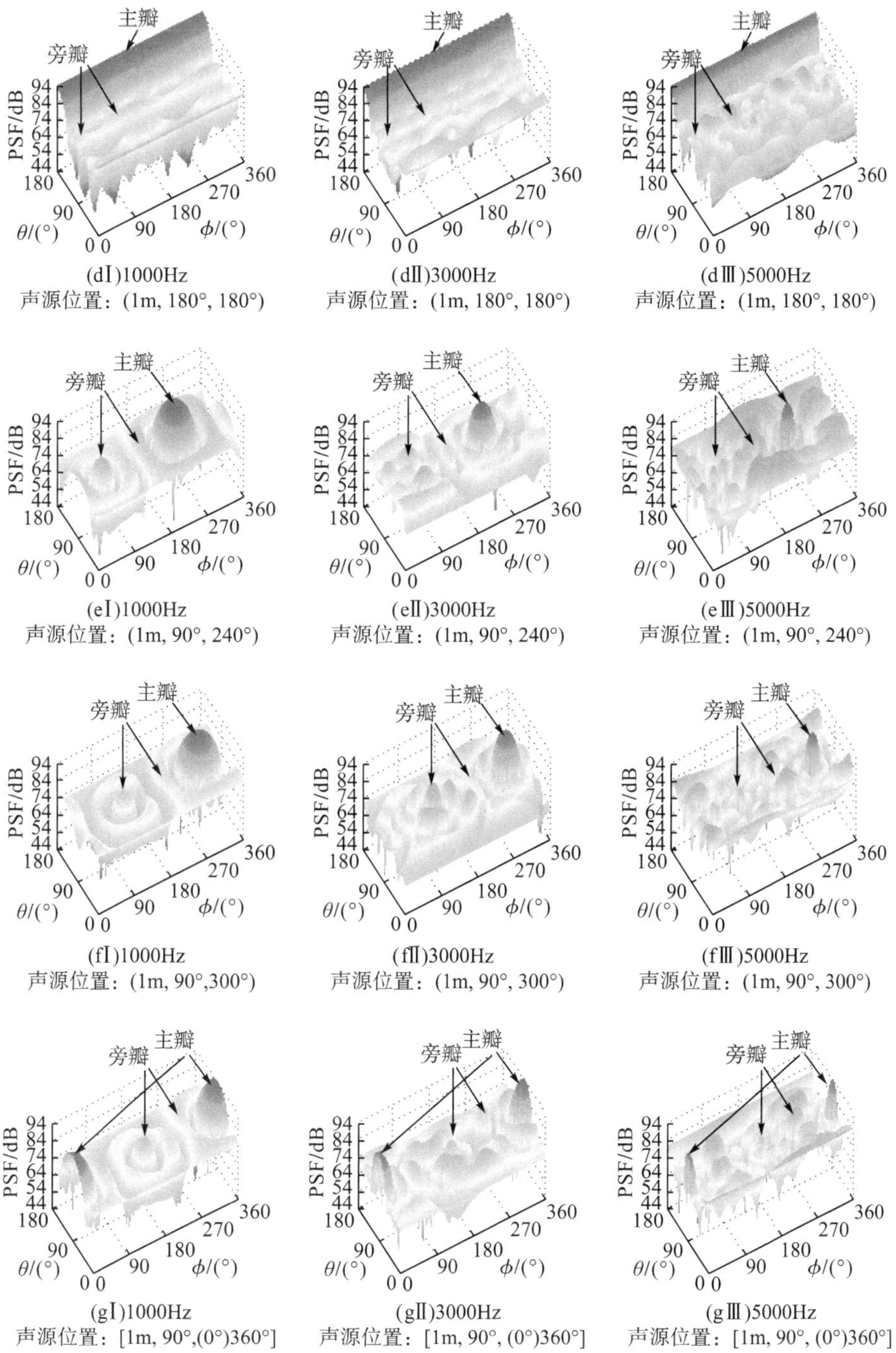

图 3.11　球面传声器阵列 SHB 方法对应的点传播函数

2. 声源识别效果

将第三类反卷积算法应用于 3.1.2 节的算例中，各算法均完成 500 次迭代，所得声源成像图如图 3.12 所示。对比图 3.12 和图 3.3 可见：相比 SHB，第三类反卷积能缩减主瓣宽度并衰减旁瓣，具有清晰化效果。对比图 3.12 和图 3.9 可见：第三类反卷积的清晰化效果不及第一类和第二类反卷积。对比图3.12(aⅠ)～图3.12(aⅢ)和图3.12(bⅠ)～图3.12(bⅢ)、图 3.12(cⅠ)～图 3.12(cⅢ)和图 3.12(dⅠ)～图 3.12(dⅢ)、图 3.12(eⅠ)～图 3.12(eⅢ)和图 3.12(fⅠ)～图 3.12(fⅢ)及图 3.12(gⅠ)～图 3.12(gⅢ)和图 3.12(hⅠ)～图 3.12(hⅢ)可见：相比采用零边界条件的第三类反卷积，采用周期边界条件的第三类反卷积具有更优的旁瓣衰减效果。各图中标注的声压贡献计算值为各算法在主瓣区域内各聚焦点处输出值的线性叠加。关注图 3.12 的第Ⅰ列，1000Hz 频率下，采用零边界条件的第三类反卷积和采用周期边界条件的第三类反卷积在声源定向定量方面表现相当：均准确定向定量(1.0m,70°,120°)、(1.5m,90°,180°)和(2.5m,75°,290°)位置处的声源(属于第 1 小节中分析的适用声源对象)，不论聚焦距离是否等于声源到阵列中心的距离{理论解释同第一类反卷积[式(3.51)]}；均对(0.5m,125°,40°)和(2.0m,130°,200°)位置处的声源(不属于第 1 小节中分析的适用声源对象)具有较低识别精度，主要体现在量化误差较大或在声源附近方向析出弱源。关注图 3.12 的第Ⅱ列，3000Hz 频率下，采用零边界条件的第三类反卷积和采用周期边界条件的第三类反卷积在声源定向定量方面亦表现相当：DAMAS2、DAMAS2-P、FFT-NNLS、FFT-NNLS-P、FFT-FISTA 和 FFT-FISTA-P 均准确定向定量(1.0m,70°,120°)、(1.5m,90°,180°)和(2.5m,75°,290°)位置处的声源，均对(0.5m,125°,40°)和(2.0m,130°,200°)位置处的声源具有比 1000Hz 频率时更高的识别精度；FFT-RL 和 FFT-RL-P 均略偏低地量化(2.5m,75°,290°)位置处的声源声压贡献，而准确定向定量其他位置处的声源。关注图 3.12 的第Ⅲ列，5000Hz 频率下，采用零边界条件的 DAMAS2、FFT-NNLS 和 FFT-FISTA 分别和采用周期边界条件的 DAMAS2-P、FFT-NNLS-P和FFT-FISTA-P在声源定向定量方面表现基本相当：DAMAS2和DAMAS2-P均准确定向定量各声源；FFT-NNLS、FFT-NNLS-P、FFT-FISTA 和 FFT-FISTA-P 均准确定向各声源，但会偏低地量化某些声源的声压贡献(FFT-NNLS-P 和 FFT-FISTA-P 相比 FFT-NNLS 和 FFT-FISTA 略严重)。相比采用零边界条件的 FFT-RL，采用周期边界条件的 FFT-RL-P 在声源定向定量方面表现更优：前者对声源的定向不准确、量化误差很大，后者显著改善了定向定量精度。基于上述现象，采用周期边界条件的第三类反卷积的综合声源识别效果优于采用零边界条件的第三类反卷积。

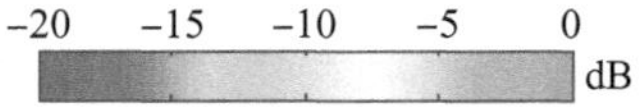

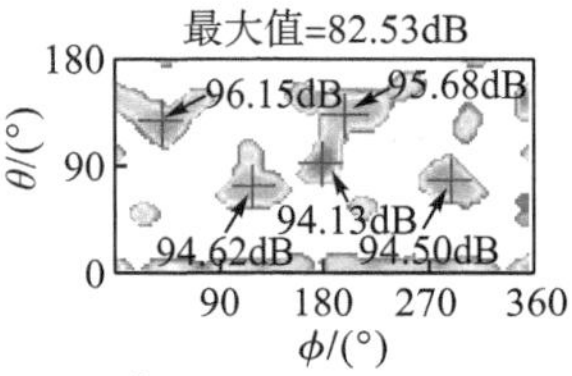

(aⅠ)1000Hz, DAMAS2

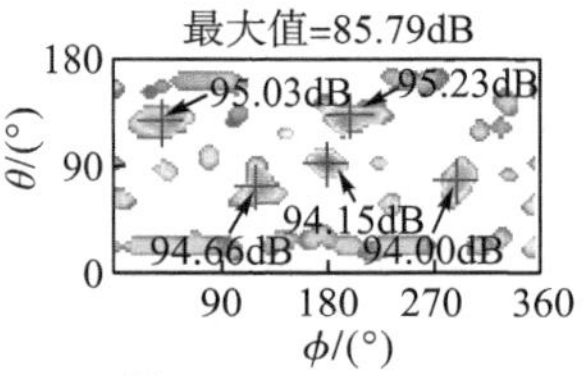

(aⅡ)3000Hz, DAMAS2

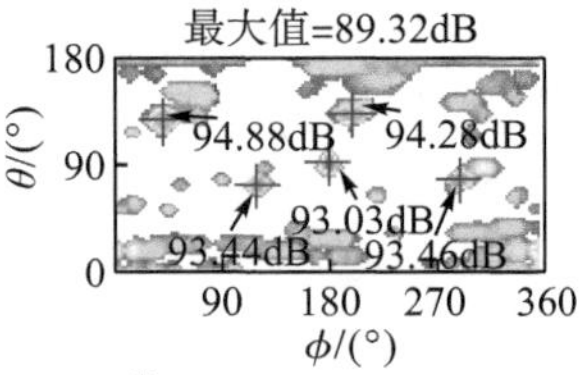

(aⅢ)5000Hz, DAMAS2

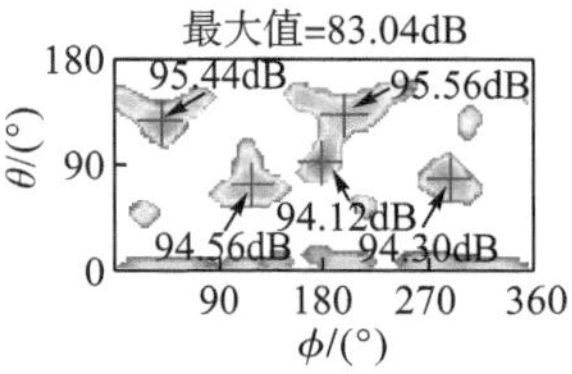

(bⅠ)1000Hz, DAMAS2-P

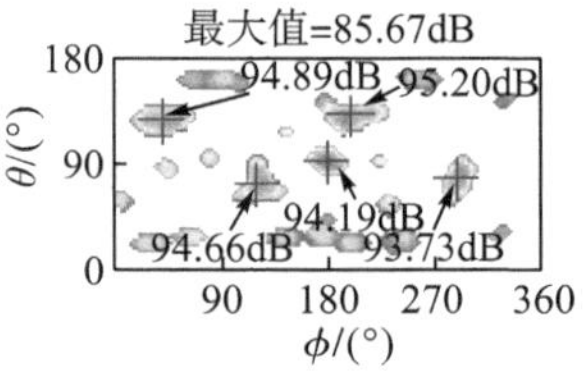

(bⅡ)3000Hz, DAMAS2-P

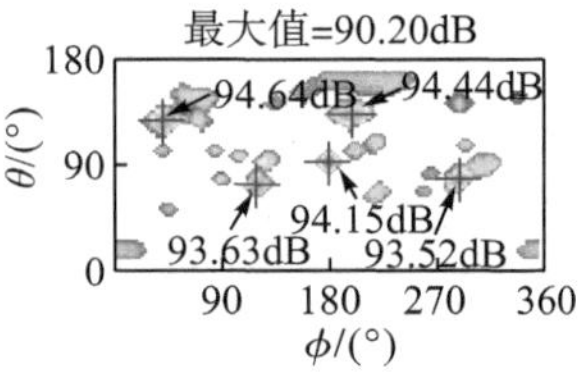

(bⅢ)5000Hz, DAMAS2-P

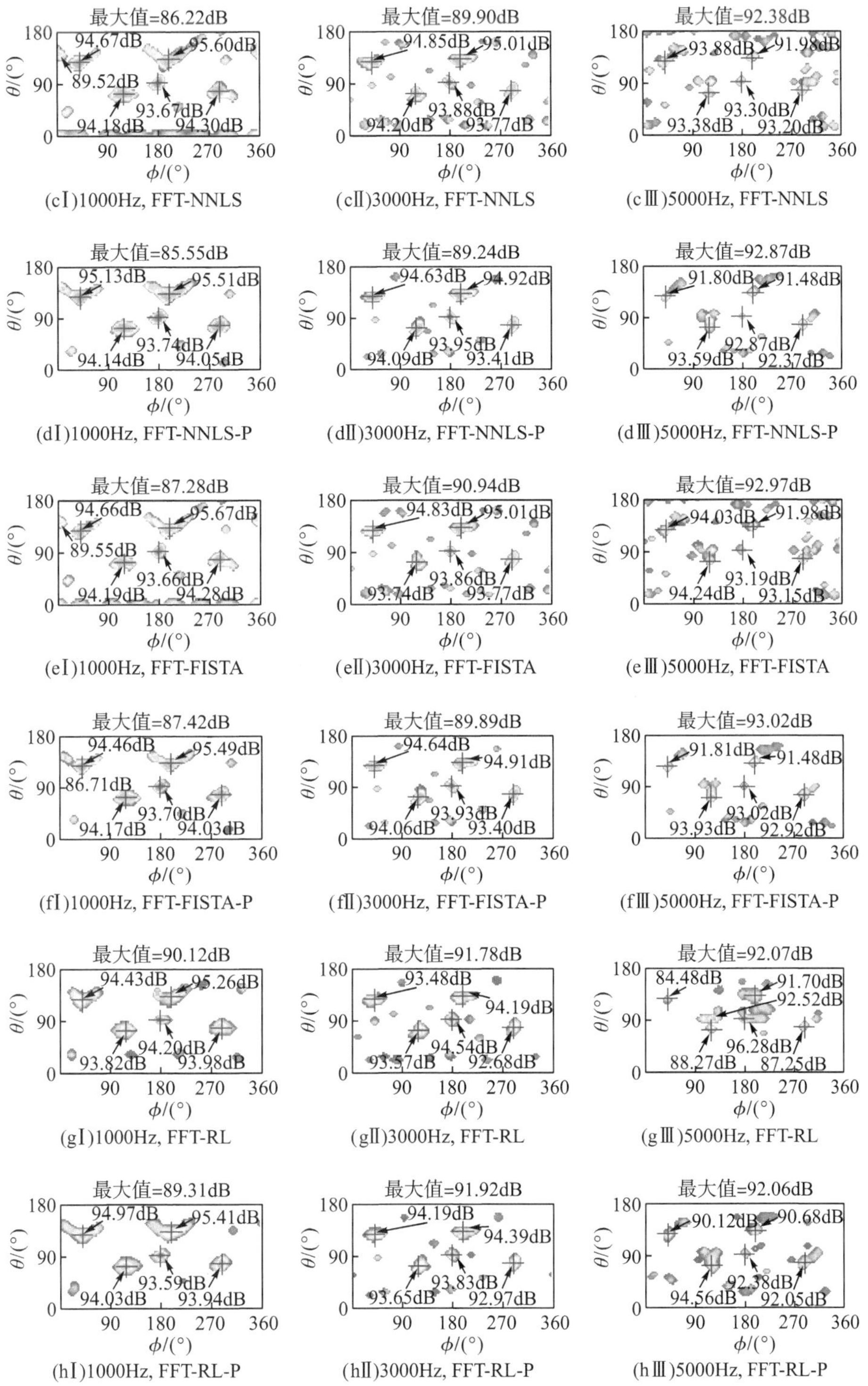

图 3.12　第三类反卷积的声源成像图

3.4 第四类反卷积波束形成

3.4.1 基本理论

与前三类反卷积不同，以 CLEAN-SC 和改进 CLEAN-SC 为代表的第四类反卷积无须计算 PSF，只需计算 SHB 在不同位置输出间的相干系数和各声源在传声器处产生声压信号的互谱矩阵。

1. CLEAN-SC

为球面传声器阵列测量实现 CLEAN-SC 需要推导 SHB 在各聚焦点的输出与最大输出间的相干系数和源成分向量。根据式(3.40)，$\gamma+1$ 次迭代中，$(r_{\mathrm{F}},\Omega_{\mathrm{F}})$ 聚焦点的输出 $b^{(\gamma)}(kr_{\mathrm{F}},\Omega_{\mathrm{F}})$ 与最大输出 $b_{\max}^{(\gamma+1)}$ {所在位置记为$\left[r_{\max}^{(\gamma+1)},\Omega_{\max}^{(\gamma+1)}\right]$} 间的相干系数为

$$\gamma\left\{(kr_{\mathrm{F}},\Omega_{\mathrm{F}}),\left[kr_{\max}^{(\gamma+1)},\Omega_{\max}^{(\gamma+1)}\right]\right\}=$$
$$\frac{1}{b^{(\gamma)}(kr_{\mathrm{F}},\Omega_{\mathrm{F}})b_{\max}^{(\gamma+1)}}\left|\frac{16\pi^2\mathrm{e}^{-\mathrm{j}k\left[r_{\mathrm{F}}-r_{\max}^{(\gamma+1)}\right]}}{(N+1)^4k^2r_{\mathrm{F}}r_{\max}^{(\gamma+1)}}\boldsymbol{y}_{\mathrm{F}N}\boldsymbol{B}_{\mathrm{F}N}^{-1}\boldsymbol{Y}_{\mathrm{M}N}^{\mathrm{H}}\boldsymbol{\Gamma}\boldsymbol{C}^{(\gamma)}\boldsymbol{\Gamma}\boldsymbol{Y}_{\mathrm{M}N}\left\{\left[\boldsymbol{B}_{\max N}^{(\gamma+1)}\right]^{-1}\right\}^{\mathrm{H}}\left[\boldsymbol{y}_{\max N}^{(\gamma+1)}\right]^{\mathrm{H}}\right|^2 \tag{3.66}$$

最大输出 $b_{\max}^{(\gamma+1)}$ 标示的声源成分向量为

$$\boldsymbol{s}\left[kr_{\max}^{(\gamma+1)},\Omega_{\max}^{(\gamma+1)}\right]=\frac{4\pi\mathrm{e}^{\mathrm{j}kr_{\max}^{(\gamma+1)}}}{(N+1)^2kr_{\max}^{(\gamma+1)}b_{\max}^{(\gamma+1)}}\boldsymbol{C}^{(\gamma)}\boldsymbol{\Gamma}\boldsymbol{Y}_{\mathrm{M}N}\left\{\left[\boldsymbol{B}_{\max N}^{(\gamma+1)}\right]^{-1}\right\}^{\mathrm{H}}\left[\boldsymbol{y}_{\max N}^{(\gamma+1)}\right]^{\mathrm{H}} \tag{3.67}$$

式中，$\boldsymbol{B}_{\max N}^{(\gamma+1)}\in\mathbb{C}^{(N+1)^2\times(N+1)^2}$ 具有与 $\boldsymbol{B}_{\mathrm{F}N}$ 类同的表达式，只需将 $\boldsymbol{B}_{\mathrm{F}N}$ 对角线元素的自变量 r_{F} 替换为 $r_{\max}^{(\gamma+1)}$ 即可；$\boldsymbol{y}_{\max N}^{(\gamma+1)}\in\mathbb{C}^{1\times(N+1)^2}$ 具有与 $\boldsymbol{y}_{\mathrm{F}N}$ 类同的表达式，只需将 $\boldsymbol{y}_{\mathrm{F}N}$ 元素的自变量 Ω_{F} 替换为 $\Omega_{\max}^{(\gamma+1)}$ 即可。用式(3.66)和式(3.67)替代式(2.49)和式(2.52)，其他初始化条件和迭代过程保持不变，即为球面传声器阵列的 CLEAN-SC。

2. 改进 CLEAN-SC

为球面传声器阵列测量实现改进 CLEAN-SC 需要重新定义更新声源标示点时所用的成本函数和推导标示声源在传声器处产生声压信号的互谱矩阵。$\gamma+1$ 次迭代中，依据：

$$\left[r_{\mathrm{ma}i}^{(\gamma+1)},\Omega_{\mathrm{ma}i}^{(\gamma+1)}\right]=\left\{r_{\mathrm{ma}}^{(\gamma+1)}\left[r_{\mathrm{S}i}^{(\gamma)}\right],\Omega_{\mathrm{ma}}^{(\gamma+1)}\left[\Omega_{\mathrm{S}i}^{(\gamma)}\right]\right\}=\underset{(r_{\mathrm{F}},\Omega_{\mathrm{F}})\in\mathbb{F}}{\arg\min}F\left\{\left[kr_{\mathrm{S}i}^{(\gamma)},\Omega_{\mathrm{S}i}^{(\gamma)}\right],(kr_{\mathrm{F}},\Omega_{\mathrm{F}})\right\} \tag{3.68}$$

为第 γ 次迭代确定的 i 号声源更新标示点，其中，$\left[r_{\mathrm{S}i}^{(\gamma)},\Omega_{\mathrm{S}i}^{(\gamma)}\right]$ 表示第 γ 次迭代确定的 i 号声源的位置；$\left[r_{\mathrm{ma}i}^{(\gamma+1)},\Omega_{\mathrm{ma}i}^{(\gamma+1)}\right]=\left\{r_{\mathrm{ma}}^{(\gamma+1)}\left[r_{\mathrm{S}i}^{(\gamma)}\right],\Omega_{\mathrm{ma}}^{(\gamma+1)}\left[\Omega_{\mathrm{S}i}^{(\gamma)}\right]\right\}$ 表示第 $\gamma+1$ 次迭代中为第 γ 次迭代确定的 i 号声源更新的标示点位置；$F\left\{\left[kr_{\mathrm{S}i}^{(\gamma)},\Omega_{\mathrm{S}i}^{(\gamma)}\right],(kr_{\mathrm{F}},\Omega_{\mathrm{F}})\right\}$ 表示成本函数。$F\left\{\left[kr_{\mathrm{S}i}^{(\gamma)},\Omega_{\mathrm{S}i}^{(\gamma)}\right],(kr_{\mathrm{F}},\Omega_{\mathrm{F}})\right\}$ 的表达式为

$$F\left\{\left[kr_{\mathrm{S}i}^{(\gamma)},\boldsymbol{\Omega}_{\mathrm{S}i}^{(\gamma)}\right],\left(kr_{\mathrm{F}},\boldsymbol{\Omega}_{\mathrm{F}}\right)\right\}=$$
$$\begin{cases}\dfrac{\left\|\sum\limits_{i'=1,i'\neq i}^{I}\boldsymbol{y}_{\mathrm{S}i'N_0}^{(\gamma)}\left[\boldsymbol{B}_{\mathrm{S}i'N_0}^{(\gamma)}\right]^{\mathrm{H}}\boldsymbol{Y}_{\mathrm{M}N_0}^{\mathrm{H}}\boldsymbol{\Gamma}\boldsymbol{Y}_{\mathrm{M}N}\left(\boldsymbol{B}_{\mathrm{F}N}^{-1}\right)^{\mathrm{H}}\boldsymbol{y}_{\mathrm{F}N}^{\mathrm{H}}\boldsymbol{Y}_{\mathrm{M}N_0}\boldsymbol{B}_{\mathrm{S}i'N_0}^{(\gamma)}\left[\boldsymbol{y}_{\mathrm{S}i'N_0}^{(\gamma)}\right]^{\mathrm{H}}\right\|_2^2}{\left|\boldsymbol{y}_{\mathrm{S}iN_0}^{(\gamma)}\left[\boldsymbol{B}_{\mathrm{S}iN_0}^{(\gamma)}\right]^{\mathrm{H}}\boldsymbol{Y}_{\mathrm{M}N_0}^{\mathrm{H}}\boldsymbol{\Gamma}\boldsymbol{Y}_{\mathrm{M}N}\left(\boldsymbol{B}_{\mathrm{F}N}^{-1}\right)^{\mathrm{H}}\boldsymbol{y}_{\mathrm{F}N}^{\mathrm{H}}\right|^2\left\|\boldsymbol{Y}_{\mathrm{M}N_0}\boldsymbol{B}_{\mathrm{S}iN_0}^{(\gamma)}\left[\boldsymbol{y}_{\mathrm{S}iN_0}^{(\gamma)}\right]^{\mathrm{H}}\right\|_2^2}, & \dfrac{\left[r_{\mathrm{S}i}^{(\gamma)}\right]^2\left|\boldsymbol{y}_{\mathrm{S}iN_0}^{(\gamma)}\left[\boldsymbol{B}_{\mathrm{S}iN_0}^{(\gamma)}\right]^{\mathrm{H}}\boldsymbol{Y}_{\mathrm{M}N_0}^{\mathrm{H}}\boldsymbol{\Gamma}\boldsymbol{Y}_{\mathrm{M}N}\left(\boldsymbol{B}_{\mathrm{F}N}^{-1}\right)^{\mathrm{H}}\boldsymbol{y}_{\mathrm{F}N}^{\mathrm{H}}\right|^2}{r_{\mathrm{F}}^2\left|\boldsymbol{y}_{\mathrm{S}iN_0}^{(\gamma)}\left[\boldsymbol{B}_{\mathrm{S}iN_0}^{(\gamma)}\right]^{\mathrm{H}}\boldsymbol{Y}_{\mathrm{M}N_0}^{\mathrm{H}}\boldsymbol{\Gamma}\boldsymbol{Y}_{\mathrm{M}N}\left\{\left[\boldsymbol{B}_{\mathrm{S}iN}^{(\gamma)}\right]^{-1}\right\}^{\mathrm{H}}\left[\boldsymbol{y}_{\mathrm{S}iN}^{(\gamma)}\right]^{\mathrm{H}}\right|^2}\geqslant 0.25 \\ +\infty, & \dfrac{\left[r_{\mathrm{S}i}^{(\gamma)}\right]^2\left|\boldsymbol{y}_{\mathrm{S}iN_0}^{(\gamma)}\left[\boldsymbol{B}_{\mathrm{S}iN_0}^{(\gamma)}\right]^{\mathrm{H}}\boldsymbol{Y}_{\mathrm{M}N_0}^{\mathrm{H}}\boldsymbol{\Gamma}\boldsymbol{Y}_{\mathrm{M}N}\left(\boldsymbol{B}_{\mathrm{F}N}^{-1}\right)^{\mathrm{H}}\boldsymbol{y}_{\mathrm{F}N}^{\mathrm{H}}\right|^2}{r_{\mathrm{F}}^2\left|\boldsymbol{y}_{\mathrm{S}iN_0}^{(\gamma)}\left[\boldsymbol{B}_{\mathrm{S}iN_0}^{(\gamma)}\right]^{\mathrm{H}}\boldsymbol{Y}_{\mathrm{M}N_0}^{\mathrm{H}}\boldsymbol{\Gamma}\boldsymbol{Y}_{\mathrm{M}N}\left\{\left[\boldsymbol{B}_{\mathrm{S}iN}^{(\gamma)}\right]^{-1}\right\}^{\mathrm{H}}\left[\boldsymbol{y}_{\mathrm{S}iN}^{(\gamma)}\right]^{\mathrm{H}}\right|^2}< 0.25\end{cases}\tag{3.69}$$

式中，i' 为声源索引，$\boldsymbol{B}_{\mathrm{S}iN_0}^{(\gamma)}\in\mathbb{C}^{(N_0+1)^2\times(N_0+1)^2}$ $\left[\boldsymbol{B}_{\mathrm{S}i'N_0}^{(\gamma)}\in\mathbb{C}^{(N_0+1)^2\times(N_0+1)^2}\right]$具有与$\boldsymbol{B}_{\mathrm{S}N_0}$类同的表达式，只需将$\boldsymbol{B}_{\mathrm{S}N_0}$对角线元素的自变量$r_{\mathrm{S}}$替换为$r_{\mathrm{S}i}^{(\gamma)}$ $\left[r_{\mathrm{S}i'}^{(\gamma)}\right]$即可，$\boldsymbol{y}_{\mathrm{S}iN_0}^{(\gamma)}\in\mathbb{C}^{1\times(N_0+1)^2}$ $\left[\boldsymbol{y}_{\mathrm{S}i'N_0}^{(\gamma)}\in\mathbb{C}^{1\times(N_0+1)^2}\right]$具有与$\boldsymbol{y}_{\mathrm{S}N_0}$类同的表达式，只需将$\boldsymbol{y}_{\mathrm{S}N_0}$元素的自变量$\boldsymbol{\Omega}_{\mathrm{S}}$替换为$\boldsymbol{\Omega}_{\mathrm{S}i}^{(\gamma)}$ $\left[\boldsymbol{\Omega}_{\mathrm{S}i'}^{(\gamma)}\right]$即可，$\boldsymbol{B}_{\mathrm{S}iN}^{(\gamma)}\in\mathbb{C}^{(N+1)^2\times(N+1)^2}$具有与$\boldsymbol{B}_{\mathrm{S}iN_0}^{(\gamma)}$类同的表达式，只需将$\boldsymbol{B}_{\mathrm{S}iN_0}^{(\gamma)}$对角线元素的最大阶$N_0$替换为$N$即可，$\boldsymbol{y}_{\mathrm{S}iN}^{(\gamma)}\in\mathbb{C}^{1\times(N+1)^2}$具有与$\boldsymbol{y}_{\mathrm{S}iN_0}^{(\gamma)}$类同的表达式，只需将$\boldsymbol{y}_{\mathrm{S}iN_0}^{(\gamma)}$元素的最大阶$N_0$替换为$N$即可。约束条件中的表达式可理解为$\left[r_{\mathrm{S}i}^{(\gamma)},\boldsymbol{\Omega}_{\mathrm{S}i}^{(\gamma)}\right]$位置处单位强度的声源在$\left(r_{\mathrm{F}},\boldsymbol{\Omega}_{\mathrm{F}}\right)$聚焦点处引起的SHB输出与该声源在自身位置处引起SHB输出的比值。$F\left\{\left[kr_{\mathrm{S}i}^{(\gamma)},\boldsymbol{\Omega}_{\mathrm{S}i}^{(\gamma)}\right],\left(kr_{\mathrm{F}},\boldsymbol{\Omega}_{\mathrm{F}}\right)\right\}$的第一个表达式可理解为$I$个单位强度声源中，除$i$号声源外的其他声源在$\left(r_{\mathrm{F}},\boldsymbol{\Omega}_{\mathrm{F}}\right)$聚焦点处的波束形成贡献与$i$号声源在$\left(r_{\mathrm{F}},\boldsymbol{\Omega}_{\mathrm{F}}\right)$聚焦点处的波束形成贡献的比值。获得$\left[r_{\mathrm{ma}i}^{(\gamma+1)},\boldsymbol{\Omega}_{\mathrm{ma}i}^{\gamma+1}\right]$后，其标示的$i$号声源在各传声器处产生声信号的互谱矩阵为

$$\boldsymbol{G}_i^{(\gamma+1)}=b\left[kr_{\mathrm{ma}i}^{(\gamma+1)},\boldsymbol{\Omega}_{\mathrm{ma}i}^{(\gamma+1)}\right]\boldsymbol{s}\left[kr_{\mathrm{ma}i}^{(\gamma+1)},\boldsymbol{\Omega}_{\mathrm{ma}i}^{(\gamma+1)}\right]\boldsymbol{s}^{\mathrm{H}}\left[kr_{\mathrm{ma}i}^{(\gamma+1)},\boldsymbol{\Omega}_{\mathrm{ma}i}^{(\gamma+1)}\right]\tag{3.70}$$

$$\begin{aligned}&b\left[kr_{\mathrm{ma}i}^{(\gamma+1)},\boldsymbol{\Omega}_{\mathrm{ma}i}^{(\gamma+1)}\right]\\&=\frac{16\pi^2}{(N+1)^4k^2\left[r_{\mathrm{ma}i}^{(\gamma+1)}\right]^2}\boldsymbol{y}_{\mathrm{ma}iN}^{(\gamma+1)}\left[\boldsymbol{B}_{\mathrm{ma}iN}^{(\gamma+1)}\right]^{-1}\boldsymbol{Y}_{\mathrm{M}N}^{\mathrm{H}}\boldsymbol{\Gamma}\left[\boldsymbol{C}-\sum_{i'=1}^{i-1}\boldsymbol{G}_{i'}^{(\gamma+1)}\right]\boldsymbol{\Gamma}\boldsymbol{Y}_{\mathrm{M}N}\left\{\left[\boldsymbol{B}_{\mathrm{ma}iN}^{(\gamma+1)}\right]^{-1}\right\}^{\mathrm{H}}\\&\quad\left[\boldsymbol{y}_{\mathrm{ma}iN}^{(\gamma+1)}\right]^{\mathrm{H}}\end{aligned}\tag{3.71}$$

$$\begin{aligned}&\boldsymbol{s}\left[kr_{\mathrm{ma}i}^{(\gamma+1)},\Omega_{\mathrm{ma}i}^{(\gamma+1)}\right]\\&=\frac{4\pi\mathrm{e}^{\mathrm{j}kr_{\mathrm{ma}i}^{(\gamma+1)}}}{(N+1)^2kr_{\mathrm{ma}i}^{(\gamma+1)}b\left[kr_{\mathrm{ma}i}^{(\gamma+1)},\boldsymbol{\Omega}_{\mathrm{ma}i}^{(\gamma+1)}\right]}\left[\boldsymbol{C}-\sum_{i'=1}^{i-1}\boldsymbol{G}_{i'}^{(\gamma+1)}\right]\boldsymbol{\Gamma}\boldsymbol{Y}_{\mathrm{M}N}\left\{\left[\boldsymbol{B}_{\mathrm{ma}iN}^{(\gamma+1)}\right]^{-1}\right\}^{\mathrm{H}}\left[\boldsymbol{y}_{\mathrm{ma}iN}^{(\gamma+1)}\right]^{\mathrm{H}}\end{aligned}\tag{3.72}$$

式中，$b\left[kr_{\mathrm{ma}i}^{(\gamma+1)},\boldsymbol{\Omega}_{\mathrm{ma}i}^{(\gamma+1)}\right]$和$\boldsymbol{s}\left[kr_{\mathrm{ma}i}^{(\gamma+1)},\boldsymbol{\Omega}_{\mathrm{ma}i}^{(\gamma+1)}\right]$分别为标示声源的成分系数和成分向量，

$\boldsymbol{B}_{\mathrm{ma}iN}^{(\gamma+1)} \in \mathbb{C}^{(N+1)^2\times(N+1)^2}$ 具有与 $\boldsymbol{B}_{\mathrm{F}N}$ 类同的表达式，只需将 $\boldsymbol{B}_{\mathrm{F}N}$ 对角线元素的自变量 r_{F} 替换为 $r_{\mathrm{ma}i}^{(\gamma+1)}$ 即可，$\boldsymbol{y}_{\mathrm{ma}iN}^{(\gamma+1)} \in \mathbb{C}^{1\times(N+1)^2}$ 具有与 $\boldsymbol{y}_{\mathrm{F}N}$ 类同的表达式，只需将 $\boldsymbol{y}_{\mathrm{F}N}$ 元素的自变量 $\boldsymbol{\Omega}_{\mathrm{F}}$ 替换为 $\boldsymbol{\Omega}_{\mathrm{ma}i}^{(\gamma+1)}$ 即可。用式(3.68)～式(3.72)替代式(2.68)～式(2.72)，其他初始化条件和迭代过程保持不变，即为球面传声器阵列的改进 CLEAN-SC。

3.4.2 数值模拟

将第四类反卷积算法应用于 3.2.2 节第 1 小节和 3.1.2 节中的算例。CLEAN-SC 中迭代结束条件和循环因子的设置与第二类反卷积算法 CLEAN 中一致，改进 CLEAN-SC 在 CLEAN-SC 的基础上额外执行 5 次迭代，CLEAN-SC 和改进 CLEAN-SC 中波束宽度的设置亦与 CLEAN 中一致。在 3.2.2 节第 1 小节的算例中，各声源到阵列中心的距离等于聚焦距离，图 3.13 为相应声源成像图；在 3.1.2 节的算例中，仅一个声源到阵列中心的距离等于聚焦距离，图 3.14 为相应声源成像图。对比图 3.13 第Ⅰ列和图 3.5(a)、图 3.13 第Ⅱ列和图 3.4(a)、图 3.13 第Ⅲ列和图 3.6(a)及图 3.14 和图 3.3 可见：相比 SHB，第四类反卷积算法能显著缩减主瓣宽度并衰减旁瓣，具有优秀的清晰化效果。对比图 3.13 第Ⅰ列和图 3.5 第Ⅲ列、图 3.13 第Ⅱ列和图 3.4 第Ⅲ列、图 3.13 第Ⅲ列和图 3.6 第Ⅲ列及图 3.14 和图 3.9 可见：第四类反卷积算法的清晰化效果不亚于第一类和第二类反卷积算法。对比图 3.14 和图 3.12 可见：第四类反卷积算法的清晰化效果优于第三类反卷积算法。1000Hz 频率下，如图 3.13(aⅠ)所示，CLEAN-SC 对(1.0m,0°,任意方位角)位置处的声源定向略有偏差，如图 3.14(aⅠ)所示，CLEAN-SC 对(1.5m,90°,180°)和(2.0m,130°,200°)位置处的声源定向偏差较大，这归因于 CLEAN-SC 对小分离声源的弱空间分辨能力，如图 3.5(a)所示，SHB 为(1.0m,0°,任意方位角)和(1.0m,50°,240°)位置处声源输出的主瓣彼此融合较多，如图 3.3(a)所示，SHB 为(1.5m,90°,180°)和(2.0m,130°,200°)位置处声源输出的主瓣彼此融合严重，这两对声源属于小分离声源；如图 3.13(bⅠ)和图 3.14(bⅠ)所示，改进 CLEAN-SC 准确定向每个声源，具有更强的小分离声源空间分辨能力。3000Hz 和 5000Hz 频率下，CLEAN-SC 和改进 CLEAN-SC 均准确定向每个声源。各图中标注的声压贡献计算值为各算法输出的主瓣峰值，CLEAN-SC 和改进 CLEAN-SC 在准确定向声源的同时能较准确定量声源。值得注意的是，图 3.13(aⅠ)～图 3.13(aⅢ)和图 3.13(bⅡ)、图 3.13(bⅢ)及图 3.14(aⅢ)和图 3.14(bⅢ)中，均有一个声源的声压贡献被略偏低地量化[计算值低于真实值(93.98dB)且多于 1.2dB]，这可能是由于传声器数目较少等因素使各声源引发的 SHB 输出不完全独立，一些声源引发的部分 SHB 输出被当作与其他声源引发的 SHB 输出相干的成分被移除。

综上所述，不论聚焦距离是否等于声源到阵列中心的距离，第四类反卷积算法均能显著缩减主瓣宽度并衰减旁瓣、准确定向声源并准确定量大部分声源(对少数声源声压贡献的量化略偏低)；相比 CLEAN-SC，改进 CLEAN-SC 能增强对小分离声源的空间分辨能力。

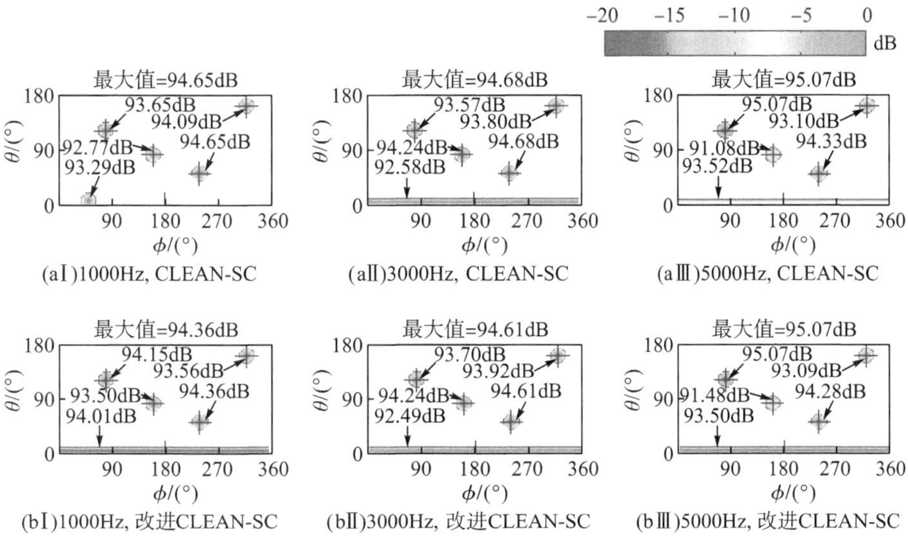

图 3.13　第四类反卷积的声源成像图(3.2.2 节第 1 小节中的算例)

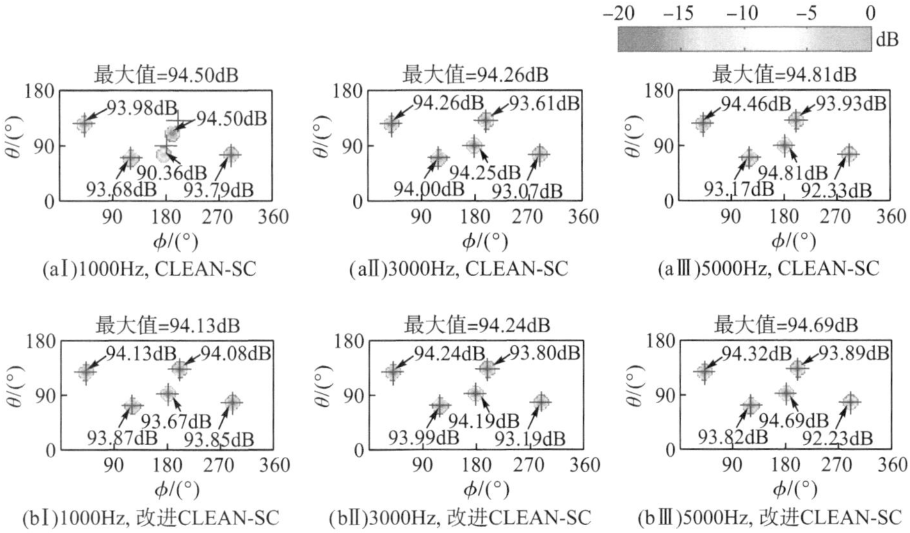

图 3.14　第四类反卷积的声源成像图(3.1.2 节中的算例)

3.5　基于试验的综合性能验证与对比分析

本节基于半消声室内的扬声器声源识别试验验证 3.1～3.4 节中数值模拟结论的正确性，检验提出的球面传声器阵列反卷积波束形成在识别实际声源时的有效性并对各算法进行综合性能对比分析。图 3.15(a)为试验布局，直径约 5cm 的 5 个扬声器声源围绕球阵列布置，各扬声器到阵列中心的距离互不相等，采用阵列为 Brüel & Kjær 公司、半径 0.0975m、包含 36 个 4958 型传声器和 12 个 uEye UI-122xLE 型摄像头的刚性球阵列。图 3.15(b)为由 12 个摄像头拍摄照片组合而成的三维空间展开图，与 θ 和 ϕ 的对应关系被标出。两幅图中均用圆圈标记扬声器位置并对应编号。各传声器测量的声压信号经 PULSE 3660C 型数据采集系统同步采集并传输到 BKCONNECT 中进行频谱分析，得互谱。使用信号段总时长为 4s，采样频率为 16384Hz，信号添加汉宁窗，每个快拍时长为 0.25s、对应的频率分辨率为 4Hz，采用 66.7%的重叠率，共 46 个数据快拍被获得。基于各算法后处理阵列传声器测量声压信号的互谱矩阵，相关参数(如聚焦声源面离散间隔、迭代结束条件、CLEAN 和 CLEAN-SC 算法中的循环因子和波束宽度等)的设定与数值模拟中一致。

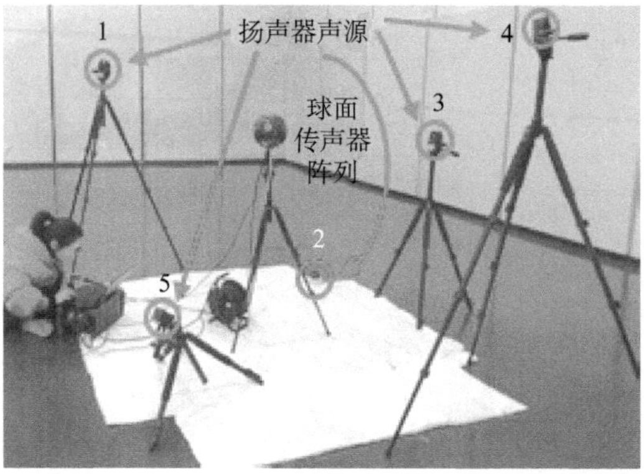

(a)试验布局

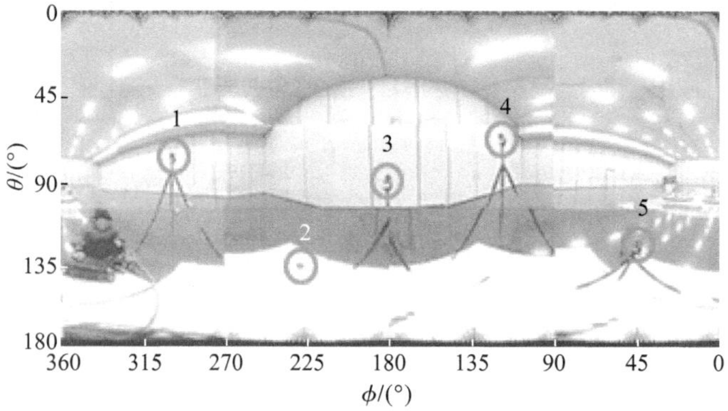

(b)三维空间展开图

图 3.15 半消声室内的试验布局和三维空间展开图

试验分为两种工况。第一种工况为 $\boldsymbol{b} \approx \boldsymbol{b}_{I1} + \boldsymbol{b}_N$，即 $\boldsymbol{b}=\boldsymbol{b}_{I1} + \boldsymbol{b}_{I2} + \boldsymbol{b}_C + \boldsymbol{b}_N$ 中的 $\boldsymbol{b}_{I2}$ 和 $\boldsymbol{b}_C$ 均约等于 $\boldsymbol{0}$；第二种工况为 $\boldsymbol{b} \approx \boldsymbol{b}_{I1} + \boldsymbol{b}_C + \boldsymbol{b}_N$，即 $\boldsymbol{b}=\boldsymbol{b}_{I1} + \boldsymbol{b}_{I2} + \boldsymbol{b}_C + \boldsymbol{b}_N$ 中仅 $\boldsymbol{b}_{I2}$ 约等于 $\boldsymbol{0}$。两种工况中，$\boldsymbol{b}_{I2}$ 约等于 $\boldsymbol{0}$ 是因为 N_0 取值恰当，$\boldsymbol{b}_N$ 不等于 $\boldsymbol{0}$ 主要是因为背景噪声、地面反射和传声器及测试通道频响特性幅相误差。第一种工况中，$\boldsymbol{b}_C$ 约等于 $\boldsymbol{0}$ 是因为 5 个扬声器均由稳态白噪声信号激励(互不相干)且计算传声器测量声压信号的互谱矩阵时足够多(46 个)数据快拍被采用。第二种工况中，$\boldsymbol{b}_C$ 不等于 $\boldsymbol{0}$ 又分为两个诱因。第一个诱因是 5 个扬声器均由同一纯音信号激励(彼此相干)，此时，不论采用多少数据快拍来计算传声器测量声压信号的互谱矩阵，$\boldsymbol{b}_C$ 均不等于 $\boldsymbol{0}$；第二个诱因是 5 个扬声器均由稳态白噪声信号激励(互不相干)而计算传声器测量声压信号的互谱矩阵时仅少量数据快拍(5 个)被采用。第一种

工况主要用来验证数值模拟结论的正确性并对比各算法对噪声干扰的鲁棒性和计算效率；第二种工况主要用来对比各算法对相干声源和少量数据快拍的适用性。

3.5.1　$\boldsymbol{b} \approx \boldsymbol{b}_{I1} + \boldsymbol{b}_N$ 工况

图 3.16 给出了聚焦声源面为半径 1.0m 的球面时的声源成像图，各子图均围绕声源方向或在声源附近方向输出主瓣，声源可被定向。对比主瓣宽度和旁瓣水平可验证“相比 SHB，四类反卷积算法均能缩减主瓣宽度并衰减旁瓣，具有清晰化效果，第一类、第二类和第四类反卷积算法的清晰化效果优于采用周期边界条件的第三类反卷积算法，优于采用零边界条件的第三类反卷积算法”的数值模拟结论。图 3.17 给出了聚焦声源面为半径 1.5m 的球面时的声源成像图，对比图 3.17 和图 3.16 可知，二者差异很小，可验证“不论聚焦距离是否等于声源到阵列中心的距离，SHB 和各类反卷积均能有效识别声源”的数值模拟结论。20dB 显示动态范围内，如图 3.16(oⅠ)～图 3.16(pIII)和图 3.17(oⅠ)～图 3.17(pIII)所示，第四类反卷积算法未输出任何旁瓣，这与 $\boldsymbol{b}_N = \boldsymbol{0}$ 的数值模拟结果(图 3.13 和图 3.14)一致；如图 3.16(fⅠ)～图 3.16(fIII)和图 3.17(fⅠ)～图 3.17(fIII)所示，1000Hz 频率下，第二类反卷积算法未输出任何旁瓣，3000Hz 和 5000Hz 频率下，第二类反卷积算法仅在 3 号声源附近输出一处旁瓣，这与 $\boldsymbol{b}_N = \boldsymbol{0}$ 的数值模拟结果[图 3.9(eⅠ)～图 3.9(eIII)]相差很少；如图 3.16 和图 3.17 中其他子图所示，第一类和第三类反卷积算法输出较多旁瓣，比 $\boldsymbol{b}_N = \boldsymbol{0}$ 的数值模拟结果[图 3.9(aⅠ)～图 3.9(dIII)和图 3.12]多。该现象一定程度上可以说明第四类反卷积算法对噪声干扰的鲁棒性最强，第二类反卷积算法次之，第一类和第三类反卷积算法较弱，这与第 2 章中所得结论一致。1000Hz 频率下，2 号和 5 号声源的定向精度相对偏低，第一类和第三类反卷积算法输出的旁瓣水平也相对偏高，这是由于低频时地面反射干扰较严重的缘故。表 3.1 列出了获得图 3.16(bⅠ)～图 3.16(pIII)和图 3.17(bⅠ)～图3.17(pIII)各类反卷积算法的耗时，可以看出第一类反卷积算法远比其他算法耗时严重，计算单个频率需要数分钟，其中，DAMAS 和 NNLS 的耗时又多于 FISTA 和 RL；第二类反卷积算法的耗时很少，计算单个频率不足 1s；采用周期边界条件的第三类反卷积算法的耗时也很少，计算单个频率也不足 1s，其中，DAMAS2-P 最少，FFT-FISTA-P 和 FFT-RL-P 次之，FFT-NNLS-P 第三；相比周期边界条件，采用零边界条件的第三类反卷积算法耗时更多；第四类反卷积算法中，CLEAN-SC 的耗时极少，计算单个频率不足 0.1s，改进 CLEAN-SC 相比 CLEAN-SC 的耗时有所增加，计算单个频率需要数秒。

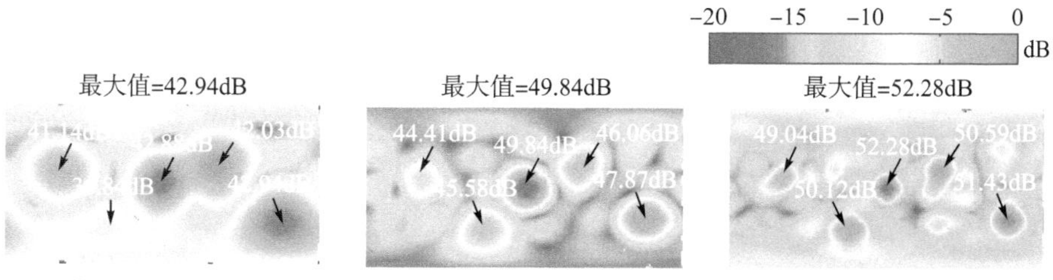

(aⅠ)1000Hz, SHB　　(aⅡ)3000Hz, SHB　　(aⅢ)5000Hz, SHB

最大值=39.98dB

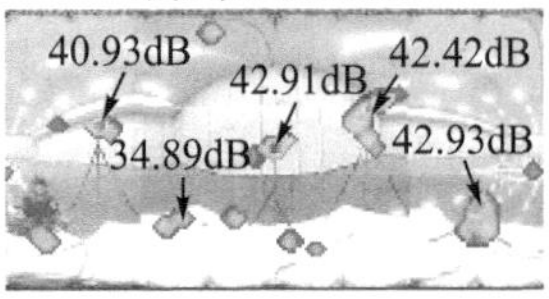

(bⅠ)1000Hz, DAMAS

最大值=46.23dB

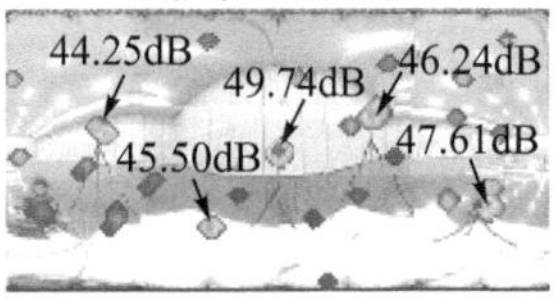

(bⅡ)3000Hz, DAMAS

最大值=50.07dB

(bⅢ)5000Hz, DAMAS

最大值=35.83dB

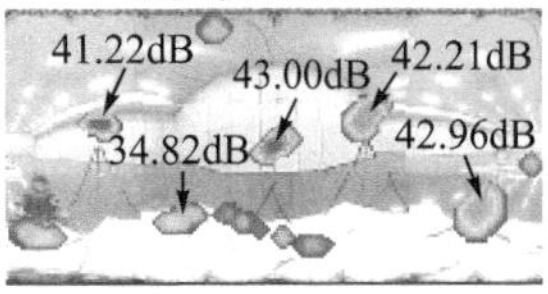

(cⅠ)1000Hz, NNLS

最大值=43.27dB

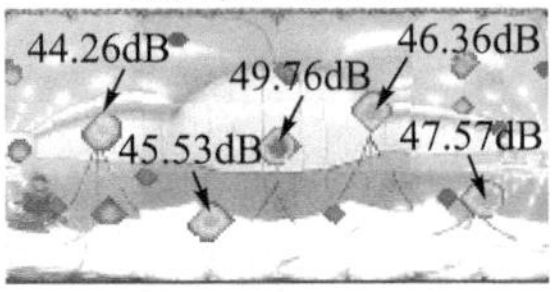

(cⅡ)3000Hz, NNLS

最大值=47.37dB

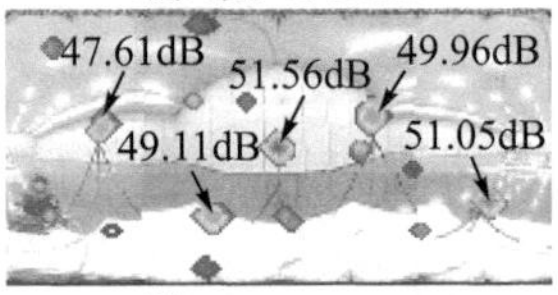

(cⅢ)5000Hz, NNLS

最大值=33.24dB

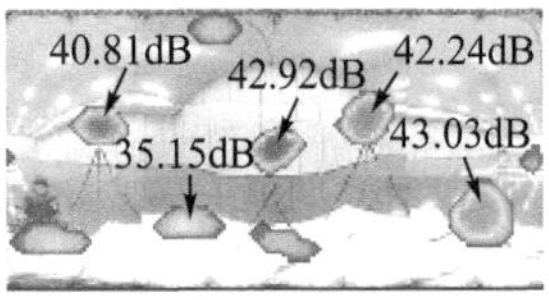

(dⅠ)1000Hz, FISTA

最大值=42.41dB

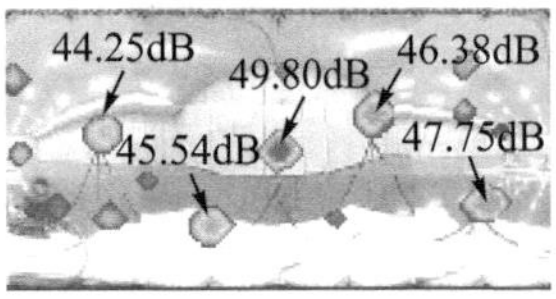

(dⅡ)3000Hz, FISTA

最大值=47.74dB

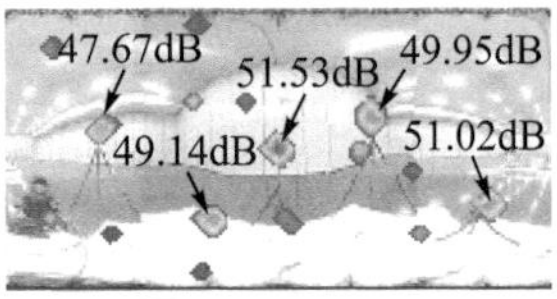

(dⅢ)5000Hz, FISTA

最大值=38.10dB

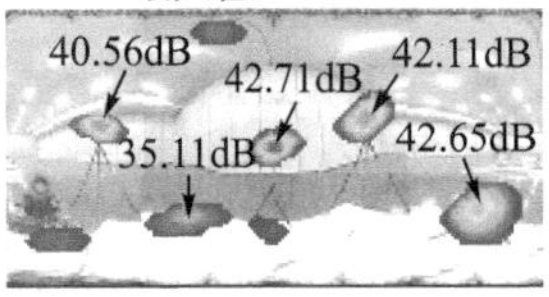

(eⅠ)1000Hz, RL

最大值=46.21dB

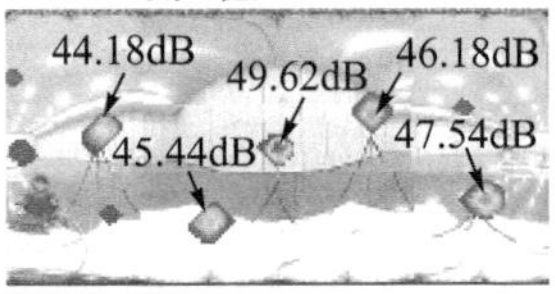

(eⅡ)3000Hz, RL

最大值=50.17dB

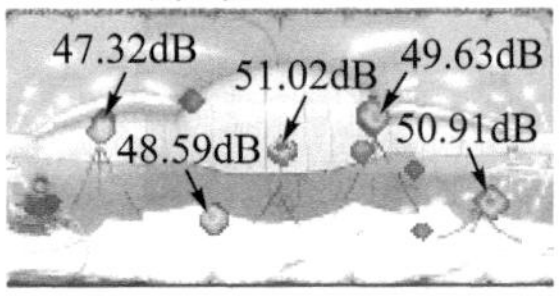

(eⅢ)5000Hz, RL

最大值=42.94dB

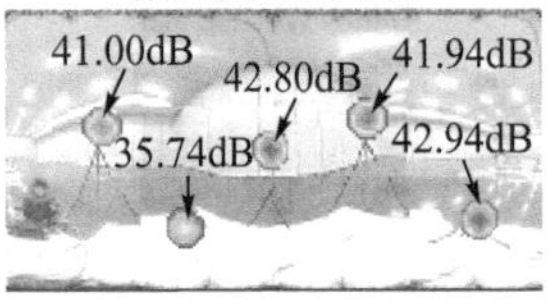

(fⅠ)1000Hz, CLEAN

最大值=49.84dB

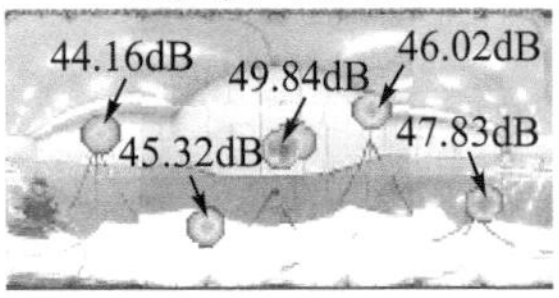

(fⅡ)3000Hz, CLEAN

最大值=52.75dB

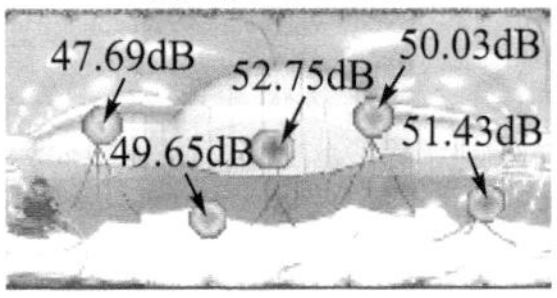

(fⅢ)5000Hz, CLEAN

最大值=32.82dB

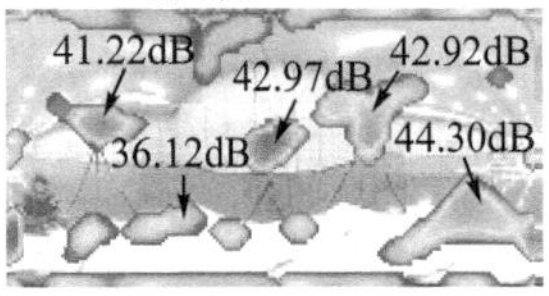

(gⅠ)1000Hz, DAMAS2

最大值=41.91dB

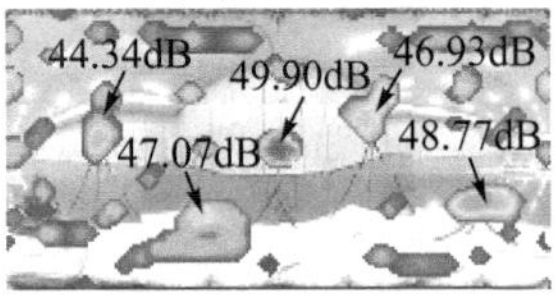

(gⅡ)3000Hz, DAMAS2

最大值=46.46dB

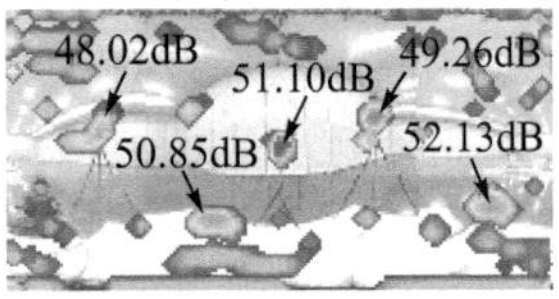

(gⅢ)5000Hz, DAMAS2

最大值=32.48dB

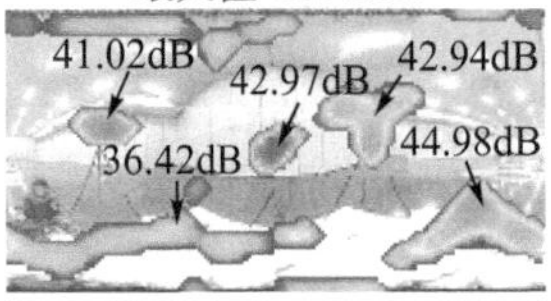

(hⅠ)1000Hz, DAMAS2-P

最大值=41.84dB

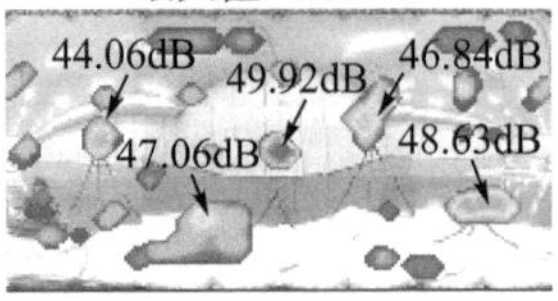

(hⅡ)3000Hz, DAMAS2-P

最大值=47.59dB

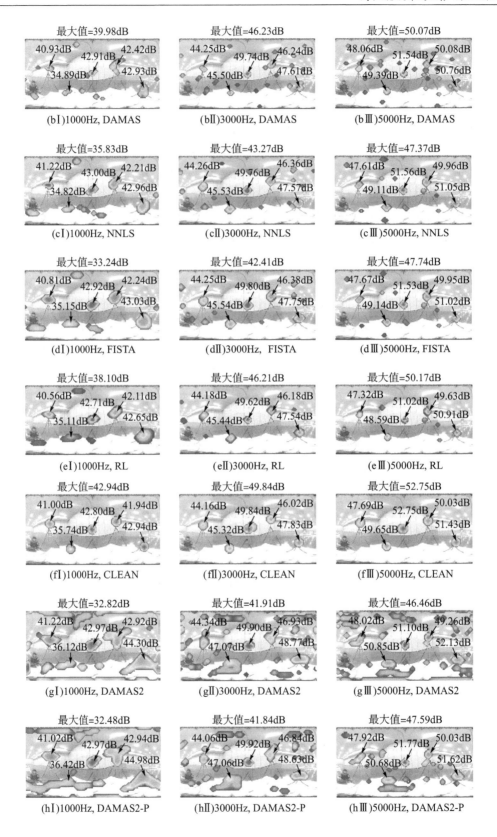

(hⅢ)5000Hz, DAMAS2-P

最大值=33.90dB

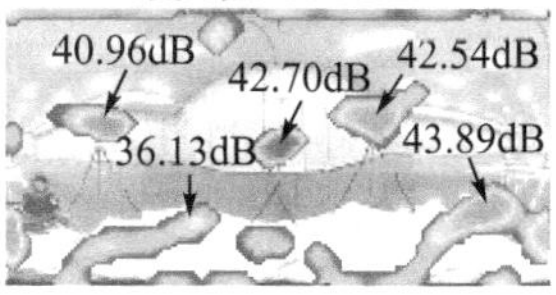

(iⅠ)1000Hz, FFT-NNLS

最大值=43.99dB

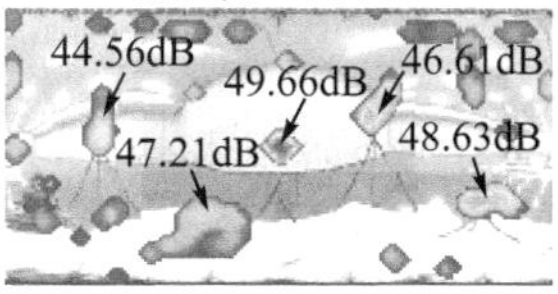

(iⅡ)3000Hz, FFT-NNLS

最大值=48.32dB

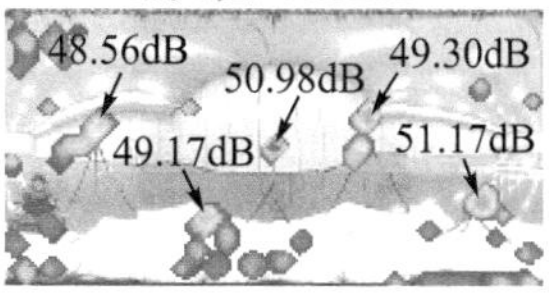

(iⅢ)5000Hz, FFT-NNLS

最大值=34.47dB

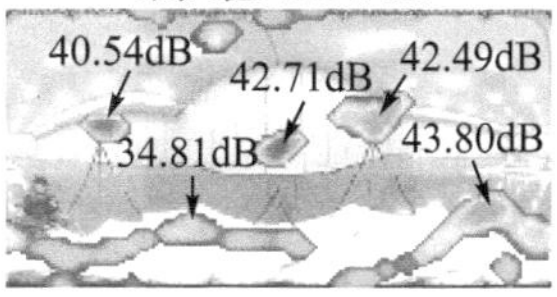

(jⅠ)1000Hz, FFT-NNLS-P

最大值=44.72dB

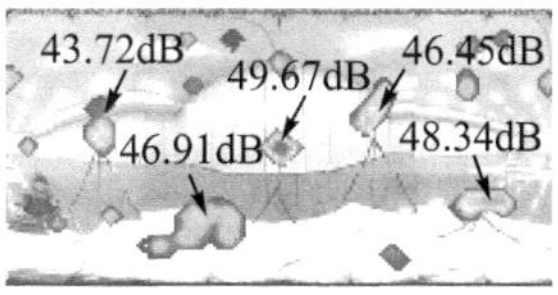

(jⅡ)3000Hz, FFT-NNLS-P

最大值=50.14dB

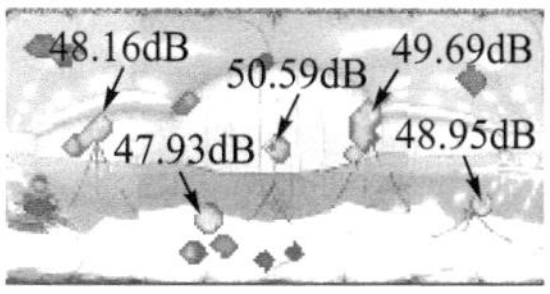

(jⅢ)5000Hz, FFT-NNLS-P

最大值=36.36dB

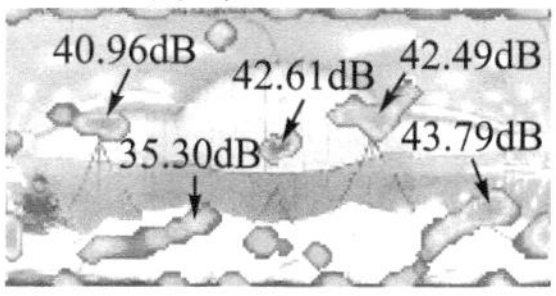

(kⅠ)1000Hz, FFT-FISTA

最大值=45.98dB

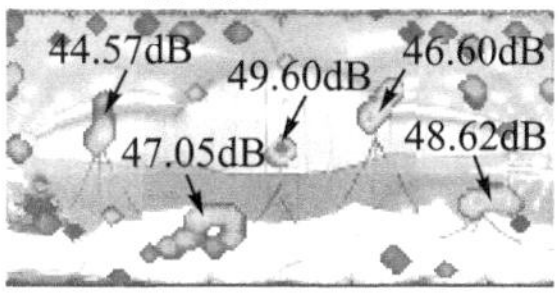

(kⅡ)3000Hz, FFT-FISTA

最大值=49.05dB

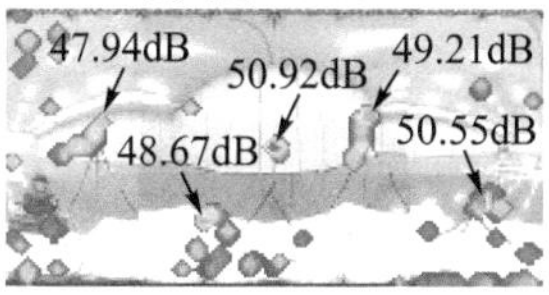

(kⅢ)5000Hz, FFT-FISTA

最大值=35.65dB

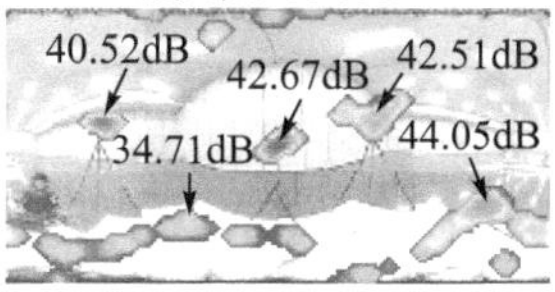

(lⅠ)1000Hz, FFT-FISTA-P

最大值=45.85dB

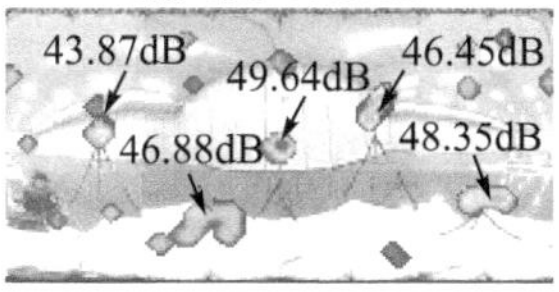

(lⅡ)3000Hz, FFT-FISTA-P

最大值=50.18dB

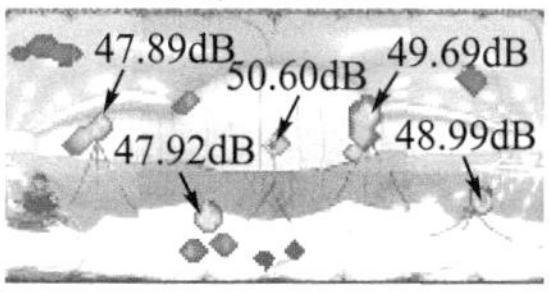

(lⅢ)5000Hz, FFT-FISTA-P

最大值=41.76dB

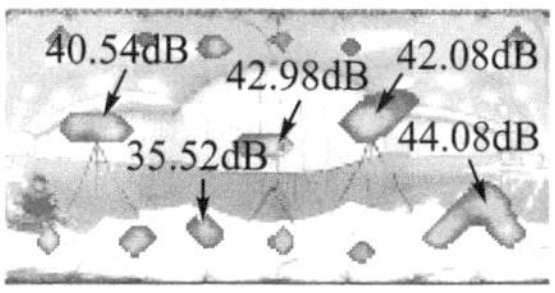

(mⅠ)1000Hz, FFT-RL

最大值=47.11dB

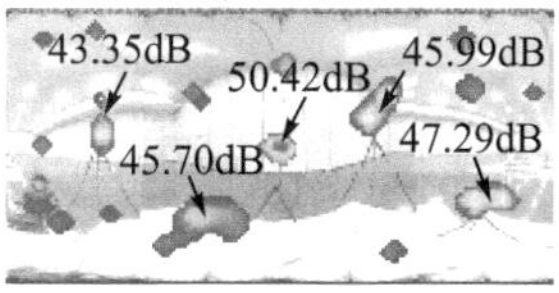

(mⅡ)3000Hz, FFT-RL

最大值=49.40dB

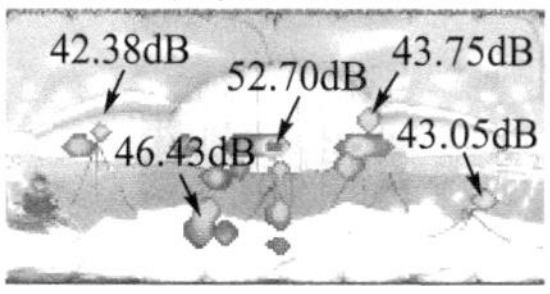

(mⅢ)5000Hz, FFT-RL

最大值=36.45dB

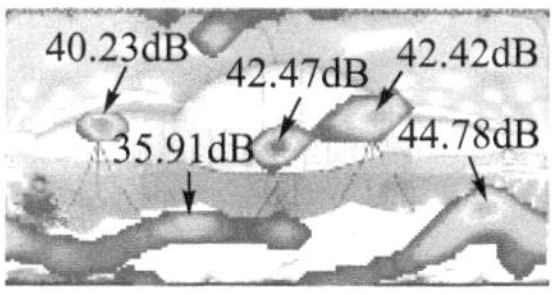

(nⅠ)1000Hz, FFT-RL-P

最大值=47.02dB

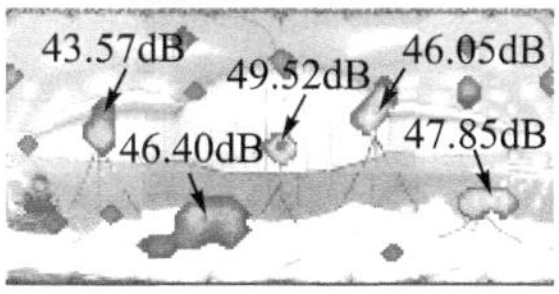

(nⅡ)3000Hz, FFT-RL-P

最大值=49.32dB

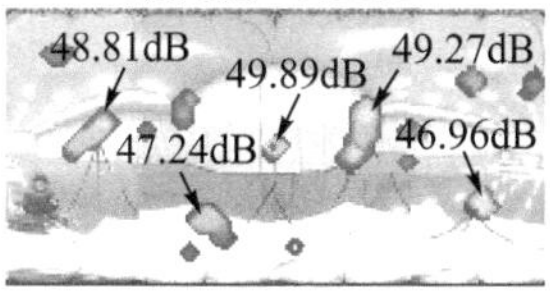

(nⅢ)5000Hz, FFT-RL-P

最大值=42.94dB

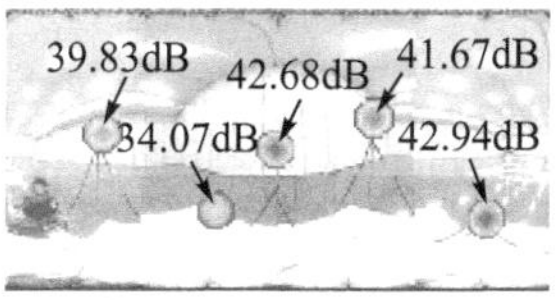

(oⅠ)1000Hz, CLEAN-SC

最大值=49.84dB

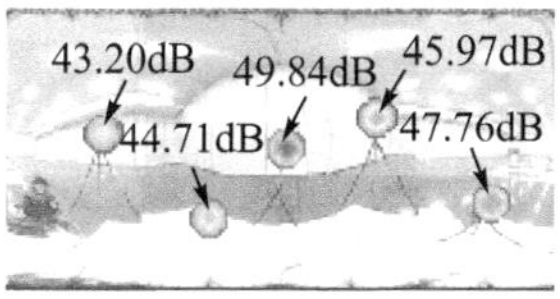

(oⅡ)3000Hz, CLEAN-SC

最大值=52.28dB

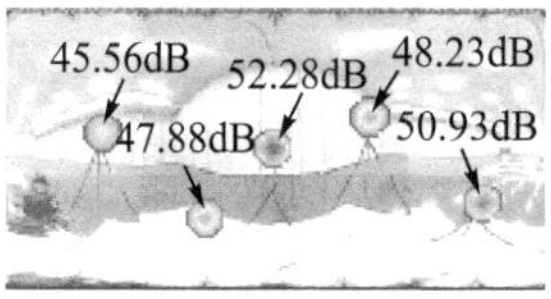

(oⅢ)5000Hz, CLEAN-SC

最大值=42.88dB

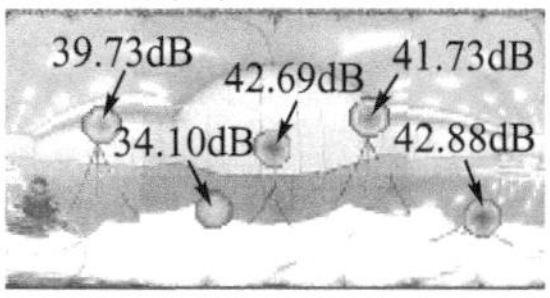

(pⅠ)1000Hz, 改进CLEAN-SC

最大值=49.83dB

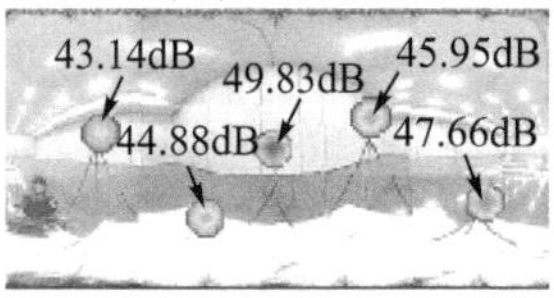

(pⅡ)3000Hz, 改进CLEAN-SC

最大值=52.27dB

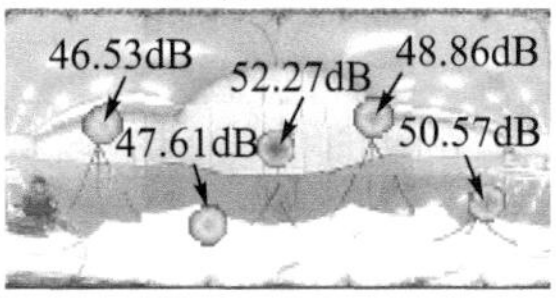

(pⅢ)5000Hz, 改进CLEAN-SC

图 3.16 $\boldsymbol{b} \approx \boldsymbol{b}_{I1} + \boldsymbol{b}_N$ 工况下聚焦声源面为半径 1.0m 的球面时的声源成像图

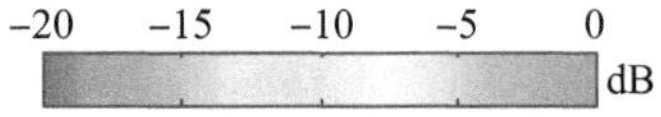

最大值=42.96dB

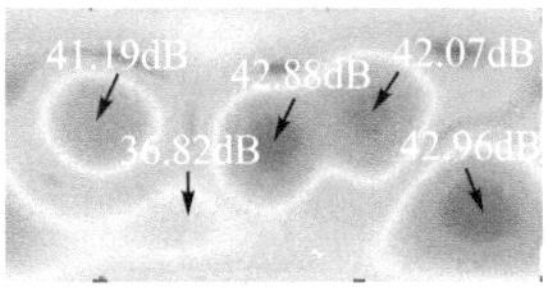

(aⅠ)1000Hz, SHB

最大值=49.84dB

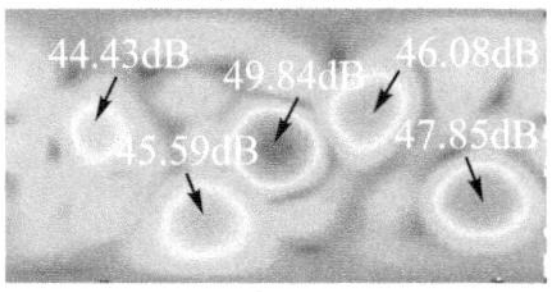

(aⅡ)3000Hz, SHB

最大值=52.25dB

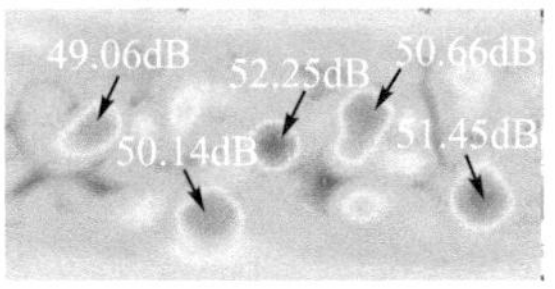

(aⅢ)5000Hz, SHB

最大值=39.78dB

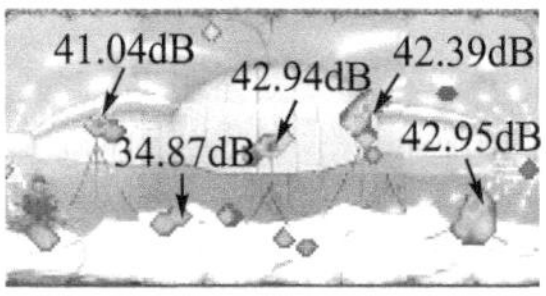

(bⅠ)1000Hz, DAMAS

最大值=46.36dB

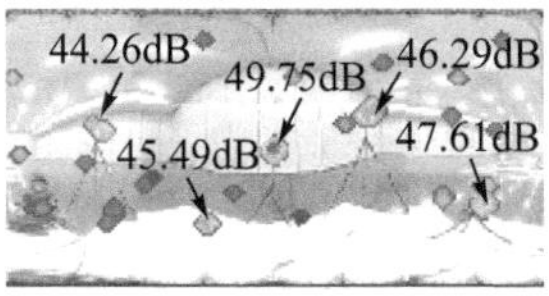

(bⅡ)3000Hz, DAMAS

最大值=50.04dB

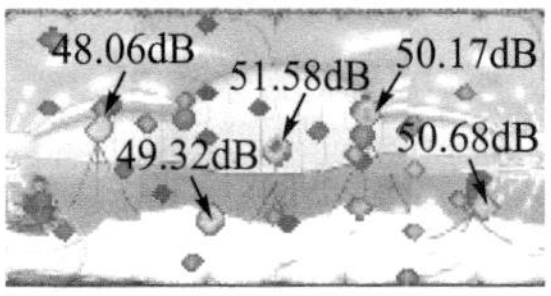

(bⅢ)5000Hz, DAMAS

最大值=34.48dB

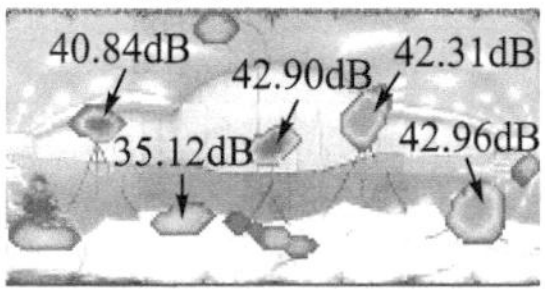

(cⅠ)1000Hz, NNLS

最大值=42.57dB

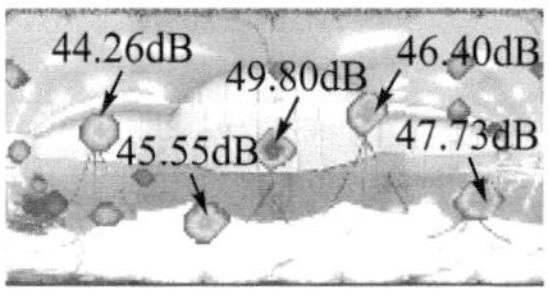

(cⅡ)3000Hz, NNLS

最大值=46.78dB

(cⅢ)5000Hz, NNLS

最大值=33.26dB

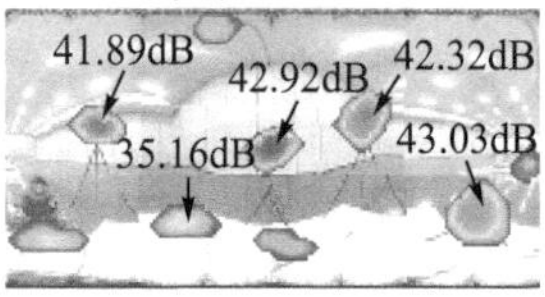

(dⅠ)1000Hz, FISTA

最大值=42.43dB

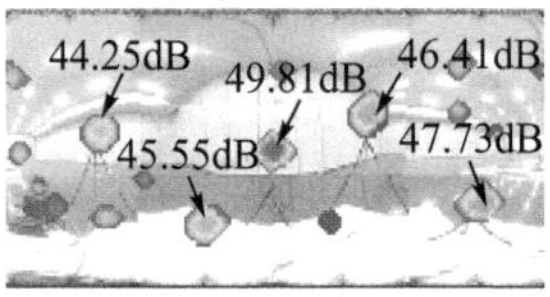

(dⅡ)3000Hz, FISTA

最大值=47.70dB

(dⅢ)5000Hz, FISTA

最大值=37.95dB

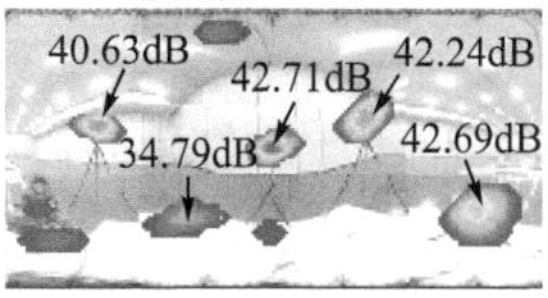

(eⅠ)1000Hz, RL

最大值=46.33dB

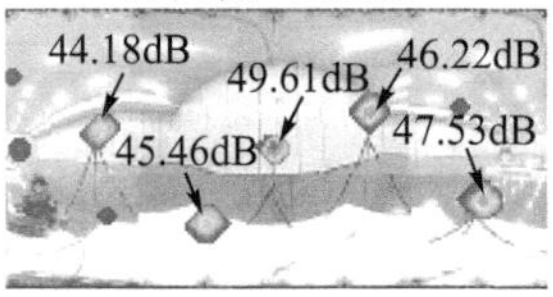

(eⅡ)3000Hz, RL

最大值=50.06dB

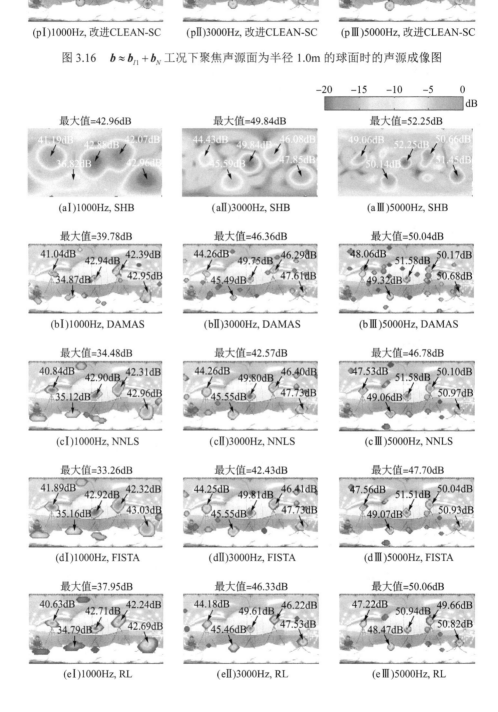

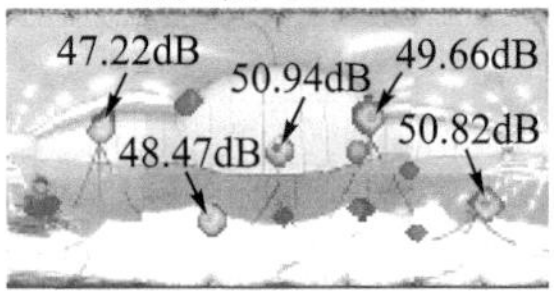

(eⅢ)5000Hz, RL

最大值=42.96dB

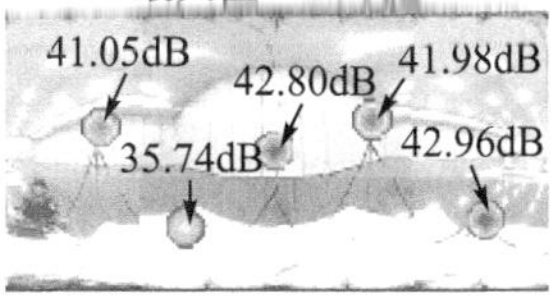

(fⅠ)1000Hz, CLEAN

最大值=49.84dB

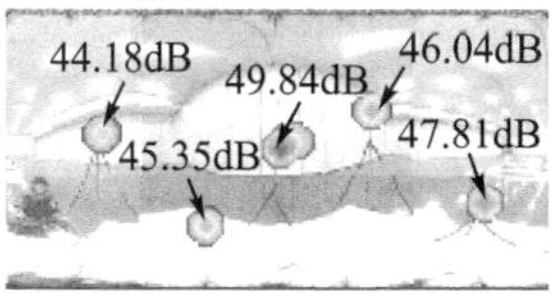

(fⅡ)3000Hz, CLEAN

最大值=52.69dB

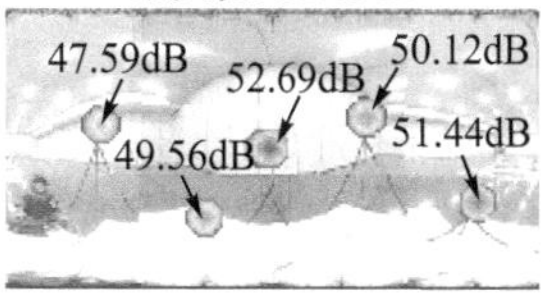

(fⅢ)5000Hz, CLEAN

最大值=32.78dB

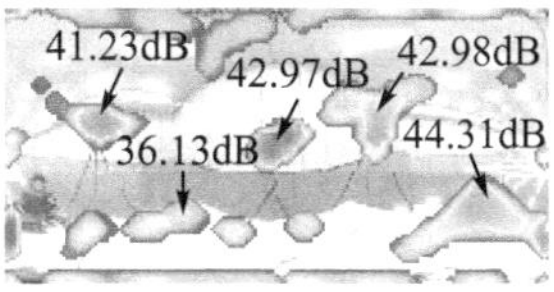

(gⅠ)1000Hz, DAMAS2

最大值=41.93dB

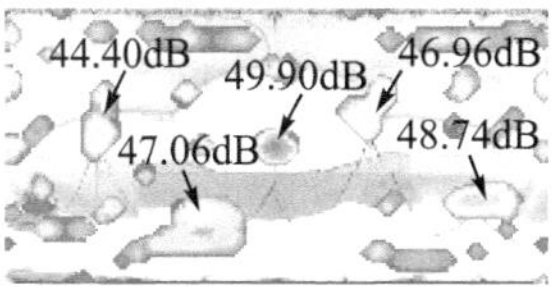

(gⅡ)3000Hz, DAMAS2

最大值=46.43dB

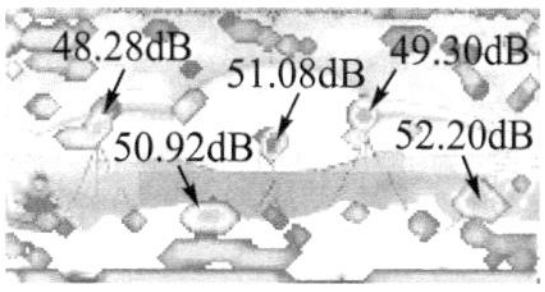

(gⅢ)5000Hz, DAMAS2

最大值=32.48dB

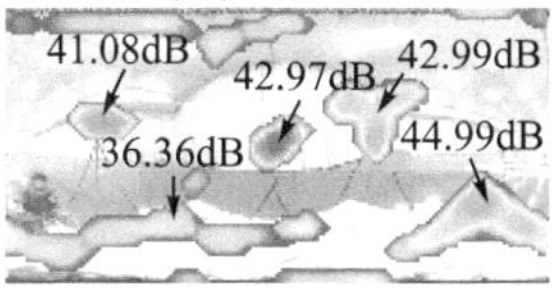

(hⅠ)1000Hz, DAMAS2-P

最大值=41.83dB

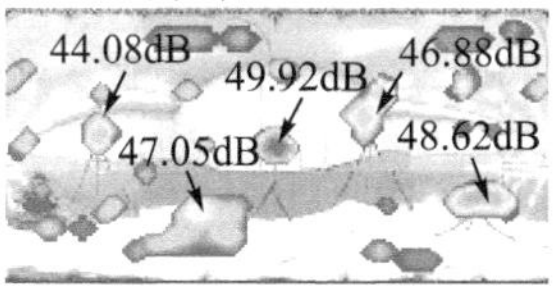

(hⅡ)3000Hz, DAMAS2-P

最大值=47.57dB

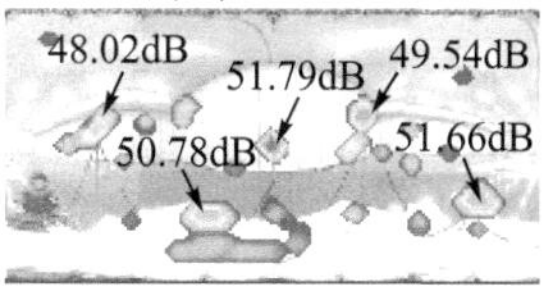

(hⅢ)5000Hz, DAMAS2-P

最大值=33.85dB

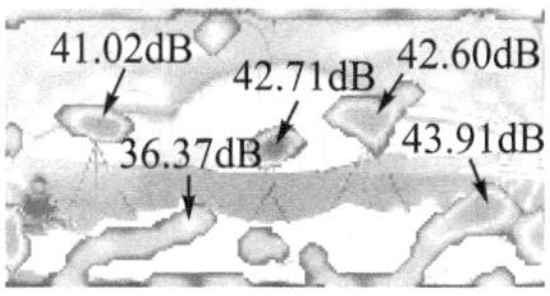

(iⅠ)1000Hz, FFT-NNLS

最大值=43.98dB

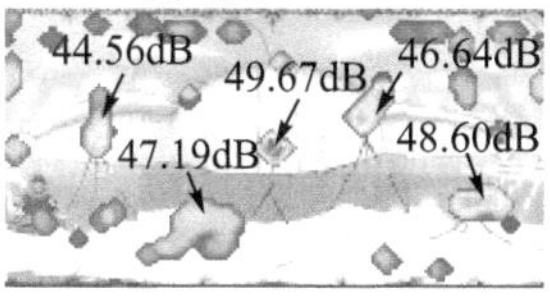

(iⅡ)3000Hz, FFT-NNLS

最大值=48.08dB

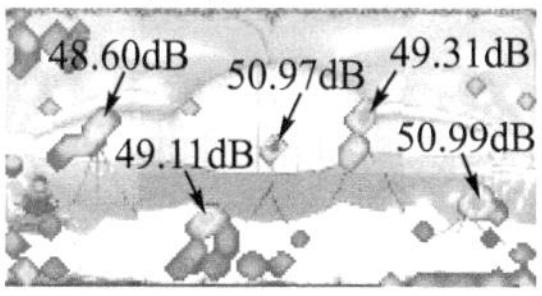

(iⅢ)5000Hz, FFT-NNLS

最大值=34.62dB

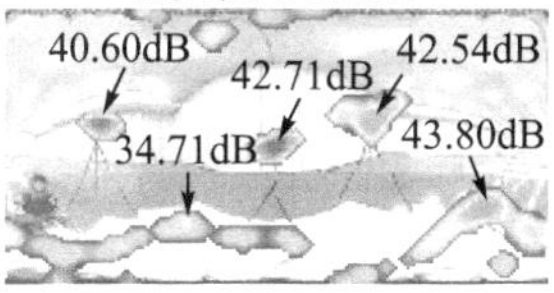

(jⅠ)1000Hz, FFT-NNLS-P

最大值=44.59dB

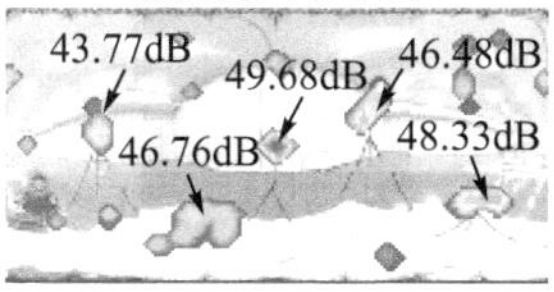

(jⅡ)3000Hz, FFT-NNLS-P

最大值=50.09dB

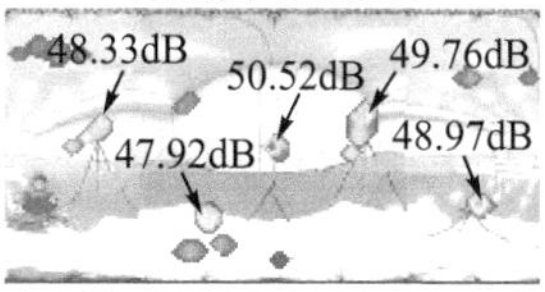

(jⅢ)5000Hz, FFT-NNLS-P

最大值=36.32dB

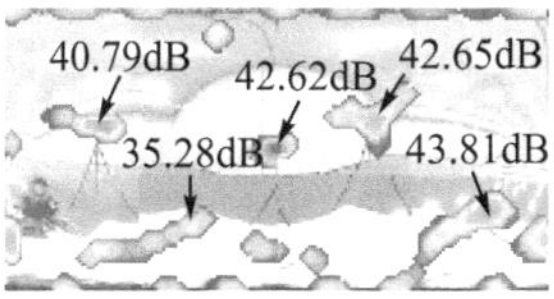

(kⅠ)1000Hz, FFT-FISTA

最大值=46.03dB

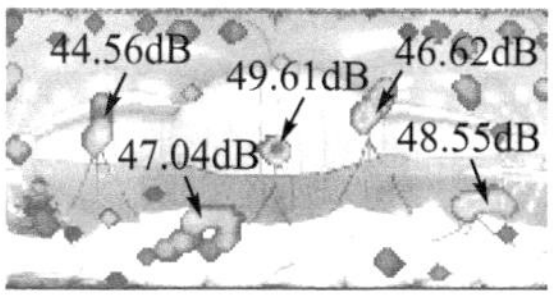

(kⅡ)3000Hz, FFT-FISTA

最大值=49.01dB

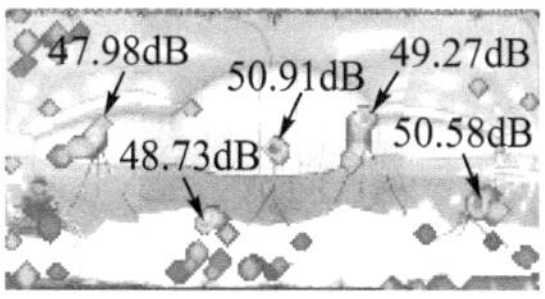

(kⅢ)5000Hz, FFT-FISTA

最大值=35.52dB

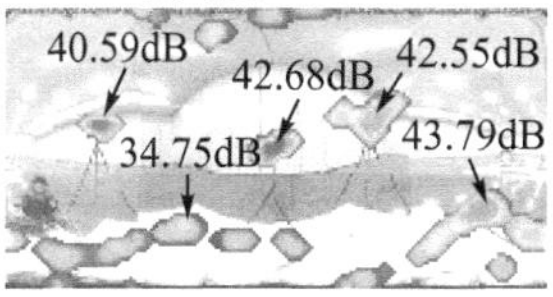

(lⅠ)1000Hz, FFT-FISTA-P

最大值=45.89dB

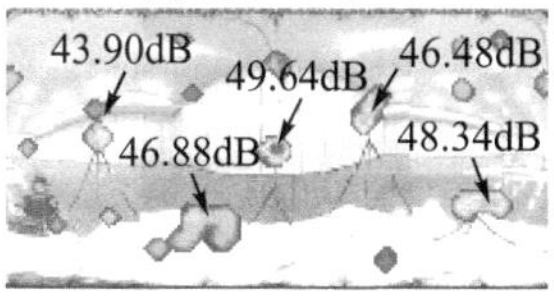

(lⅡ)3000Hz, FFT-FISTA-P

最大值=50.10dB

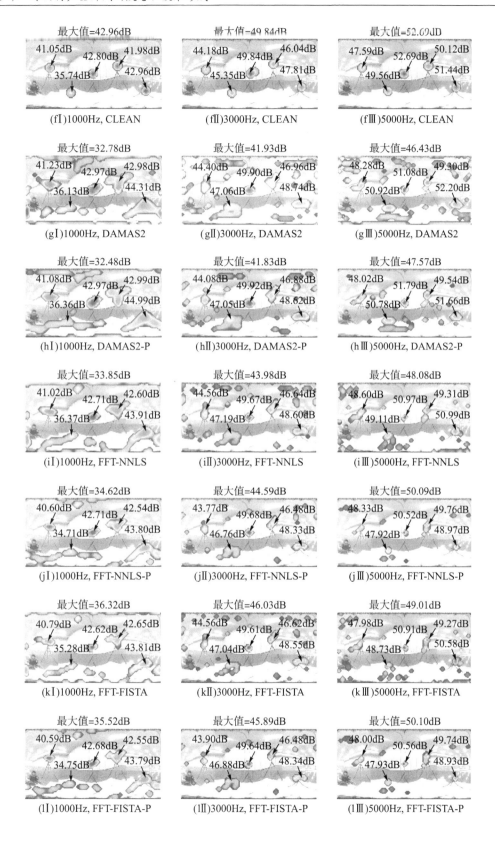

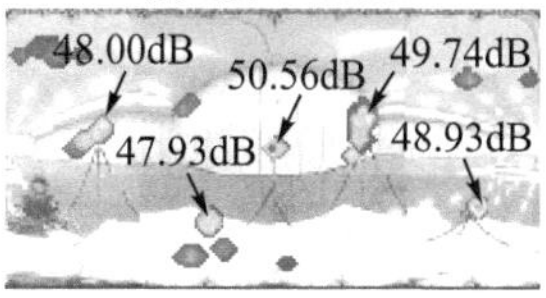

(lⅢ)5000Hz, FFT-FISTA-P

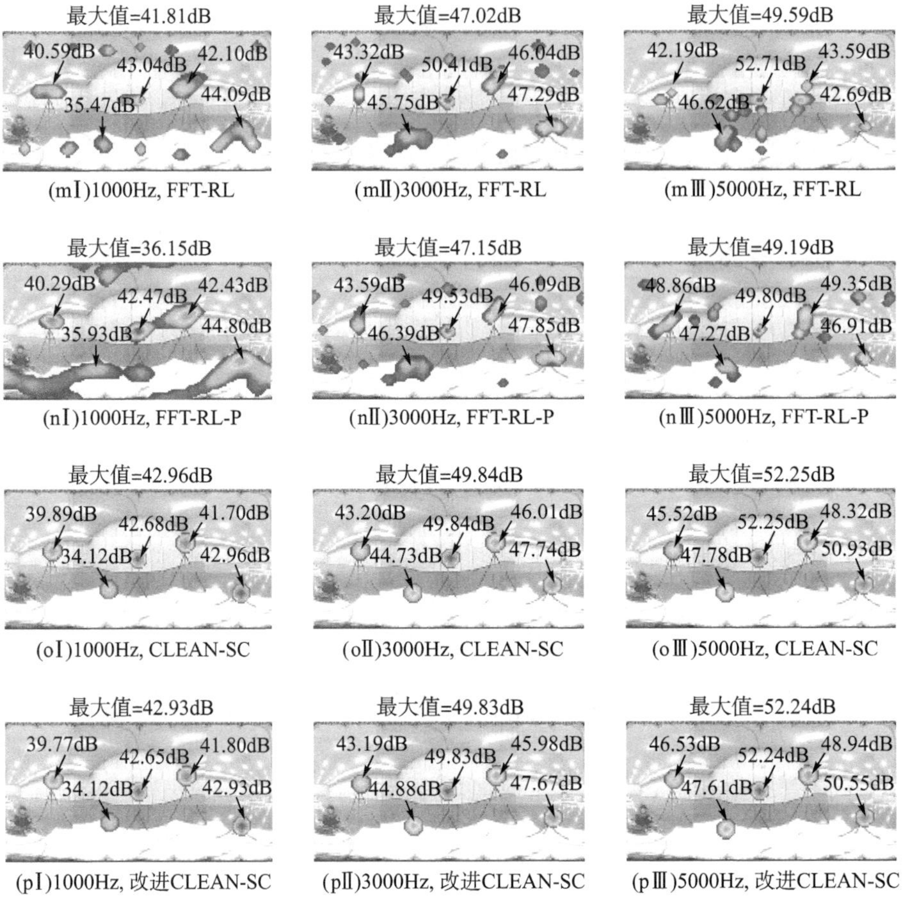

图 3.17 $\boldsymbol{b} \approx \boldsymbol{b}_{I1} + \boldsymbol{b}_N$ 工况下聚焦声源面为半径 1.5m 的球面时的声源成像图

表 3.1 反卷积算法的耗时 （单位：s）

反卷积算法		图 3.16(bⅠ)～图 3.16(pⅢ)			图 3.17(bⅠ)～图 3.17(pⅢ)		
		1000Hz	3000Hz	5000Hz	1000Hz	3000Hz	5000Hz
第一类	DAMAS	139.04	143.25	147.31	143.34	143.45	142.95
	NNLS	142.69	143.01	147.16	142.74	143.63	144.48
	FISTA	124.50	122.06	127.02	122.03	122.31	123.68
	RL	120.10	123.32	125.49	120.43	121.03	122.24
第二类	CLEAN	0.27	0.36	0.52	0.27	0.35	0.51
第三类	DAMAS2	0.55	0.55	0.58	0.55	0.55	0.61
	DAMAS2-P	0.14	0.17	0.18	0.14	0.16	0.19
	FFT-NNLS	1.35	1.32	1.37	1.43	1.44	1.45
	FFT-NNLS-P	0.33	0.34	0.37	0.35	0.38	0.38
	FFT-FISTA	0.96	0.95	1.00	0.99	0.98	1.05
	FFT-FISTA-P	0.24	0.24	0.29	0.31	0.25	0.33
	FFT-RL	0.93	0.91	0.95	0.97	0.97	1.02
	FFT-RL-P	0.27	0.28	0.31	0.27	0.29	0.31
第四类	CLEAN-SC	0.03	0.05	0.05	0.02	0.05	0.06
	改进 CLEAN-SC	3.69	5.20	7.83	4.33	5.35	7.68

3.5.2　$\boldsymbol{b} \approx \boldsymbol{b}_{I1} + \boldsymbol{b}_C + \boldsymbol{b}_N$ 工况

设定聚焦声源面为半径 1m 的球面，图 3.18 给出了 $\boldsymbol{b} \approx \boldsymbol{b}_{I1} + \boldsymbol{b}_C + \boldsymbol{b}_N$ 且 $\boldsymbol{b}_C$ 由声源相干性引起(扬声器由同一纯音信号激励，46 个数据快拍被采用)的 3000Hz 频率的声源成像图，图 3.19 给出了 $\boldsymbol{b} \approx \boldsymbol{b}_{I1} + \boldsymbol{b}_C + \boldsymbol{b}_N$ 且 $\boldsymbol{b}_C$ 由数据快拍偏少引起(扬声器由稳态白噪声信号激励，5 个数据快拍被采用)的 3000Hz 频率的声源成像图。SHB 和前三类反卷积算法仍能识别声源，第四类反卷积算法在声源相干时丢失声源在数据快拍偏少时严重弱化声源。该现象说明第一类、第二类和第三类反卷积算法对相干声源具有适用性，而第四类反卷积算法没有；第一类、第二类和第三类反卷积算法对少量数据快拍的适用性强于第四类反卷积算法，这与第 2 章中所得结论一致。

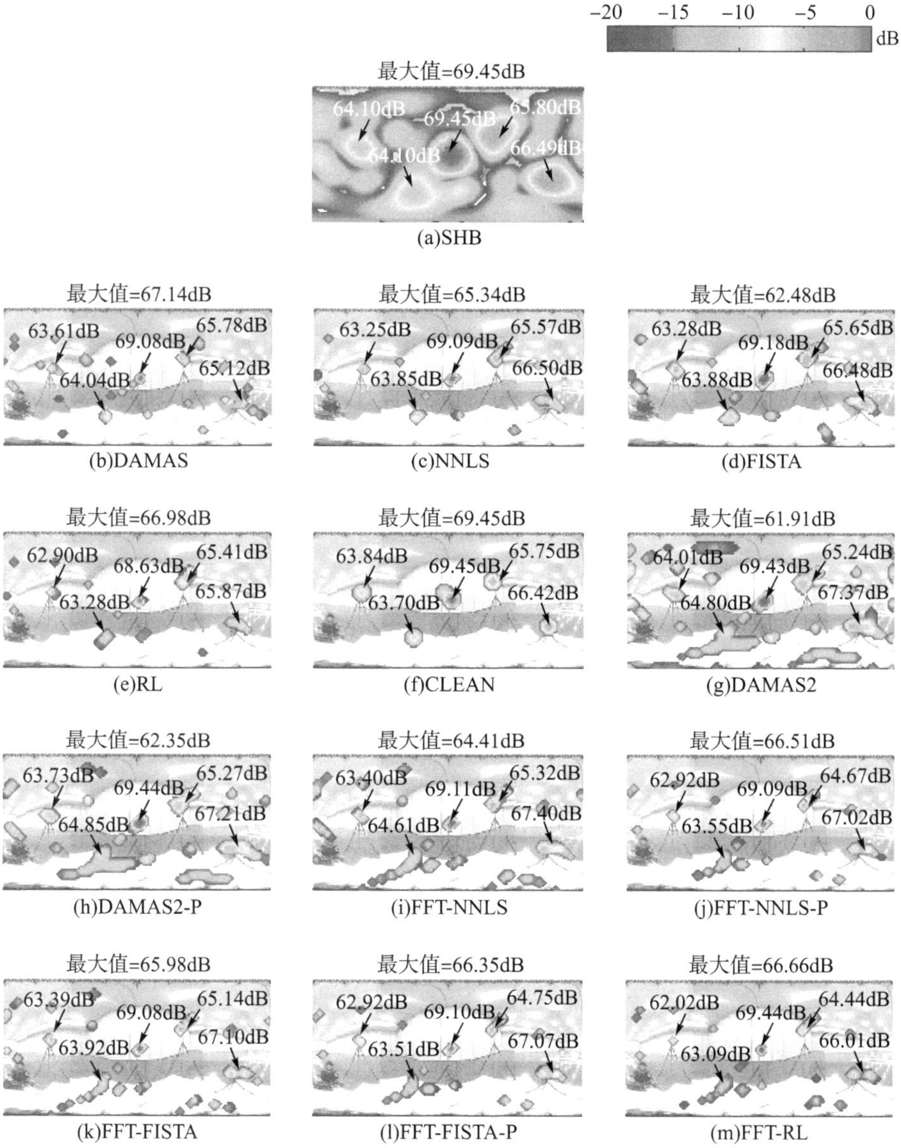

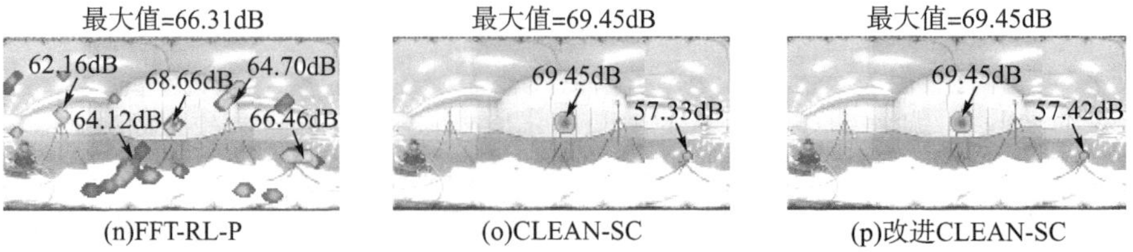

图 3.18 $\boldsymbol{b} \approx \boldsymbol{b}_{I1} + \boldsymbol{b}_C + \boldsymbol{b}_N$ 且 $\boldsymbol{b}_C$ 由声源相干性引起的 3000Hz 频率的声源成像图

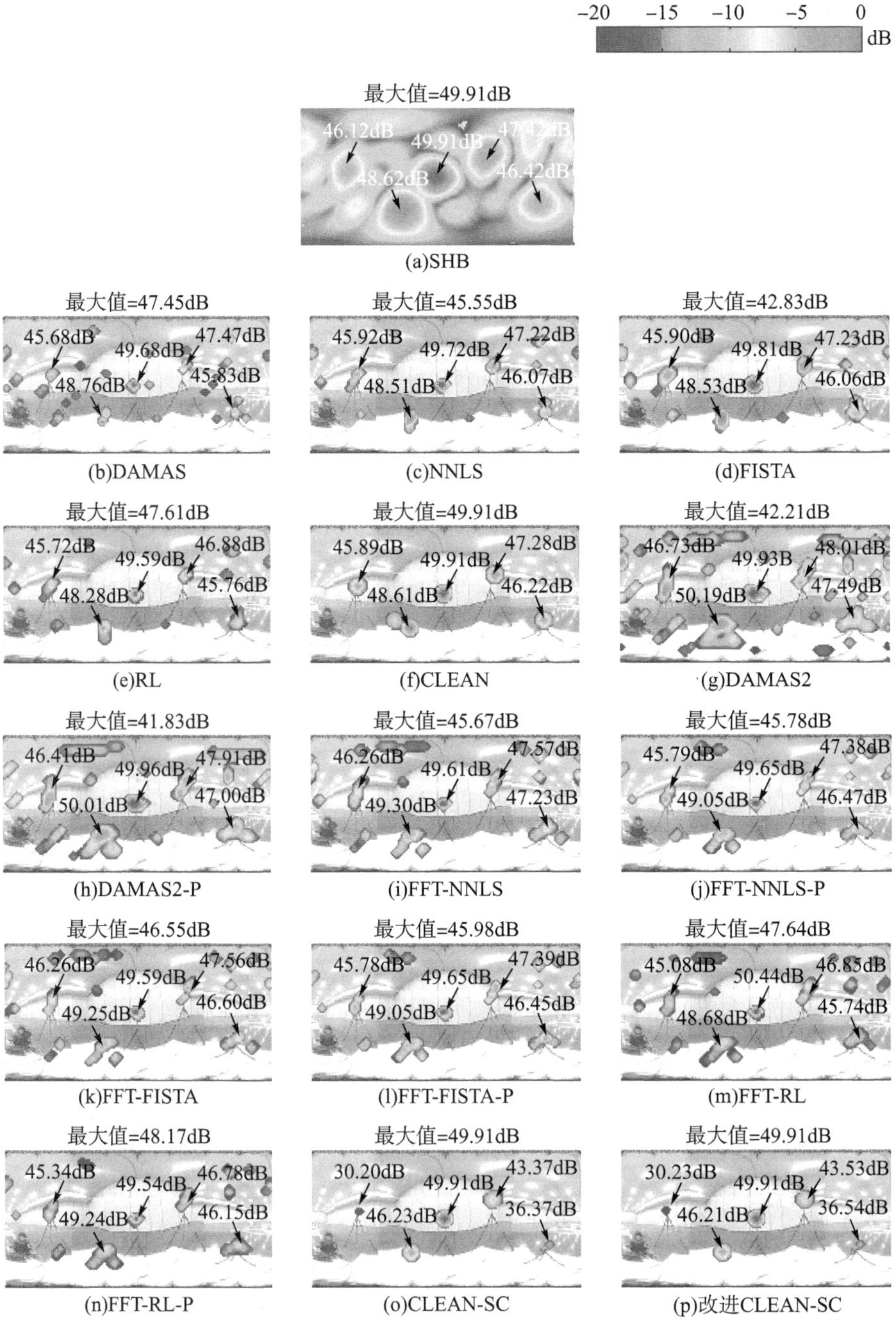

图 3.19 $\boldsymbol{b} \approx \boldsymbol{b}_{I1} + \boldsymbol{b}_C + \boldsymbol{b}_N$ 且 $\boldsymbol{b}_C$ 由数据快拍偏少引起的 3000Hz 频率的声源成像图

3.6 本章小结

球面传声器阵列框架下，实现反卷积波束形成有助于获得清晰明辨的全景声源成像图，对诸如飞机客舱、汽车驾驶室、房间等复杂三维声学环境内声源的准确识别具有重要意义；探究聚焦距离不等于声源到阵列中心距离时的性能对实际应用中声源识别结果的准确分析具有指导价值。本章致力于解决这些问题，具体工作及取得的结论如下：

(1) 首次从全新视角推导 SHB 的理论，且推导过程采用简洁的矩阵运算形式，为在统一数学框架下(基于同一 SHB 输出表达式)实现四类反卷积算法奠定基础。数值模拟及试验证明了 SHB 低频主瓣宽和高频旁瓣高的缺陷。

(2) 推导 SHB 的 PSF 并为 PSF 计算确定合理的阶截断，首次为球面传声器阵列测量实现以 DAMAS、NNLS、FISTA 和 RL 为代表的第一类反卷积算法和以 CLEAN 为代表的第二类反卷积算法。推荐计算 PSF 时依据 $N_0 = \lceil 1.2ka \rceil + 4$ 进行阶截断，N_0 为截断后的最高阶，k 为波数，a 为阵列半径，$\lceil \cdot \rceil$ 为将数值向正无穷方向圆整到最近的整数。数值模拟及试验证明：第一类和第二类反卷积算法对 SHB 的声源识别结果均具有非常好的清晰化效果、对三维空间内任意位置处声源均能高精度识别、对相干声源和少量数据快拍均具有适用性；第一类反卷积算法对小分离声源的空间分辨能力强，但对噪声干扰的鲁棒性弱、计算效率低；第二类反卷积算法对噪声干扰的鲁棒性强、计算效率高，但对小分离声源的空间分辨能力弱。

(3) 拓展平面传声器阵列的以 DAMAS2、FFT-NNLS、FFT-FISTA 和 FFT-RL 为代表的采用零边界条件的第三类反卷积算法至球面传声器阵列，同时首次为球面传声器阵列测量提出采用周期边界条件的第三类反卷积算法，代表算法有 DAMAS2-P、FFT-NNLS-P、FFT-FISTA-P 和 FFT-RL-P。数值模拟及试验证明：在适用声源对象、声源识别效果和计算效率方面，采用零边界条件的第三类反卷积算法均不及采用周期边界条件的第三类反卷积算法，实际应用中推荐采用后者；第三类反卷积算法的计算效率显著高于第一类反卷积且与第二类反卷积算法相当、对相干声源和少量数据快拍均具有适用性，但清晰化效果不及第一类和第二类反卷积算法，仅适用于仰角维度上集中分布的声源，对噪声干扰的鲁棒性弱。

(4) 推导计算单个声源引起的 SHB 输出所需的相干系数，确定声源标示点所需的成本函数和重构声源在传声器处产生声压信号互谱矩阵所需的成分系数和成分向量，首次为球面传声器阵列测量实现以 CLEAN-SC 和改进 CLEAN-SC 为代表的第四类反卷积算法。数值模拟及试验证明：第四类反卷积算法对 SHB 声源识别结果具有非常好的清晰化效果、对三维空间内任意位置处声源均能高精度识别、对噪声干扰的鲁棒性极强，但对相干声源无适用性、对少量数据快拍的适用性弱；CLEAN-SC 的计算效率极高，但对小分离声源的空间分辨能力弱，改进 CLEAN-SC 能有效增强对小分离声源的空间分辨能力，以轻微降低计算效率为代价。

(5) 数值模拟及试验证明：不论聚焦距离是否等于声源到阵列中心的距离，SHB 和各类反卷积算法在准确定向声源的同时均能准确定量声源声压贡献。鉴于此，实际应用中，将聚焦声源面设为简单球面。定向声源后，沿识别方向反推到被测物体表面便可定位声源；若需计算声源强度，则只需测量声源到阵列中心的距离再联合声源声压贡献与声源强度的关系便可实现。

第 4 章　球面传声器阵列的函数型延迟求和波束形成

函数型波束形成是不同于反卷积波束形成的另一类高性能方法，其基于“底数为 1 的指数函数为常数 1，底数大于 0 且小于 1 的指数函数为减函数”的思想来维持声源位置或方向的输出并弱化非声源位置或方向的输出，从而缩减主瓣宽度并衰减旁瓣，不仅效果佳而且简便高效，最初由 Dougherty[112]于 2014 年提出。若能为球面传声器阵列测量发展函数型波束形成，则可为三维空间内声源的 360° 全景准确识别提供新途径，同时完善球面传声器阵列的声源识别功能。实现函数型波束形成的关键是找到一个满足“点传播函数(PSF)在声源位置或方向的输出值等于或极接近 1，在非声源位置或方向的输出值大于 0 且小于 1”的基础方法。然而，迄作者开展工作之时，球面传声器阵列的已有方法，如球谐函数波束形成(SHB)尚不满足该条件，这是在球面传声器阵列框架下实现函数型波束形成的重要障碍。本章将克服该障碍，建立的全新基础方法类同于平面传声器阵列的延迟求和，故亦称为“延迟求和(DAS)”，相应地，发展的函数型方法可称为“函数型延迟求和(Functional FDAS)”。

五部分工作包括：①针对建立的 DAS 基础方法，阐明基本理论，基于数值模拟检验推荐的最高阶取值方案合理性并与 SHB 进行性能对比；②针对发展的 FDAS，阐明基本理论，基于数值模拟和验证试验检验清晰化效果，揭示典型因素对性能的影响规律及影响机理并分析应用特性；③提出 FDAS 的性能增强方法，基于数值模拟和验证试验检验性能增强效果；④基于普通房间内的声源识别试验将本章发展的函数型波束形成与第 3 章发展的反卷积波束形成进行综合性能分析对比；⑤基于数值模拟探讨本章发展的函数型波束形成与第 3 章发展的反卷积波束形成在识别分布声源时的表现。值得说明的是，与第 2 章和第 3 章一样，本章呈现的理论推导、数值模拟和试验均采用近场模型，远场模型下，相关方法亦同样适用且性能与近场模型下一致。

4.1　延迟求和波束形成

4.1.1　基本理论

本节分别从输出量、点传播函数和球谐函数最高阶的确定三个方面阐明基于球面传声器阵列测量的 DAS。

1. 输出量

记$\mathbb{C}$为复数集，Q为传声器总数，$\boldsymbol{C}\in\mathbb{C}^{Q\times Q}$为传声器测量声压信号的互谱矩阵，构建波数为$k$时聚焦点$(r_{\mathrm{F}},\Omega_{\mathrm{F}})$处的输出量为

$$b(kr_{\mathrm{F}},\Omega_{\mathrm{F}})=\frac{1}{Q}\frac{\boldsymbol{v}^{\mathrm{H}}(kr_{\mathrm{F}},\Omega_{\mathrm{F}})\boldsymbol{C}\boldsymbol{v}(kr_{\mathrm{F}},\Omega_{\mathrm{F}})}{\left\|\boldsymbol{v}(kr_{\mathrm{F}},\Omega_{\mathrm{F}})\right\|_2^2} \tag{4.1}$$

式中，上标“H”表示共轭转置；$\|\bullet\|_2$表示向量的ℓ_2范数；$\boldsymbol{v}(kr_{\mathrm{F}},\Omega_{\mathrm{F}})\in\mathbb{C}^{Q}$表示聚焦列向量，其表达式为

$$\begin{aligned}&\boldsymbol{v}(kr_{\mathrm{F}},\Omega_{\mathrm{F}})=\\&\left\{v\left[(ka,\Omega_{\mathrm{M1}})\middle|(kr_{\mathrm{F}},\Omega_{\mathrm{F}})\right]\ \ v\left[(ka,\Omega_{\mathrm{M2}})\middle|(kr_{\mathrm{F}},\Omega_{\mathrm{F}})\right]\ \ \cdots\ \ v\left[(ka,\Omega_{\mathrm{M}Q})\middle|(kr_{\mathrm{F}},\Omega_{\mathrm{F}})\right]\right\}^{\mathrm{T}}\end{aligned} \tag{4.2}$$

式中，上标“T”表示转置，对应q号传声器元素的表达式为

$$v\left[(ka,\Omega_{\mathrm{M}q})\middle|(kr_{\mathrm{F}},\Omega_{\mathrm{F}})\right]=\sum_{n=0}^{N}\sum_{m=-n}^{n}b_n(kr_{\mathrm{F}},ka)Y_n^{m*}(\Omega_{\mathrm{F}})Y_n^m(\Omega_{\mathrm{M}q}) \tag{4.3}$$

式中，$(a,\Omega_{\mathrm{M}q})$为q号传声器的位置坐标；n和m分别为阶和次；N为最高阶；$b_n(kr_{\mathrm{F}},ka)$为模态强度[参考式(3.2)]；$Y_n^m(\Omega_{\mathrm{F}})$和$Y_n^m(\Omega_{\mathrm{M}q})$分别为$\Omega_{\mathrm{F}}$和$\Omega_{\mathrm{M}q}$方向的球谐函数[参考式(3.3)]；上标“*”表示共轭。式(4.1)与平面传声器阵列 DAS 输出量的表达式[式(2.1)]类同。

2. 点传播函数

$(r_{\mathrm{S}},\Omega_{\mathrm{S}})$位置处声源单快拍下的强度$s(kr_{\mathrm{S}},\Omega_{\mathrm{S}})$与该声源引起的具有能量意义的平均声压贡献$P_{AC}(kr_{\mathrm{S}},\Omega_{\mathrm{S}})$间存在如下关系：

$$P_{AC}(kr_{\mathrm{S}},\Omega_{\mathrm{S}})=\frac{1}{Q}\mathbb{E}\left(\left|s(kr_{\mathrm{S}},\Omega_{\mathrm{S}})\right|^2\right)\left\|\boldsymbol{t}(kr_{\mathrm{S}},\Omega_{\mathrm{S}})\right\|_2^2 \tag{4.4}$$

式中，$\mathbb{E}(\bullet)$表示期望；$|\bullet|$表示求标量的模；$\boldsymbol{t}(kr_{\mathrm{S}},\Omega_{\mathrm{S}})\in\mathbb{C}^{Q}$表示该声源到各传声器传递函数组成的列向量，表达式为

$$\begin{aligned}&\boldsymbol{t}(kr_{\mathrm{S}},\Omega_{\mathrm{S}})=\\&\left\{t\left[(ka,\Omega_{\mathrm{M1}})\middle|(kr_{\mathrm{S}},\Omega_{\mathrm{S}})\right]\ \ t\left[(ka,\Omega_{\mathrm{M2}})\middle|(kr_{\mathrm{S}},\Omega_{\mathrm{S}})\right]\ \ \cdots\ \ t\left[(ka,\Omega_{\mathrm{M}Q})\middle|(kr_{\mathrm{S}},\Omega_{\mathrm{S}})\right]\right\}^{\mathrm{T}}\end{aligned} \tag{4.5}$$

式中，对应q号传声器的元素如式(3.1)所示。$(r_{\mathrm{S}},\Omega_{\mathrm{S}})$位置处声源单快拍下的强度$s(kr_{\mathrm{S}},\Omega_{\mathrm{S}})$与该声源在各传声器处引起声压信号的互谱矩阵$\boldsymbol{C}(kr_{\mathrm{S}},\Omega_{\mathrm{S}})$间存在如下关系：

$$\boldsymbol{C}(kr_{\mathrm{S}},\Omega_{\mathrm{S}})=\mathbb{E}\left(\left|s(kr_{\mathrm{S}},\Omega_{\mathrm{S}})\right|^2\right)\boldsymbol{t}(kr_{\mathrm{S}},\Omega_{\mathrm{S}})\boldsymbol{t}^{\mathrm{H}}(kr_{\mathrm{S}},\Omega_{\mathrm{S}}) \tag{4.6}$$

联立式(4.1)、式(4.4)和式(4.6)可得

$$\begin{cases}b\left[(kr_{\mathrm{F}},\Omega_{\mathrm{F}})\middle|(kr_{\mathrm{S}},\Omega_{\mathrm{S}})\right]=P_{AC}(kr_{\mathrm{S}},\Omega_{\mathrm{S}})psf_{\infty}\left[(kr_{\mathrm{F}},\Omega_{\mathrm{F}})\middle|(kr_{\mathrm{S}},\Omega_{\mathrm{S}})\right]\\ psf_{\infty}\left[(kr_{\mathrm{F}},\Omega_{\mathrm{F}})\middle|(kr_{\mathrm{S}},\Omega_{\mathrm{S}})\right]=\dfrac{\boldsymbol{v}^{\mathrm{H}}(kr_{\mathrm{F}},\Omega_{\mathrm{F}})\boldsymbol{t}(kr_{\mathrm{S}},\Omega_{\mathrm{S}})\boldsymbol{t}^{\mathrm{H}}(kr_{\mathrm{S}},\Omega_{\mathrm{S}})\boldsymbol{v}(kr_{\mathrm{F}},\Omega_{\mathrm{F}})}{\left\|\boldsymbol{t}(kr_{\mathrm{S}},\Omega_{\mathrm{S}})\right\|_2^2\left\|\boldsymbol{v}(kr_{\mathrm{F}},\Omega_{\mathrm{F}})\right\|_2^2}\end{cases} \tag{4.7}$$

即 DAS 对 (r_S,Ω_S) 位置处声源的响应等于该声源平均声压贡献与 $\mathrm{psf}_\infty\left[(kr_F,\Omega_F)|(kr_S,\Omega_S)\right]$ 的乘积。$\mathrm{psf}_\infty\left[(kr_F,\Omega_F)|(kr_S,\Omega_S)\right]$ 取决于聚焦列向量和声源传递函数列向量，称为 PSF，表示 DAS 对单位平均声压贡献的单极子点声源响应。这里，下标“∞”被标注是因为 $\boldsymbol{t}(kr_S,\Omega_S)$ 涉及无穷多阶。

3. 球谐函数最高阶（N）的确定

根据 Cauchy-Buniakowsky-Schwarz 不等式，有

$$\boldsymbol{v}^{\mathrm{H}}(kr_F,\Omega_F)\boldsymbol{t}(kr_S,\Omega_S)\boldsymbol{t}^{\mathrm{H}}(kr_S,\Omega_S)\boldsymbol{v}(kr_F,\Omega_F)\leqslant\left\|\boldsymbol{t}(kr_S,\Omega_S)\right\|_2^2\left\|\boldsymbol{v}(kr_F,\Omega_F)\right\|_2^2 \tag{4.8}$$

式中，等号成立的条件是 $\boldsymbol{v}(kr_F,\Omega_F)=\boldsymbol{t}(kr_S,\Omega_S)$。对比 $\boldsymbol{v}(kr_F,\Omega_F)$ 与 $\boldsymbol{t}(kr_S,\Omega_S)$ 的元素表达式［式(4.3)与式(3.1)］可以看出，特定波数下，$\boldsymbol{v}(kr_F,\Omega_F)$ 是否等于 $\boldsymbol{t}(kr_S,\Omega_S)$ 不仅与 (r_F,Ω_F) 是否等于 (r_S,Ω_S) 有关，还与 N 的取值有关。N 取无穷大时，$\boldsymbol{v}(kr_F,\Omega_F)\neq\boldsymbol{t}(kr_S,\Omega_S)$ $\left[(r_F,\Omega_F)\neq(r_S,\Omega_S)\text{时}\right]$ 和 $\boldsymbol{v}(kr_S,\Omega_S)=\boldsymbol{t}(kr_S,\Omega_S)$ 自然成立，然而，实际应用中无法计算无穷多项，N 只能取有限值。若能为 N 确定合理的有限值，使所得的 $\boldsymbol{v}(kr_F,\Omega_F)$ 极接近 N 取无穷大时所得的 $\boldsymbol{v}(kr_F,\Omega_F)$，则 $\boldsymbol{v}(kr_F,\Omega_F)\neq\boldsymbol{t}(kr_S,\Omega_S)$ $\left[(r_F,\Omega_F)\neq(r_S,\Omega_S)\text{时}\right]$ 依旧成立，$\boldsymbol{v}(kr_S,\Omega_S)$ 极接近 $\boldsymbol{t}(kr_S,\Omega_S)$，相应地，根据式(4.7)，PSF 在非声源位置的输出值大于 0 且小于 1，在声源位置的输出值极接近 1。此时，DAS 不仅能定位声源、量化声源平均声压贡献，而且满足进一步实现函数型波束形成的要求。推荐 N 的取值方案为

$$N=\lceil 1.2ka\rceil+4 \tag{4.9}$$

式中，$\lceil\bullet\rceil$ 表示将数值向正无穷方向圆整到最近的整数。根据 3.2.2 节，$n>\lceil 1.2ka\rceil+4$ 时，$b_n(kr_F,ka)$ 几乎为 0，因此，N 按式(4.9)取值与 N 取无穷大时所得的 $\boldsymbol{v}(kr_F,\Omega_F)$ 极接近。该取值方案与第 3 章中 SHB 计算聚焦向量时采用的最高阶取值方案［式(3.33)］不同，与反卷积计算 PSF 时为模拟声压信号的互谱矩阵而采用的最高阶取值方案［式(3.50)］相同。

4.1.2　数值模拟

本节基于数值模拟检验推荐最高阶取值方案的合理性并对比 DAS 和 SHB 的性能。与第 3 章一致，仍为半径 0.0975m 包含 36 个传声器的刚性球阵列。模拟声源产生的声压信号时，需根据式(3.1)和式(4.5)计算 $\boldsymbol{t}(kr_S,\Omega_S)$，式(3.1)中的∞用 50 替代（后续数值模拟均采用该替代）。聚焦声源面设为半径 1m 的球面，仰角 θ 和方位角 ϕ 方向上的离散间隔均为 5°（后续数值模拟和试验均采用该聚焦声源面）。采用式(4.2)和式(4.3)计算 $\boldsymbol{v}(kr_F,\Omega_F)$ 时，应根据式(4.9)为 N 取值（后续数值模拟和试验均如此）。

1. 最高阶取值方案的合理性检验

图 4.1 给出了 1000Hz、3000Hz 和 5000Hz 频率下(1m,90°,180°)和(1m,120°,240°)位置处声源的 PSF。各频率下，PSF 均围绕声源方向输出主瓣，在其他方向输出旁瓣，且主瓣峰值极接近 1。改变声源位置、频率等参数进行计算，同样的结果可被获得，这表明推荐的取值方案合理，使 DAS 满足进一步实现函数型波束形成的要求。

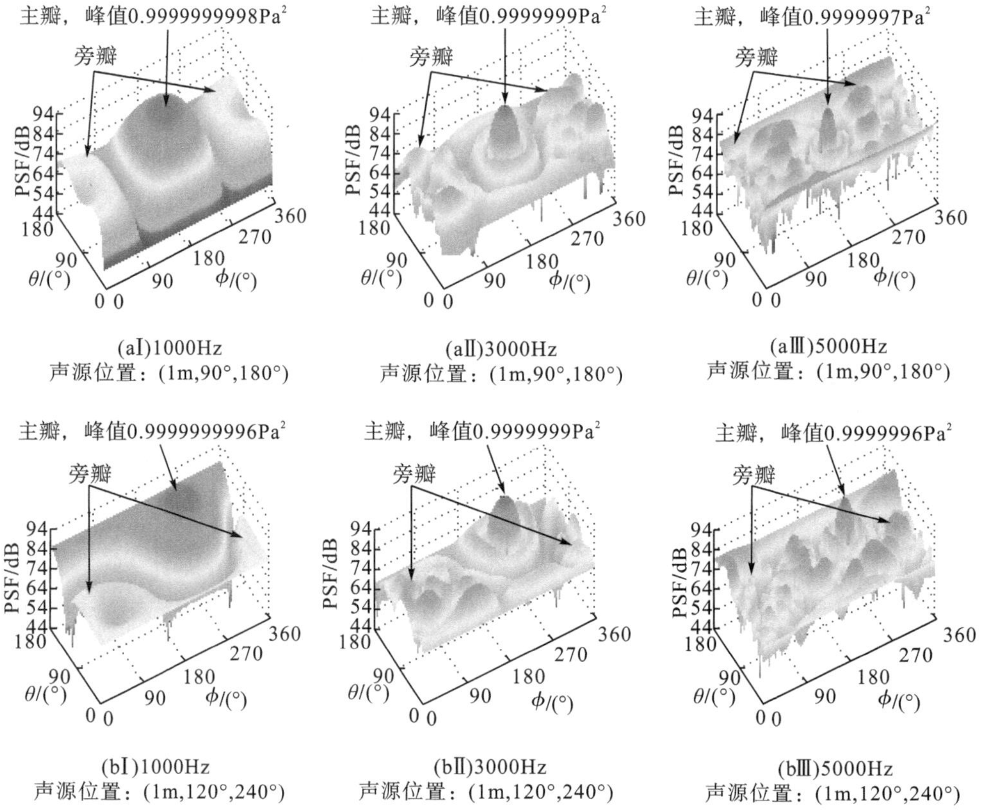

图 4.1 球面传声器阵列 DAS 方法对应的点传播函数

2. DAS 和 SHB 的性能对比

假设 5 个声源，位置依次为(1m,125°,40°)、(1m,70°,120°)、(1m,90°,180°)、(1m,130°,200°)和(1m,75°,290°)，彼此互不相干。图4.2给出了1000Hz、3000Hz和5000Hz频率下 DAS 和 SHB 的声源成像图。两种方法均围绕声源方向(由“+”标记)输出主瓣，在其他方向输出旁瓣。二者的主瓣均随频率的增大而变窄，1000Hz 频率下，DAS 的主瓣融合程度明显比 SHB 严重，3000Hz 和 5000Hz 频率下，二者的主瓣融合程度相当；二者的旁瓣水平均随频率的增大而变高，1000Hz 频率下，DAS 和 SHB 的旁瓣水平均较低且 SHB 仅略高于 DAS，3000Hz 和 5000Hz 频率下，二者的旁瓣水平相当。该现象表明，低频下，DAS 的空间分辨能力弱于 SHB，中高频下，DAS 和 SHB 的声源识别能力相当。各子图中，DAS 和 SHB 输出的主瓣峰值被标注。值得注意的是，DAS 和 SHB 输出的主瓣峰值存在一定差异，这是因为二者对应不同的量，如式(4.7)所示，DAS 在某声源位置处输出的主瓣峰值为该声源的平均声压贡献(在各传声器处产生声压信号的自谱均值)，而如 3.1.1 节所示，SHB 在某声源位置处输出的主瓣峰值为该声源的声压贡献(在阵列中心位置处产生的声压)。联立式(3.34)和式(4.4)可得$\left(r_{\mathrm{S}},\Omega_{\mathrm{S}}\right)$位置处声源引起的具有能量意义的声压贡献$P_C\left(kr_{\mathrm{S}},\Omega_{\mathrm{S}}\right)$和平均声压贡献$P_{AC}\left(kr_{\mathrm{S}},\Omega_{\mathrm{S}}\right)$之间存在：

$$P_C\left(kr_S,\Omega_S\right)=\frac{QF_{AC}\left(kr_S,\Omega_S\right)}{\left\|\boldsymbol{t}\left(kr_S,\Omega_S\right)\right\|_2^2 k^2 r_S^2} \tag{4.10}$$

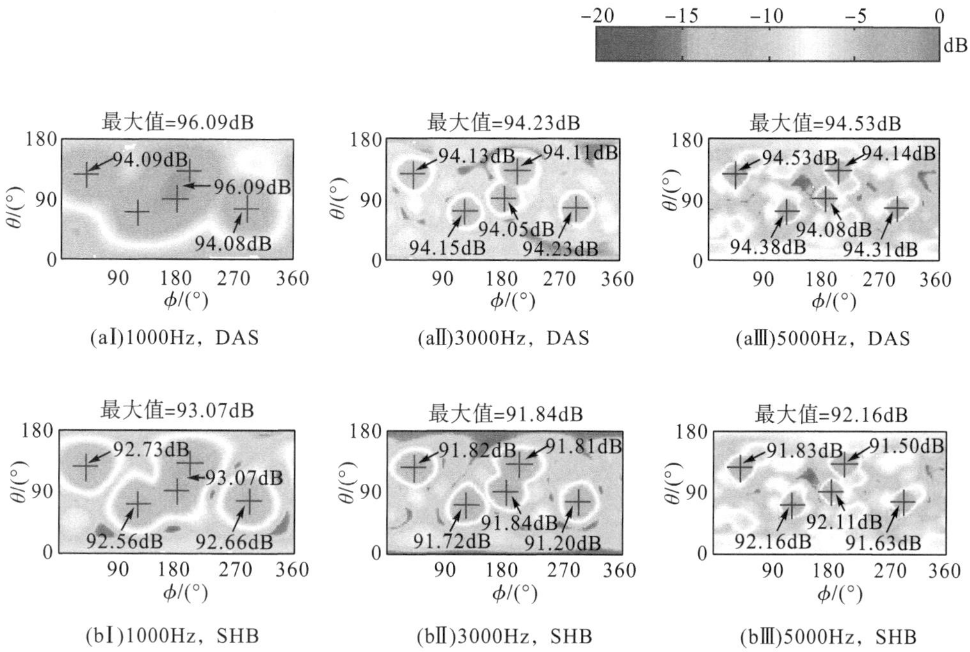

图 4.2　DAS 和 SHB 的声源成像图

5 个声源的真实平均声压贡献和真实声压贡献如表 4.1 所示，对比图 4.2 中的计算值和表 4.1 中的真实值可见：DAS 和 SHB 在准确定向声源的同时均能准确定量声源。

表 4.1　声源的真实平均声压贡献和真实声压贡献　（单位：dB）

声源位置	1000Hz		3000Hz		5000Hz	
	平均声压贡献	声压贡献	平均声压贡献	声压贡献	平均声压贡献	声压贡献
(1m,125°,40°)	93.98	92.55	93.98	91.51	93.98	91.32
(1m,70°,120°)	93.98	92.56	93.98	91.63	93.98	91.34
(1m,90°,180°)	93.98	92.51	93.98	91.54	93.98	91.26
(1m,130°,200°)	93.98	92.54	93.98	91.54	93.98	91.30
(1m,75°,290°)	93.98	92.57	93.98	91.60	93.98	91.36

注：dB 缩放参考标准声压 2×10^{-5}Pa；
93.98dB 的平均声压贡献即为单位平均声压贡献；
声压贡献根据式(4.10)计算得出。

4.2 函数型延迟求和波束形成

4.2.1 基本理论

函数型波束形成方法主要包括三步：首先，特征值分解传声器测量声压信号的互谱矩阵：

$$\boldsymbol{C}=\boldsymbol{U}\text{Diag}\left(\begin{bmatrix}\sigma_1 & \sigma_2 & \cdots & \sigma_Q\end{bmatrix}\right)\boldsymbol{U}^{\text{H}} \tag{4.11}$$

式中，$\boldsymbol{U}\in\mathbb{C}^{Q\times Q}$ 表示特征向量组成的酉矩阵；$\text{Diag}(\bullet)$ 表示形成以括号内向量为对角线的对角矩阵；$\sigma_q\left(q=1,2,\cdots,Q\right)$ 表示特征值；然后，引入指数 ξ，令

$$\boldsymbol{C}^{1/\xi}\equiv\boldsymbol{U}\text{Diag}\left(\begin{bmatrix}\sigma_1^{1/\xi} & \sigma_2^{1/\xi} & \cdots & \sigma_Q^{1/\xi}\end{bmatrix}\right)\boldsymbol{U}^{\text{H}} \tag{4.12}$$

最后，采用基础方法后处理 $\boldsymbol{C}^{1/\xi}$，并计算所得结果的 ξ 次方。构建 FDAS 的输出量为

$$b_F\left(kr_{\text{F}},\Omega_{\text{F}}\right)=\frac{1}{Q}\left[\frac{\boldsymbol{v}^{\text{H}}\left(kr_{\text{F}},\Omega_{\text{F}}\right)\boldsymbol{C}^{1/\xi}\boldsymbol{v}\left(kr_{\text{F}},\Omega_{\text{F}}\right)}{\left\|\boldsymbol{v}\left(kr_{\text{F}},\Omega_{\text{F}}\right)\right\|_2^2}\right]^{\xi},\xi>1 \tag{4.13}$$

显然，$\xi=1$ 时，式(4.13)即为 DAS 输出量的表达式[式(4.1)]。

假设三维空间内仅在 $\left(r_{\text{S}},\Omega_{\text{S}}\right)$ 位置处存在声源，理论上，下列关系成立：

$$\sigma_2=\sigma_3=\cdots=\sigma_Q=0 \tag{4.14}$$

$$\sigma_1=\text{tr}\left(\boldsymbol{C}\right)=QP_{AC}\left(kr_{\text{S}},\Omega_{\text{S}}\right) \tag{4.15}$$

$$\boldsymbol{u}_1\boldsymbol{u}_1^{\text{H}}=\frac{\boldsymbol{t}\left(kr_{\text{S}},\Omega_{\text{S}}\right)\boldsymbol{t}^{\text{H}}\left(kr_{\text{S}},\Omega_{\text{S}}\right)}{\left\|\boldsymbol{t}\left(kr_{\text{S}},\Omega_{\text{S}}\right)\right\|_2^2} \tag{4.16}$$

式中，$\text{tr}(\bullet)$ 为矩阵的迹；$\boldsymbol{u}_1\in\mathbb{C}^Q$ 为对应 σ_1 的特征向量。联立式(4.12)～式(4.16)可得

$$\begin{aligned}b_F\left(kr_{\text{F}},\Omega_{\text{F}}\right)&=P_{AC}\left(kr_{\text{S}},\Omega_{\text{S}}\right)\left[\frac{\boldsymbol{v}^{\text{H}}\left(kr_{\text{F}},\Omega_{\text{F}}\right)\boldsymbol{t}\left(kr_{\text{S}},\Omega_{\text{S}}\right)\boldsymbol{t}^{\text{H}}\left(kr_{\text{S}},\Omega_{\text{S}}\right)\boldsymbol{v}\left(kr_{\text{F}},\Omega_{\text{F}}\right)}{\left\|\boldsymbol{v}\left(kr_{\text{F}},\Omega_{\text{F}}\right)\right\|_2^2\left\|\boldsymbol{t}\left(kr_{\text{S}},\Omega_{\text{S}}\right)\right\|_2^2}\right]^{\xi}\\&=P_{AC}\left(kr_{\text{S}},\Omega_{\text{S}}\right)\text{psf}_{\infty}^{\xi}\left(\left(kr_{\text{F}},\Omega_{\text{F}}\right)\middle|\left(kr_{\text{S}},\Omega_{\text{S}}\right)\right)\end{aligned} \tag{4.17}$$

显然,FDAS 对单极子点声源的响应等于该声源的平均声压贡献与 DAS 的 PSF 的 ξ 次方的乘积。4.1 节中的研究已证明：该 PSF 在声源位置的输出值极接近 1，在非声源位置的输出值大于 0 且小于 1。根据“1 的任意次方始终等于 1，底数大于 0 且小于 1 的指数函数随指数的增加而递减”的性质，无论 ξ 取何值，FDAS 在声源位置的输出值始终极接近声源平均声压贡献，而在非声源位置的输出值将随 ξ 的增大而减小，因此，FDAS 能够缩减主瓣宽度并衰减旁瓣。

4.2.2 数值模拟

本节基于 6 种工况的数值模拟检验 FDAS 的清晰化效果；揭示典型因素(聚焦距离不等于声源距离、聚焦方向不涵盖声源方向、背景噪声、传声器及测试通道频响特性幅相误

差、数据快拍数目、声源相干性)对 FDAS 性能的影响规律及影响机理，并分析 FDAS 的应用特性(适用性、使用注意事项及局限性等)。6 种工况的信息如表 4.2 所示。

表 4.2　工况信息

工况	声源相干性	声源是否落在聚焦点上	有无背景噪声	有无传声器及测试通道频响特性幅相误差	数据快拍数目
工况一	不相干	是	无	无	等效于无穷多
工况二	不相干	不全是	无	无	等效于无穷多
工况三	不相干	是	有	无	等效于无穷多
工况四	不相干	是	无	有	等效于无穷多
工况五	不相干	是	无	无	少量
工况六	相干	是	无	无	等效于任意值

注：关于“等效于无穷多”和“等效于任意值”的详细解释见后续工况五和工况六中描述。

1. 工况一

4.1.2 节第 2 节中算例属于此工况，将 FDAS 应用于该算例，图 4.3 给出了 1000Hz、3000Hz 和 5000Hz 频率下指数 ξ 取不同值时的声源成像图。与图 4.2(aⅠ)～图 4.2(aⅢ)相比，FDAS 能缩减主瓣宽度并衰减旁瓣，ξ 越大，效果越好，这有助于提高空间分辨能力和有效动态范围。如图 4.3 第Ⅰ列所示，1000Hz 频率下，FDAS 在 ξ=2 时仍无法分辨(1.0m,70°,120°)、(1.0m,90°,180°)和(1.0m,130°,200°)位置处的声源，在 ξ=4 和 ξ=8 时已能分辨(1.0m,70°,120°)位置处的声源，在 $\xi\geqslant16$ 时已能分辨所有声源；如图 4.3 各列所示，显示动态范围内，FDAS 在 $\xi\geqslant8$ 时已未输出旁瓣。FDAS 在各声源位置处输出的主瓣峰值随 ξ 的增大越来越接近真实声源平均声压贡献(93.98dB)。ξ 足够大时，如图 4.3(gⅡ)、图 4.3(gⅢ)、图 4.3(hⅡ)、图 4.3(hⅢ)、图 4.3(iⅡ)和图 4.3(iⅢ)所示，重构分布已非常接近真实分布。综上所述，FDAS 对不相干声源有效，该工况下，ξ 越大，声源识别效果越好。事实上，一组不相干声源引起的 FDAS 输出可看作各声源单独存在时引起的 FDAS 输出的和。

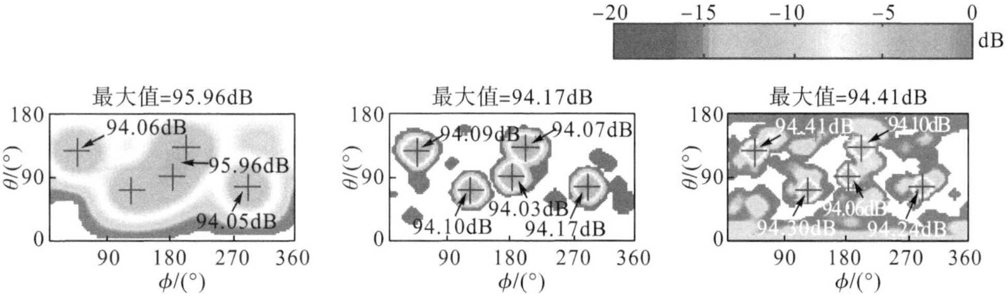

(aⅠ)1000Hz，ξ=2　　(aⅡ)3000Hz，ξ=2　　(aⅢ)5000Hz，ξ=2

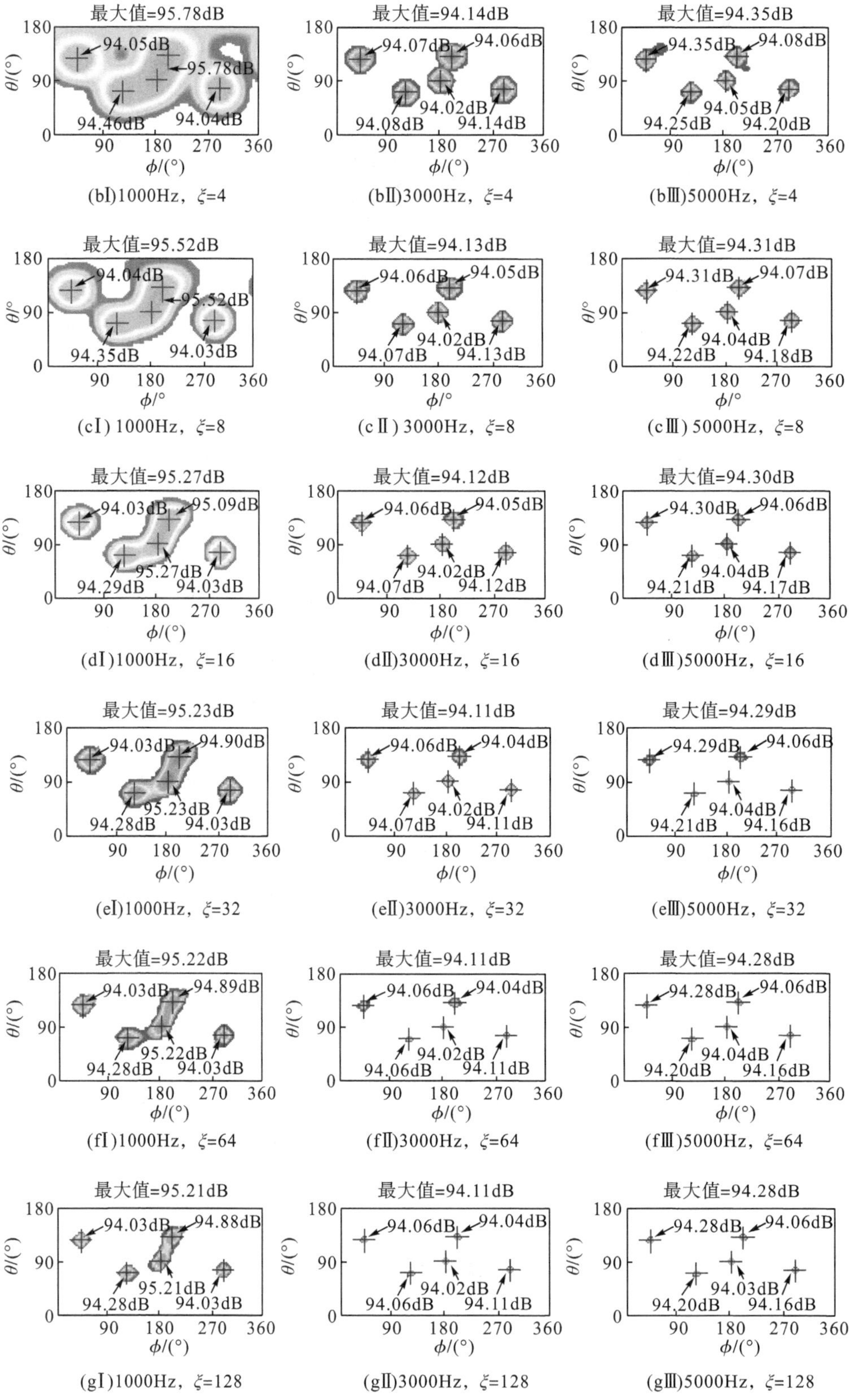

(bⅠ)1000Hz，ξ=4　(bⅡ)3000Hz，ξ=4　(bⅢ)5000Hz，ξ=4

(cⅠ) 1000Hz，ξ=8　(cⅡ) 3000Hz，ξ=8　(cⅢ) 5000Hz，ξ=8

(dⅠ)1000Hz，ξ=16　(dⅡ)3000Hz，ξ=16　(dⅢ)5000Hz，ξ=16

(eⅠ)1000Hz，ξ=32　(eⅡ)3000Hz，ξ=32　(eⅢ)5000Hz，ξ=32

(fⅠ)1000Hz，ξ=64　(fⅡ)3000Hz，ξ=64　(fⅢ)5000Hz，ξ=64

(gⅠ)1000Hz，ξ=128　(gⅡ)3000Hz，ξ=128　(gⅢ)5000Hz，ξ=128

(hⅠ)1000Hz, ξ=256　　　(hⅡ)3000Hz, ξ=256　　　(hⅢ)5000Hz, ξ=256

(iⅠ)1000Hz, ξ=512　　　(iⅡ)3000Hz, ξ=512　　　(iⅢ)5000Hz, ξ=512

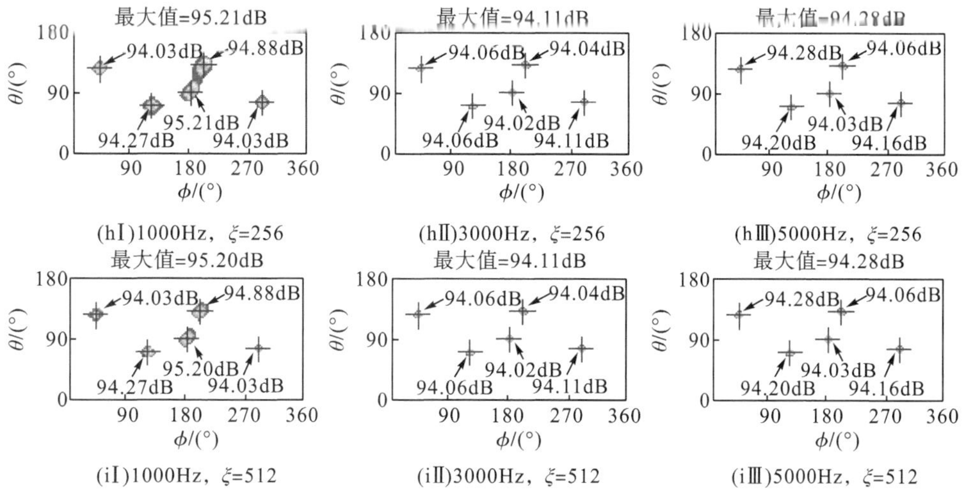

图 4.3　工况一下 FDAS 的声源成像图

2. 工况二

保持工况一中 (1.0m,125°,40°) 位置处的声源不变，改变其他声源的位置依次为 (0.5m,70°,120°)、(2.0m,90°,180°)、(1.0m,133°,203°) 和 (1.0m,78°,293°)。后四个声源中，前两个因聚焦距离不等于声源到阵列中心的距离而未落在聚焦点上，后两个因聚焦方向不涵盖声源方向而未落在聚焦点上。图 4.4 给出了 1000Hz、3000Hz 和 5000Hz 频率下指数 ξ 取不同值时的声源成像图，ξ=1 对应 DAS，ξ>1 对应 FDAS。对比图 4.4 和图 4.3 可见：声源是否落在聚焦点上不影响 FDAS 的清晰化效果。对落在聚焦点上 (1.0m,125°,40°) 位置处的声源，不论 ξ 取何值，平均声压贡献的计算值均几乎等于真实值；对其他未落在聚焦点上的声源，平均声压贡献的计算值随 ξ 的增大而减小，甚至出现因计算值比真实值低 (差值大于 20dB) 而使声源从成像图中消失的现象，如图 4.4(hⅢ)、图 4.4(iⅡ)、图 4.4(iⅢ)、图 4.4(jⅡ) 和图 4.4(jⅢ) 所示。图 4.5 给出了声源平均声压贡献的计算值与真实值之差随 ξ 的变化曲线。图 4.5(a) 中，对应 (0.5m,70°,120°) 位置处的声源曲线从 ξ=4 开始，对应 (2.0m,90°,180°) 和 (1.0m,133°,203°) 位置处的声源曲线从 ξ=16 开始，这是因为在更小的 ξ 下这些声源还未被分辨出来。图 4.5 显示：ξ 较小时，DAS 和 FDAS 在准确定向声源的同时亦能较准确地量化声源平均声压贡献，即使聚焦距离不等于声源到阵列中心的距离或聚焦方向不涵盖声源方向；ξ 较大时，FDAS 仅能准确定量落在聚焦点上的声源，对未落在聚焦点上的声源，FDAS 计算的声源平均声压贡献低于真实值较多，且频率越高，该现象越严重。基于该现象，当声源未落在聚焦点上时，为保证 FDAS 的量化偏差不过大，ξ 应取较小值。总体上，推荐 ξ 的取值不超过 30；低频时，ξ 的取值可适度增大，高频时，ξ 的取值应更小。例如，呈现算例中，1000Hz 频率下 ξ 取至 64 时声源最大量化偏差仍仅约 1dB，5000Hz 频率下 ξ 取至 16 时声源最大量化偏差已超过 3dB。事实上，如图 4.3 和图 4.4 所示，较小的 ξ 已能获得优秀的旁瓣衰减效果，对高频声源识别已足够，因为高频清晰化的主要目的是衰减旁瓣 (主瓣本就很窄)；低频时则需要较大的 ξ 来缩减主瓣宽度，提高对声源的空间分辨能力。

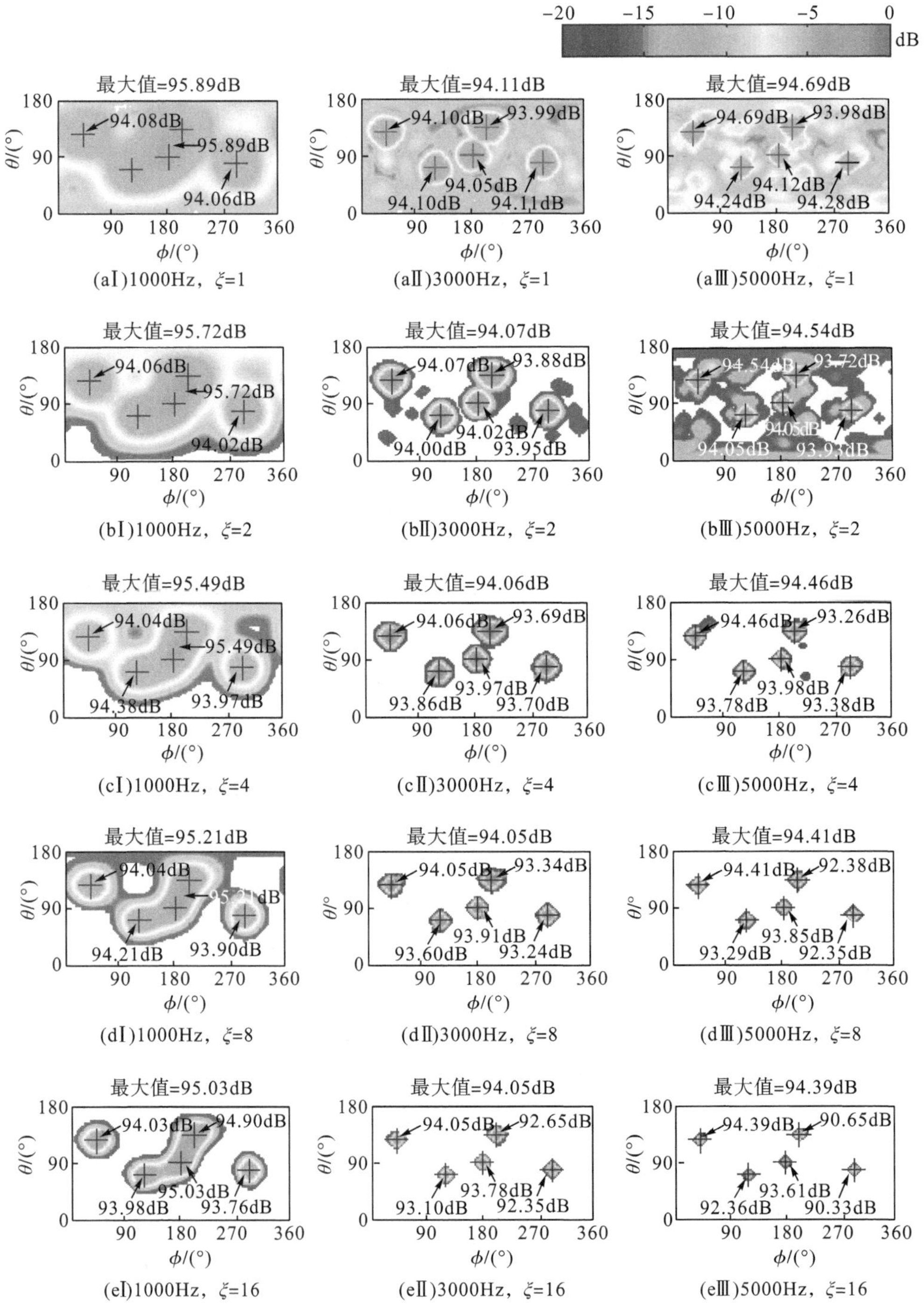

(aⅠ)1000Hz，ξ=1 (aⅡ)3000Hz，ξ=1 (aⅢ)5000Hz，ξ=1

(bⅠ)1000Hz，ξ=2 (bⅡ)3000Hz，ξ=2 (bⅢ)5000Hz，ξ=2

(cⅠ)1000Hz，ξ=4 (cⅡ)3000Hz，ξ=4 (cⅢ)5000Hz，ξ=4

(dⅠ)1000Hz，ξ=8 (dⅡ)3000Hz，ξ=8 (dⅢ)5000Hz，ξ=8

(eⅠ)1000Hz，ξ=16 (eⅡ)3000Hz，ξ=16 (eⅢ)5000Hz，ξ=16

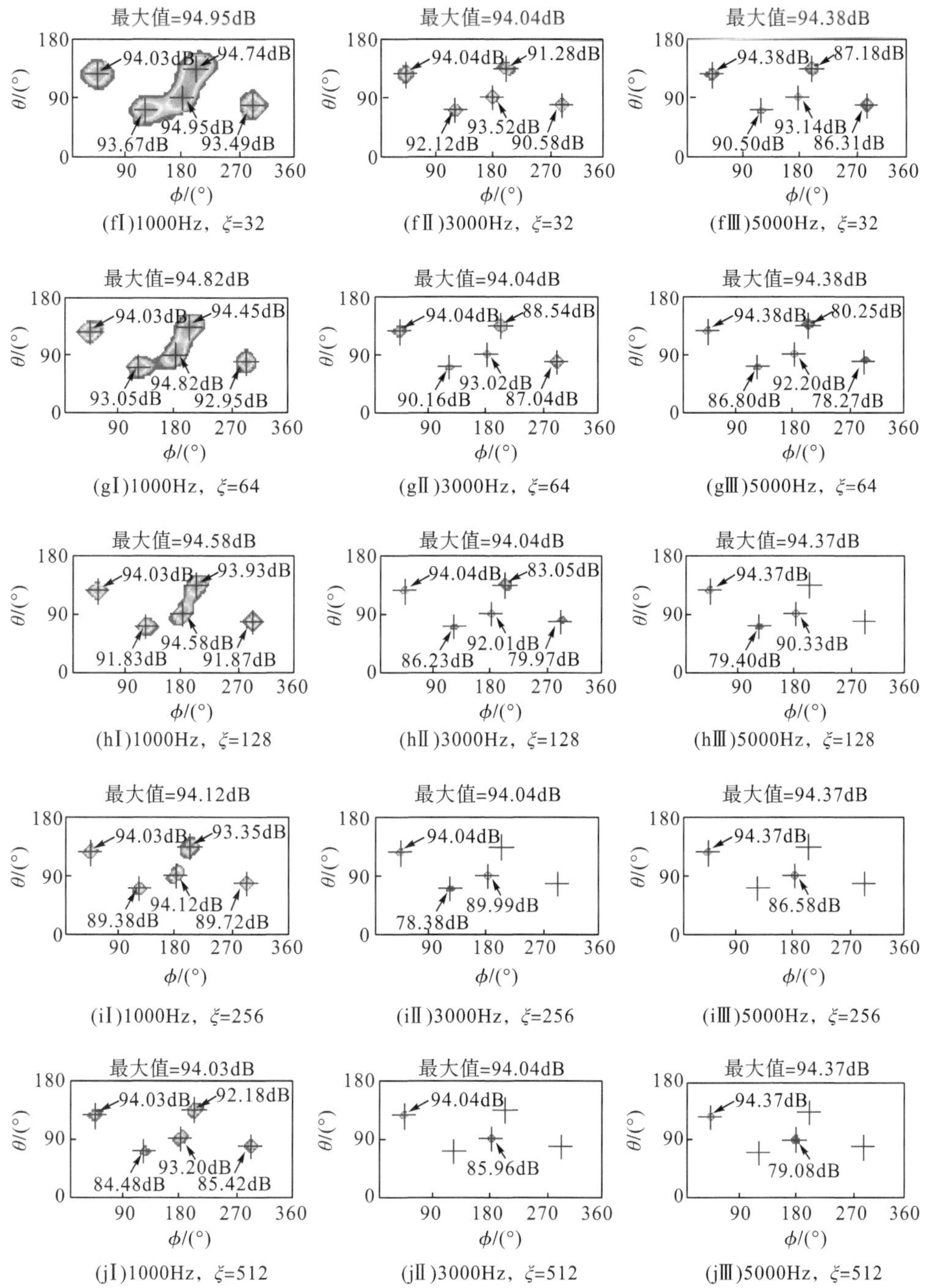

图 4.4　工况二下 DAS 和 FDAS 的声源成像图

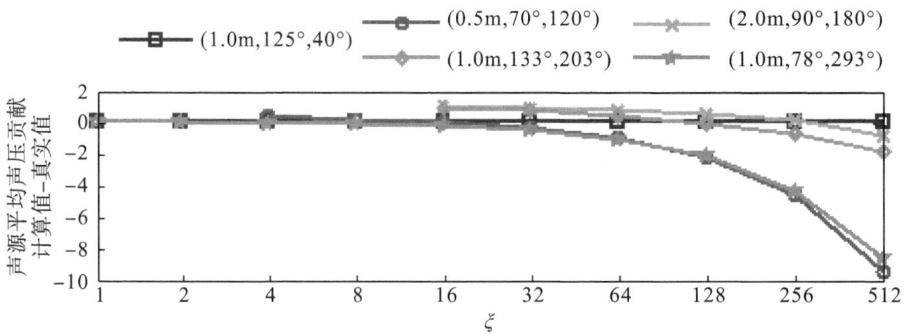

(a)1000Hz

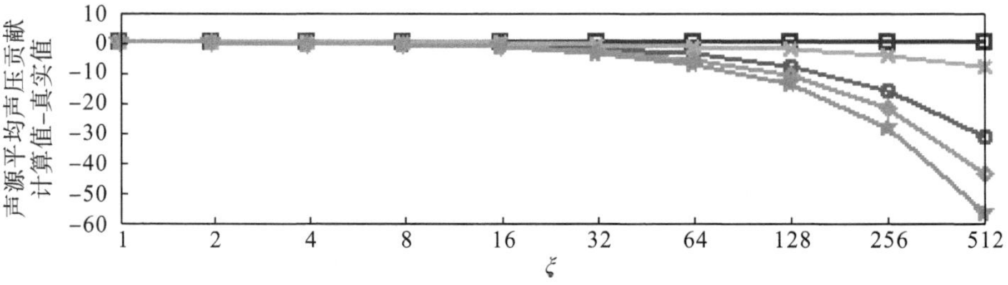

(b)3000Hz

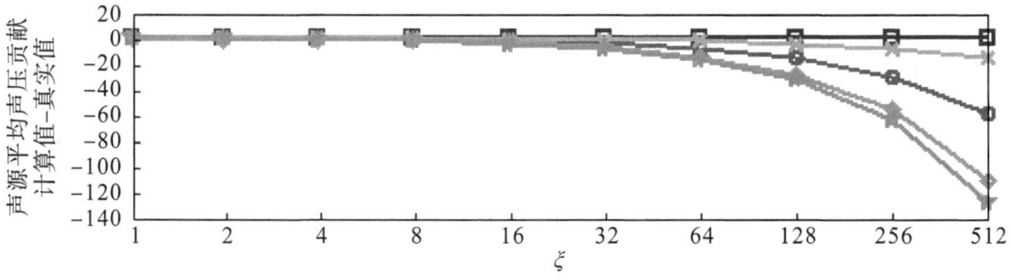

(c)5000Hz

图 4.5　工况二下声源平均声压贡献的计算值与真实值之差随 ξ 的变化曲线

图 4.5 显示现象的理论解释如下。对到阵列中心的距离 (r_{S}) 不等于聚焦距离 (r_{F}) 的声源，r_{S} 和 r_{F} 均较大时，存在 $s(kr_{\mathrm{F}},\Omega_{\mathrm{S}})=\left[r_{\mathrm{F}}\mathrm{e}^{-\mathrm{j}k(r_{\mathrm{S}}-r_{\mathrm{F}})}/r_{\mathrm{S}}\right]s(kr_{\mathrm{S}},\Omega_{\mathrm{S}})$ 使得

$$P_{AC}(kr_{\mathrm{S}},\Omega_{\mathrm{S}})\approx\frac{1}{Q}\mathbb{E}\left[\left|s(kr_{\mathrm{F}},\Omega_{\mathrm{S}})\right|^2\right]\left\|\boldsymbol{t}(kr_{\mathrm{F}},\Omega_{\mathrm{S}})\right\|_2^2 \tag{4.18}$$

$$\boldsymbol{C}(kr_{\mathrm{S}},\Omega_{\mathrm{S}})\approx\mathbb{E}\left[\left|s(kr_{\mathrm{F}},\Omega_{\mathrm{S}})\right|^2\right]\boldsymbol{t}(kr_{\mathrm{F}},\Omega_{\mathrm{S}})\boldsymbol{t}^{\mathrm{H}}(kr_{\mathrm{F}},\Omega_{\mathrm{S}}) \tag{4.19}$$

联立式(4.1)、式(4.18)和式(4.19)可得

$$\begin{cases} b\left((kr_{\mathrm{F}},\Omega_{\mathrm{F}})\middle|(kr_{\mathrm{S}},\Omega_{\mathrm{S}})\right)\approx P_{AC}(kr_{\mathrm{S}},\Omega_{\mathrm{S}})\mathrm{psf}_{\infty}\left((kr_{\mathrm{F}},\Omega_{\mathrm{F}})\middle|(kr_{\mathrm{F}},\Omega_{\mathrm{S}})\right) \\ \mathrm{psf}_{\infty}\left((kr_{\mathrm{F}},\Omega_{\mathrm{F}})\middle|(kr_{\mathrm{F}},\Omega_{\mathrm{S}})\right)=\dfrac{\boldsymbol{v}^{\mathrm{H}}(kr_{\mathrm{F}},\Omega_{\mathrm{F}})\boldsymbol{t}(kr_{\mathrm{F}},\Omega_{\mathrm{S}})\boldsymbol{t}^{\mathrm{H}}(kr_{\mathrm{F}},\Omega_{\mathrm{S}})\boldsymbol{v}(kr_{\mathrm{F}},\Omega_{\mathrm{F}})}{\left\|\boldsymbol{t}(kr_{\mathrm{F}},\Omega_{\mathrm{S}})\right\|_2^2\left\|\boldsymbol{v}(kr_{\mathrm{F}},\Omega_{\mathrm{F}})\right\|_2^2} \end{cases} \tag{4.20}$$

对比式(4.7)和式(4.20)可得 $\mathrm{psf}_{\infty}\left[(kr_{\mathrm{F}},\Omega_{\mathrm{F}})\middle|(kr_{\mathrm{S}},\Omega_{\mathrm{S}})\right]\approx\mathrm{psf}_{\infty}\left[(kr_{\mathrm{F}},\Omega_{\mathrm{F}})\middle|(kr_{\mathrm{F}},\Omega_{\mathrm{S}})\right]$，即 $(r_{\mathrm{S}},\Omega_{\mathrm{S}})$ 位置处的声源在聚焦点上引起的 PSF 约等于 $(r_{\mathrm{S}},\Omega_{\mathrm{S}})$ 位置处的声源在聚焦点上引起

的 PSF。由 4.1.1 节可知 $\mathrm{psf}_\infty\left[\left(kr_\mathrm{F},\Omega_\mathrm{F}\right)\middle|\left(kr_\mathrm{F},\Omega_\mathrm{S}\right)\right]$ 在等于 Ω_S 的 Ω_F 方向输出极接近 1 的主瓣峰值，相应地，$\mathrm{psf}_\infty\left[\left(kr_\mathrm{F},\Omega_\mathrm{F}\right)\middle|\left(kr_\mathrm{S},\Omega_\mathrm{S}\right)\right]$ 在等于 Ω_S 的 Ω_F 方向输出约等于 1 的主瓣峰值，更准确地讲是略小于 1。频率越高，球体散射越强，声波衍射越强，式(4.18)和式(4.19)中“≈”两侧项间的偏差越大，最终导致 $\mathrm{psf}_\infty\left[\left(kr_\mathrm{F},\Omega_\mathrm{F}\right)\middle|\left(kr_\mathrm{S},\Omega_\mathrm{S}\right)\right]$ 的主瓣峰值小于 1 越多。对方向未落在聚焦方向上的声源，$\mathrm{psf}_\infty\left[\left(kr_\mathrm{F},\Omega_\mathrm{F}\right)\middle|\left(kr_\mathrm{S},\Omega_\mathrm{S}\right)\right]$ 在最接近 Ω_S 的 Ω_F 方向输出的主瓣峰值必小于 1，在 Ω_F 与 Ω_S 间隔不大时约等于 1。频率越高，主瓣越窄，$\mathrm{psf}_\infty\left[\left(kr_\mathrm{F},\Omega_\mathrm{F}\right)\middle|\left(kr_\mathrm{S},\Omega_\mathrm{S}\right)\right]$ 的主瓣峰值小于 1 越多。联合指数函数的性质和式(4.17)，图 4.5 显示的现象成立。

3. 工况三

在工况一的基础上添加不同信噪比(SNR)的背景噪声，图4.6和图4.7分别给出了 SNR 为 20dB 和 0dB 时 1000Hz、3000Hz 和 5000Hz 频率下 DAS 和 FDAS 的声源成像图。相比 DAS，FDAS 能缩减主瓣宽度并衰减旁瓣，具有清晰化效果。与图 4.3 所示的“随 ξ 增大，FDAS 的清晰化效果明显变好，最终重构分布可近似等于真实分布”现象不同，图 4.6 和图 4.7 中，背景噪声的存在使 FDAS 的清晰化效果在 ξ 达到一定值后不再随 ξ 的增大而明显变好。$\xi\geqslant 8$ 时，FDAS 输出主瓣的宽度已无明显变化，1000Hz 频率下 ξ=512 时，FDAS 仍无法分辨(1m,90°,180°)和(1m,130°,200°)位置处的声源；0dB 的 SNR 下，FDAS 在 ξ=512 和 ξ=16 时输出的旁瓣水平相当。综上所述，背景噪声的存在限制 FDAS 的主瓣缩减和旁瓣衰减，从而降低空间分辨能力和有效动态范围。

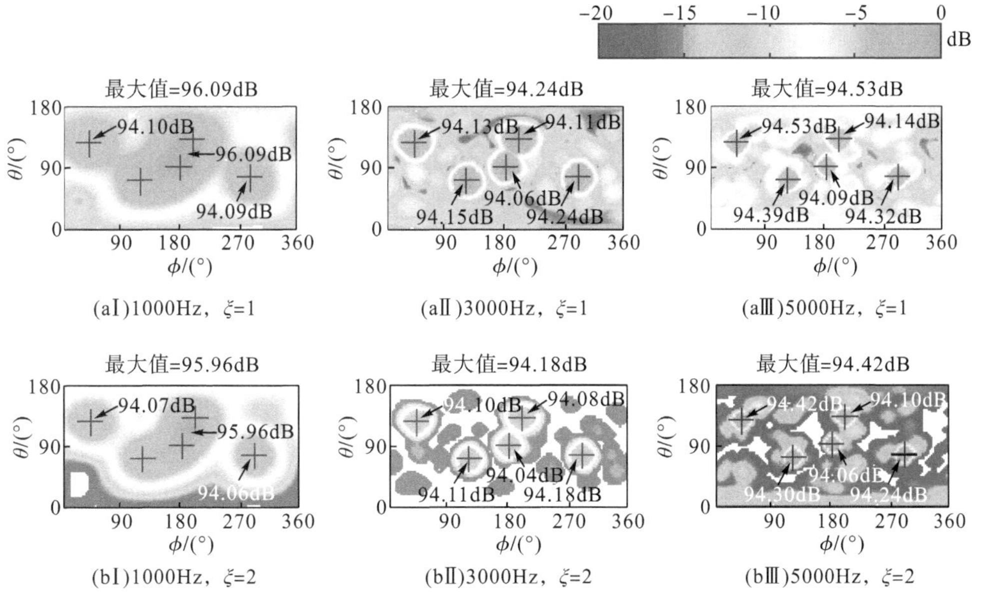

(aⅠ)1000Hz，ξ=1　(aⅡ)3000Hz，ξ=1　(aⅢ)5000Hz，ξ=1

(bⅠ)1000Hz，ξ=2　(bⅡ)3000Hz，ξ=2　(bⅢ)5000Hz，ξ=2

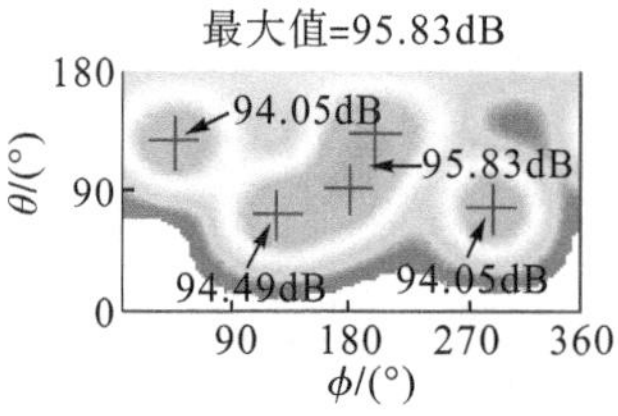

(cⅠ)1000Hz，ξ=4

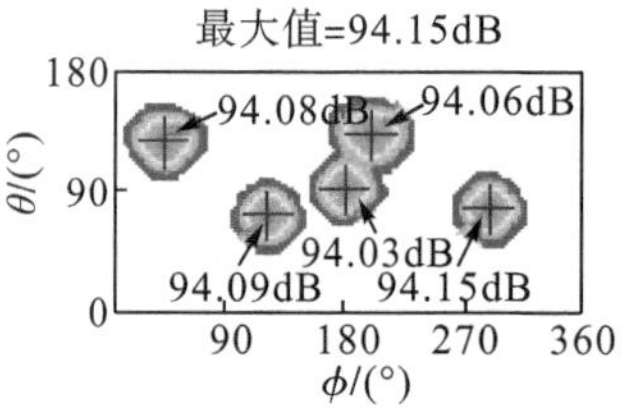

(cⅡ)3000Hz，ξ=4

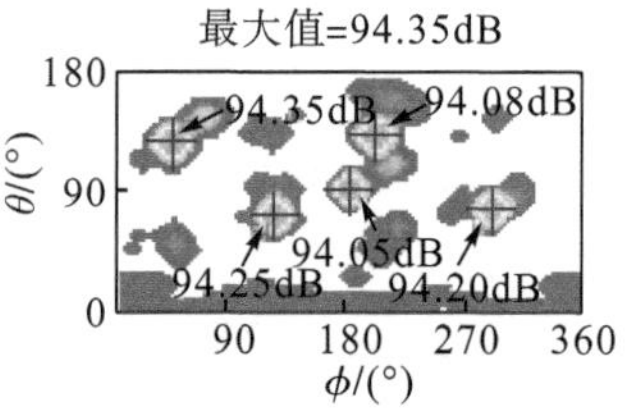

(cⅢ)5000Hz，ξ=4

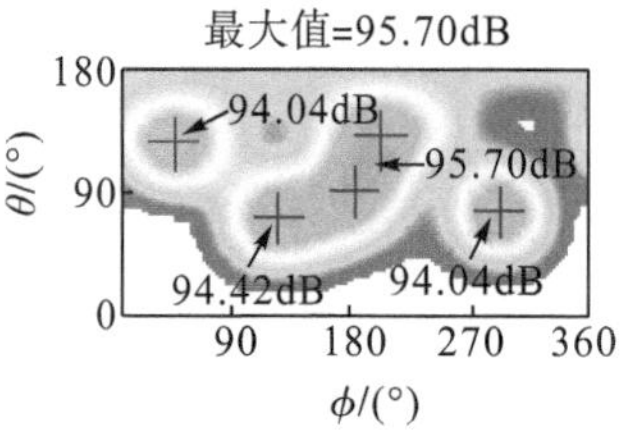

(dⅠ)1000Hz，ξ=8

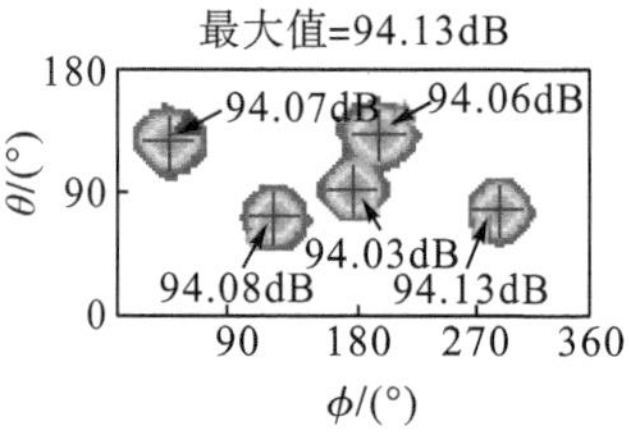

(dⅡ)3000Hz，ξ=8

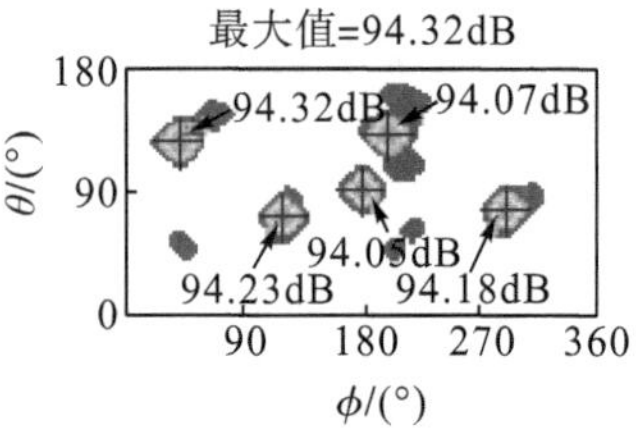

(dⅢ)5000Hz，ξ=8

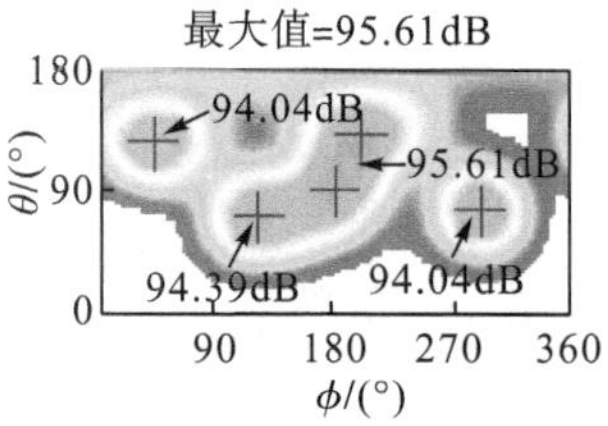

(eⅠ)1000Hz，ξ=16

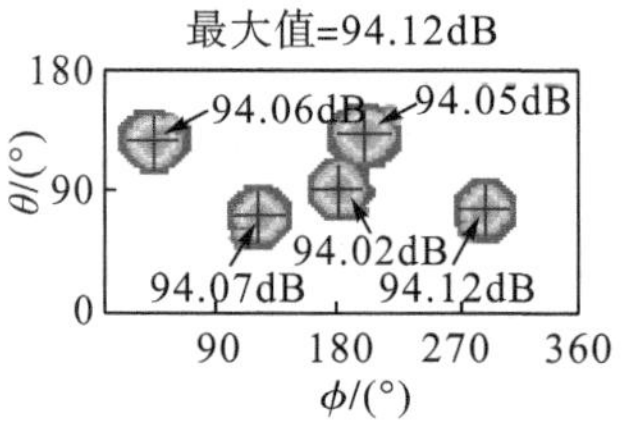

(eⅡ)3000Hz，ξ=16

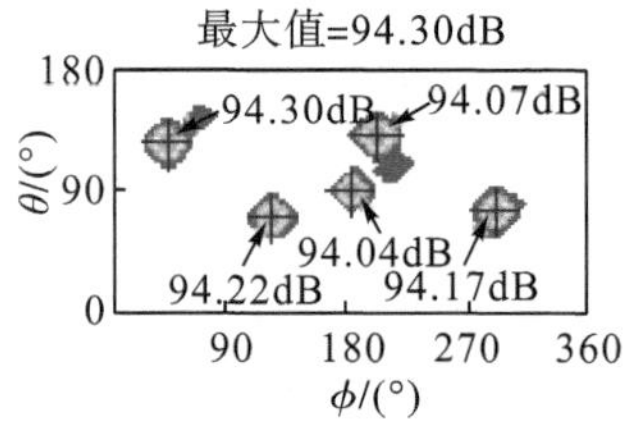

(eⅢ)5000Hz，ξ=16

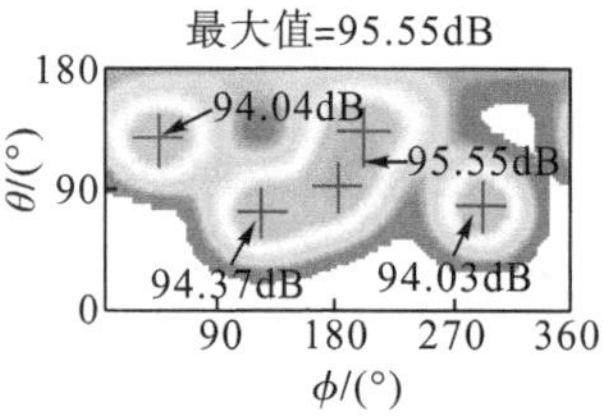

(fⅠ)1000Hz， ξ=32

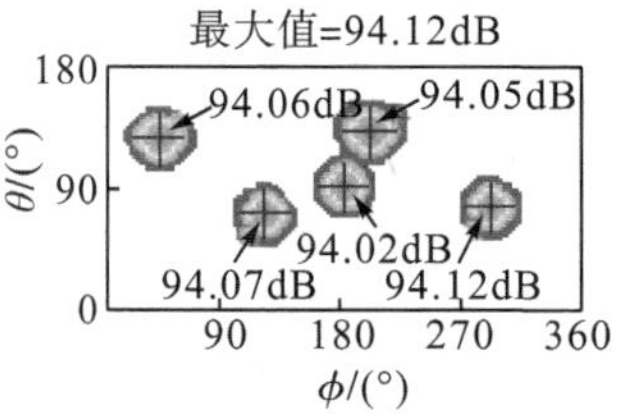

(fⅡ)3000Hz，ξ=32

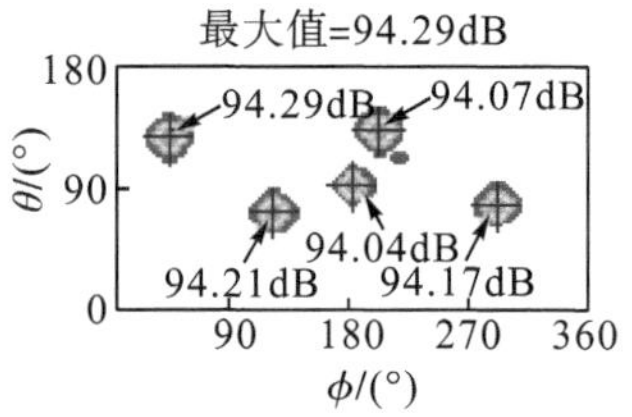

(fⅢ)5000Hz，ξ=32

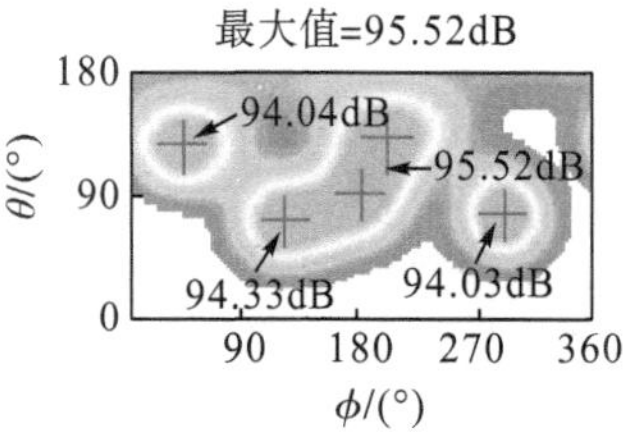

(gⅠ)1000Hz，ξ=64

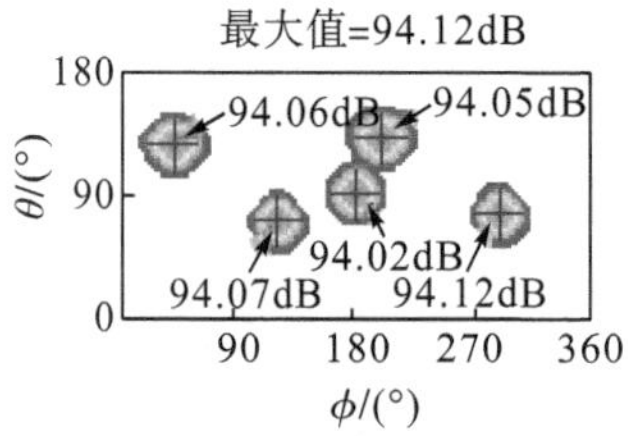

(gⅡ)3000Hz，ξ=64

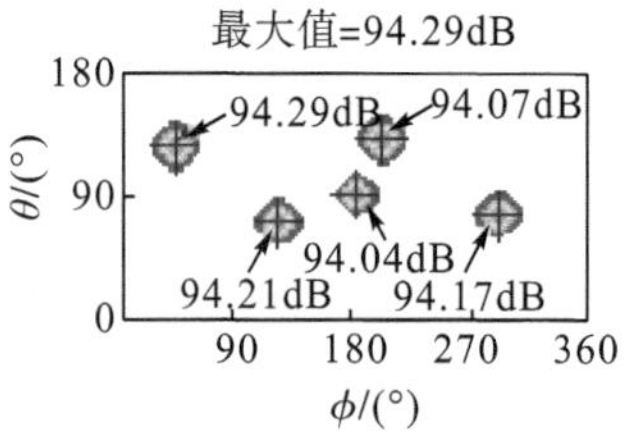

(gⅢ)5000Hz，ξ=64

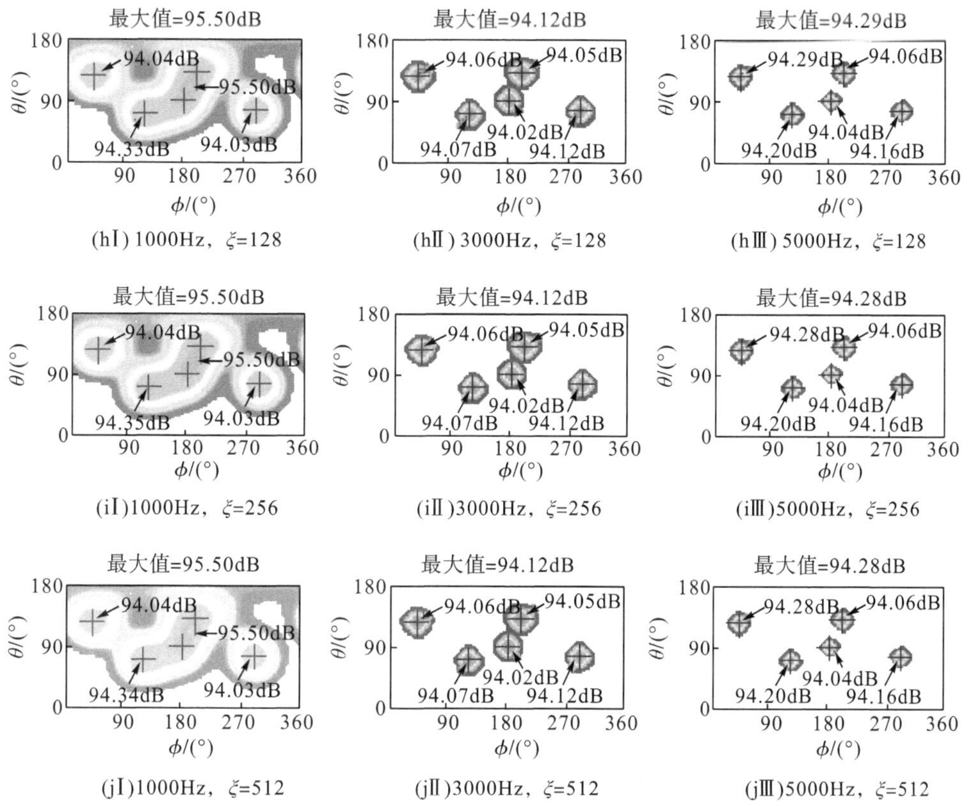

图 4.6　工况三下 SNR 为 20dB 时 DAS 和 FDAS 的声源成像图

注：ξ=1 对应 DAS；ξ＞1 对应 FDAS。

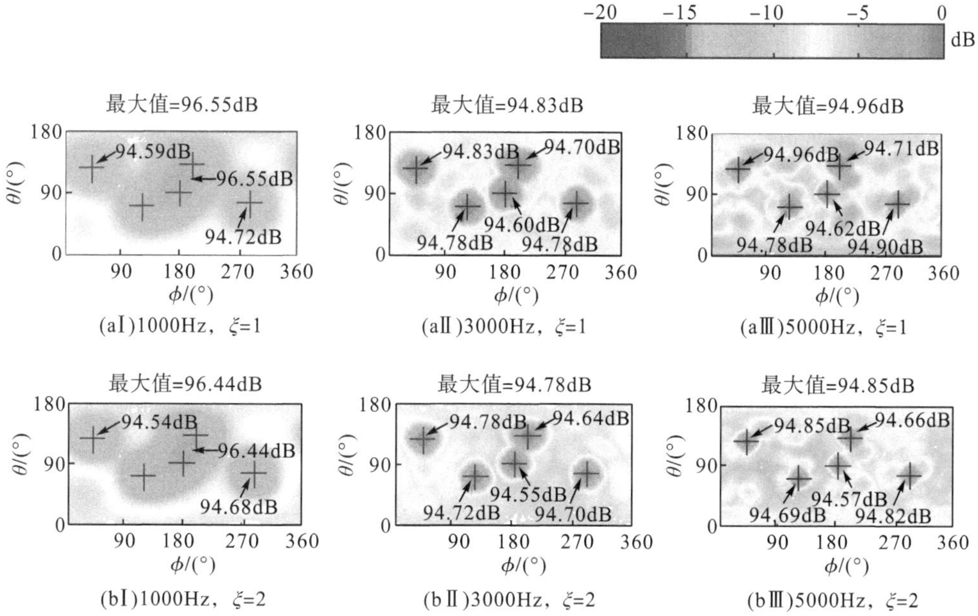

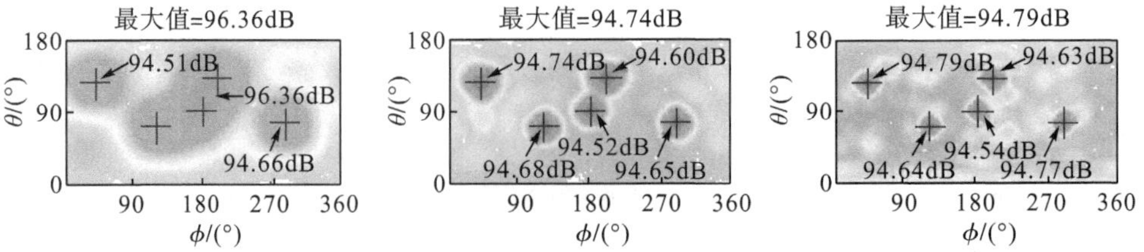

(cⅠ)1000Hz，ξ=4 (cⅡ)3000Hz，ξ=4 (cⅢ)5000Hz，ξ=4

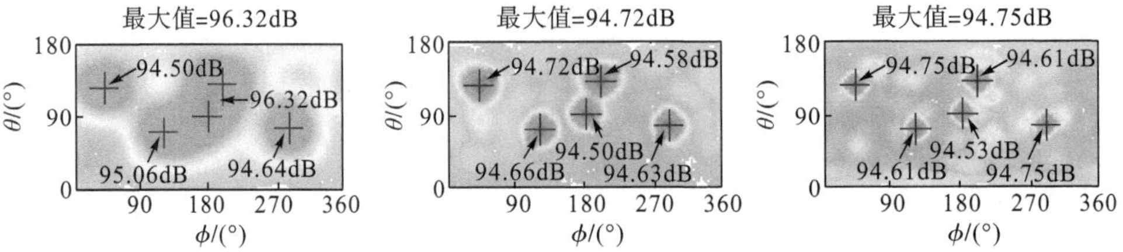

(dⅠ)1000Hz，ξ=8 (dⅡ)3000Hz，ξ=8 (dⅢ)5000Hz，ξ=8

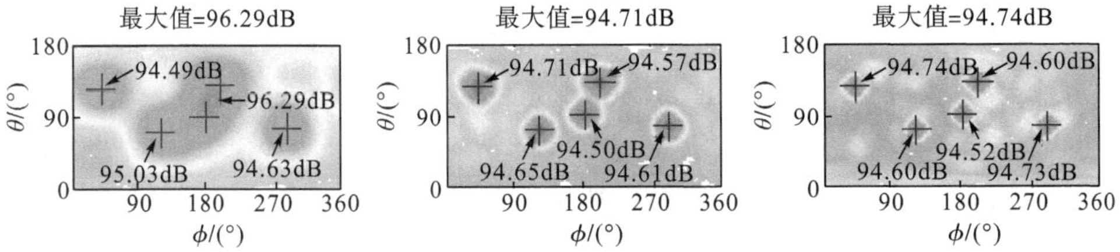

(eⅠ)1000Hz，ξ=16 (eⅡ)3000Hz，ξ=16 (eⅢ)5000Hz，ξ=16

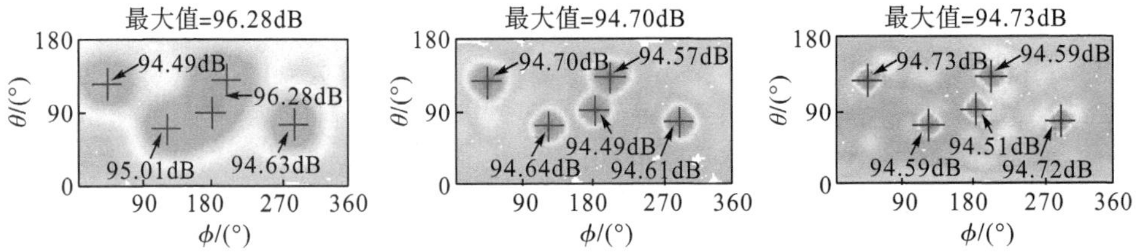

(fⅠ)1000Hz，ξ=32 (fⅡ)3000Hz，ξ=32 (fⅢ)5000Hz，ξ=32

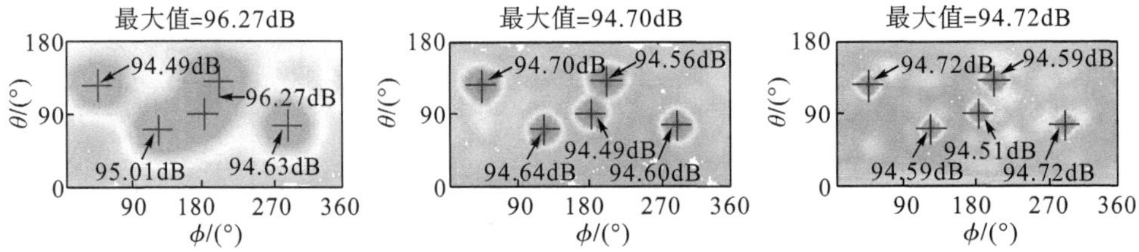

(gⅠ)1000Hz，ξ=64 (gⅡ)3000Hz，ξ=64 (gⅢ)5000Hz，ξ=64

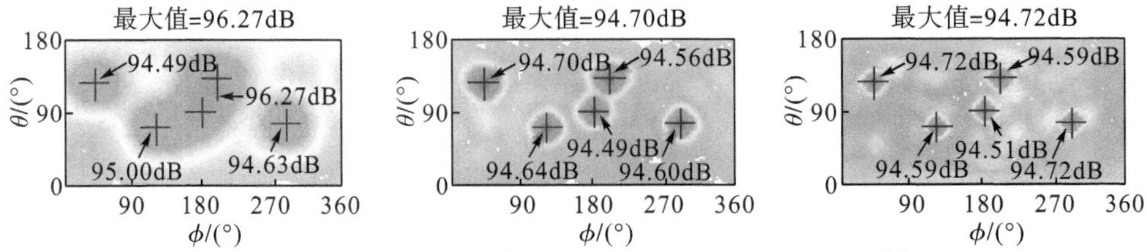

(hⅠ)1000Hz，ξ=128 (hⅡ)3000Hz，ξ=128 (hⅢ)5000Hz，ξ=128

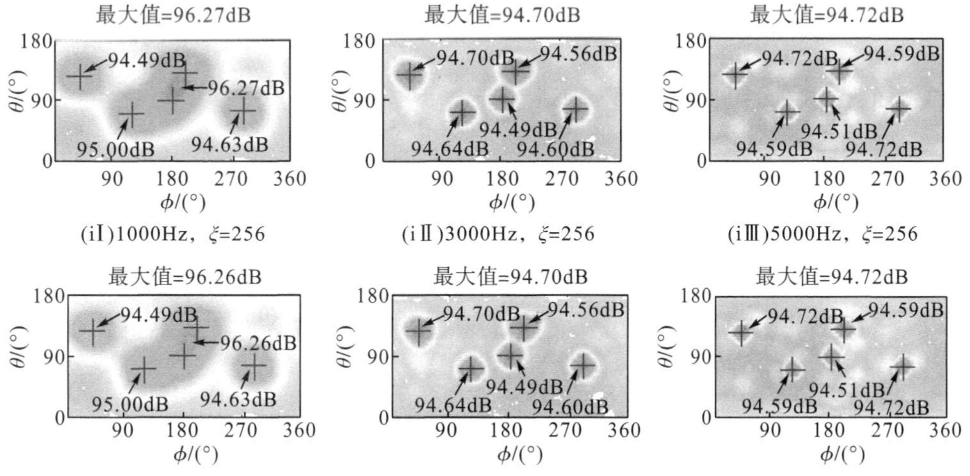

(iⅠ)1000Hz，ξ=256　(iⅡ)3000Hz，ξ=256　(iⅢ)5000Hz，ξ=256

(jⅠ)1000Hz，ξ=512　(jⅡ)3000Hz，ξ=512　(jⅢ)5000Hz，ξ=512

图 4.7　工况三下 SNR 为 0dB 时 DAS 和 FDAS 的声源成像图

注：ξ=1 对应 DAS；$\xi>1$ 对应 FDAS。

4. 工况四

在工况一的基础上添加传声器及测试通道频响特性幅相误差。在区间[0.80,1.25]内随机生成各幅值误差系数，即考虑最大±2dB 的幅值误差，在区间[-10°,10°]内随机生成各相位误差系数，图 4.8 给出了 1000Hz、3000Hz 和 5000Hz 频率下 DAS 和 FDAS 的声源成像图。对比图 4.8 和图 4.3 可见：该误差不影响 FDAS 的清晰化效果，使声源平均声压贡献的计算值随ξ的增大低于真实值越来越多。该影响规律与工况二中声源未落在聚焦点上的影响规律类同。图 4.9 中，声源平均声压贡献的计算值与真实值之差随ξ的变化曲线显示：该差值的绝对值在$\xi \leqslant 32$时相对较小(最大约 2.5dB)。因此，存在该误差时，为使 FDAS 仍能较好量化声源，推荐ξ的取值不超过 30，只要实际误差不大于算例中添加的误差，该推荐可行。

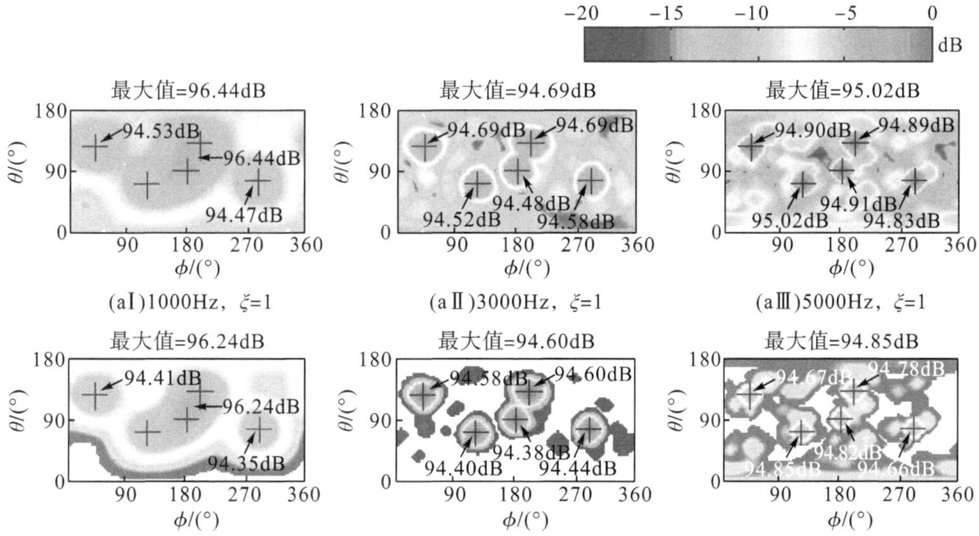

(aⅠ)1000Hz，ξ=1　(aⅡ)3000Hz，ξ=1　(aⅢ)5000Hz，ξ=1

(bⅠ)1000Hz，ξ=2　(bⅡ)3000Hz，ξ=2　(bⅢ)5000Hz，ξ=2

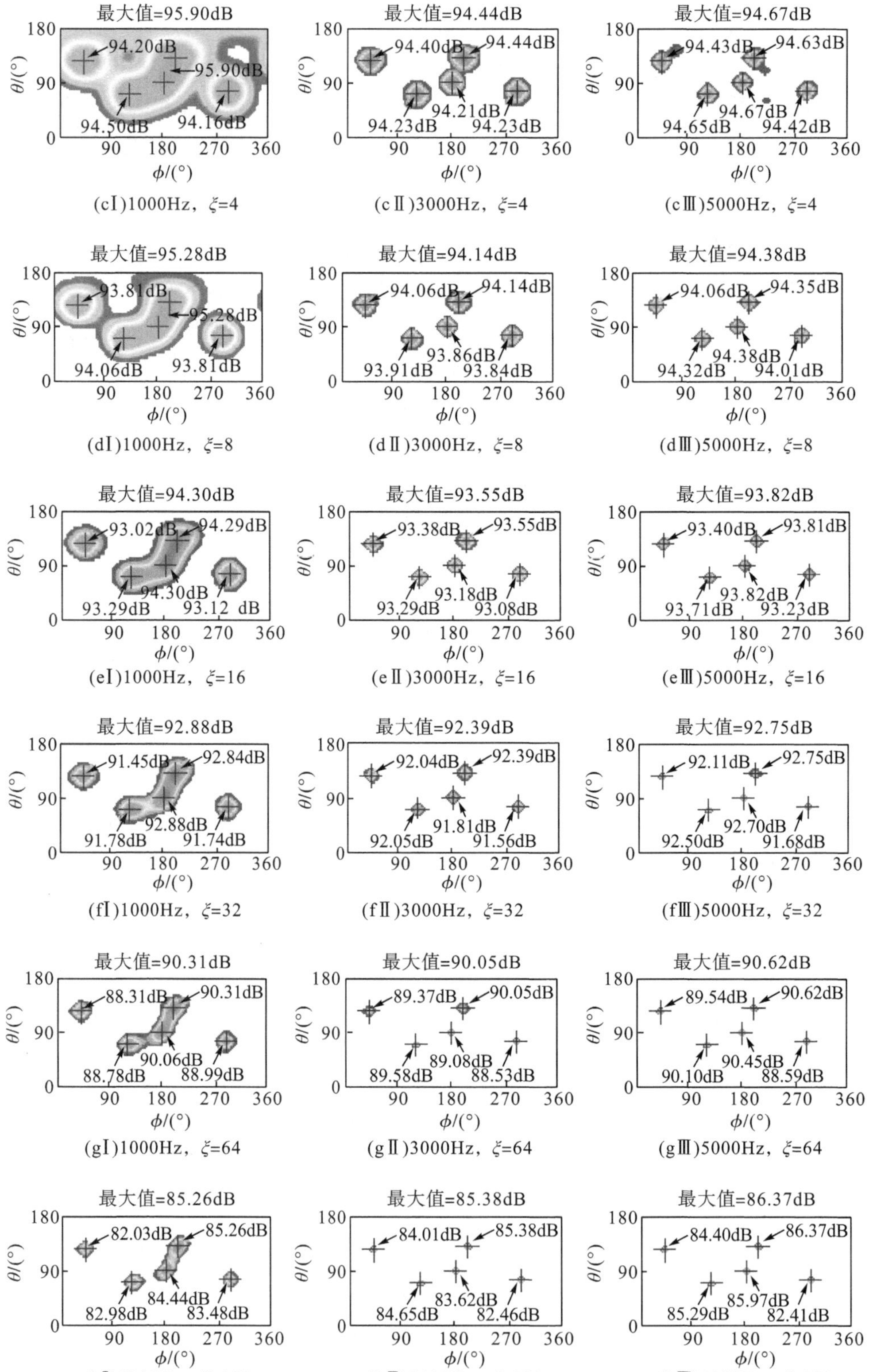

(cⅠ)1000Hz，ξ=4　(cⅡ)3000Hz，ξ=4　(cⅢ)5000Hz，ξ=4

(dⅠ)1000Hz，ξ=8　(dⅡ)3000Hz，ξ=8　(dⅢ)5000Hz，ξ=8

(eⅠ)1000Hz，ξ=16　(eⅡ)3000Hz，ξ=16　(eⅢ)5000Hz，ξ=16

(fⅠ)1000Hz，ξ=32　(fⅡ)3000Hz，ξ=32　(fⅢ)5000Hz，ξ=32

(gⅠ)1000Hz，ξ=64　(gⅡ)3000Hz，ξ=64　(gⅢ)5000Hz，ξ=64

(hⅠ)1000Hz，ξ=128　(hⅡ)3000Hz，ξ=128　(hⅢ)5000Hz，ξ=128

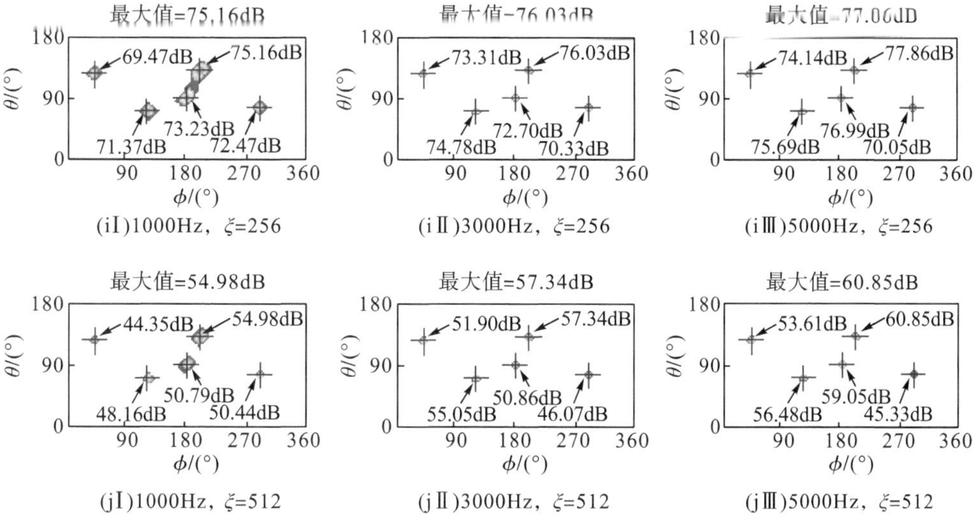

图 4.8　工况四下 DAS 和 FDAS 的声源成像图

注：$\xi=1$ 对应 DAS；$\xi>1$ 对应 FDAS。

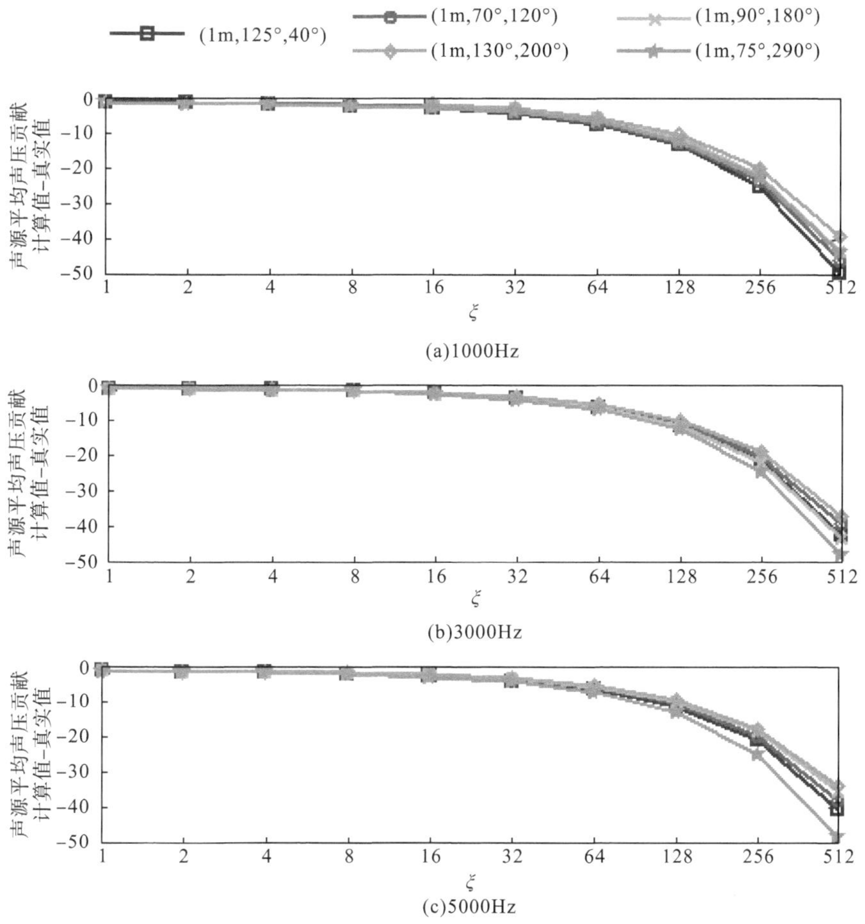

图 4.9　工况四下声源平均声压贡献的计算值与真实值之差随 ξ 的变化曲线

以单声源为例解释影响机理。记$\boldsymbol{\varepsilon} \in \mathbb{C}^{Q}$为各传声器及测试通道频响特性幅相误差组成的列向量，式(4.15)、式(4.16)和式(4.17)依次变为

$$\begin{aligned}\sigma_1 &= \operatorname{tr}(\boldsymbol{C}) = \operatorname{tr}\left\{\mathbb{E}\left[\left|s\left(kr_{\mathrm{S}}, \Omega_{\mathrm{S}}\right)\right|^2\right]\left[\boldsymbol{\varepsilon} \circ \boldsymbol{t}\left(kr_{\mathrm{S}}, \Omega_{\mathrm{S}}\right)\right]\left[\boldsymbol{\varepsilon} \circ \boldsymbol{t}\left(kr_{\mathrm{S}}, \Omega_{\mathrm{S}}\right)\right]^{\mathrm{H}}\right\} \\ &= \mathbb{E}\left[\left|s\left(kr_{\mathrm{S}}, \Omega_{\mathrm{S}}\right)\right|^2\right]\left\|\boldsymbol{\varepsilon} \circ \boldsymbol{t}\left(kr_{\mathrm{S}}, \Omega_{\mathrm{S}}\right)\right\|_2^2\end{aligned} \tag{4.21}$$

$$\boldsymbol{u}_1\boldsymbol{u}_1^{\mathrm{H}} = \frac{\left[\boldsymbol{\varepsilon} \circ \boldsymbol{t}\left(kr_{\mathrm{S}}, \Omega_{\mathrm{S}}\right)\right]\left[\boldsymbol{\varepsilon} \circ \boldsymbol{t}\left(kr_{\mathrm{S}}, \Omega_{\mathrm{S}}\right)\right]^{\mathrm{H}}}{\left\|\boldsymbol{\varepsilon} \circ \boldsymbol{t}\left(kr_{\mathrm{S}}, \Omega_{\mathrm{S}}\right)\right\|_2^2} \tag{4.22}$$

$$\begin{cases} b_{\mathrm{F}}\left(kr_{\mathrm{F}}, \Omega_{\mathrm{F}}\right) = P_{AC\varepsilon}\left(kr_{\mathrm{S}}, \Omega_{\mathrm{S}}\right) psf_{\infty\varepsilon}^{\xi}\left[\left(kr_{\mathrm{F}}, \Omega_{\mathrm{F}}\right)\middle|\left(kr_{\mathrm{S}}, \Omega_{\mathrm{S}}\right)\right] \\ P_{AC\varepsilon}\left(kr_{\mathrm{S}}, \Omega_{\mathrm{S}}\right) = \dfrac{P_{AC}\left(kr_{\mathrm{S}}, \Omega_{\mathrm{S}}\right)\left\|\boldsymbol{\varepsilon} \circ \boldsymbol{t}\left(kr_{\mathrm{S}}, \Omega_{\mathrm{S}}\right)\right\|_2^2}{\left\|\boldsymbol{t}\left(kr_{\mathrm{S}}, \Omega_{\mathrm{S}}\right)\right\|_2^2} \\ \mathrm{psf}_{\infty\varepsilon}\left[\left(kr_{\mathrm{F}}, \Omega_{\mathrm{F}}\right)\middle|\left(kr_{\mathrm{S}}, \Omega_{\mathrm{S}}\right)\right] = \dfrac{\boldsymbol{v}^{\mathrm{H}}\left(kr_{\mathrm{F}}, \Omega_{\mathrm{F}}\right)\left[\boldsymbol{\varepsilon} \circ \boldsymbol{t}\left(kr_{\mathrm{S}}, \Omega_{\mathrm{S}}\right)\right]\left[\boldsymbol{\varepsilon} \circ \boldsymbol{t}\left(kr_{\mathrm{S}}, \Omega_{\mathrm{S}}\right)\right]^{\mathrm{H}}\boldsymbol{v}\left(kr_{\mathrm{F}}, \Omega_{\mathrm{F}}\right)}{\left\|\boldsymbol{v}\left(kr_{\mathrm{F}}, \Omega_{\mathrm{F}}\right)\right\|_2^2\left\|\boldsymbol{\varepsilon} \circ \boldsymbol{t}\left(kr_{\mathrm{S}}, \Omega_{\mathrm{S}}\right)\right\|_2^2} \end{cases} \tag{4.23}$$

式中，符号“$\circ$”表示阿达马积运算；$P_{AC\varepsilon}\left(kr_{\mathrm{S}}, \Omega_{\mathrm{S}}\right)$和$\mathrm{psf}_{\infty\varepsilon}\left(\left(kr_{\mathrm{F}}, \Omega_{\mathrm{F}}\right)\middle|\left(kr_{\mathrm{S}}, \Omega_{\mathrm{S}}\right)\right)$分别表示受$\boldsymbol{\varepsilon}$影响的声源平均声压贡献和 PSF。不论$\left(r_{\mathrm{F}}, \Omega_{\mathrm{F}}\right)$是否等于$\left(r_{\mathrm{S}}, \Omega_{\mathrm{S}}\right)$，$\boldsymbol{v}\left(kr_{\mathrm{F}}, \Omega_{\mathrm{F}}\right)$均不等于$\boldsymbol{\varepsilon} \circ \boldsymbol{t}\left(kr_{\mathrm{S}}, \Omega_{\mathrm{S}}\right)$，$\mathrm{psf}_{\infty\varepsilon}\left[\left(kr_{\mathrm{F}}, \Omega_{\mathrm{F}}\right)\middle|\left(kr_{\mathrm{S}}, \Omega_{\mathrm{S}}\right)\right]$在所有聚焦点的输出均小于 1，主瓣峰值略小于 1。联合指数函数的性质和式(4.23)，图 4.8 和图 4.9 显示的现象成立。

5. 工况五

单快拍下传声器测量声压信号的互谱矩阵等于该快拍下各传声器测量声压信号组成的列向量与其共轭转置的乘积；多快拍下的互谱矩阵等于各快拍的互谱矩阵的平均。工况一至工况四中，不相干声源引起的互谱矩阵被计算为各声源单独引起的互谱矩阵的和，等效于无穷多数据快拍被采用。少量数据快拍被采用时，该关系不成立。在工况一的基础上减少数据快拍数目，各快拍下，固定声源平均声压贡献均为 1，随机生成声源的初始相位。图 4.10 给出了三个快拍被采用时 1000Hz、3000Hz 和 5000Hz 频率下 DAS 和 FDAS 的声源成像图。可以看出，FDAS 虽具有清晰化效果，但计算的声源平均声压贡献随ξ的增大急剧下降。如图 4.10(bⅠ)～图 4.10(bⅢ)所示，ξ=2 时，三个频率下，计算值低于真实值最大已分别高达 3.05dB、5.36dB 和 4.06dB。如图 4.10(gⅡ)、图 4.10(hⅡ)和图 4.10(iⅠ)～图 4.10(jⅢ)所示，ξ较大时，FDAS 甚至输出负值。该现象表明：FDAS 对少量数据快拍无适用性。这是由于互谱矩阵的主特征值及相应特征向量不能很好地与声源逐一对应，单声源不存在该问题。当增加数据快拍至足够多，如 50 时，FDAS 的结果已接近图 4.3 所示的工况一下的结果。

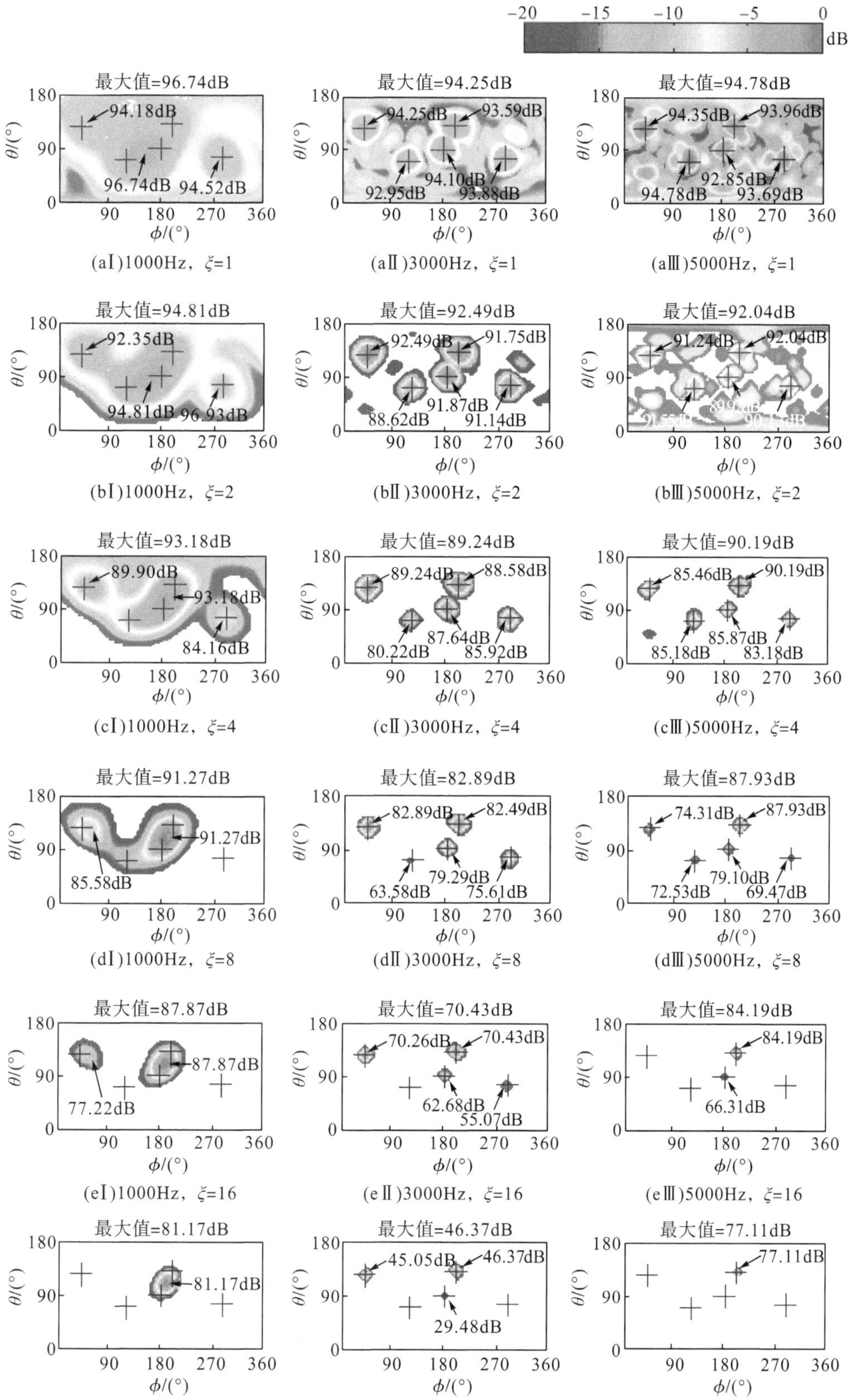

(aⅠ)1000Hz，ξ=1　(aⅡ)3000Hz，ξ=1　(aⅢ)5000Hz，ξ=1

(bⅠ)1000Hz，ξ=2　(bⅡ)3000Hz，ξ=2　(bⅢ)5000Hz，ξ=2

(cⅠ)1000Hz，ξ=4　(cⅡ)3000Hz，ξ=4　(cⅢ)5000Hz，ξ=4

(dⅠ)1000Hz，ξ=8　(dⅡ)3000Hz，ξ=8　(dⅢ)5000Hz，ξ=8

(eⅠ)1000Hz，ξ=16　(eⅡ)3000Hz，ξ=16　(eⅢ)5000Hz，ξ=16

(fⅠ)1000Hz，ξ=32　(fⅡ)3000Hz，ξ=32　(fⅢ)5000Hz，ξ=32

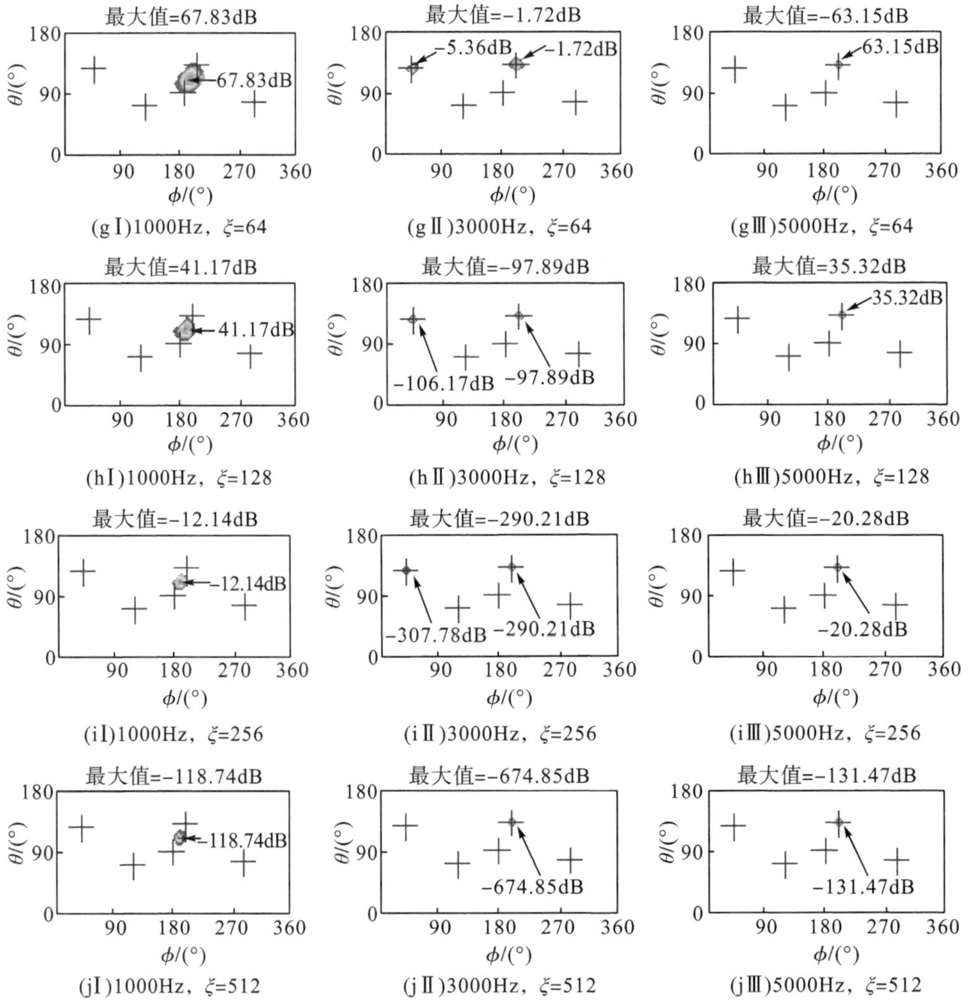

图 4.10 工况五下三个快拍被采用时 DAS 和 FDAS 的声源成像图

注：$\xi=1$ 对应 DAS；$\xi>1$ 对应 FDAS。

6. 工况六

改变工况一中声源的相干性为彼此相干，即具有固定平均声压贡献比和固定相位差，这里，5 个声源的平均声压贡献相等，初始相位被随机生成为 272.22°、318.37°、322.38°、28.11° 和 189.31°（决定相位差）。图 4.11 给出了 1000Hz、3000Hz 和 5000Hz 频率下 DAS 和 FDAS 的声源成像图。可以看出，FDAS 计算的声源平均声压贡献随 ξ 的增大急剧下降，速度比图 4.10 中还快，表明 FDAS 不适用于识别相干声源。不论多少数据快拍被采用，相干声源引起的互谱矩阵始终等于各声源单独引起的互谱矩阵的和再加上由于声源相干引起的互谱矩阵，其仅有一个主特征值，不能与声源逐一对应。

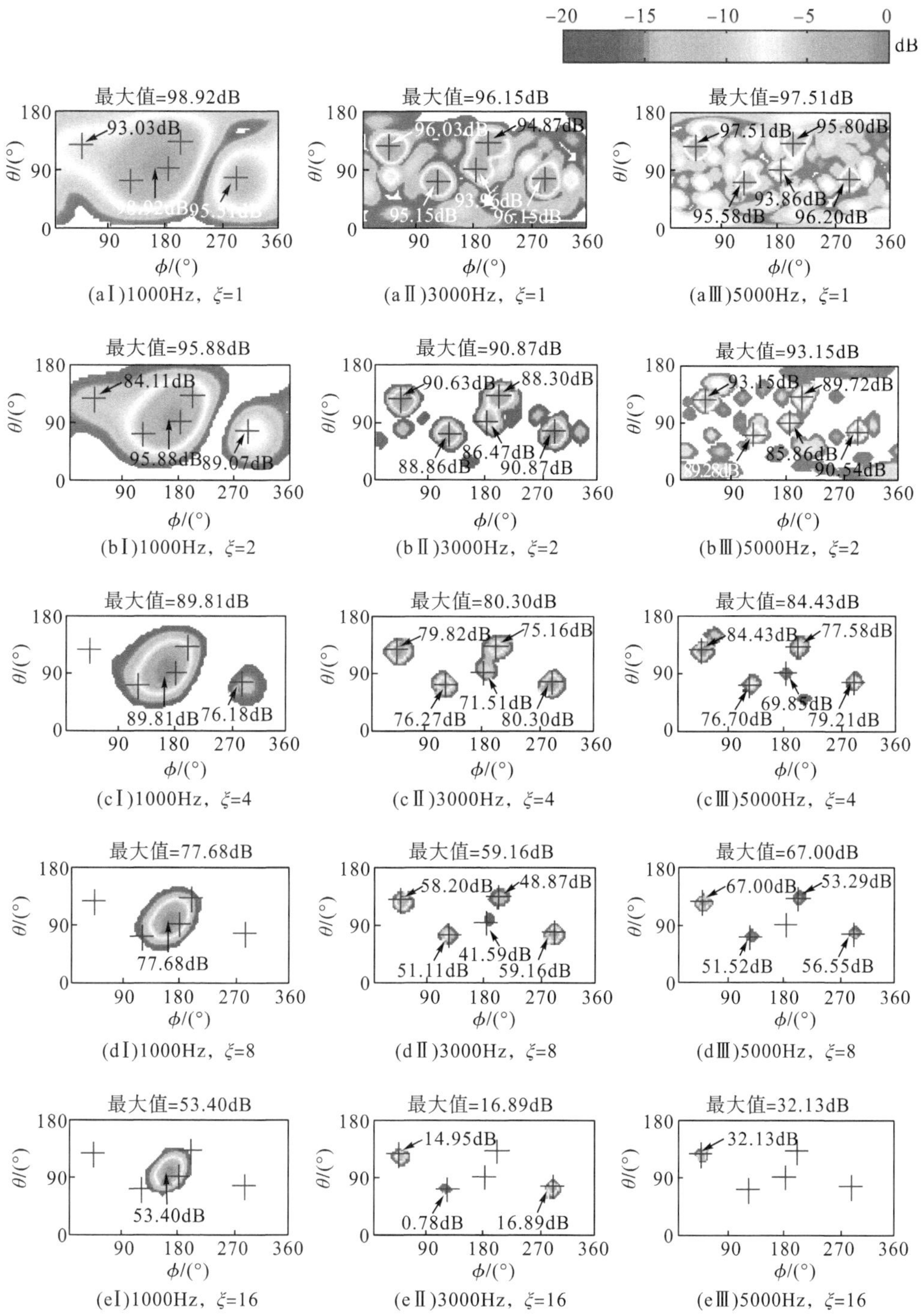

(aⅠ)1000Hz，ξ=1　(aⅡ)3000Hz，ξ=1　(aⅢ)5000Hz，ξ=1

(bⅠ)1000Hz，ξ=2　(bⅡ)3000Hz，ξ=2　(bⅢ)5000Hz，ξ=2

(cⅠ)1000Hz，ξ=4　(cⅡ)3000Hz，ξ=4　(cⅢ)5000Hz，ξ=4

(dⅠ)1000Hz，ξ=8　(dⅡ)3000Hz，ξ=8　(dⅢ)5000Hz，ξ=8

(eⅠ)1000Hz，ξ=16　(eⅡ)3000Hz，ξ=16　(eⅢ)5000Hz，ξ=16

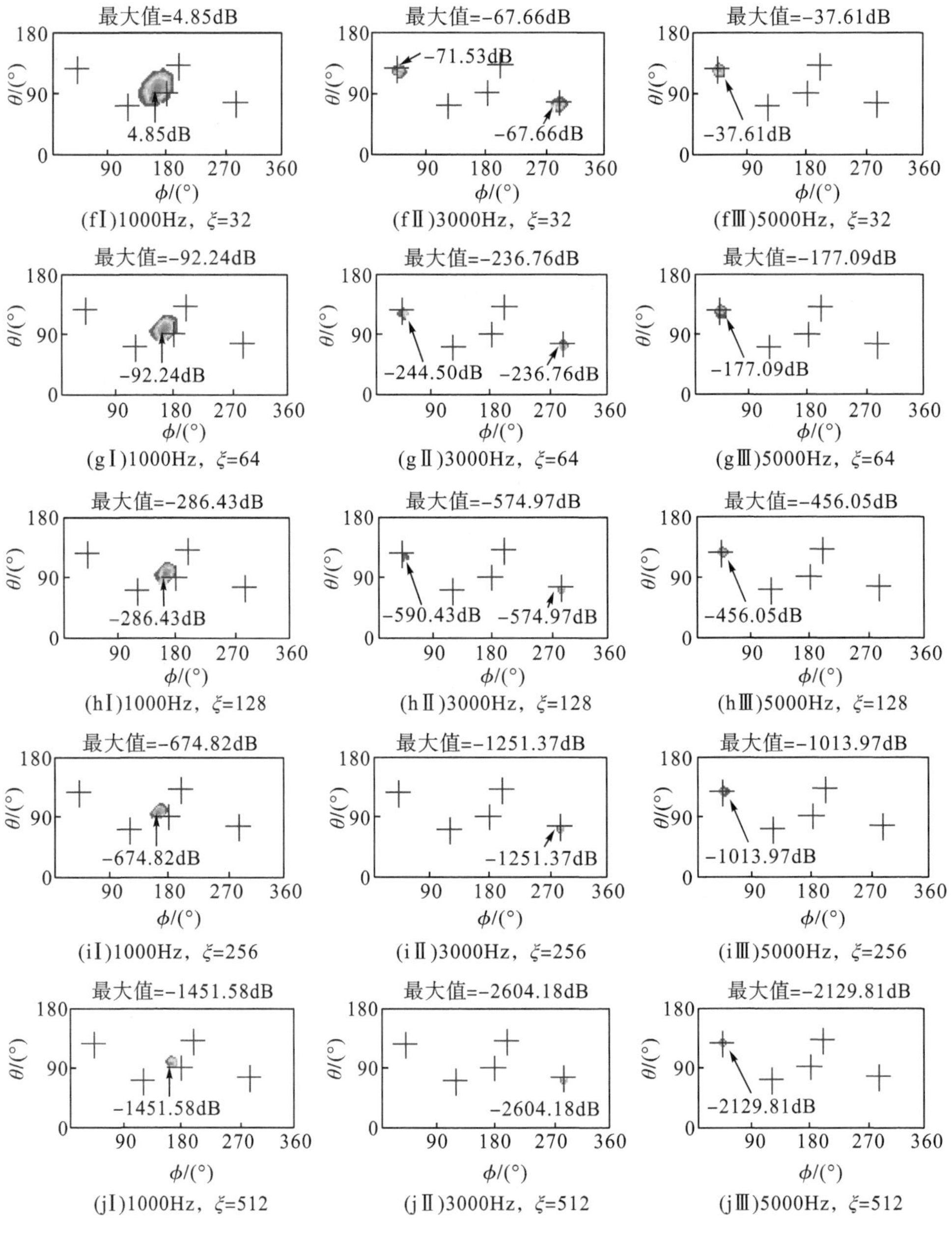

(fⅠ)1000Hz，ξ=32　(fⅡ)3000Hz，ξ=32　(fⅢ)5000Hz，ξ=32
(gⅠ)1000Hz，ξ=64　(gⅡ)3000Hz，ξ=64　(gⅢ)5000Hz，ξ=64
(hⅠ)1000Hz，ξ=128　(hⅡ)3000Hz，ξ=128　(hⅢ)5000Hz，ξ=128
(iⅠ)1000Hz，ξ=256　(iⅡ)3000Hz，ξ=256　(iⅢ)5000Hz，ξ=256
(jⅠ)1000Hz，ξ=512　(jⅡ)3000Hz，ξ=512　(jⅢ)5000Hz，ξ=512

图 4.11　工况六下 DAS 和 FDAS 的声源成像图

注：$\xi=1$ 对应 DAS；$\xi>1$ 对应 FDAS。

7. 小结

理想工况(工况一)下，FDAS 具有优秀的清晰化效果，能高精度定向定量声源且指数 ξ 足够大时重构分布接近真实分布。以此为基准，各典型因素对 FDAS 性能的影响规律及应对策略如表 4.3 所示。

表 4.3 典型因素对 FDAS 性能的影响规律及应对策略

典型因素	影响规律			应对策略
	清晰化效果	声源定向精度	声源定量精度	
聚焦距离不等于声源距离	不影响	几乎不影响	大 ξ 下偏低，频率越高，影响越严重	ξ 取值不超过 30(低频可适度增大，高频建议更小)
聚焦方向不涵盖声源方向	不影响	略降低(定向声源至最近的聚焦方向)	大 ξ 下偏低，频率越高，影响越严重	ξ 取值不超过 30(低频可适度增大，高频建议更小)或加密聚焦网格点
背景噪声	限制清晰化效果	几乎不影响	几乎不影响	采用合理有效方法移除背景噪声
传声器及测试通道频响特性幅相误差	不影响	几乎不影响	大 ξ 下偏低	ξ 取值不超过 30 或提高仪器设备的频响匹配精度
数据快拍数目	不影响	对单声源，不影响；对多声源，数据快拍偏少时，丢失声源，定量精度很低；对不相干声源，数据快拍足够多时不影响		不适用于数据快拍偏少且存在多声源的工况，如多个瞬态或运动声源
声源相干性	不影响	对不相干声源，定位定量精度高；对相干声源，丢失声源，定量精度很低		不适用于相干声源

4.2.3 验证试验

为验证 4.2.2 节中数值模拟结论的正确性，将 DAS 和 FDAS 应用于 3.5 节中的扬声器声源识别试验。对应图 3.16 所示的工况[扬声器由稳态白噪声信号激励(互不相干)且计算传声器测量声压信号的互谱矩阵时足够多(46 个)数据快拍被采用]，图 4.12 给出了 1000Hz、3000Hz 和 5000Hz 频率下 DAS 和 FDAS 的声源成像图。对比图 4.12(aⅠ)～图 4.12(aⅢ)和图 4.12(bⅠ)～图 4.12(jⅢ)可验证，FDAS 相比 DAS 的主瓣宽度缩减和旁瓣衰减功能。FDAS 输出主瓣的宽度在 $\xi \geqslant 16$ 时随 ξ 的增大无明显变化，1000Hz 频率下 $\xi=512$ 时，对应中间三个声源的主瓣仍彼此融合，该现象与图 4.6 和图 4.7 所示现象类同，可验证表 4.3 中“背景噪声限制 FDAS 清晰化效果”的数值模拟结论。由于试验在半消声室内进行且未专门添加背景噪声，即背景噪声不强，显示动态范围内未见背景噪声带来的难以衰减的旁瓣。对比各子图中扬声器附近标注的数值，FDAS 计算的声源平均声压贡献随 ξ 的增大逐渐变低，频率越大，该现象越明显，这与聚焦距离(1m)不等于声源距离(各扬声器到阵列中心的距离互不相等)、聚焦方向不完全涵盖声源方向和传声器及测试通道频响特性幅相误差有关，一定程度上可验证表 4.3 中关于这些因素对声源定量精度影响规律的数值模拟结论。这里，声源平均声压贡献计算值的降低速度远小于数值模拟(图 4.4 和图 4.8)中的降低速度，这一方面与 Brüel&Kjær 公司的仪器设备的高精度(频响特性幅相误差低)优势有关，另一方面与背景噪声对幅值衰减的抑制作用有关。对应图 3.19 所示的工况[扬声器由稳态白噪声信号激励(互不相干)且仅 5 个数据快拍被采用]，图 4.13 给出了 3000Hz 频率下 DAS 和 FDAS 的声源成像图。对应图 3.18 所示的工况[扬声器由同一纯音信号激励(彼此相干)且 46 个数据快拍被采用]，图 4.14 给出了 3000 Hz 频率下 DAS 和 FDAS 的声源成像图。图 4.13 和图 4.14 呈现出与图 4.10 和图 4.11 类似的现象，即 FDAS 具有优秀的清晰化效果，计算的声源平均声压贡献随 ξ 的增大急剧下降，导致声源定量精度很低且部分声源丢失，这可验证表 4.3 中关于数据快拍数目和声源相干性对 FDAS 性能影响规律的数值模拟结论。

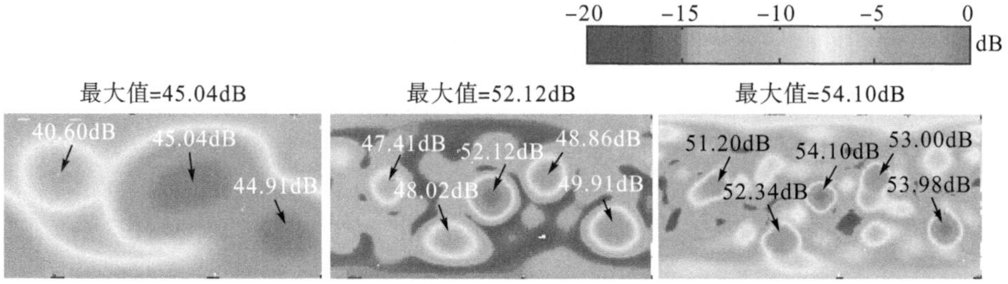

(aⅠ)1000Hz，ξ=1　　(aⅡ)3000Hz，ξ=1　　(aⅢ)5000Hz，ξ=1

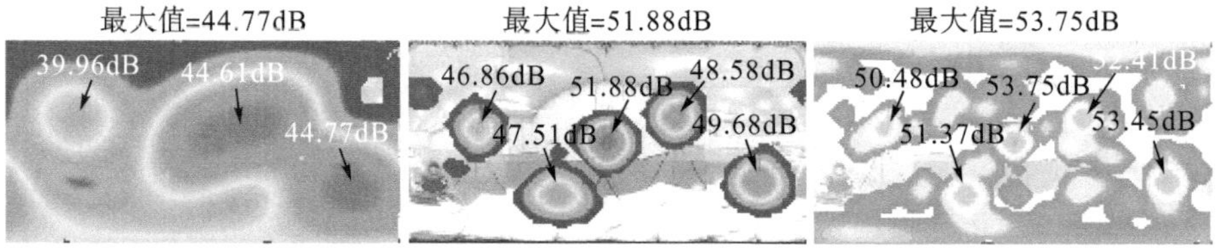

(bⅠ)1000Hz，ξ=2　　(bⅡ)3000Hz，ξ=2　　(bⅢ)5000Hz，ξ=2

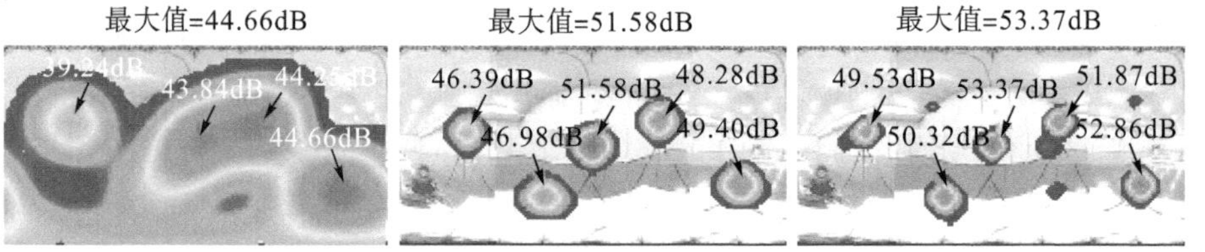

(cⅠ)1000Hz，ξ=4　　(cⅡ)3000Hz，ξ=4　　(cⅢ)5000Hz，ξ=4

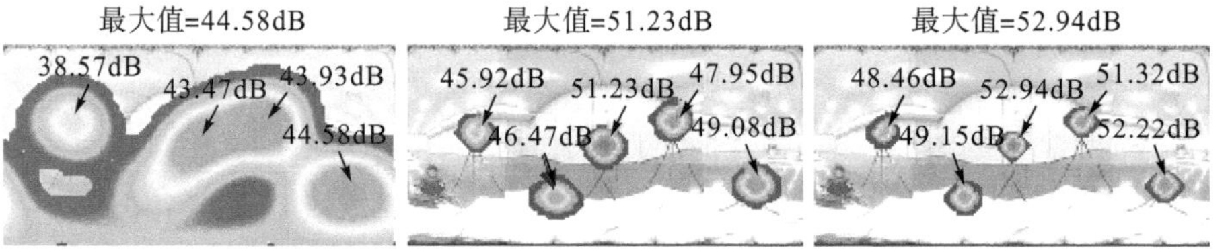

(dⅠ)1000Hz，ξ=8　　(dⅡ)3000Hz，ξ=8　　(dⅢ)5000Hz，ξ=8

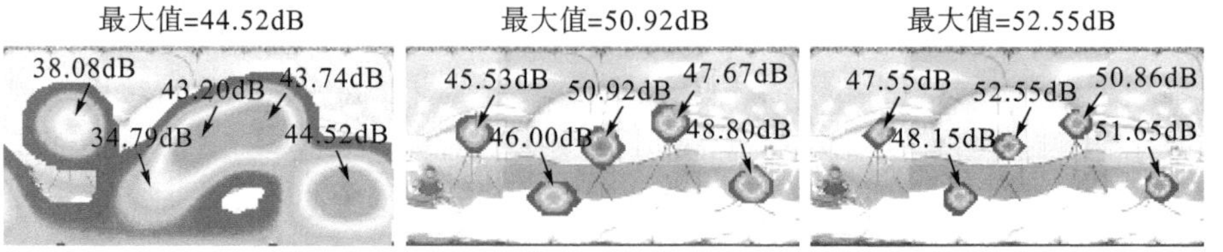

(eⅠ)1000Hz，ξ=16　　(eⅡ)3000Hz，ξ=16　　(eⅢ)5000Hz，ξ=16

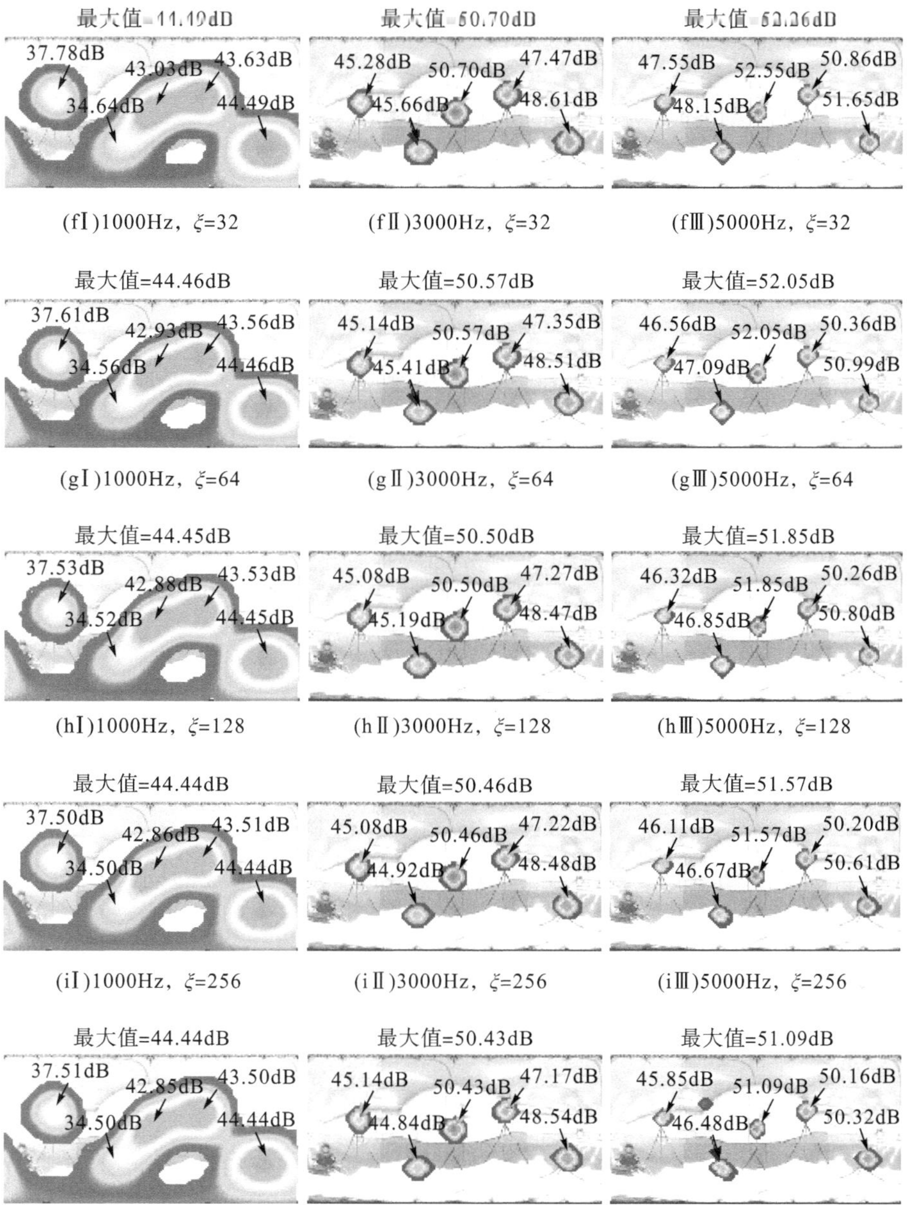

(fⅠ)1000Hz，ξ=32　(fⅡ)3000Hz，ξ=32　(fⅢ)5000Hz，ξ=32

(gⅠ)1000Hz，ξ=64　(gⅡ)3000Hz，ξ=64　(gⅢ)5000Hz，ξ=64

(hⅠ)1000Hz，ξ=128　(hⅡ)3000Hz，ξ=128　(hⅢ)5000Hz，ξ=128

(iⅠ)1000Hz，ξ=256　(iⅡ)3000Hz，ξ=256　(iⅢ)5000Hz，ξ=256

(jⅠ)1000Hz，ξ=512　(jⅡ)3000Hz，ξ=512　(jⅢ)5000Hz，ξ=512

图 4.12 半消声室内扬声器由稳态白噪声信号激励(互不相干)且 46 个数据快拍被采用时 DAS 和 FDAS 的声源成像图

注：ξ=1 对应 DAS；ξ>1 对应 FDAS。

(a)$\xi=1$

(b)$\xi=2$　　　　　　(c)$\xi=4$　　　　　　(d)$\xi=8$

(e)$\xi=16$　　　　　　(f)$\xi=32$　　　　　　(g)$\xi=64$

(h)$\xi=128$　　　　　(i)$\xi=256$　　　　　(j)$\xi=512$

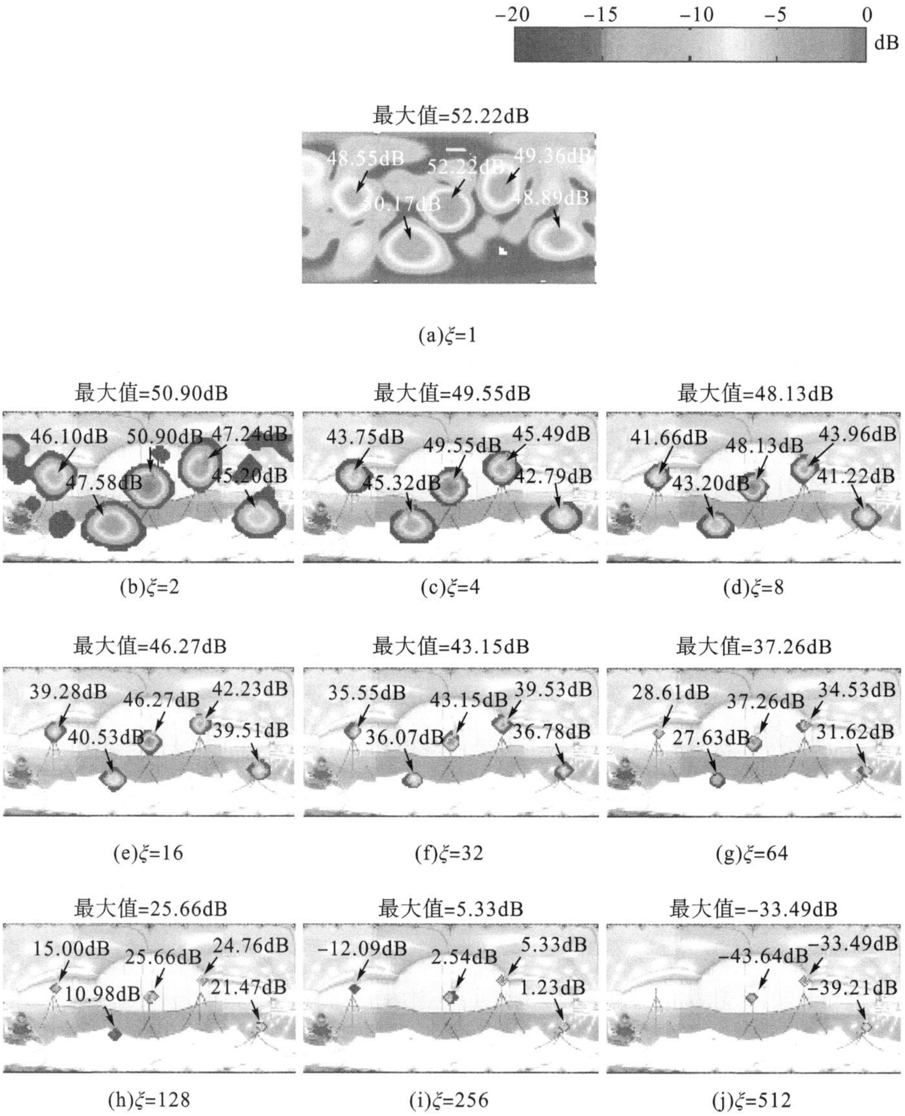

图 4.13　半消声室内扬声器由稳态白噪声信号激励(互不相干)且仅 5 个数据快拍被采用时 3000Hz 频率下 DAS 和 FDAS 的声源成像图

注：$\xi=1$ 对应 DAS；$\xi>1$ 对应 FDAS。

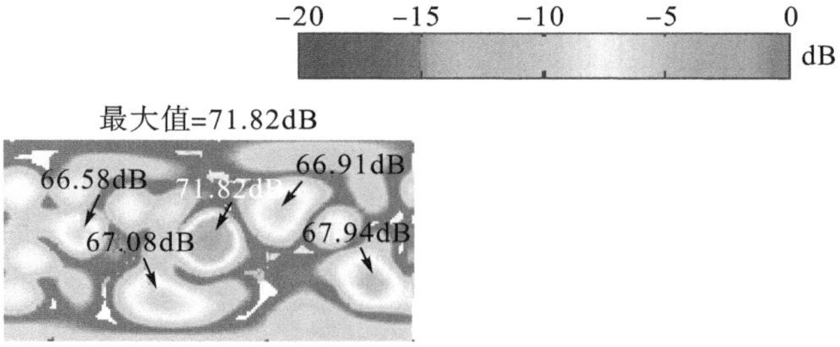

(a)$\xi=1$

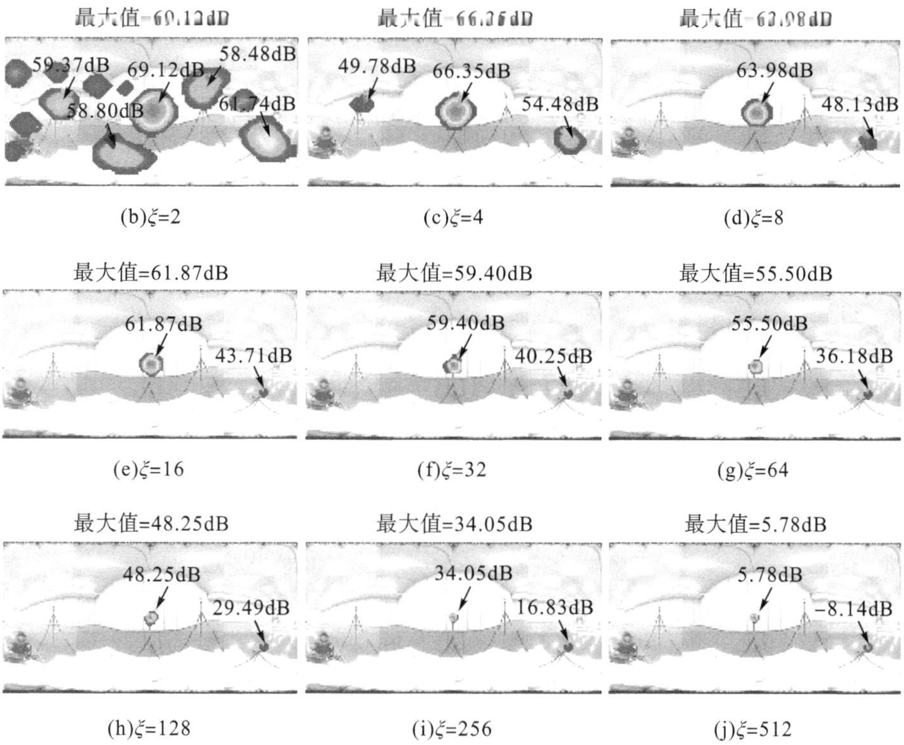

图 4.14　半消声室内扬声器由同一纯音信号激励(彼此相干)且 46 个数据快拍被采用时 3000Hz 频率下 DAS 和 FDAS 的声源成像图

注：$\xi=1$ 对应 DAS；$\xi>1$ 对应 FDAS。

4.3　函数型延迟求和波束形成性能增强

根据表 4.3，一方面，背景噪声限制 FDAS 的清晰化效果，需采用合理有效的方法进行移除；另一方面，聚焦距离不等于声源距离、聚焦方向不涵盖声源方向和传声器及测试通道频响特性幅相误差等在实际应用中不可能绝对规避的因素使 FDAS 的声源定量精度随指数 ξ 的增大而下降，ξ 的取值不宜过大，而当 ξ 较小时，FDAS 的主瓣缩减效果不明显，影响空间分辨能力，低频时该问题尤为突出。本节引入互谱矩阵对角线重构(diagonal reconstruction，DiRec)、脊检测(RD)和反卷积声源成像(DAMAS)来增强 FDAS 的性能，其中，DiRec 用于移除背景噪声，RD 和 DAMAS 用于缩减主瓣宽度、提高空间分辨能力，这些方法还有助于提高声源定量精度。

4.3.1　基本理论

1. 互谱矩阵对角线重构

通常地，背景噪声主要存在于互谱矩阵的对角线元素(各传声器测量信号的自谱)中，这是由于背景噪声与声源信号互不相干，各传声器测量信号中包含的背景噪声亦互不相干。DiRec 由 Hald[204]提出，其移除背景噪声的基本思想是：保证互谱矩阵半正定特性的基础上，最小化互谱矩阵对角线上自谱元素的和并保持非对角线上元素不变。这可通过如下最小化问题实现：

$$\hat{\boldsymbol{d}}=\underset{\boldsymbol{d}\in\mathbb{C}^{Q}}{\arg\min}\ \operatorname{sum}(\boldsymbol{d})\quad \text{subject to } \boldsymbol{C}+\operatorname{Diag}(\boldsymbol{d})\succeq 0 \tag{4.24}$$

式中，$\boldsymbol{d}$表示未知列向量；$\hat{\boldsymbol{d}}$表示最优解；$\operatorname{sum}(\boldsymbol{d})$表示$\boldsymbol{d}$中元素的和；符号“$\succeq 0$”表示半正定。该最小化问题可由 CVX 工具箱[205]求解。$\boldsymbol{C}+\operatorname{Diag}(\hat{\boldsymbol{d}})$表示完成对角线重构(背景噪声移除)的新互谱矩阵。

2. 脊检测

RD 源于计算机视觉学，常用于生物科学、医学等领域[206]，这里改编 RD 使其适用于声源识别。若二元函数在某位置的输出在其最大表面曲率方向上为极值，则该位置为脊[207,208]。特定k和r_{F}下，FDAS 的输出$b_{\mathrm{F}}(kr_{\mathrm{F}},\Omega_{\mathrm{F}})$是关于$\Omega_{\mathrm{F}}=(\theta_{\mathrm{F}},\phi_{\mathrm{F}})$的二元函数，声源方向的输出远大于其他方向的输出，声源方向出现明显极大值脊，可通过脊检测剔除主瓣内的非脊点来缩减主瓣宽度。根据定义，脊也是最大表面曲率方向上一阶导数符号改变的转折点[207,208]。记$\beta(\Omega_{\mathrm{F}})=\left|b_F(kr_{\mathrm{F}},\Omega_{\mathrm{F}})\right|$为检测对象，对每个聚焦方向，按下列步骤检测是否为极大值脊。

(1) 构造$\beta(\Omega_{\mathrm{F}})$的二阶偏导数矩阵，即黑塞(Hessian)矩阵：

$$\boldsymbol{H}=\begin{bmatrix}\dfrac{\partial^2\beta}{\partial\phi_{\mathrm{F}}^2} & \dfrac{\partial^2\beta}{\partial\phi_{\mathrm{F}}\partial\theta_{\mathrm{F}}}\\[2ex] \dfrac{\partial^2\beta}{\partial\theta_{\mathrm{F}}\partial\phi_{\mathrm{F}}} & \dfrac{\partial^2\beta}{\partial\theta_{\mathrm{F}}^2}\end{bmatrix} \tag{4.25}$$

(2) 特征值分解$\boldsymbol{H}$，找出绝对值最大的特征值和相应特征向量，分别记为$\sigma_{\max}$和$\boldsymbol{u}_{\max}$，$\boldsymbol{u}_{\max}$指示最大表面曲率方向，$\beta(\Omega_{\mathrm{F}})$在$\boldsymbol{u}_{\max}$方向上若为极大值，则$\sigma_{\max}$为负，若为极小值，则$\sigma_{\max}$为正。

(3) 计算标量。

$$\rho(\Omega_{\mathrm{F}})=-\frac{1}{2}\operatorname{sign}(\sigma_{\max})\left|\operatorname{sign}\left(\left\langle\nabla\beta(\Omega_{\mathrm{F}}+\chi\boldsymbol{u}_{\max}),\boldsymbol{u}_{\max}\right\rangle\right)-\operatorname{sign}\left(\left\langle\nabla\beta(\Omega_{\mathrm{F}}-\chi\boldsymbol{u}_{\max}),\boldsymbol{u}_{\max}\right\rangle\right)\right| \tag{4.26}$$

式中，sign 表示符号函数；$\nabla=\left[\partial\beta/\partial\phi_{\mathrm{F}},\partial\beta/\partial\theta_{\mathrm{F}}\right]^{\mathrm{T}}$表示梯度算子；$\langle\bullet,\bullet\rangle$表示内积；$\chi$表示控制检测精度的常数，这里取 0.2。$\rho(\Omega_{\mathrm{F}})=1$时，$\Omega_{\mathrm{F}}$方向出现极大值脊，保留 FDAS 在$\Omega_{\mathrm{F}}$方向的输出，反之，用零取代 FDAS 在$\Omega_{\mathrm{F}}$方向的输出来剔除非脊点。

3. 反卷积声源成像

为进一步缩减主瓣宽度，在 RD 检测出的脊上运用 DAMAS。FDAS 的输出适用于脊检测，不适用于反卷积算法，但 DAS 和 SHB 的输出适用，由于 DAS 是 FDAS 的基础，为计算方便，这里基于 DAS 对 RD 检测的 FDAS 输出的脊进行反卷积。根据 DAS 的理论 PSF $\operatorname{psf}_{\infty}\left((kr_{\mathrm{F}},\Omega_{\mathrm{F}})\middle|(kr_{\mathrm{S}},\Omega_{\mathrm{S}})\right)$[式(4.7)]，定义 DAS 可数值模拟的 PSF 为

$$\mathrm{psf}\left[\left(kr_{\mathrm{F}},\Omega_{\mathrm{F}}\right)\middle|\left(kr_{\mathrm{S}},\Omega_{\mathrm{S}}\right)\right]=\frac{\boldsymbol{v}^{\mathrm{H}}\left(kr_{\mathrm{F}},\Omega_{\mathrm{F}}\right)\boldsymbol{t}_{N_0}\left(kr_{\mathrm{S}},\Omega_{\mathrm{S}}\right)\boldsymbol{t}_{N_0}^{\mathrm{H}}\left(kr_{\mathrm{S}},\Omega_{\mathrm{S}}\right)\boldsymbol{v}\left(kr_{\mathrm{F}},\Omega_{\mathrm{F}}\right)}{\left\|\boldsymbol{t}_{N_0}\left(kr_{\mathrm{S}},\Omega_{\mathrm{S}}\right)\right\|_2^2\left\|\boldsymbol{v}\left(kr_{\mathrm{F}},\Omega_{\mathrm{F}}\right)\right\|_2^2} \tag{4.27}$$

式中，$\boldsymbol{t}_{N_0}\left(kr_{\mathrm{S}},\Omega_{\mathrm{S}}\right)$为$\boldsymbol{t}\left(kr_{\mathrm{S}},\Omega_{\mathrm{S}}\right)$中各元素涉及的$\infty$阶用$N_0$替代后的结果，$N_0$可根据式(3.50)取值。记$\mathbb{F}_{\mathrm{RD}}$为检测出的所有脊点的位置组成的集合，$G_{\mathrm{RD}}$为$\mathbb{F}_{\mathrm{RD}}$的势，构建 PSF 矩阵$\boldsymbol{A}=\left[\mathrm{psf}\left(\left(kr_{\mathrm{F}},\Omega_{\mathrm{F}}\right)\middle|\left(kr_{\mathrm{S}},\Omega_{\mathrm{S}}\right)\right)\middle|\left(r_{\mathrm{F}},\Omega_{\mathrm{F}}\right)\in\mathbb{F}_{\mathrm{RD}},\left(r_{\mathrm{S}},\Omega_{\mathrm{S}}\right)\in\mathbb{F}_{\mathrm{RD}}\right]\in\mathbb{R}^{G_{\mathrm{RD}}\times G_{\mathrm{RD}}}$及列向量$\boldsymbol{b}=\left[b\left(kr_{\mathrm{F}},\Omega_{\mathrm{F}}\right)\middle|\left(r_{\mathrm{F}},\Omega_{\mathrm{F}}\right)\in\mathbb{F}_{\mathrm{RD}}\right]\in\mathbb{R}^{G_{\mathrm{RD}}}$和$\boldsymbol{q}=\left[P_{AC}\left(kr_{\mathrm{S}},\Omega_{\mathrm{S}}\right)\middle|\left(r_{\mathrm{S}},\Omega_{\mathrm{S}}\right)\in\mathbb{F}_{\mathrm{RD}}\right]\in\mathbb{R}^{G_{\mathrm{RD}}}$，建立带非负约束的线性方程组：

$$\boldsymbol{b}=\boldsymbol{A}\boldsymbol{q},\quad \boldsymbol{q}\geqslant 0 \tag{4.28}$$

式中，$\boldsymbol{b}$和$\boldsymbol{A}$可分别基于式(4.1)和式(4.27)计算构造；$\boldsymbol{q}$为未知量。用 DAMAS 求解$\boldsymbol{q}$的迭代过程与第 2 章和第 3 章中所述一致，不重复给出。

4.3.2　数值模拟

设定工况七：声源与工况二中的声源一致，即位置依次为(1.0m,125°,40°)、(0.5m,70°,120°)、(2.0m,90°,180°)、(1.0m,133°,203°)和(1.0m,78°,293°)，平均声压贡献均为 93.98dB，彼此互不相干；添加 SNR 为 0dB 的背景噪声及幅值和相位误差系数分别落在[0.8,1.25]和[−10°,10°]区间内的传声器及测试通道频响特性幅相误差。图 4.15 给出了 1000Hz、3000Hz 和 5000Hz 频率下的声源成像图。图 4.15(aⅠ)～图 4.15(aⅢ)对应 FDAS，指数ξ取为 30(自此以后，ξ均取 30)。背景噪声的存在限制 FDAS 的清晰化效果，1000Hz 频率下，(2.0m,90°,180°)和(1.0m,133°,203°)位置处声源对应的主瓣严重融合，由此无法分辨声源，三个频率下均存在大量旁瓣。图 4.15(bⅠ)～图 4.15(bⅢ)对应 DiRec+FDAS，即先对传声器测量声压信号的互谱矩阵进行 DiRec 再运用 FDAS，与图 4.15(aⅠ)～图 4.15(aⅢ)相比，主瓣变窄，显示动态范围内旁瓣消失，1000Hz 频率下，(2.0m,90°,180°)和(1.0m,133°,203°)位置处声源对应的主瓣虽仍彼此融合但已能指示各声源，表明 DiRec 有效移除了背景噪声对 FDAS 清晰化效果的限制。图 4.15(cⅠ)～图 4.15(cⅢ)对应 DiRec+FDAS+RD，即在 DiRec+FDAS 的结果上运用 RD，与图 4.15(cⅠ)～图 4.15(cⅢ)和图 4.15(bⅠ)～图 4.15(bⅢ)相比，RD 的运用能缩减主瓣宽度，低频效果更明显，对 DiRec+FDAS 输出的彼此融合的主瓣，如 1000Hz 频率下(0.5m,70°,120°)、(2.0m,90°,180°)和(1.0m,133°,203°)位置处声源对应的主瓣，RD 难以改变融合程度(不提高空间分辨能力)。图 4.15(dⅠ)～图 4.15(dⅢ)对应 DiRec+FDAS+RD+DAMAS，即在 DiRec+FDAS+RD 检测出的脊上运用 DAMAS，DAMAS 的迭代次数设为 500。可以看出，主瓣宽度被进一步缩减，融合的主瓣被分离(提高空间分辨能力)。FDAS、DiRec+FDAS 和 DiRec+FDAS+RD 计算的声源平均声压贡献为其输出的主瓣峰值；DiRec+FDAS+RD+DAMAS 计算的声源平均声压贡献为其在主瓣区域内各聚焦点处输出值的线性叠加。各子图中，声源平均声压贡献的计算值被标注在声源附近，其与真实值间的差被列在表 4.4 中。由于背景噪声抑制 FDAS 输出主瓣峰值的下降速度，该算例中，FDAS 能准确定量声源。背景噪声被移除后，聚焦距离不等于声源距离、聚焦方向不涵盖声源方向和传声器及测试通道频响特性幅相误差对 FDAS 输出主瓣峰值的衰减作用显现出来，DiRec+FDAS 计算的声源平均声压贡献普遍偏低。DiRec+FDAS+RD 不改变 DiRec+FDAS 在脊上的输出。DAMAS 的运用能提高定量精度，使声源平均声压贡献的计算值几乎等于真实值。综上所述，DiRec 能移除背景噪声，从而增强 FDAS 的清晰化效果；RD 通过检测声源及其附近的脊能缩减主瓣宽度，但难以分离彼此融合的主瓣，即不提高空间分辨能力；对脊运用 DAMAS 不仅能缩减主瓣宽度、提高空间分辨能力，而且能提高定量精度；综合运用这些方法可获得清晰明辨的声源成像图，声源定位定量精度高。

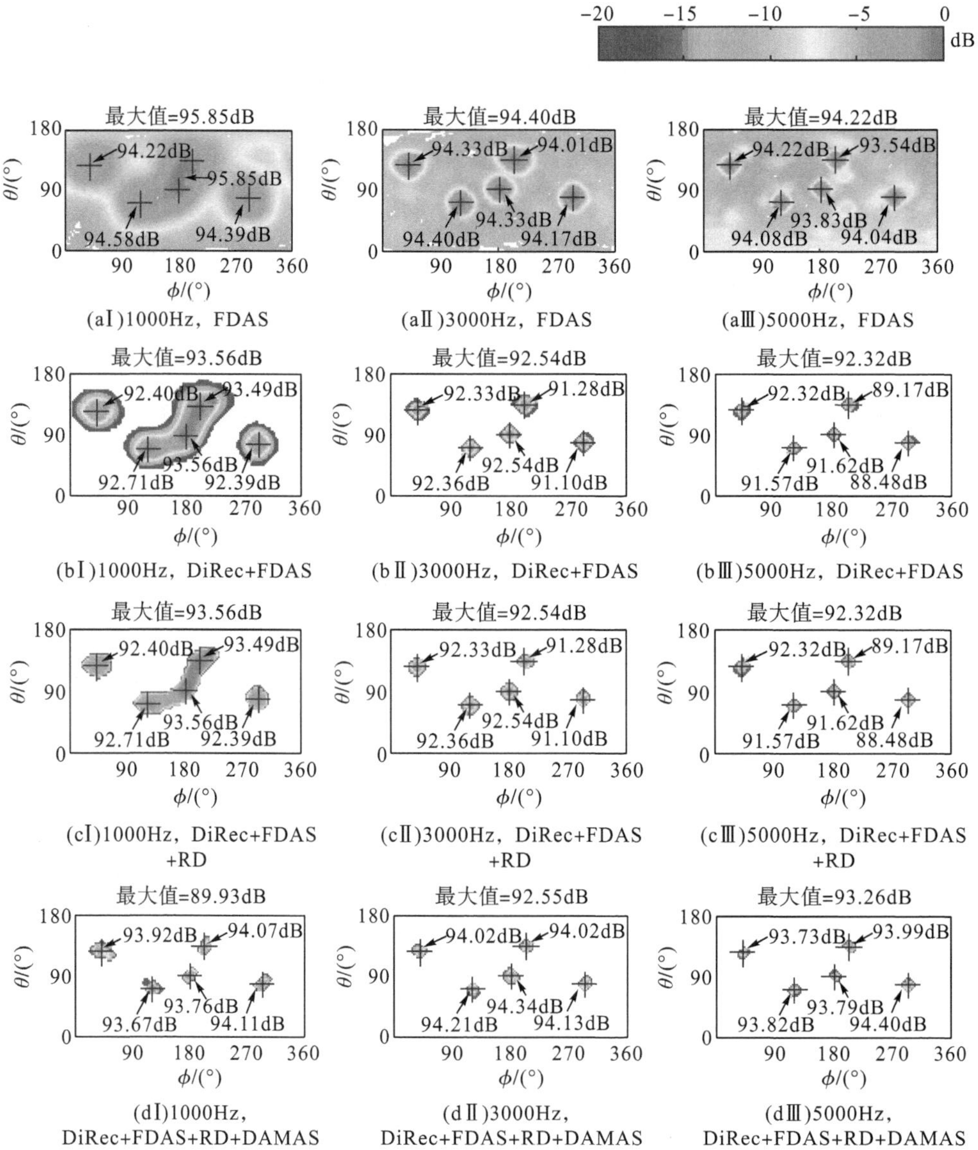

(aⅠ)1000Hz，FDAS (aⅡ)3000Hz，FDAS (aⅢ)5000Hz，FDAS

(bⅠ)1000Hz，DiRec+FDAS (bⅡ)3000Hz，DiRec+FDAS (bⅢ)5000Hz，DiRec+FDAS

(cⅠ)1000Hz，DiRec+FDAS+RD (cⅡ)3000Hz，DiRec+FDAS+RD (cⅢ)5000Hz，DiRec+FDAS+RD

(dⅠ)1000Hz，DiRec+FDAS+RD+DAMAS (dⅡ)3000Hz，DiRec+FDAS+RD+DAMAS (dⅢ)5000Hz，DiRec+FDAS+RD+DAMAS

图 4.15 工况七下的声源成像图

表 4.4　工况七下声源平均声压贡献的计算值与真实值之差　（单位：dB）

	方法	(1m,125°, 40°)	(0.5m,70°, 120°)	(2m,90°, 180°)	(1m,133°, 203°)	(1m,78°, 293°)
1000Hz	FDAS	0.24	0.60	—	—	0.41
	DiRec+FDAS	−1.58	−1.27	−0.42	−0.49	−1.59
	DiRec+FDAS+RD	−1.58	−1.27	−0.42	−0.49	−1.59
	DiRec+FDAS+RD+DAMAS	−0.06	−0.31	−0.22	0.09	0.13
3000Hz	FDAS	0.35	0.42	0.35	0.03	0.19
	DiRec+FDAS	−1.65	−1.62	−1.44	−2.70	−2.88
	DiRec+FDAS+RD	−1.65	−1.62	−1.44	−2.70	−2.88
	DiRec+FDAS+RD+DAMAS	0.04	0.23	0.36	0.04	0.15
5000Hz	FDAS	0.24	0.10	−0.15	−0.44	0.06
	DiRec+FDAS	−1.66	−2.41	−2.36	−4.81	−5.50
	DiRec+FDAS+RD	−1.66	−2.41	−2.36	−4.81	−5.50
	DiRec+FDAS+RD+DAMAS	−0.25	−0.16	−0.19	0.01	0.42

注：—表示因声源尚未被分辨出来而无结果。

4.3.3　验证试验

为了验证数值模拟结论的正确性，将 FDAS、DiRec+FDAS、DiRec+FDAS+RD 和 DiRec+FDAS+RD+DAMAS 应用于 4.2.3 节中的扬声器声源识别试验。在图 4.12 所示工况的基础上额外添加 SNR 为 0dB 的背景噪声，图 4.16 给出了相应声源成像图。在清晰化效果和声源定量精度方面，图 4.16 均呈现出与图 4.15 类似的规律，证明数值模拟结论正确。

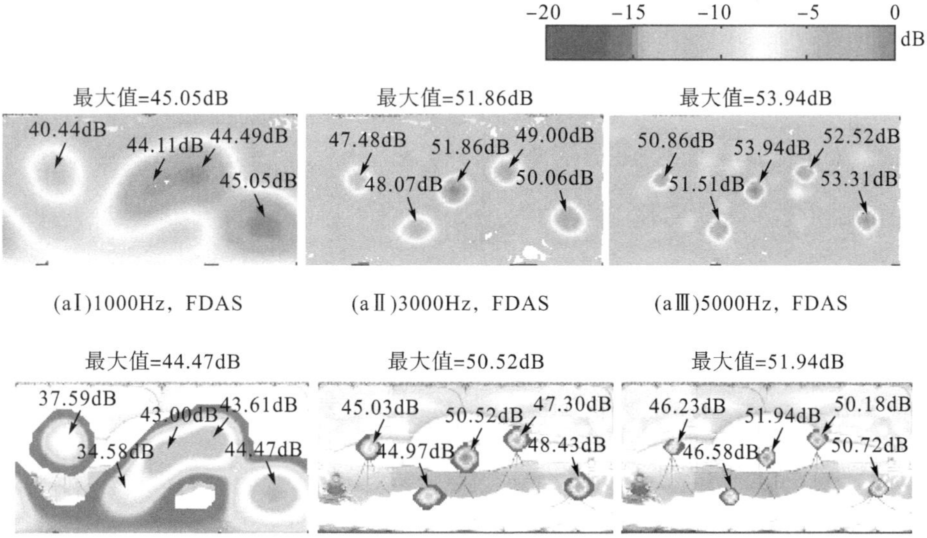

(aⅠ)1000Hz，FDAS　(aⅡ)3000Hz，FDAS　(aⅢ)5000Hz，FDAS

(bⅠ)1000Hz，DiRec+FDAS　(bⅡ)3000Hz，DiRec+FDAS　(bⅢ)5000Hz，DiRec+FDAS

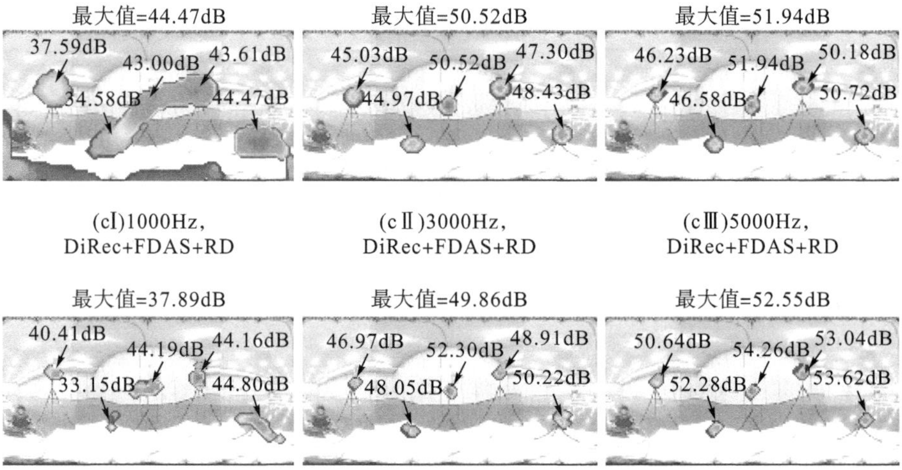

(dⅠ)1000Hz,
DiRec+FDAS+RD+DAMAS

(dⅡ)3000Hz,
DiRec+FDAS+RD+DAMAS

(dⅢ)5000Hz,
DiRec+FDAS+RD+DAMAS

图 4.16 半消声室内扬声器由稳态白噪声信号激励(互不相干)、46 个数据快拍被采用且 SNR 为 0dB 的背景噪声被添加时的声源成像图

4.4 函数型延迟求和与反卷积的综合性能对比分析

本章的函数型延迟求和波束形成与第 3 章的反卷积波束形成均为球面传声器阵列的高性能声源识别方法。图 4.12、图 4.16 和图 3.16 为半消声室内同一组试验数据的结果，对比显见：半消声室测试环境下，函数型延迟求和及其性能增强方法的清晰化效果总体与第二类反卷积算法(CLEAN)和第四类反卷积算法(CLEAN-SC 和改进 CLEAN-SC)相当，优于第一类反卷积算法(DAMAS、NNLS、FISTA 和 RL)，更显著优于第三类反卷积算法(DAMAS2、DAMAS2-P、FFT-NNLS、FFT-NNLS-P、FFT-FISTA、FFT-FISTA-P、FFT-RL 和 FFT-RL-P)。本节进一步基于普通房间内的扬声器声源识别试验对函数型延迟求和波束形成和反卷积波束形成进行综合性能对比分析。相比半消声室，普通房间的混响干扰更严重，该试验亦可检验涉及方法在普通测试环境中的有效性。

4.4.1 试验布局

将图 3.15 所示半消声室内试验所用的设备移至普通房间，图 4.17 为试验布局和三维空间展开图。各传声器测量声压信号进行频谱分析的相关参数设置与 3.5 节中一致。

4.4.2 试验结果

用稳态白噪声信号激励 5 个扬声器同时发声，此时，声源互不相干，计算传声器测量声压信号的互谱矩阵时采用 46 个数据快拍，图 4.18 给出了普通房间内扬声器由稳态白噪声信号激励(互不相干)且 46 个数据快拍采用时的声源成像图。值得说明的是：第一，由于第三类反卷积算法的清晰化效果相对较差且仅适用于仰角维度上集中分布的声源，故这

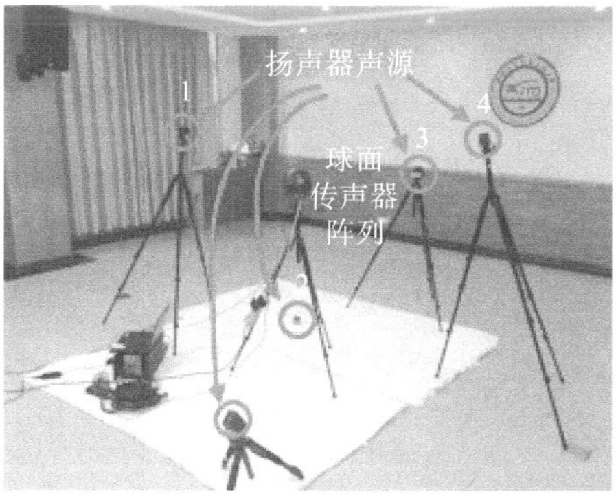

(a)试验布局

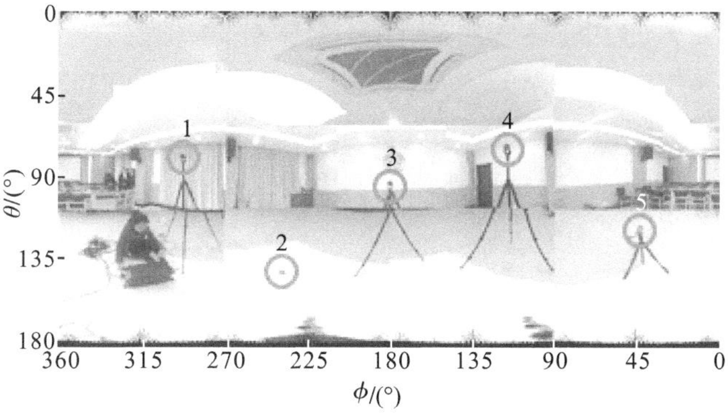

(b)三维空间展开图

图 4.17　普通房间内的试验布局和三维空间展开图

里未将其作为对比对象；第二，为了对比公平，所有算法均作用于对角线重构(背景噪声移除)之后的互谱矩阵，即均缺前缀“DiRec+”；第三，FDAS+RD+DAMAS 中的 DAMAS 以 DAS 为基础且仅作用于 FDAS 输出的脊，其他反卷积算法以 SHB 为基础且作用于所有聚焦点，各类反卷积算法迭代终止条件的设置与第 3 章中一致；第四，在识别的主要源附近，DAS、FDAS、FDAS+RD 和 FDAS+RD+DAMAS 标注的是其量化的声源平均声压贡献，SHB 及反卷积标注的是其量化的声源声压贡献，两个量存在差异。对比图 4.18(aⅠ)～图 4.18(aⅢ)和图 4.18(eⅠ)～图 4.18(eⅢ)可以看出，1000Hz 频率下，相比 SHB，DAS 输出的主瓣更宽、空间分辨能力更弱；3000Hz 和 5000Hz 频率下，DAS 和 SHB 输出的主瓣宽度和旁瓣水平相当。该现象与 4.1.2 节第 2 节中的数值模拟现象一致。对比图 4.18(aⅠ)～图 4.18(aⅢ)和图 4.18(bⅠ)～图 4.18(bⅢ)可以看出，相比 DAS，FDAS 能缩减主瓣宽度并衰减旁瓣，1000Hz 频率下，FDAS 输出的主瓣虽仍有所融合，但各主瓣指示的源已能被分辨。对比图 4.18(bⅠ)～图 4.18(bⅢ)和图 4.18(cⅠ)～图 4.18(dⅢ)可以看出，RD 和 DAMAS 的运用能进一步缩减主瓣宽度、提高空间分辨能力。对比图 4.18(eⅠ)～图 4.18(eⅢ)和图 4.18(fⅠ)～图 4.18(lⅢ)可以看出，相比 SHB，反卷积算法均能缩减主瓣宽度并衰减旁瓣。将图 4.18(bⅠ)～图 4.18(dⅢ)所示的函数型延迟求和波束形成和图 4.18(fⅠ)～图 4.18(lⅢ)所示的反卷积波束形成进行对比，可以看出 FDAS、FDAS+RD、

FDAS+RD+DAMAS、CLEAN-SC 和改进 CLEAN-SC 的声源成像图比其他声源成像图更清晰明确，低频下，CLEAN-SC 和改进 CLEAN-SC 的声源成像图还比 FDAS、FDAS+RD 和 FDAS+RD+DAMAS 的声源成像图清晰明确。若将不对应扬声器声源的输出均看作干扰，则显示动态范围内，CLEAN-SC 和改进 CLEAN-SC 在 1000Hz 和 3000Hz 频率下均仅承受少量弱干扰，5000Hz 频率下未承受干扰；FDAS、FDAS+RD 和 FDAS+RD+DAMAS 仅在 1000Hz 频率下承受少量相对较强的干扰(例如，右上角天花板处)，3000Hz 和 5000Hz 频率下几乎未承受干扰。与此不同，DAMAS、NNLS、FISTA 和 RL 在三个频率下均承受大量相对较强的干扰；CLEAN 在 1000Hz 和 3000Hz 频率下均承受较多相对较强的干扰，5000Hz 频率下未承受干扰。这些干扰主要由房间混响引起。上述现象表明 FDAS、FDAS+RD、FDAS+RD+DAMAS、CLEAN-SC 和改进 CLEAN-SC 的抗混响干扰能力优于其他方法，且低频下，CLEAN-SC 和改进 CLEAN-SC 的抗混响干扰能力还优于 FDAS、FDAS+RD 和 FDAS+RD+DAMAS。对比图 4.18 中三列，1000Hz 频率下(第Ⅰ列)，强干扰源较多，识别的扬声器声源方向偏离真实方向亦较多，3000Hz 和 5000Hz 频率下(第Ⅱ列和第Ⅲ列)，识别的扬声器声源方向与真实方向吻合良好，这是由于频率越低混响干扰越严重。综上所述，在存在混响干扰的普通测试环境下，函数型延迟求和波束形成和反卷积波束形成均有效；混响干扰降低声源识别精度，频率越低混响干扰越强，对声源识别精度的影响越严重；在抗混响干扰能力方面，CLEAN-SC 和改进 CLEAN-SC 低中高频下均最强，FDAS、FDAS+RD 和 FDAS+RD+DAMAS 低频下略弱而中高频下与 CLEAN-SC 和改进 CLEAN-SC 相当，CLEAN 中低频下很弱而高频下较强，DAMAS、NNLS、FISTA 和 RL 低中高频下均很弱。表 4.5 对比了获得图 4.18 各算法的耗时。可以看出，在计算效率方面，SHB、CLEAN-SC、DAS、FDAS 和 CLEAN 最具优势，FDAS+RD、FDAS+RD+DAMAS 和改进 CLEAN-SC 次之，DAMAS、NNLS、FISTA 和 RL 耗时严重。

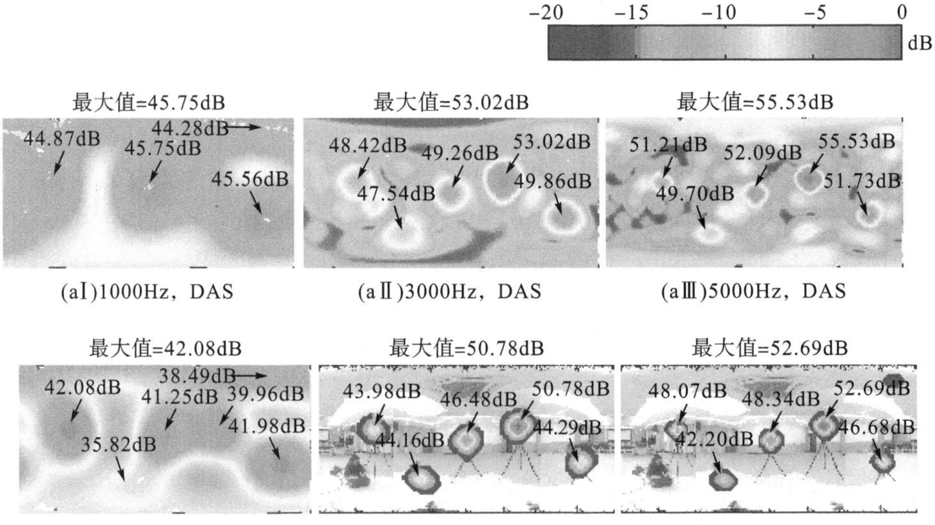

(aⅠ)1000Hz，DAS (aⅡ)3000Hz，DAS (aⅢ)5000Hz，DAS

(bⅠ)1000Hz，FDAS (bⅡ)3000Hz，FDAS (bⅢ)5000Hz，FDAS

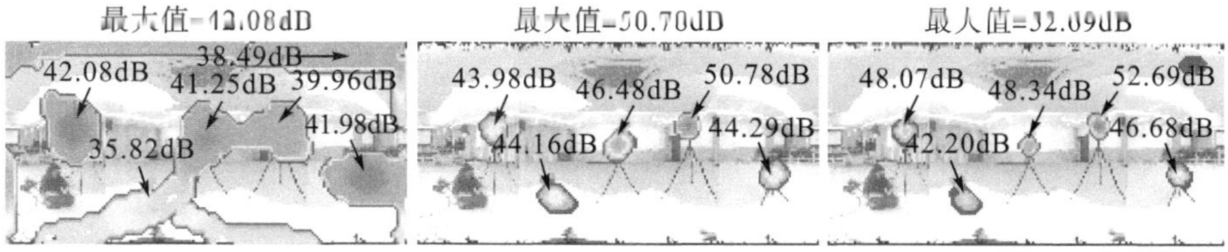

最大值=42.08dB
(cI)1000Hz, FDAS+RD

最大值=50.70dB
(cII)3000Hz, FDAS+RD

最大值=52.69dB
(cIII)5000Hz, FDAS+RD

最大值=41.52dB
(dI)1000Hz, FDAS+RD
+DAMAS

最大值=49.61dB
(dII)3000Hz, FDAS+RD
+DAMAS

最大值=51.90dB
(dIII)5000Hz, FDAS+RD
+DAMAS

最大值=44.68dB
(eI)1000Hz, SHB

最大值=50.23dB
(eII)3000Hz, SHB

最大值=53.22dB
(eIII)5000Hz, SHB

最大值=41.00dB
(fI)1000Hz, DAMAS

最大值=48.84dB
(fII)3000Hz, DAMAS

最大值=49.16dB
(fIII)5000Hz, DAMAS

最大值=34.75dB
(gI)1000Hz, NNLS

最大值=44.90dB
(gII)3000Hz, NNLS

最大值=49.26dB
(gIII)5000Hz, NNLS

最大值=33.78dB
(hI)1000Hz, FISTA

最大值=42.70dB
(hII)3000Hz, FISTA

最大值=48.06dB
(hIII)5000Hz, FISTA

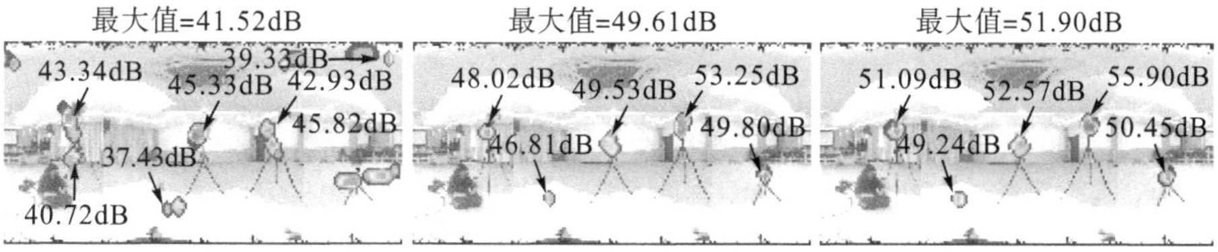

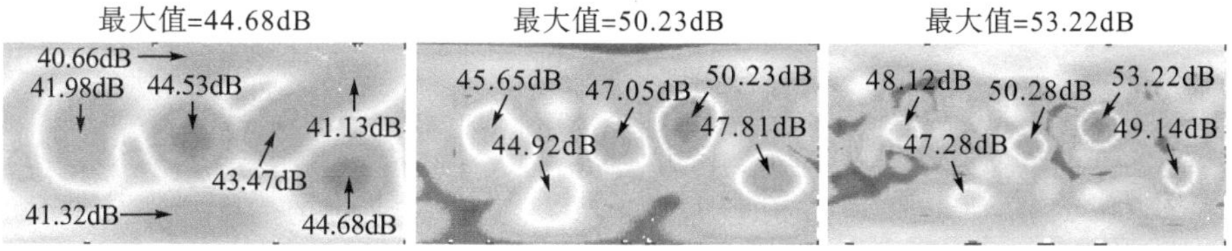

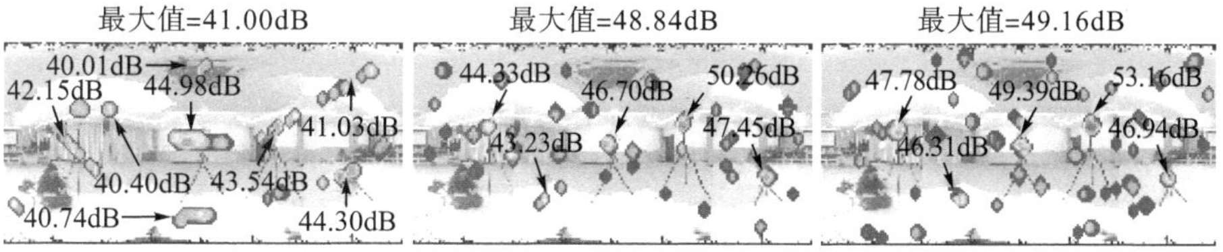

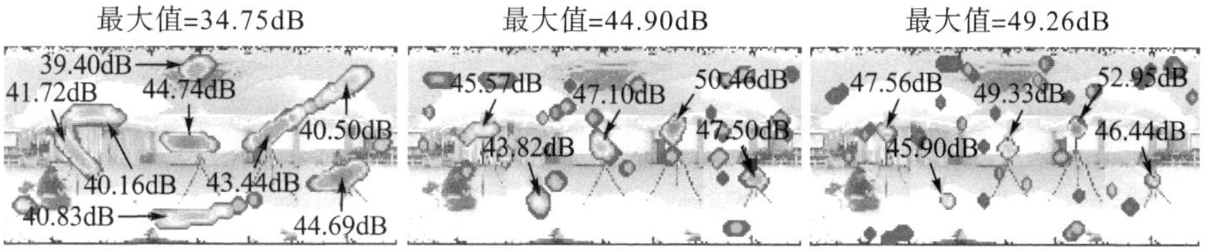

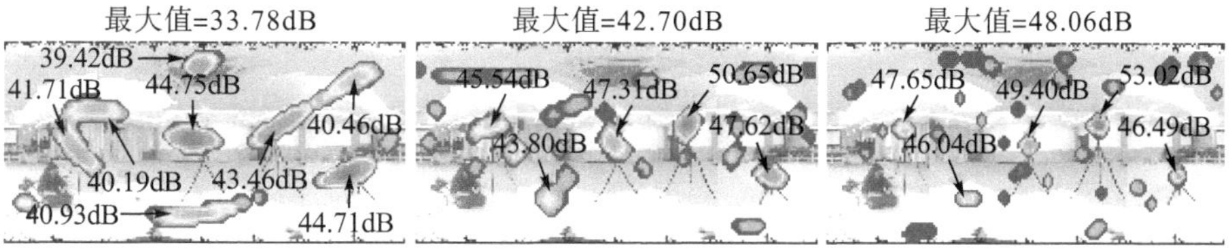

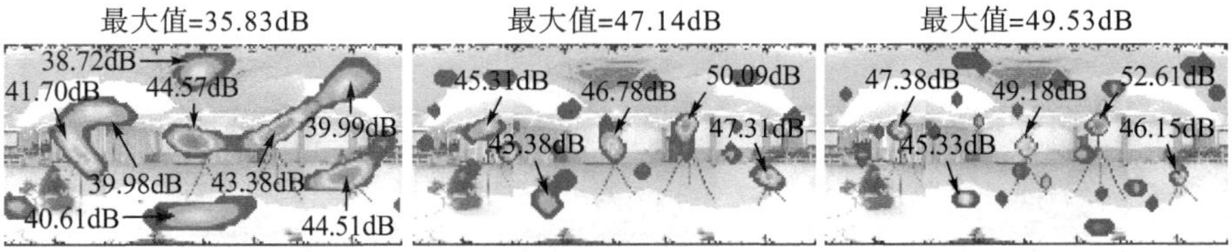

(iⅠ)1000Hz, RL (iⅡ)3000Hz, RL (iⅢ)5000Hz, RL

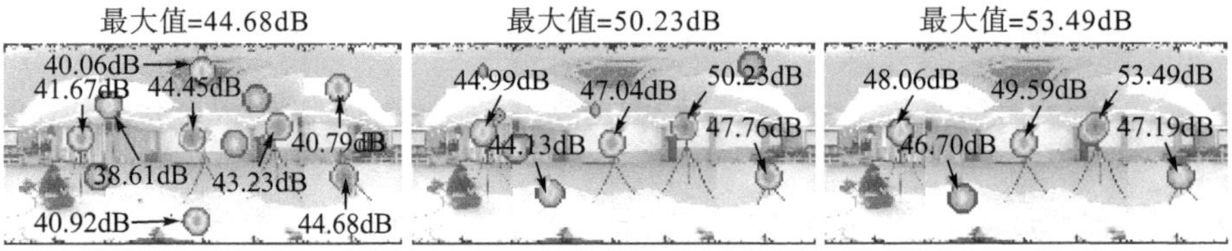

(jⅠ)1000Hz, CLEAN (jⅡ) 3000Hz, CLEAN (jⅢ)5000Hz, CLEAN

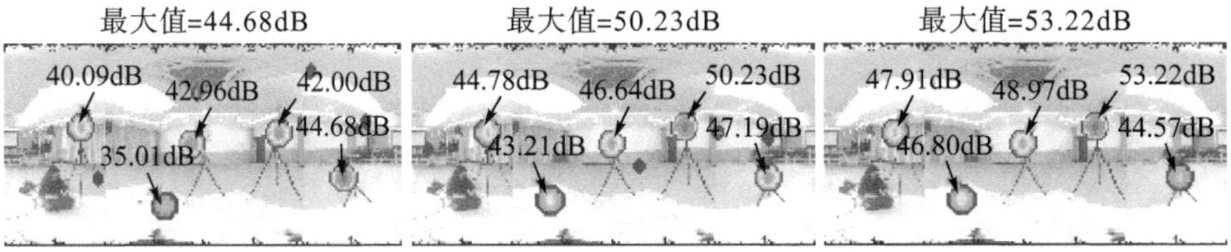

(kⅠ)1000Hz, CLEAN-SC (kⅡ)3000Hz, CLEAN-SC (kⅢ)5000Hz, CLEAN-SC

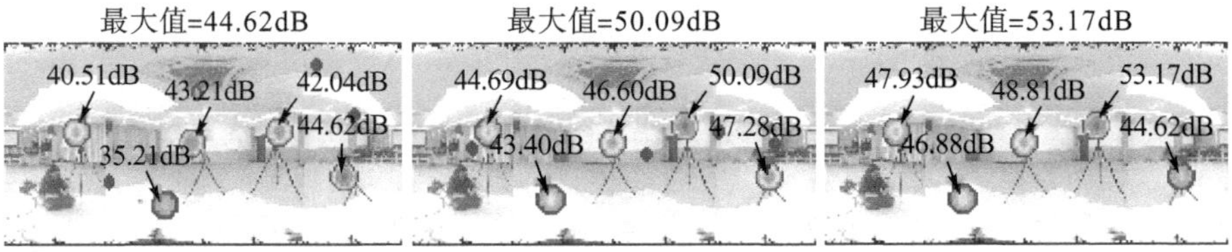

(lⅠ)1000Hz，改进CLEAN-SC (lⅡ)3000Hz，改进CLEAN-SC (lⅢ)5000Hz，改进CLEAN-SC

图 4.18 普通房间内扬声器由稳态白噪声信号激励(互不相干)且 46 个数据快拍被采用时的声源成像图

表 4.5 获得图 4.18 各算法的耗时 (单位：s)

方法	1000Hz	3000Hz	5000Hz
DAS	0.19	0.41	0.85
FDAS	0.19	0.41	0.87
FDAS+RD	2.52	2.74	3.16
FDAS+RD+DAMAS	8.46	2.76	3.19
SHB	0.06	0.08	0.16
DAMAS	140.00	144.33	143.57
NNLS	143.33	143.79	145.10
FISTA	122.09	121.44	124.42
RL	121.87	121.55	123.61
CLEAN	0.63	0.81	0.64
CLEAN-SC	0.09	0.13	0.21
改进 CLEAN-SC	10.20	11.31	7.71

4.5　分布声源识别的探讨

本节基于数值模拟探讨本章的函数型波束形成与第 3 章的反卷积波束形成在识别分布声源时的表现。构造图 4.19 所示的形状为“iCQU”的分布声源，添加 SNR 为 0dB 的背景噪声及幅值和相位误差系数分别落在[0.8,1.25]和[-10°,10°]区间内的传声器及测试通道频响特性幅相误差。图 4.20 给出了 3000Hz 频率下不同方法对分布声源的成像图，均作用于对角线重构(背景噪声移除)之后的互谱矩阵，各类反卷积算法迭代终止条件的设置与第 3 章中一致。DAS 和 SHB 的宽主瓣和高旁瓣缺陷使声源的分布形状不能被清晰明确地呈现。对比各清晰化方法：FDAS+RD 的效果最佳，不仅能清晰明确地呈现声源的分布形状，而且线条光滑；FDAS、NNLS、FISTA 和 RL 的效果较好，FDAS 呈现的声源线条略粗，后三者呈现的声源线条出现轻微断层；FDAS+RD+DAMAS、DAMAS、CLEAN、CLEAN-SC 和改进 CLEAN-SC 的效果很差，呈现的声源线条出现严重断层点化现象，即分布源被识别为若干点源。该现象表明 FDAS+RD 在分布声源识别方面更具潜力。

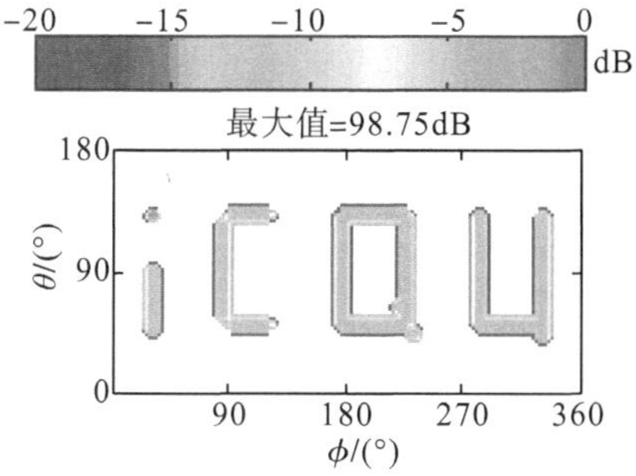

图 4.19　分布声源的真实成像图

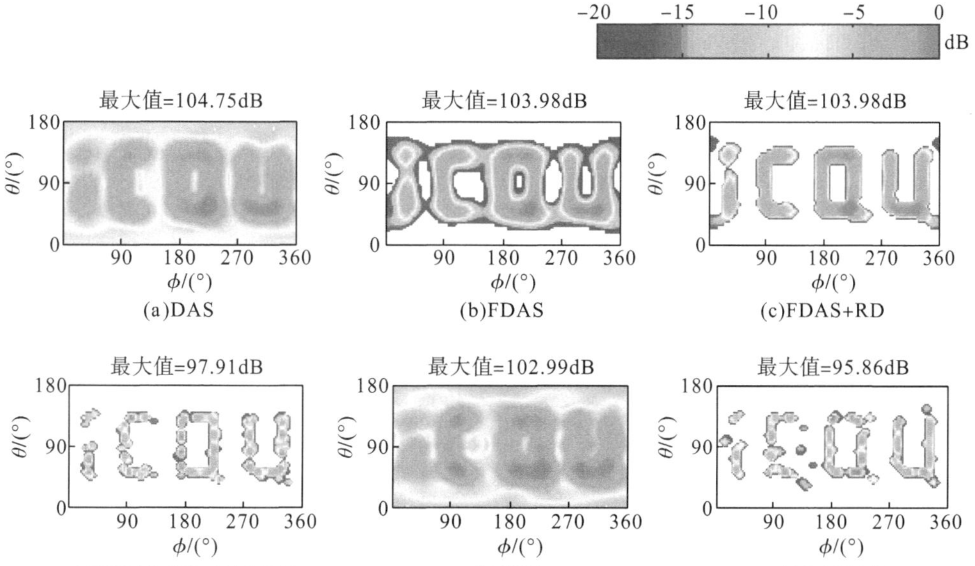

(a)DAS　(b)FDAS　(c)FDAS+RD

(d)FDAS+RD+DAMAS　(e)SHB　(f)DAMAS

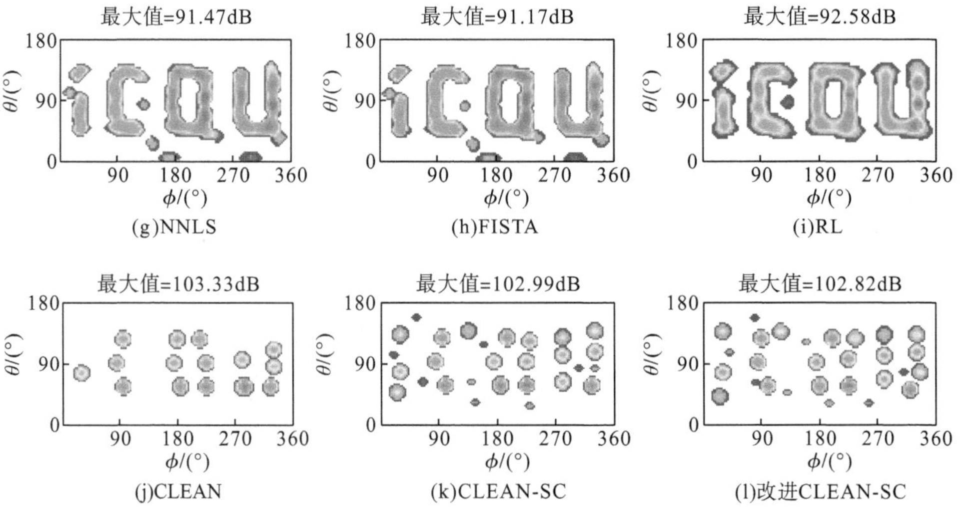

图 4.20 3000Hz 频率下不同方法对分布声源的成像图

4.6 本 章 小 结

本章为球面传声器阵列测量实现函数型波束形成，不仅为三维空间内声源的 360° 全景准确识别提供了新途径，而且进一步完善了球面传声器阵列的声源识别功能。具体工作及取得结论如下。

(1) 为球面传声器阵列建立 DAS，数值模拟证明：通过采用 $N=\lceil 1.2ka\rceil+4$（k 为波数，a 为阵列半径，$\lceil\cdot\rceil$ 为将数值向正无穷方向圆整到最近的整数）的最高阶取值方案，DAS 的 PSF 在声源位置输出极接近 1 的值，在非声源位置输出大于 0 且小于 1 的值，这为函数型波束形成的实现奠定了基础；DAS 的低频空间分辨能力弱于 SHB，二者的中高频声源识别性能相当。

(2) 为球面传声器阵列建立 FDAS，揭示典型因素的影响并分析对典型类型声源的适用性，数值模拟及验证试验证明：理想工况下，FDAS 具有优秀的清晰化效果和声源定向定量精度且指数足够大时重构分布接近真实分布；聚焦距离不等于声源距离、聚焦方向不涵盖声源方向和传声器及测试通道频响特性幅相误差均使声源定量精度在大指数时偏低；背景噪声限制清晰化效果；识别多个声源时，数据快拍偏少和声源相干均降低声源定量精度甚至使声源丢失。鉴于此，FDAS 适用于识别单声源和不相干声源(足够多数据快拍被需要)，不适用于识别相干声源和多个瞬态或运动声源；实际应用中，建议指数不大于 30 并采用较密的聚焦点分布和具有良好频响匹配特性的仪器设备。

(3) 引入 DiRec、RD 和 DAMAS 来增强 FDAS 的性能，数值模拟及验证试验表明：DiRec 能有效移除背景噪声对 FDAS 清晰化效果的限制；RD 和 DAMAS 的运用能缩减主瓣宽度、提高空间分辨能力，还能提高声源定量精度。

(4) 普通房间内的声源识别试验证明：函数型延迟求和波束形成和反卷积波束形成在存在混响干扰的普通测试环境下均有效；混响干扰降低声源识别精度，频率越低混响干扰越强，影响越严重；在抗混响干扰能力方面，CLEAN-SC 和改进 CLEAN-SC 在低中高频下均最强，FDAS、FDAS+RD 和 FDAS+RD+DAMAS 在低频下略弱而在中高频下与 CLEAN-SC 和改进 CLEAN-SC 相当，CLEAN 在中低频下很弱而在高频下较强，DAMAS、NNLS、FISTA 和 RL 在低中高频下均很弱；在计算效率方面，CLEAN-SC、FDAS 和 CLEAN 最具优势，FDAS+RD、FDAS+RD+DAMAS 和改进 CLEAN-SC 次之，DAMAS、NNLS、FISTA 和 RL 较差。

(5) 分布声源的数值模拟表明：相比其他方法，FDAS+RD 在分布声源识别方面更具潜力。

第5章　平面传声器阵列的无网格连续压缩波束形成

压缩波束形成是不同于反卷积波束形成和函数型波束形成的又一类高性能方法，通过施加声源分布稀疏约束定解关联测量声压信号和声源分布的数学模型来重构声源分布，具有声源成像干净清晰、抗干扰能力强、对各种相干性声源和各种数据快拍数目均良好适用等优势。传统有网格离散压缩波束形成存在基不匹配[134]缺陷，无法准确识别未落在网格点上的声源，这与其离散目标声源区域形成固定不动的网格点且假设声源落在网格点上有关；新兴无网格连续压缩波束形成将目标声源区域看作连续体处理，能从根本上规避基不匹配缺陷，声源识别精度高。关于后者的研究早期主要针对线性传声器阵列测量，其适宜识别阵列前方且与传声器共面的声源，对应一维问题。相比之下，平面传声器阵列的声源识别区域更广阔，可识别阵列前方半球空间内声源，对应问题的维度为二维。为平面传声器阵列二维声源识别发展无网格连续压缩波束形成方法对完善波束形成技术的功能具有重要意义，迄作者开展工作之时，关于该主题的研究报道还很鲜见，以作者所在团队的工作[173-178]为基础，本章系统研究该主题。与反卷积波束形成和函数型波束形成同时适用于近场球面波模型和远场平面波模型的特性不同，提出的无网格连续压缩波束形成仅适用于远场平面波模型，即适用于声源波达方向(direction of arrival，DOA)估计。

本章包括五部分工作：第一，建立测量模型；第二，针对传统有网格离散压缩波束形成方法，阐明基本理论，基于数值模拟说明目标声源区域离散化带来的基不匹配缺陷；第三，针对提出的无网格连续压缩波束形成方法，阐明基本理论，基于数值模拟检验其对基不匹配缺陷的规避能力，揭示典型因素对性能的影响规律及影响机理；第四，分别从计算效率提高和稀疏性增强两个方面提出无网格连续压缩波束形成的性能增强方法，基于数值模拟检验性能增强效果；第五，基于试验验证数值模拟结论的正确性，对比分析各方法的综合性能并检验各方法在识别实际声源时的有效性。

5.1　测量模型

图 5.1 为测量的几何模型，采用传声器均匀分布的矩形阵列，符号“●”表示传声器，$a=0,1,\cdots,A-1$ 和 $b=0,1,\cdots,B-1$ 分别为 x 维和 y 维的传声器索引，Δx 和 Δy 分别为 x 维和 y 维的传声器间隔，$\Omega_{\mathrm{S}i}=(\theta_{\mathrm{S}i},\phi_{\mathrm{S}i})$ 为 i 号声源的 DOA，$\theta_{\mathrm{S}i}$ 和 $\phi_{\mathrm{S}i}$ 分别为仰角和方位角。令 $\mathbb{C}$ 为复数集，$l=1,2,\cdots,L$ 为快拍索引，$s_{i,l}\in\mathbb{C}$ 为第 l 快拍下 i 号声源的强度，则 $\boldsymbol{s}_i=\left[s_{i,1},s_{i,2},\cdots,s_{i,L}\right]\in\mathbb{C}^{1\times L}$ 为各快拍下 i 号声源强度组成的行向量。这里的声源强度指声源在 $(0,0)$ 号传声器处产生的声压，远场平面波模型下，与第 2 章中的声源平均声压贡献相

等。记 $p_{a,b,l}\in\mathbb{C}$ 为第 l 快拍下声源在 (a,b) 号传声器处产生的声压，行向量 $\boldsymbol{p}_{a,b}=\left[p_{a,b,1},p_{a,b,2},\cdots,p_{a,b,L}\right]\in\mathbb{C}^{1\times L}$ 具有如下表达式：

$$\boldsymbol{p}_{a,b}=\sum_{i=1}^{I}\boldsymbol{s}_i \mathrm{e}^{\mathrm{j}2\pi\left(t_{1i}a+t_{2i}b\right)} \tag{5.1}$$

式中，$t_{1i}\equiv\sin\theta_{\mathrm{S}i}\cos\phi_{\mathrm{S}i}\Delta x/\lambda$，$t_{2i}\equiv\sin\theta_{\mathrm{S}i}\sin\phi_{\mathrm{S}i}\Delta y/\lambda$，$\lambda$ 为波长，I 为声源总数，$\mathrm{j}=\sqrt{-1}$ 为虚数单位。用上标“T”表示转置，符号“$\otimes$”表示克罗内克(Kronecker)乘积，构建矩阵 $\boldsymbol{P}=\left[\boldsymbol{p}_{0,0}^{\mathrm{T}},\boldsymbol{p}_{0,1}^{\mathrm{T}},\cdots,\boldsymbol{p}_{0,B-1}^{\mathrm{T}},\boldsymbol{p}_{1,0}^{\mathrm{T}},\boldsymbol{p}_{1,1}^{\mathrm{T}},\cdots,\boldsymbol{p}_{1,B-1}^{\mathrm{T}},\cdots,\boldsymbol{p}_{A-1,0}^{\mathrm{T}},\boldsymbol{p}_{A-1,1}^{\mathrm{T}},\cdots,\boldsymbol{p}_{A-1,B-1}^{\mathrm{T}}\right]^{\mathrm{T}}\in\mathbb{C}^{AB\times L}$ 和列向量 $\boldsymbol{d}\left(t_{1i},t_{2i}\right)=\left[1,\mathrm{e}^{\mathrm{j}2\pi t_{1i}},\cdots,\mathrm{e}^{\mathrm{j}2\pi t_{1i}(A-1)}\right]^{\mathrm{T}}\otimes\left[1,\mathrm{e}^{\mathrm{j}2\pi t_{2i}},\cdots,\mathrm{e}^{\mathrm{j}2\pi t_{2i}(B-1)}\right]^{\mathrm{T}}\in\mathbb{C}^{AB}$，对应式(5.1)有

$$\boldsymbol{P}=\sum_{i=1}^{I}\boldsymbol{d}\left(t_{1i},t_{2i}\right)\boldsymbol{s}_i \tag{5.2}$$

存在噪声干扰 $\boldsymbol{N}\in\mathbb{C}^{AB\times L}$ 时，测量声压 $\boldsymbol{P}^{\star}\in\mathbb{C}^{AB\times L}$ 可表示为

$$\boldsymbol{P}^{\star}=\boldsymbol{P}+\boldsymbol{N} \tag{5.3}$$

定义 $\mathrm{SNR}=20\lg\left(\|\boldsymbol{P}\|_{\mathrm{F}}/\|\boldsymbol{N}\|_{\mathrm{F}}\right)$，由此可确定 $\|\boldsymbol{N}\|_{\mathrm{F}}=\|\boldsymbol{P}\|_{\mathrm{F}}10^{-\mathrm{SNR}/20}$，其中，$\|\bullet\|_{\mathrm{F}}$ 表示弗罗贝尼乌斯(Frobenius)范数。

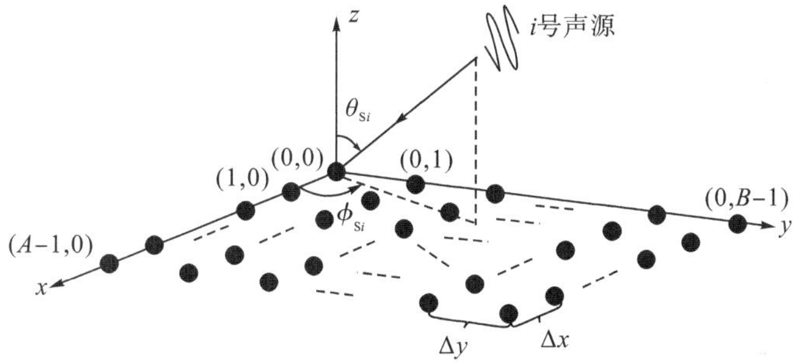

图 5.1　矩形传声器阵列压缩波束形成方法的测量几何模型

除图 5.1 所示的传声器均匀分布的矩形阵列外，本章所涉及方法还适用于传声器非均匀分布的稀疏矩形阵列，其通过随机保留矩形阵列中的部分传声器获得。记 Υ 为保留传声器的索引组成的集合，$|\Upsilon|$ 为 Υ 的势，$\boldsymbol{P}_{\Upsilon}\in\mathbb{C}^{|\Upsilon|\times L}$ 为声源在保留传声器处产生的声压，$\boldsymbol{d}_{\Upsilon}\left(t_{1i},t_{2i}\right)\in\mathbb{C}^{|\Upsilon|}$ 为 $\boldsymbol{d}\left(t_{1i},t_{2i}\right)$ 中对应保留传声器的元素组成的列向量，$\boldsymbol{P}_{\Upsilon}^{\star}\in\mathbb{C}^{|\Upsilon|\times L}$ 为保留传声器测量的声压，$\boldsymbol{N}_{\Upsilon}\in\mathbb{C}^{|\Upsilon|\times L}$ 为保留传声器承受的噪声干扰。采用稀疏矩形阵列时，上述 $\boldsymbol{P}$、$\boldsymbol{d}\left(t_{1i},t_{2i}\right)$、$\boldsymbol{P}^{\star}$ 和 $\boldsymbol{N}$ 变为 $\boldsymbol{P}_{\Upsilon}$、$\boldsymbol{d}_{\Upsilon}\left(t_{1i},t_{2i}\right)$、$\boldsymbol{P}_{\Upsilon}^{\star}$ 和 $\boldsymbol{N}_{\Upsilon}$。图 5.2 给出了本章后续数值模拟和验证试验采用的传声器阵列布局，$A=B=8$，$\Delta x=\Delta y=0.035\mathrm{m}$，共包含 64 个传声器，稀疏矩形阵列包含 30 个传声器，根据 $\max\{\Delta x/\lambda,\Delta y/\lambda\}\leqslant 1/2$ [173]，该阵列适用的上限频率约为 4900Hz。值得说明的是，5.3～5.4 节提出的无网格连续压缩波束形成不能直接用于传声器任意分布的平面阵列(如第 2 章中的扇形轮阵列)，这并不意味着不能为传声器任意分布的平面阵列发展无网格连续压缩波束形成，当前，这是值得研究且富有挑战的主题。5.2 节给出的有网格离散压缩波束形成可直接用于传声器任意分布的平面阵列。

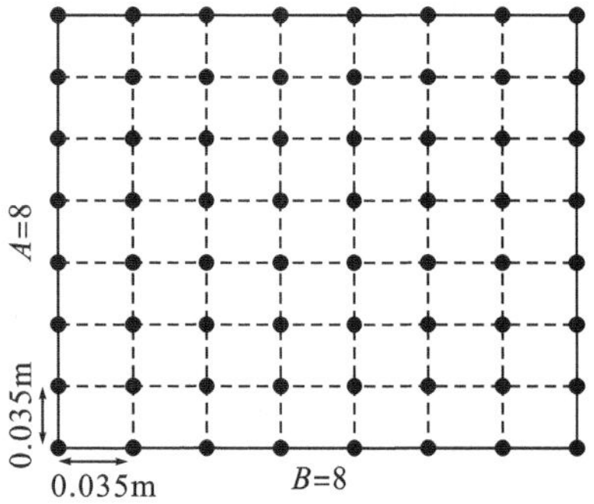

(a)矩形阵列

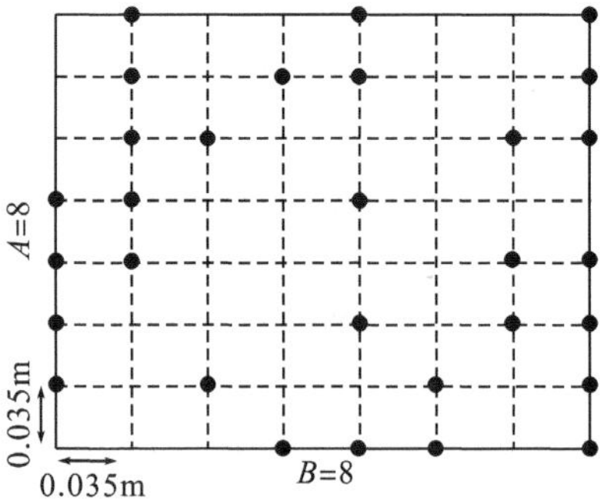

(b)稀疏矩形阵列

图 5.2 传声器阵列布局

5.2 传统有网格离散压缩波束形成

5.2.1 基本理论

传统压缩波束形成方法将离散目标声源区域离散为一组固定不动的网格点，并假设声源落在网格点上。利用平面传声器阵列进行测量时，目标声源区域为阵列前方仰角 $\theta\in\left[0^\circ,90^\circ\right]$、方位角 $\phi\in\left[0^\circ,360^\circ\right)$ 的半球区域，离散化该区域形成 G 个网格点，每个网格点代表一个观测方向。构建声源分布矩阵 $\boldsymbol{S}=\left[\boldsymbol{s}_1^{\mathrm{T}},\boldsymbol{s}_2^{\mathrm{T}},\cdots,\boldsymbol{s}_G^{\mathrm{T}}\right]^{\mathrm{T}}\in\mathbb{C}^{G\times L}$ 和感知矩阵 $\boldsymbol{D}=\left[\boldsymbol{d}\left(t_{11},t_{21}\right),\boldsymbol{d}\left(t_{12},t_{22}\right),\cdots,\boldsymbol{d}\left(t_{1G},t_{2G}\right)\right]\in\mathbb{C}^{AB\times G}$，将测量声压 $\boldsymbol{P}^\star\in\mathbb{C}^{AB\times L}$ 表示为

$$\boldsymbol{P}^\star=\boldsymbol{DS}+\boldsymbol{N} \tag{5.4}$$

求解该线性方程组来提取 $\boldsymbol{S}$。

通常地，$AB<G$，式(5.4)所示的线性方程组欠定，通过对 $\boldsymbol{S}$ 施加稀疏约束可求解该线性方程组。定义 $\boldsymbol{S}$ 的 $\ell_{2,0}$ 和 $\ell_{2,1}$ 范数为

$$\begin{cases}\left\|\boldsymbol{S}\right\|_{2,0}=\left|\left\{g\middle|\left\|\boldsymbol{S}_{g,:}\right\|_2>0\right\}\right|=\left|\left\{g\middle|\boldsymbol{S}_{g,:}\neq\boldsymbol{0}\right\}\right|\\ \left\|\boldsymbol{S}\right\|_{2,1}=\sum_{g=1}^{G}\left\|\boldsymbol{S}_{g,:}\right\|_2\end{cases} \tag{5.5}$$

式中，$g=1,2,\cdots,G$ 为 $\boldsymbol{S}$ 的行索引(网格点索引)；$\boldsymbol{S}_{g,:}$ 为 $\boldsymbol{S}$ 的第 g 行；$\left\|\bullet\right\|_2$ 为向量的 ℓ_2 范数；$\left|\bullet\right|$ 为集合的势；$\left\|\boldsymbol{S}\right\|_{2,0}$ 为 $\boldsymbol{S}$ 中非零行的个数。通过对 $\boldsymbol{S}$ 施加稀疏约束求解式(5.4)所示的线性方程组的最直接形式为

$$\hat{\boldsymbol{S}}=\underset{\boldsymbol{S}\in\mathbb{C}^{G\times L}}{\arg\min}\left\|\boldsymbol{S}\right\|_{2,0},\left\|\boldsymbol{P}^\star-\boldsymbol{DS}\right\|_{\mathrm{F}}\leqslant\varepsilon \tag{5.6}$$

式中，ε 为噪声干扰控制参数，取为 $\left\|\boldsymbol{N}\right\|_{\mathrm{F}}$。式(5.6)为非凸组合问题，难以求解，可用下列形式替代：

$$\hat{\boldsymbol{S}}=\underset{\boldsymbol{S}\in\mathbb{C}^{G\times L}}{\arg\min}\left\|\boldsymbol{S}\right\|_{2,1},\left\|\boldsymbol{P}^\star-\boldsymbol{DS}\right\|_{\mathrm{F}}\leqslant\varepsilon \tag{5.7}$$

即用 $\left\|\boldsymbol{S}\right\|_{2,1}$ 替代 $\left\|\boldsymbol{S}\right\|_{2,0}$。式(5.7)为凸优化[209]问题，可用 CVX 工具箱[205]求解。声源分布稀疏且

感知矩阵的列足够不相干时，式(5.6)和式(5.7)等价[155]。$I \ll G$ 且 $I < AB$ 时，认为声源分布稀疏；$\max\limits_{1 \leqslant g < g' \leqslant G} \left| \boldsymbol{d}^{\mathrm{H}}\left(t_{1g}, t_{2g}\right) \boldsymbol{d}\left(t_{1g'}, t_{2g'}\right) \right| \Big/ \left(\left\| \boldsymbol{d}\left(t_{1g}, t_{2g}\right) \right\|_2 \left\| \boldsymbol{d}\left(t_{1g'}, t_{2g'}\right) \right\|_2 \right)$ 很小时，认为感知矩阵的列足够不相干，其中，$|\bullet|$ 表示标量的模；上标“H”表示共轭转置；g' 表示网格点索引。采用稀疏矩形阵列时，$\boldsymbol{P}^{\star}$ 和 $\boldsymbol{D}$ 变为 $\boldsymbol{P}_{\Upsilon}^{\star}$ 和 $\boldsymbol{D}_{\Upsilon}$，其中，$\boldsymbol{D}_{\Upsilon} = \left[\boldsymbol{d}_{\Upsilon}\left(t_{11}, t_{21}\right), \boldsymbol{d}_{\Upsilon}\left(t_{12}, t_{22}\right), \cdots, \boldsymbol{d}_{\Upsilon}\left(t_{1G}, t_{2G}\right) \right] \in \mathbb{C}^{|\Upsilon| \times G}$。

5.2.2　基不匹配缺陷

声源未落在网格点上时，传统有网格离散压缩波束形成不能准确重构声源分布，该缺陷称为基不匹配。以一个算例进行说明。假设 6 个互不相干的声源，DOA $\left(\theta_{\mathrm{S}i}, \phi_{\mathrm{S}i}\right)$ 依次为 (23°,92°)、(53°,92°)、(62°,182°)、(62°,228°)、(30°,200°) 和 (70°,300°)，强度 ($\left\|\boldsymbol{s}_i\right\|_2 / \sqrt{L}$) 依次为 100.00dB、96.99dB、96.99dB、93.98dB、93.98dB 和 90.00dB(参考标准声压 2×10^{-5}Pa 进行 dB 缩放)，辐射声波的频率为 4000Hz，快拍总数取 10，添加 SNR 为 20dB 的独立同分布高斯白噪声干扰。图 5.3 给出了传统有网格离散压缩波束形成的声源成像图，第Ⅰ列对应矩形阵列，第Ⅱ列对应稀疏矩形阵列。图 5.3(aⅠ)～图 5.3(aⅡ)中，目标声源区域离散间隔为 5°×5°，此时，仅 (30°,200°) 和 (70°,300°) 方向上的声源落在网格点上，DOA 被准确估计，强度被较准确量化[图 5.3(aⅠ)中，量化的源强分别为 93.32dB 和 89.33dB；图 5.3(aⅡ)中，量化的源强分别为 93.23dB 和 88.66dB]；其他 4 个声源均未落在网格点上，DOA 无法被准确估计，声源强度被分散到真实 DOA 周围的网格点上[图 5.3(aⅠ)中，声源周围网格点上输出值的加和分别为 99.93dB、96.83dB、96.98dB 和 93.71dB；图 5.3(aⅡ)中，声源周围网格点上输出值的加和分别为 99.82dB、96.75dB、96.64dB 和 93.60dB]。该现象证明了传统有网格离散压缩波束形成的基不匹配缺陷，实际应用中，该缺陷影响严重，声源距离传声器阵列较远时，即便较小的 DOA 估计偏差也会导致严重的声源识别错误。精细化网格虽能降低声源未落在网格点上的概率，但未必能带来准确的结果，这是由于网格划分太精细时，感知矩阵的列相干性较大，式(5.7)与式(5.6)的等价关系较弱的缘故。如图 5.3(bⅠ)～图 5.3(bⅡ)所示，1°×1° 的目标声源区域离散间隔下，6 个声源均落在网格点上，重构声源分布与真实声源分布间仍存在较大偏差，量化的源强较真实的源强偏低，存在虚假弱源。表 5.1 列出了获得图 5.3 传统有网格离散压缩波束形成的耗时，可以看出，精细化网格严重降低计算效率，稀疏矩形阵列的计算效率高于矩形阵列，这均和参与运算的矩阵维度有关。

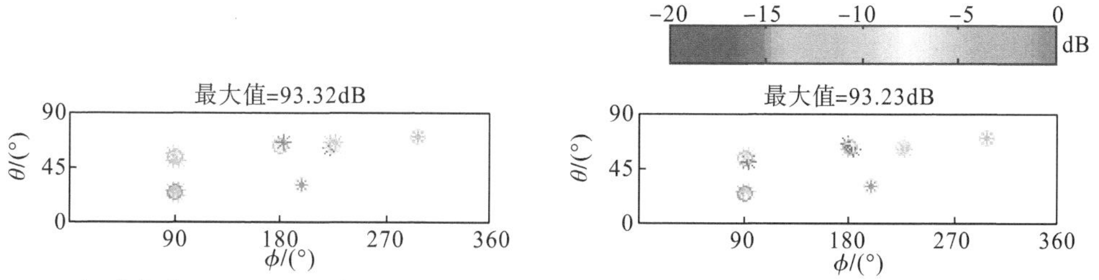

(aⅠ)矩形阵列，5°×5°的目标声源区域离散间隔　　(aⅡ)稀疏矩形阵列，5°×5°的目标声源区域离散间隔

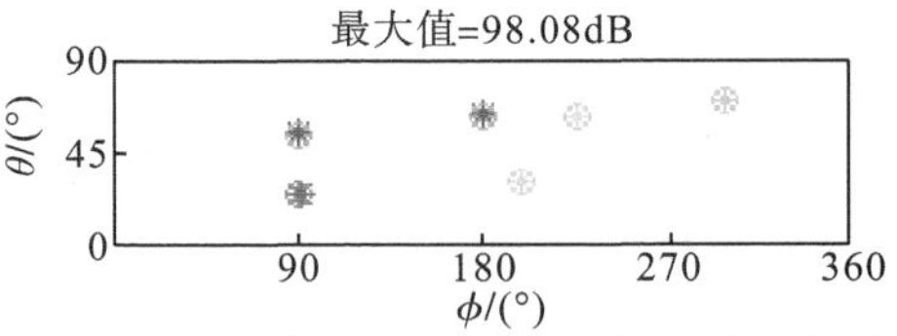

(bⅠ)矩形阵列，1°×1°的目标声源区域离散间隔

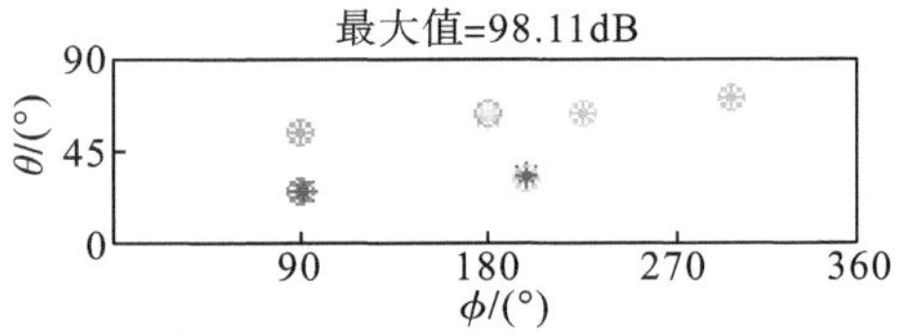

(bⅡ)稀疏矩形阵列，1°×1°的目标声源区域离散间隔

图 5.3 传统有网格离散压缩波束形成的声源成像图

注：○表示真实声源分布，∗表示重构声源分布，分别参考各自的最大值进行 dB 缩放。

表 5.1 获得图 5.3 传统有网格离散压缩波束形成的耗时 (单位：s)

参数	5°×5°的目标声源区域离散间隔		1°×1°的目标声源区域离散间隔	
	矩形阵列 [图 5.3(aⅠ)]	稀疏矩形阵列 [图 5.3(aⅡ)]	矩形阵列 [图 5.3(bⅠ)]	稀疏矩形阵列 [图 5.3(bⅡ)]
耗时	128.88	30.22	4807.59	1382.99

5.3 无网格连续压缩波束形成

5.3.1 基本理论

本节提出的无网格连续压缩波束形成包括 4 个步骤：首先，在连续域，定义声源在传声器处产生声压的原子范数，量度声源稀疏性，基于 ANM 建立传声器测量声压的去噪声数学模型；然后，发展与 ANM 等价的半正定规划，求解 ANM；接着，基于 MaPP 方法[168]从半正定规划求得的一个二重特普利茨(Toeplitz)矩阵中提取估计声源 DOA；最后，基于估计的声源 DOA 和去噪声后的传声器测量声压量化声源强度。

1. *原子范数及其最小化*

令 $s_i=\|\boldsymbol{s}_i\|_2\in\mathbb{R}^+$ 和 $\boldsymbol{\psi}_i=\boldsymbol{s}_i/s_i\in\mathbb{C}^{1\times L}$，其中，$\mathbb{R}^+$ 为正实数集，$\|\boldsymbol{\psi}_i\|_2=1$。式(5.2)可写为

$$\boldsymbol{P}=\sum_{i=1}^{I}s_i\boldsymbol{d}\left(t_{1i},t_{2i}\right)\boldsymbol{\psi}_i \tag{5.8}$$

无网格连续设置下，$t_1\equiv\sin\theta\cos\phi\Delta x/\lambda$、$t_2\equiv\sin\theta\sin\phi\Delta y/\lambda$ 及 $\boldsymbol{\psi}$ 中各元素均可看作 θ 和 ϕ 的连续函数。根据文献[210]，式(5.8)所示信号模型的原子，即构成 $\boldsymbol{P}$ 的基本单元，为 $\boldsymbol{d}\left(t_1,t_2\right)\boldsymbol{\psi}$。无限势的原子集合为

$$\mathcal{A}=\left\{\boldsymbol{d}\left(t_1,t_2\right)\boldsymbol{\psi}\left|\begin{array}{l}t_1\equiv\sin\theta\cos\phi\Delta x/\lambda,t_2\equiv\sin\theta\sin\phi\Delta y/\lambda,\\ \theta\in\left[0^\circ,90^\circ\right],\phi\in\left[0^\circ,360^\circ\right),\boldsymbol{\psi}\in\mathbb{C}^{1\times L},\|\boldsymbol{\psi}\|_2=1\end{array}\right.\right\} \tag{5.9}$$

$\boldsymbol{P}$ 的原子 ℓ_0 范数和原子范数分别定义为

$$\|\boldsymbol{P}\|_{\mathcal{A},0}=\inf_{\substack{\boldsymbol{d}(t_{1i},t_{2i})\boldsymbol{\psi}_i\in\mathcal{A}\\ s_i\in\mathbb{R}^+}}\left\{\mathcal{I}\left|\boldsymbol{P}=\sum_{i=1}^{\mathcal{I}}s_i\boldsymbol{d}\left(t_{1i},t_{2i}\right)\boldsymbol{\psi}_i\right.\right\} \tag{5.10}$$

和

$$\|\boldsymbol{P}\|_{\mathcal{A}}=\inf_{\substack{\boldsymbol{d}(t_{1i},t_{2i})\boldsymbol{\psi}_i\in\mathcal{A}\\ s_i\in\mathbb{R}^+}}\left\{\sum_i s_i\left|\boldsymbol{P}=\sum_i s_i\boldsymbol{d}(t_{1i},t_{2i})\boldsymbol{\psi}_i\right.\right\}\tag{5.11}$$

式中，inf 表示下确界。显然，无网格连续设置下的原子 ℓ_0 范数和原子范数与有网格离散设置下的 $\ell_{2,0}$ 范数和 $\ell_{2,1}$ 范数相互对应，$\|\boldsymbol{P}\|_{\mathcal{A},0}$ 是声源分布稀疏性的最直接度量，为非凸函数，$\|\boldsymbol{P}\|_{\mathcal{A}}$ 是 $\|\boldsymbol{P}\|_{\mathcal{A},0}$ 的凸松弛形式。

通过对声源分布施加稀疏约束来定解式(5.3)可去除测量声压 $\boldsymbol{P}^{\star}$ 中的噪声干扰、重构声源在传声器处产生的声压 $\boldsymbol{P}$。以 $\|\boldsymbol{P}\|_{\mathcal{A},0}$ 为成本函数进行最小化时，相应问题难以求解，本节提出的方法以 $\|\boldsymbol{P}\|_{\mathcal{A}}$ 为成本函数进行最小化，这与 5.2 节中用 $\|\boldsymbol{S}\|_{2,1}$ 替代 $\|\boldsymbol{S}\|_{2,0}$ 类同。相应地，$\boldsymbol{P}$ 的重构问题可写为

$$\hat{\boldsymbol{P}}=\underset{\boldsymbol{P}\in\mathbb{C}^{AB\times L}}{\arg\min}\|\boldsymbol{P}\|_{\mathcal{A}},\quad \left\|\boldsymbol{P}^{\star}-\boldsymbol{P}\right\|_{\mathrm{F}}\leqslant\varepsilon\tag{5.12}$$

由于 $\|\boldsymbol{P}\|_{\mathcal{A}}$ 为凸函数，式(5.12)为凸优化问题。

2. 求解原子范数最小化的半正定规划

式(5.12)所示的 ANM 无法直接求解，可转化为半正定规划进行求解。转化过程需要三个步骤：二重特普利茨矩阵定义、相关命题证明和半正定规划转化。

1) 二重特普利茨矩阵定义

定义二重特普利茨算子 $T_b(\bullet)$，对任意给定向量 $\boldsymbol{u}=\left[u_{a,b}\middle|(a,b)\in\mathcal{H}\right]\in\mathbb{C}^{N_u}$，其中，$\mathcal{H}=(\{0\}\times\{0,1,\cdots,B-1\})\cup(\{1,2,\cdots,A-1\}\times\{1-B,\cdots,0,\cdots,B-1\})$ 是 $(A-1,B-1)$ 的半空间[211]，$\cup$ 表示并集，$N_u=B+(A-1)(2B-1)$，$T_b(\boldsymbol{u})$ 将 $\boldsymbol{u}$ 映射为 $A\times A$ 维的块特普利茨型厄米(Hermitian)矩阵：

$$T_b(\boldsymbol{u})=\begin{bmatrix}\boldsymbol{T}_0 & \boldsymbol{T}_1^{\mathrm{H}} & \cdots & \boldsymbol{T}_{A-1}^{\mathrm{H}}\\ \boldsymbol{T}_1 & \boldsymbol{T}_0 & \cdots & \boldsymbol{T}_{A-2}^{\mathrm{H}}\\ \vdots & \vdots & \ddots & \vdots\\ \boldsymbol{T}_{A-1} & \boldsymbol{T}_{A-2} & \cdots & \boldsymbol{T}_0\end{bmatrix}\tag{5.13}$$

其中，每个块 $\boldsymbol{T}_a(0\leqslant a\leqslant A-1)$ 都是 $B\times B$ 维的特普利茨矩阵：

$$\boldsymbol{T}_a=\begin{bmatrix}u_{a,0} & u_{a,-1} & \cdots & u_{a,1-B}\\ u_{a,1} & u_{a,0} & \cdots & u_{a,2-B}\\ \vdots & \vdots & \ddots & \vdots\\ u_{a,B-1} & u_{a,B-2} & \cdots & u_{a,0}\end{bmatrix}\tag{5.14}$$

容易证明 $\sum_i s_i\boldsymbol{d}(t_{1i},t_{2i})\boldsymbol{d}(t_{1i},t_{2i})^{\mathrm{H}}$ 或各声源单独引起的阵列协方差矩阵的和就是这样的二重特普利茨矩阵。

2) 相关命题证明

命题：记

$$\left\{\hat{\boldsymbol{u}},\hat{\boldsymbol{E}}\right\}=\underset{\boldsymbol{u}\in\mathbb{C}^{N_u},\boldsymbol{E}\in\mathbb{C}^{L\times L}}{\arg\min}\frac{1}{2\sqrt{AB}}\left\{\operatorname{tr}\left[T_b\left(\boldsymbol{u}\right)\right]+\operatorname{tr}\left(\boldsymbol{E}\right)\right\},\begin{bmatrix}T_b\left(\boldsymbol{u}\right) & \boldsymbol{P}\\ \boldsymbol{P}^{\mathrm{H}} & \boldsymbol{E}\end{bmatrix}\succeq 0 \tag{5.15}$$

$$\left\|\boldsymbol{P}\right\|_{\mathcal{T}}=\frac{1}{2\sqrt{AB}}\left\{\operatorname{tr}\left[T_b\left(\hat{\boldsymbol{u}}\right)\right]+\operatorname{tr}\left(\hat{\boldsymbol{E}}\right)\right\} \tag{5.16}$$

式中，$\operatorname{tr}(\bullet)$表示矩阵的迹；符号“$\succeq 0$”表示半正定。若$T_b\left(\hat{\boldsymbol{u}}\right)$具有范德蒙德(Vandermonde)分解[168,179]，即

$$T_b\left(\hat{\boldsymbol{u}}\right)=\boldsymbol{V}\boldsymbol{\Sigma}\boldsymbol{V}^{\mathrm{H}} \tag{5.17}$$

式中，$\boldsymbol{V}=\left[\boldsymbol{d}\left(t_{11},t_{21}\right),\boldsymbol{d}\left(t_{12},t_{22}\right),\cdots,\boldsymbol{d}\left(t_{1r},t_{2r}\right)\right]$，$\boldsymbol{\Sigma}=\operatorname{Diag}\left(\left[\sigma_1,\sigma_2,\cdots,\sigma_r\right]\right)$，$r$为$T_b\left(\hat{\boldsymbol{u}}\right)$的秩，$\sigma_i\left(i=1,2,\cdots,r\right)\in\mathbb{R}^+$，$\operatorname{Diag}(\bullet)$表示形成以括号内向量为对角线的对角矩阵，则$\left\|\boldsymbol{P}\right\|_{\mathcal{T}}=\left\|\boldsymbol{P}\right\|_{\mathcal{A}}$。

证明方法一：令$\boldsymbol{P}=\sum_i s_i\boldsymbol{d}\left(t_{1i},t_{2i}\right)\boldsymbol{\psi}_i$，$T_b\left(\boldsymbol{u}\right)=\left(1/\sqrt{AB}\right)\sum_i s_i\boldsymbol{d}\left(t_{1i},t_{2i}\right)\boldsymbol{d}\left(t_{1i},t_{2i}\right)^{\mathrm{H}}$和$\boldsymbol{E}=\sqrt{AB}\sum_i s_i\boldsymbol{\psi}_i^{\mathrm{H}}\boldsymbol{\psi}_i$，则有

$$\begin{bmatrix}T_b\left(\boldsymbol{u}\right) & \boldsymbol{P}\\ \boldsymbol{P}^{\mathrm{H}} & \boldsymbol{E}\end{bmatrix}=\sum_i s_i\begin{bmatrix}\dfrac{\boldsymbol{d}\left(t_{1i},t_{2i}\right)}{\sqrt[4]{AB}}\\ \sqrt[4]{AB}\boldsymbol{\psi}_i^{\mathrm{H}}\end{bmatrix}\begin{bmatrix}\dfrac{\boldsymbol{d}\left(t_{1i},t_{2i}\right)}{\sqrt[4]{AB}}\\ \sqrt[4]{AB}\boldsymbol{\psi}_i^{\mathrm{H}}\end{bmatrix}^{\mathrm{H}}\succeq 0 \tag{5.18}$$

这说明$T_b\left(\boldsymbol{u}\right)=\left(1/\sqrt{AB}\right)\sum_i s_i\boldsymbol{d}\left(t_{1i},t_{2i}\right)\boldsymbol{d}\left(t_{1i},t_{2i}\right)^{\mathrm{H}}$和$\boldsymbol{E}=\sqrt{AB}\sum_i s_i\boldsymbol{\psi}_i^{\mathrm{H}}\boldsymbol{\psi}_i$是式(5.15)所示问题的可行解，因此有

$$\left\|\boldsymbol{P}\right\|_{\mathcal{T}}\leqslant\frac{1}{2\sqrt{AB}}\left\{\operatorname{tr}\left[\frac{1}{\sqrt{AB}}\sum_i s_i\boldsymbol{d}\left(t_{1i},t_{2i}\right)\boldsymbol{d}\left(t_{1i},t_{2i}\right)^{\mathrm{H}}\right]+\operatorname{tr}\left(\sqrt{AB}\sum_i s_i\boldsymbol{\psi}_i^{\mathrm{H}}\boldsymbol{\psi}_i\right)\right\}=\sum_i s_i \tag{5.19}$$

对$\boldsymbol{P}$进行任意分解，式(5.19)均成立，因此，$\left\|\boldsymbol{P}\right\|_{\mathcal{T}}\leqslant\left\|\boldsymbol{P}\right\|_{\mathcal{A}}$。另一方面，式(5.17)成立，$\boldsymbol{P}$落在$T_b\left(\hat{\boldsymbol{u}}\right)$的列空间内，即$\boldsymbol{P}=\boldsymbol{V}\tilde{\boldsymbol{S}}$，$\tilde{\boldsymbol{S}}=\left[\boldsymbol{s}_1^{\mathrm{T}},\boldsymbol{s}_2^{\mathrm{T}},\cdots,\boldsymbol{s}_r^{\mathrm{T}}\right]^{\mathrm{T}}\in\mathbb{C}^{r\times L}$。引入半正定矩阵$\boldsymbol{F}\in\mathbb{C}^{r\times r}$满足$\hat{\boldsymbol{E}}=\tilde{\boldsymbol{S}}^{\mathrm{H}}\boldsymbol{F}\tilde{\boldsymbol{S}}$，则有

$$\begin{bmatrix}T_b\left(\hat{\boldsymbol{u}}\right) & \boldsymbol{P}\\ \boldsymbol{P}^{\mathrm{H}} & \hat{\boldsymbol{E}}\end{bmatrix}=\begin{bmatrix}\boldsymbol{V} & \boldsymbol{0}\\ \boldsymbol{0} & \tilde{\boldsymbol{S}}^{\mathrm{H}}\end{bmatrix}\begin{bmatrix}\boldsymbol{\Sigma} & \boldsymbol{I}_0\\ \boldsymbol{I}_0 & \boldsymbol{F}\end{bmatrix}\begin{bmatrix}\boldsymbol{V}^{\mathrm{H}} & \boldsymbol{0}\\ \boldsymbol{0} & \tilde{\boldsymbol{S}}\end{bmatrix}\succeq 0 \tag{5.20}$$

式中，$\boldsymbol{I}_0$为$r\times r$维单位矩阵。由式(5.20)可得$\begin{bmatrix}\boldsymbol{\Sigma} & \boldsymbol{I}_0\\ \boldsymbol{I}_0 & \boldsymbol{F}\end{bmatrix}\succeq 0$，联合舒尔(Schur)补条件[209]可得$\boldsymbol{F}\succeq\boldsymbol{\Sigma}^{-1}$，则

$$\operatorname{tr}\left(\hat{\boldsymbol{E}}\right)=\operatorname{tr}\left(\tilde{\boldsymbol{S}}^{\mathrm{H}}\boldsymbol{F}\tilde{\boldsymbol{S}}\right)\geqslant\operatorname{tr}\left(\tilde{\boldsymbol{S}}^{\mathrm{H}}\boldsymbol{\Sigma}^{-1}\tilde{\boldsymbol{S}}\right)=\sum_i\sigma_i^{-1}s_i^2 \tag{5.21}$$

这意味着

$$\left\|\boldsymbol{P}\right\|_{\mathcal{T}}=\frac{1}{2\sqrt{AB}}\left\{\operatorname{tr}\left[T_b\left(\hat{\boldsymbol{u}}\right)\right]+\operatorname{tr}\left(\hat{\boldsymbol{E}}\right)\right\}\geqslant\frac{1}{2\sqrt{AB}}\left(AB\sum_i\sigma_i+\sum_i\sigma_i^{-1}s_i^2\right)\geqslant\sum_i s_i\geqslant\left\|\boldsymbol{P}\right\|_{\mathcal{A}} \tag{5.22}$$

式中，第二个“$\geqslant$”成立的依据是算术几何平均不等式，第三个“$\geqslant$”成立的依据是式(5.11)所示的原子范数定义。最终，$\left\|\boldsymbol{P}\right\|_{\mathcal{T}}=\left\|\boldsymbol{P}\right\|_{\mathcal{A}}$。

证明方法二：若 $T_b(\boldsymbol{u})$ 具有范德蒙德分解，则 $\boldsymbol{P}$ 落在 $T_b(\boldsymbol{u})$ 的列空间上，即 $\boldsymbol{P}=\boldsymbol{V}\tilde{\boldsymbol{S}}$，$\tilde{\boldsymbol{S}}=\left[\boldsymbol{s}_1^{\mathrm{T}},\boldsymbol{s}_2^{\mathrm{T}},\cdots,\boldsymbol{s}_r^{\mathrm{T}}\right]^{\mathrm{T}}\in\mathbb{C}^{r\times L}$。由于

$$\begin{bmatrix} T_b(\boldsymbol{u}) & \boldsymbol{P} \\ \boldsymbol{P}^{\mathrm{H}} & \tilde{\boldsymbol{S}}^{\mathrm{H}}\boldsymbol{\Sigma}^{-1}\tilde{\boldsymbol{S}} \end{bmatrix}=\begin{bmatrix} \boldsymbol{V}\boldsymbol{\Sigma}^{\frac{1}{2}} \\ \left(\boldsymbol{\Sigma}^{-\frac{1}{2}}\tilde{\boldsymbol{S}}\right)^{\mathrm{H}} \end{bmatrix}\begin{bmatrix} \boldsymbol{V}\boldsymbol{\Sigma}^{\frac{1}{2}} \\ \left(\boldsymbol{\Sigma}^{-\frac{1}{2}}\tilde{\boldsymbol{S}}\right)^{\mathrm{H}} \end{bmatrix}^{\mathrm{H}}\succeq 0 \tag{5.23}$$

联合舒尔补条件可得 $\tilde{\boldsymbol{S}}^{\mathrm{H}}\boldsymbol{\Sigma}^{-1}\tilde{\boldsymbol{S}}\succeq\boldsymbol{P}^{\mathrm{H}}T_b(\boldsymbol{u})^{-1}\boldsymbol{P}$，进一步有

$$\begin{aligned}\mathrm{tr}\left[\boldsymbol{P}^{\mathrm{H}}T_b(\boldsymbol{u})^{-1}\boldsymbol{P}\right]&=\min_{\tilde{\boldsymbol{S}}\in\mathbb{C}^{r\times L}}\mathrm{tr}\left(\tilde{\boldsymbol{S}}^{\mathrm{H}}\boldsymbol{\Sigma}^{-1}\tilde{\boldsymbol{S}}\right),\quad \boldsymbol{P}=\boldsymbol{V}\tilde{\boldsymbol{S}}\\&=\min_{s_i\in\mathbb{R}^+,\boldsymbol{\psi}_i\in\mathbb{C}^{1\times L},\|\boldsymbol{\psi}_i\|_2=1}\sum_i\sigma_i^{-1}s_i^2,\quad \boldsymbol{P}=\sum_i s_i\boldsymbol{d}(t_{1i},t_{2i})\boldsymbol{\psi}_i\end{aligned} \tag{5.24}$$

因此，

$$\begin{aligned}\|\boldsymbol{P}\|_{\mathcal{T}}&=\min_{\boldsymbol{u}\in\mathbb{C}^{N_u},\boldsymbol{E}\in\mathbb{C}^{L\times L}}\frac{1}{2\sqrt{AB}}\left\{\mathrm{tr}\left[T_b(\boldsymbol{u})\right]+\mathrm{tr}(\boldsymbol{E})\right\},\quad \begin{bmatrix} T_b(\boldsymbol{u}) & \boldsymbol{P}\\ \boldsymbol{P}^{\mathrm{H}} & \boldsymbol{E}\end{bmatrix}\succeq 0\\&=\min_{\boldsymbol{u}\in\mathbb{C}^{N_u}}\frac{1}{2\sqrt{AB}}\left\{\mathrm{tr}\left[T_b(\boldsymbol{u})\right]+\mathrm{tr}\left[\boldsymbol{P}^{\mathrm{H}}T_b(\boldsymbol{u})^{-1}\boldsymbol{P}\right]\right\},\quad T_b(\boldsymbol{u})\succeq 0\\&=\min_{\boldsymbol{u}\in\mathbb{C}^{N_u}}\frac{1}{2\sqrt{AB}}\left\{\mathrm{tr}\left[T_b(\boldsymbol{u})\right]+\mathrm{tr}\left[\boldsymbol{P}^{\mathrm{H}}T_b(\boldsymbol{u})^{-1}\boldsymbol{P}\right]\right\},\quad T_b(\boldsymbol{u})=\boldsymbol{V}\boldsymbol{\Sigma}\boldsymbol{V}^{\mathrm{H}}\\&=\min_{\substack{\boldsymbol{d}(t_{1i},t_{2i})\boldsymbol{\psi}_i\in\mathcal{A}\\ s_i\in\mathbb{R}^+,\sigma_i\in\mathbb{R}^+}}\frac{1}{2\sqrt{AB}}\left(AB\sum_i\sigma_i+\sum_i\sigma_i^{-1}s_i^2\right),\quad \boldsymbol{P}=\sum_i s_i\boldsymbol{d}(t_{1i},t_{2i})\boldsymbol{\psi}_i\\&=\min_{\substack{\boldsymbol{d}(t_{1i},t_{2i})\boldsymbol{\psi}_i\in\mathcal{A}\\ s_i\in\mathbb{R}^+}}\sum_i s_i,\quad \boldsymbol{P}=\sum_i s_i\boldsymbol{d}(t_{1i},t_{2i})\boldsymbol{\psi}_i\\&=\|\boldsymbol{P}\|_{\mathcal{A}}\end{aligned} \tag{5.25}$$

其中，六个“=”成立的依据依次为式(5.15)和式(5.16)、舒尔补条件、式(5.17)、式(5.24)、算术几何平均不等式、式(5.11)。

3)半正定规划转化

基于上述命题，式(5.12)所示的 ANM 可转化为如下半正定规划：

$$\left\{\hat{\boldsymbol{u}},\hat{\boldsymbol{P}},\hat{\boldsymbol{E}}\right\}=\underset{\boldsymbol{u}\in\mathbb{C}^{N_u},\boldsymbol{P}\in\mathbb{C}^{AB\times L},\boldsymbol{E}\in\mathbb{C}^{L\times L}}{\arg\min}\frac{1}{2\sqrt{AB}}\left\{\mathrm{tr}\left[T_b(\boldsymbol{u})\right]+\mathrm{tr}(\boldsymbol{E})\right\},\begin{bmatrix} T_b(\boldsymbol{u}) & \boldsymbol{P}\\ \boldsymbol{P}^{\mathrm{H}} & \boldsymbol{E}\end{bmatrix}\succeq 0,\ \left\|\boldsymbol{P}^{\star}-\boldsymbol{P}\right\|_{\mathrm{F}}\leqslant\varepsilon \tag{5.26}$$

值得说明的是，$T_b(\hat{\boldsymbol{u}})$ 具有式(5.17)所示的范德蒙德分解是式(5.26)与式(5.12)严格等价的前提，文献[168]和文献[179]已证明：$r\leqslant\min\{A,B\}$ 时，式(5.17)严格成立。式(5.26)亦为凸优化问题，可用现成 CVX 工具箱中的 SDPT3 求解器求解。

3. 基于 MaPP 方法的声源 DOA 估计

$T_b(\hat{\boldsymbol{u}})$ 中包含声源 DOA 信息，可基于 MaPP 方法进行提取，具体步骤如下。

(1)特征值分解 $T_b(\hat{\boldsymbol{u}})$：

$$T_b(\hat{\boldsymbol{u}})=\boldsymbol{U}\boldsymbol{\Lambda}\boldsymbol{U}^{\mathrm{H}} \tag{5.27}$$

式中，$\boldsymbol{U}\in\mathbb{C}^{AB\times AB}$ 为 $T_b(\hat{\boldsymbol{u}})$ 特征向量构成的酉矩阵；$\boldsymbol{\varLambda}\in\mathbb{R}^{AB\times AB}$ 为 $T_b(\hat{\boldsymbol{u}})$ 特征值构成的对角矩阵。估计稀疏度(声源总数)为大于设定阈值特征值的个数，为 $\hat{I}$ 。记 $\boldsymbol{\varLambda}_e\in\mathbb{R}^{\hat{I}\times\hat{I}}$ 为 $\hat{I}$ 个较大特征值平方根构成的对角矩阵，$\boldsymbol{U}_e\in\mathbb{C}^{AB\times\hat{I}}$ 为 $\hat{I}$ 个较大特征值对应特征向量构成的矩阵，令 $\boldsymbol{Y}=\boldsymbol{U}_e\boldsymbol{\varLambda}_e\in\mathbb{C}^{AB\times\hat{I}}$ 。

(2) 删除 $\boldsymbol{Y}$ 的后 B 行得 $\boldsymbol{Y}_u\in\mathbb{C}^{(A-1)B\times\hat{I}}$ ，删除 $\boldsymbol{Y}$ 的前 B 行得 $\boldsymbol{Y}_d\in\mathbb{C}^{(A-1)B\times\hat{I}}$ ，计算矩阵束 $(\boldsymbol{Y}_d,\boldsymbol{Y}_u)$ 的广义特征值得 $\left\{\mathrm{e}^{\mathrm{j}2\pi\hat{t}_{1m}}\middle|m=1,2,\cdots,\hat{I}\right\}$ 。

(3) 令 $\boldsymbol{\rho}(\alpha)\in\mathbb{R}^{AB}$ 为第 α 个元素为 1 且其他元素为 0 的列向量，$\boldsymbol{\rho}_{a,b}=\boldsymbol{\rho}(a+bA+1)$ ，$\boldsymbol{\mathcal{P}}_a=\left[\boldsymbol{\rho}_{a,0},\boldsymbol{\rho}_{a,1},\cdots,\boldsymbol{\rho}_{a,B-1}\right]\in\mathbb{R}^{AB\times B}$ ，$\boldsymbol{\mathcal{P}}=\left[\boldsymbol{\mathcal{P}}_0,\boldsymbol{\mathcal{P}}_1,\cdots,\boldsymbol{\mathcal{P}}_{A-1}\right]\in\mathbb{R}^{AB\times AB}$ 。$\boldsymbol{\mathcal{P}}T_b(\hat{\boldsymbol{u}})\boldsymbol{\mathcal{P}}^{\mathrm{T}}$ 对 $T_b(\hat{\boldsymbol{u}})$ 中元素重新排序得包含 $B\times B$ 个 Toeplitz 块，每个块均为 $A\times A$ 维特普利茨矩阵的二重特普利茨矩阵。特征值分解 $\boldsymbol{\mathcal{P}}T_b(\hat{\boldsymbol{u}})\boldsymbol{\mathcal{P}}^{\mathrm{T}}$ ：

$$\boldsymbol{\mathcal{P}}T_b(\hat{\boldsymbol{u}})\boldsymbol{\mathcal{P}}^{\mathrm{T}}=\boldsymbol{U}_{\mathcal{P}}\boldsymbol{\varLambda}_{\mathcal{P}}\boldsymbol{U}_{\mathcal{P}}^{\mathrm{H}} \tag{5.28}$$

式中，$\boldsymbol{U}_{\mathcal{P}}\in\mathbb{C}^{AB\times AB}$ 为 $\boldsymbol{\mathcal{P}}T_b(\hat{\boldsymbol{u}})\boldsymbol{\mathcal{P}}^{\mathrm{T}}$ 特征向量构成的酉矩阵；$\boldsymbol{\varLambda}_{\mathcal{P}}\in\mathbb{R}^{AB\times AB}$ 为 $\boldsymbol{\mathcal{P}}T_b(\hat{\boldsymbol{u}})\boldsymbol{\mathcal{P}}^{\mathrm{T}}$ 特征值构成的对角矩阵。记 $\boldsymbol{\varLambda}_{\mathcal{P}e}\in\mathbb{R}^{\hat{I}\times\hat{I}}$ 为 $\hat{I}$ 个较大特征值平方根构成的对角矩阵，$\boldsymbol{U}_{\mathcal{P}e}\in\mathbb{C}^{AB\times\hat{I}}$ 为 $\hat{I}$ 个较大特征值对应特征向量构成的矩阵，令 $\boldsymbol{Y}_{\mathcal{P}}=\boldsymbol{U}_{\mathcal{P}e}\boldsymbol{\varLambda}_{\mathcal{P}e}\in\mathbb{C}^{AB\times\hat{I}}$ 。

(4) 删除 $\boldsymbol{Y}_{\mathcal{P}}$ 的后 A 行得 $\boldsymbol{Y}_{\mathcal{P}u}\in\mathbb{C}^{A(B-1)\times\hat{I}}$ ，删除 $\boldsymbol{Y}_{\mathcal{P}}$ 的前 A 行得 $\boldsymbol{Y}_{\mathcal{P}d}\in\mathbb{C}^{A(B-1)\times\hat{I}}$ ，计算矩阵束 $(\boldsymbol{Y}_{\mathcal{P}d},\boldsymbol{Y}_{\mathcal{P}u})$ 的广义特征值得 $\left\{\mathrm{e}^{\mathrm{j}2\pi\hat{t}_{2n}}\middle|n=1,2,\cdots,\hat{I}\right\}$ 。

(5) 计算下列函数，依次为 $m=1,2,\cdots,\hat{I}$ 找到配对的 n ：

$$f(m)=\underset{n\in\{1,2,\cdots,\hat{I}\}-\{f(1),f(2),\cdots,f(m-1)\}}{\arg\max}\left\|\boldsymbol{U}_e^{\mathrm{H}}\boldsymbol{d}(\hat{t}_{1m},\hat{t}_{2n})\right\|_2^2 \tag{5.29}$$

进而得 $\left\{\left(\mathrm{e}^{\mathrm{j}2\pi\hat{t}_{1m}},\mathrm{e}^{\mathrm{j}2\pi\hat{t}_{2f(m)}}\right)\middle|m=1,2,\cdots,\hat{I}\right\}$ ，简记为 $\left\{\left(\mathrm{e}^{\mathrm{j}2\pi\hat{t}_{1i}},\mathrm{e}^{\mathrm{j}2\pi\hat{t}_{2i}}\right)\middle|i=1,2,\cdots,\hat{I}\right\}$ 。

(6) 由 $\hat{t}_{1i}=\mathrm{Im}\left[\ln\left(\mathrm{e}^{\mathrm{j}2\pi\hat{t}_{1i}}\right)\right]/2\pi$ 和 $\hat{t}_{2i}=\mathrm{Im}\left[\ln\left(\mathrm{e}^{\mathrm{j}2\pi\hat{t}_{2i}}\right)\right]/2\pi$ 得 $\left\{(\hat{t}_{1i},\hat{t}_{2i})\middle|i=1,2,\cdots,\hat{I}\right\}$ ，$\mathrm{Im}(\bullet)$ 表示取括号内变量的虚部。根据 (t_{1i},t_{2i}) 与 $(\theta_{\mathrm{S}i},\phi_{\mathrm{S}i})$ 的关系计算 $\left\{(\hat{\theta}_{\mathrm{S}i},\hat{\phi}_{\mathrm{S}i})\middle|i=1,2,\cdots,\hat{I}\right\}$ 。

4. 声源强度量化及关于稀疏矩形阵列的说明

令 $\hat{\boldsymbol{D}}=\left[\boldsymbol{d}(\hat{t}_{11},\hat{t}_{21}),\boldsymbol{d}(\hat{t}_{12},\hat{t}_{22}),\cdots,\boldsymbol{d}(\hat{t}_{1\hat{I}},\hat{t}_{2\hat{I}})\right]\in\mathbb{C}^{AB\times\hat{I}}$ 为根据估计声源 DOA 计算的感知矩阵，各快拍下各声源强度组成的矩阵 $\hat{\boldsymbol{S}}=\left[\boldsymbol{s}_1^{\mathrm{T}},\boldsymbol{s}_2^{\mathrm{T}},\cdots,\boldsymbol{s}_{\hat{I}}^{\mathrm{T}}\right]^{\mathrm{T}}\in\mathbb{C}^{\hat{I}\times L}$ 可量化为

$$\hat{\boldsymbol{S}}=\hat{\boldsymbol{D}}^{+}\hat{\boldsymbol{P}} \tag{5.30}$$

式中，上标“+”表示伪逆。

采用稀疏矩形阵列时，仅需将式(5.12)和式(5.26)中的 $\boldsymbol{P}^{\star}-\boldsymbol{P}$ 变为 $\boldsymbol{P}_{\Upsilon}^{\star}-\boldsymbol{P}_{\Upsilon}$ ，此时，ANM 用矩形阵列中部分传声器测量的声压 $\boldsymbol{P}_{\Upsilon}^{\star}$ 重构声源在所有传声器处产生的完整声压 $\boldsymbol{P}$ 。

5.3.2　基不匹配缺陷的规避

将无网格连续压缩波束形成应用于 5.2.2 节中的算例，基于 MaPP 方法估计声源 DOA 时，设置用于估计稀疏度的阈值为 $T_b(\hat{\boldsymbol{u}})$ 最大特征值的 10^{-2} 倍，即 20dB 动态范围被考虑(基于 ANM 的无网格连续压缩波束形成的后续数值模拟和试验均采用该设置)。图 5.4 给出了声源成像图，不论是采用矩形阵列还是采用稀疏矩形阵列，无网格连续压缩波束形成均能准确估计每个声源的 DOA，准确量化每个声源的强度。该现象证明了无网格连续压缩波束形成具有规避基不匹配缺陷的能力。表 5.2 列出了获得图 5.4 无网格连续压缩波束形成的耗时，相比表 5.1，无网络连续压缩波束形成的耗时更低，具有更高的计算效率。

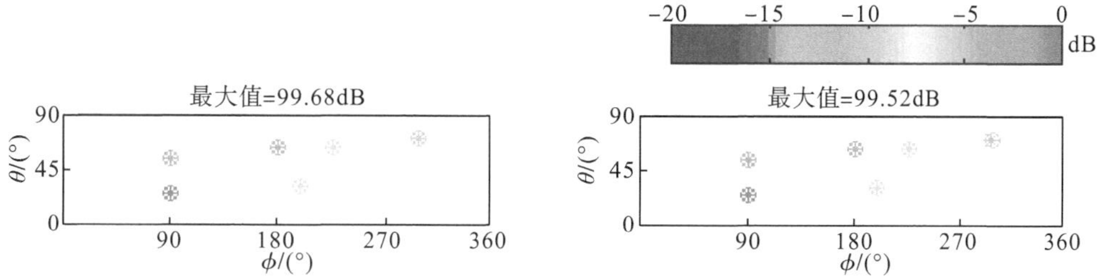

(a) 矩形阵列　　(b) 稀疏矩形阵列

图 5.4　无网格连续压缩波束形成的声源成像图

注：○表示真实声源分布，✳表示重构声源分布，分别参考各自的最大值进行 dB 缩放。

表 5.2　获得图 5.4 无网格连续压缩波束形成的耗时

参数	矩形阵列[图 5.4(a)]	稀疏矩形阵列[图 5.4(b)]
耗时/s	5.81	6.02

5.3.3　典型因素的影响

本节基于四种工况的蒙特卡罗数值模拟揭示典型因素(声源相干性、声源最小分离、噪声干扰、数据快拍数目)对无网格连续压缩波束形成性能的影响规律并分析影响机理。声源最小分离与声源 DOA、传声器间隔和波长有关，定义式为

$$\varDelta_{\min}=\min_{i,i'\in\{1,2,\cdots,I\},\ i\neq i'}\max\left\{\left|t_{1i}-t_{1i'}\right|_w,\left|t_{2i}-t_{2i'}\right|_w\right\} \tag{5.31}$$

式中，i' 为声源索引；$\left|t_{1i}-t_{1i'}\right|_w$ 和 $\left|t_{2i}-t_{2i'}\right|_w$ 分别为 t_{1i} 与 $t_{1i'}$ 和 t_{2i} 与 $t_{2i'}$ 在单位圆上的环绕距离。四种工况的信息如表 5.3 所示。各工况中，11 个数据快拍数目值被计算；工况一和工况二中，11 个声源最小分离值被计算；工况三和工况四中，11 个噪声干扰 SNR 值被计算。

表 5.3　工况信息

工况	声源相干性	声源最小分离（$\sqrt{AB}\varDelta_{\min}$）	噪声干扰（SNR）/dB	数据快拍数目
工况一	不相干	0.1, 0.2, 0.3, 0.4, 0.5, 0.6, 0.8, 1.0, 1.2, 1.4, 1.6	无	1, 2, 4, 6, 8, 10, 12, 14, 16, 18, 20
工况二	相干			
工况三	不相干	≈1.6	−5, 0, 5, 10, 15, 20, 25, 30, 35, 40, 45	
工况四	相干			

1. 统计量定义

各工况中，每组声源最小分离、噪声干扰和数据快拍数目下进行 D 次蒙特卡罗运算，定义四个统计量来分析蒙特卡罗运算的结果，依次为平均标准 Frobenius 范数误差(mean normalized frobenius norm error，MNFNE)、互补累积分布函数(complementary cumulative distribution function，CCDF)、均方根误差(root mean square error，RMSE)和标准 ℓ_2 范数误差(normalized ℓ_2 norm error，Nℓ_2NE)。MNFNE 用于衡量 ANM 对声压 $\boldsymbol{P}$ 的重构准确度，定义式为

$$\mathrm{MNFNE}=\frac{1}{D}\sum_{d=1}^{D}\frac{\left\|\hat{\boldsymbol{P}}_d-\boldsymbol{P}_d\right\|_{\mathrm{F}}}{\left\|\boldsymbol{P}_d\right\|_{\mathrm{F}}} \tag{5.32}$$

式中，$\hat{\boldsymbol{P}}_d$ 和 $\boldsymbol{P}_d$ 分别为第 d 次蒙特卡罗运算中声压 $\boldsymbol{P}$ 的重构值和真实值。

CCDF 和 RMSE 用于衡量无网格连续压缩波束形成对声源 DOA 的估计准确度。$\mathrm{CCDF}(T)$ 表示声源 DOA 的估计值与真实值间的角距离大于 T 的概率，定义式为

$$\mathrm{CCDF}(T)=\frac{\mathrm{size}\left(\left[\Delta\varOmega_{\mathrm{S}i,d}\,\middle|\,\Delta\varOmega_{\mathrm{S}i,d}>T\right]\right)}{ID} \tag{5.33}$$

式中，$\Delta\varOmega_{\mathrm{S}i,d}$ 为第 d 次蒙特卡罗运算中 i 号声源 DOA 的估计值与真实值间的角距离；$\left[\Delta\varOmega_{\mathrm{S}i,d}\,\middle|\,\Delta\varOmega_{\mathrm{S}i,d}>T\right]$ 为所有大于 T 的 $\Delta\varOmega_{\mathrm{S}i,d}$ 组成的列向量；$\mathrm{size}(\bullet)$ 为括号内向量包含的元素个数。$\Delta\varOmega_{\mathrm{S}i,d}$ 的定义式为

$$\Delta\varOmega_{\mathrm{S}i,d}=\frac{180}{\pi}\arccos\left[\cos\hat{\theta}_{\mathrm{S}i,d}\cos\theta_{\mathrm{S}i,d}+\cos\left(\hat{\phi}_{\mathrm{S}i,d}-\phi_{\mathrm{S}i,d}\right)\sin\hat{\theta}_{\mathrm{S}i,d}\sin\theta_{\mathrm{S}i,d}\right] \tag{5.34}$$

式中，$\left(\hat{\theta}_{\mathrm{S}i,d},\hat{\phi}_{\mathrm{S}i,d}\right)$ 和 $\left(\theta_{\mathrm{S}i,d},\phi_{\mathrm{S}i,d}\right)$ 分别为第 d 次蒙特卡罗运算中 i 号声源 DOA 的估计值和真实值。每次蒙特卡罗运算中，按照 DOA 最近的原则配对估计声源与真实声源：若 $\hat{I}$（估计声源总数）不小于 I（真实声源总数），取估计的前 I 个强声源与真实声源逐一配对；若 $\hat{I}$ 小于 I，则取估计声源与 $\hat{I}$ 个真实声源逐一配对，剩下的 $I-\hat{I}$ 个声源丢失，对应的 $\Delta\varOmega_{\mathrm{S}i,d}$ 为∞。

RMSE 表示声源 DOA 的估计值与真实值间的误差，定义式为

$$\mathrm{RMSE}=\frac{\left\|\left[\Delta\varOmega_{\mathrm{S}i,d}\,\middle|\,\Delta\varOmega_{\mathrm{S}i,d}\leqslant T_1\right]\right\|_2}{\sqrt{\mathrm{size}\left(\left[\Delta\varOmega_{\mathrm{S}i,d}\,\middle|\,\Delta\varOmega_{\mathrm{S}i,d}\leqslant T_1\right]\right)}} \tag{5.35}$$

式中，$\left[\Delta\varOmega_{\mathrm{S}i,d}\,\middle|\,\Delta\varOmega_{\mathrm{S}i,d}\leqslant T_1\right]$ 为所有不大于 T_1 的 $\Delta\varOmega_{\mathrm{S}i,d}$ 组成的列向量，条件 $\Delta\varOmega_{\mathrm{S}i,d}\leqslant T_1$ 是为了将较大 $\Delta\varOmega_{\mathrm{S}i,d}$ 的特殊样本剔除，这些样本出现的概率很低，但显著增大 RMSE，易导致对

DOA 估计误差评价的不公平。

$N\ell_2NE$ 用于衡量无网格连续压缩波束形成对声源强度的量化准确度，定义式为

$$N\ell_2NE=\frac{\left\|\left[\hat{s}_{i,d}-s_{i,d}\left|\Delta\Omega_{Si,d}\leqslant T_1,20\log_{10}\left|\hat{s}_{i,d}/s_{i,d}-1\right|\leqslant 6\right.\right]\right\|_2}{\left\|\left[s_{i,d}\left|\Delta\Omega_{Si,d}\leqslant T_1,20\log_{10}\left|\hat{s}_{i,d}/s_{i,d}-1\right|\leqslant 6\right.\right]\right\|_2} \tag{5.36}$$

式中，$\hat{s}_{i,d}$ 和 $s_{i,d}$ 分别为第 d 次蒙特卡罗运算中 i 号声源强度的估计值和真实值，分子中列向量由满足 $\Delta\Omega_{Si,d}\leqslant T_1$ 和 $20\log_{10}\left|\hat{s}_{i,d}/s_{i,d}-1\right|\leqslant 6$ 所有 i 和 d 对应的 $\hat{s}_{i,d}-s_{i,d}$ 组成，分母中列向量由满足 $\Delta\Omega_{Si,d}\leqslant T_1$ 和 $20\log_{10}\left|\hat{s}_{i,d}/s_{i,d}-1\right|\leqslant 6$ 所有 i 和 d 对应的 $s_{i,d}$ 组成。通常地，声源 DOA 被准确估计时，强度会被准确量化；$20\log_{10}\left|\hat{s}_{i,d}/s_{i,d}-1\right|\leqslant 6$ 是为了剔除声源强度被严重过大估计的特殊样本。各工况中，I 取 2，D 取 200，每个声源均具有单位强度 $\left(s_{i,d}/\sqrt{L}=\left\|\boldsymbol{s}_{i,d}\right\|_2/\sqrt{L}=1\right)$，频率固定为 4000Hz；工况一和工况二中，每组声源最小分离和数据快拍数目下进行第 d 次蒙特卡罗运算时随机生成 $\left(\theta_{Si,d},\phi_{Si,d}\right)$ 和 $\boldsymbol{s}_{i,d}$；工况三和工况四中，每组 SNR 和数据快拍数目下进行第 d 次蒙特卡罗运算时随机生成 $\boldsymbol{s}_{i,d}$ 和 $\boldsymbol{N}$。

2. 工况一

图 5.5 为工况一下各统计量的柱状图，其中第 I 列对应矩形阵列，第 II 列对应稀疏矩形阵列。图 5.5(a I)和图 5.5(a II)为 MNFNE 的柱状图，所有 MNFNE 均很小，最大仅约 0.02，这与未添加噪声干扰有关；相比矩形阵列，稀疏矩形阵列的 MNFNE 略大，尤其在 $\Delta_{\min}$ 较小时，这与后者仅用部分传声器的测量数据有关；增加数据快拍能提高稀疏矩形阵列在较小 $\Delta_{\min}$ 下对 $\boldsymbol{P}$ 的重构准确度。图 5.5(b I)和图 5.5(b II)为 T 取 1° 时 CCDF 的柱状图，可以看出，当 $\Delta_{\min}\geqslant 0.8/\sqrt{AB}$ 时，所有 CCDF(1°)几乎均为 0，$\Delta\Omega_{Si,d}$ 百分之百不大于 1°；当 $\Delta_{\min}\leqslant 0.3/\sqrt{AB}$ 时，所有 CCDF(1°)均较大，最大约为 0.91，$\Delta\Omega_{Si,d}$ 大概率大于 1°；当 $0.4/\sqrt{AB}\leqslant\Delta_{\min}\leqslant 0.6/\sqrt{AB}$ 时，增多数据快拍能降低 CCDF(1°)的值，即增大 $\Delta\Omega_{Si,d}$ 不大于 1° 的概率。图 5.5(c I)和图 5.5(c II)为 T 取 10° 时 CCDF 的柱状图，可以看出所有 CCDF(10°)均很小，最大不超过 0.14，说明仅少量样本对应的 $\Delta\Omega_{Si,d}$ 大于 10°，计算 RMSE 和 $N\ell_2NE$ 时令 T_1= 10°。图 5.5(d I)和图 5.5(d II)为 RMSE 的柱状图，图 5.5(e I)和图 5.5(e II)为 $N\ell_2NE$ 的柱状图，可以看出当 $\Delta_{\min}\geqslant 0.8/\sqrt{AB}$ 时，所有 RMSE 和 $N\ell_2NE$ 均较小；当 $\Delta_{\min}\leqslant 0.3/\sqrt{AB}$ 时，所有 RMSE 和 $N\ell_2NE$ 均较大；当 $0.4/\sqrt{AB}\leqslant\Delta_{\min}\leqslant 0.6/\sqrt{AB}$ 时，增多数据快拍能明显降低 RMSE 和 $N\ell_2NE$。

综上所述，对不相干声源，不论是采用矩形阵列还是采用稀疏矩形阵列，无网格连续压缩波束形成高概率准确估计声源 DOA 和量化声源强度的前提是声源足够分离；声源足够分离时，即使仅用单数据快拍，也能高概率获得准确结果；增多数据快拍能在一定程度上降低对声源分离的要求，使无网格连续压缩波束形成在更小声源分离下能高概率获得准确结果。

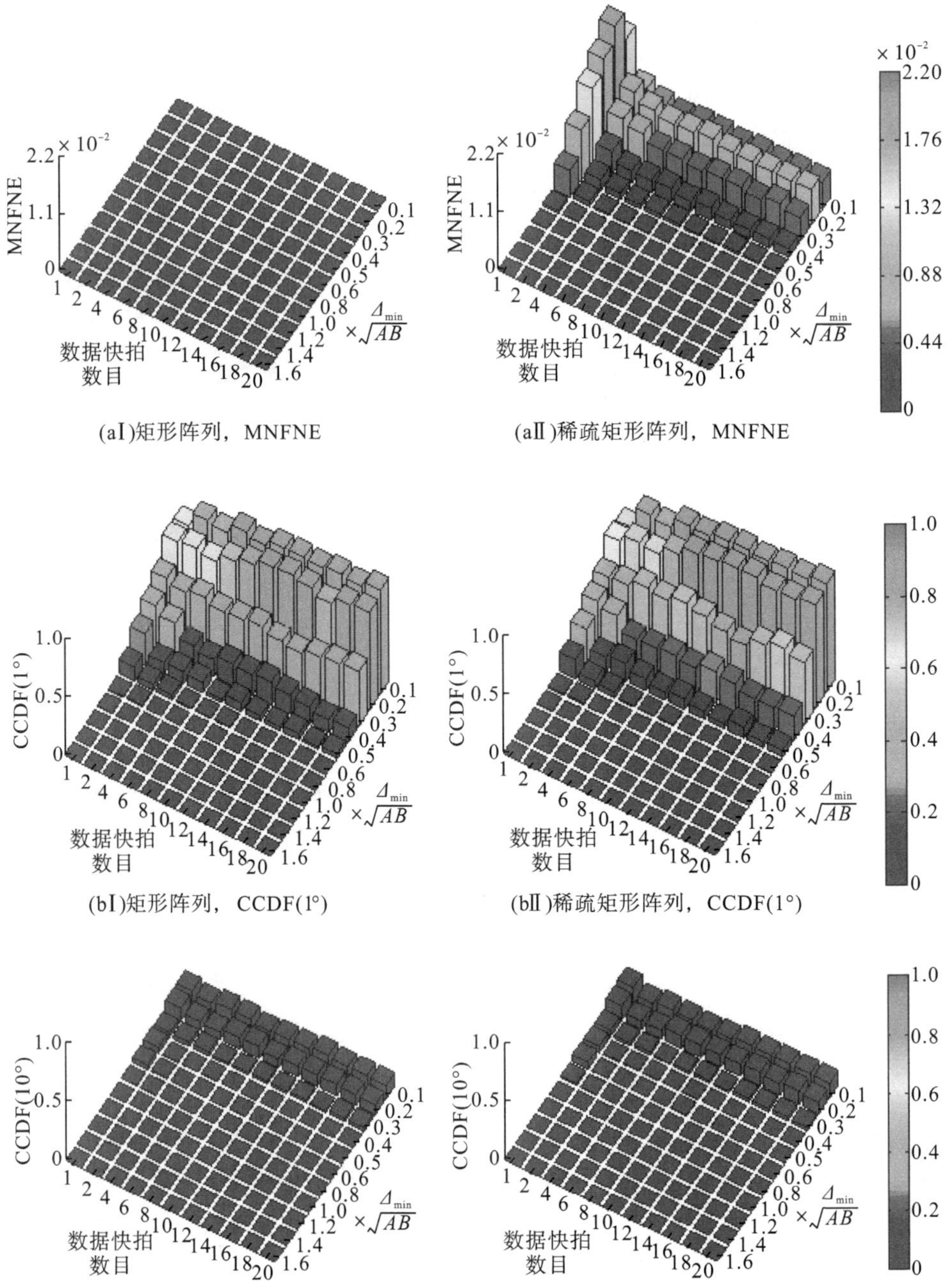

(aⅠ)矩形阵列，MNFNE

(aⅡ)稀疏矩形阵列，MNFNE

(bⅠ)矩形阵列，CCDF(1°)

(bⅡ)稀疏矩形阵列，CCDF(1°)

(cⅠ)矩形阵列，CCDF(10°)

(cⅡ)稀疏矩形阵列，CCDF(10°)

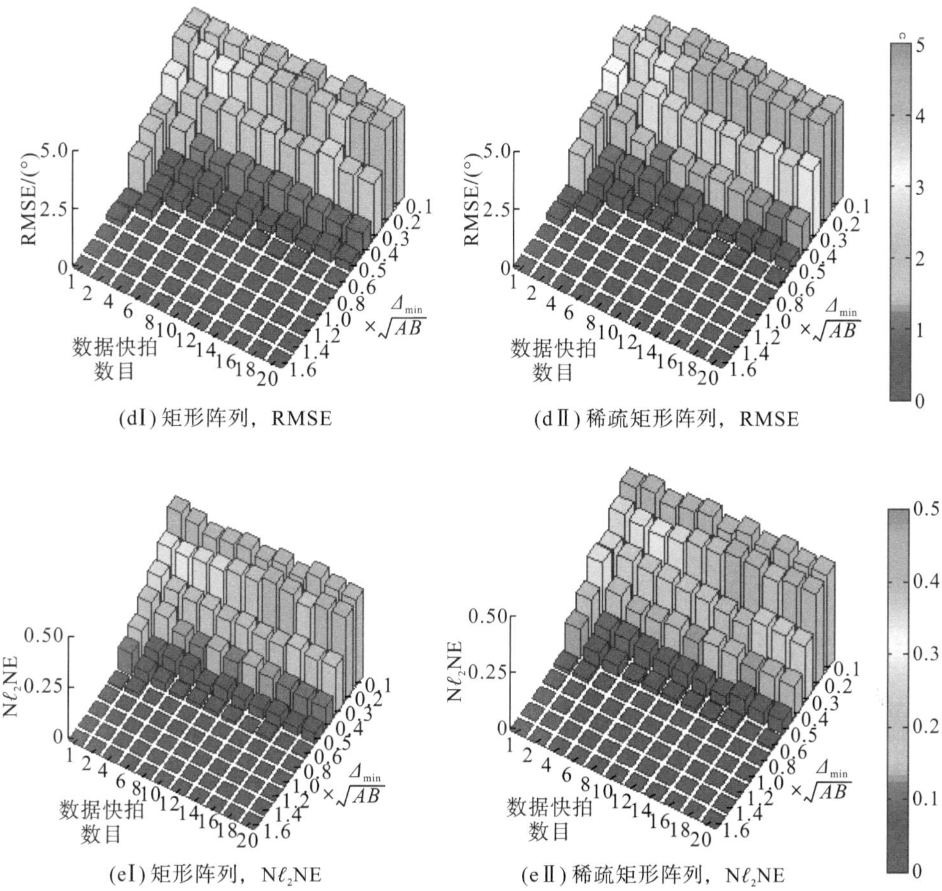

(dⅠ) 矩形阵列，RMSE　(dⅡ) 稀疏矩形阵列，RMSE

(eⅠ) 矩形阵列，$\mathrm{N}\ell_2\mathrm{NE}$　(eⅡ) 稀疏矩形阵列，$\mathrm{N}\ell_2\mathrm{NE}$

图 5.5　工况一下各统计量的柱状图

3. 工况二

与图 5.5 布局一致，图 5.6 给出了工况二下各统计量的柱状图。图 5.6(aⅠ)和图 5.6(aⅡ)显示：所有 MNFNE 均很小；相比矩形阵列，稀疏矩形阵列的 MNFNE 略大，尤其在 $\Delta_{\min}$ 较小时；增多数据快拍不降低 MNFNE 的值。前两条规律与工况一下相同，后一条规律与工况一下不同。图 5.6(bⅠ)和图 5.6(bⅡ)显示：CCDF(1°)基本上随 $\Delta_{\min}$ 的增大而减小并在 $\Delta_{\min}\geqslant 0.8/\sqrt{AB}$ 时几乎均为 0；增多数据快拍不降低 CCDF(1°)的值。前一条规律与工况一下相同，后一条规律与工况一下不同。图 5.6(cⅠ)和图 5.6(cⅡ)显示：所有 CCDF(10°)均很小，这与工况一下一致，计算 RMSE 和 $\mathrm{N}\ell_2\mathrm{NE}$ 时令 $T_1=10^\circ$。图 5.6(dⅠ)～图 5.6(eⅡ)显示：RMSE 和 $\mathrm{N}\ell_2\mathrm{NE}$ 在 $\Delta_{\min}\geqslant 0.8/\sqrt{AB}$ 时均很小，在 $\Delta_{\min}<0.8/\sqrt{AB}$ 时则相对较大；增多数据快拍不降低 RMSE 和 $\mathrm{N}\ell_2\mathrm{NE}$ 的值。前一条规律与工况一下相同，后一条规律与工况一下不同。

综上所述，工况一下针对不相干声源得出的前两条结论同样适用于相干声源，即不论是采用矩形阵列还是采用稀疏矩形阵列，无网格连续压缩波束形成高概率准确估计声源 DOA 和量化声源强度的前提是声源足够分离，声源足够分离时，即使仅用单数据快拍，也能高概率获得准确结果；与工况一下针对不相干声源得出的第三条结论不同，对相干声源，增多数据快拍不能改善小声源分离下无网格连续压缩波束形成的性能。

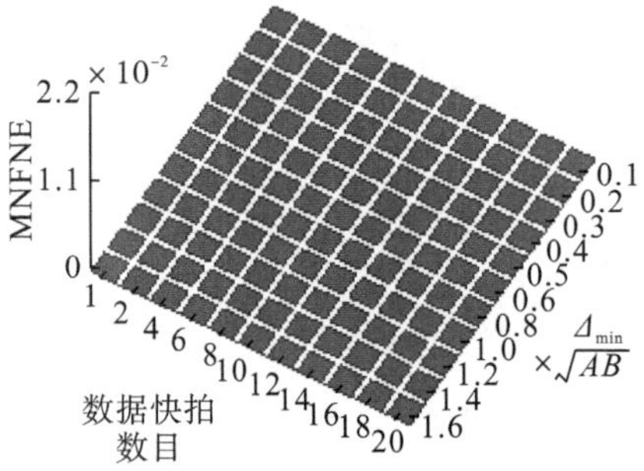

(aⅠ)矩形阵列，MNFNE

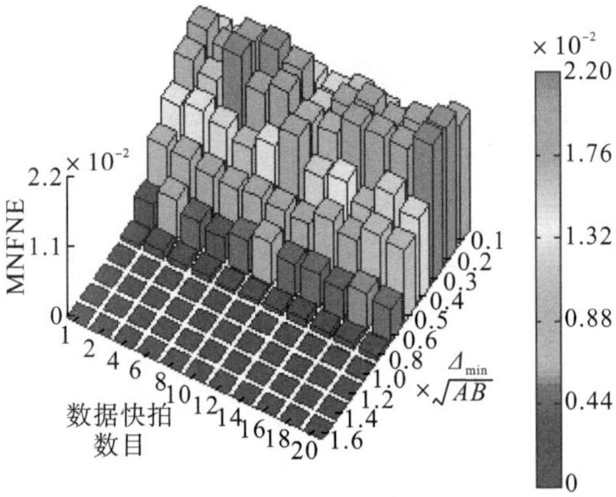

(aⅡ)稀疏矩形阵列，MNFNE

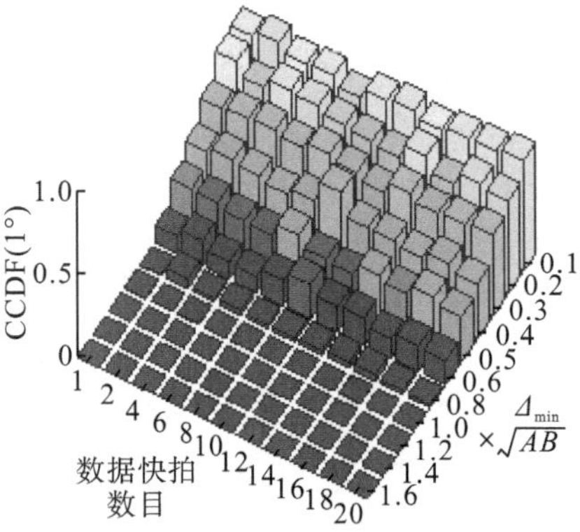

(bⅠ)矩形阵列，CCDF(1°)

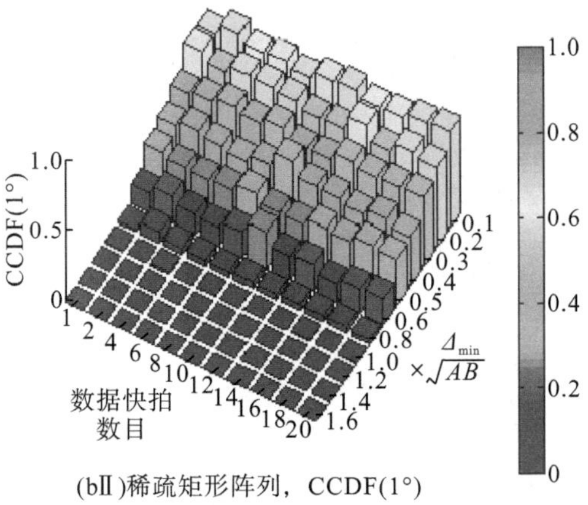

(bⅡ)稀疏矩形阵列，CCDF(1°)

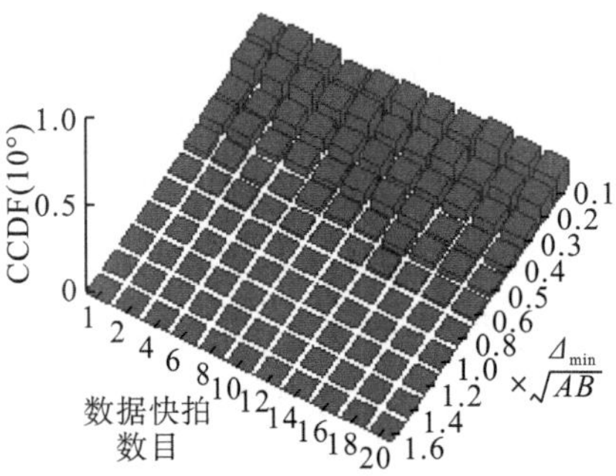

(cⅠ)矩形阵列，CCDF(10°)

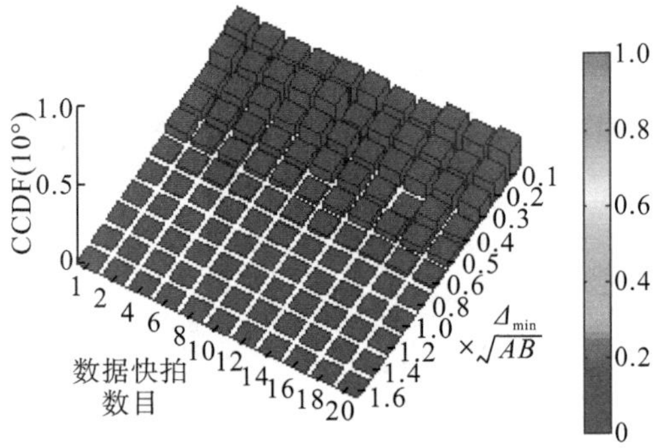

(cⅡ)稀疏矩形阵列，CCDF(10°)

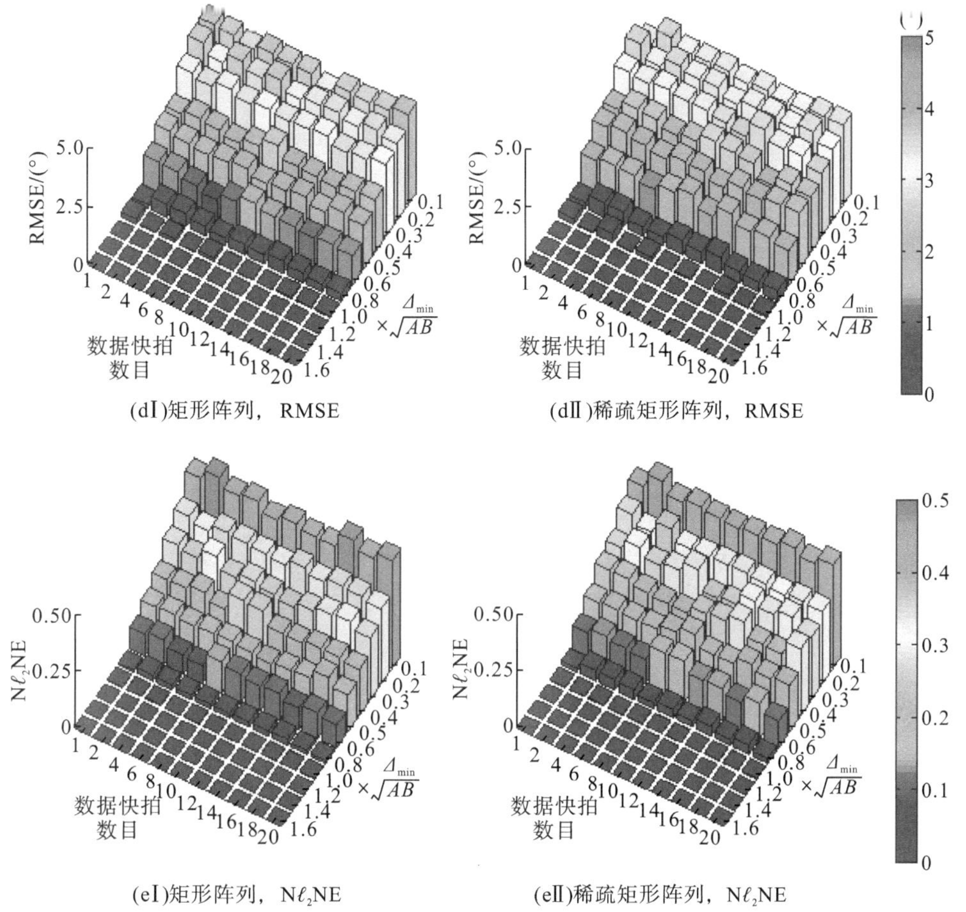

图 5.6　工况二下各统计量的柱状图

4. 工况三

图 5.7 为工况三下各统计量的柱状图，其中，第Ⅰ列对应矩形阵列，第Ⅱ列对应稀疏矩形阵列。图 5.7(aⅠ)和图 5.7(aⅡ)为 MNFNE 的柱状图，可以看出各数据快拍数目下，MNFNE 均随 SNR 的增大而减小，当SNR ≥ 15dB 时，MNFNE 普遍较小，最大约为 0.12；各 SNR 下，增多数据快拍能降低 MNFNE 的值，数据快拍足够多时，继续增多数据快拍对 MNFNE 的降低效果不明显。图 5.7(bⅠ)和图 5.7(bⅡ)为 CCDF(1°)的柱状图，增多数据快拍使 CCDF(1°)几乎为 0 的区域向更低 SNR 延伸。图 5.7(cⅠ)和图 5.7(cⅡ)为 CCDF(10°)的柱状图，除稀疏矩形阵列、SNR 为−5dB、单和双数据快拍外的其他情况下，CCDF(10°)均很小，仅少量样本对应的 $\Delta\Omega_{Si,d}$ 大于 10°，计算 RMSE 和 $N\ell_2NE$ 时，令 T_1= 10°。图 5.7(dⅠ)和图 5.7(dⅡ)为 RMSE 的柱状图，图 5.7(eⅠ)和图 5.7(eⅡ)为 $N\ell_2NE$ 的柱状图，可以看出 RMSE 和 $N\ell_2NE$ 基本上呈现出与 MNFNE 一致的规律，即随 SNR 的增大而减小，增多数据快拍使之降低。

综上所述，对不相干声源，不论是采用矩形阵列还是采用稀疏矩形阵列，噪声干扰不过强时，即使仅用单数据快拍，无网格连续压缩波束形成也能高概率准确重构 $\boldsymbol{P}$ 、估计声源 DOA 和量化声源强度；增多数据快拍使无网格连续压缩波束形成在更强噪声干扰下能高概率获得准确结果。

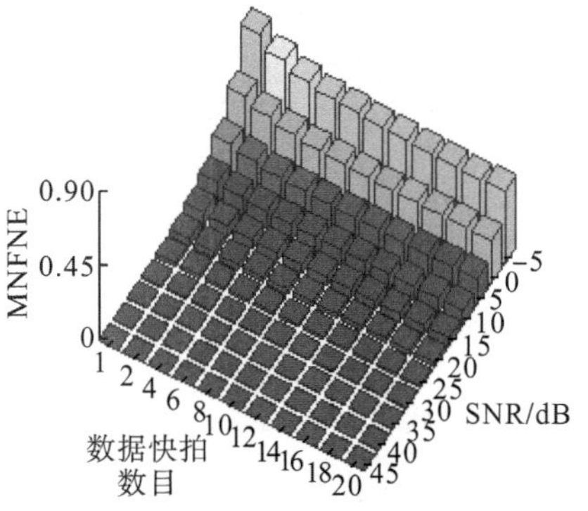

(aⅠ)矩形阵列，MNFNE

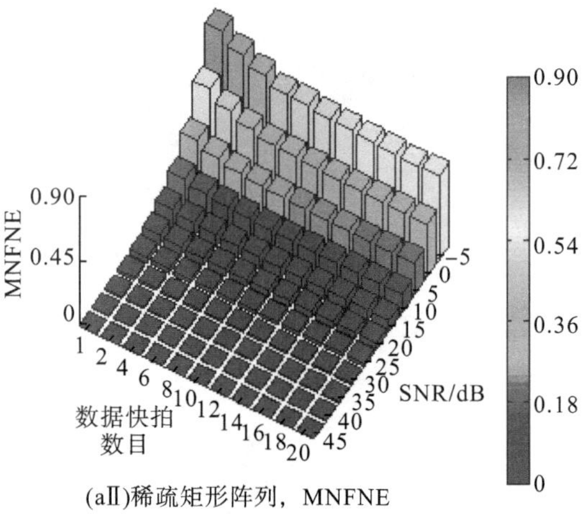

(aⅡ)稀疏矩形阵列，MNFNE

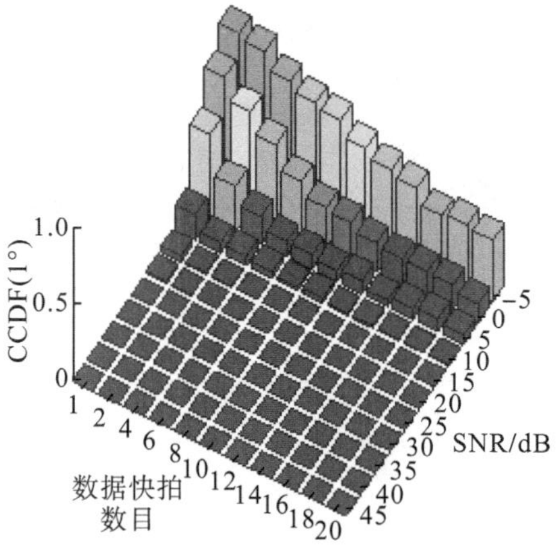

(bⅠ) 矩形阵列，CCDF(1°)

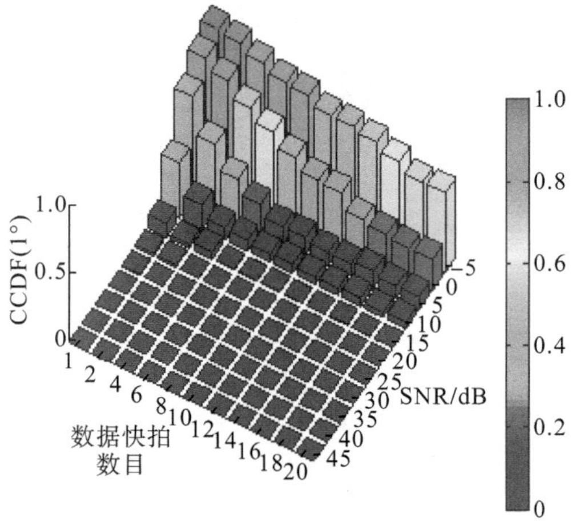

(bⅡ)稀疏矩形阵列，CCDF(1°)

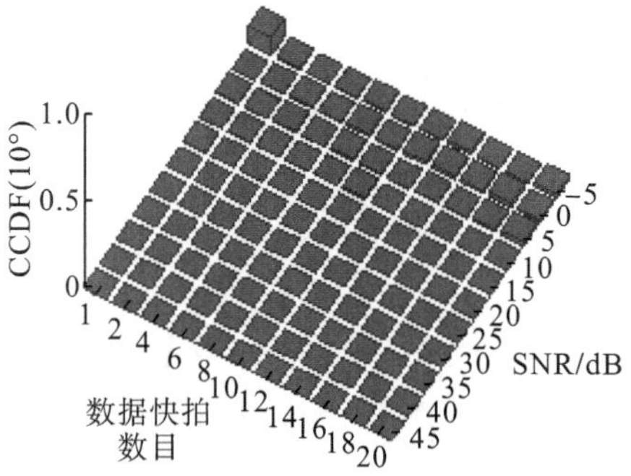

(cⅠ)矩形阵列，CCDF(10°)

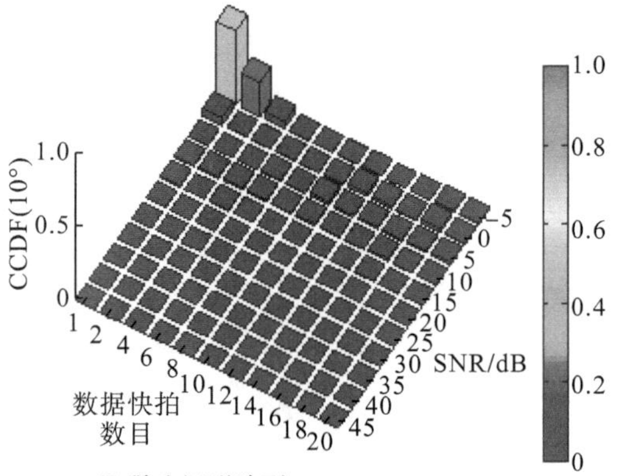

(cⅡ)稀疏矩形阵列，CCDF(10°)

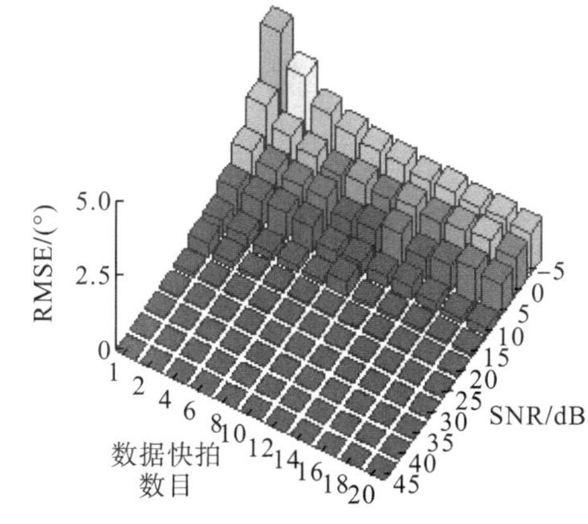

(dⅠ)矩形阵列，RMSE

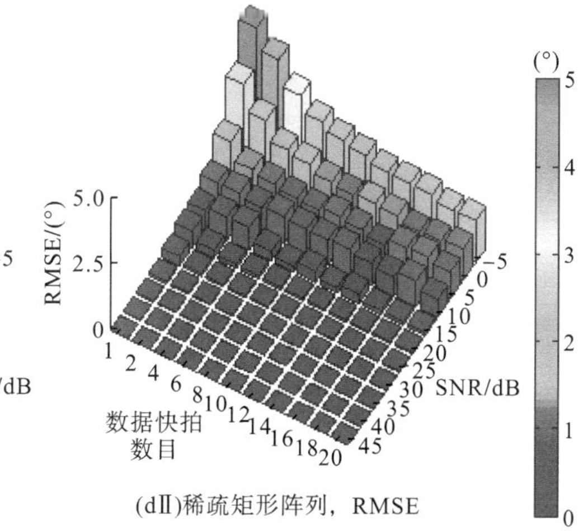

(dⅡ)稀疏矩形阵列，RMSE

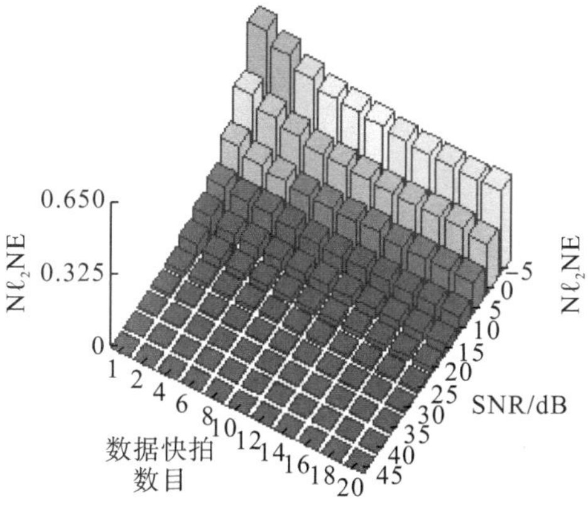

(eⅠ)矩形阵列，$N\ell_2NE$

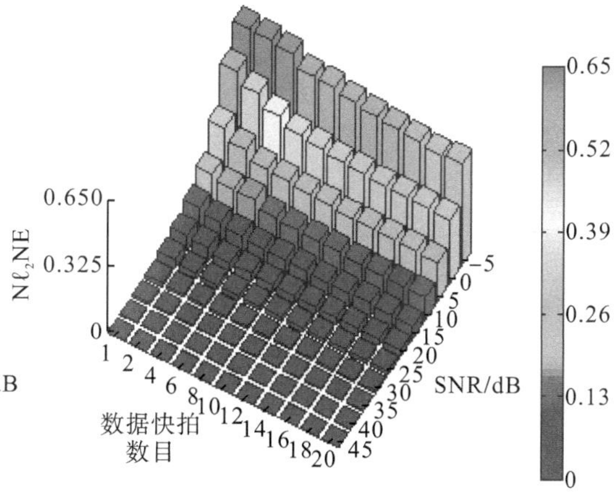

(eⅡ)稀疏矩形阵列，$N\ell_2NE$

图 5.7　工况三下各统计量的柱状图

5. 工况四

与图 5.7 布局一致，图 5.8 给出了工况四下各统计量的柱状图。各统计量均呈现出与图 5.7 一致的规律，证明工况三下针对不相干声源得出的结论同样适用于相干声源。

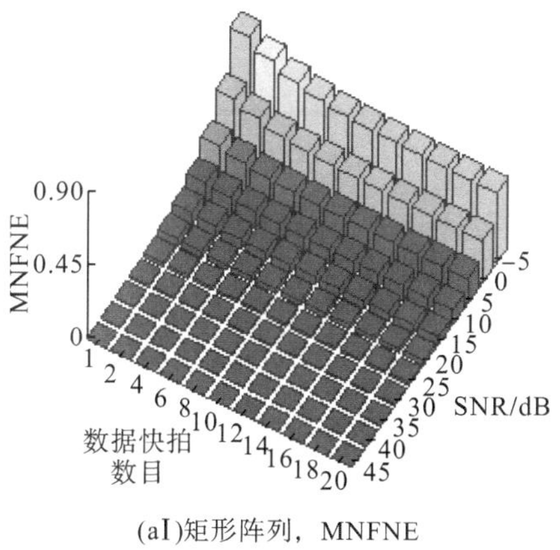

(aⅠ)矩形阵列，MNFNE

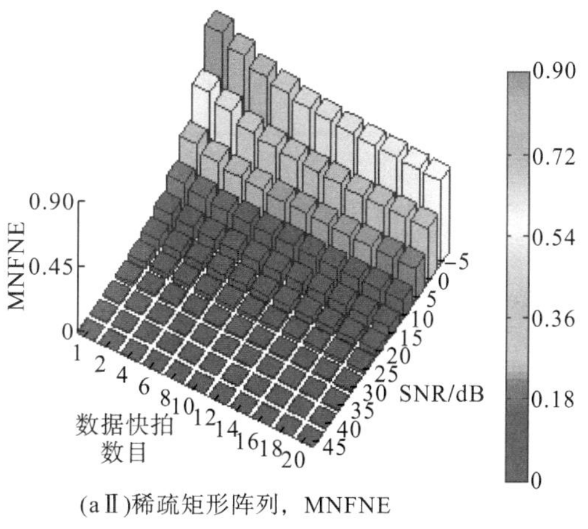

(aⅡ)稀疏矩形阵列，MNFNE

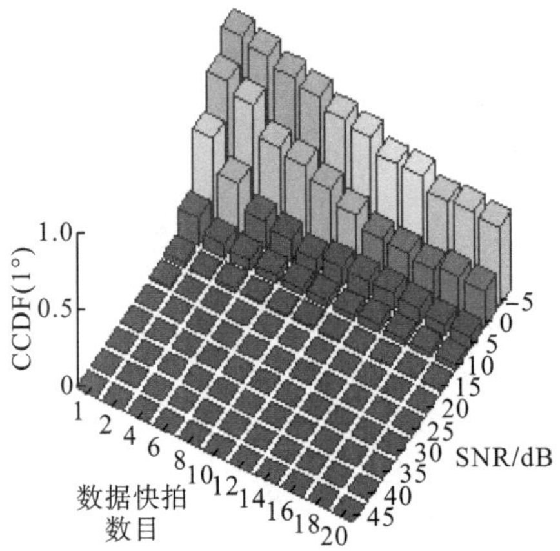

(bⅠ)矩形阵列，CCDF(1°)

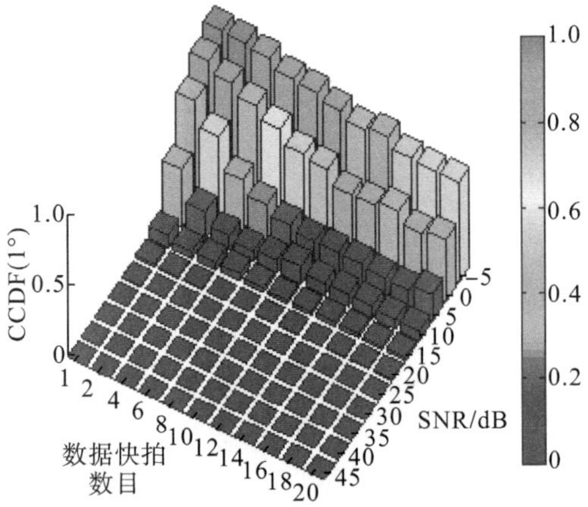

(bⅡ)稀疏矩形阵列，CCDF(1°)

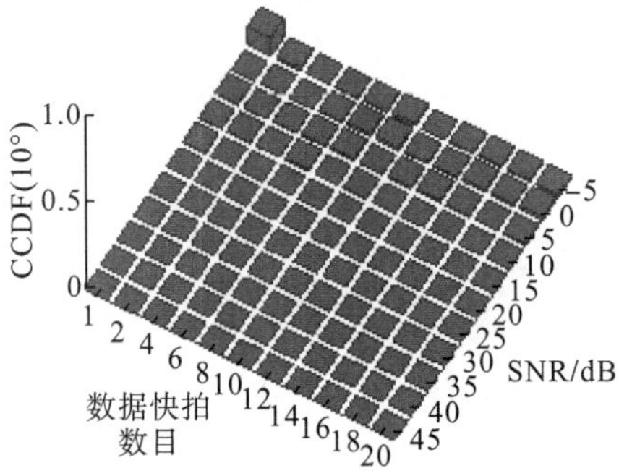

(cⅠ)矩形阵列，CCDF(10°)

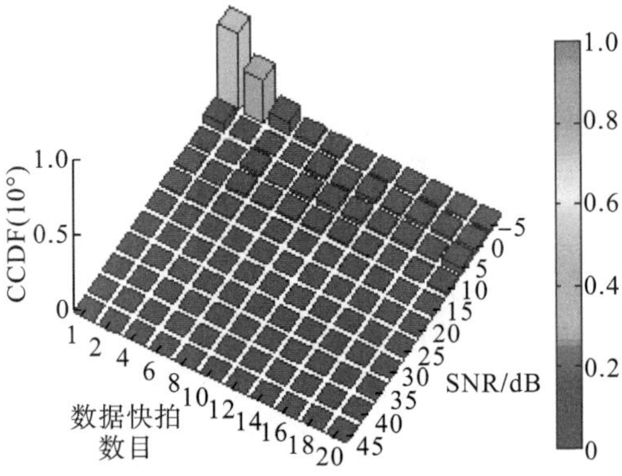

(cⅡ)稀疏矩形阵列，CCDF(10°)

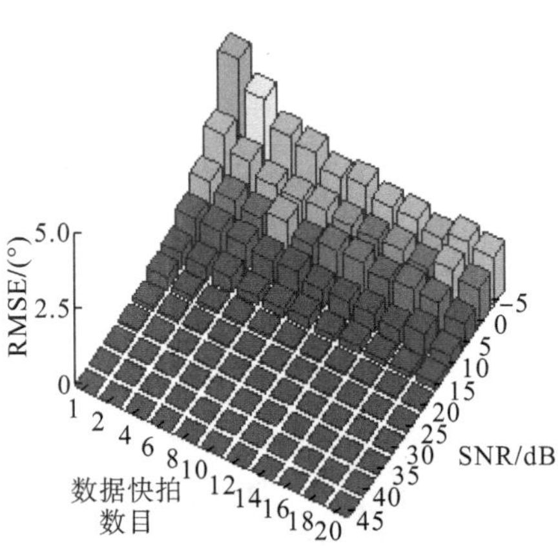

(dⅠ)矩形阵列，RMSE

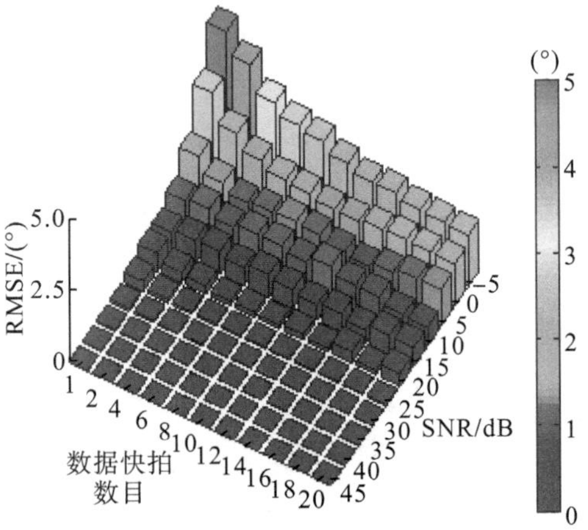

(dⅡ)稀疏矩形阵列，RMSE

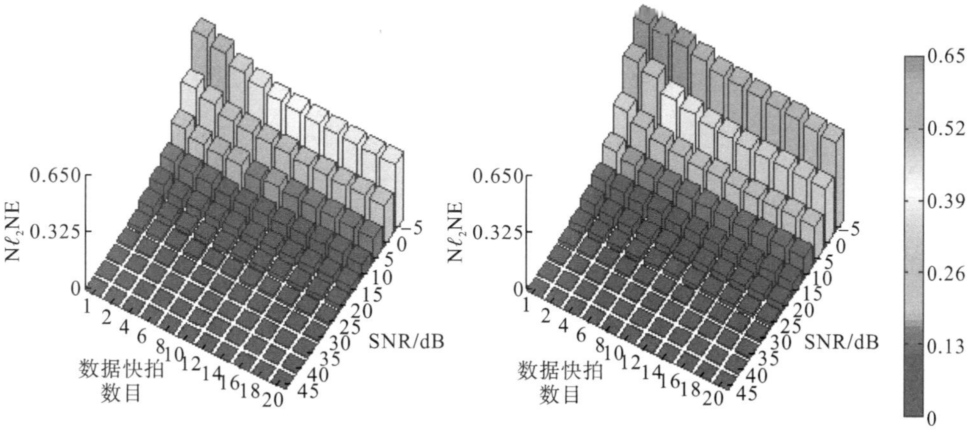

(eⅠ)矩形阵列，Nℓ_2NE　　(eⅡ)稀疏矩形阵列，Nℓ_2NE

图 5.8　工况四下各统计量的柱状图

6. 小结

各典型因素对无网格连续压缩波束形成性能的影响规律总结如表 5.4 所示。根据式(5.17)，$T_b(\hat{\boldsymbol{u}})$可看作一组声源中各声源单独引起的阵列协方差矩阵的和，不包括不同声源引起的信号间的协方差成分，即 ANM 能去除声源间的相关性，故无网格连续压缩波束形成对不相干声源和相干声源均适用(如工况一至工况四所示)，事实上，其适用于任意相干程度的声源。声源分离较小时，各声源对应$\boldsymbol{d}(t_{1i},t_{2i})$间的相干性较大，原子范数不能很好地替代原子$\ell_0$范数来量度声源稀疏性，故无网格连续压缩波束形成仅对足够分离的声源能高概率获得准确结果(如工况一和工况二所示)。无网格连续压缩波束形成能同时高概率准确识别声源的数目与声源在阵列传声器处产生声压的秩正相关[176,212]：声源不完全相干(工况一)时，增多数据快拍能增大声源在阵列传声器处产生声压的秩，相应增大能同时高概率准确识别声源的数目，这意味着声源分离可更小；声源完全相干(工况二)时，不论数据快拍数目为多少，声源在阵列传声器处产生声压的秩均为 1，增多数据快拍无法降低对声源分离的要求。根据工况三和工况四，ANM 的噪声去除功能使无网格连续压缩波束形成在噪声干扰下亦能高概率准确识别声源，但要求噪声干扰不过强，增多数据快拍能增强噪声去除功能，从而降低对噪声干扰强度的要求。

表 5.4　典型因素对无网格连续压缩波束形成性能的影响规律

典型因素	影响规律
声源相干性	适用于任意相干程度的声源
声源最小分离	声源足够分离时才能高概率获得准确结果 例如，单数据快拍下，通常要求 $\Delta_{\min} \geqslant 1/\sqrt{AB}$
噪声干扰	噪声干扰不过强时才能高概率获得准确结果 例如，单数据快拍下，通常要求 SNR ≥ 15dB
数据快拍数目	不完全相干声源：增多数据快拍，降低对声源分离和噪声干扰强度的要求 完全相干声源：增多数据快拍仅降低对噪声干扰强度的要求

5.4 无网格连续压缩波束形成性能增强

5.4.1 计算效率提高

式(5.26)中ANM的等价半正定规划由现成的CVX工具箱中的SDPT3求解器求解，该求解器采用内点方法(interior point method，IPM)[209]，仅适用于小维度矩阵问题，对大维度矩阵问题则比较耗时甚至失效[173,175,179]。为节约求解式(5.26)的时间，提高无网格连续压缩波束形成的计算效率，本节提出一种基于ADMM[181]的求解器，阐明基本理论并基于数值模拟检验效果。

1. 基本理论

采用矩形阵列时，式(5.26)中的约束条件为$\left\|\boldsymbol{P}^{\star}-\boldsymbol{P}\right\|_{\mathrm{F}}\leqslant\varepsilon$；采用稀疏矩形阵列时，式(5.26)中的约束条件为$\left\|\boldsymbol{P}_{\varUpsilon}^{\star}-\boldsymbol{P}_{\varUpsilon}\right\|_{\mathrm{F}}\leqslant\varepsilon$。$\boldsymbol{P}^{\star}-\boldsymbol{P}$是$\boldsymbol{P}_{\varUpsilon}^{\star}-\boldsymbol{P}_{\varUpsilon}$在$\varUpsilon$包含所有传声器索引时的特例，即矩形阵列可看作稀疏矩形阵列的特例，这里的推导在稀疏矩形阵列的基础上进行。为应用ADMM，将式(5.26)重写为

$$\left\{\hat{\boldsymbol{u}},\hat{\boldsymbol{P}},\hat{\boldsymbol{E}},\hat{\boldsymbol{Z}}\right\}=\underset{\substack{\boldsymbol{u}\in\mathbb{C}^{N_u},\boldsymbol{P}\in\mathbb{C}^{AB\times L},\boldsymbol{E}\in\mathbb{C}^{L\times L},\\ \boldsymbol{Z}\in\mathbb{C}^{(AB+L)\times(AB+L)}}}{\arg\min}\frac{1}{2}\left\|\boldsymbol{P}_{\varUpsilon}^{\star}-\boldsymbol{P}_{\varUpsilon}\right\|_{\mathrm{F}}^{2}+\frac{\tau}{2\sqrt{AB}}\left\{\mathrm{tr}\left[T_b(\boldsymbol{u})\right]+\mathrm{tr}(\boldsymbol{E})\right\},$$
$$\boldsymbol{Z}=\begin{bmatrix}T_b(\boldsymbol{u}) & \boldsymbol{P}\\ \boldsymbol{P}^{\mathrm{H}} & \boldsymbol{E}\end{bmatrix},\ \boldsymbol{Z}\succeq 0 \tag{5.37}$$

式中，$\boldsymbol{Z}$为辅助矩阵；τ为规则化参数，其取值控制残差$\left\|\boldsymbol{P}_{\varUpsilon}^{\star}-\boldsymbol{P}_{\varUpsilon}\right\|_{\mathrm{F}}^{2}$的大小和对声源分布施加稀疏约束的强弱。$\tau$取零时，残差最小，对声源分布不施加稀疏约束；$\tau$趋于无穷大时，残差变大，对声源分布施加最强稀疏约束。根据文献[213]，推荐τ的取值方案为

$$\tau=\varepsilon\left[1+\frac{1}{\ln(AB)}\right]^{\frac{1}{2}}\left\{1+\frac{\ln\left[8\pi ABL\ln(AB)\right]+1}{L}+\sqrt{\frac{2\ln\left[8\pi ABL\ln(AB)\right]}{L}}+\sqrt{\frac{\pi}{2L}}\right\}^{\frac{1}{2}} \tag{5.38}$$

式(5.37)的增广拉格朗日函数为

$$\begin{aligned}\mathcal{L}_{\rho}(\boldsymbol{E},\boldsymbol{u},\boldsymbol{P},\boldsymbol{Z},\boldsymbol{\varLambda})=&\frac{1}{2}\left\|\boldsymbol{P}_{\varUpsilon}^{\star}-\boldsymbol{P}_{\varUpsilon}\right\|_{\mathrm{F}}^{2}+\frac{\tau}{2\sqrt{AB}}\left\{\mathrm{tr}\left[T_b(\boldsymbol{u})\right]+\mathrm{tr}(\boldsymbol{E})\right\}\\&+\left\langle\boldsymbol{\varLambda},\boldsymbol{Z}-\begin{bmatrix}T_b(\boldsymbol{u}) & \boldsymbol{P}\\ \boldsymbol{P}^{\mathrm{H}} & \boldsymbol{E}\end{bmatrix}\right\rangle+\frac{\rho}{2}\left\|\boldsymbol{Z}-\begin{bmatrix}T_b(\boldsymbol{u}) & \boldsymbol{P}\\ \boldsymbol{P}^{\mathrm{H}} & \boldsymbol{E}\end{bmatrix}\right\|_{\mathrm{F}}^{2}\end{aligned} \tag{5.39}$$

式中，$\boldsymbol{\varLambda}\in\mathbb{C}^{(AB+L)\times(AB+L)}$为厄米拉格朗日乘子矩阵；$\rho>0$为惩罚参数；$\langle\bullet,\bullet\rangle$为内积。ADMM迭代求解式(5.37)，初始化$\boldsymbol{Z}^{0}=\boldsymbol{\varLambda}^{0}=\boldsymbol{0}$，进行$\gamma+1$次迭代时具有如下变量更新：

$$\left\{\boldsymbol{E}^{\gamma+1},\boldsymbol{u}^{\gamma+1},\boldsymbol{P}^{\gamma+1}\right\}=\underset{\boldsymbol{E}\in\mathbb{C}^{L\times L},\boldsymbol{u}\in\mathbb{C}^{N_u},\boldsymbol{P}\in\mathbb{C}^{AB\times L}}{\arg\min}\mathcal{L}_{\rho}\left(\boldsymbol{E},\boldsymbol{u},\boldsymbol{P},\boldsymbol{Z}^{\gamma},\boldsymbol{\varLambda}^{\gamma}\right) \tag{5.40}$$

$$\boldsymbol{Z}^{\gamma+1}=\underset{\boldsymbol{Z}\succeq 0}{\arg\min}\,\mathcal{L}_{\rho}\left(\boldsymbol{E}^{\gamma+1},\boldsymbol{u}^{\gamma+1},\boldsymbol{P}^{\gamma+1},\boldsymbol{Z},\boldsymbol{\varLambda}^{\gamma}\right) \tag{5.41}$$

$$\boldsymbol{\Lambda}^{\gamma+1}=\boldsymbol{\Lambda}^{\gamma}+\rho\left\{\boldsymbol{Z}^{\gamma+1}-\begin{bmatrix}T_b\left(\boldsymbol{u}^{\gamma+1}\right) & \boldsymbol{P}^{\gamma+1}\\ \left(\boldsymbol{P}^{\gamma+1}\right)^{\mathrm{H}} & \boldsymbol{E}^{\gamma+1}\end{bmatrix}\right\} \tag{5.42}$$

引入如下矩阵划分：

$$\boldsymbol{\Lambda}^{\gamma}=\begin{bmatrix}\boldsymbol{\Lambda}_0^{\gamma}\in\mathbb{C}^{AB\times AB} & \boldsymbol{\Lambda}_1^{\gamma}\in\mathbb{C}^{AB\times L}\\ \boldsymbol{\Lambda}_1^{\gamma\mathrm{H}}\in\mathbb{C}^{L\times AB} & \boldsymbol{\Lambda}_2^{\gamma}\in\mathbb{C}^{L\times L}\end{bmatrix},\quad \boldsymbol{Z}^{\gamma}=\begin{bmatrix}\boldsymbol{Z}_0^{\gamma}\in\mathbb{C}^{AB\times AB} & \boldsymbol{Z}_1^{\gamma}\in\mathbb{C}^{AB\times L}\\ \boldsymbol{Z}_1^{\gamma\mathrm{H}}\in\mathbb{C}^{L\times AB} & \boldsymbol{Z}_2^{\gamma}\in\mathbb{C}^{L\times L}\end{bmatrix} \tag{5.43}$$

和如下量：$\boldsymbol{\Lambda}_{1\Upsilon}^{\gamma}\in\mathbb{C}^{|\Upsilon|\times L}$ 和 $\boldsymbol{Z}_{1\Upsilon}^{\gamma}\in\mathbb{C}^{|\Upsilon|\times L}$ 分别为 $\boldsymbol{\Lambda}_1^{\gamma}$ 和 $\boldsymbol{Z}_1^{\gamma}$ 中对应保留传声器的行组成的矩阵，Υ_c 为未保留传声器的索引组成的集合，$|\Upsilon_c|$ 为 Υ_c 的势，$\boldsymbol{P}_{\Upsilon_c}\in\mathbb{C}^{|\Upsilon_c|\times L}$ 为声源在未保留传声器处产生的声压，$\boldsymbol{\Lambda}_{1\Upsilon_c}^{\gamma}\in\mathbb{C}^{|\Upsilon_c|\times L}$ 和 $\boldsymbol{Z}_{1\Upsilon_c}^{\gamma}\in\mathbb{C}^{|\Upsilon_c|\times L}$ 分别为 $\boldsymbol{\Lambda}_1^{\gamma}$ 和 $\boldsymbol{Z}_1^{\gamma}$ 中对应未保留传声器的行组成的矩阵，$\boldsymbol{I}_1$ 和 $\boldsymbol{I}_2$ 分别为 $L\times L$ 维和 $AB\times AB$ 维的单位矩阵。可推导得如式(5.40)所示的变量 $\boldsymbol{E}$、$\boldsymbol{u}$ 和 $\boldsymbol{P}$ 的更新具有如下闭合形式：

$$\boldsymbol{E}^{\gamma+1}=\boldsymbol{Z}_2^{\gamma}+\frac{1}{\rho}\left(\boldsymbol{\Lambda}_2^{\gamma}-\frac{\tau}{2\sqrt{AB}}\boldsymbol{I}_1\right) \tag{5.44}$$

$$\boldsymbol{u}^{\gamma+1}=\boldsymbol{M}^{-1}T_b^*\left[\boldsymbol{Z}_0^{\gamma}+\frac{1}{\rho}\left(\boldsymbol{\Lambda}_0^{\gamma}-\frac{\tau}{2\sqrt{AB}}\boldsymbol{I}_2\right)\right] \tag{5.45}$$

$$\boldsymbol{P}_{\Upsilon}^{\gamma+1}=\frac{1}{1+2\rho}\left(\boldsymbol{P}_{\Upsilon}^{\star}+2\boldsymbol{\Lambda}_{1\Upsilon}^{\gamma}+2\rho\boldsymbol{Z}_{1\Upsilon}^{\gamma}\right) \tag{5.46}$$

$$\boldsymbol{P}_{\Upsilon_c}^{\gamma+1}=\boldsymbol{Z}_{1\Upsilon_c}^{\gamma}+\frac{1}{\rho}\boldsymbol{\Lambda}_{1\Upsilon_c}^{\gamma} \tag{5.47}$$

式中，$\boldsymbol{M}=\operatorname{diag}\left(\left[A\times[B,B-1,\cdots,1],[A-1,A-2,\cdots,1]\otimes[1,2,\cdots,B,B-1,\cdots,1]\right]\right)\in\mathbb{R}^{N_u\times N_u}$；$T_b^*(\bullet)$ 为 $T_b(\bullet)$ 的伴随算子，$T_b^*(\boldsymbol{A})=\left[\operatorname{tr}\left((\boldsymbol{\Theta}_a\otimes\boldsymbol{\Theta}_b)\boldsymbol{A}\right)\middle|(a,b)\in\mathcal{H}\right]\in\mathbb{C}^{N_u}$，$\boldsymbol{A}\in\mathbb{C}^{AB\times AB}$ 为任意给定矩阵，$\boldsymbol{\Theta}_a\in\mathbb{R}^{A\times A}$（$\boldsymbol{\Theta}_b\in\mathbb{R}^{B\times B}$）为第 a（b）个对角线的元素均为 1 且其他元素均为 0 的基本特普利茨矩阵。式(5.41)所示的变量 $\boldsymbol{Z}$ 可写为

$$\boldsymbol{Z}^{\gamma+1}=\underset{\boldsymbol{Z}\succeq 0}{\arg\min}\left\|\boldsymbol{Z}-\left\{\begin{bmatrix}T_b\left(\boldsymbol{u}^{\gamma+1}\right) & \boldsymbol{P}^{\gamma+1}\\ \left(\boldsymbol{P}^{\gamma+1}\right)^{\mathrm{H}} & \boldsymbol{E}^{\gamma+1}\end{bmatrix}-\frac{\boldsymbol{\Lambda}^{\gamma}}{\rho}\right\}\right\|_{\mathrm{F}}^2 \tag{5.48}$$

即将圆括号内的厄米矩阵投影到半正定锥上，可通过特征值分解该矩阵并令所有负特征值为零来实现。

式(5.44)～式(5.47)的推导如下。对任意矩阵 $\boldsymbol{A}$，$\|\boldsymbol{A}\|_{\mathrm{F}}^2=\operatorname{tr}\left(\boldsymbol{A}^{\mathrm{H}}\boldsymbol{A}\right)$ 成立，若 $\boldsymbol{A}$ 为厄米矩阵，则 $\|\boldsymbol{A}\|_{\mathrm{F}}^2=\operatorname{tr}\left(\boldsymbol{A}^2\right)$ 成立；对任意同维度矩阵 $\boldsymbol{A}$ 和 $\boldsymbol{B}$，$\langle\boldsymbol{A},\boldsymbol{B}\rangle=\operatorname{tr}\left(\boldsymbol{B}^{\mathrm{H}}\boldsymbol{A}\right)$ 成立，若 $\boldsymbol{B}$ 为厄米矩阵，则 $\langle\boldsymbol{A},\boldsymbol{B}\rangle=\operatorname{tr}(\boldsymbol{B}\boldsymbol{A})$ 成立；对任意矩阵 $\boldsymbol{A}$ 和 $\boldsymbol{B}$，若 $\boldsymbol{A}$ 的行数和列数分别等于 $\boldsymbol{B}$ 的列数和行数，则 $\operatorname{tr}(\boldsymbol{A}\boldsymbol{B})=\operatorname{tr}(\boldsymbol{B}\boldsymbol{A})$ 成立。根据这些性质有

$$\begin{aligned}\left\|\boldsymbol{P}_{\Upsilon}^{\star}-\boldsymbol{P}_{\Upsilon}\right\|_{\mathrm{F}}^2&=\operatorname{tr}\left[\left(\boldsymbol{P}_{\Upsilon}^{\star\mathrm{H}}-\boldsymbol{P}_{\Upsilon}^{\mathrm{H}}\right)\left(\boldsymbol{P}_{\Upsilon}^{\star}-\boldsymbol{P}_{\Upsilon}\right)\right]\\&=\operatorname{tr}\left(\boldsymbol{P}_{\Upsilon}^{\star\mathrm{H}}\boldsymbol{P}_{\Upsilon}^{\star}\right)-\operatorname{tr}\left(\boldsymbol{P}_{\Upsilon}^{\mathrm{H}}\boldsymbol{P}_{\Upsilon}^{\star}\right)-\operatorname{tr}\left(\boldsymbol{P}_{\Upsilon}^{\star\mathrm{H}}\boldsymbol{P}_{\Upsilon}\right)+\operatorname{tr}\left(\boldsymbol{P}_{\Upsilon}^{\mathrm{H}}\boldsymbol{P}_{\Upsilon}\right)\end{aligned} \tag{5.49}$$

$$
\begin{aligned}
&\left\langle \boldsymbol{\Lambda}^{\gamma}, \boldsymbol{Z}^{\gamma}-\begin{bmatrix} T_b(\boldsymbol{u}) & \boldsymbol{P} \\ \boldsymbol{P}^{\mathrm{H}} & \boldsymbol{E} \end{bmatrix} \right\rangle = \operatorname{tr}\left(\boldsymbol{Z}^{\gamma}\boldsymbol{\Lambda}^{\gamma} - \begin{bmatrix} T_b(\boldsymbol{u}) & \boldsymbol{P} \\ \boldsymbol{P}^{\mathrm{H}} & \boldsymbol{E} \end{bmatrix} \begin{bmatrix} \boldsymbol{\Lambda}_0^{\gamma} & \boldsymbol{\Lambda}_1^{\gamma} \\ \boldsymbol{\Lambda}_1^{\gamma\mathrm{H}} & \boldsymbol{\Lambda}_2^{\gamma} \end{bmatrix} \right) \\
&= \operatorname{tr}\left(\boldsymbol{Z}^{\gamma}\boldsymbol{\Lambda}^{\gamma}\right) - \operatorname{tr}\left[T_b(\boldsymbol{u})\boldsymbol{\Lambda}_0^{\gamma}\right] - \operatorname{tr}\left(\boldsymbol{P}\boldsymbol{\Lambda}_1^{\gamma\mathrm{H}}\right) - \operatorname{tr}\left(\boldsymbol{P}^{\mathrm{H}}\boldsymbol{\Lambda}_1^{\gamma}\right) - \operatorname{tr}\left(\boldsymbol{E}\boldsymbol{\Lambda}_2^{\gamma}\right) \\
&= \operatorname{tr}\left(\boldsymbol{Z}^{\gamma}\boldsymbol{\Lambda}^{\gamma}\right) - \operatorname{tr}\left[T_b(\boldsymbol{u})\boldsymbol{\Lambda}_0^{\gamma}\right] - \operatorname{tr}\left(\boldsymbol{P}_{\Upsilon}\boldsymbol{\Lambda}_{1\Upsilon}^{\gamma\ \mathrm{H}}\right) - \operatorname{tr}\left(\boldsymbol{P}_{\Upsilon_c}\boldsymbol{\Lambda}_{1\Upsilon_c}^{\gamma\mathrm{H}}\right) - \operatorname{tr}\left(\boldsymbol{P}_{\Upsilon}^{\mathrm{H}}\boldsymbol{\Lambda}_{1\Upsilon}^{\gamma}\right) - \operatorname{tr}\left(\boldsymbol{P}_{\Upsilon_c}^{\mathrm{H}}\boldsymbol{\Lambda}_{1\Upsilon_c}^{\gamma}\right) - \operatorname{tr}\left(\boldsymbol{E}\boldsymbol{\Lambda}_2^{\gamma}\right)
\end{aligned}
\tag{5.50}
$$

$$
\begin{aligned}
&\left\| \boldsymbol{Z}^{\gamma} - \begin{bmatrix} T_b(\boldsymbol{u}) & \boldsymbol{P} \\ \boldsymbol{P}^{\mathrm{H}} & \boldsymbol{E} \end{bmatrix} \right\|_{\mathrm{F}}^2 = \operatorname{tr}\left(\left\{ \boldsymbol{Z}^{\gamma} - \begin{bmatrix} T_b(\boldsymbol{u}) & \boldsymbol{P} \\ \boldsymbol{P}^{\mathrm{H}} & \boldsymbol{E} \end{bmatrix} \right\}^2 \right) \\
&= \operatorname{tr}\left(\boldsymbol{Z}^{\gamma 2}\right) - 2\operatorname{tr}\left(\begin{bmatrix} \boldsymbol{Z}_0^{\gamma} & \boldsymbol{Z}_1^{\gamma} \\ \boldsymbol{Z}_1^{\gamma\mathrm{H}} & \boldsymbol{Z}_2^{\gamma} \end{bmatrix} \begin{bmatrix} T_b(\boldsymbol{u}) & \boldsymbol{P} \\ \boldsymbol{P}^{\mathrm{H}} & \boldsymbol{E} \end{bmatrix} \right) + \operatorname{tr}\left(\begin{bmatrix} T_b(\boldsymbol{u}) & \boldsymbol{P} \\ \boldsymbol{P}^{\mathrm{H}} & \boldsymbol{E} \end{bmatrix}^2 \right) \\
&= \operatorname{tr}\left(\boldsymbol{Z}^{\gamma 2}\right) - 2\operatorname{tr}\left[\boldsymbol{Z}_0^{\gamma}T_b(\boldsymbol{u})\right] - 2\operatorname{tr}\left(\boldsymbol{Z}_1^{\gamma}\boldsymbol{P}^{\mathrm{H}}\right) - 2\operatorname{tr}\left(\boldsymbol{Z}_1^{\gamma\mathrm{H}}\boldsymbol{P}\right) \\
&\quad - 2\operatorname{tr}\left(\boldsymbol{Z}_2^{\gamma}\boldsymbol{E}\right) + \operatorname{tr}\left[T_b(\boldsymbol{u})^2\right] + 2\operatorname{tr}\left(\boldsymbol{P}\boldsymbol{P}^{\mathrm{H}}\right) + \operatorname{tr}\left(\boldsymbol{E}^2\right) \\
&= \operatorname{tr}\left(\boldsymbol{Z}^{\gamma 2}\right) - 2\operatorname{tr}\left[\boldsymbol{Z}_0^{\gamma}T_b(\boldsymbol{u})\right] - 2\operatorname{tr}\left(\boldsymbol{Z}_{1\Upsilon}^{\gamma}\boldsymbol{P}_{\Upsilon}^{\mathrm{H}}\right) - 2\operatorname{tr}\left(\boldsymbol{Z}_{1\Upsilon_c}^{\gamma}\boldsymbol{P}_{\Upsilon_c}^{\mathrm{H}}\right) - 2\operatorname{tr}\left(\boldsymbol{Z}_{1\Upsilon}^{\gamma\mathrm{H}}\ \boldsymbol{P}_{\Upsilon}\right) - 2\operatorname{tr}\left(\boldsymbol{Z}_{1\Upsilon_c}^{\gamma\ \mathrm{H}}\boldsymbol{P}_{\Upsilon_c}\right) \\
&\quad - 2\operatorname{tr}\left(\boldsymbol{Z}_2^{\gamma}\boldsymbol{E}\right) + \operatorname{tr}\left[T_b(\boldsymbol{u})^2\right] + 2\operatorname{tr}\left(\boldsymbol{P}_{\Upsilon}\boldsymbol{P}_{\Upsilon}^{\mathrm{H}}\right) + 2\operatorname{tr}\left(\boldsymbol{P}_{\Upsilon_c}\boldsymbol{P}_{\Upsilon_c}^{\mathrm{H}}\right) + \operatorname{tr}\left(\boldsymbol{E}^2\right)
\end{aligned}
\tag{5.51}
$$

将式(5.49)～式(5.51)代入式(5.39)可得

$$
\begin{aligned}
&\mathcal{L}_{\rho}\left(\boldsymbol{E},\boldsymbol{u},\boldsymbol{P},\boldsymbol{Z}^{\gamma},\boldsymbol{\Lambda}^{\gamma}\right) \\
&= \underbrace{\frac{1}{2}\operatorname{tr}\left(\boldsymbol{P}_{\Upsilon}^{\star\mathrm{H}}\boldsymbol{P}_{\Upsilon}^{\star}\right) - \frac{1}{2}\operatorname{tr}\left(\boldsymbol{P}_{\Upsilon}^{\mathrm{H}}\boldsymbol{P}_{\Upsilon}^{\star}\right) - \frac{1}{2}\operatorname{tr}\left(\boldsymbol{P}_{\Upsilon}^{\star\mathrm{H}}\boldsymbol{P}_{\Upsilon}\right) + \frac{1}{2}\operatorname{tr}\left(\boldsymbol{P}_{\Upsilon}^{\mathrm{H}}\boldsymbol{P}_{\Upsilon}\right)}_{\text{第一项}} \\
&\quad + \underbrace{\frac{\tau}{2\sqrt{AB}}\operatorname{tr}\left[T_b(\boldsymbol{u})\right] + \frac{\tau}{2\sqrt{AB}}\operatorname{tr}(\boldsymbol{E})}_{\text{第二项}} \\
&\quad + \underbrace{\operatorname{tr}\left(\boldsymbol{Z}^{\gamma}\boldsymbol{\Lambda}^{\gamma}\right) - \operatorname{tr}\left[T_b(\boldsymbol{u})\boldsymbol{\Lambda}_0^{\gamma}\right] - \operatorname{tr}\left(\boldsymbol{P}_{\Upsilon}\boldsymbol{\Lambda}_{1\Upsilon}^{\gamma\ \mathrm{H}}\right) - \operatorname{tr}\left(\boldsymbol{P}_{\Upsilon_c}\boldsymbol{\Lambda}_{1\Upsilon_c}^{\gamma\ \mathrm{H}}\right) - \operatorname{tr}\left(\boldsymbol{P}_{\Upsilon}^{\mathrm{H}}\boldsymbol{\Lambda}_{1\Upsilon}^{\gamma}\right) - \operatorname{tr}\left(\boldsymbol{P}_{\Upsilon_c}^{\mathrm{H}}\boldsymbol{\Lambda}_{1\Upsilon_c}^{\gamma}\right) - \operatorname{tr}\left(\boldsymbol{E}\boldsymbol{\Lambda}_2^{\gamma}\right)}_{\text{第三项}} \\
&\quad + \underbrace{\begin{matrix} \frac{\rho}{2}\operatorname{tr}\left(\boldsymbol{Z}^{\gamma 2}\right) - \rho\operatorname{tr}\left[\boldsymbol{Z}_0^{\gamma}T_b(\boldsymbol{u})\right] - \rho\operatorname{tr}\left(\boldsymbol{Z}_{1\Upsilon}^{\gamma}\boldsymbol{P}_{\Upsilon}^{\mathrm{H}}\right) - \rho\operatorname{tr}\left(\boldsymbol{Z}_{1\Upsilon_c}^{\gamma}\boldsymbol{P}_{\Upsilon_c}^{\mathrm{H}}\right) - \rho\operatorname{tr}\left(\boldsymbol{Z}_{1\Upsilon}^{\gamma\ \mathrm{H}}\boldsymbol{P}_{\Upsilon}\right) - \rho\operatorname{tr}\left(\boldsymbol{Z}_{1\Upsilon_c}^{\gamma\mathrm{H}}\ \boldsymbol{P}_{\Upsilon_c}\right) \\ -\rho\operatorname{tr}\left(\boldsymbol{Z}_2^{\gamma}\boldsymbol{E}\right) + \frac{\rho}{2}\operatorname{tr}\left[T_b(\boldsymbol{u})^2\right] + \rho\operatorname{tr}\left(\boldsymbol{P}_{\Upsilon}\boldsymbol{P}_{\Upsilon}^{\mathrm{H}}\right) + \rho\operatorname{tr}\left(\boldsymbol{P}_{\Upsilon_c}\boldsymbol{P}_{\Upsilon_c}^{\mathrm{H}}\right) + \frac{\rho}{2}\operatorname{tr}\left(\boldsymbol{E}^2\right) \end{matrix}}_{\text{第四项}}
\end{aligned}
\tag{5.52}
$$

复矩阵求导具有如下性质[214]：

$$
\begin{aligned}
&\frac{\partial\operatorname{tr}(\boldsymbol{A})}{\partial\boldsymbol{A}} = \boldsymbol{I},\ \frac{\partial\operatorname{tr}(\boldsymbol{A}\boldsymbol{B})}{\partial\boldsymbol{A}} = \frac{\partial\operatorname{tr}(\boldsymbol{B}\boldsymbol{A})}{\partial\boldsymbol{A}} = \boldsymbol{B}^{\mathrm{T}},\ \frac{\partial\operatorname{tr}\left(\boldsymbol{A}^{p}\right)}{\partial\boldsymbol{A}} = p\left(\boldsymbol{A}^{\mathrm{T}}\right)^{p-1} \\
&\frac{\partial\operatorname{tr}\left(\boldsymbol{A}^{\mathrm{H}}\boldsymbol{B}\right)}{\partial\boldsymbol{A}} = \frac{\partial\operatorname{tr}\left(\boldsymbol{B}\boldsymbol{A}^{\mathrm{H}}\right)}{\partial\boldsymbol{A}} = \boldsymbol{0},\ \frac{\partial\operatorname{tr}\left(\boldsymbol{A}^{\mathrm{H}}\boldsymbol{B}\boldsymbol{A}\right)}{\partial\boldsymbol{A}} = \frac{\partial\operatorname{tr}\left(\boldsymbol{A}\boldsymbol{A}^{\mathrm{H}}\boldsymbol{B}\right)}{\partial\boldsymbol{A}} = \boldsymbol{B}^{\mathrm{T}}\boldsymbol{A}^{*}
\end{aligned}
\tag{5.53}
$$

式中，$\boldsymbol{I}$ 表示与 $\boldsymbol{A}$ 同维度的单位矩阵；p 表示指数；上标“*”表示共轭。根据这些性质

有

$$\frac{\partial \mathcal{L}_{\rho}\left(\boldsymbol{E},\boldsymbol{u},\boldsymbol{P},\boldsymbol{Z}^{\gamma},\boldsymbol{\Lambda}^{\gamma}\right)}{\partial \boldsymbol{E}}=\frac{\tau}{2\sqrt{AB}}\boldsymbol{I}_1-\boldsymbol{\Lambda}_2^{\gamma\mathrm{T}}-\rho\boldsymbol{Z}_2^{\gamma\mathrm{T}}+\rho\boldsymbol{E}^{\mathrm{T}} \tag{5.54}$$

$$\frac{\partial \mathcal{L}_{\rho}\left(\boldsymbol{E},\boldsymbol{u},\boldsymbol{P},\boldsymbol{Z}^{\gamma},\boldsymbol{\Lambda}^{\gamma}\right)}{\partial T_b\left(\boldsymbol{u}\right)}=\frac{\tau}{2\sqrt{AB}}\boldsymbol{I}_2-\boldsymbol{\Lambda}_0^{\gamma\mathrm{T}}-\rho\boldsymbol{Z}_0^{\gamma\mathrm{T}}+\rho T_b\left(\boldsymbol{u}\right)^{\mathrm{T}} \tag{5.55}$$

$$\frac{\partial \mathcal{L}_{\rho}\left(\boldsymbol{E},\boldsymbol{u},\boldsymbol{P},\boldsymbol{Z}^{\gamma},\boldsymbol{\Lambda}^{\gamma}\right)}{\partial \boldsymbol{P}_{\Upsilon}}=-\frac{1}{2}\boldsymbol{P}_{\Upsilon}^{\star *}+\frac{1+2\rho}{2}\boldsymbol{P}_{\Upsilon}^{*}-\boldsymbol{\Lambda}_{1\Upsilon}^{\gamma\ *}-\rho\boldsymbol{Z}_{1\Upsilon}^{\gamma\ *} \tag{5.56}$$

$$\frac{\partial \mathcal{L}_{\rho}\left(\boldsymbol{E},\boldsymbol{u},\boldsymbol{P},\boldsymbol{Z}^{\gamma},\boldsymbol{\Lambda}^{\gamma}\right)}{\partial \boldsymbol{P}_{\Upsilon_c}}=-\boldsymbol{\Lambda}_{1\Upsilon_c}^{\gamma\ *}-\rho\boldsymbol{Z}_{1\Upsilon_c}^{\gamma\ *}+\rho\boldsymbol{P}_{\Upsilon_c}^{*} \tag{5.57}$$

式(5.40)中的$\mathcal{L}_{\rho}\left(\boldsymbol{E},\boldsymbol{u},\boldsymbol{P},\boldsymbol{Z}^{\gamma},\boldsymbol{\Lambda}^{\gamma}\right)$取最小值时，式(5.54)～式(5.57)均等于零，相应地，式(5.44)～式(5.47)成立。

2. 数值模拟

用基于 ADMM 的求解器替代基于 IPM 的 SDPT3 求解器求解 ANM 的等价半正定规划，算例结果(图 5.4)相应变为图 5.9，声源 DOA 被准确估计且强度被准确量化。表 5.5 对比了两种求解器下无网格连续压缩波束形成的准确度：在声源 DOA 估计准确度方面，采用基于 ADMM 的求解器与采用基于 IPM 的 SDPT3 求解器几乎相当；在声压重构准确度和声源强度量化准确度方面，前者轻微低于后者。表 5.6 列出了获得图 5.9 无网格连续压缩波束形成的耗时，其远小于表 5.2 中的耗时。这些现象证明：用发展的基于 ADMM 的求解器替代现成的基于 IPM 的 SDPT3 求解器能明显提高计算效率，且几乎不牺牲声源 DOA 估计准确度，仅轻微牺牲声压重构准确度和声源强度量化准确度，采用矩形阵列和稀疏矩形阵列均如此。大量算例结果均证明该结论，这里不重复给出。基于 ADMM 的求解器中，ρ取 1，最大迭代次数取 1000，连续两次迭代的$\boldsymbol{u}$间相对变化量($\left\|\boldsymbol{u}^{\gamma}-\boldsymbol{u}^{\gamma-1}\right\|_2/\left\|\boldsymbol{u}^{\gamma-1}\right\|_2$)和$\boldsymbol{P}$间的相对变化量($\left\|\boldsymbol{P}^{\gamma}-\boldsymbol{P}^{\gamma-1}\right\|_{\mathrm{F}}/\left\|\boldsymbol{P}^{\gamma-1}\right\|_{\mathrm{F}}$)均小于$10^{-3}$或最大迭代次数被完成时，迭代终止。就每次迭代的计算复杂度，基于 IPM 的 SDPT3 求解器为$O\left[\left(N_u+ABL+L^2\right)^2\left(AB+L\right)^{2.5}\right]$，基于 ADMM 的求解器为$O\left[\left(AB+L\right)^3\right]$，后者小于前者，也是后者具有效率优势的根本原因[177]。

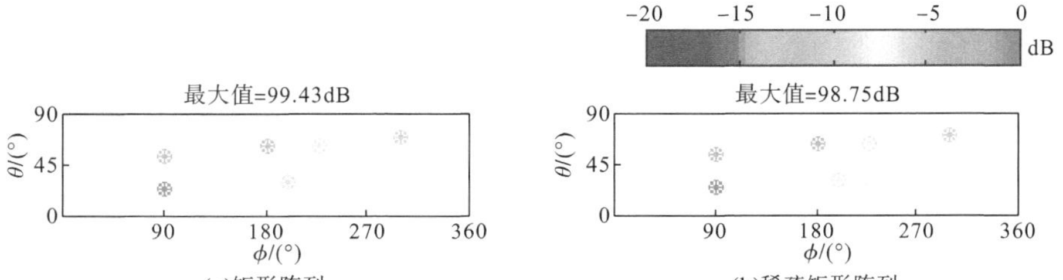

(a)矩形阵列　(b)稀疏矩形阵列

图 5.9　采用基于 ADMM 的求解器时无网格连续压缩波束形成的声源成像图

注：○表示真实声源分布，∗表示重构声源分布，分别参考各自的最大值进行 dB 缩放。

表 5.5 两种求解器下无网格连续压缩波束形成的准确度对比

求解器	声压重构准确度 $\frac{\lVert\hat{\boldsymbol{P}}-\boldsymbol{P}\rVert_{\mathrm{F}}}{\lVert\boldsymbol{P}\rVert_{\mathrm{F}}}$		声源 DOA 估计准确度 $\sqrt{\frac{\sum_{i=1}^{I}\lvert\Delta\Omega_{i}\rvert^{2}}{I}}$		声源强度量化准确度 $\sqrt{\frac{\sum_{i=1}^{I}\lvert\hat{s}_i-s_i\rvert^2}{\sum_{i=1}^{I}\lvert s_i\rvert^2}}$	
	矩形阵列	稀疏矩形阵列	矩形阵列	稀疏矩形阵列	矩形阵列	稀疏矩形阵列
基于 IPM 的 SDPT3 求解器（图 5.4）	0.05	0.09	0.13°	0.17°	0.04	0.07
基于 ADMM 的求解器（图 5.9）	0.08	0.19	0.13°	0.20°	0.08	0.18

表 5.6 获得图 5.9 无网格连续压缩波束形成的耗时

参数	矩形阵列［图 5.9(a)］	稀疏矩形阵列［图 5.9(b)］
耗时/s	0.32	0.84

5.4.2 稀疏性增强

根据 5.3.3 节中的结果，基于 ANM 的无网格连续压缩波束形成在小声源分离和强噪声干扰下仍难以高概率准确估计声源 DOA 和量化声源强度，这主要是因为原子范数仅为声源分布稀疏性直接度量(原子 ℓ_0 范数)的凸松弛形式。为缓解该缺陷，本节提出 IRANM，核心思想是建立能更好量度声源分布稀疏性的新度量来替代原子范数。两部分工作包括：①从新度量建立、新度量最小化求解、IRANM 解释和参数设置及稀疏矩形阵列适用性说明四个方面阐明基本理论；②基于算例数值模拟和蒙特卡罗数值模拟阐明机理并检验效果。

1. 基本理论

1) 新度量建立

建立度量：

$$\mathcal{M}^{\kappa}(\boldsymbol{P})=\min_{\boldsymbol{u}\in\mathbb{C}^{N_u},\boldsymbol{E}\in\mathbb{C}^{L\times L}}\frac{1}{2\sqrt{AB}}\left(\ln\left|T_b(\boldsymbol{u})+\kappa\boldsymbol{I}_2\right|+\operatorname{tr}(\boldsymbol{E})\right),\quad\begin{bmatrix}T_b(\boldsymbol{u}) & \boldsymbol{P}\\ \boldsymbol{P}^{\mathrm{H}} & \boldsymbol{E}\end{bmatrix}\succeq 0 \tag{5.58}$$

式中，$\kappa>0$ 为规则化参数，用于避免 $T_b(\boldsymbol{u})$ 秩亏时对数项为负无穷，$|\cdot|$ 表示矩阵的行列式。与 $\lVert\boldsymbol{P}\rVert_{\mathcal{A},0}$ 和 $\lVert\boldsymbol{P}\rVert_{\mathcal{A}}$ 一样，$\mathcal{M}^{\kappa}(\boldsymbol{P})$ 是关于 $\boldsymbol{P}$ 的函数。记 $\hat{\boldsymbol{u}}$ 为式(5.58)中最小化问题的最优解，$T_b(\hat{\boldsymbol{u}})$ 具有范德蒙德分解时，$\mathcal{M}^{\kappa}(\boldsymbol{P})$ 具有如下性质[167,174]。

(1) $\lVert\boldsymbol{P}\rVert_{\mathcal{A},0}<AB$ 且 κ 趋于零时，$\mathcal{M}^{\kappa}(\boldsymbol{P})$ 与 $\left(\lVert\boldsymbol{P}\rVert_{\mathcal{A},0}/2\sqrt{AB}-\sqrt{AB}/2\right)\ln\kappa^{-1}$ 渐近相等，即

$$\lim_{\kappa\to 0}\frac{\mathcal{M}^{\kappa}(\boldsymbol{P})}{\left(\lVert\boldsymbol{P}\rVert_{\mathcal{A},0}/2\sqrt{AB}-\sqrt{AB}/2\right)\ln\kappa^{-1}}=1 \tag{5.59}$$

(2) κ 趋于正无穷时，$\mathcal{M}^{\kappa}(\boldsymbol{P})-\left(\sqrt{AB}/2\right)\ln\kappa$ 与 $\lVert\boldsymbol{P}\rVert_{\mathcal{A}}\,\kappa^{-1/2}$ 渐近相等，即

$$\lim_{\kappa\to+\infty}\frac{\mathcal{M}^{\kappa}(\boldsymbol{P})-\left(\sqrt{AB}/2\right)\ln\kappa}{\|\boldsymbol{P}\|_{\mathcal{A}}\kappa^{-1/2}}=1 \tag{5.60}$$

(3) 记 $\hat{\boldsymbol{u}}_{\kappa\to0}$ 为 κ 趋于零时的最优解，$T_b\left(\hat{\boldsymbol{u}}_{\kappa\to0}\right)$ 的 $AB-\|\boldsymbol{P}\|_{\mathcal{A},0}$ 个最小特征值接近或等于 0，即仅有 $\|\boldsymbol{P}\|_{\mathcal{A},0}$ 个较大特征值。

根据性质 (1)，κ 趋于零时，最小化 $\mathcal{M}^{\kappa}(\boldsymbol{P})$ 等价于最小化 $\|\boldsymbol{P}\|_{\mathcal{A},0}$，根据性质 (2)，$\kappa$ 趋于正无穷时，最小化 $\mathcal{M}^{\kappa}(\boldsymbol{P})$ 等价于最小化 $\|\boldsymbol{P}\|_{\mathcal{A}}$，这意味着 $\mathcal{M}^{\kappa}(\boldsymbol{P})$ 可看作连接 $\|\boldsymbol{P}\|_{\mathcal{A},0}$ 与 $\|\boldsymbol{P}\|_{\mathcal{A}}$ 的纽带，相比 $\|\boldsymbol{P}\|_{\mathcal{A}}$，$\mathcal{M}^{\kappa}(\boldsymbol{P})$ 能增强对声源分布稀疏性的量度。根据性质 (3)，$T_b\left(\hat{\boldsymbol{u}}_{\kappa\to0}\right)$ 具有范德蒙德分解的充分条件 (秩不大于 $\min\{A,B\}$) 容易被保证，利用大于一微小值 $T_b\left(\hat{\boldsymbol{u}}_{\kappa\to0}\right)$ 的特征值数目可稳健可靠地估计稀疏度。因此，用 $\mathcal{M}^{\kappa}(\boldsymbol{P})$ 替代 $\|\boldsymbol{P}\|_{\mathcal{A}}$ 来量度声源稀疏性有望缓解上述缺陷。

用 $\mathcal{M}^{\kappa}(\boldsymbol{P})$ 替代 $\|\boldsymbol{P}\|_{\mathcal{A}}$ 后，$\boldsymbol{P}$ 的重构问题可写为

$$\hat{\boldsymbol{P}}=\underset{\boldsymbol{P}\in\mathbb{C}^{AB\times L}}{\arg\min}\,\mathcal{M}^{\kappa}(\boldsymbol{P}),\quad \left\|\boldsymbol{P}^{\star}-\boldsymbol{P}\right\|_{\mathrm{F}}\leqslant\varepsilon \tag{5.61}$$

联立式 (5.58) 和式 (5.61) 得

$$\left\{\hat{\boldsymbol{u}},\hat{\boldsymbol{P}},\hat{\boldsymbol{E}}\right\}=\underset{\boldsymbol{u}\in\mathbb{C}^{N_u},\boldsymbol{P}\in\mathbb{C}^{AB\times L},\boldsymbol{E}\in\mathbb{C}^{L\times L}}{\arg\min}\frac{1}{2\sqrt{AB}}\left[\ln\left|T_b(\boldsymbol{u})+\kappa\boldsymbol{I}_2\right|+\operatorname{tr}(\boldsymbol{E})\right],\ \begin{bmatrix}T_b(\boldsymbol{u}) & \boldsymbol{P}\\ \boldsymbol{P}^{\mathrm{H}} & \boldsymbol{E}\end{bmatrix}\succeq0,\ \left\|\boldsymbol{P}^{\star}-\boldsymbol{P}\right\|_{\mathrm{F}}\leqslant\varepsilon \tag{5.62}$$

2) 新度量最小化求解

式 (5.62) 中，$\ln\left|T_b(\boldsymbol{u})+\kappa\boldsymbol{I}_2\right|$ 是关于 $\boldsymbol{u}$ 的凹函数，$\operatorname{tr}(\boldsymbol{E})$ 是关于 $\boldsymbol{E}$ 的凸函数，求解“凹+凸”函数最小化问题的有效算法是优化最小化 (majorization-minimization，MM)[215,216]。MM 迭代求解目标函数的最小值和最优解，图 5.10 为 MM 迭代过程示意图。每次迭代包括两步：第一步为优化步，即找到能局部近似目标函数的替代函数，替代函数大于或等于目标函数，且在当前最优解处等号成立；第二步为最小化步，即最小化替代函数来获得新的最优解。显然，目标函数在每次迭代所得最优解处的取值越来越小，最终收敛至其局部最小值。

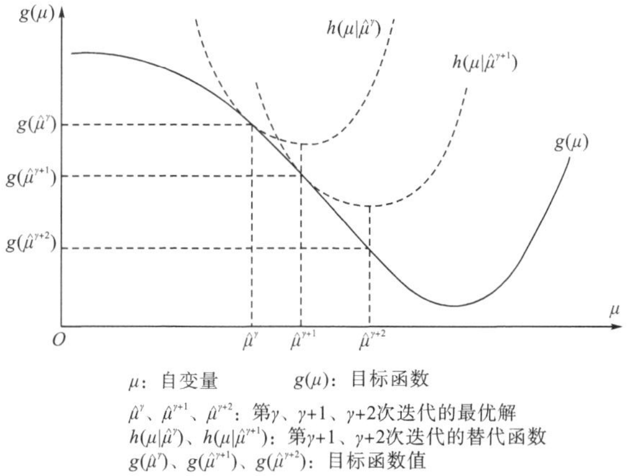

图 5.10　MM 迭代过程示意图

基于 MM 迭代求解式(5.62)中问题时，令κ动态变化。完成γ次迭代后，记$\hat{\boldsymbol{u}}^{\gamma}$和$\hat{\boldsymbol{E}}^{\gamma}$为确定的最优解，$\kappa^{\gamma}$为确定的规则化参数，$\boldsymbol{W}^{\gamma} \equiv \left[T_b\left(\hat{\boldsymbol{u}}^{\gamma}\right)+\kappa^{\gamma}\boldsymbol{I}_2\right]^{-1} \in \mathbb{C}^{AB\times AB}$为确定的权矩阵。进行第$\gamma+1$次迭代时，目标函数为

$$g(\boldsymbol{u},\boldsymbol{E})=\frac{1}{2\sqrt{AB}}\left[\ln\left|T_b(\boldsymbol{u})+\kappa^{\gamma}\boldsymbol{I}_2\right|+\operatorname{tr}(\boldsymbol{E})\right] \tag{5.63}$$

建立替代函数为

$$\begin{aligned} h\left(\boldsymbol{u},\boldsymbol{E}\middle|\hat{\boldsymbol{u}}^{\gamma},\hat{\boldsymbol{E}}^{\gamma}\right) &= \frac{1}{2\sqrt{AB}}\left\{\ln\left|T_b\left(\hat{\boldsymbol{u}}^{\gamma}\right)+\kappa^{\gamma}\boldsymbol{I}_2\right|+\operatorname{tr}\left[\boldsymbol{W}^{\gamma}T_b\left(\boldsymbol{u}-\hat{\boldsymbol{u}}^{\gamma}\right)\right]+\operatorname{tr}(\boldsymbol{E})\right\} \\ &= \frac{1}{2\sqrt{AB}}\left\{\operatorname{tr}\left[\boldsymbol{W}^{\gamma}T_b(\boldsymbol{u})\right]+\operatorname{tr}(\boldsymbol{E})\right\}+c^{\gamma} \end{aligned} \tag{5.64}$$

式中，c^{γ}为与变量$\boldsymbol{u}$和$\boldsymbol{E}$无关的常数。由于$\ln\left|T_b\left(\hat{\boldsymbol{u}}^{\gamma}\right)+\kappa^{\gamma}\boldsymbol{I}_2\right|+\operatorname{tr}\left[\boldsymbol{W}^{\gamma}T_b\left(\boldsymbol{u}-\hat{\boldsymbol{u}}^{\gamma}\right)\right]$是$\ln\left|T_b(\boldsymbol{u})+\kappa^{\gamma}\boldsymbol{I}_2\right|$在$\boldsymbol{u}=\hat{\boldsymbol{u}}^{\gamma}$处的切平面，故：

$$h\left(\boldsymbol{u},\boldsymbol{E}\middle|\hat{\boldsymbol{u}}^{\gamma},\hat{\boldsymbol{E}}^{\gamma}\right)\geqslant g(\boldsymbol{u},\boldsymbol{E}),\ h\left(\hat{\boldsymbol{u}}^{\gamma},\hat{\boldsymbol{E}}^{\gamma}\middle|\hat{\boldsymbol{u}}^{\gamma},\hat{\boldsymbol{E}}^{\gamma}\right)=g\left(\hat{\boldsymbol{u}}^{\gamma},\hat{\boldsymbol{E}}^{\gamma}\right) \tag{5.65}$$

即$h\left(\boldsymbol{u},\boldsymbol{E}\middle|\hat{\boldsymbol{u}}^{\gamma},\hat{\boldsymbol{E}}^{\gamma}\right)$满足 MM 的要求。忽略$c^{\gamma}$，第$\gamma+1$次迭代的最小化问题可写为

$$\begin{aligned} \left\{\hat{\boldsymbol{u}}^{\gamma+1},\hat{\boldsymbol{P}}^{\gamma+1},\hat{\boldsymbol{E}}^{\gamma+1}\right\} = \underset{\boldsymbol{u}\in\mathbb{C}^{N_u},\boldsymbol{P}\in\mathbb{C}^{AB\times L},\boldsymbol{E}\in\mathbb{C}^{L\times L}}{\arg\min}\ & \frac{1}{2\sqrt{AB}}\left(\operatorname{tr}\left(\boldsymbol{W}^{\gamma}T_b(\boldsymbol{u})\right)+\operatorname{tr}(\boldsymbol{E})\right),\ \begin{bmatrix} T_b(\boldsymbol{u}) & \boldsymbol{P} \\ \boldsymbol{P}^{\mathrm{H}} & \boldsymbol{E}\end{bmatrix}\succeq 0, \\ & \left\|\boldsymbol{P}^{\star}-\boldsymbol{P}\right\|_{\mathrm{F}}\leqslant\varepsilon \end{aligned} \tag{5.66}$$

式(5.66)为凸优化问题，可用现成的 CVX 工具箱中的 SDPT3 求解器求解。

3) IRANM 解释

首先，定义加权原子集合和加权原子范数。参照式(5.9)所示的原子集合$\mathcal{A}$，定义加权原子集合为

$$\mathcal{A}^{w}=\left\{w(t_1,t_2)\boldsymbol{d}(t_1,t_2)\boldsymbol{\psi}\middle| \begin{array}{l} t_1\equiv\sin\theta\cos\phi\Delta x/\lambda, t_2\equiv\sin\theta\sin\phi\Delta y/\lambda, \\ \theta\in\left[0^{\circ},90^{\circ}\right],\phi\in\left[0^{\circ},360^{\circ}\right),\boldsymbol{\psi}\in\mathbb{C}^{1\times L},\|\boldsymbol{\psi}\|_2=1 \end{array}\right\} \tag{5.67}$$

式中，$w(t_1,t_2)\boldsymbol{d}(t_1,t_2)\boldsymbol{\psi}$为加权的原子，$w(t_1,t_2)\geqslant 0$为权函数。参照式(5.11)所示的$\boldsymbol{P}$的原子范数$\|\boldsymbol{P}\|_{\mathcal{A}}$，定义$\boldsymbol{P}$的加权原子范数为

$$\begin{aligned} \|\boldsymbol{P}\|_{\mathcal{A}^{w}} &= \inf_{\substack{w(t_{1i},t_{2i})\boldsymbol{d}(t_{1i},t_{2i})\boldsymbol{\psi}_i\in\mathcal{A}^{w} \\ s_i^{w}\in\mathbb{R}^{+}}}\left\{\sum_i s_i^{w}\middle|\boldsymbol{P}=\sum_i s_i^{w}w(t_{1i},t_{2i})\boldsymbol{d}(t_{1i},t_{2i})\boldsymbol{\psi}_i\right\} \\ &= \inf_{\substack{\boldsymbol{d}(t_{1i},t_{2i})\boldsymbol{\psi}_i\in\mathcal{A} \\ s_i\in\mathbb{R}^{+}}}\left\{\sum_i\frac{s_i}{w(t_{1i},t_{2i})}\middle|\boldsymbol{P}=\sum_i s_i\boldsymbol{d}(t_{1i},t_{2i})\boldsymbol{\psi}_i\right\} \end{aligned} \tag{5.68}$$

式中，s_i^{w}为加权的s_i。显然，$w(t_{1i},t_{2i})$指定了原子$\boldsymbol{d}(t_{1i},t_{2i})\boldsymbol{\psi}_i$的优先级，其值越大，对应原子越容易被选择，$w(t_{1i},t_{2i})\equiv 1$时，$\|\boldsymbol{P}\|_{\mathcal{A}^{w}}=\|\boldsymbol{P}\|_{\mathcal{A}}$。

然后，给出命题并证明。命题：记$w^{\gamma}(t_1,t_2)$和$\|\boldsymbol{P}\|_{\mathcal{A}^{w^{\gamma}}}$为对应第$\gamma$次迭代结果的权函数和加权原子范数，若

$$w^{\gamma}\left(t_1,t_2\right)=\sqrt{\frac{AB}{\boldsymbol{d}\left(t_1,t_2\right)^{\mathrm{H}}\boldsymbol{W}^{\gamma}\boldsymbol{d}\left(t_1,t_2\right)}} \tag{5.69}$$

且 $T_b\left(\hat{\boldsymbol{u}}^{\gamma+1}\right)$ 具有范德蒙德分解，则有

$$\|\boldsymbol{P}\|_{\mathcal{A}^{w^{\gamma}}}=\min_{\boldsymbol{u}\in\mathbb{C}^{N_u},\boldsymbol{E}\in\mathbb{C}^{L\times L}}\frac{1}{2\sqrt{AB}}\left\{\operatorname{tr}\left[\boldsymbol{W}^{\gamma}T_b\left(\boldsymbol{u}\right)\right]+\operatorname{tr}\left(\boldsymbol{E}\right)\right\},\quad\begin{bmatrix}T_b\left(\boldsymbol{u}\right) & \boldsymbol{P}\\ \boldsymbol{P}^{\mathrm{H}} & \boldsymbol{E}\end{bmatrix}\succeq 0 \tag{5.70}$$

证明：

$$\begin{aligned}
&\min_{\boldsymbol{u}\in\mathbb{C}^{N_u},\boldsymbol{E}\in\mathbb{C}^{L\times L}}\frac{1}{2\sqrt{AB}}\left\{\operatorname{tr}\left[\boldsymbol{W}^{\gamma}T_b\left(\boldsymbol{u}\right)\right]+\operatorname{tr}\left(\boldsymbol{E}\right)\right\},\quad\begin{bmatrix}T_b\left(\boldsymbol{u}\right) & \boldsymbol{P}\\ \boldsymbol{P}^{\mathrm{H}} & \boldsymbol{E}\end{bmatrix}\succeq 0\\
&=\min_{\boldsymbol{u}\in\mathbb{C}^{N_u}}\frac{1}{2\sqrt{AB}}\left\{\operatorname{tr}\left[\boldsymbol{W}^{\gamma}T_b\left(\boldsymbol{u}\right)\right]+\operatorname{tr}\left[\boldsymbol{P}^{\mathrm{H}}T_b\left(\boldsymbol{u}\right)^{-1}\boldsymbol{P}\right]\right\},\quad T_b\left(\boldsymbol{u}\right)\succeq 0\\
&=\min_{\boldsymbol{u}\in\mathbb{C}^{N_u}}\frac{1}{2\sqrt{AB}}\left\{\operatorname{tr}\left[\boldsymbol{W}^{\gamma}T_b\left(\boldsymbol{u}\right)\right]+\operatorname{tr}\left[\boldsymbol{P}^{\mathrm{H}}T_b\left(\boldsymbol{u}\right)^{-1}\boldsymbol{P}\right]\right\},\quad T_b\left(\boldsymbol{u}\right)=\boldsymbol{V}\boldsymbol{\Sigma}\boldsymbol{V}^{\mathrm{H}}\\
&=\min_{\substack{\boldsymbol{d}\left(t_{1i},t_{2i}\right)\boldsymbol{\psi}_i\in\mathcal{A}\\ s_i\in\mathbb{R}^+,\sigma_i\in\mathbb{R}^+}}\frac{1}{2\sqrt{AB}}\begin{bmatrix}\sum_i\sigma_i\boldsymbol{d}\left(t_{1i},t_{2i}\right)^{\mathrm{H}}\boldsymbol{W}^{\gamma}\boldsymbol{d}\left(t_{1i},t_{2i}\right)\\ +\sum_i\sigma_i^{-1}s_i^2\end{bmatrix},\quad\boldsymbol{P}=\sum_i s_i\boldsymbol{d}\left(t_{1i},t_{2i}\right)\boldsymbol{\psi}_i\\
&=\min_{\substack{\boldsymbol{d}\left(t_{1i},t_{2i}\right)\boldsymbol{\psi}_i\in\mathcal{A}\\ s_i\in\mathbb{R}^+}}\sum_i s_i\sqrt{\frac{\boldsymbol{d}\left(t_{1i},t_{2i}\right)^{\mathrm{H}}\boldsymbol{W}^{\gamma}\boldsymbol{d}\left(t_{1i},t_{2i}\right)}{AB}},\quad\boldsymbol{P}=\sum_i s_i\boldsymbol{d}\left(t_{1i},t_{2i}\right)\boldsymbol{\psi}_i\\
&=\min_{\substack{\boldsymbol{d}\left(t_{1i},t_{2i}\right)\boldsymbol{\psi}_i\in\mathcal{A}\\ s_i\in\mathbb{R}^+}}\sum_i\frac{s_i}{w^{\gamma}\left(t_{1i},t_{2i}\right)},\quad\boldsymbol{P}=\sum_i s_i\boldsymbol{d}\left(t_{1i},t_{2i}\right)\boldsymbol{\psi}_i\\
&=\|\boldsymbol{P}\|_{\mathcal{A}^{w^{\gamma}}}
\end{aligned} \tag{5.71}$$

$$\begin{aligned}
&\operatorname{tr}\left[\boldsymbol{W}^{\gamma}T_b\left(\boldsymbol{u}\right)\right],\quad T_b\left(\boldsymbol{u}\right)=\boldsymbol{V}\boldsymbol{\Sigma}\boldsymbol{V}^{\mathrm{H}}\\
&=\sum_i\sigma_i\operatorname{tr}\left[\boldsymbol{W}^{\gamma}\boldsymbol{d}\left(t_{1i},t_{2i}\right)\boldsymbol{d}\left(t_{1i},t_{2i}\right)^{\mathrm{H}}\right]\\
&=\sum_i\sigma_i\operatorname{tr}\left[\boldsymbol{d}\left(t_{1i},t_{2i}\right)^{\mathrm{H}}\boldsymbol{W}^{\gamma}\boldsymbol{d}\left(t_{1i},t_{2i}\right)\right]\\
&=\sum_i\sigma_i\boldsymbol{d}\left(t_{1i},t_{2i}\right)^{\mathrm{H}}\boldsymbol{W}^{\gamma}\boldsymbol{d}\left(t_{1i},t_{2i}\right)
\end{aligned} \tag{5.72}$$

式(5.71)中，第一个“=”成立的依据是舒尔补条件，第二个“=”成立的依据是 $T_b\left(\hat{\boldsymbol{u}}^{\gamma+1}\right)$ 具有范德蒙德分解，第三个“=”成立的依据是式(5.24)和式(5.7)，第四个“=”成立的依据是算术几何平均不等式，第五个“=”成立的依据是式(5.69)，第六个“=”成立的依据是式(5.68)。

最后，将提出方法解释为 IRANM。基于式(5.69)和式(5.70)所示的命题，式(5.66)可写为

$$\hat{\boldsymbol{P}}^{\gamma+1}=\underset{\boldsymbol{P}\in\mathbb{C}^{AB\times L}}{\arg\min}\left(\begin{array}{l}\underset{\boldsymbol{u}\in\mathbb{C}^{N_u},\boldsymbol{E}\in\mathbb{C}^{L\times L}}{\min}\dfrac{1}{2\sqrt{AB}}\left\{\operatorname{tr}\left[\boldsymbol{W}^{\gamma}T_b\left(\boldsymbol{u}\right)\right]+\operatorname{tr}\left(\boldsymbol{E}\right)\right\}\\ ,\begin{bmatrix}T_b\left(\boldsymbol{u}\right) & \boldsymbol{P}\\ \boldsymbol{P}^{\mathrm{H}} & \boldsymbol{E}\end{bmatrix}\succeq 0\end{array}\right),\quad \left\|\boldsymbol{P}^{\star}-\boldsymbol{P}\right\|_{\mathrm{F}}\leqslant\varepsilon$$
$$=\underset{\boldsymbol{P}\in\mathbb{C}^{AB\times L}}{\arg\min}\left\|\boldsymbol{P}\right\|_{\mathcal{A}^{w^{\gamma}}},\quad \left\|\boldsymbol{P}^{\star}-\boldsymbol{P}\right\|_{\mathrm{F}}\leq\varepsilon \tag{5.73}$$

显然，$\boldsymbol{P}$ 的重构通过迭代最小化其加权原子范数来实现，且每次迭代所加权不同，故该方法可称为 IRANM。

4）参数设置及稀疏矩形阵列适用性说明

初始化 $\hat{\boldsymbol{u}}^0=\mathbf{0}$ 和 $\kappa^0=1$，相应地，$\boldsymbol{W}^0=\boldsymbol{I}_2$，式(5.66)中第 1 次迭代的结果即为式(5.26)中 ANM 的结果。为增强稀疏性，迭代过程中逐渐减小 κ，具体策略为

$$\kappa^{\gamma}=\begin{cases}\min\left\{\kappa^{\gamma-1}/2,\ \lambda_{\max}\left[T_b\left(\hat{\boldsymbol{u}}^{\gamma}\right)\right]/10\right\}, & \gamma=1\\ \kappa^{\gamma-1}/2, & 2\leqslant\gamma\leqslant10\\ \kappa^{10}, & \gamma>10\end{cases} \tag{5.74}$$

式中，$\lambda_{\max}\left[T_b\left(\hat{\boldsymbol{u}}^{\gamma}\right)\right]$ 为 $T_b\left(\hat{\boldsymbol{u}}^{\gamma}\right)$ 的最大特征值。设置最大迭代次数为 20，当连续两次迭代 $\hat{\boldsymbol{P}}$ 间的相对变化量，即 $\left\|\hat{\boldsymbol{P}}^{\gamma}-\hat{\boldsymbol{P}}^{\gamma-1}\right\|_{\mathrm{F}}/\left\|\hat{\boldsymbol{P}}^{\gamma-1}\right\|_{\mathrm{F}}$，小于或等于 10^{-3} 或最大迭代次数被完成时，迭代终止。与 ANM 一样，IRANM 也适用于稀疏矩形阵列，仅需将式(5.61)、式(5.62)、式(5.66)和式(5.73)中的 $\boldsymbol{P}^{\star}-\boldsymbol{P}$ 变为 $\boldsymbol{P}_{\Upsilon}^{\star}-\boldsymbol{P}_{\Upsilon}$ 即可。

2. 数值模拟

1）算例

将基于 IRANM 的无网格连续压缩波束形成应用于先前算例[声源最小分离为 0.17（$1.33/\sqrt{AB}$）]，图 5.11 为声源成像图。与图 5.4 所示的基于 ANM 的无网格连续压缩波束形成一样，不论是采用矩形阵列还是采用稀疏矩形阵列，基于 IRANM 的无网格连续压缩波束形成亦准确估计每个声源的 DOA、准确量化每个声源的强度。表 5.7 列出了获得图 5.11 基于 IRANM 的无网格连续压缩波束形成的耗时，相比表 5.2，表 5.7 中这里的耗时有所增加，这是由于 IRANM 需要多次迭代而 ANM 相当于单次迭代的缘故；相比表 5.1 中目标声源区域离散间隔为 1°×1° 时有网格离散压缩波束形成的耗时，这里的耗时仍明显更低。保持先前算例中其他参数不变，仅改变前四个声源的 DOA，依次为 (40°,90°)、(50°,90°)、(60°,180°)和(60°,190°)，声源最小分离相应变为 0.05（$0.40/\sqrt{AB}$）。图 5.12 给出了新算例下的声源成像图，不论是采用矩形阵列还是采用稀疏矩形阵列，基于 ANM 的无网格连续压缩波束形成均不能准确估计每个声源的 DOA 并准确量化每个声源的强度，这与表 5.4 中呈现的结论相吻合；与此不同，基于 IRANM 的无网格连续压缩波束形成能准确识别每个声源，证明其在识别小分离声源时具有优势。

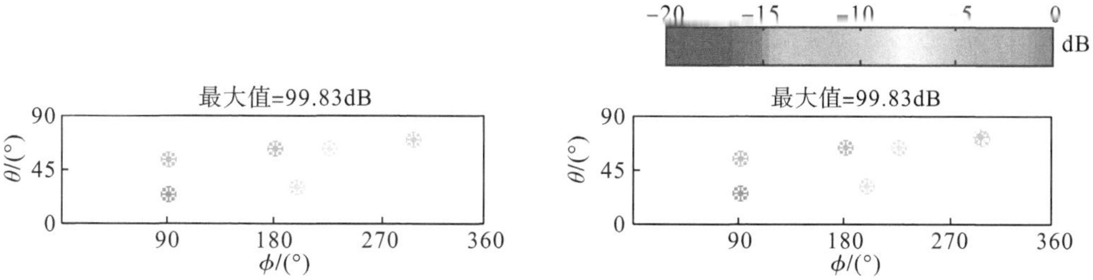

(a)矩形阵列　　(b)稀疏矩形阵列

图 5.11　基于 IRANM 的无网格连续压缩波束形成的声源成像图

注：○表示真实声源分布，✳表示重构声源分布，分别参考各自的最大值进行 dB 缩放。

表 5.7　获得图 5.11 基于 IRANM 的无网格连续压缩波束形成的耗时

阵列形式	矩形阵列[图 5.11(a)]	稀疏矩形阵列[图 5.11(b)]
耗时/s	22.60	30.01

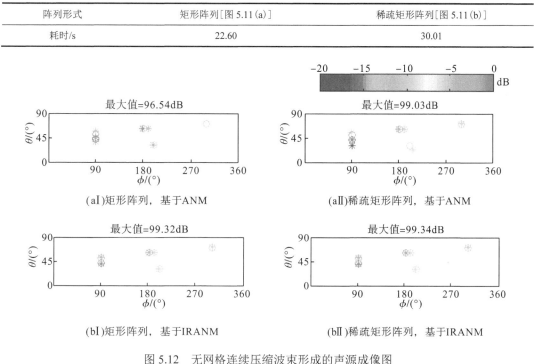

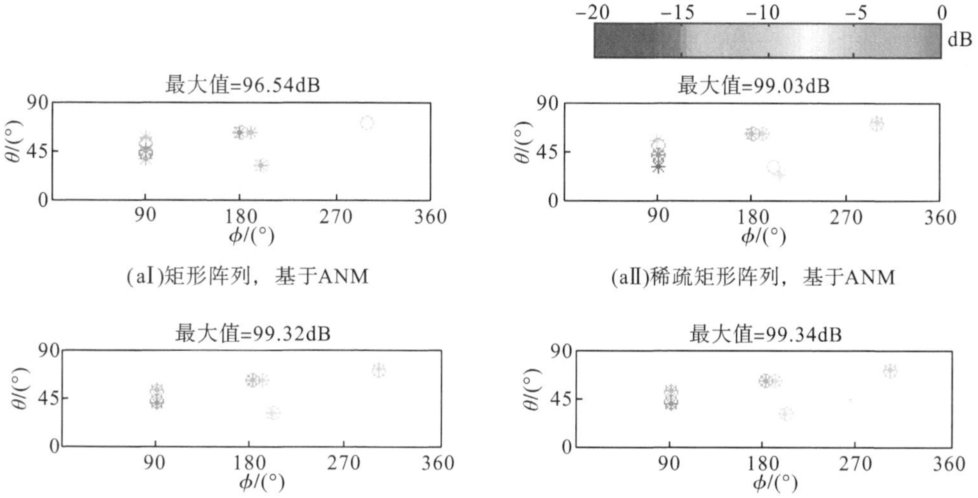

(aⅠ)矩形阵列，基于ANM　　(aⅡ)稀疏矩形阵列，基于ANM

(bⅠ)矩形阵列，基于IRANM　　(bⅡ)稀疏矩形阵列，基于IRANM

图 5.12　无网格连续压缩波束形成的声源成像图

注：○表示真实声源分布，✳表示重构声源分布，分别参考各自的最大值进行 dB 缩放。

式(5.26)所示 ANM 和式(5.66)所示 IRANM 均由 CVX 工具箱中的 SDPT3 求解器求解。

为阐明 IRANM 的机理，图 5.13 给出了新算例下采用矩形阵列时 IRANM 前 4 次迭代对应的结果，包括 $T_b\left(\hat{\boldsymbol{u}}^{\gamma}\right)$ 的特征值[图 5.13(a)]、声源成像图[图 5.13(bⅠ)～图 5.13(eⅠ)]和权函数成像图[图 5.13(bⅡ)～图 5.13(eⅡ)]。图 5.13(a)显示：$T_b\left(\hat{\boldsymbol{u}}^{1}\right)$ 的特征值下降平缓，第 7 大特征值(声源数目为 6)与最大特征值的比值仍较大，约为 0.02；$T_b\left(\hat{\boldsymbol{u}}^{2}\right)$、$T_b\left(\hat{\boldsymbol{u}}^{3}\right)$ 和 $T_b\left(\hat{\boldsymbol{u}}^{4}\right)$ 的较大特征值数目等于声源数目，其他特征值极小，第 7 大特征值与最大特征值比值的数量级低至 10^{-10}(2 次迭代)、10^{-13}(3 次迭代)和 10^{-14}(4 次迭代)。该现象与 $\mathcal{M}^{\kappa}(\boldsymbol{P})$ 的性质(3)相吻合，证明 IRANM 能增强重构声源分布的稀疏性，同时解释了图 5.12 中基

于 IRANM 的无网格连续压缩波束形成重构的声源分布比基于 ANM 的无网格连续压缩波束形成重构的声源分布更稀疏的原因。基于 MaPP 方法后处理 $T_b(\hat{\boldsymbol{u}})$ 来估计声源 DOA 时，稀疏度被估计为大于设定阈值 $T_b(\hat{\boldsymbol{u}})$ 的特征值的个数。根据上述现象，对于 ANM[ANM 获得 $T_b(\hat{\boldsymbol{u}})$ 与 1 次迭代 IRANM 获得的 $T_b(\hat{\boldsymbol{u}})$ 相同]，该阈值不宜太低，正如 5.3.2 节中所述，设置该阈值为 $T_b(\hat{\boldsymbol{u}})$ 最大特征值的 10^{-2} 倍，即 20dB 动态范围被考虑；对于 IRANM，该阈值可为一微小值，本章设置该阈值为 $T_b(\hat{\boldsymbol{u}})$ 最大特征值的 10^{-6} 倍，即 60dB 动态范围被考虑。图 5.13(bⅠ)显示：1 次迭代重构的声源分布严重偏离真实声源分布，一方面，1 次迭代获得的 $T_b(\hat{\boldsymbol{u}})$ 可能未包含正确的声源 DOA 信息；另一方面，估计稀疏度[$T_b(\hat{\boldsymbol{u}}^1)$ 在 60dB 动态范围内的特征值共 33 个]远大于真实稀疏度。值得说明的是，虽然 IRANM 1 次迭代的结果即为 ANM 的结果，但图 5.13(bⅠ)所示的基于 1 次迭代的 IRANM 的无网格连续压缩波束形成的声源成像图与图 5.12(aⅠ)所示的基于 ANM 的无网格连续压缩波束形成的声源成像图不同，这是由于二者基于 MaPP 方法估计声源 DOA 时用于估计稀疏度的阈值不同。图 5.13(cⅠ)～图 5.13(eⅠ)显示：2 次迭代后重构的声源分布便与真实声源分布吻合良好，且吻合度随迭代次数的增加而增加，这是由于如图 5.13(a)所示，$T_b(\hat{\boldsymbol{u}}^2)$、$T_b(\hat{\boldsymbol{u}}^3)$ 和 $T_b(\hat{\boldsymbol{u}}^4)$ 均为低秩矩阵，有唯一 Vandermonde 分解，且 MaPP 方法在寻找 Vandermonde 分解时对稀疏度的估计准确无误。根据式(5.69)和权矩阵的表达式，第 γ 次迭代采用的权矩阵 $\boldsymbol{W}^{\gamma-1}$ 对应的权函数 $w^{\gamma-1}(t_1,t_2)$ 由第 $\gamma-1$ 次迭代确定的 $T_b(\hat{\boldsymbol{u}}^{\gamma-1})$ 和 $\kappa^{\gamma-1}$ 计算得出。如图 5.13(bⅡ)所示，1 次迭代对应的权函数为恒等于 1 的常函数；如图 5.13(cⅡ)～图5.13(eⅡ)所示，γ（$\gamma \geqslant 2$）次迭代对应的权函数的峰值出现在第 $\gamma-1$ 次迭代识别出的声源附近，这些峰值附近的原子在第 γ 次迭代中会被优先选择。图 5.14 给出了采用稀疏矩形阵列时 IRANM 前 4 次迭代对应的结果，其呈现出与图 5.13 一致的现象。

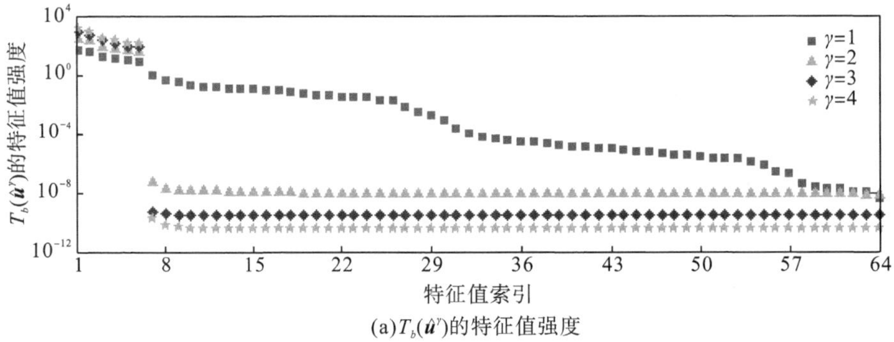

(a) $T_b(\hat{\boldsymbol{u}}^\gamma)$ 的特征值强度

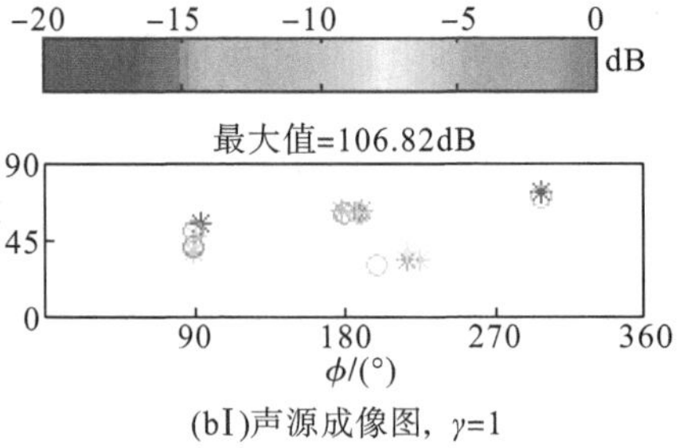

(bⅠ)声源成像图，$\gamma=1$

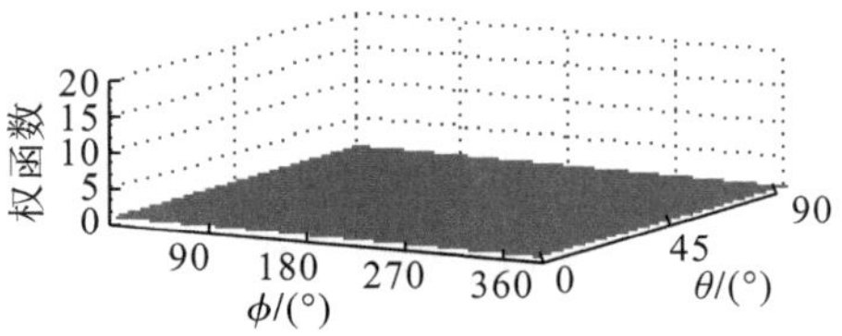

(bⅡ)权函数成像图，$\gamma=1$

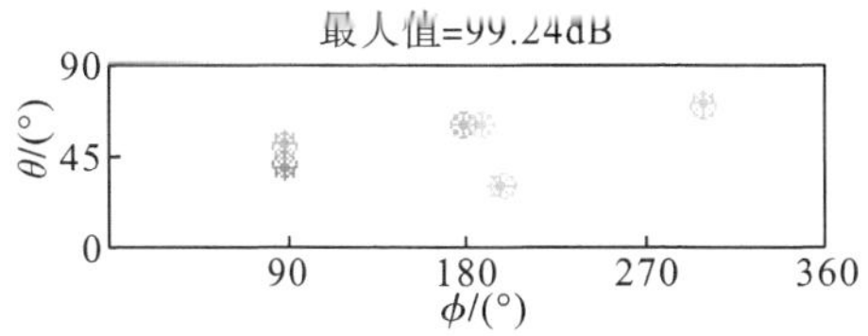

(cⅠ)声源成像图，γ=2

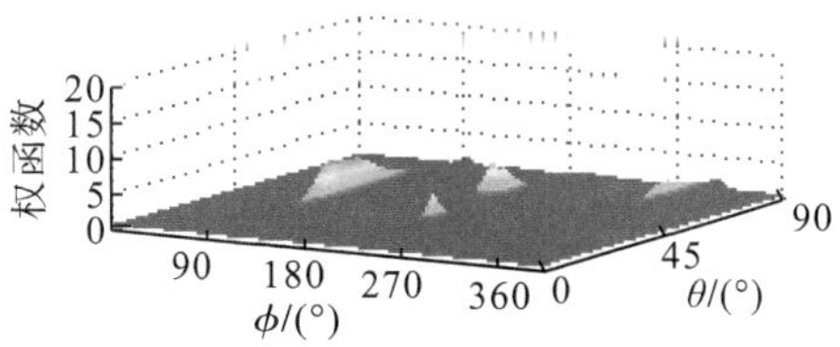

(cⅡ)权函数成像图，γ=2

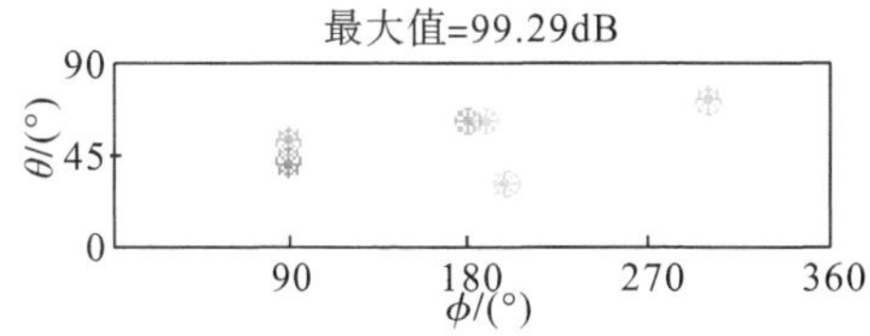

(dⅠ)声源成像图，γ=3

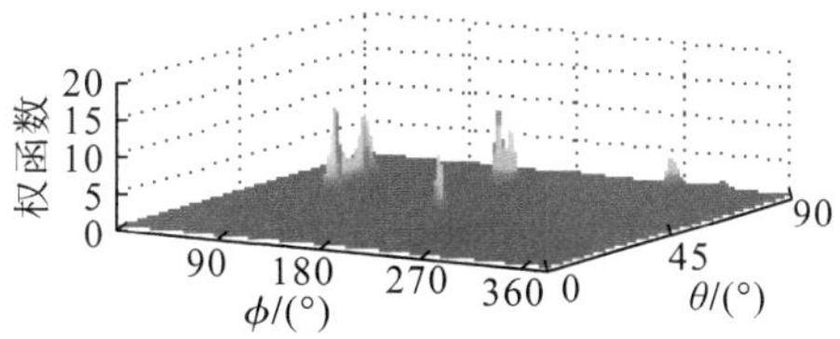

(dⅡ)权函数成像图，γ=3

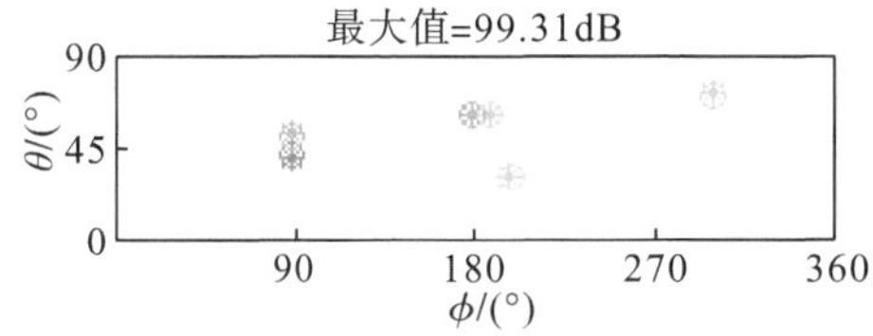

(eⅠ)声源成像图，γ=4

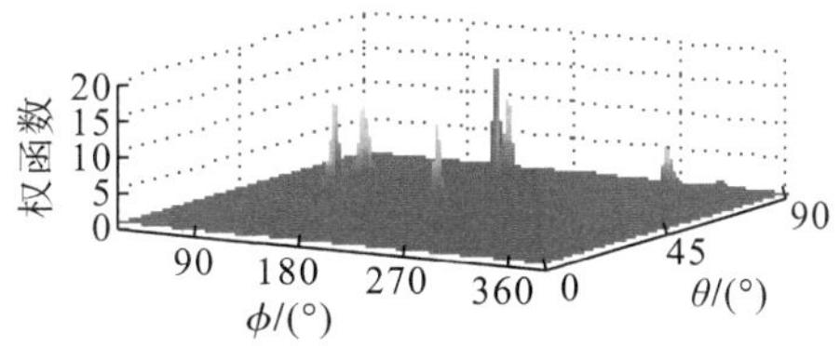

(eⅡ)权函数成像图，γ=4

图 5.13　采用矩形阵列时 IRANM 前 4 次迭代对应的结果

注：○表示真实声源分布，∗表示重构声源分布，分别参考各自的最大值进行 dB 缩放。

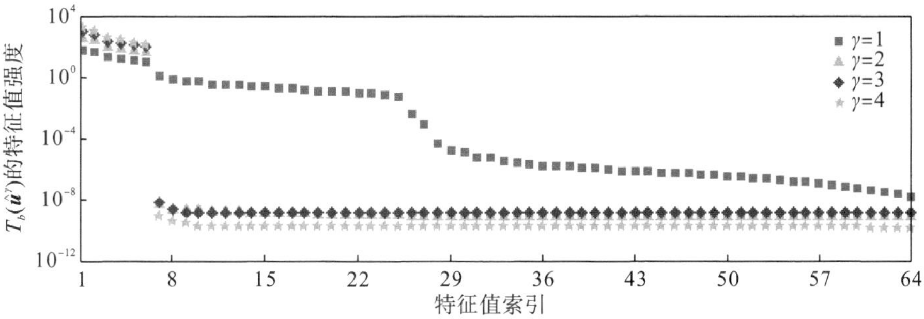

(a) $T_b(\hat{\boldsymbol{u}}^{\gamma})$的特征值强度

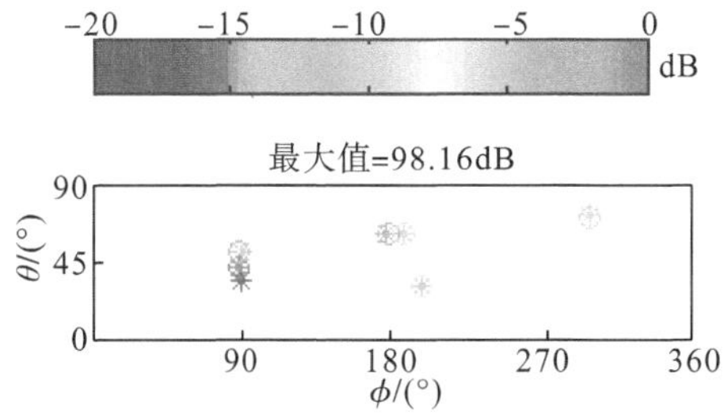

(bⅠ)声源成像图，γ=1

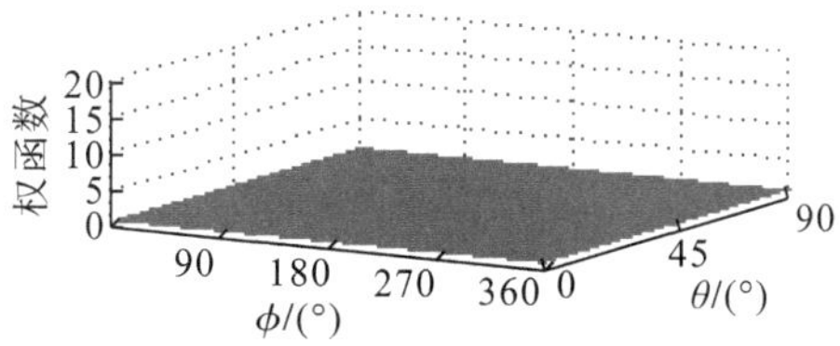

(bⅡ)权函数成像图，γ=1

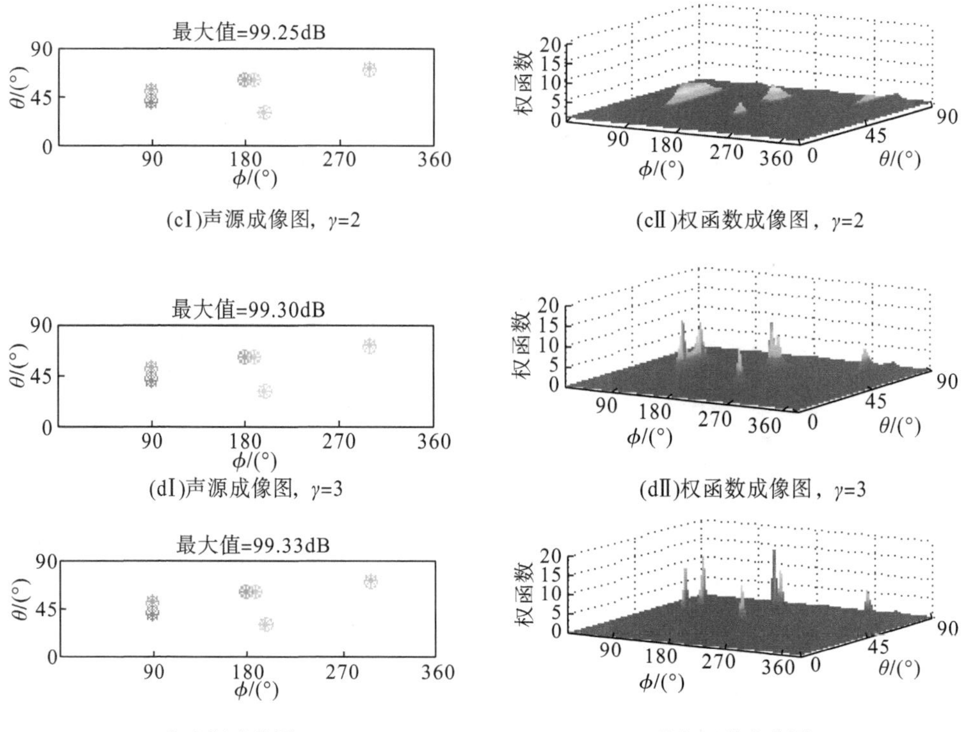

(cⅠ)声源成像图，$\gamma=2$ (cⅡ)权函数成像图，$\gamma=2$

(dⅠ)声源成像图，$\gamma=3$ (dⅡ)权函数成像图，$\gamma=3$

(eⅠ)声源成像图，$\gamma=4$ (eⅡ)权函数成像图，$\gamma=4$

图 5.14 采用稀疏矩形阵列时 IRANM 前 4 次迭代对应的结果

注：○表示真实声源分布，∗表示重构声源分布，分别参考各自的最大值进行 dB 缩放。

2) 蒙特卡罗

本节基于两种工况的蒙特卡罗数值模拟对比(基于 ANM 的无网格连续压缩波束形成和基于 IRANM 的无网格连续压缩波束形成的性能)，检验后者对前者缺陷的缓解效果。两种工况的信息如表 5.8 所示：各工况中，11 个声源最小分离值和 11 个噪声干扰 SNR 值被计算，数据快拍数目固定为 10。为与 5.3.3 节中的工况一至工况四保持连续性，命名这里的两种工况为工况五和工况六。相关参数的设置与 5.3.3 节中一致：I 取 2，D 取 200，每个声源均具有单位强度，频率固定为 4000Hz，每组声源最小分离和 SNR 下进行第 d 次蒙特卡罗运算时随机生成$\left(\theta_{\mathrm{S}i,d},\phi_{\mathrm{S}i,d}\right)$、$\boldsymbol{s}_{i,d}$ 和 $\boldsymbol{N}$。ANM 和 IRANM 均由 CVX 工具箱中的 SDPT3 求解器求解。

表 5.8 工况信息

工况	声源相干性	声源最小分离($\sqrt{AB}\Delta_{\min}$)	噪声干扰(SNR/dB)	数据快拍数目
工况五	不相干	0.1, 0.2, 0.3, 0.4, 0.5, 0.6, 0.8, 1.0, 1.2, 1.4, 1.6	−5, 0, 5, 10, 15, 20, 25, 30, 35, 40, 45	10
工况六	相干			

(1) 工况五。图 5.15 为采用矩形阵列时工况五下各统计量的柱状图，第Ⅰ列对应基于 ANM 的无网格连续压缩波束形成，第Ⅱ列对应基于 IRANM 的无网格连续压缩波束形成。

图 5.15(aⅠ)和图 5.15(aⅡ)为 MNFNE 的柱状图，各 $\Delta_{\min}$ 和 SNR 下，IRANM 的 MNFNE 均小于 ANM 的 MNFNE，即 IRANM 对 $\boldsymbol{P}$ 的重构更准确。图 5.15(bⅠ)和图 5.15(bⅡ)为 CCDF(1°)的柱状图，CCDF(1°)越小意味着声源 DOA 的估计值与真实值间的角距离 $\Delta\Omega_{Si,d}$ 不大于1°的概率越大，CCDF(1°)等于 0 意味着 $\Delta\Omega_{Si,d}$ 百分之百不大于 1°。对比图 5.15(bⅠ)和图 5.15(bⅡ)可以看出，基于 IRANM 的无网格连续压缩波束形成的 CCDF(1°)普遍小于等于基于 ANM 的无网格连续压缩波束形成的 CCDF(1°)，小 $\Delta_{\min}$ 下前者普遍小于后者的现象尤为明显；前者 CCDF(1°)几乎为 0 的区域明显大于后者，覆盖更小 $\Delta_{\min}$ 和更低 SNR，即基于 IRANM 的无网格连续压缩波束形成在更小声源分离和更强噪声干扰下能高概率准确估计声源 DOA。图 5.15(cⅠ)和图 5.15(cⅡ)为 CCDF(10°)的柱状图，除 SNR 为−5dB 和 0dB 且 $\Delta_{\min}$ 为 $0.1/\sqrt{AB}$ 和 $0.2/\sqrt{AB}$ 的其他情况下，CCDF(10°)均很小。CCDF(10°)很小意味着仅少量样本对应的 $\Delta\Omega_{Si,d}$ 大于 10°，计算 RMSE 和 Nℓ_2NE 时可令式(5.35)和式(5.36)中的 T_1 等于 10°。图 5.15(dⅠ)和图 5.15(dⅡ)为 RMSE 的柱状图，图 5.15(eⅠ)和图 5.15(eⅡ)为 Nℓ_2NE 的柱状图，可以看出基于 IRANM 的无网格连续压缩波束形成的 RMSE 和 Nℓ_2NE 普遍小于基于 ANM 的无网格连续压缩波束形成的 RMSE 和 Nℓ_2NE，尤其是在小 $\Delta_{\min}$ 下，前者显著小于后者，即基于 IRANM 的无网格连续压缩波束形成的声源 DOA 估计准确度和声源强度量化准确度更高。图 5.16 为采用稀疏矩形阵列时工况五下各统计量的柱状图，其呈现出与图 5.15 类同的现象。

综上所述，对不相干声源，不论是采用矩形阵列还是采用稀疏矩形阵列，IRANM 的运用均能显著缓解基于 ANM 的无网格连续压缩波束形成在小声源分离和强噪声干扰下失效的缺陷，使无网格连续压缩波束形成在更小声源分离和更强噪声干扰下能高概率获得准确结果。

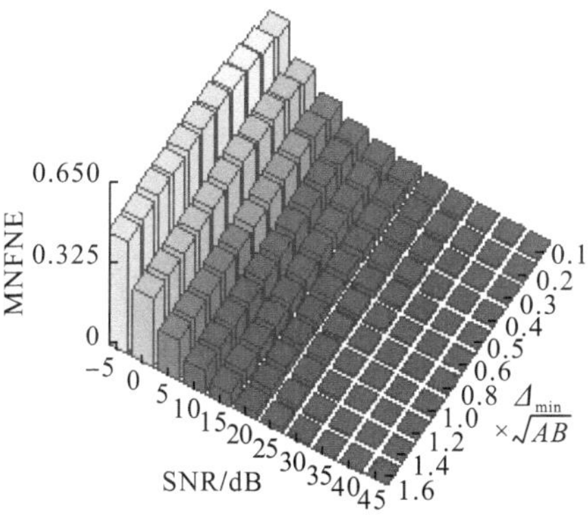

(aⅠ)基于ANM，MNFNE

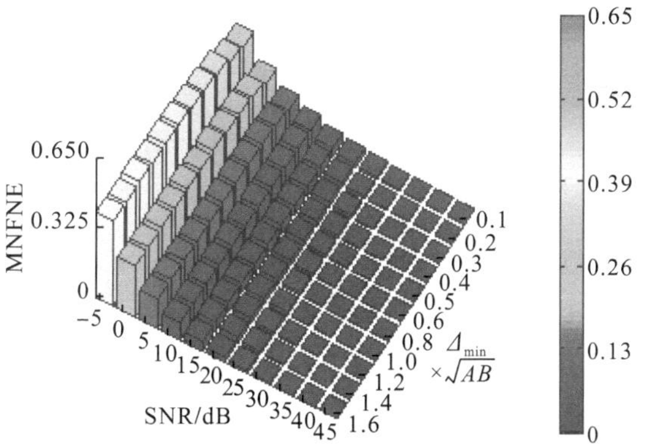

(aⅡ)基于IRANM，MNFNE

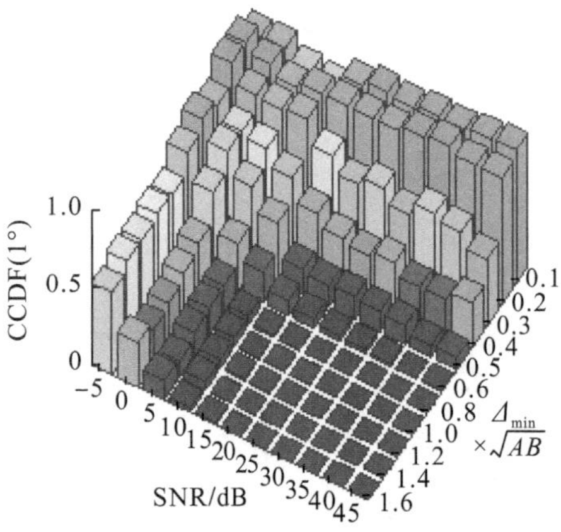

(bⅠ)基于ANM，CCDF(1°)

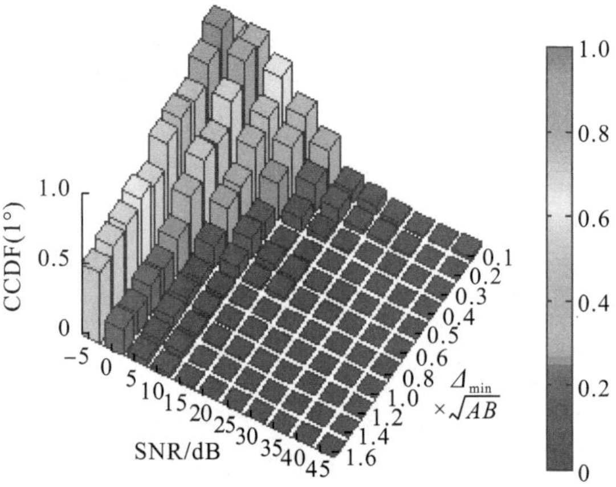

(bⅡ)基于IRANM，CCDF(1°)

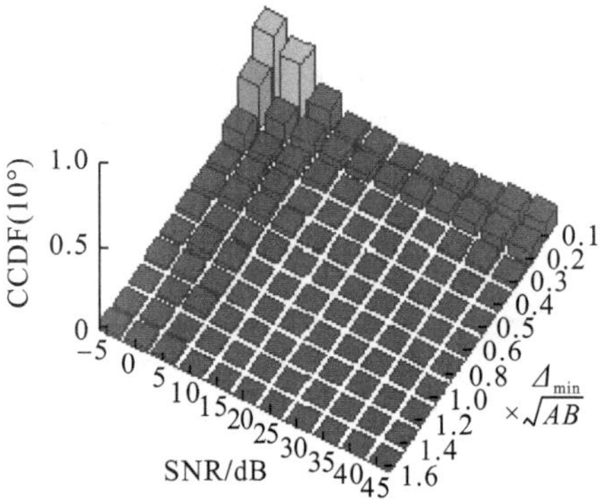

(cⅠ)基于ANM，CCDF(10°)

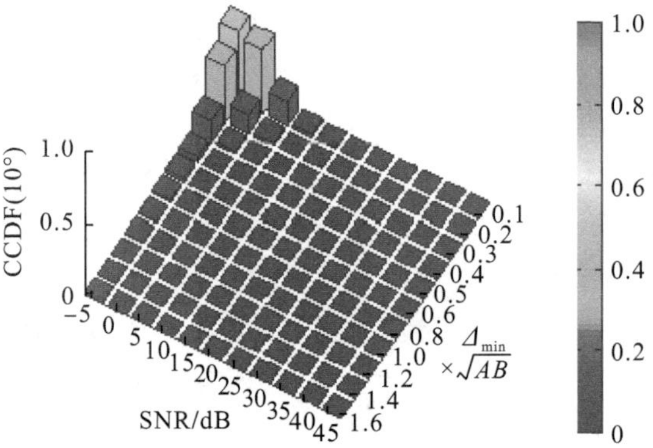

(cⅡ)基于IRANM，CCDF(10°)

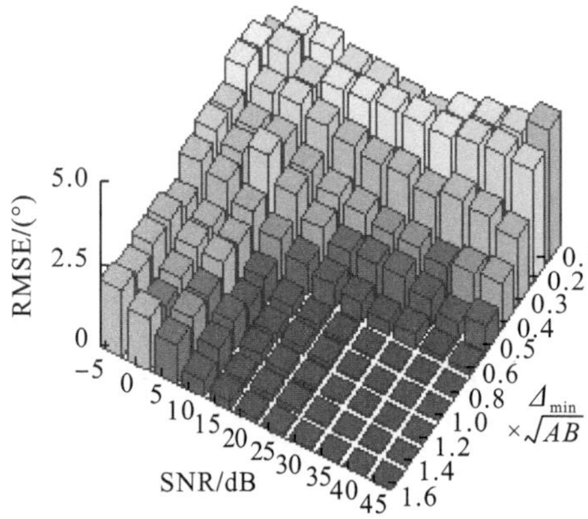

(dⅠ)基于ANM，RMSE

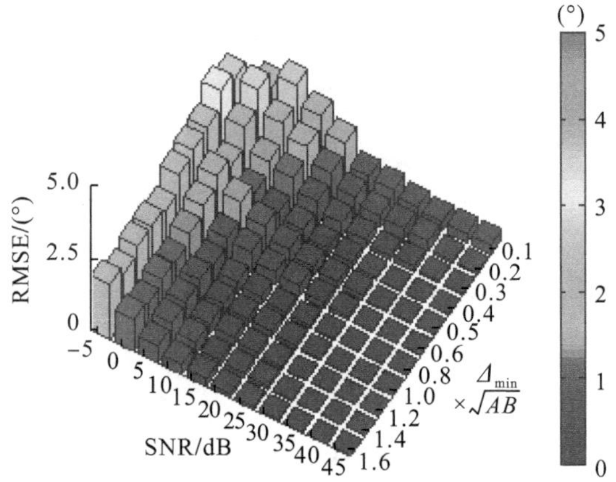

(dⅡ)基于IRANM，RMSE

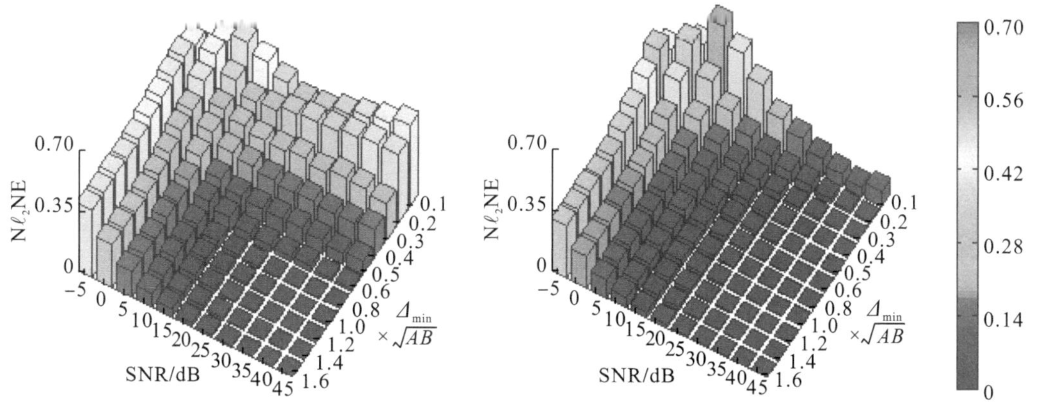

(eⅠ)基于ANM，Nℓ_2NE　　(eⅡ)基于IRANM，Nℓ_2NE

图 5.15　采用矩形阵列时工况五下各统计量的柱状图

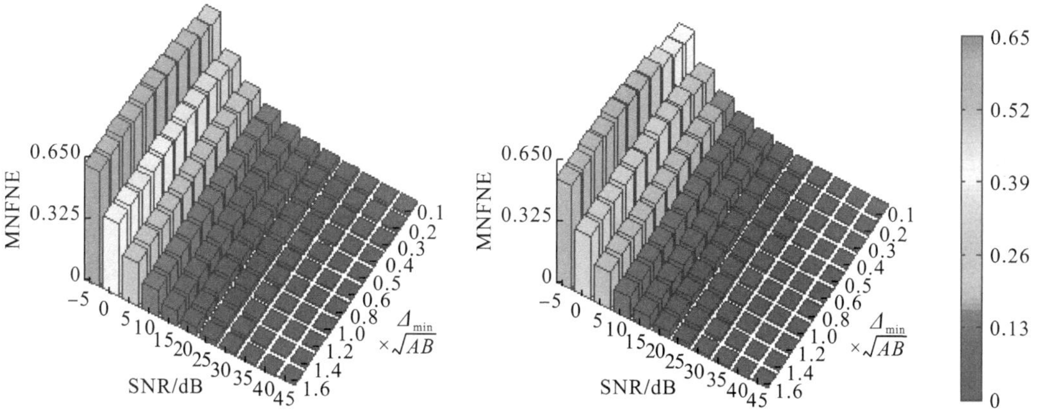

(aⅠ)基于ANM，MNFNE　　(aⅡ)基于IRANM，MNFNE

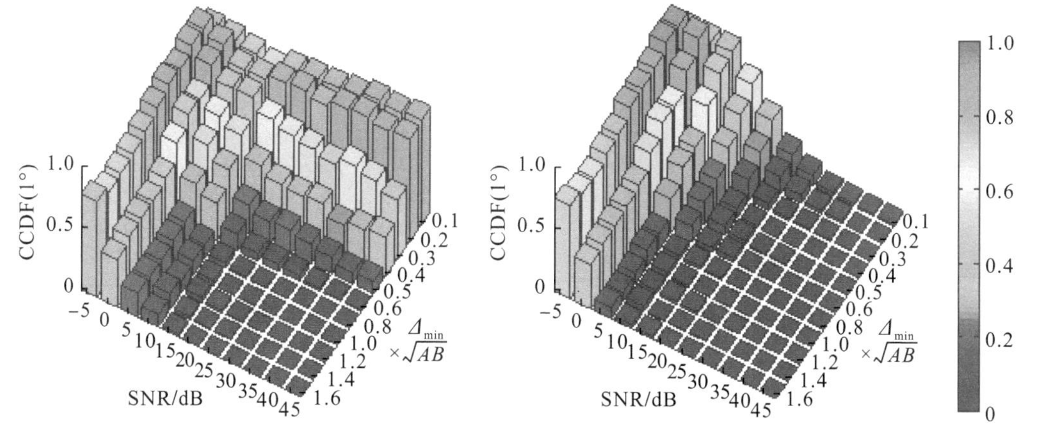

(bⅠ)基于ANM，CCDF(1°)　　(bⅡ)基于IRANM，CCDF(1°)

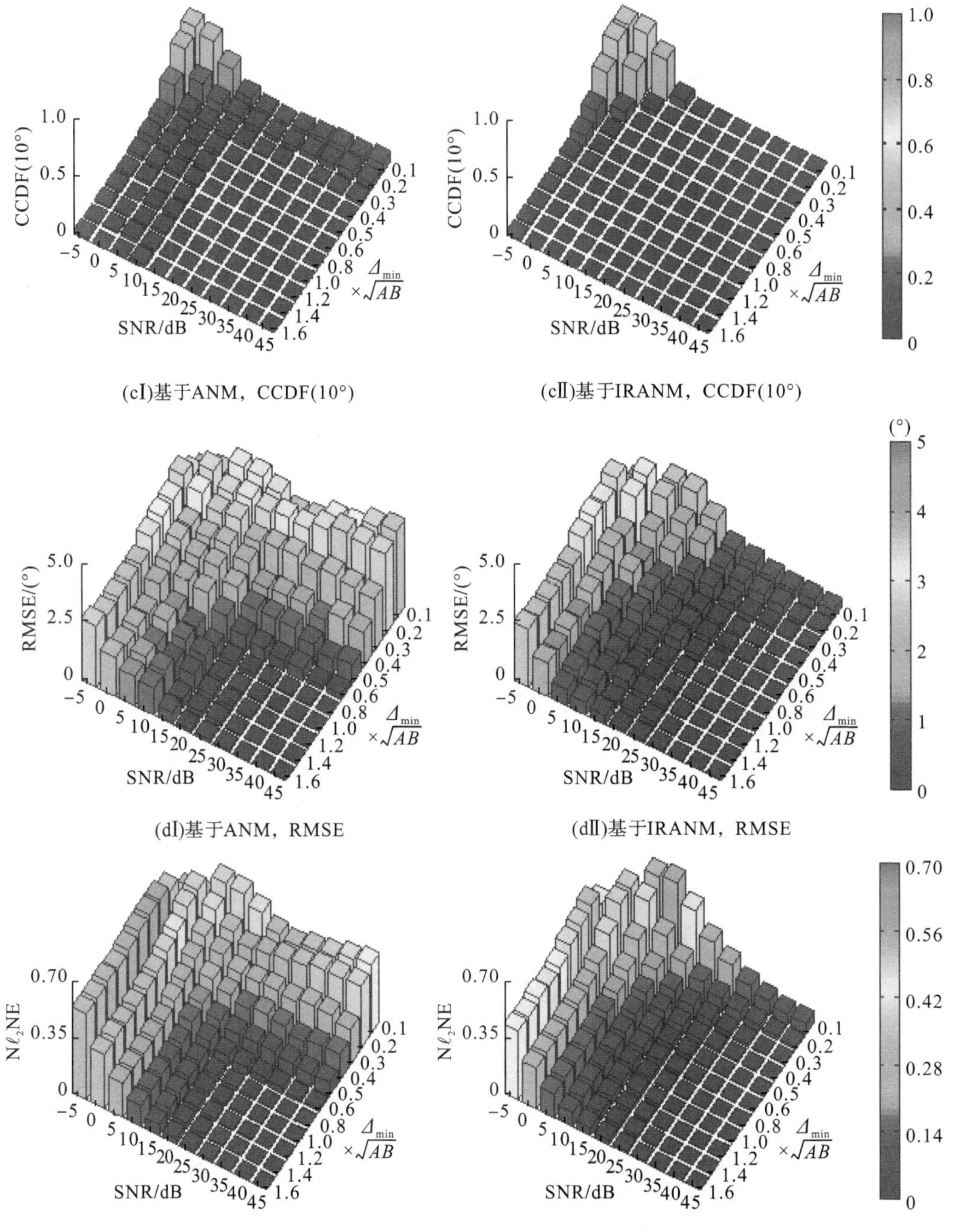

(cⅠ)基于ANM，CCDF(10°)　(cⅡ)基于IRANM，CCDF(10°)

(dⅠ)基于ANM，RMSE　(dⅡ)基于IRANM，RMSE

(eⅠ)基于ANM，$N\ell_2NE$　(eⅡ)基于IRANM，$N\ell_2NE$

图 5.16　采用稀疏矩形阵列时工况五下各统计量的柱状图

(2) 工况六。图 5.17 和图 5.18 分别给出了采用矩形阵列和稀疏矩形阵列时工况六下各统计量的柱状图。对比各图中第Ⅰ列和第Ⅱ列显见：对相干声源，IRANM 的运用亦能显著缓解基于 ANM 的无网格连续压缩波束形成在小声源分离和强噪声干扰下失效的缺陷。对比工况五和工况六下 CCDF(1°)的柱状图，即图 5.15(bⅠ)和图 5.17(bⅠ)、图 5.15(bⅡ)

和图 5.17(bⅡ)、图 5.16(bⅠ)和图 5.18(bⅠ)及图 5.16(bⅡ)和图 5.18(bⅡ)：就 CCDF(1°)约等于 0 覆盖的区域，工况五大于工况六，多出部分主要集中在小 $\Delta_{\min}$ 处。对比工况五和六下 RMSE 和 Nℓ_2NE 的柱状图，类似现象可见。导致该现象的主要原因是多数据快拍一定程度上改善了小分离不相干声源的识别准确度，而未能改善小分离相干声源的识别准确度，正如 5.3.3 节中工况一和工况二的结果所示。

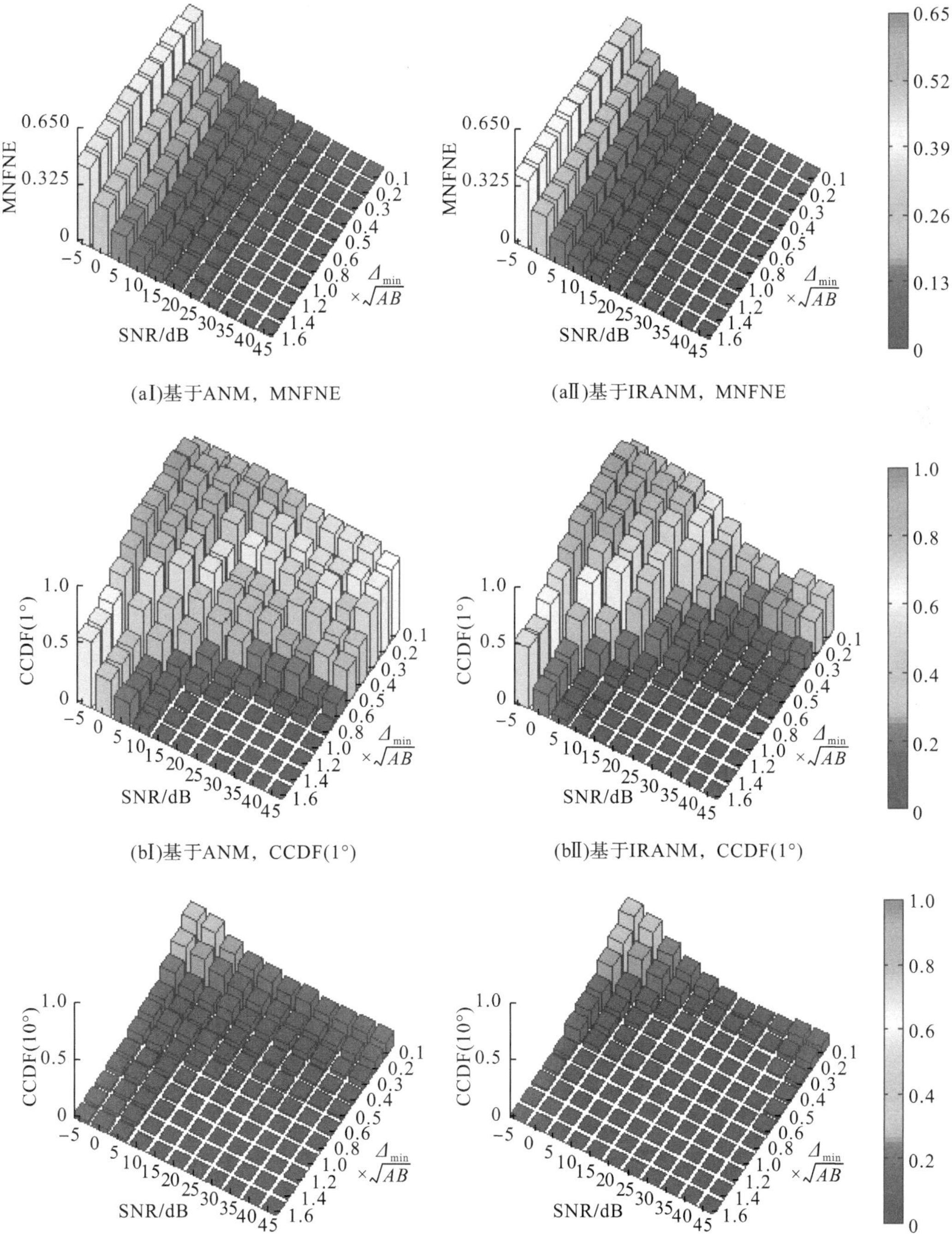

(aⅠ)基于ANM，MNFNE　　(aⅡ)基于IRANM，MNFNE

(bⅠ)基于ANM，CCDF(1°)　　(bⅡ)基于IRANM，CCDF(1°)

(cⅠ)基于ANM，CCDF(10°)　　(cⅡ)基于IRANM，CCDF(10°)

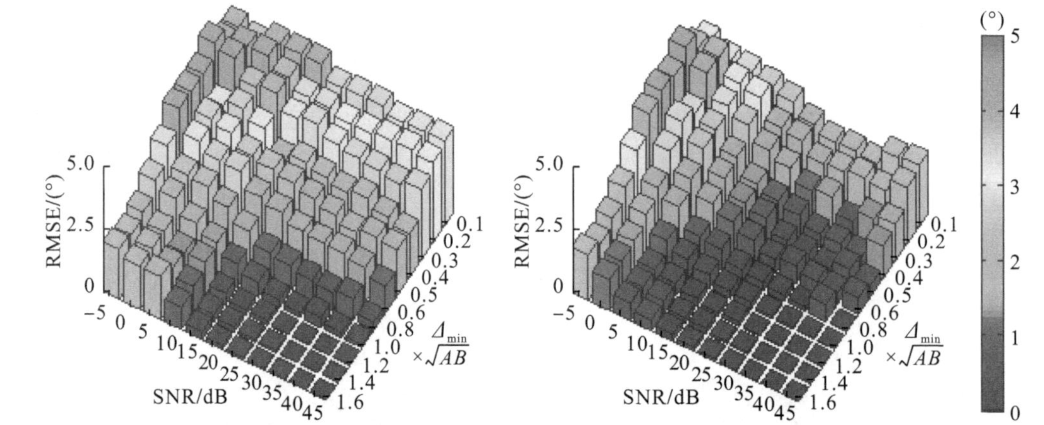

(dⅠ)基于ANM，RMSE (dⅡ)基于IRANM，RMSE

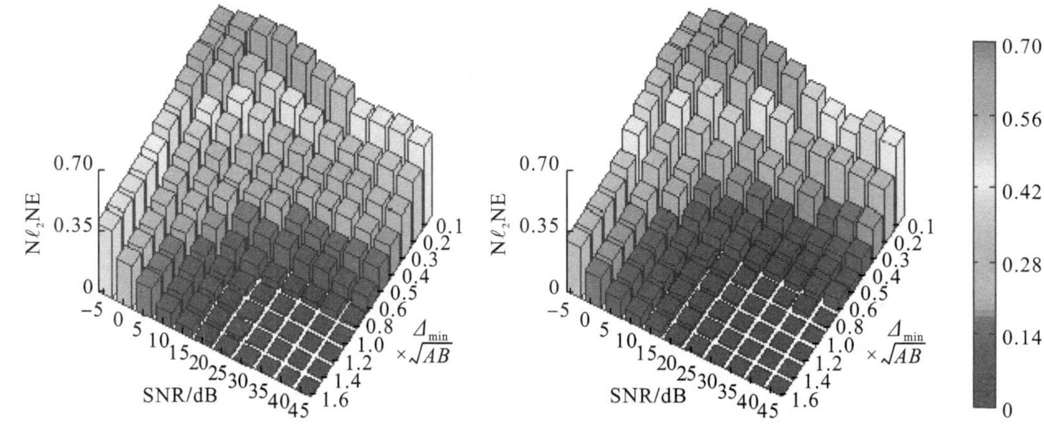

(eⅠ)基于ANM，$N\ell_2NE$ (eⅡ)基于IRANM，$N\ell_2NE$

图 5.17 采用矩形阵列时工况六下各统计量的柱状图

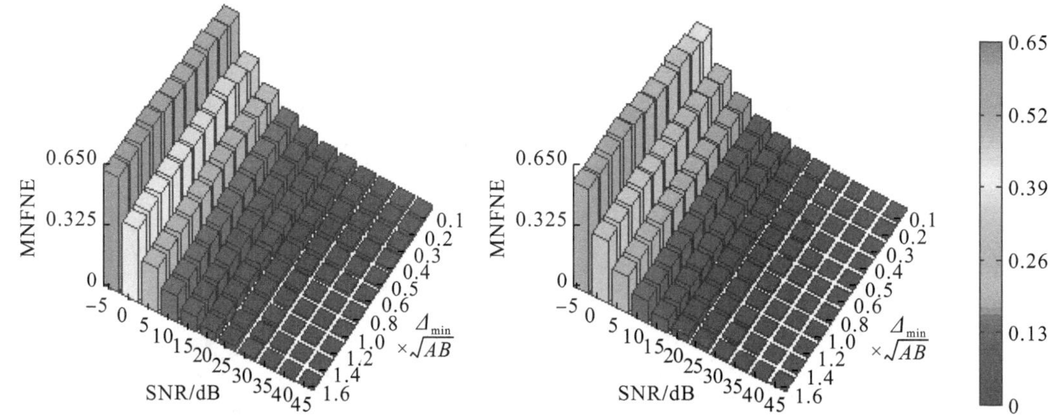

(aⅠ)基于ANM，MNFNE (aⅡ)基于IRANM，MNFNE

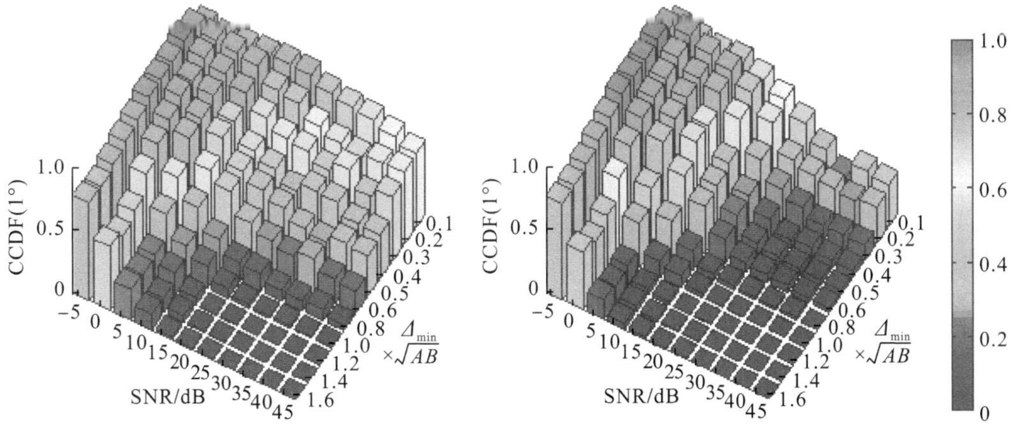

(bⅠ)基于ANM，CCDF(1°)　　(bⅡ)基于IRANM，CCDF(1°)

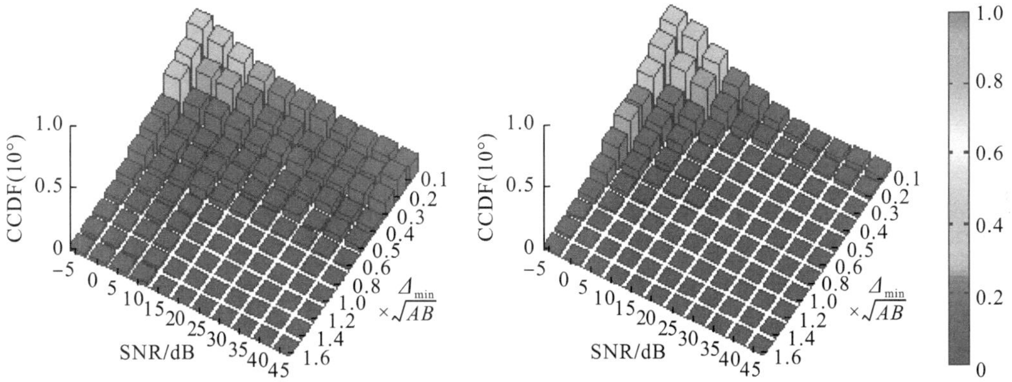

(cⅠ)基于ANM，CCDF(10°)　　(cⅡ)基于IRANM，CCDF(10°)

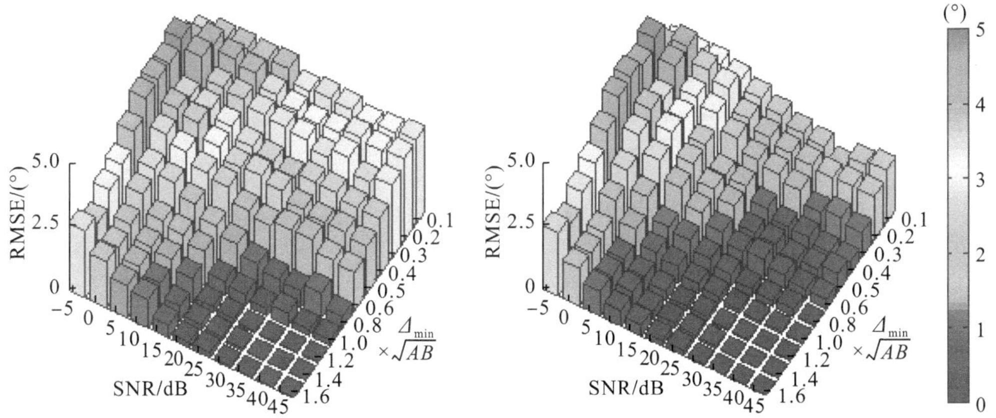

(dⅠ)基于ANM，RMSE　　(dⅡ)基于IRANM，RMSE

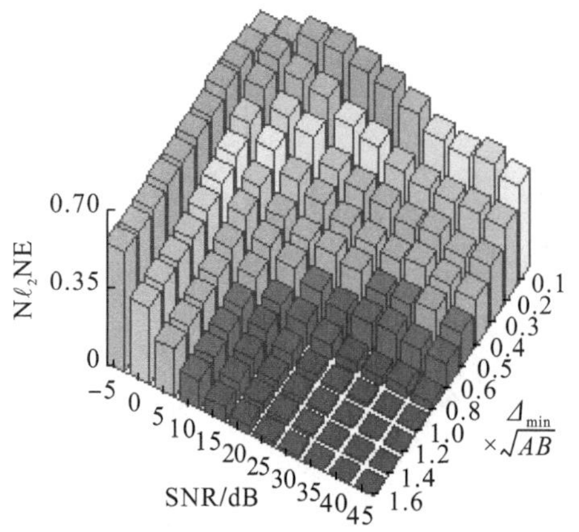

(eⅠ)基于ANM，$N\ell_2NE$

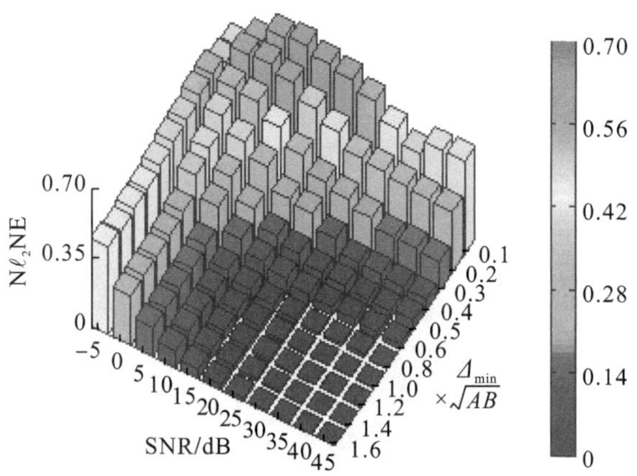

(eⅡ)基于IRANM，$N\ell_2NE$

图 5.18 采用稀疏矩形阵列时工况六下各统计量的柱状图

5.5 基于试验的综合性能验证与对比分析

本节基于试验验证 5.2～5.4 节中数值模拟结论的正确性、检验压缩波束形成在识别实际声源时的有效性，并对各方法进行综合性能对比分析。图 5.19 为试验布局，试验在半消声室内进行，阵列采用 Brüel&Kjær 公司的 4958 型传声器，声源共 6 个，3 个为粘贴在墙壁上直径约 5cm 的扬声器(从左至右依次编号)，3 个为扬声器关于地面的镜像声源。表 5.9 列出了声源的笛卡儿坐标和波达方向。各传声器测量的声压信号经 PULSE 3660C 型数据采集系统同步采集并传输到 BKCONNECT 中进行频谱分析，得声压频谱。采样频率为 16384Hz，信号添加汉宁窗，每个快拍时长 1s、对应的频率分辨率为 1Hz。基于传统有网格离散压缩波束形成进行后处理时，设定目标声源区域离散间隔为 5°×5°；基于无网格连续压缩波束形成进行后处理时，相关参数的设定与数值模拟中一致。

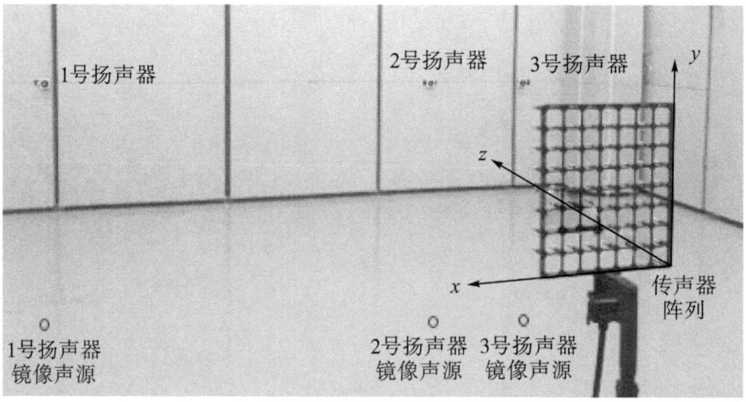

图 5.19 试验布局

表 5.9　声源的笛卡儿坐标和波达方向

声源	笛卡儿坐标	波达方向 $[(\theta_{Si},\phi_{Si})]$
1 号扬声器	(2.24,0,5)	(24.13°,0°)
2 号扬声器	(−1.24,0,5)	(13.93°,180°)
3 号扬声器	(−2.24,0,5)	(24.13°,180°)
1 号扬声器镜像声源	(2.24,−2.2,5)	(32.13°,315.52°)
2 号扬声器镜像声源	(−1.24,−2.2,5)	(26.80°,240.59°)
3 号扬声器镜像声源	(−2.24,−2.2,5)	(32.13°,224.48°)

试验分为两种工况：第一种工况中，扬声器由稳态白噪声信号激励，声源不完全相干（仅各扬声器声源与其自身的镜像声源相干）；第二种工况中，扬声器由同一纯音信号激励，声源完全相干。每种工况又分为四声源和六声源情形：四声源情形中，仅 1 号和 3 号扬声器被激励；六声源情形中，三个扬声器均被激励。后续呈现结果对应 4000Hz 频率，此时，四声源的最小分离为 0.15（$1.22/\sqrt{AB}$），六声源的最小分离为 0.06（$0.52/\sqrt{AB}$）。若将声源最小分离 $\Delta_{\min}$ 是否不小于 $1/\sqrt{AB}$ 作为声源是否足够分离的判据，四声源属于足够分离的情形，六声源属于不足够分离的情形。

5.5.1　声源不完全相干工况

1. 四声源（$\Delta_{\min} \geqslant 1/\sqrt{AB}$）

图 5.20 为采用矩形阵列压缩波束形成的声源成像图，第 I 列对应的数据快拍数目（L）为 1，第 II 列对应的 L 为 10。如图 5.20(a I) 和图 5.20(a II) 所示，传统有网格离散压缩波束形成的基不匹配缺陷使重构声源分布严重偏离真实声源分布；相比之下，图 5.20(b I)～图 5.20(d II) 所示的无网格连续压缩波束形成能规避基不匹配缺陷，重构声源分布与真实声源分布吻合良好。对比图 5.20(b I) 和图 5.20(c I) 及图 5.20(b II) 和图 5.20(c II) 可以看出，基于 ANM 的无网格连续压缩波束形成中，采用基于 ADMM 的求解器与采用基于 IPM 的 SDPT3 求解器获得的声源 DOA 估计准确度几乎相当。对比图 5.20(b I) 和图 5.20(d I) 及图 5.20(b II) 和图 5.20(d II) 可以看出，相比基于 ANM 的无网格连续压缩波束形成，基于 IRANM 的无网格连续压缩波束形成能增强稀疏，获得的声源成像图更干净明确，显示动态范围内无任何虚假源。第 I 列呈现的单数据快拍结果是众多结果中选取的具有代表性的一组，对比第 I 列和第 II 列可以看出，声源足够分离时，不论采用单数据快拍还是多数据快拍，无网格连续压缩波束形成均准确估计每个声源的 DOA。图 5.21 为采用稀疏矩形阵列压缩波束形成的声源成像图，其呈现出与图 5.20 一致的现象。这些现象与 5.2～5.4 节中的数值模拟结论相吻合，不论是采用矩形阵列还是采用稀疏矩形阵列、不论是采用单数据快拍还是采用多数据快拍、不论是基于 ANM 还是基于 IRANM，证明数值模拟结论正确，同时表明提出的无网格连续压缩波束形成在识别足够分离的实际不完全相干声源时有效。表 5.10 列出了获得图 5.20 和图 5.21 压缩波束形成的耗时，可以看出基于 ANM 的

无网格连续压缩波束形成的耗时很低，其中，采用基于 ADMM 的求解器时的耗时又明显低于采用基于 IPM 的 SDPT3 求解器时的耗时；传统有网格离散压缩波束形成耗时较严重，尤其在采用矩形阵列和多数据快拍时；基于 IRANM 的无网格连续压缩波束形成亦耗时较严重。值得说明的是，本章仅为 ANM 的求解发展高效率的基于 ADMM 的求解器，而未将其拓展应用于 IRANM 的求解，即仅采用基于 IPM 的 SDPT3 求解器求解 IRANM，这并不是因为无法从理论上推导实现，而是因为在实际应用中，基于 ADMM 求解 IRANM 难以快速获得稳健、准确的解，这与 ADMM 难以快速收敛到极精确解的固有特性[167,181]有关，该特性会使 IRANM 随迭代次数的增多，误差累积增大。

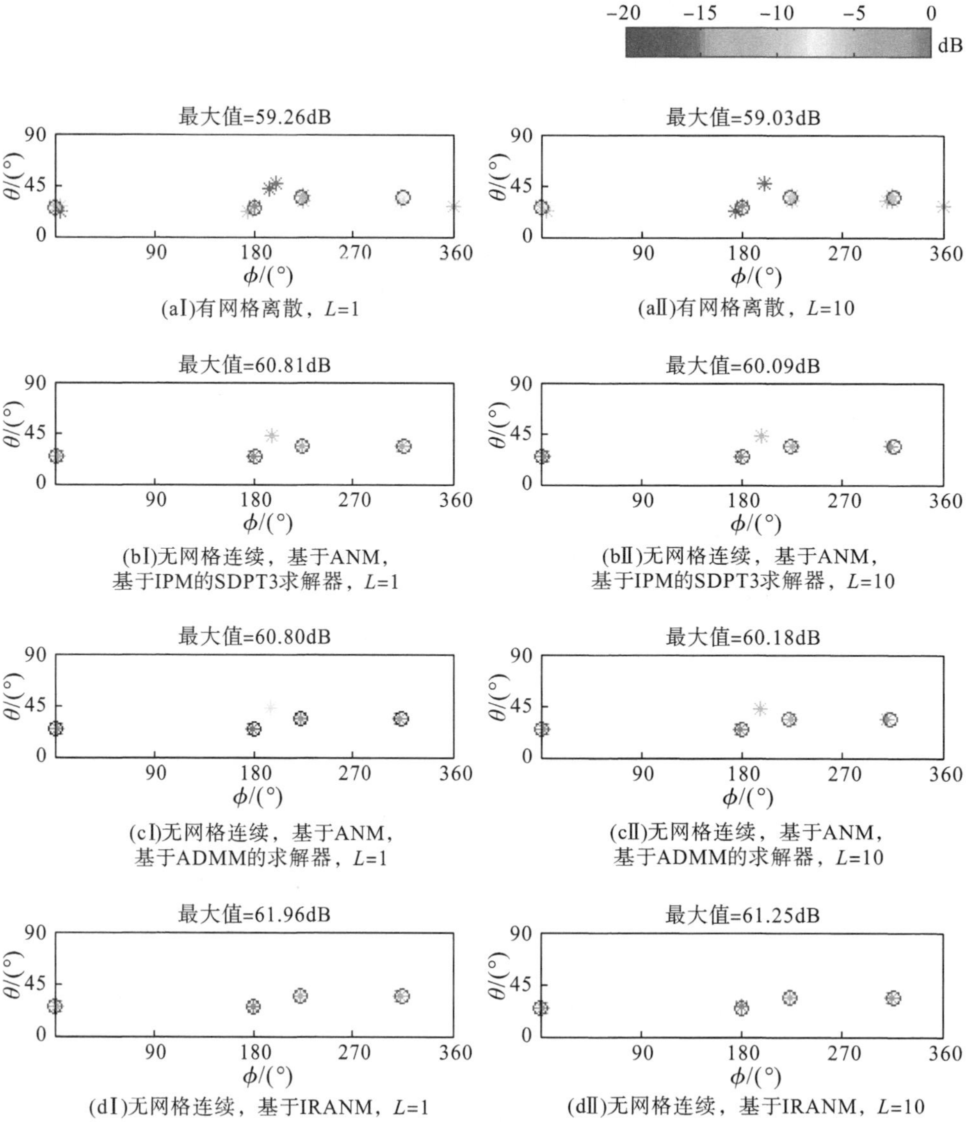

(aⅠ)有网格离散，L=1　(aⅡ)有网格离散，L=10

(bⅠ)无网格连续，基于ANM，基于IPM的SDPT3求解器，L=1　(bⅡ)无网格连续，基于ANM，基于IPM的SDPT3求解器，L=10

(cⅠ)无网格连续，基于ANM，基于ADMM的求解器，L=1　(cⅡ)无网格连续，基于ANM，基于ADMM的求解器，L=10

(dⅠ)无网格连续，基于IRANM，L=1　(dⅡ)无网格连续，基于IRANM，L=10

图 5.20 声源不完全相干且 $\Delta_{\min} \geqslant 1/\sqrt{AB}$ 时采用矩形阵列压缩波束形成的声源成像图

注：○表示真实声源 DOA，✳表示重构声源分布(参考最大值进行 dB 缩放)。

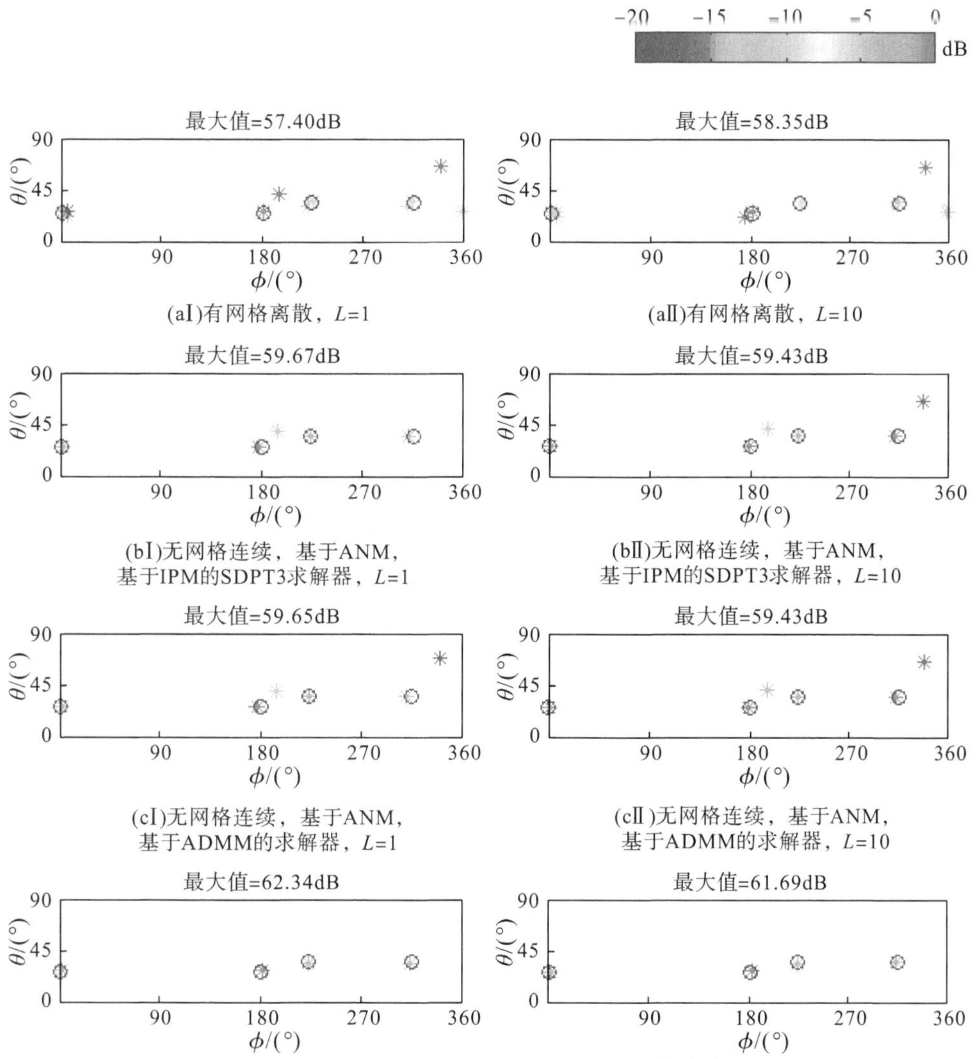

(aⅠ)有网格离散，L=1　(aⅡ)有网格离散，L=10

(bⅠ)无网格连续，基于ANM，基于IPM的SDPT3求解器，L=1　(bⅡ)无网格连续，基于ANM，基于IPM的SDPT3求解器，L=10

(cⅠ)无网格连续，基于ANM，基于ADMM的求解器，L=1　(cⅡ)无网格连续，基于ANM，基于ADMM的求解器，L=10

(dⅠ)无网格连续，基于IRANM，L=1　(dⅡ)无网格连续，基于IRANM，L=10

图 5.21　声源不完全相干且 $\Delta_{\min} \geqslant 1/\sqrt{AB}$ 时采用稀疏矩形阵列的压缩波束形成的声源成像图

注：○指示真实声源 DOA，✳表示重构声源分布(参考最大值进行 dB 缩放)。

表 5.10　获得图 5.20 和图 5.21 压缩波束形成的耗时　(单位：s)

方法及求解算法	矩形阵列(图 5.20)		稀疏矩形阵列(图 5.21)	
	$L=1$ (第Ⅰ列)	$L=10$ (第Ⅱ列)	$L=1$ (第Ⅰ列)	$L=10$ (第Ⅱ列)
有网格离散(第 a 行)	20.24	132.28	7.97	29.83
无网格连续，基于 ANM，基于 IPM 的 SDPT3 求解器(第 b 行)	2.50	3.64	1.74	3.84
无网格连续，基于 ANM，基于 ADMM 的求解器(第 c 行)	0.97	0.98	1.35	0.99
无网格连续，基于 IRANM(第 d 行)	23.98	57.99	34.75	78.77

2. 六声源($\Delta_{\min} < 1/\sqrt{AB}$)

图 5.22 为采用矩形阵列压缩波束形成的声源成像图，对比第 a～d 行再次证明：无网格连续压缩波束形成能规避传统有网格离散压缩波束形成的基不匹配缺陷，使重构声源分布与真实声源分布吻合更好；采用基于 ADMM 的求解器求解 ANM 与采用基于 IPM 的 SDPT3 求解器求解 ANM 获得的声源 DOA 估计准确度几乎相当；基于 IRANM 的无网格连续压缩波束形成能增强稀疏，获得更干净明确的声源成像图。对比第Ⅰ列和第Ⅱ列：就声源 DOA 的估计值与真实值的吻合程度，采用多数据快拍的无网格连续压缩波束形成[图 5.22(bⅡ)、图 5.22(cⅡ)和图 5.22(dⅡ)]比采用单数据快拍的无网格连续压缩波束形成[图 5.22(bⅠ)、图 5.22(cⅠ)和图 5.22(dⅠ)]更好。由于这里呈现的单数据快拍结果是众多结果中选取表现最佳的一组，故上述现象能证明：对不完全相干的不足够分离的声源，增加数据快拍能提高无网格连续压缩波束形成结果的准确度。图 5.23 为采用稀疏矩形阵列的压缩波束形成的声源成像图。第Ⅰ列为具有代表性的采用单数据快拍的结果：图 5.23(bⅠ)和图 5.23(cⅠ)中，重构声源分布严重偏离真实声源分布；图 5.23(dⅠ)中，重构声源分布与真实声源分布吻合良好。该现象遵从“基于 ANM 的无网格连续压缩波束形成难以高概率准确识别小分离声源，采用单数据快拍时该缺陷尤为显著，用 IRANM 替代 ANM 能缓解该缺陷”的数值模拟结论。第Ⅱ列为采用多数据快拍的结果，对比图 5.23(bⅠ)和图 5.23(bⅡ)及图 5.23(cⅠ)和图 5.23(cⅡ)，显然，图 5.23(bⅡ)和图 5.23(cⅡ)中的声源 DOA 估计准确度更高。该现象再次证明：对不完全相干的不足够分离的声源，增多数据快拍能提高无网格连续压缩波束形成的结果的准确度。上述所有现象和规律均与 5.2～5.4 节中的数值模拟结论相吻合，再次证明数值模拟结论正确，同时表明提出的无网格连续压缩波束形成在识别不足够分离的实际不完全相干声源时有效，尤其在采用矩形阵列、多数据快拍或 IRANM 时。表 5.11 列出了获得图 5.22 和图 5.23 压缩波束形成的耗时，其呈现出与表 5.10 类同的现象。

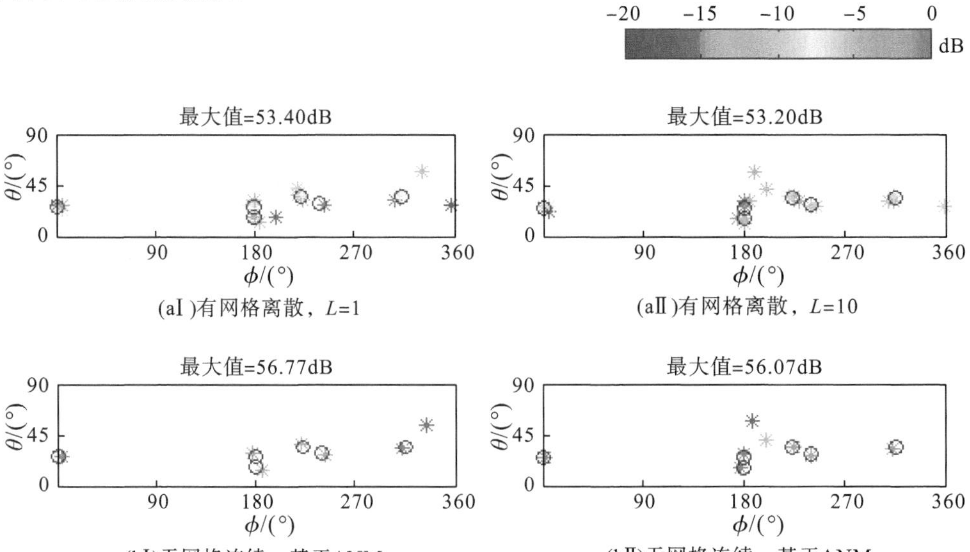

(aⅠ)有网格离散，L=1

(aⅡ)有网格离散，L=10

(bⅠ)无网格连续，基于ANM，基于IPM的SDPT3求解器，L=1

(bⅡ)无网格连续，基于ANM，基于IPM的SDPT3求解器，L=10

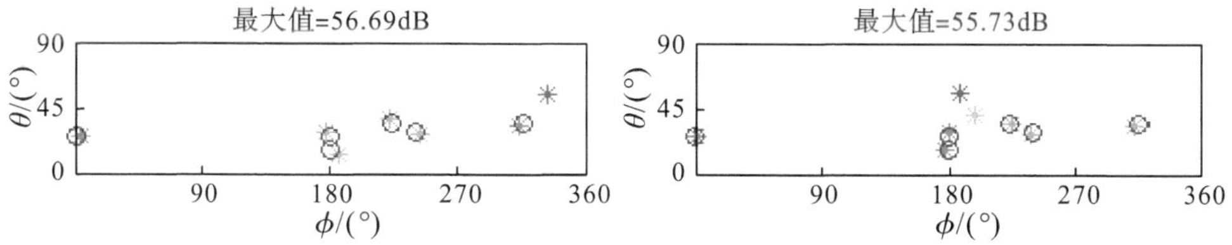

(cⅠ)无网格连续，基于ANM，
基于ADMM的求解器，L=1

(cⅡ)无网格连续，基于ANM，
基于ADMM的求解器，L=10

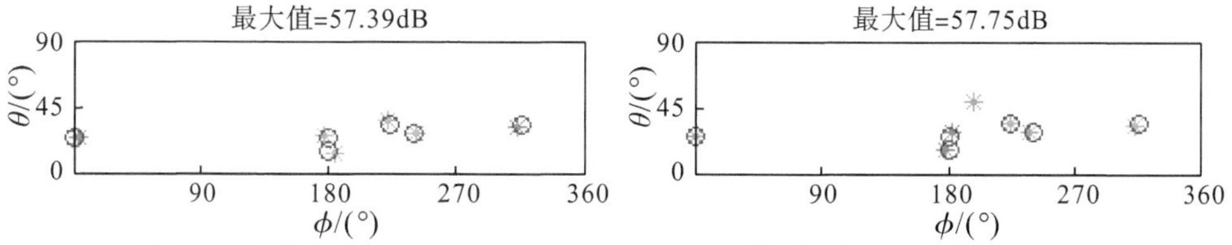

(dⅠ)无网格连续，基于IRANM，L=1

(dⅡ)无网格连续，基于IRANM，L=10

图 5.22　声源不完全相干且 $\Delta_{\min} < 1/\sqrt{AB}$ 时采用矩形阵列压缩波束形成的声源成像图

注：○表示真实声源 DOA，✳表示重构声源分布(参考最大值进行 dB 缩放)。

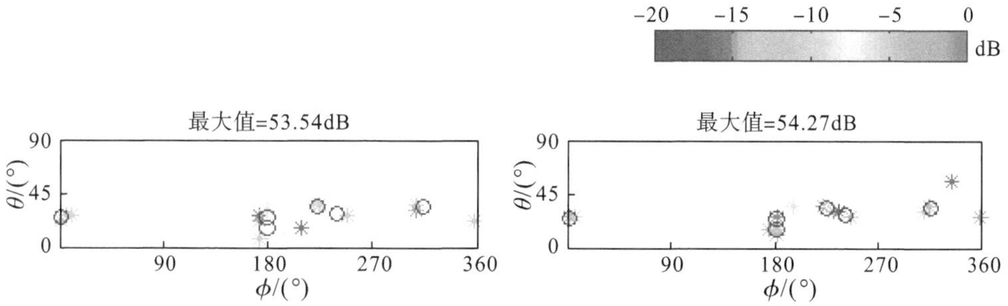

(aⅠ)有网格离散，L=1

(aⅡ)有网格离散，L=10

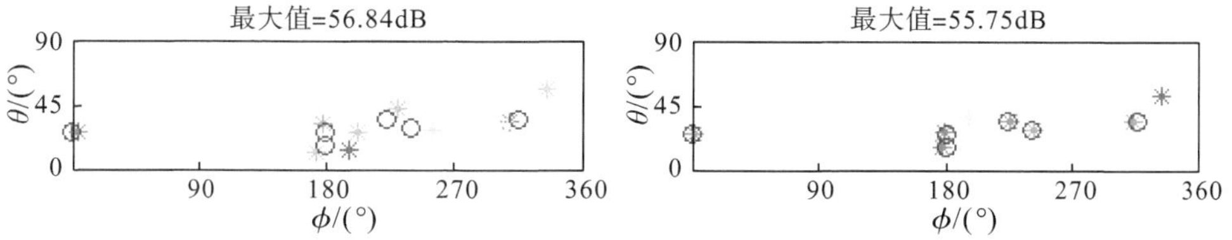

(bⅠ)无网格连续，基于ANM，
基于IPM的SDPT3求解器，L=1

(bⅡ)无网格连续，基于ANM，
基于IPM的SDPT3求解器，L=10

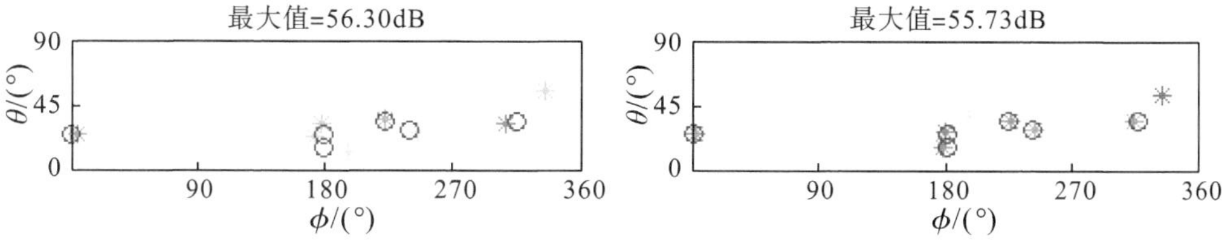

(cⅠ)无网格连续，基于ANM，
基于ADMM的求解器，L=1

(cⅡ)无网格连续，基于ANM，
基于ADMM的求解器，L=10

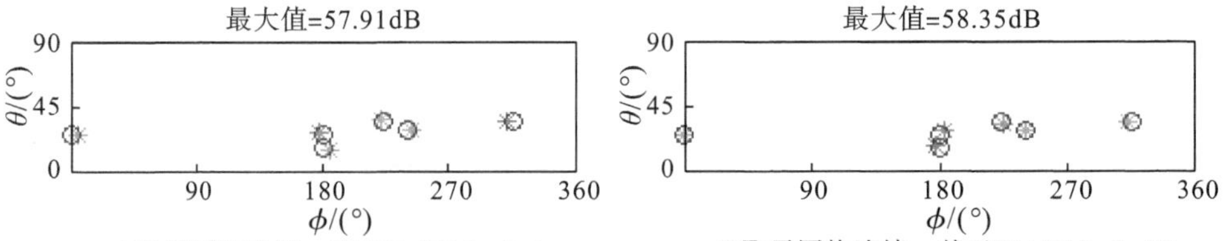

(dⅠ)无网格连续，基于IRANM，L=1　　(dⅡ)无网格连续，基于IRANM，L=10

图 5.23　声源不完全相干且 $\Delta_{\min} < 1/\sqrt{AB}$ 时采用稀疏矩形阵列压缩波束形成的声源成像图

注：○表示真实声源 DOA，✳表示重构声源分布(参考最大值进行 dB 缩放)。

表 5.11　获得图 5.22 和图 5.23 压缩波束形成的耗时　（单位：s）

方法及求解算法	矩形阵列(图 5.22)		稀疏矩形阵列(图 5.23)	
	$L=1$ (第Ⅰ列)	$L=10$ (第Ⅱ列)	$L=1$ (第Ⅰ列)	$L=10$ (第Ⅱ列)
有网格离散(第 a 行)	23.71	140.08	9.37	31.75
无网格连续，基于 ANM，基于 IPM 的 SDPT3 求解器(第 b 行)	1.75	5.16	2.04	4.40
无网格连续，基于 ANM，基于 ADMM 的求解器(第 c 行)	1.04	0.74	1.61	0.91
无网格连续，基于 IRANM(第 d 行)	16.41	75.58	38.30	87.66

5.5.2　声源完全相干工况

1. 四声源($\Delta_{\min} \geqslant 1/\sqrt{AB}$)

图 5.24 为采用矩形阵列压缩波束形成的声源成像图，图 5.25 为采用稀疏矩形阵列压缩波束形成的声源成像图，各图中，第Ⅰ列呈现的单数据快拍结果是众多结果中选取的具有代表性的一组。图 5.24 和图 5.25 呈现出与图 5.20 和图 5.21 一致的现象，这些现象证明：不论是采用矩形阵列还是采用稀疏矩形阵列、不论是采用单数据快拍还是采用多数据快拍、不论是基于 ANM 还是基于 IRANM，识别足够分离的实际相干声源时，提出的无网格连续压缩波束形成准确有效；传统有网格离散压缩波束形成的基不匹配缺陷被规避；采用不同求解器求解 ANM 几乎不影响声源 DOA 估计准确度；相比基于 ANM 的无网格连续压缩波束形成，基于 IRANM 的无网格连续压缩波束形成能增强稀疏。这些结论与 5.2～5.4 节中的数值模拟结论相吻合，再次证明数值模拟结论正确。表 5.12 列出了获得图 5.24 和图 5.25 压缩波束形成的耗时，其亦呈现出与表 5.10 类同的现象。

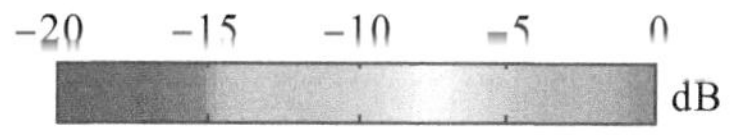

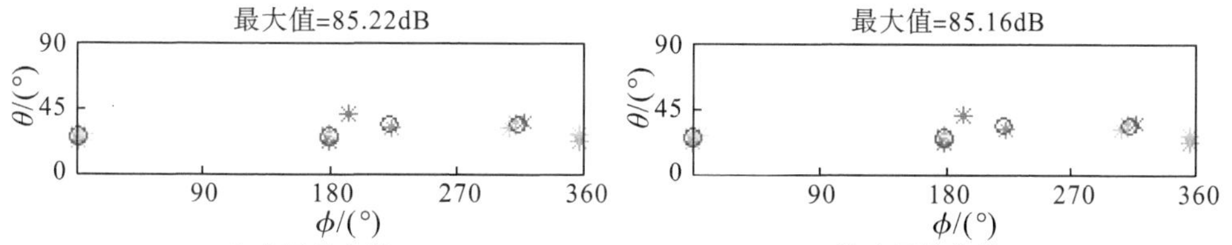

(aⅠ)有网格离散，L=1　　(aⅡ)有网格离散，L=10

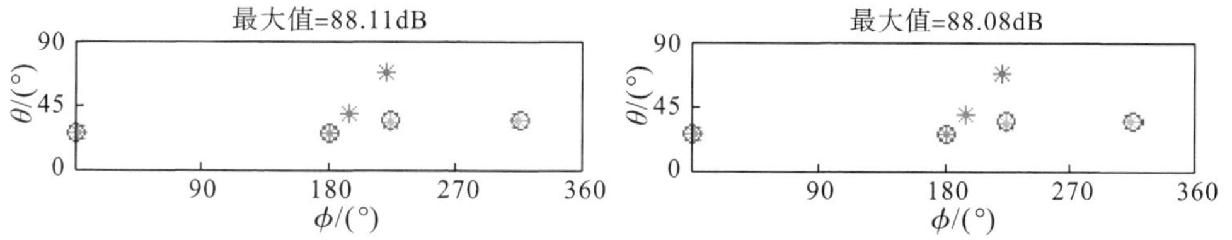

(bⅠ)无网格连续，基于ANM，基于IPM的SDPT3求解器，L=1　　(bⅡ)无网格连续，基于ANM，基于IPM的SDPT3求解器，L=10

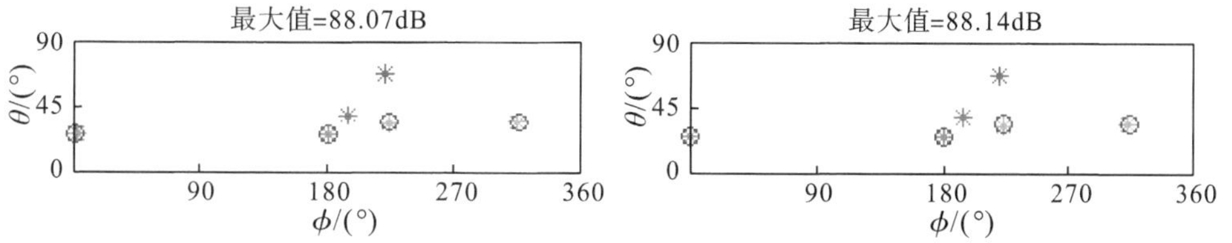

(cⅠ)无网格连续，基于ANM，基于ADMM的求解器，L=1　　(cⅡ)无网格连续，基于ANM，基于ADMM的求解器，L=10

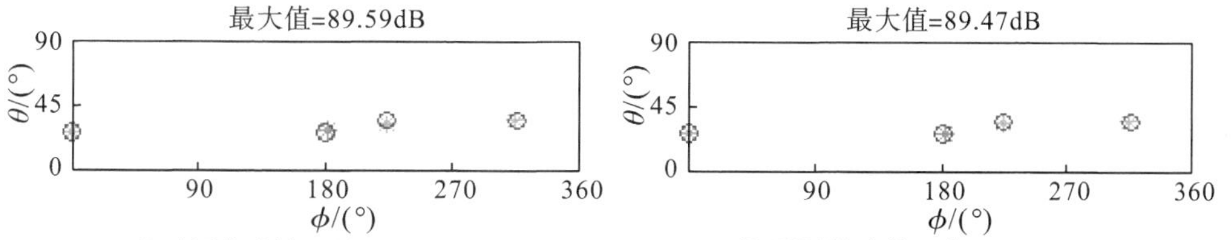

(dⅠ)无网格连续，基于IRANM，L=1　　(dⅡ)无网格连续，基于IRANM，L=10

图 5.24　声源完全相干且 $\Delta_{\min} \geqslant 1/\sqrt{AB}$ 时采用矩形阵列压缩波束形成的声源成像图

注：○表示真实声源 DOA，✳表示重构声源分布(参考最大值进行 dB 缩放)。

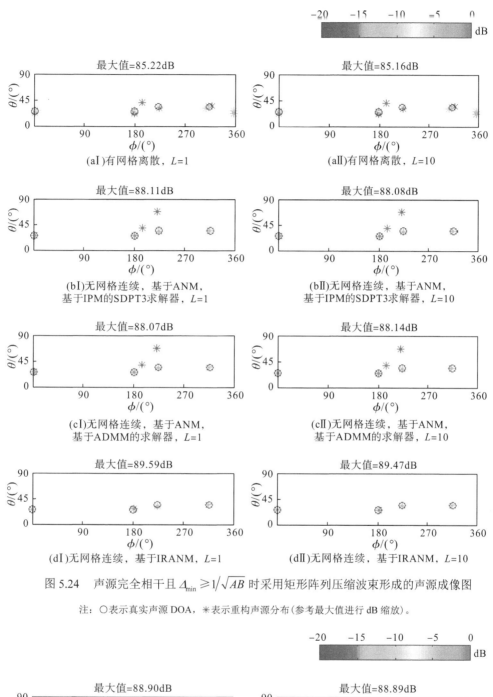

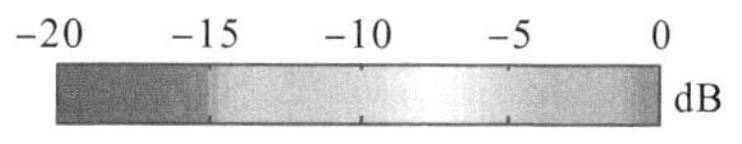

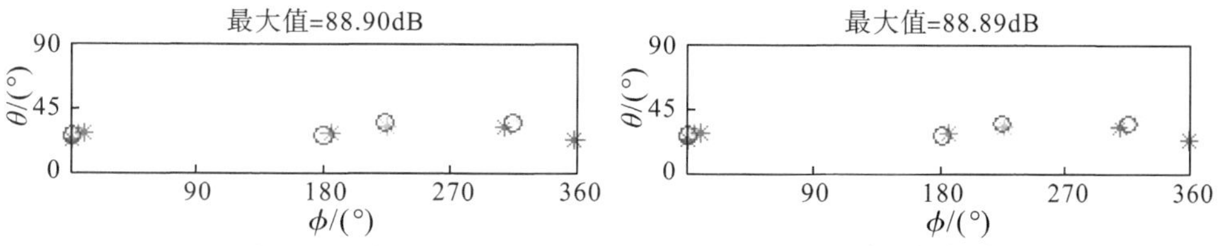

(aⅠ)有网格离散，L=1　　(aⅡ)有网格离散，L=10

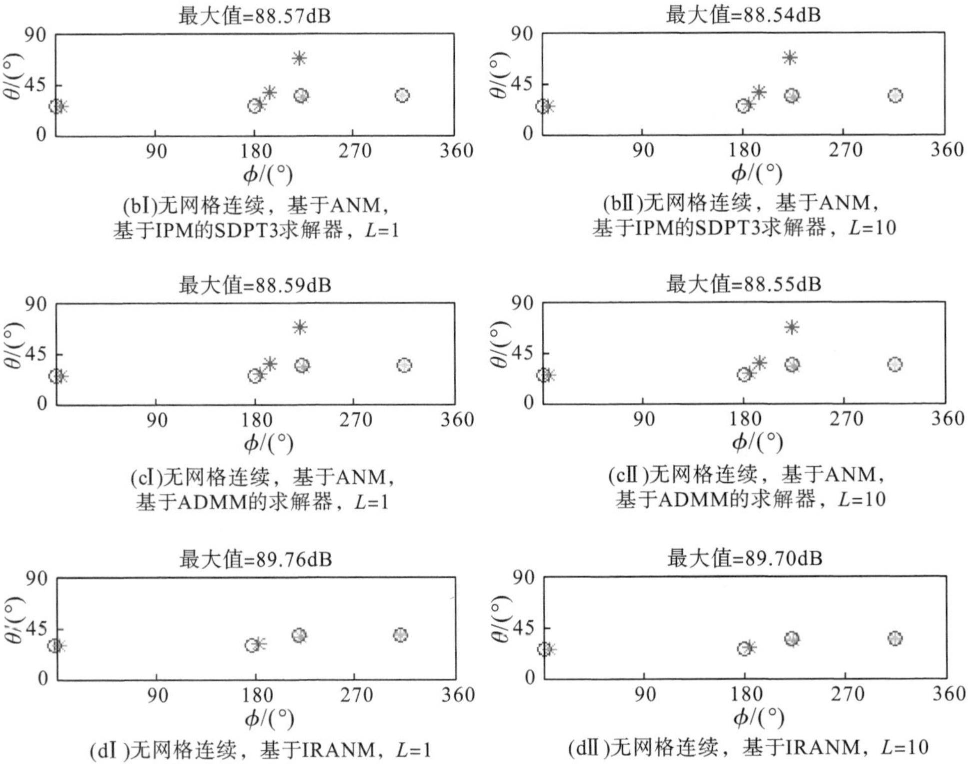

图 5.25 声源完全相干且 $\varDelta_{\min} \geqslant 1/\sqrt{AB}$ 时采用稀疏矩形阵列的压缩波束形成的声源成像图

注：○表示真实声源 DOA，✳表示重构声源分布(参考最大值进行 dB 缩放)。

表 5.12 获得图 5.24 和图 5.25 压缩波束形成的耗时 (单位：s)

方法及求解算法	矩形阵列(图 5.24)		稀疏矩形阵列(图 5.25)	
	$L=1$ (第Ⅰ列)	$L=10$ (第Ⅱ列)	$L=1$ (第Ⅰ列)	$L=10$ (第Ⅱ列)
有网格离散(第 a 行)	21.61	114.87	8.67	26.21
无网格连续，基于 ANM，基于 IPM 的 SDPT3 求解器(第 b 行)	1.51	3.50	1.71	4.04
无网格连续，基于 ANM，基于 ADMM 的求解器(第 c 行)	0.68	0.93	0.99	1.26
无网格连续，基于 IRANM(第 d 行)	16.45	39.71	15.28	31.73

2. 六声源($\varDelta_{\min} < 1/\sqrt{AB}$)

图 5.26 为采用矩形阵列的压缩波束形成的声源成像图。图 5.26(bⅠ)～图 5.26(dⅡ)所示的无网格连续压缩波束形成虽能规避图 5.26(aⅠ)～图 5.26(aⅡ)所示的有网格离散压缩波束形成的基不匹配缺陷，在每个声源附近仅重构出一个声源，但重构声源 DOA 与真实声源 DOA 间的偏差相对较大，尤其是 2 号和 3 号扬声器的镜像声源。对方位角为 0°的 1 号扬声器声源，估计方位角约等于 360°，这不意味着一个大偏差，因为 0°和 360°

指向同一方位角。第Ⅰ列呈现的单数据快拍结果是众多结果中选取的表现居中的一组，其与第Ⅱ列呈现的多数据快拍结果表现相当，即增多数据快拍未能提高准确度。图 5.27 为采用稀疏矩形阵列的压缩波束形成的声源成像图，各图中均未成功识别声源。上述现象遵从“对相干声源，声源不足够分离时，基于 ANM 的无网格连续压缩波束形成难以高概率获得准确结果；增加数据快拍不降低对声源分离的要求；采用 IRANM 仅一定程度上缓解该缺陷”的数值模拟结论，同时表明识别小分离的实际相干声源时，提出的无网格连续压缩波束形成的可靠性较低。表 5.13 列出了获得图 5.26 和图 5.27 压缩波束形成的耗时，其亦呈现出与表 5.10 类同的现象。

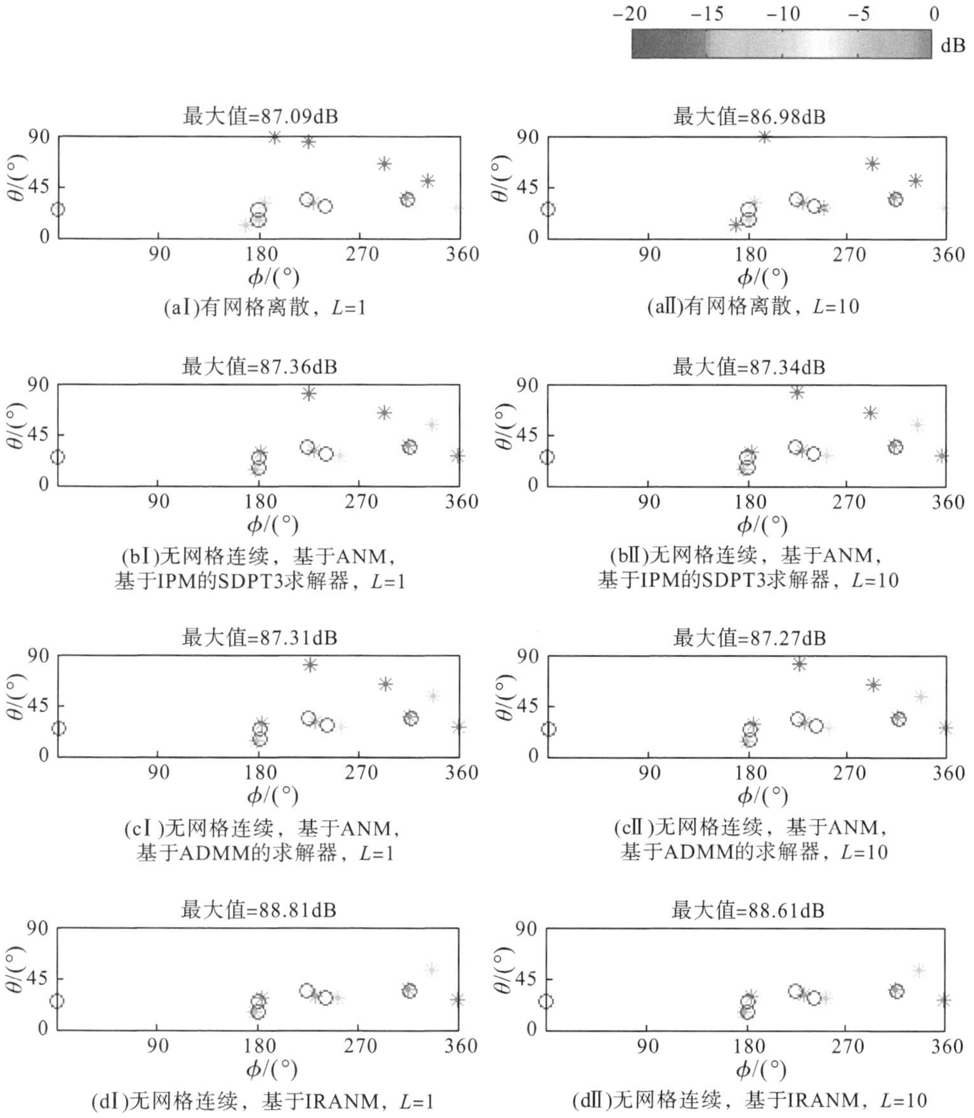

图 5.26　声源完全相干且 $\Delta_{\min}<1/\sqrt{AB}$ 时采用矩形阵列的压缩波束形成的声源成像图

注：○表示真实声源 DOA，✳表示重构声源分布(参考最大值进行 dB 缩放)。

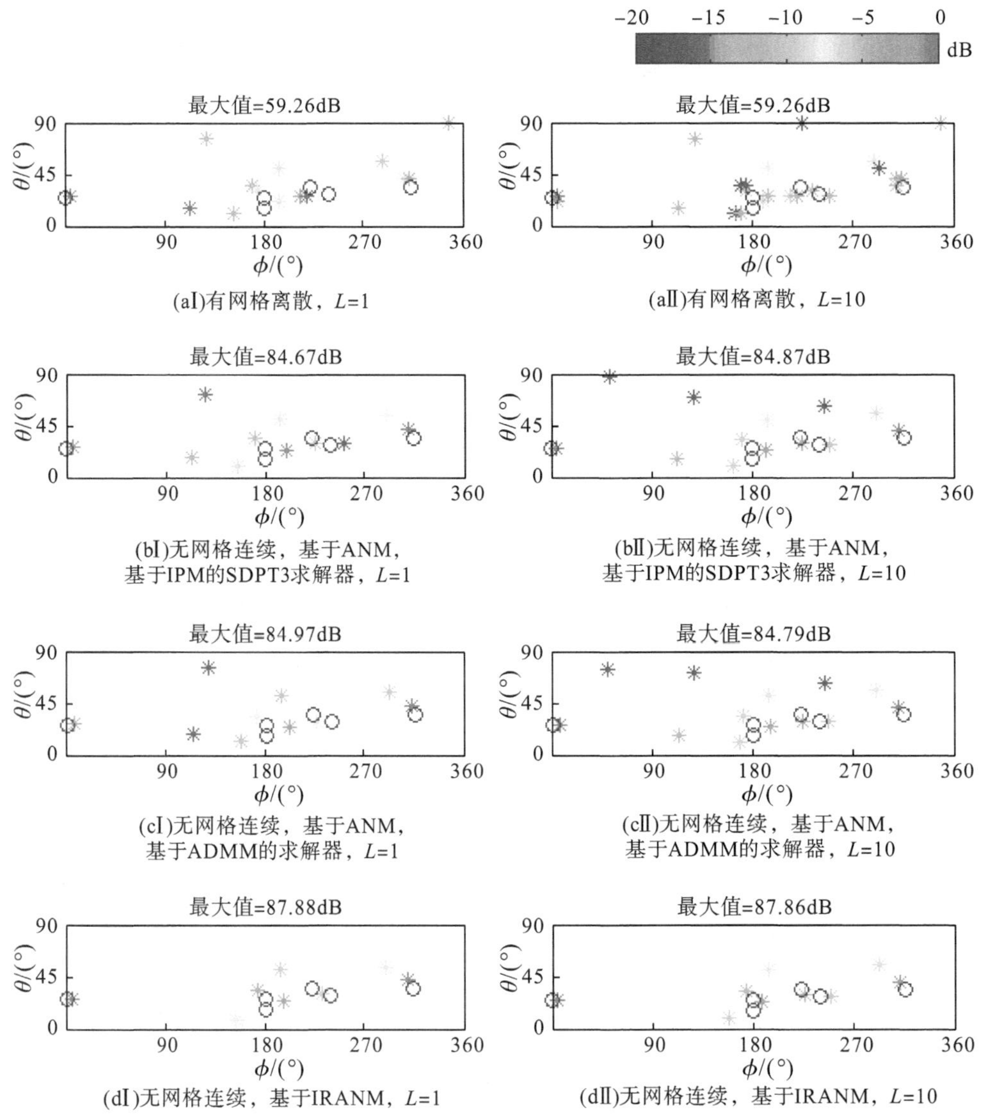

图 5.27 声源完全相干且 $\Delta_{\min} < 1/\sqrt{AB}$ 时采用稀疏矩形阵列的压缩波束形成的声源成像图

注：○表示真实声源 DOA，∗表示重构声源分布(参考最大值进行 dB 缩放)。

表 5.13 获得图 5.26 和图 5.27 压缩波束形成的耗时 (单位：s)

方法及求解算法	矩形阵列(图 5.26)		稀疏矩形阵列(图 5.27)	
	$L=1$ (第 I 列)	$L=10$ (第 II 列)	$L=1$ (第 I 列)	$L=10$ (第 II 列)
有网格离散(第 a 行)	20.76	110.72	6.55	30.37
无网格连续，基于 ANM，基于 IPM 的 SDPT3 求解器(第 b 行)	1.57	4.49	2.99	4.05
无网格连续，基于 ANM，基于 ADMM 的求解器(第 c 行)	1.09	1.01	1.55	2.37
无网格连续，基于 IRANM(第 d 行)	21.23	79.87	19.94	45.44

5.6 本章小结

本章基于平面(矩形和稀疏矩形)传声器阵列测量的声源 DOA 估计，提出无网格连续压缩波束形成，其将目标声源区域作为连续体处理，不仅能克服目标声源区域离散化带来的准确度低或计算复杂度大的问题，而且能获得清晰明辨的声源成像图，还能良好适用于任意相干程度声源和数据快拍数目情形，完善了波束形成技术的声源识别功能。具体工作及取得的结论如下。

(1) 针对传统有网格离散压缩波束形成的数值模拟及验证试验证明：粗糙离散目标声源区域会带来严重基不匹配缺陷，声源识别不准确；精细离散目标声源区域能一定程度上抑制该缺陷，但会增大感知矩阵列相干性且降低计算效率。

(2) 提出基于 ANM 的无网格连续压缩波束形成，数值模拟及验证试验证明：提出方法能规避传统有网格离散压缩波束形成的基不匹配缺陷，且具有高计算效率。

(3) 基于数值模拟揭示典型因素对基于 ANM 的无网格连续压缩波束形成的影响，并基于试验进行验证。该方法适用于任意相干程度的声源；高概率获得准确结果的条件是声源足够分离(如单数据快拍下，通常要求 $\varDelta_{\min} \geqslant 1/\sqrt{AB}$，$\varDelta_{\min}$ 为声源最小分离，A 和 B 分别为矩形阵列的行数和列数)和噪声干扰不过强(如单数据快拍下，通常要求信噪比优于 15dB)；声源不完全相干时，增多数据快拍，降低对声源分离和噪声干扰强度的要求，声源完全相干时，增多数据快拍仅降低对噪声干扰强度的要求。

(4) 为求解 ANM 建立基于 ADMM 的求解器，数值模拟及验证试验证明：用发展的求解器替代现成的基于 IPM 的 SDPT3 求解器求解 ANM 能明显提高计算效率，几乎不牺牲声源 DOA 估计准确度，仅轻微牺牲声压重构准确度和声源强度量化准确度。

(5) 提出能增强稀疏性的 IRANM 方法，数值模拟及验证试验证明：IRANM 的运用能显著缓解基于 ANM 的无网格连续压缩波束形成在小声源分离和强噪声干扰下失效的缺陷，使无网格连续压缩波束形成在更小声源分离和更强噪声干扰下能高概率获得准确结果，这以牺牲计算效率为代价。

(6) 不论是采用矩形阵列还是采用稀疏矩形阵列，上述结论均成立，因此，在部分传声器损坏的情况下，所提出的方法亦可用。

第 6 章　球面传声器阵列的无网格连续压缩波束形成

如第 5 章证明，无网格连续压缩波束形成是一种有效的声源 DOA 估计和强度量化方法，不仅结果准确清晰明辨，而且适用于多种声源(稳态、瞬态；相干、部分相干、不相干)。若能为球面传声器阵列测量发展无网格连续压缩波束形成，则不仅能弥补基于平面传声器阵列测量的无网格连续压缩波束形成无法 360° 全景识别声源(适用于识别阵列前方半球空间内声源)的缺陷，为整个三维空间内声源的全景准确识别提供新途径，而且有助于完善球面传声器阵列的声源识别功能。实现该目标面临两大难题：①连续域内，建立可求解的以声源分布稀疏性为约束的传声器测量声压信号去噪声数学模型；②寻找有效的声源 DOA 信息提取方法。球面阵列传声器测量声压信号的数学表达式基于球谐域获得，平面阵列传声器测量声压信号的数学表达式基于空间域获得，二者截然不同，平面传声器阵列的无网格连续压缩波束形成无法直接拓展至球面传声器阵列，这是上述难题存在的原因，然而幸运的是，球谐函数的特殊结构及递归关系使上述难题的解决具有可行性：基于球谐函数的特殊结构，建立的声压信号去噪声数学模型可转化为半正定规划进行求解；以球谐函数递归关系为基础的球面旋转不变信号参数估计(球面 ESPRIT)可用于声源 DOA 信息提取。

球面 ESPRIT 是一种已有闭型子空间方法，无须离散目标声源区域。传统球面 ESPRIT[196,198-200]以传声器测量声压信号变换形式的协方差矩阵为输入，即便其新版本[198-200]仍存在对高频声源、相干声源、少数据快拍或低信噪比工况失效的缺陷。本章建立的无网格连续压缩波束形成以去噪声数学模型求得的全新协方差矩阵作为球面 ESPRIT 的输入，能缓解甚至克服上述缺陷，故亦可看作新型球面 ESPRIT。由于典型因素(声源相干性、声源最小分离、噪声干扰、数据快拍数目)对球面传声器阵列无网格连续压缩波束形成性能的影响规律与第 5 章中证明的其对平面传声器阵列无网格连续压缩波束形成性能的影响规律一致，故本章不再着重研究该问题，而重点探究发展方法的有效性及相比传统球面 ESPRIT 的优势。

五部分工作包括：第一，建立测量模型；第二，阐明传统球面 ESPRIT 的基本理论；第三，阐明提出无网格连续压缩波束形成的基本理论；第四，基于数值模拟检验提出方法的性能；第五，基于试验验证数值模拟结论的正确性，测试提出方法在不同测试环境下的有效性。值得说明的是，与第 5 章中平面传声器阵列的无网格连续压缩波束形成一样，本章提出的方法亦仅适用于远场平面波模型；与第 3 章中反卷积波束形成和第 4 章中函数型波束形成一样，本章研究虽采用刚性球，但提出方法的思路同样适用于开口球。

6.1 测量模型

图 6.1 为球面传声器阵列测量的几何模型，其与图 3.1 类同，不同之处在于：在图 3.1 中，声源被假设位于近场，辐射球面声波，而在图 6.1 中，声源被假设位于远场，辐射平面声波。坐标原点位于阵列中心，三维空间内的任意方向可用 $\Omega=(\theta,\phi)$ 表示，$\theta\in[0°,180°]$ 为仰角，$\phi\in[0°,360°)$ 为方位角，符号“○”和“●”分别为声源和传声器。声源 DOA 记为 $\Omega_{\rm S}$，q 号传声器的位置记为 $(a,\Omega_{{\rm M}q})$，a 为阵列半径，$q=1,2,\cdots,Q$。辐射声波的波数为 k 时，由 $\Omega_{\rm S}$ 方向的声源强度到 q 号传声器处的声压信号的传递函数为[197]

$$t\left[\left(ka,\Omega_{{\rm M}q}\right)\middle|\Omega_{\rm S}\right]=\sum_{n=0}^{\infty}\sum_{m=-n}^{n}b_n(ka)Y_n^{m*}(\Omega_{\rm S})Y_n^m\left(\Omega_{{\rm M}q}\right) \tag{6.1}$$

式中，n 和 m 表示阶和次；$b_n(ka)$ 表示模态强度(又称径向函数)；$Y_n^m(\Omega)$ 表示 Ω 方向的球谐函数；上标“*”表示共轭。刚性球面传声器阵列下，$b_n(ka)$ 的表达式为[31]

$$b_n(ka)=4\pi{\rm j}^n\left[j_n(ka)-\frac{j_n'(ka)}{h_n^{(2)'}(ka)}h_n^{(2)}(ka)\right] \tag{6.2}$$

式中，${\rm j}=\sqrt{-1}$ 为虚数单位；$j_n(ka)$ 为 n 阶第一类球贝塞尔函数；$h_n^{(2)}(ka)$ 为 n 阶第二类球汉克尔函数；$j_n'(ka)$ 和 $h_n^{(2)'}(ka)$ 分别为 $j_n(ka)$ 和 $h_n^{(2)}(ka)$ 的一阶导数。远场平面波模型下模态强度的表达式[式(6.2)]与近场球面波模型下的[式(3.2)]不同。

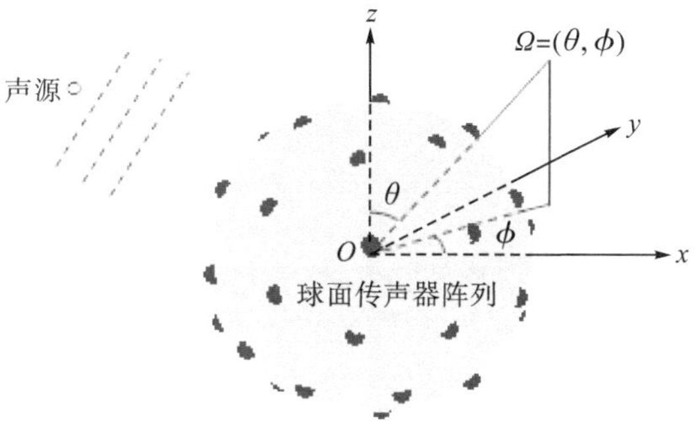

图 6.1　球面传声器阵列测量的几何模型

记 $\Omega_{{\rm S}i}$ 为 i 号声源的 DOA，$i=1,2,\cdots,I$，$\mathbb{C}$ 为复数集，构造矩阵：

$$\boldsymbol{T}=\begin{bmatrix} t\left(\left(ka,\Omega_{\rm M1}\right)\middle|\Omega_{\rm S1}\right) & t\left(\left(ka,\Omega_{\rm M1}\right)\middle|\Omega_{\rm S2}\right) & \cdots & t\left(\left(ka,\Omega_{\rm M1}\right)\middle|\Omega_{{\rm S}I}\right) \\ t\left(\left(ka,\Omega_{\rm M2}\right)\middle|\Omega_{\rm S1}\right) & t\left(\left(ka,\Omega_{\rm M2}\right)\middle|\Omega_{\rm S2}\right) & \cdots & t\left(\left(ka,\Omega_{\rm M2}\right)\middle|\Omega_{{\rm S}I}\right) \\ \vdots & \vdots & \ddots & \vdots \\ t\left(\left(ka,\Omega_{{\rm M}Q}\right)\middle|\Omega_{\rm S1}\right) & t\left(\left(ka,\Omega_{{\rm M}Q}\right)\middle|\Omega_{\rm S2}\right) & \cdots & t\left(\left(ka,\Omega_{{\rm M}Q}\right)\middle|\Omega_{{\rm S}I}\right) \end{bmatrix}\in\mathbb{C}^{Q\times I} \tag{6.3}$$

用 ${\rm Diag}(\bullet)$ 表示形成以括号内向量为对角线的对角矩阵，令

$$\boldsymbol{B}_{\infty}=\operatorname{Diag}\left(\left[\underbrace{b_0(ka)}_{n=0}\quad\underbrace{b_1(ka)\quad b_1(ka)\quad b_1(ka)}_{n=1}\quad\cdots\quad\underbrace{b_{\infty}(ka)\quad\cdots\quad b_{\infty}(ka)}_{n=\infty}\right]\right)\in\mathbb{C}^{\infty\times\infty} \tag{6.4}$$

根据式(6.1)，

$$\boldsymbol{T}=\boldsymbol{Y}_{\mathrm{M}\infty}\boldsymbol{B}_{\infty}\boldsymbol{Y}_{\mathrm{S}\infty}^{\mathrm{H}} \tag{6.5}$$

式中，$\boldsymbol{Y}_{\mathrm{M}\infty}$和$\boldsymbol{Y}_{\mathrm{S}\infty}$如式(3.16)和式(3.8)所示，上标“H”表示共轭转置。令L为数据快拍数目；$\boldsymbol{S}\in\mathbb{C}^{I\times L}$为各快拍下各声源强度组成的矩阵；$\boldsymbol{N}\in\mathbb{C}^{Q\times L}$为各快拍下各传声器承受噪声干扰组成的矩阵，则测量声压$\boldsymbol{P}^{\star}\in\mathbb{C}^{Q\times L}$可表示为

$$\boldsymbol{P}^{\star}=\boldsymbol{Y}_{\mathrm{M}\infty}\boldsymbol{B}_{\infty}\boldsymbol{Y}_{\mathrm{S}\infty}^{\mathrm{H}}\boldsymbol{S}+\boldsymbol{N} \tag{6.6}$$

定义$\mathrm{SNR}=20\log_{10}\left(\left\|\boldsymbol{P}^{\star}-\boldsymbol{N}\right\|_{\mathrm{F}}/\left\|\boldsymbol{N}\right\|_{\mathrm{F}}\right)$，其中，“$\|\cdot\|_{\mathrm{F}}$”表示弗罗贝尼乌斯(Frobenius)范数。

图 6.2 为n取不同值时$\left|b_n(ka)\right|$随ka的变化曲线，其中，$|\cdot|$表示求标量的模，所有$\left|b_n(ka)\right|$均参考$\left|b_0(10^{-1})\right|$进行 dB 缩放。令$\lceil\bullet\rceil$表示将数值向正无穷方向圆整到最近的整数，$n>\lceil ka\rceil+1$时，$\left|b_n(ka)\right|$相对很小，相应阶次对$\boldsymbol{P}^{\star}$的贡献可忽略[196-197]。基于该事实，可进行阶截断，记$N=\lceil ka\rceil+1$，$\boldsymbol{Y}_{\mathrm{M}N}\in\mathbb{C}^{Q\times(N+1)^2}$为$\boldsymbol{Y}_{\mathrm{M}\infty}$中左侧的块[由$\boldsymbol{Y}_{\mathrm{M}\infty}$的 1 到$(N+1)^2$列组成]，$\boldsymbol{B}_N\in\mathbb{C}^{(N+1)^2\times(N+1)^2}$为$\boldsymbol{B}_{\infty}$中左上角的块[由$\boldsymbol{B}_{\infty}$的 1 到$(N+1)^2$行，1 到$(N+1)^2$列组成]，$\boldsymbol{Y}_{\mathrm{S}N}\in\mathbb{C}^{I\times(N+1)^2}$为$\boldsymbol{Y}_{\mathrm{S}\infty}$中左侧的块[由$\boldsymbol{Y}_{\mathrm{S}\infty}$的 1 到$(N+1)^2$列组成]，式(6.6)可重写为

$$\boldsymbol{P}^{\star}\approx\boldsymbol{Y}_{\mathrm{M}N}\boldsymbol{B}_N\boldsymbol{Y}_{\mathrm{S}N}^{\mathrm{H}}\boldsymbol{S}+\boldsymbol{N} \tag{6.7}$$

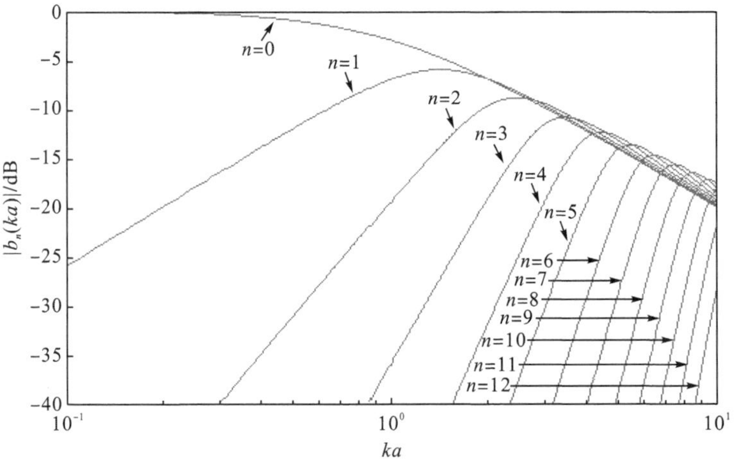

图 6.2　n取不同值时$\left|b_n(ka)\right|$随ka的变化曲线

6.2　传统球面 ESPRIT 理论

传统球面 ESPRIT[196,198-200]以传声器测量声压信号变换形式的协方差矩阵为输入，其新版本[198-200]以球谐函数的三种递归关系为基础。本节首先指明输入形式，然后阐明球谐函数递归关系，最后详述新版本实施步骤。

6.2.1　输入形式

对 l 号快拍下各传声器测量的声压信号进行离散球傅里叶变换：

$$p_{n,m,l}=\sum_{q=1}^{Q}\alpha_q p_l^{\star}\left(ka,\Omega_{\mathrm{M}q}\right)Y_n^{m*}\left(\Omega_{\mathrm{M}q}\right) \tag{6.8}$$

式中，$\alpha_q\in\mathbb{R}$ 为 q 号传声器的权，$\mathbb{R}$ 为实数集，$\sum_{q=1}^{Q}\alpha_q=4\pi$；$p_l^{\star}\left(ka,\Omega_{\mathrm{M}q}\right)$ 为 l 号快拍下 q 号传声器测量的声压信号，位于 $\boldsymbol{P}^{\star}$ 中第 q 行第 l 列。令

$$\boldsymbol{p}_{\mathcal{S}l}=\Big[\underbrace{p_{0,0,l}}_{n=0}\quad\underbrace{p_{1,-1,l}\quad p_{1,0,l}\quad p_{1,1,l}}_{n=1}\quad\cdots\quad\underbrace{p_{N,-N,l}\quad\cdots\quad p_{N,N,l}}_{n=N}\Big]^{\mathrm{T}}\in\mathbb{C}^{(N+1)^2} \tag{6.9}$$

$$\boldsymbol{P}_{\mathcal{S}}=\left[\boldsymbol{p}_{\mathcal{S}1}\ \ \boldsymbol{p}_{\mathcal{S}2}\ \ \cdots\ \ \boldsymbol{p}_{\mathcal{S}L}\right]\in\mathbb{C}^{(N+1)^2\times L} \tag{6.10}$$

$$\boldsymbol{\Gamma}=\operatorname{diag}\left(\left[\alpha_1\quad\alpha_2\quad\cdots\quad\alpha_Q\right]\right)\in\mathbb{R}^{Q\times Q} \tag{6.11}$$

式中，上标“T”表示转置，则有

$$\boldsymbol{P}_{\mathcal{S}}=\boldsymbol{Y}_{\mathrm{M}N}^{\mathrm{H}}\boldsymbol{\Gamma}\boldsymbol{P}^{\star} \tag{6.12}$$

令

$$\boldsymbol{Y}=\boldsymbol{B}_N^{-1}\boldsymbol{P}_{\mathcal{S}}=\boldsymbol{B}_N^{-1}\boldsymbol{Y}_{\mathrm{M}N}^{\mathrm{H}}\boldsymbol{\Gamma}\boldsymbol{P}^{\star} \tag{6.13}$$

$\boldsymbol{Y}$ 为 $\boldsymbol{P}^{\star}$ 的变换形式。传统球面 ESPRIT 以 $\boldsymbol{Y}$ 的协方差矩阵 $\boldsymbol{Y}\boldsymbol{Y}^{\mathrm{H}}/L$ 为输入。

6.2.2　球谐函数递归关系

球谐函数具有如下递归关系[199]。

一型：

$$-2mY_{n+1}^{m\ *}\left(\Omega_{\mathrm{S}}\right)=\zeta_{n+1}^{m}Y_{n+1}^{m-1*}\left(\Omega_{\mathrm{S}}\right)\tan\theta_{\mathrm{S}}\mathrm{e}^{-\mathrm{j}\phi_{\mathrm{S}}}+\xi_{n+1}^{m}Y_{n+1}^{m+1*}\left(\Omega_{\mathrm{S}}\right)\tan\theta_{\mathrm{S}}\mathrm{e}^{\mathrm{j}\phi_{\mathrm{S}}} \tag{6.14}$$

＞型：

$$\sin\theta_{\mathrm{S}}\mathrm{e}^{\mathrm{j}\phi_{\mathrm{S}}}Y_n^{m*}\left(\Omega_{\mathrm{S}}\right)=w_{n+1}^{m-1}Y_{n+1}^{m-1*}\left(\Omega_{\mathrm{S}}\right)-w_n^{-m}Y_{n-1}^{m-1*}\left(\Omega_{\mathrm{S}}\right) \tag{6.15}$$

＜型：

$$\sin\theta_{\mathrm{S}}\mathrm{e}^{-\mathrm{j}\phi_{\mathrm{S}}}Y_n^{m*}\left(\Omega_{\mathrm{S}}\right)=-w_{n+1}^{-(m+1)}Y_{n+1}^{m+1*}\left(\Omega_{\mathrm{S}}\right)+w_n^{m}Y_{n-1}^{m+1*}\left(\Omega_{\mathrm{S}}\right) \tag{6.16}$$

｜型：

$$\cos\theta_{\mathrm{S}}Y_n^{m*}\left(\Omega_{\mathrm{S}}\right)=v_{n+1}^{m}Y_{n+1}^{m\ *}\left(\Omega_{\mathrm{S}}\right)+v_n^{m}Y_{n-1}^{m\ *}\left(\Omega_{\mathrm{S}}\right) \tag{6.17}$$

式中，

$$\zeta_{n+\mu}^{\chi(m+\upsilon)}=\sqrt{\left[n+\mu+\chi(m+\upsilon)\right]\left[n+\mu-\chi(m+\upsilon)+1\right]} \tag{6.18}$$

$$\xi_{n+\mu}^{\chi(m+\upsilon)}=\sqrt{\left[n+\mu-\chi(m+\upsilon)\right]\left[n+\mu+\chi(m+\upsilon)+1\right]} \tag{6.19}$$

$$w_{n+\mu}^{\chi(m+\upsilon)}=\sqrt{\frac{\left[n+\mu-\chi(m+\upsilon)-1\right]\left[n+\mu-\chi(m+\upsilon)\right]}{\left[2(n+\mu)-1\right]\left[2(n+\mu)+1\right]}} \tag{6.20}$$

$$v_{n+\mu}^{\chi(m+\upsilon)}=\sqrt{\frac{\left[n+\mu-\chi(m+\upsilon)\right]\left[n+\mu+\chi(m+\upsilon)\right]}{\left[2(n+\mu)-1\right]\left[2(n+\mu)+1\right]}} \tag{6.21}$$

这里的μ和υ为平移系数，取 0、−1 或 1；χ为放大系数，取−1 或 1。式(6.14)～式(6.17)所示的递归关系如图 6.3 所示。

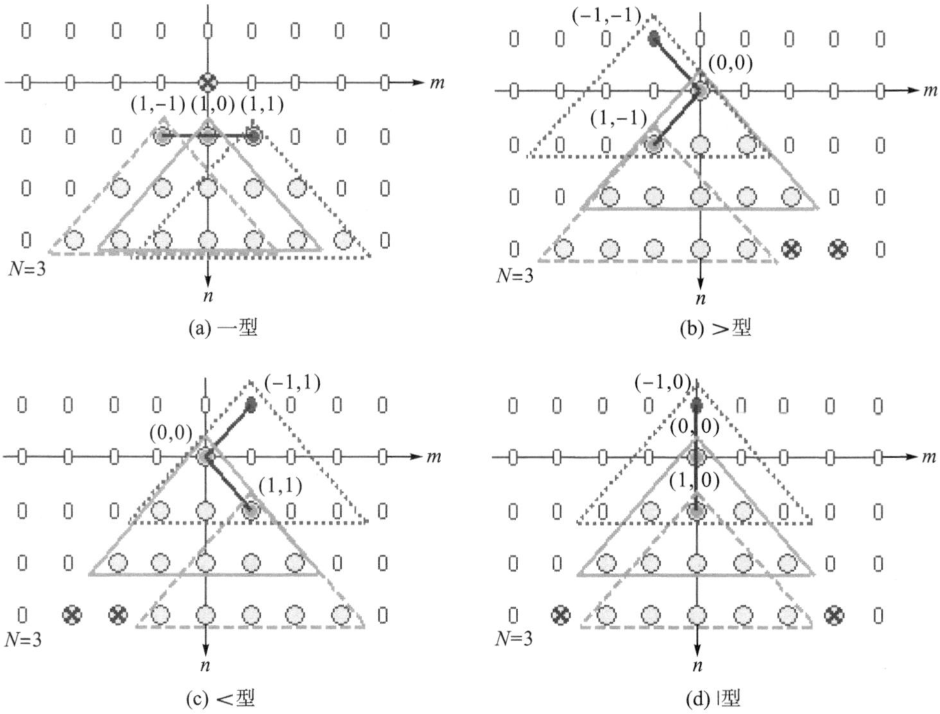

图 6.3 球谐函数递归关系图解

注：$n>0$ 且 $|m|\leqslant n$ 时的 $Y_n^m(\Omega_S)$ 用○和⊗表示，递归关系中，○表示的 $Y_n^m(\Omega_S)$ 被采用，⊗表示的 $Y_n^m(\Omega_S)$ 未被采用，$n<0$ 或 $|m|>n$ 时的 $Y_n^m(\Omega_S)$ 为 0；各递归关系中，实线△内包含等号左侧项对应的所有球谐函数，虚线△内包含等号右侧第一项对应的所有球谐函数，点线△内包含等号右侧第二项对应的所有球谐函数，▬ 连接递归关系涉及的三个球谐函数；式(6.22)中的(μ,υ)被标注于各△旁。

构造矩阵：

$$\boldsymbol{Y}_S^{(\mu,\upsilon)}=$$

$$\begin{bmatrix} Y_{0+\mu}^{0+\upsilon}(\Omega_{S1}) & Y_{1+\mu}^{-1+\upsilon}(\Omega_{S1}) & Y_{1+\mu}^{0+\upsilon}(\Omega_{S1}) & Y_{1+\mu}^{1+\upsilon}(\Omega_{S1}) & \cdots & Y_{N-1+\mu}^{-(N-1)+\upsilon}(\Omega_{S1}) & \cdots & Y_{N-1+\mu}^{N-1+\upsilon}(\Omega_{S1}) \\ Y_{0+\mu}^{0+\upsilon}(\Omega_{S2}) & Y_{1+\mu}^{-1+\upsilon}(\Omega_{S2}) & Y_{1+\mu}^{0+\upsilon}(\Omega_{S2}) & Y_{1+\mu}^{1+\upsilon}(\Omega_{S2}) & \cdots & Y_{N-1+\mu}^{-(N-1)+\upsilon}(\Omega_{S2}) & \cdots & Y_{N-1+\mu}^{N-1+\upsilon}(\Omega_{S2}) \\ \vdots & \vdots & \vdots & \vdots & \ddots & \vdots & \ddots & \vdots \\ \underbrace{Y_{0+\mu}^{0+\upsilon}(\Omega_{SI})}_{n=0} & \multicolumn{3}{c}{\underbrace{Y_{1+\mu}^{-1+\upsilon}(\Omega_{SI}) \quad Y_{1+\mu}^{0+\upsilon}(\Omega_{SI}) \quad Y_{1+\mu}^{1+\upsilon}(\Omega_{SI})}_{n=1}} & \cdots & \multicolumn{3}{c}{\underbrace{Y_{N-1+\mu}^{-(N-1)+\upsilon}(\Omega_{SI}) \quad \cdots \quad Y_{N-1+\mu}^{N-1+\upsilon}(\Omega_{SI})}_{n=N-1}} \end{bmatrix}\in\mathbb{C}^{I\times N^2} \tag{6.22}$$

$$\boldsymbol{M}=\mathrm{Diag}\left(\left[\underbrace{0}_{n=0}\quad\underbrace{-1\quad 0\quad 1}_{n=1}\quad\cdots\quad\underbrace{-(N-1)\quad\cdots\quad N-1}_{n=N-1}\right]\right)\in\mathbb{R}^{N^2\times N^2}\tag{6.23}$$

$$\boldsymbol{G}_{n+\mu}^{\chi(m+\upsilon)}=\mathrm{Diag}\left(\left[\underbrace{\zeta_{0+\mu}^{\chi(0+\upsilon)}}_{n=0}\quad\underbrace{\zeta_{1+\mu}^{\chi(-1+\upsilon)}\quad\zeta_{1+\mu}^{\chi(0+\upsilon)}\quad\zeta_{1+\mu}^{\chi(1+\upsilon)}}_{n=1}\quad\cdots\quad\underbrace{\zeta_{N-1+\mu}^{\chi(-(N-1)+\upsilon)}\quad\cdots\quad\zeta_{N-1+\mu}^{\chi(N-1+\upsilon)}}_{n=N-1}\right]\right)\in\mathbb{R}^{N^2\times N^2}\tag{6.24}$$

$$\boldsymbol{S}_{n+\mu}^{\chi(m+\upsilon)}=\mathrm{Diag}\left(\left[\underbrace{\xi_{0+\mu}^{\chi(0+\upsilon)}}_{n=0}\quad\underbrace{\xi_{1+\mu}^{\chi(-1+\upsilon)}\quad\xi_{1+\mu}^{\chi(0+\upsilon)}\quad\xi_{1+\mu}^{\chi(1+\upsilon)}}_{n=1}\quad\cdots\quad\underbrace{\xi_{N-1+\mu}^{\chi(-(N-1)+\upsilon)}\quad\cdots\quad\xi_{N-1+\mu}^{\chi(N-1+\upsilon)}}_{n=N-1}\right]\right)\in\mathbb{R}^{N^2\times N^2}\tag{6.25}$$

$$\boldsymbol{W}_{n+\mu}^{\chi(m+\upsilon)}=\mathrm{Diag}\left(\left[\underbrace{w_{0+\mu}^{\chi(0+\upsilon)}}_{n=0}\quad\underbrace{w_{1+\mu}^{\chi(-1+\upsilon)}\quad w_{1+\mu}^{\chi(0+\upsilon)}\quad w_{1+\mu}^{\chi(1+\upsilon)}}_{n=1}\quad\cdots\quad\underbrace{w_{N-1+\mu}^{\chi(-(N-1)+\upsilon)}\quad\cdots\quad w_{N-1+\mu}^{\chi(N-1+\upsilon)}}_{n=N-1}\right]\right)\in\mathbb{R}^{N^2\times N^2}\tag{6.26}$$

$$\boldsymbol{V}_{n+\mu}^{\chi(m+\upsilon)}=\mathrm{Diag}\left(\left[\underbrace{v_{0+\mu}^{\chi(0+\upsilon)}}_{n=0}\quad\underbrace{v_{1+\mu}^{\chi(-1+\upsilon)}\quad v_{1+\mu}^{\chi(0+\upsilon)}\quad v_{1+\mu}^{\chi(1+\upsilon)}}_{n=1}\quad\cdots\quad\underbrace{v_{N-1+\mu}^{\chi(-(N-1)+\upsilon)}\quad\cdots\quad v_{N-1+\mu}^{\chi(N-1+\upsilon)}}_{n=N-1}\right]\right)\in\mathbb{R}^{N^2\times N^2}\tag{6.27}$$

$$\boldsymbol{\varPhi}=\mathrm{Diag}\left(\left[\tan\theta_{\mathrm{S}1}\mathrm{e}^{-\mathrm{j}\phi_{\mathrm{S}1}}\quad\tan\theta_{\mathrm{S}2}\mathrm{e}^{-\mathrm{j}\phi_{\mathrm{S}2}}\quad\cdots\quad\tan\theta_{\mathrm{S}I}\mathrm{e}^{-\mathrm{j}\phi_{\mathrm{S}I}}\right]\right)\in\mathbb{C}^{I\times I}\tag{6.28}$$

$$\boldsymbol{\varPhi}_{xy+}=\mathrm{Diag}\left(\left[\sin\theta_{\mathrm{S}1}\mathrm{e}^{\mathrm{j}\phi_{\mathrm{S}1}}\quad\sin\theta_{\mathrm{S}2}\mathrm{e}^{\mathrm{j}\phi_{\mathrm{S}2}}\quad\cdots\quad\sin\theta_{\mathrm{S}I}\mathrm{e}^{\mathrm{j}\phi_{\mathrm{S}I}}\right]\right)\in\mathbb{C}^{I\times I}\tag{6.29}$$

$$\boldsymbol{\varPhi}_{xy-}=\mathrm{Diag}\left(\left[\sin\theta_{\mathrm{S}1}\mathrm{e}^{-\mathrm{j}\phi_{\mathrm{S}1}}\quad\sin\theta_{\mathrm{S}2}\mathrm{e}^{-\mathrm{j}\phi_{\mathrm{S}2}}\quad\cdots\quad\sin\theta_{\mathrm{S}I}\mathrm{e}^{-\mathrm{j}\phi_{\mathrm{S}I}}\right]\right)\in\mathbb{C}^{I\times I}\tag{6.30}$$

$$\boldsymbol{\varPhi}_{z}=\mathrm{Diag}\left(\left[\cos\theta_{\mathrm{S}1}\quad\cos\theta_{\mathrm{S}2}\quad\cdots\quad\cos\theta_{\mathrm{S}I}\right]\right)\in\mathbb{R}^{I\times I}\tag{6.31}$$

式(6.14)～式(6.17)所示的递归关系可重写为如下矩阵形式：

一型：

$$-2\boldsymbol{M}\left[\boldsymbol{Y}_{\mathrm{S}}^{(1,0)}\right]^{\mathrm{H}}=\boldsymbol{G}_{n+1}^{m}\left[\boldsymbol{Y}_{\mathrm{S}}^{(1,-1)}\right]^{\mathrm{H}}\boldsymbol{\varPhi}+\boldsymbol{S}_{n+1}^{m}\left[\boldsymbol{Y}_{\mathrm{S}}^{(1,1)}\right]^{\mathrm{H}}\boldsymbol{\varPhi}^{*}\tag{6.32}$$

＞型：

$$\left[\boldsymbol{Y}_{\mathrm{S}}^{(0,0)}\right]^{\mathrm{H}}\boldsymbol{\varPhi}_{xy+}=\boldsymbol{W}_{n+1}^{m-1}\left[\boldsymbol{Y}_{\mathrm{S}}^{(1,-1)}\right]^{\mathrm{H}}-\boldsymbol{W}_{n}^{-m}\left[\boldsymbol{Y}_{\mathrm{S}}^{(-1,-1)}\right]^{\mathrm{H}}\tag{6.33}$$

＜型：

$$\left[\boldsymbol{Y}_{\mathrm{S}}^{(0,0)}\right]^{\mathrm{H}}\boldsymbol{\varPhi}_{xy-}=-\boldsymbol{W}_{n+1}^{-(m+1)}\left[\boldsymbol{Y}_{\mathrm{S}}^{(1,1)}\right]^{\mathrm{H}}+\boldsymbol{W}_{n}^{m}\left[\boldsymbol{Y}_{\mathrm{S}}^{(-1,1)}\right]^{\mathrm{H}}\tag{6.34}$$

|型：

$$\left[\boldsymbol{Y}_{\mathrm{S}}^{(0,0)}\right]^{\mathrm{H}}\boldsymbol{\varPhi}_{z}=\boldsymbol{V}_{n+1}^{m}\left[\boldsymbol{Y}_{\mathrm{S}}^{(1,0)}\right]^{\mathrm{H}}+\boldsymbol{V}_{n}^{m}\left[\boldsymbol{Y}_{\mathrm{S}}^{(-1,0)}\right]^{\mathrm{H}}\tag{6.35}$$

初期版本的球面 ESPRIT[196]仅以一型递归关系为基础，存在歧义和奇异问题[198,199]；新版本的球面 ESPRIT[198-200]同时采用＞型、＜型和|型递归关系，不存在此类问题。

6.2.3 新版本实施步骤

首先，特征值分解协方差矩阵：

$$\frac{\boldsymbol{YY}^{\mathrm{H}}}{L=\boldsymbol{U\Lambda U}^{\mathrm{H}}} \tag{6.36}$$

式中，$\boldsymbol{U}\in\mathbb{C}^{(N+1)^2\times(N+1)^2}$ 为 $\boldsymbol{YY}^{\mathrm{H}}/L$ 的特征向量构成的酉矩阵；$\boldsymbol{\Lambda}\in\mathbb{R}^{(N+1)^2\times(N+1)^2}$ 为 $\boldsymbol{YY}^{\mathrm{H}}/L$ 的特征值构成的对角矩阵。估计声源总数为大于设定阈值特征值的个数，记为 $\hat{I}$ 。$\boldsymbol{U}_{\mathrm{S}}\in\mathbb{C}^{(N+1)^2\times\hat{I}}$ 为 $\hat{I}$ 个较大特征值对应的特征向量构成的矩阵。

然后，建立并求解线性方程组。按照由 $\boldsymbol{Y}_{SN}^{\mathrm{H}}$ 生成 $\left[\boldsymbol{Y}_{\mathrm{S}}^{(0,0)}\right]^{\mathrm{H}}$、$\left[\boldsymbol{Y}_{\mathrm{S}}^{(1,-1)}\right]^{\mathrm{H}}$、$\left[\boldsymbol{Y}_{\mathrm{S}}^{(-1,-1)}\right]^{\mathrm{H}}$、$\left[\boldsymbol{Y}_{\mathrm{S}}^{(1,1)}\right]^{\mathrm{H}}$、$\left[\boldsymbol{Y}_{\mathrm{S}}^{(-1,1)}\right]^{\mathrm{H}}$、$\left[\boldsymbol{Y}_{\mathrm{S}}^{(1,0)}\right]^{\mathrm{H}}$ 和 $\left[\boldsymbol{Y}_{\mathrm{S}}^{(-1,0)}\right]^{\mathrm{H}}$ 的方式从 $\boldsymbol{U}_{\mathrm{S}}$ 中挑选相应的行生成 $\boldsymbol{U}_{\mathrm{S}}^{(0,0)}$、$\boldsymbol{U}_{\mathrm{S}}^{(1,-1)}$、$\boldsymbol{U}_{\mathrm{S}}^{(-1,-1)}$、$\boldsymbol{U}_{\mathrm{S}}^{(1,1)}$、$\boldsymbol{U}_{\mathrm{S}}^{(-1,1)}$、$\boldsymbol{U}_{\mathrm{S}}^{(1,0)}$ 和 $\boldsymbol{U}_{\mathrm{S}}^{(-1,0)}$ 。若存在可逆矩阵 $\boldsymbol{T}\in\mathbb{C}^{\hat{I}\times\hat{I}}$ 使 $\boldsymbol{U}_{\mathrm{S}}=\boldsymbol{Y}_{SN}^{\mathrm{H}}\boldsymbol{T}$ 成立（需要 $\hat{I}=I$），则联立式(6.33)～式(6.35)所示的球谐函数递归关系和 $\boldsymbol{Y}_{SN}^{\mathrm{H}}=\boldsymbol{U}_{\mathrm{S}}\boldsymbol{T}^{-1}$，式(6.37)～式(6.39)所示的线性方程组成立且其中的矩阵 $\boldsymbol{\Psi}_{xy+}\in\mathbb{C}^{\hat{I}\times\hat{I}}$、$\boldsymbol{\Psi}_{xy-}\in\mathbb{C}^{\hat{I}\times\hat{I}}$ 和 $\boldsymbol{\Psi}_{z}\in\mathbb{C}^{\hat{I}\times\hat{I}}$ 包含所有声源的真实 DOA：

$$\boldsymbol{U}_{\mathrm{S}}^{(0,0)}\underbrace{\boldsymbol{T}^{-1}\boldsymbol{\Phi}_{xy+}\boldsymbol{T}}_{\boldsymbol{\Psi}_{xy+}}=\boldsymbol{W}_{n+1}^{m-1}\boldsymbol{U}_{\mathrm{S}}^{(1,-1)}-\boldsymbol{W}_{n}^{-m}\boldsymbol{U}_{\mathrm{S}}^{(-1,-1)} \tag{6.37}$$

$$\boldsymbol{U}_{\mathrm{S}}^{(0,0)}\underbrace{\boldsymbol{T}^{-1}\boldsymbol{\Phi}_{xy-}\boldsymbol{T}}_{\boldsymbol{\Psi}_{xy-}}=-\boldsymbol{W}_{n+1}^{-(m+1)}\boldsymbol{U}_{\mathrm{S}}^{(1,1)}+\boldsymbol{W}_{n}^{m}\boldsymbol{U}_{\mathrm{S}}^{(-1,1)} \tag{6.38}$$

$$\boldsymbol{U}_{\mathrm{S}}^{(0,0)}\underbrace{\boldsymbol{T}^{-1}\boldsymbol{\Phi}_{z}\boldsymbol{T}}_{\boldsymbol{\Psi}_{z}}=\boldsymbol{V}_{n+1}^{m}\boldsymbol{U}_{\mathrm{S}}^{(1,0)}+\boldsymbol{V}_{n}^{m}\boldsymbol{U}_{\mathrm{S}}^{(-1,0)} \tag{6.39}$$

这些线性方程组的最小二乘解分别为

$$\boldsymbol{\Psi}_{xy+}=\left[\boldsymbol{U}_{\mathrm{S}}^{(0,0)}\right]^{+}\left[\boldsymbol{W}_{n+1}^{m-1}\boldsymbol{U}_{\mathrm{S}}^{(1,-1)}-\boldsymbol{W}_{n}^{-m}\boldsymbol{U}_{\mathrm{S}}^{(-1,-1)}\right] \tag{6.40}$$

$$\boldsymbol{\Psi}_{xy-}=\left[\boldsymbol{U}_{\mathrm{S}}^{(0,0)}\right]^{+}\left[-\boldsymbol{W}_{n+1}^{-(m+1)}\boldsymbol{U}_{\mathrm{S}}^{(1,1)}+\boldsymbol{W}_{n}^{m}\boldsymbol{U}_{\mathrm{S}}^{(-1,1)}\right] \tag{6.41}$$

$$\boldsymbol{\Psi}_{z}=\left[\boldsymbol{U}_{\mathrm{S}}^{(0,0)}\right]^{+}\left[\boldsymbol{V}_{n+1}^{m}\boldsymbol{U}_{\mathrm{S}}^{(1,0)}+\boldsymbol{V}_{n}^{m}\boldsymbol{U}_{\mathrm{S}}^{(-1,0)}\right] \tag{6.42}$$

式中，上标“+”表示伪逆。

最后，从求解的 $\boldsymbol{\Psi}_{xy+}$、$\boldsymbol{\Psi}_{xy-}$ 和 $\boldsymbol{\Psi}_{z}$ 中提取声源 DOA 信息，本章借鉴文献[199]中的方法。采用 QZ 算法[217]对 $\boldsymbol{\Psi}_{xy+}$ 和 $\boldsymbol{\Psi}_{z}$ 进行广义特征值分解：

$$\boldsymbol{\Psi}_{xy+}\boldsymbol{U}_{\mathrm{G}}=\boldsymbol{\Psi}_{z}\boldsymbol{U}_{\mathrm{G}}\boldsymbol{\Lambda}_{\mathrm{G}} \tag{6.43}$$

式中，$\boldsymbol{U}_{\mathrm{G}}\in\mathbb{C}^{\hat{I}\times\hat{I}}$ 为广义特征向量构成的矩阵；$\boldsymbol{\Lambda}_{\mathrm{G}}\in\mathbb{C}^{\hat{I}\times\hat{I}}$ 为广义特征值构成的对角矩阵。$\boldsymbol{T}$ 与 $\boldsymbol{U}_{\mathrm{G}}$ 间存在关系：$\boldsymbol{T}=\boldsymbol{U}_{\mathrm{G}}^{-1}$。基于该关系，可从 $\boldsymbol{\Psi}_{xy+}$、$\boldsymbol{\Psi}_{xy-}$ 和 $\boldsymbol{\Psi}_{z}$ 中获得 $\boldsymbol{\Phi}_{xy+}$、$\boldsymbol{\Phi}_{xy-}$ 和 $\boldsymbol{\Phi}_{z}$ 的估计结果：

$$\hat{\boldsymbol{\Phi}}_{xy+}=\boldsymbol{T\Psi}_{xy+}\boldsymbol{T}^{-1}=\boldsymbol{U}_{\mathrm{G}}^{-1}\boldsymbol{\Psi}_{xy+}\boldsymbol{U}_{\mathrm{G}} \tag{6.44}$$

$$\hat{\boldsymbol{\Phi}}_{xy-}=\boldsymbol{T\Psi}_{xy-}\boldsymbol{T}^{-1}=\boldsymbol{U}_{\mathrm{G}}^{-1}\boldsymbol{\Psi}_{xy-}\boldsymbol{U}_{\mathrm{G}} \tag{6.45}$$

$$\hat{\boldsymbol{\Phi}}_z = \boldsymbol{T}\boldsymbol{\Psi}_z\boldsymbol{T}^{-1} = \boldsymbol{U}_{\mathrm{G}}^{-1}\boldsymbol{\Psi}_z\boldsymbol{U}_{\mathrm{G}} \tag{6.46}$$

从 $\hat{\boldsymbol{\Phi}}_{xy+}$、$\hat{\boldsymbol{\Phi}}_{xy-}$ 和 $\hat{\boldsymbol{\Phi}}_z$ 中提取 i 号声源 DOA 的策略为

$$\hat{\theta}_{\mathrm{S}i} = \operatorname{arctan2}\left(\sqrt{\left\{\mathrm{Re}\left[\left(\frac{\hat{\boldsymbol{\Phi}}_{xy+}+\hat{\boldsymbol{\Phi}}_{xy-}}{2}\right)_{(i,i)}\right]\right\}^2 + \left\{\mathrm{Re}\left[\left(\frac{\hat{\boldsymbol{\Phi}}_{xy+}-\hat{\boldsymbol{\Phi}}_{xy-}}{2\mathrm{j}}\right)_{(i,i)}\right]\right\}^2}, \mathrm{Re}\left[\left(\hat{\boldsymbol{\Phi}}_z\right)_{(i,i)}\right]\right) \tag{6.47}$$

$$\hat{\phi}_{\mathrm{S}i} = \operatorname{arctan2}\left\{\mathrm{Re}\left[\left(\frac{\hat{\boldsymbol{\Phi}}_{xy+}-\hat{\boldsymbol{\Phi}}_{xy-}}{2\mathrm{j}}\right)_{(i,i)}\right], \mathrm{Re}\left[\left(\frac{\hat{\boldsymbol{\Phi}}_{xy+}+\hat{\boldsymbol{\Phi}}_{xy-}}{2}\right)_{(i,i)}\right]\right\} \tag{6.48}$$

式中，$\hat{\theta}_{\mathrm{S}i}$ 和 $\hat{\phi}_{\mathrm{S}i}$ 分别表示 i 号声源仰角和方位角的估计值；$(\bullet)_{(i,i)}$ 表示括号内矩阵的 i 行 i 列；$\mathrm{Re}(\bullet)$ 表示取括号内变量的实部；$\operatorname{arctan2}(y,x)$ 表示 y/x 的四象限反正切函数。该策略依据下列事实。根据式(6.29)和式(6.30)有

$$\boldsymbol{\Phi}_x = \frac{\boldsymbol{\Phi}_{xy+}+\boldsymbol{\Phi}_{xy-}}{2} = \mathrm{Diag}\left(\left[\sin\theta_{\mathrm{S}1}\cos\phi_{\mathrm{S}1} \quad \sin\theta_{\mathrm{S}2}\cos\phi_{\mathrm{S}2} \quad \cdots \quad \sin\theta_{\mathrm{S}I}\cos\phi_{\mathrm{S}I}\right]\right) \in \mathbb{R}^{I\times I} \tag{6.49}$$

$$\boldsymbol{\Phi}_y = \frac{\boldsymbol{\Phi}_{xy+}-\boldsymbol{\Phi}_{xy-}}{2\mathrm{j}} = \mathrm{Diag}\left(\left[\sin\theta_{\mathrm{S}1}\sin\phi_{\mathrm{S}1} \quad \sin\theta_{\mathrm{S}2}\sin\phi_{\mathrm{S}2} \quad \cdots \quad \sin\theta_{\mathrm{S}I}\sin\phi_{\mathrm{S}I}\right]\right) \in \mathbb{R}^{I\times I} \tag{6.50}$$

联立式(6.31)、式(6.49)和式(6.50)可得

$$\theta_{\mathrm{S}i} = \operatorname{arctan2}\left[\sqrt{\left(\boldsymbol{\Phi}_x\right)_{(i,i)}^2 + \left(\boldsymbol{\Phi}_y\right)_{(i,i)}^2}, \left(\boldsymbol{\Phi}_z\right)_{(i,i)}\right] \tag{6.51}$$

$$\phi_{\mathrm{S}i} = \operatorname{arctan2}\left[\left(\boldsymbol{\Phi}_y\right)_{(i,i)}, \left(\boldsymbol{\Phi}_x\right)_{(i,i)}\right] \tag{6.52}$$

关于实施步骤的讨论如下：

(1) 存在可逆矩阵 $\boldsymbol{T} \in \mathbb{C}^{\hat{I}\times\hat{I}}$ 使 $\boldsymbol{U}_{\mathrm{S}} = \boldsymbol{Y}_{\mathrm{S}N}^{\mathrm{H}}\boldsymbol{T}$ 成立是准确估计所有声源 DOA 的前提，$\boldsymbol{U}_{\mathrm{S}}$ 与 $\boldsymbol{Y}_{\mathrm{S}N}^{\mathrm{H}}$ 跨越相同子空间时，该关系才成立。联立式(6.7)和式(6.13)可得

$$\boldsymbol{Y} \approx \boldsymbol{B}_N^{-1}\boldsymbol{Y}_{\mathrm{M}N}^{\mathrm{H}}\boldsymbol{\Gamma}\boldsymbol{Y}_{\mathrm{M}N}\boldsymbol{B}_N\boldsymbol{Y}_{\mathrm{S}N}^{\mathrm{H}}\boldsymbol{S} + \boldsymbol{B}_N^{-1}\boldsymbol{Y}_{\mathrm{M}N}^{\mathrm{H}}\boldsymbol{\Gamma}\boldsymbol{N} \tag{6.53}$$

传声器采样的离散性使传声器采样的球谐函数无法始终满足正交性，记 N_D 为近似满足正交性传声器采样球谐函数的最高阶，根据式(3.32)，$\boldsymbol{Y}_{\mathrm{M}N}^{\mathrm{H}}\boldsymbol{\Gamma}\boldsymbol{Y}_{\mathrm{M}N}$ 仅在 $N \leqslant N_D$ 时近似为单位矩阵，在 $N > N_D$ 时偏离单位矩阵较多。首先考虑 $N \leqslant N_D$ 的情形，此时，式(6.53)可转化为

$$\boldsymbol{Y} \approx \boldsymbol{Y}_{\mathrm{S}N}^{\mathrm{H}}\boldsymbol{S} + \boldsymbol{B}_N^{-1}\boldsymbol{Y}_{\mathrm{M}N}^{\mathrm{H}}\boldsymbol{\Gamma}\boldsymbol{N} \tag{6.54}$$

当声源互不相干、数据快拍足够多且 SNR 足够高时，$\boldsymbol{U}_{\mathrm{S}}$ 与 $\boldsymbol{Y}_{\mathrm{S}N}^{\mathrm{H}}$ 能够跨越相同子空间；当存在相干声源或数据快拍较少时，$\boldsymbol{Y}\boldsymbol{Y}^{\mathrm{H}}/L$ 亏秩，声源数目会被欠估计且 $\boldsymbol{U}_{\mathrm{S}}$ 与 $\boldsymbol{Y}_{\mathrm{S}N}^{\mathrm{H}}$ 不跨越相同子空间；当 SNR 较低时，受强噪声影响，声源数目会被过估计，$\boldsymbol{U}_{\mathrm{S}}$ 与 $\boldsymbol{Y}_{\mathrm{S}N}^{\mathrm{H}}$ 亦不跨越相同子空间。然后考虑 $N > N_D$ 的情形，此时，式(6.54)不成立，$\boldsymbol{U}_{\mathrm{S}}$ 与 $\boldsymbol{Y}_{\mathrm{S}N}^{\mathrm{H}}$ 无法跨越相同子空间。基于上述分析，仅在 $N \leqslant N_D$、声源互不相干、数据快拍足够多且 SNR 足够高的工况下，传统球面 ESPRIT 才能准确估计声源 DOA，频率越高 N 越大，$N \leqslant N_D$ 意味

着低频工况。

(2)新版本实施步骤最多能同时准确识别N^2个声源，当$\hat{I} > N^2$时，式(6.37)～式(6.39)所示的线性方程组欠定，存在无穷多解。

6.3 无网格连续压缩波束形成理论

本节提出的球面传声器阵列无网格连续压缩波束形成包括三部分：首先，建立以声源分布稀疏性为约束的传声器测量声压信号去噪声数学模型；然后，求解该去噪声数学模型；最后，基于求解结果估计声源 DOA 并量化声源强度。

6.3.1 去噪声数学模型建立

本节建立的去噪声数学模型以球谐函数的特殊结构为基础。

1. 球谐函数

球谐函数的表达式为[25-27]

$$Y_n^m(\Omega) = A_{n,m} P_n^m(\cos\theta) \mathrm{e}^{\mathrm{j}m\phi} \tag{6.55}$$

式中，$A_{n,m} = \sqrt{(2n+1)(n-m)!/[4\pi(n+m)!]}$，$P_n^m(\cos\theta)$为连带勒让德函数。可推导得$P_n^m(\cos\theta)$是具有唯一系数的$n$阶三角多项式：

$$P_n^m(\cos\theta) = \sum_{\kappa=-n}^{n} \beta_{n,m,\kappa} \mathrm{e}^{\mathrm{j}\kappa\theta} \tag{6.56}$$

将式(6.56)代入式(6.55)，同时根据$A_{n,m}$和$P_n^m(\cos\theta)$均为实数可得

$$Y_n^{m*}(\Omega) = \sum_{\kappa=-n}^{n} A_{n,m} \beta_{n,m,\kappa} \mathrm{e}^{\mathrm{j}\kappa\theta} \mathrm{e}^{-\mathrm{j}m\phi} \tag{6.57}$$

该结构是建立并求解去噪声数学模型的基础。

式(6.56)的推导过程如下。连带勒让德函数的表达式为[31]

$$P_n^m(x) = \begin{cases} (-1)^m \dfrac{1}{2^n n!}(1-x^2)^{m/2} \dfrac{\mathrm{d}^{n+m}}{\mathrm{d}x^{n+m}}(x^2-1)^n, & m \geqslant 0 \\ (-1)^m \dfrac{(n+m)!}{(n-m)!} P_n^{-m}(x), & m < 0 \end{cases} \tag{6.58}$$

根据文献[218]，有

$$(x^2-1)^n = \sum_{o=0}^{n} C_n^o 2^{n-o}(x-1)^{n+o} = \sum_{o=0}^{m-1} C_n^o 2^{n-o}(x-1)^{n+o} + \sum_{o=m}^{n} C_n^o 2^{n-o}(x-1)^{n+o} \tag{6.59}$$

式中，$C_n^o = n!/[o!(n-o)!]$。相应地，

$$\frac{\mathrm{d}^{n+m}}{\mathrm{d}x^{n+m}}(x^2-1)^n = \sum_{o=m}^{n} C_n^o 2^{n-o} \frac{(n+o)!}{(o-m)!}(x-1)^{o-m} \tag{6.60}$$

将式(6.60)代入式(6.58)可得

$$P_n^m(x)=\begin{cases}\sum_{o=m}^{n}(-1)^m\dfrac{(n+o)!}{2^o o!(n-o)!(o-m)!}\left(1-x^2\right)^{m/2}(x-1)^{o-m}, & m\geqslant 0\\ (-1)^m\dfrac{(n+m)!}{(n-m)!}P_n^{-m}(x), & m<0\end{cases} \tag{6.61}$$

联立 $\sin\theta=\left(\mathrm{e}^{\mathrm{j}\theta}-\mathrm{e}^{-\mathrm{j}\theta}\right)/(2\mathrm{j})$、$\cos\theta=\left(\mathrm{e}^{\mathrm{j}\theta}+\mathrm{e}^{-\mathrm{j}\theta}\right)/2$ 和式(6.61)可得

$$P_n^m(\cos\theta)=\begin{cases}\sum_{o=m}^{n}(-1)^m\dfrac{(n+o)!}{4^o o!(n-o)!(o-m)!\mathrm{j}^m}\left(\mathrm{e}^{\mathrm{j}\theta}-\mathrm{e}^{-\mathrm{j}\theta}\right)^m\left(\mathrm{e}^{\mathrm{j}\theta}+\mathrm{e}^{-\mathrm{j}\theta}-2\right)^{o-m}, & m\geqslant 0\\ (-1)^m\dfrac{(n+m)!}{(n-m)!}P_n^{-m}(x), & m<0\end{cases} \tag{6.62}$$

由于

$$\left(\mathrm{e}^{\mathrm{j}\theta}-\mathrm{e}^{-\mathrm{j}\theta}\right)^m=\sum_{u=0}^{m}(-1)^{m-u}C_m^u\mathrm{e}^{\mathrm{j}u\theta}\mathrm{e}^{-\mathrm{j}(m-u)\theta} \tag{6.63}$$

和

$$\left(\mathrm{e}^{\mathrm{j}\theta}+\mathrm{e}^{-\mathrm{j}\theta}-2\right)^{o-m}=\sum_{v=0}^{o-m}\sum_{w=0}^{o-m-v}C_{o-m}^{v}C_{o-m-v}^{w}(-2)^{o-m-v-w}\mathrm{e}^{\mathrm{j}v\theta}\mathrm{e}^{-\mathrm{j}w\theta} \tag{6.64}$$

式(6.62)中的第一式$\left[m\geqslant 0\text{时的}P_n^m(\cos\theta)\right]$可写为

$$P_n^m(\cos\theta)=\sum_{o=m}^{n}\sum_{u=0}^{m}\sum_{v=0}^{o-m}\sum_{w=0}^{o-m-v}(-1)^{2m-u}(-2)^{-o-m-v-w}\frac{(n+o)!C_m^uC_{o-m}^{v}C_{o-m-v}^{w}}{o!(n-o)!(o-m)!\mathrm{j}^m}\mathrm{e}^{\mathrm{j}(2u+v-m-w)\theta} \tag{6.65}$$

对于给定的 n 和 m，令 o 从 m 增至 n、u 从 0 增至 m、v 从 0 增至 $o-m$、w 从 0 增至 $o-m-v$，每组 (o,u,v,w) 下，根据式(6.65)可确定 $\kappa=2u+v-m-w$ 和相应的系数，计算完所有组 (o,u,v,w) 后，同一 κ 值对应的系数相加即为 $\beta_{n,m,\kappa}$，联合式(6.62)中的第二式$\left[m<0\text{时的}P_n^m(\cos\theta)\right]$及 $m\geqslant 0$ 时计算的 $\beta_{n,m,\kappa}$ 即可确定 $m<0$ 时的 $\beta_{n,m,\kappa}$。由于 $-n\leqslant\kappa\leqslant n$，$P_n^m(\cos\theta)$ 可写为式(6.56)。

2. 去噪声数学模型

令符号"$\otimes$"表示克罗内克乘积，有

$$\boldsymbol{d}(\Omega_{\mathrm{S}i})=\left[\mathrm{e}^{-\mathrm{j}N\theta_{\mathrm{S}i}}\ \cdots\ 1\ \cdots\ \mathrm{e}^{\mathrm{j}N\theta_{\mathrm{S}i}}\right]^{\mathrm{T}}\otimes\left[\mathrm{e}^{-\mathrm{j}N\phi_{\mathrm{S}i}}\ \cdots\ 1\ \cdots\ \mathrm{e}^{\mathrm{j}N\phi_{\mathrm{S}i}}\right]^{\mathrm{T}}\in\mathbb{C}^{(2N+1)^2} \tag{6.66}$$

行向量 $\boldsymbol{g}_{n,m}\in\mathbb{C}^{1\times(2N+1)^2}$ 的第 $(N+\kappa)(2N+1)+N-m+1$ 个元素为 $A_{n,m}\beta_{n,m,\kappa}$，$\kappa=-n,\cdots,0,\cdots,n$，其他元素为 0。构造矩阵：

$$\boldsymbol{D}=\left[\boldsymbol{d}(\Omega_{\mathrm{S}1})\ \ \boldsymbol{d}(\Omega_{\mathrm{S}2})\ \ \cdots\ \ \boldsymbol{d}(\Omega_{\mathrm{S}I})\right]\in\mathbb{C}^{(2N+1)^2\times I} \tag{6.67}$$

$$\boldsymbol{G}=\left[\underbrace{\boldsymbol{g}_{0,0}^{\mathrm{T}}}_{n=0}\ \ \underbrace{\boldsymbol{g}_{1,-1}^{\mathrm{T}}\ \ \boldsymbol{g}_{1,0}^{\mathrm{T}}\ \ \boldsymbol{g}_{1,1}^{\mathrm{T}}}_{n=1}\ \ \cdots\ \ \underbrace{\boldsymbol{g}_{N,-N}^{\mathrm{T}}\ \ \cdots\ \ \boldsymbol{g}_{N,N}^{\mathrm{T}}}_{n=N}\right]^{\mathrm{T}}\in\mathbb{C}^{(N+1)^2\times(2N+1)^2} \tag{6.68}$$

根据式(6.57)有

$$\boldsymbol{Y}_{\mathrm{S}N}^{\mathrm{H}}=\boldsymbol{G}\boldsymbol{D} \tag{6.69}$$

将式(6.69)代入式(6.7)可得

$$P^{\star} \approx Y_{\mathrm{MN}} B_N GDS + N \tag{6.70}$$

令

$$X = DS = \sum_{i=1}^{I} d\left(\Omega_{\mathrm{S}i}\right) s_i = \sum_{i=1}^{I} s_i d\left(\Omega_{\mathrm{S}i}\right) \psi_i \tag{6.71}$$

式中，$s_i \in \mathbb{C}^{1\times L}$ 为 S 的第 i 行，$s_i = \|s_i\|_2 \in \mathbb{R}^+$，$\|\bullet\|_2$ 表示向量的 ℓ_2 范数，$\mathbb{R}^+$ 为正实数集，$\psi_i = s_i / s_i \in \mathbb{C}^{1\times L}$ 且 $\|\psi_i\|_2 = 1$。与平面传声器阵列无网格连续压缩波束形成中声源在传声器处产生声压信号原子范数的定义类同，式(6.71)所示的信号模型的原子范数可定义为

$$\|X\|_{\mathcal{A}} = \inf_{\substack{d(\Omega_{\mathrm{S}i})\psi_i \in \mathcal{A} \\ s_i \in \mathbb{R}^+}} \left\{ \sum_i s_i \middle| X = \sum_i s_i d\left(\Omega_{\mathrm{S}i}\right) \psi_i \right\} \tag{6.72}$$

式中，inf 表示下确界；$\mathcal{A}$ 表示原子集合，其表达式为

$$\mathcal{A} = \left\{ d(\Omega)\psi \middle| \begin{array}{l} \Omega = (\theta,\phi), \theta \in \left[0^\circ, 180^\circ\right], \phi \in \left[0^\circ, 360^\circ\right), \\ \psi \in \mathbb{C}^{1\times L}, \|\psi\|_2 = 1 \end{array} \right\} \tag{6.73}$$

$\|X\|_{\mathcal{A}}$ 是连续域内声源分布稀疏性的一个度量，本节建立的以声源分布稀疏性为约束的传声器测量声压信号去噪声数学模型为

$$\hat{X} = \underset{X \in \mathbb{C}^{(2N+1)^2 \times L}}{\arg\min} \|X\|_{\mathcal{A}}, \left\|P^{\star} - Y_{\mathrm{MN}} B_N G X\right\|_{\mathrm{F}} \leqslant \varepsilon \tag{6.74}$$

式中，ε 为噪声干扰控制参数。

6.3.2 去噪声数学模型求解

球面阵列传声器测量声压信号去噪声数学模型可转化为等价半正定规划后基于特定求解器求解，这与第 5 章中平面阵列传声器测量声压信号去噪声数学模型的求解思路一致。

1. 等价半正定规划

式(6.74)可转化为如下半正定规划：

$$\begin{gathered} \left\{\hat{u}, \hat{X}, \hat{E}\right\} = \underset{u \in \mathbb{C}^{N_u}, X \in \mathbb{C}^{(2N+1)^2 \times L}, E \in \mathbb{C}^{L\times L}}{\arg\min} \frac{1}{2(2N+1)} \left\{ \mathrm{tr}\left[T_b(u)\right] + \mathrm{tr}(E) \right\}, \\ \begin{bmatrix} T_b(u) & X \\ X^{\mathrm{H}} & E \end{bmatrix} \succeq 0, \ \left\|P^{\star} - Y_{\mathrm{MN}} B_N G X\right\|_{\mathrm{F}} \leqslant \varepsilon \end{gathered} \tag{6.75}$$

式中，u 和 E 表示辅助量；N_u 表示 u 中元素的数目；$\mathrm{tr}(\bullet)$ 表示矩阵的迹；$T_{\mathrm{b}}(\bullet)$ 表示二重特普利茨算子；符号“$\succeq 0$”表示半正定。对任意给定向量 $u = \left[u_{\kappa,m} \middle| (\kappa, m) \in \mathcal{H}\right] \in \mathbb{C}^{N_u}$，其中，$\mathcal{H} = \left(\{0\} \times \{0,1,\cdots,2N\}\right) \cup \left(\{1,2,\cdots,2N\} \times \{-2N,\cdots,0,\cdots,2N\}\right)$ 是 $(2N,2N)$ 的半空间[211]，$\cup$ 表示并集，$N_u = 8N^2 + 4N + 1$，$T_b(u)$ 将 u 映射为 $(2N+1)\times(2N+1)$ 维的块特普利茨型厄米矩阵：

$$T_b(\boldsymbol{u})=\begin{bmatrix}\boldsymbol{T}_0 & \boldsymbol{T}_1^{\mathrm{H}} & \cdots & \boldsymbol{T}_{2N}^{\mathrm{H}}\\ \boldsymbol{T}_1 & \boldsymbol{T}_0 & \cdots & \boldsymbol{T}_{2N-1}^{\mathrm{H}}\\ \vdots & \vdots & \ddots & \vdots\\ \boldsymbol{T}_{2N} & \boldsymbol{T}_{2N-1} & \cdots & \boldsymbol{T}_0\end{bmatrix} \tag{6.76}$$

式中，每个块$\boldsymbol{T}_\kappa\left(0\leqslant\kappa\leqslant 2N\right)$都是$(2N+1)\times(2N+1)$维的特普利茨矩阵：

$$\boldsymbol{T}_\kappa=\begin{bmatrix}u_{\kappa,0} & u_{\kappa,-1} & \cdots & u_{\kappa,-2N}\\ u_{\kappa,1} & u_{\kappa,0} & \cdots & u_{\kappa,1-2N}\\ \vdots & \vdots & \ddots & \vdots\\ u_{\kappa,2N} & u_{\kappa,2N-1} & \cdots & u_{\kappa,0}\end{bmatrix} \tag{6.77}$$

式(6.74)与式(6.75)等价的前提是$T_b(\hat{\boldsymbol{u}})$具有范德蒙德分解[168,179]，即

$$T_b(\hat{\boldsymbol{u}})=\boldsymbol{V\Sigma V}^{\mathrm{H}}=\sum_{i=1}^{r}\sigma_i\boldsymbol{d}(\Omega_{\mathrm{S}i})\boldsymbol{d}(\Omega_{\mathrm{S}i})^{\mathrm{H}} \tag{6.78}$$

式中，$\boldsymbol{V}=\left[\boldsymbol{d}(\Omega_{\mathrm{S1}}),\boldsymbol{d}(\Omega_{\mathrm{S2}}),\cdots,\boldsymbol{d}(\Omega_{\mathrm{S}r})\right]$；$\boldsymbol{\Sigma}=\mathrm{diag}\left(\left[\sigma_1,\sigma_2,\cdots,\sigma_r\right]\right)$；$r$为$T_b(\hat{\boldsymbol{u}})$的秩，$\sigma_i\left(i=1,2,\cdots,r\right)\in\mathbb{R}^+$。文献[168]和文献[179]已证明：$r\leqslant 2N+1$是$T_b(\hat{\boldsymbol{u}})$具有范德蒙德分解的充分条件。

要证明式(6.74)与式(6.75)等价，只需证明下列命题成立。

命题：记

$$\left\{\hat{\boldsymbol{u}},\hat{\boldsymbol{E}}\right\}=\underset{\boldsymbol{u}\in\mathbb{C}^{N_u},\boldsymbol{E}\in\mathbb{C}^{L\times L}}{\arg\min}\frac{1}{2(2N+1)}\left\{\mathrm{tr}\left[T_b(\boldsymbol{u})\right]+\mathrm{tr}(\boldsymbol{E})\right\},\begin{bmatrix}T_b(\boldsymbol{u}) & \boldsymbol{X}\\ \boldsymbol{X}^{\mathrm{H}} & \boldsymbol{E}\end{bmatrix}\succeq 0 \tag{6.79}$$

$$\|\boldsymbol{X}\|_{\mathcal{T}}=\frac{1}{2(2N+1)}\left\{\mathrm{tr}\left[T_b(\hat{\boldsymbol{u}})\right]+\mathrm{tr}\left(\hat{\boldsymbol{E}}\right)\right\} \tag{6.80}$$

$T_b(\hat{\boldsymbol{u}})$具有范德蒙德分解时，$\|\boldsymbol{X}\|_{\mathcal{T}}=\|\boldsymbol{X}\|_{\mathcal{A}}$。

证明方法一：令$\boldsymbol{X}=\sum_i s_i\boldsymbol{d}(\Omega_{\mathrm{S}i})\boldsymbol{\psi}_i$，$T_b(\boldsymbol{u})=\left[1/(2N+1)\right]\sum_i s_i\boldsymbol{d}(\Omega_{\mathrm{S}i})\boldsymbol{d}(\Omega_{\mathrm{S}i})^{\mathrm{H}}$和$\boldsymbol{E}=(2N+1)\sum_i s_i\boldsymbol{\psi}_i^{\mathrm{H}}\boldsymbol{\psi}_i$，则有

$$\begin{bmatrix}T_b(\boldsymbol{u}) & \boldsymbol{X}\\ \boldsymbol{X}^{\mathrm{H}} & \boldsymbol{E}\end{bmatrix}=\sum_i s_i\begin{bmatrix}\dfrac{\boldsymbol{d}(\Omega_{\mathrm{S}i})}{\sqrt{2N+1}}\\ \sqrt{2N+1}\boldsymbol{\psi}_i^{\mathrm{H}}\end{bmatrix}\begin{bmatrix}\dfrac{\boldsymbol{d}(\Omega_{\mathrm{S}i})}{\sqrt{2N+1}}\\ \sqrt{2N+1}\boldsymbol{\psi}_i^{\mathrm{H}}\end{bmatrix}^{\mathrm{H}}\succeq 0 \tag{6.81}$$

这说明$T_b(\boldsymbol{u})$和$\boldsymbol{E}$是式(6.79)所示问题的可行解，因此有

$$\|\boldsymbol{X}\|_{\mathcal{T}}\leqslant\frac{1}{2(2N+1)}\left\{\mathrm{tr}\left[\frac{1}{2N+1}\sum_i s_i\boldsymbol{d}(\Omega_{\mathrm{S}i})\boldsymbol{d}(\Omega_{\mathrm{S}i})^{\mathrm{H}}\right]+\mathrm{tr}\left[(2N+1)\sum_i s_i\boldsymbol{\psi}_i^{\mathrm{H}}\boldsymbol{\psi}_i\right]\right\}=\sum_i s_i \tag{6.82}$$

对$\boldsymbol{X}$进行任意分解，式(6.82)均成立，因此，$\|\boldsymbol{X}\|_{\mathcal{T}}\leqslant\|\boldsymbol{X}\|_{\mathcal{A}}$。

另一方面，式(6.78)成立，$\boldsymbol{X}$落在$T_b(\hat{\boldsymbol{u}})$的列空间，即$\boldsymbol{X}=\boldsymbol{V}\tilde{\boldsymbol{S}}$，$\tilde{\boldsymbol{S}}=\left[\boldsymbol{s}_1^{\mathrm{T}},\boldsymbol{s}_2^{\mathrm{T}},\cdots,\boldsymbol{s}_r^{\mathrm{T}}\right]^{\mathrm{T}}\in\mathbb{C}^{r\times L}$。引入半正定矩阵$\boldsymbol{F}\in\mathbb{C}^{r\times r}$满足$\hat{\boldsymbol{E}}=\tilde{\boldsymbol{S}}^{\mathrm{H}}\boldsymbol{F}\tilde{\boldsymbol{S}}$，则有

$$\begin{bmatrix}T_b(\hat{\boldsymbol{u}}) & \boldsymbol{X}\\ \boldsymbol{X}^{\mathrm{H}} & \hat{\boldsymbol{E}}\end{bmatrix}=\begin{bmatrix}\boldsymbol{V} & \boldsymbol{0}\\ \boldsymbol{0} & \tilde{\boldsymbol{S}}^{\mathrm{H}}\end{bmatrix}\begin{bmatrix}\boldsymbol{\Sigma} & \boldsymbol{I}_0\\ \boldsymbol{I}_0 & \boldsymbol{F}\end{bmatrix}\begin{bmatrix}\boldsymbol{V}^{\mathrm{H}} & \boldsymbol{0}\\ \boldsymbol{0} & \tilde{\boldsymbol{S}}\end{bmatrix}\succeq 0 \tag{6.83}$$

式中，$\boldsymbol{I}_0$ 为 $r\times r$ 维单位矩阵。由式(6.83)可得 $\begin{bmatrix}\boldsymbol{\Sigma} & \boldsymbol{I}_0\\ \boldsymbol{I}_0 & \boldsymbol{F}\end{bmatrix}\succeq 0$，联合舒尔补条件[209]可得 $\boldsymbol{F}\succeq\boldsymbol{\Sigma}^{-1}$，则有

$$\mathrm{tr}\left(\hat{\boldsymbol{E}}\right)=\mathrm{tr}\left(\tilde{\boldsymbol{S}}^{\mathrm{H}}\boldsymbol{F}\tilde{\boldsymbol{S}}\right)\geqslant\mathrm{tr}\left(\tilde{\boldsymbol{S}}^{\mathrm{H}}\boldsymbol{\Sigma}^{-1}\tilde{\boldsymbol{S}}\right)=\sum_i\sigma_i^{-1}s_i^2 \tag{6.84}$$

这意味着

$$\begin{aligned}\|\boldsymbol{X}\|_{\mathcal{T}}&=\frac{1}{2(2N+1)}\left\{\mathrm{tr}\left[T_b(\hat{\boldsymbol{u}})\right]+\mathrm{tr}\left(\hat{\boldsymbol{E}}\right)\right\}\\&\geqslant\frac{1}{2(2N+1)}\left[(2N+1)^2\sum_i\sigma_i+\sum_i\sigma_i^{-1}s_i^2\right]\geqslant\sum_i s_i\geqslant\|\boldsymbol{X}\|_{\mathcal{A}}\end{aligned} \tag{6.85}$$

其中，第二个“$\geqslant$”成立的依据是算术几何平均不等式，第三个“$\geqslant$”成立的依据是式(6.72)所示的原子范数定义。最终，$\|\boldsymbol{X}\|_{\mathcal{T}}=\|\boldsymbol{X}\|_{\mathcal{A}}$。

证明方法二：若 $T_b(\boldsymbol{u})$ 具有范德蒙德分解，则 $\boldsymbol{X}$ 落在 $T_b(\boldsymbol{u})$ 的列空间，即 $\boldsymbol{X}=\boldsymbol{V}\tilde{\boldsymbol{S}}$，$\tilde{\boldsymbol{S}}=\left[\boldsymbol{s}_1^{\mathrm{T}},\boldsymbol{s}_2^{\mathrm{T}},\cdots,\boldsymbol{s}_r^{\mathrm{T}}\right]^{\mathrm{T}}\in\mathbb{C}^{r\times L}$。由于

$$\begin{bmatrix}T_b(\boldsymbol{u}) & \boldsymbol{X}\\ \boldsymbol{X}^{\mathrm{H}} & \tilde{\boldsymbol{S}}^{\mathrm{H}}\boldsymbol{\Sigma}^{-1}\tilde{\boldsymbol{S}}\end{bmatrix}=\begin{bmatrix}\boldsymbol{V}\boldsymbol{\Sigma}^{1/2}\\ \left(\boldsymbol{\Sigma}^{-1/2}\tilde{\boldsymbol{S}}\right)^{\mathrm{H}}\end{bmatrix}\begin{bmatrix}\boldsymbol{V}\boldsymbol{\Sigma}^{1/2}\\ \left(\boldsymbol{\Sigma}^{-1/2}\tilde{\boldsymbol{S}}\right)^{\mathrm{H}}\end{bmatrix}^{\mathrm{H}}\succeq 0 \tag{6.86}$$

和舒尔补条件，$\tilde{\boldsymbol{S}}^{\mathrm{H}}\boldsymbol{\Sigma}^{-1}\tilde{\boldsymbol{S}}\succeq\boldsymbol{X}^{\mathrm{H}}T_b(\boldsymbol{u})^{-1}\boldsymbol{X}$。进一步有

$$\begin{aligned}\mathrm{tr}\left(\boldsymbol{X}^{\mathrm{H}}T_b(\boldsymbol{u})^{-1}\boldsymbol{X}\right)&=\min_{\tilde{\boldsymbol{S}}\in\mathbb{C}^{r\times L}}\mathrm{tr}\left(\tilde{\boldsymbol{S}}^{\mathrm{H}}\boldsymbol{\Sigma}^{-1}\tilde{\boldsymbol{S}}\right),\ \boldsymbol{X}=\boldsymbol{V}\tilde{\boldsymbol{S}}\\&=\min_{s_i\in\mathbb{R}^+,\boldsymbol{\psi}_i\in\mathbb{C}^{1\times L},\|\boldsymbol{\psi}_i\|_2=1}\sum_i\sigma_i^{-1}s_i^2,\ \boldsymbol{X}=\sum_i s_i\boldsymbol{d}(\Omega_{\mathrm{S}i})\boldsymbol{\psi}_i\end{aligned} \tag{6.87}$$

因此，

$$\begin{aligned}\|\boldsymbol{X}\|_{\mathcal{T}}&=\min_{\boldsymbol{u}\in\mathbb{C}^{N_u},\boldsymbol{E}\in\mathbb{C}^{L\times L}}\frac{1}{2(2N+1)}\left\{\mathrm{tr}\left[T_b(\boldsymbol{u})\right]+\mathrm{tr}(\boldsymbol{E})\right\},\ \begin{bmatrix}T_b(\boldsymbol{u}) & \boldsymbol{X}\\ \boldsymbol{X}^{\mathrm{H}} & \boldsymbol{E}\end{bmatrix}\succeq 0\\&=\min_{\boldsymbol{u}\in\mathbb{C}^{N_u}}\frac{1}{2(2N+1)}\left\{\mathrm{tr}\left[T_b(\boldsymbol{u})\right]+\mathrm{tr}\left[\boldsymbol{X}^{\mathrm{H}}T_b(\boldsymbol{u})^{-1}\boldsymbol{X}\right]\right\},\ T_b(\boldsymbol{u})\succeq 0\\&=\min_{\boldsymbol{u}\in\mathbb{C}^{N_u}}\frac{1}{2(2N+1)}\left\{\mathrm{tr}\left[T_b(\boldsymbol{u})\right]+\mathrm{tr}\left[\boldsymbol{X}^{\mathrm{H}}T_b(\boldsymbol{u})^{-1}\boldsymbol{X}\right]\right\},\ T_b(\boldsymbol{u})=\boldsymbol{V}\boldsymbol{\Sigma}\boldsymbol{V}^{\mathrm{H}}\\&=\min_{\substack{\boldsymbol{d}(\Omega_{\mathrm{S}i})\boldsymbol{\psi}_i\in\mathcal{A}\\ s_i\in\mathbb{R}^+,\sigma_i\in\mathbb{R}^+}}\frac{1}{2(2N+1)}\left[(2N+1)^2\sum_i\sigma_i+\sum_i\sigma_i^{-1}s_i^2\right],\ \boldsymbol{X}=\sum_i s_i\boldsymbol{d}(\Omega_{\mathrm{S}i})\boldsymbol{\psi}_i\\&=\min_{\substack{\boldsymbol{d}(\Omega_{\mathrm{S}i})\boldsymbol{\psi}_i\in\mathcal{A}\\ s_i\in\mathbb{R}^+}}\sum_i s_i,\quad \boldsymbol{X}=\sum_i s_i\boldsymbol{d}(\Omega_{\mathrm{S}i})\boldsymbol{\psi}_i\\&=\|\boldsymbol{X}\|_{\mathcal{A}}\end{aligned} \tag{6.88}$$

其中，六个“=”成立的依据依次为式(6.79)和式(6.80)、舒尔补条件、式(6.78)、式(6.87)、算术几何平均不等式和式(6.72)。

2. 求解器

式(6.75)所示的半正定规划为凸优化[209]问题，可用基于 IPM[209]的 CVX 工具箱[205]中的 SDPT3 求解器求解，也可用基于 ADMM[181]的求解器求解。相关公式在本节中给出。

为应用 ADMM，可将式(6.75)转化为

$$\left\{\hat{\boldsymbol{u}},\hat{\boldsymbol{X}},\hat{\boldsymbol{E}},\hat{\boldsymbol{Z}}\right\}=\underset{\substack{\boldsymbol{u}\in\mathbb{C}^{N_u},\boldsymbol{X}\in\mathbb{C}^{(2N+1)^2\times L},\boldsymbol{E}\in\mathbb{C}^{L\times L},\\ \boldsymbol{Z}\in\mathbb{C}^{\left[(2N+1)^2+L\right]\times\left[(2N+1)^2+L\right]}}}{\arg\min}\frac{1}{2}\left\|\boldsymbol{P}^{\star}-\boldsymbol{Y}_{MN}\boldsymbol{B}_N\boldsymbol{G}\boldsymbol{X}\right\|_{\mathrm{F}}^2+\frac{\tau}{2(2N+1)}\left\{\mathrm{tr}\left[T_b(\boldsymbol{u})\right]+\mathrm{tr}(\boldsymbol{E})\right\}$$
$$\boldsymbol{Z}=\begin{bmatrix}T_b(\boldsymbol{u}) & \boldsymbol{X}\\ \boldsymbol{X}^{\mathrm{H}} & \boldsymbol{E}\end{bmatrix},\ \boldsymbol{Z}\succeq 0 \tag{6.89}$$

式中，$\boldsymbol{Z}$ 为辅助矩阵；τ 为规则化参数。根据文献[213]，推荐τ 的取值方案为

$$\tau=\frac{\varepsilon(2N+1)}{\sqrt{Q}}\left(1+\frac{1}{\ln Q}\right)^{1/2}\left[1+\frac{\ln(8\pi QL\ln Q)+1}{L}+\sqrt{\frac{2\ln(8\pi QL\ln Q)}{L}}+\sqrt{\frac{\pi}{2L}}\right]^{1/2} \tag{6.90}$$

式(6.89)的增广拉格朗日函数为

$$\begin{aligned}\mathcal{L}_{\rho}(\boldsymbol{E},\boldsymbol{u},\boldsymbol{X},\boldsymbol{Z},\boldsymbol{\varLambda})=&\frac{1}{2}\left\|\boldsymbol{P}^{\star}-\boldsymbol{Y}_{MN}\boldsymbol{B}_N\boldsymbol{G}\boldsymbol{X}\right\|_{\mathrm{F}}^2+\frac{\tau}{2(2N+1)}\left\{\mathrm{tr}\left[T_b(\boldsymbol{u})\right]+\mathrm{tr}(\boldsymbol{E})\right\}\\&+\left\langle\boldsymbol{\varLambda},\boldsymbol{Z}-\begin{bmatrix}T_b(\boldsymbol{u}) & \boldsymbol{X}\\ \boldsymbol{X}^{\mathrm{H}} & \boldsymbol{E}\end{bmatrix}\right\rangle+\frac{\rho}{2}\left\|\boldsymbol{Z}-\begin{bmatrix}T_b(\boldsymbol{u}) & \boldsymbol{X}\\ \boldsymbol{X}^{\mathrm{H}} & \boldsymbol{E}\end{bmatrix}\right\|_{\mathrm{F}}^2\end{aligned} \tag{6.91}$$

式中，$\boldsymbol{\varLambda}\in\mathbb{C}^{\left[(2N+1)^2+L\right]\times\left[(2N+1)^2+L\right]}$表示厄米拉格朗日乘子矩阵；$\rho>0$表示惩罚参数，$\langle\bullet,\bullet\rangle$表示内积。ADMM 迭代求解式(6.89)，初始化$\boldsymbol{Z}^0=\boldsymbol{\varLambda}^0=\boldsymbol{0}$，进行$\gamma+1$次迭代时对如下变量进行更新：

$$\left\{\boldsymbol{E}^{\gamma+1},\boldsymbol{u}^{\gamma+1},\boldsymbol{X}^{\gamma+1}\right\}=\underset{\boldsymbol{E}\in\mathbb{C}^{L\times L},\boldsymbol{u}\in\mathbb{C}^{N_u},\boldsymbol{X}\in\mathbb{C}^{(2N+1)^2\times L}}{\arg\min}\mathcal{L}_{\rho}\left(\boldsymbol{E},\boldsymbol{u},\boldsymbol{X},\boldsymbol{Z}^{\gamma},\boldsymbol{\varLambda}^{\gamma}\right) \tag{6.92}$$

$$\boldsymbol{Z}^{\gamma+1}=\underset{\boldsymbol{Z}\succeq 0}{\arg\min}\,\mathcal{L}_{\rho}\left(\boldsymbol{E}^{\gamma+1},\boldsymbol{u}^{\gamma+1},\boldsymbol{X}^{\gamma+1},\boldsymbol{Z},\boldsymbol{\varLambda}^{\gamma}\right) \tag{6.93}$$

$$\boldsymbol{\varLambda}^{\gamma+1}=\boldsymbol{\varLambda}^{\gamma}+\rho\left(\boldsymbol{Z}^{\gamma+1}-\begin{bmatrix}T_b\left(\boldsymbol{u}^{\gamma+1}\right) & \boldsymbol{X}^{\gamma+1}\\ \left(\boldsymbol{X}^{\gamma+1}\right)^{\mathrm{H}} & \boldsymbol{E}^{\gamma+1}\end{bmatrix}\right) \tag{6.94}$$

引入矩阵划分

$$\boldsymbol{\varLambda}^{\gamma}=\begin{bmatrix}\boldsymbol{\varLambda}_0^{\gamma}\in\mathbb{C}^{(2N+1)^2\times(2N+1)^2} & \boldsymbol{\varLambda}_1^{\gamma}\in\mathbb{C}^{(2N+1)^2\times L}\\ \boldsymbol{\varLambda}_1^{\gamma\mathrm{H}}\in\mathbb{C}^{L\times(2N+1)^2} & \boldsymbol{\varLambda}_2^{\gamma}\in\mathbb{C}^{L\times L}\end{bmatrix} \tag{6.95}$$

和

$$\boldsymbol{Z}^{\gamma}=\begin{bmatrix}\boldsymbol{Z}_0^{\gamma}\in\mathbb{C}^{(2N+1)^2\times(2N+1)^2} & \boldsymbol{Z}_1^{\gamma}\in\mathbb{C}^{(2N+1)^2\times L}\\ \boldsymbol{Z}_1^{\gamma\mathrm{H}}\in\mathbb{C}^{L\times(2N+1)^2} & \boldsymbol{Z}_2^{\gamma}\in\mathbb{C}^{L\times L}\end{bmatrix} \tag{6.96}$$

可推导得式(6.92)所示的变量$\boldsymbol{E}$、$\boldsymbol{u}$和$\boldsymbol{X}$的更新具有如下闭合形式：

$$\boldsymbol{E}^{\gamma+1}=\boldsymbol{Z}_2^{\gamma}+\frac{1}{\rho}\left[\boldsymbol{\Lambda}_2^{\gamma}-\frac{\tau}{2(2N+1)}\boldsymbol{I}_1\right] \tag{6.97}$$

$$\boldsymbol{u}^{\gamma+1}=\boldsymbol{M}^{-1}T_b^*\left\{\boldsymbol{Z}_0^{\gamma}+\frac{1}{\rho}\left[\boldsymbol{\Lambda}_0^{\gamma}-\frac{\tau}{2(2N+1)}\boldsymbol{I}_2\right]\right\} \tag{6.98}$$

$$\boldsymbol{X}^{\gamma+1}=\left(\boldsymbol{G}^{\mathrm{H}}\boldsymbol{B}_N^{\mathrm{H}}\boldsymbol{Y}_{MN}^{\mathrm{H}}\boldsymbol{Y}_{MN}\boldsymbol{B}_N\boldsymbol{G}+2\rho\boldsymbol{I}_2\right)^{-1}\left(\boldsymbol{G}^{\mathrm{H}}\boldsymbol{B}_N^{\mathrm{H}}\boldsymbol{Y}_{MN}^{\mathrm{H}}\boldsymbol{P}^{\bigstar}+2\boldsymbol{\Lambda}_1^{\gamma}+2\rho\boldsymbol{Z}_1^{\gamma}\right) \tag{6.99}$$

式中，$\boldsymbol{I}_1$ 为 $L\times L$ 维的单位矩阵；$\boldsymbol{I}_2$ 为 $(2N+1)^2\times(2N+1)^2$ 维的单位矩阵；$\boldsymbol{M}=\mathrm{diag}\left(\left[(2N+1)\times[2N+1,2N,\cdots,1],[2N,2N-1,\cdots,1]\otimes[1,2,\cdots,2N+1,2N,\cdots,1]\right]\right)\in\mathbb{R}^{N_u\times N_u}$；$T_b^*(\bullet)$ 为 $T_b(\bullet)$ 的伴随算子。$T_b^*(\boldsymbol{A})=\left\{\mathrm{tr}\left[(\boldsymbol{\Theta}_\kappa\otimes\boldsymbol{\Theta}_m)\boldsymbol{A}\right]\middle|(\kappa,m)\in\mathcal{H}\right\}\in\mathbb{C}^{N_u}$，$\boldsymbol{A}\in\mathbb{C}^{(2N+1)^2\times(2N+1)^2}$ 为任意给定矩阵，$\boldsymbol{\Theta}_\kappa\in\mathbb{R}^{(2N+1)\times(2N+1)}$ $\left[\boldsymbol{\Theta}_m\in\mathbb{R}^{(2N+1)\times(2N+1)}\right]$ 为第 κ (m) 个对角线元素均为 1 且其他元素均为 0 的基本特普利茨矩阵。式(6.93)所示的变量 $\boldsymbol{Z}$ 的更新可写为

$$\boldsymbol{Z}^{\gamma+1}=\underset{\boldsymbol{Z}\succeq 0}{\arg\min}\left\|\boldsymbol{Z}-\left(\begin{bmatrix}T_b\left(\boldsymbol{u}^{\gamma+1}\right) & \boldsymbol{X}^{\gamma+1}\\ \left(\boldsymbol{X}^{\gamma+1}\right)^{\mathrm{H}} & \boldsymbol{E}^{\gamma+1}\end{bmatrix}-\frac{\boldsymbol{\Lambda}^{\gamma}}{\rho}\right)\right\|_{\mathrm{F}}^2 \tag{6.100}$$

即将圆括号内的厄米矩阵投影到半正定锥上，可通过特征值分解该矩阵并令所有负特征值为零来实现。

式(6.97)～式(6.99)的推导如下。由于

$$\begin{aligned}\left\|\boldsymbol{P}^{\bigstar}-\boldsymbol{Y}_{MN}\boldsymbol{B}_N\boldsymbol{G}\boldsymbol{X}\right\|_{\mathrm{F}}^2&=\mathrm{tr}\left[\left(\boldsymbol{P}^{\bigstar\mathrm{H}}-\boldsymbol{X}^{\mathrm{H}}\boldsymbol{G}^{\mathrm{H}}\boldsymbol{B}_N^{\mathrm{H}}\boldsymbol{Y}_{MN}^{\mathrm{H}}\right)\left(\boldsymbol{P}^{\bigstar}-\boldsymbol{Y}_{MN}\boldsymbol{B}_N\boldsymbol{G}\boldsymbol{X}\right)\right]\\&=\mathrm{tr}\left(\boldsymbol{P}^{\bigstar\mathrm{H}}\boldsymbol{P}^{\bigstar}\right)-\mathrm{tr}\left(\boldsymbol{P}^{\bigstar\mathrm{H}}\boldsymbol{Y}_{MN}\boldsymbol{B}_N\boldsymbol{G}\boldsymbol{X}\right)\\&\quad-\mathrm{tr}\left(\boldsymbol{X}^{\mathrm{H}}\boldsymbol{G}^{\mathrm{H}}\boldsymbol{B}_N^{\mathrm{H}}\boldsymbol{Y}_{MN}^{\mathrm{H}}\boldsymbol{P}^{\bigstar}\right)+\mathrm{tr}\left(\boldsymbol{X}^{\mathrm{H}}\boldsymbol{G}^{\mathrm{H}}\boldsymbol{B}_N^{\mathrm{H}}\boldsymbol{Y}_{MN}^{\mathrm{H}}\boldsymbol{Y}_{MN}\boldsymbol{B}_N\boldsymbol{G}\boldsymbol{X}\right)\end{aligned} \tag{6.101}$$

$$\begin{aligned}\left\langle\boldsymbol{\Lambda}^{\gamma},\boldsymbol{Z}^{\gamma}-\begin{bmatrix}T_b(\boldsymbol{u}) & \boldsymbol{X}\\ \boldsymbol{X}^{\mathrm{H}} & \boldsymbol{E}\end{bmatrix}\right\rangle&=\mathrm{tr}\left(\boldsymbol{Z}^{\gamma}\boldsymbol{\Lambda}^{\gamma}-\begin{bmatrix}T_b(\boldsymbol{u}) & \boldsymbol{X}\\ \boldsymbol{X}^{\mathrm{H}} & \boldsymbol{E}\end{bmatrix}\begin{bmatrix}\boldsymbol{\Lambda}_0^{\gamma} & \boldsymbol{\Lambda}_1^{\gamma}\\ \boldsymbol{\Lambda}_1^{\gamma\mathrm{H}} & \boldsymbol{\Lambda}_2^{\gamma}\end{bmatrix}\right)\\&=\mathrm{tr}\left(\boldsymbol{Z}^{\gamma}\boldsymbol{\Lambda}^{\gamma}\right)-\mathrm{tr}\left[T_b(\boldsymbol{u})\boldsymbol{\Lambda}_0^{\gamma}\right]-\mathrm{tr}\left(\boldsymbol{X}\boldsymbol{\Lambda}_1^{\gamma\mathrm{H}}\right)-\mathrm{tr}\left(\boldsymbol{X}^{\mathrm{H}}\boldsymbol{\Lambda}_1^{\gamma}\right)-\mathrm{tr}\left(\boldsymbol{E}\boldsymbol{\Lambda}_2^{\gamma}\right)\end{aligned} \tag{6.102}$$

$$\begin{aligned}\left\|\boldsymbol{Z}^{\gamma}-\begin{bmatrix}T_b(\boldsymbol{u}) & \boldsymbol{X}\\ \boldsymbol{X}^{\mathrm{H}} & \boldsymbol{E}\end{bmatrix}\right\|_{\mathrm{F}}^2&=\mathrm{tr}\left[\left(\boldsymbol{Z}^{\gamma}-\begin{bmatrix}T_b(\boldsymbol{u}) & \boldsymbol{X}\\ \boldsymbol{X}^{\mathrm{H}} & \boldsymbol{E}\end{bmatrix}\right)^2\right]\\&=\mathrm{tr}\left(\boldsymbol{Z}^{\gamma 2}\right)-2\mathrm{tr}\left(\begin{bmatrix}\boldsymbol{Z}_0^{\gamma} & \boldsymbol{Z}_1^{\gamma}\\ \boldsymbol{Z}_1^{\gamma\mathrm{H}} & \boldsymbol{Z}_2^{\gamma}\end{bmatrix}\begin{bmatrix}T_b(\boldsymbol{u}) & \boldsymbol{X}\\ \boldsymbol{X}^{\mathrm{H}} & \boldsymbol{E}\end{bmatrix}\right)+\mathrm{tr}\left(\begin{bmatrix}T_b(\boldsymbol{u}) & \boldsymbol{X}\\ \boldsymbol{X}^{\mathrm{H}} & \boldsymbol{E}\end{bmatrix}^2\right)\\&=\mathrm{tr}\left(\boldsymbol{Z}^{\gamma 2}\right)-2\mathrm{tr}\left[\boldsymbol{Z}_0^{\gamma}T_b(\boldsymbol{u})\right]-2\mathrm{tr}\left(\boldsymbol{Z}_1^{\gamma}\boldsymbol{X}^{\mathrm{H}}\right)-2\mathrm{tr}\left(\boldsymbol{Z}_1^{\gamma\mathrm{H}}\boldsymbol{X}\right)\\&\quad-2\mathrm{tr}\left(\boldsymbol{Z}_2^{\gamma}\boldsymbol{E}\right)+\mathrm{tr}\left[T_b(\boldsymbol{u})^2\right]+2\mathrm{tr}\left(\boldsymbol{X}\boldsymbol{X}^{\mathrm{H}}\right)+\mathrm{tr}\left(\boldsymbol{E}^2\right)\end{aligned} \tag{6.103}$$

故有

$$\begin{aligned}&\mathcal{L}_\rho\left(\boldsymbol{E},\boldsymbol{u},\boldsymbol{X},\boldsymbol{Z}^\gamma,\boldsymbol{\Lambda}^\gamma\right)\\&=\underbrace{\begin{matrix}\frac{1}{2}\mathrm{tr}\left(\boldsymbol{P}^{\star\mathrm{H}}\boldsymbol{P}^{\star}\right)-\frac{1}{2}\mathrm{tr}\left(\boldsymbol{P}^{\star\mathrm{H}}\boldsymbol{Y}_{\mathrm{M}N}\boldsymbol{B}_N\boldsymbol{G}\boldsymbol{X}\right)\\-\frac{1}{2}\mathrm{tr}\left(\boldsymbol{X}^\mathrm{H}\boldsymbol{G}^\mathrm{H}\boldsymbol{B}_N^\mathrm{H}\boldsymbol{Y}_{\mathrm{M}N}^\mathrm{H}\boldsymbol{P}^{\star}\right)+\frac{1}{2}\mathrm{tr}\left(\boldsymbol{X}^\mathrm{H}\boldsymbol{G}^\mathrm{H}\boldsymbol{B}_N^\mathrm{H}\boldsymbol{Y}_{\mathrm{M}N}^\mathrm{H}\boldsymbol{Y}_{\mathrm{M}N}\boldsymbol{B}_N\boldsymbol{G}\boldsymbol{X}\right)\end{matrix}}_{\text{第一项}}\\&\quad+\underbrace{\frac{\tau}{2(2N+1)}\mathrm{tr}\left[T_b(\boldsymbol{u})\right]+\frac{\tau}{2(2N+1)}\mathrm{tr}(\boldsymbol{E})}_{\text{第二项}}\\&\quad+\underbrace{\mathrm{tr}\left(\boldsymbol{Z}^\gamma\boldsymbol{\Lambda}^\gamma\right)-\mathrm{tr}\left[T_b(\boldsymbol{u})\boldsymbol{\Lambda}_0^\gamma\right]-\mathrm{tr}\left(\boldsymbol{X}\boldsymbol{\Lambda}_1^{\gamma\mathrm{H}}\right)-\mathrm{tr}\left(\boldsymbol{X}^\mathrm{H}\boldsymbol{\Lambda}_1^\gamma\right)-\mathrm{tr}\left(\boldsymbol{E}\boldsymbol{\Lambda}_2^\gamma\right)}_{\text{第三项}}\\&\quad+\underbrace{\begin{matrix}\frac{\rho}{2}\mathrm{tr}\left(\boldsymbol{Z}^{\gamma2}\right)-\rho\mathrm{tr}\left[\boldsymbol{Z}_0^\gamma T_b(\boldsymbol{u})\right]-\rho\mathrm{tr}\left(\boldsymbol{Z}_1^\gamma\boldsymbol{X}^\mathrm{H}\right)-\rho\mathrm{tr}\left(\boldsymbol{Z}_1^{\gamma\mathrm{H}}\boldsymbol{X}\right)\\-\rho\mathrm{tr}\left(\boldsymbol{Z}_2^\gamma\boldsymbol{E}\right)+\frac{\rho}{2}\mathrm{tr}\left[T_b(\boldsymbol{u})^2\right]+\rho\mathrm{tr}\left(\boldsymbol{X}\boldsymbol{X}^\mathrm{H}\right)+\frac{\rho}{2}\mathrm{tr}\left(\boldsymbol{E}^2\right)\end{matrix}}_{\text{第四项}}\end{aligned}\tag{6.104}$$

根据式(5.53)所示的复矩阵求导性质，有

$$\frac{\partial\mathcal{L}_\rho\left(\boldsymbol{E},\boldsymbol{u},\boldsymbol{X},\boldsymbol{Z}^\gamma,\boldsymbol{\Lambda}^\gamma\right)}{\partial\boldsymbol{E}}=\frac{\tau}{2(2N+1)}\boldsymbol{I}_1-\boldsymbol{\Lambda}_2^{\gamma\mathrm{T}}-\rho\boldsymbol{Z}_2^{\gamma\mathrm{T}}+\rho\boldsymbol{E}^\mathrm{T}\tag{6.105}$$

$$\frac{\partial\mathcal{L}_\rho\left(\boldsymbol{E},\boldsymbol{u},\boldsymbol{X},\boldsymbol{Z}^\gamma,\boldsymbol{\Lambda}^\gamma\right)}{\partial T_b(\boldsymbol{u})}=\frac{\tau}{2(2N+1)}\boldsymbol{I}_2-\boldsymbol{\Lambda}_0^{\gamma\mathrm{T}}-\rho\boldsymbol{Z}_0^{\gamma\mathrm{T}}+\rho T_b(\boldsymbol{u})^\mathrm{T}\tag{6.106}$$

$$\frac{\partial\mathcal{L}_\rho\left(\boldsymbol{E},\boldsymbol{u},\boldsymbol{X},\boldsymbol{Z}^\gamma,\boldsymbol{\Lambda}^\gamma\right)}{\partial\boldsymbol{X}}=-\frac{1}{2}\boldsymbol{G}^\mathrm{T}\boldsymbol{B}_N^\mathrm{T}\boldsymbol{Y}_{\mathrm{M}N}^\mathrm{T}\boldsymbol{P}^{\star*}+\frac{1}{2}\boldsymbol{G}^\mathrm{T}\boldsymbol{B}_N^\mathrm{T}\boldsymbol{Y}_{\mathrm{M}N}^\mathrm{T}\boldsymbol{Y}_{\mathrm{M}N}^*\boldsymbol{B}_N^*\boldsymbol{G}^*\boldsymbol{X}^*-\boldsymbol{\Lambda}_1^{\gamma*}-\rho\boldsymbol{Z}_1^{\gamma*}+\rho\boldsymbol{X}^*\tag{6.107}$$

式(6.92)中的$\mathcal{L}_\rho\left(\boldsymbol{E},\boldsymbol{u},\boldsymbol{X},\boldsymbol{Z}^\gamma,\boldsymbol{\Lambda}^\gamma\right)$取最小值时，式(6.105)～式(6.107)均等于零，相应地，式(6.97)～式(6.99)成立。

6.3.3　声源 DOA 估计及强度量化

基于去噪声数学模型求解的$T_b(\hat{\boldsymbol{u}})$和$\hat{\boldsymbol{X}}$可进行声源 DOA 估计和强度量化。

1. 声源 DOA 估计

将 6.2.3 节所示的球面 ESPRIT 的实施步骤作用于协方差矩阵$\boldsymbol{G}T_b(\hat{\boldsymbol{u}})\boldsymbol{G}^\mathrm{H}$，即用$\boldsymbol{G}T_b(\hat{\boldsymbol{u}})\boldsymbol{G}^\mathrm{H}$替代$\boldsymbol{Y}\boldsymbol{Y}^\mathrm{H}/L$，可估计各声源的 DOA。这里，采用$\boldsymbol{G}T_b(\hat{\boldsymbol{u}})\boldsymbol{G}^\mathrm{H}$而不直接采用$T_b(\hat{\boldsymbol{u}})$是因为$\boldsymbol{G}T_b(\hat{\boldsymbol{u}})\boldsymbol{G}^\mathrm{H}$前$I$个较大特征值对应的特征向量构成的矩阵才与$\boldsymbol{Y}_{\mathrm{S}N}^\mathrm{H}$跨越相同子空间。根据式(6.78)，$T_b(\hat{\boldsymbol{u}})$是一组源中各个源独自引起信号协方差矩阵的和，不包括不同源引起信号间的协方差成分，即$T_b(\hat{\boldsymbol{u}})$去除了源间的相关性，可看作是一组不相干源引起信号的协方差矩阵，且该特性与采用的数据快拍数目无关；由于施加约束$\left\|\boldsymbol{P}^{\star}-\boldsymbol{Y}_{\mathrm{M}N}\boldsymbol{B}_N\boldsymbol{G}\boldsymbol{X}\right\|_\mathrm{F}\leqslant\varepsilon$，

式(6.74)所示的数学模型具有噪声滤除功能；该数学模型还未涉及传声器采样球谐函数的正交性。因此，用 $\boldsymbol{G}T_b(\hat{\boldsymbol{u}})\boldsymbol{G}^{\mathrm{H}}$ 替代 $\boldsymbol{Y}\boldsymbol{Y}^{\mathrm{H}}/L$ 作为球面 ESPRIT 的输入有望缓解甚至克服传统球面 ESPRIT 对高频声源、相干声源、少数据快拍或低 SNR 工况失效的缺陷。

2. 声源强度量化

令估计声源 DOA 为 $\hat{\Omega}_{\mathrm{S}i}\left(i=1,2,\cdots,\hat{I}\right)$，根据估计声源 DOA 计算的球谐函数矩阵为

$$\hat{\boldsymbol{Y}}_{\mathrm{S}N}=\left[\begin{matrix}\underbrace{\begin{matrix}Y_0^0\left(\hat{\Omega}_{\mathrm{S}1}\right)\\Y_0^0\left(\hat{\Omega}_{\mathrm{S}2}\right)\\\vdots\\Y_0^0\left(\hat{\Omega}_{\mathrm{S}\hat{I}}\right)\end{matrix}}_{n=0} & \underbrace{\begin{matrix}Y_1^{-1}\left(\hat{\Omega}_{\mathrm{S}1}\right) & Y_1^0\left(\hat{\Omega}_{\mathrm{S}1}\right) & Y_1^1\left(\hat{\Omega}_{\mathrm{S}1}\right)\\Y_1^{-1}\left(\hat{\Omega}_{\mathrm{S}2}\right) & Y_1^0\left(\hat{\Omega}_{\mathrm{S}2}\right) & Y_1^1\left(\hat{\Omega}_{\mathrm{S}2}\right)\\\vdots & \vdots & \vdots\\Y_1^{-1}\left(\hat{\Omega}_{\mathrm{S}\hat{I}}\right) & Y_1^0\left(\hat{\Omega}_{\mathrm{S}\hat{I}}\right) & Y_1^1\left(\hat{\Omega}_{\mathrm{S}\hat{I}}\right)\end{matrix}}_{n=1} & \begin{matrix}\cdots\\\cdots\\\ddots\\\cdots\end{matrix} & \underbrace{\begin{matrix}Y_N^{-N}\left(\hat{\Omega}_{\mathrm{S}1}\right) & \cdots & Y_N^N\left(\hat{\Omega}_{\mathrm{S}1}\right)\\Y_N^{-N}\left(\hat{\Omega}_{\mathrm{S}2}\right) & \cdots & Y_N^N\left(\hat{\Omega}_{\mathrm{S}2}\right)\\\vdots & \ddots & \vdots\\Y_N^{-N}\left(\hat{\Omega}_{\mathrm{S}\hat{I}}\right) & \cdots & Y_N^N\left(\hat{\Omega}_{\mathrm{S}\hat{I}}\right)\end{matrix}}_{n=N}\end{matrix}\right]\in\mathbb{C}^{\hat{I}\times(N+1)^2} \tag{6.108}$$

快拍下各声源强度组成的矩阵 $\hat{\boldsymbol{S}}=\left[\boldsymbol{s}_1^{\mathrm{T}},\boldsymbol{s}_2^{\mathrm{T}},\cdots,\boldsymbol{s}_{\hat{I}}^{\mathrm{T}}\right]^{\mathrm{T}}\in\mathbb{C}^{\hat{I}\times L}$ 可量化为

$$\hat{\boldsymbol{S}}=\left(\boldsymbol{Y}_{\mathrm{M}N}\boldsymbol{B}_N\hat{\boldsymbol{Y}}_{\mathrm{S}N}^{\mathrm{H}}\right)^{+}\boldsymbol{Y}_{\mathrm{M}N}\boldsymbol{B}_N\boldsymbol{G}\hat{\boldsymbol{X}} \tag{6.109}$$

传统球面 ESPRIT 中，$\boldsymbol{Y}_{\mathrm{M}N}\boldsymbol{B}_N\boldsymbol{G}\hat{\boldsymbol{X}}$ 未被获取，进行声源强度量化时，需用 $\boldsymbol{P}^{\star}$ 替换式(6.109)中的 $\boldsymbol{Y}_{\mathrm{M}N}\boldsymbol{B}_N\boldsymbol{G}\hat{\boldsymbol{X}}$。

6.4 数 值 模 拟

本节基于数值模拟检验提出方法的性能。假设 5 个声源，DOA$\left[(\theta_{\mathrm{S}i},\phi_{\mathrm{S}i})\right]$依次为(120°,80°)、(30°,90°)、(90°,180°)、(150°,270°)和(60°,290°)，强度($\|\boldsymbol{s}_i\|_2/\sqrt{L}$)依次为 100dB、97.5dB、95dB、93dB 和 90dB(参考标准声压 2×10^{-5}Pa 进行 dB 缩放)。与第 3 章、第 4 章一致，仍采用半径 0.0975m，包含 36 个传声器的刚性球阵列，对应 N_D 为 5[28]。模拟声源产生的声压信号时，用 50 替代式(6.1)中的∞。基于球面 ESPRIT 估计声源 DOA 时，用 15dB 动态范围内较大特征值的数目来估计声源总数。基于 ADMM 的求解器中，ρ 取 1，最大迭代次数取 1000，连续两次迭代 $\boldsymbol{u}$ 间的相对变化量($\|\boldsymbol{u}^{\gamma}-\boldsymbol{u}^{\gamma-1}\|_2/\|\boldsymbol{u}^{\gamma-1}\|_2$)和 $\boldsymbol{X}$ 间的相对变化量$\left(\|\boldsymbol{X}^{\gamma}-\boldsymbol{X}^{\gamma-1}\|_{\mathrm{F}}/\|\boldsymbol{X}^{\gamma-1}\|_{\mathrm{F}}\right)$均小于 10^{-3} 或最大迭代次数被完成时，迭代终止。

对多次蒙特卡罗运算结果进行统计分析时，采用 5.3.3 节定义的 CCDF(T)[式(5.33)]、RMSE[式(5.35)]和 Nℓ_2NE[式(5.36)]，其中，CCDF(T)表示声源 DOA 的估计值与真实值间角距离大于 T 的概率；RMSE 表示声源 DOA 的估计值与真实值间的误差；Nℓ_2NE 用于衡量对声源强度的量化准确度。这里，计算 RMSE 和 Nℓ_2NE 时，式(5.35)和式(5.36)中的 T_1 设为 180°，即 $\Delta\Omega_{\mathrm{S}i,d}\neq\infty$ 的样本均被考虑。

6.4.1　不同频率工况

假设声源互不相干、数据快拍数目为 20 且无噪声干扰，改变频率进行数值模拟。每个频率下进行 100 次蒙特卡罗运算，每次运算随机生成 $\boldsymbol{S}$。图 6.4 给出了 1000Hz（第Ⅰ列）、3000Hz（第Ⅱ列）和 5000Hz（第Ⅲ列）频率下具有代表性的单次蒙特卡罗运算的声源成像图，三个频率对应的阶截断后的最高阶 N 依次为 3、7 和 10。第 a 行对应传统球面 ESPRIT，仅当频率为 1000Hz［图 6.4（aⅠ）］时，$N \leqslant N_D$，声源 DOA 被准确估计且强度被准确量化。第 b 行对应采用基于 IPM 的 SDPT3 求解器的无网格连续压缩波束形成，第 c 行对应采用基于 ADMM 的求解器的无网格连续压缩波束形成，各频率下，声源 DOA 均被准确估计、声源强度均被准确量化。图 6.5（a）～图 6.5（d）依次给出了 CCDF（3°）、CCDF（1°）、RMSE 和 Nℓ_2NE 随频率的变化曲线，各频率对应的 N 也被标出。图 6.5（a）～图 6.5（c）显示：传统球面 ESPRIT 仅在 $N \leqslant N_D$ 的低频段具有较小 RMSE，而在 $N > N_D$ 的高频段，其估计的声源 DOA 与真实声源 DOA 间的角距离几乎百分之百大于 3°，RMSE 很大；不论采用基于 IPM 的 SDPT3 求解器还是采用基于 ADMM 的求解器，各频率下，无网格连续压缩波束形成估计的声源 DOA 与真实声源 DOA 间的角距离几乎百分之百小于或等于 1°，RMSE 接近 0°。这些现象与 6.2.3 节和 6.3.3 节中的相吻合。图 6.5（d）显示：在 $N \leqslant N_D$ 的低频段，传统球面 ESPRIT 和无网格连续压缩波束形成对声源强度的量化准确度相差不大，而在 $N > N_D$ 的高频段，前者显著变差，后者依旧较好；采用基于 ADMM 的求解器时，声源强度量化准确度略低于采用基于 IPM 的 SDPT3 求解器时的准确度。图 6.4 和图 6.5（a）～图 6.5（d）均证明：无网格连续压缩波束形成能完美克服传统球面 ESPRIT 对高频声源失效的缺陷。图 6.5（e）对比了传统球面 ESPRIT、采用基于 IPM 的 SDPT3 求解器的无网格连续压缩波束形成和采用基于 ADMM 的求解器的无网格连续压缩波束形成的耗时。显然，无网格连续压缩波束形成牺牲了传统球面 ESPRIT 的高效优势；基于 ADMM 的求解器比基于 IPM 的 SDPT3 求解器更高效。前者与无网格连续压缩波束形成需要额外计算协方差矩阵 $\boldsymbol{G}T_b(\hat{\boldsymbol{u}})\boldsymbol{G}^{\mathrm{H}}$ 有关；后者与两种求解器每次迭代的计算复杂度有关（如 5.4.1 节所述）。随频率增高，N 变大，涉及矩阵的维度变大，采用两种求解器的无网格连续压缩波束形成的耗时均呈增长趋势，在更高频率（更大 N），如 5200Hz（N=11），基于 IPM 的 SDPT3 求解器受仅适用于小维度矩阵问题的固有特性[173,175,179]限制将无法工作，基于 ADMM 的求解器仍能继续工作。采用基于 ADMM 的求解器时，耗时具有明显“锯齿”现象，即 N 一定时，耗时随频率的增高而变小，这可能是 N 一定时，频率越高，基于 ADMM 的求解器终止迭代所需的迭代次数越少的缘故。

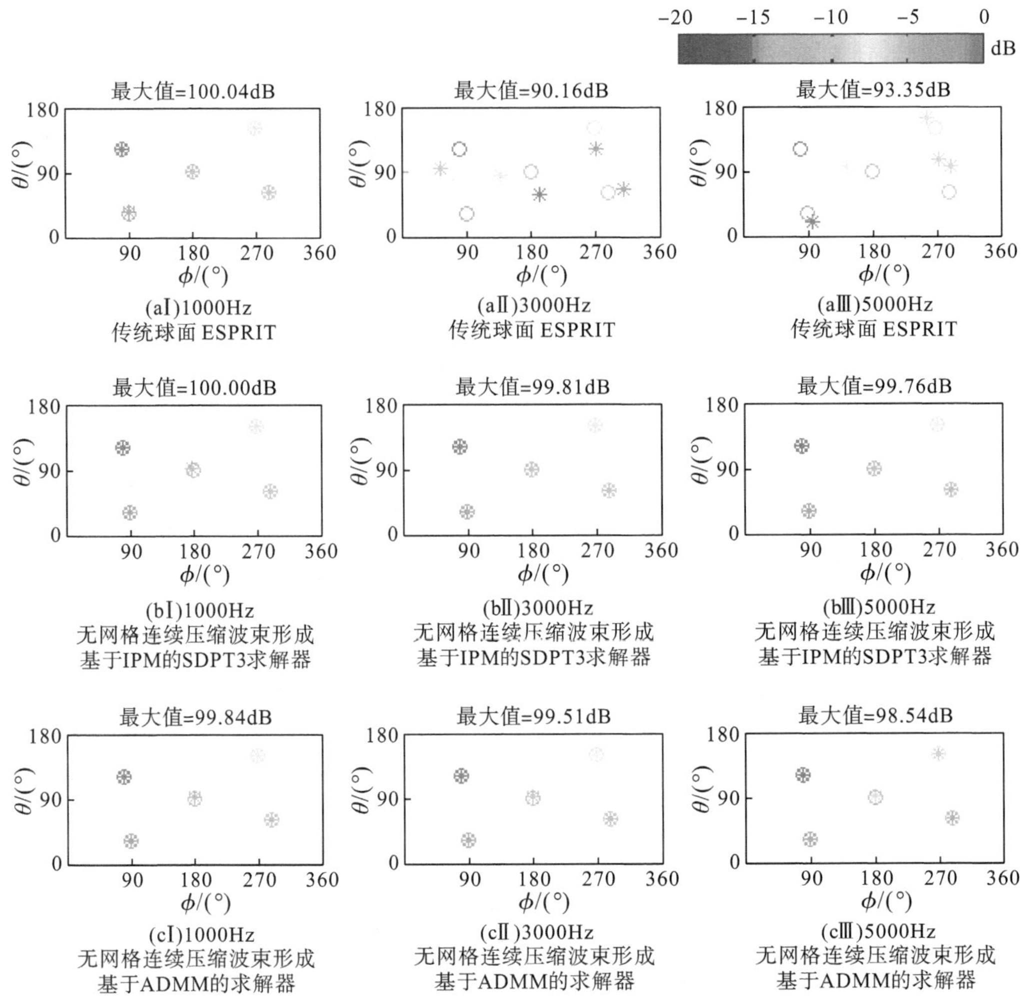

图 6.4 声源互不相干、数据快拍为 20 个且无噪声条件下不同频率的声源成像图

注：○表示真实声源分布，∗表示重构声源分布，分别参考各自的最大值进行 dB 缩放。

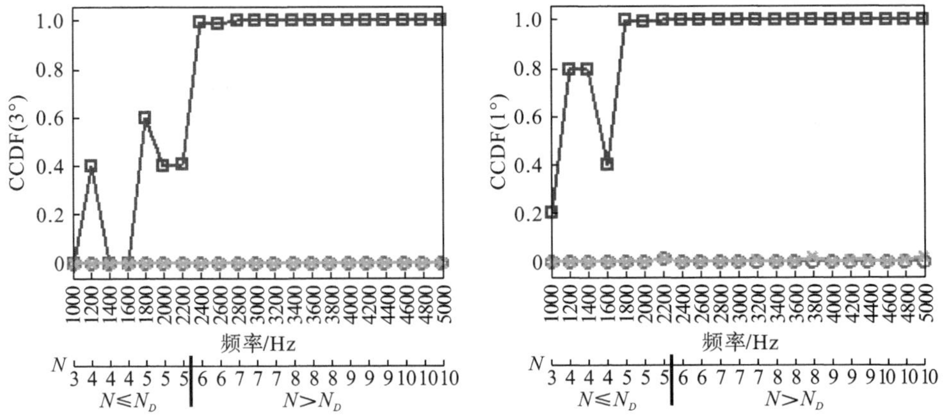

(a) CCDF(3°)

(b) CCDF(1°)

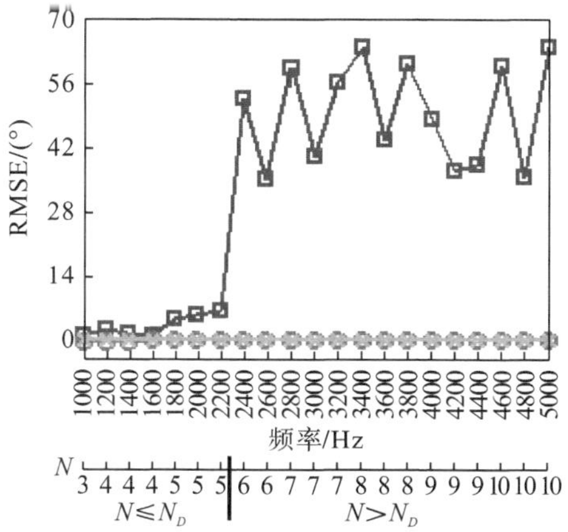

(c) RMSE

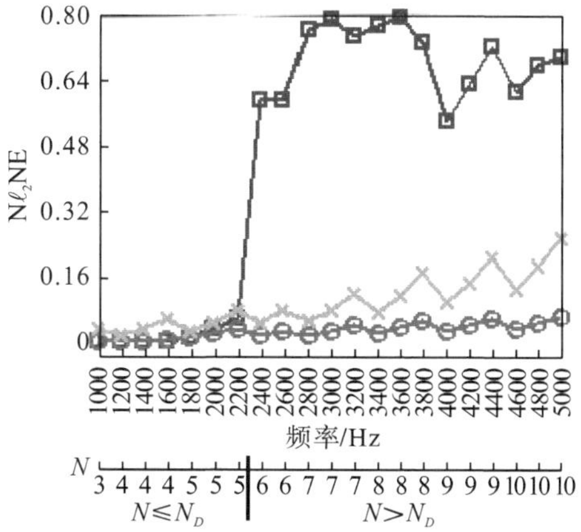

(d) $N\ell_2NE$

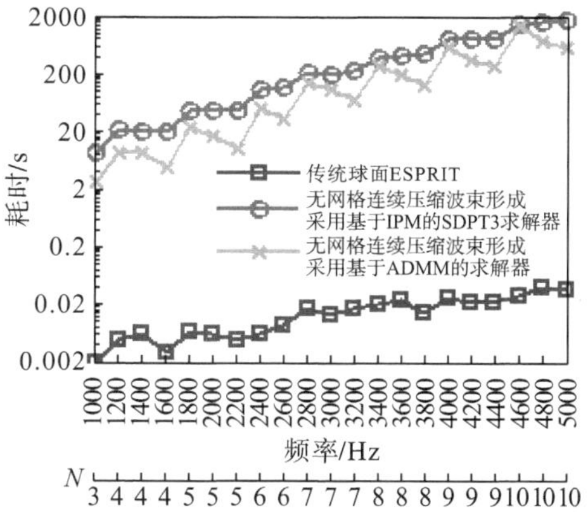

(e) 耗时

图 6.5　各统计量随频率的变化曲线

6.4.2　不同声源相干性工况

假设频率为 1500Hz、数据快拍数目为 20 且无噪声干扰，改变声源间的相干性进行数值模拟，图 6.6 为具有代表性的单次蒙特卡罗运算的声源成像图。第 a 行对应传统球面 ESPRIT，仅当声源互不相干[图 6.6(aⅠ)]时，声源 DOA 被准确估计且强度被准确量化；当声源部分相干[图 6.6(aⅡ)]或完全相干[图 6.6(aⅢ)]时，声源识别均失败。第 b 行和第 c 行对应采用基于 IPM 的 SDPT3 求解器和采用基于 ADMM 的求解器的无网格连续压缩波束形成，当声源互不相干[图 6.6(bⅠ)和图 6.6(cⅠ)]、部分相干[图 6.6(bⅡ)和图 6.6(cⅡ)]或完全相干[图 6.6(bⅢ)和图 6.6(cⅢ)]时，声源 DOA 均被准确估计且强度均被准确量化。该现象证明：无网格连续压缩波束形成能完美克服传统球面 ESPRIT 对相干声源失效的缺陷。表 6.1 列出了获得图 6.6 各方法的耗时，其呈现出与图 6.5(e)一致的规律，即相比传统球面 ESPRIT，无网格连续压缩波束形成耗时严重；相比基于 IPM 的 SDPT3 求解器，基于 ADMM 的求解器更高效。

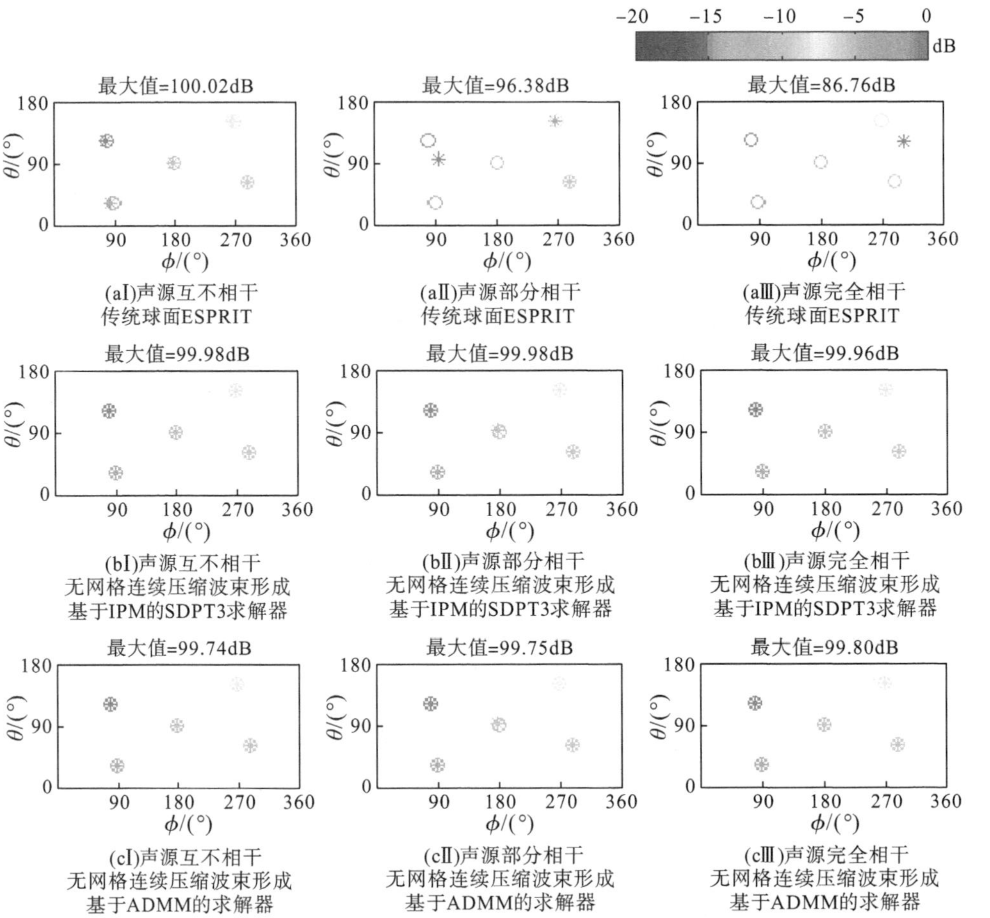

图 6.6 1500Hz 频率、20 个数据快拍且无噪声条件下不同声源相干性的具有代表性的声源成像图

注：○表示真实声源分布，∗表示重构声源分布，分别参考各自的最大值进行 dB 缩放。

表 6.1 获得图 6.6 传统球面 ESPRIT 和无网格连续压缩波束形成的耗时 （单位：s）

方法及求解算法		互不相干（第Ⅰ列）	部分相干（第Ⅱ列）	完全相干（第Ⅲ列）
传统球面 ESPRIT（第 a 行）		0.003	0.003	0.004
无网格连续压缩波束形成	采用基于 IPM 的 SDPT3 求解器（第 b 行）	20.57	20.57	22.75
	采用基于 ADMM 的求解器（第 c 行）	6.41	8.47	8.65

6.4.3 不同数据快拍数目和 SNR 工况

假设声源互不相干且频率为 1500Hz，改变数据快拍数目和 SNR 进行数值模拟。在每对数据快拍数目和 SNR 下进行 100 次蒙特卡罗运算，每次运算随机生成 $\boldsymbol{S}$ 和 $\boldsymbol{N}$。图 6.7 给出了不同数据快拍数目、不同 SNR 下的 CCDF 柱状图。第Ⅰ列对应 CCDF(3°)，若认为声源 DOA 的估计值与真实值间的角距离小于或等于 3°意味着声源 DOA 估计成功，则 CCDF(3°)表示声源 DOA 估计失败的概率，CCDF(3°)≈0 意味着声源 DOA 被高概率成功估计。相比图 6.7(aⅠ)所示的传统球面 ESPRIT，图 6.7(bⅠ)和图 6.7(cⅠ)所示的无网格连续压缩波束形成能高概率成功估计声源 DOA 的区域明显更大。当 SNR 足够高时，无网格连续压缩波束形成在少数据快拍甚至单数据快拍下可高概率成功估计各声源的 DOA，而传统球面 ESPRIT 不能；当 SNR 较低时，前者声源 DOA 估计失败的概率整体也低于后者。第Ⅱ列对应 CCDF(1°)，即认为声源 DOA 估计成功的标准更严格。对比图 6.7(aⅠ)和图 6.7(aⅡ)，传统球面 ESPRIT 的 CCDF≈0 的区域从有变无，对比图 6.7(bⅠ)和图 6.7(bⅡ)及图 6.7(cⅠ)和图 6.7(cⅡ)，无网格连续压缩波束形成的 CCDF≈0 的区域仅轻微变小，说明无网格连续压缩波束形成的声源 DOA 估计精度更高。图 6.8 给出了不同数据快拍数目、不同 SNR 下 RMSE 和 Nℓ_2NE 的柱状图，显然，就小 RMSE 和 Nℓ_2NE 覆盖的区域而言，无网格连续压缩波束形成大于传统球面 ESPRIT，涉及更少数据快拍数目和更低 SNR。选取具有代表性的单次蒙特卡罗运算的结果进行声源成像。图 6.9、图 6.10 和图 6.11 依次为采用 20、5 和 1 个数据快拍的成像图，每幅图中，a～c 行依次对应传统球面 ESPRIT、采用基于 IPM 的 SDPT3 求解器的无网格连续压缩波束形成和采用基于 ADMM 的求解器的无网格连续压缩波束形成，Ⅰ～Ⅲ列依次对应 0dB、10dB 和 20dB 的 SNR。采用 20 个数据快拍时，如图 6.9(aⅠ)～图 6.9(aⅢ)所示，传统球面 ESPRIT 仅在 SNR 为 20dB 时准确识别各声源，在 SNR 为 0dB 和 10dB 时均因严重过估计声源数目而失效，相比之下，如图 6.9(bⅠ)～图 6.9(cⅢ)所示，无网格连续压缩波束形成在 SNR 为 0dB 和 10dB 时的声源识别精度明显优于传统球面 ESPRIT，在 SNR 为 20dB 时的声源识别精度与传统球面 ESPRIT 相当。采用 5 个数据快拍时，如图 6.10(aⅠ)～图 6.10(aⅢ)所示，传统球面 ESPRIT 在三个 SNR 下均不能准确识别声源，如图 6.10(bⅠ)～图 6.10(cⅢ)所示，无网格连续压缩波束形成在三个 SNR 下的声源识别精度均明显优于传统球面 ESPRIT，SNR 为 10dB 时已能较好识别各声源，SNR 为 20dB 时的精度更高。仅采用 1 个数据快拍时，如图 6.11(aⅠ)～图 6.11(aⅢ)所示，不论 SNR 多高，传统球面 ESPRIT 均因严重欠估计声源数目而失效，与此不同，如图 6.11(bⅠ)～图 6.11(cⅢ)所示，无网格连续压缩波束形成在 SNR 为 20dB 时能准确识别声源，在 SNR 为 0dB 和 10dB 时因强噪声干扰而误差较大。图 6.7～图 6.11 均证明：无网格连续压缩波束形成能克服传统球面 ESPRIT 对少数据快拍工况失效的缺陷并显著提高低 SNR 工况下的声源识别精度。

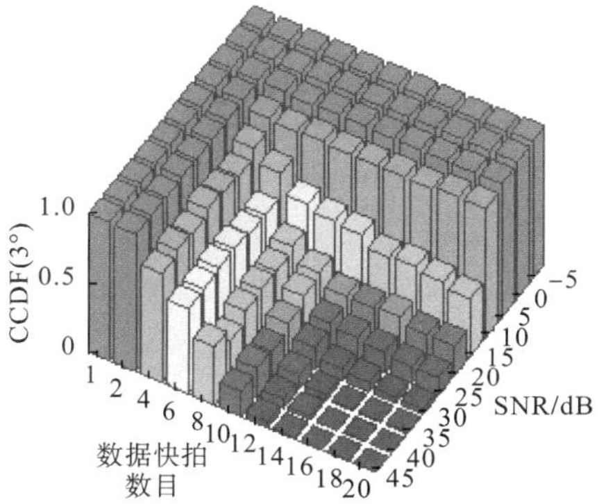

(aⅠ)CCDF(3°)，传统球面ESPRIT

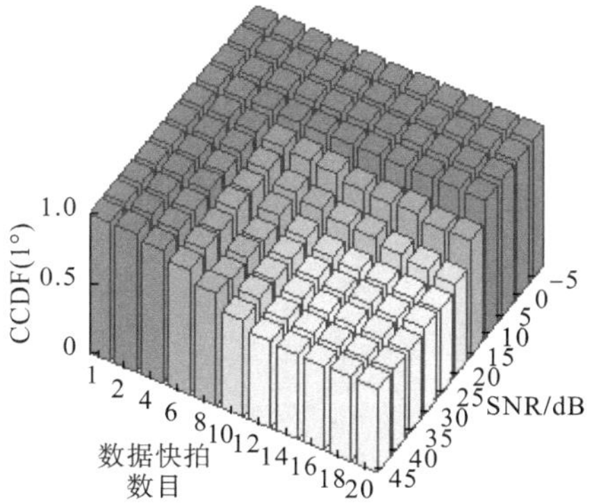

(aⅡ)CCDF(1°)，传统球面ESPRIT

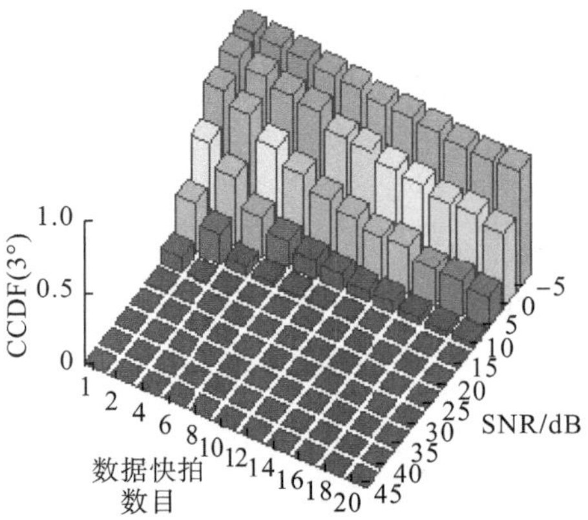

(bⅠ)CCDF(3°)，无网格连续压缩波束形成
基于IPM的SDPT3求解器

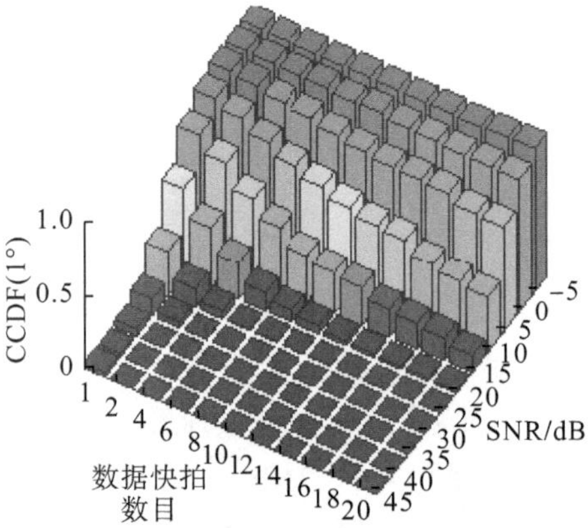

(bⅡ)CCDF(1°)，无网格连续压缩波束形成
基于IPM的SDPT3求解器

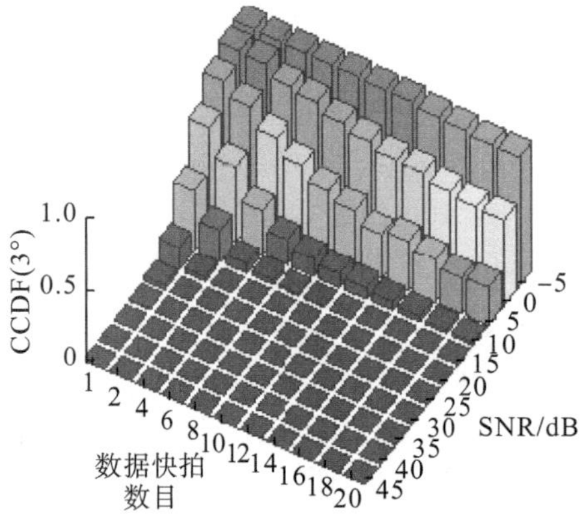

(cⅠ)CCDF(3°)，无网格连续压缩波束形成
基于ADMM的求解器

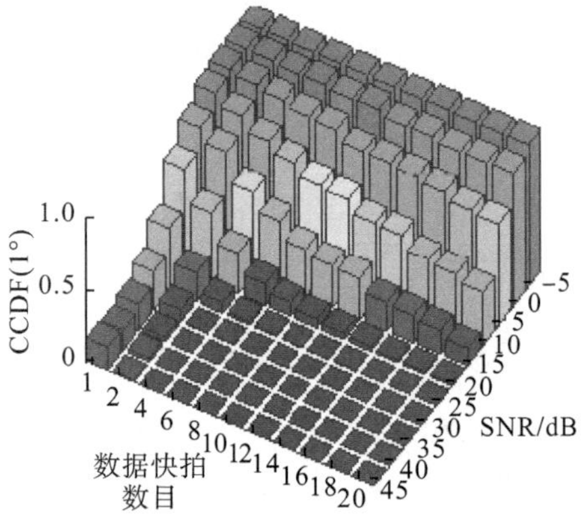

(cⅡ)CCDF(1°)，无网格连续压缩波束形成
基于ADMM的求解器

图 6.7 CCDF 的柱状图

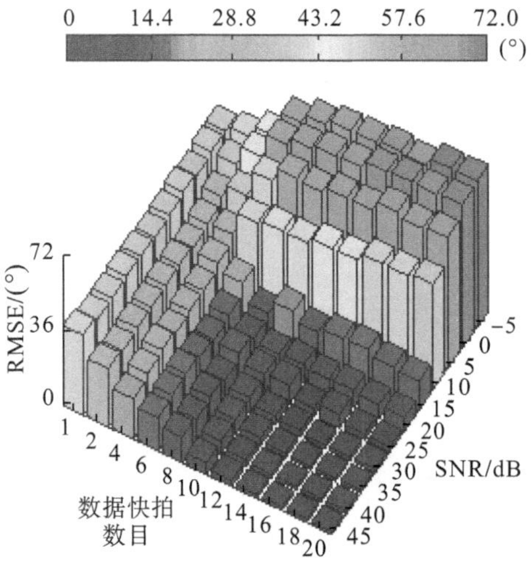

(aⅠ)RMSE，传统球面ESPRIT

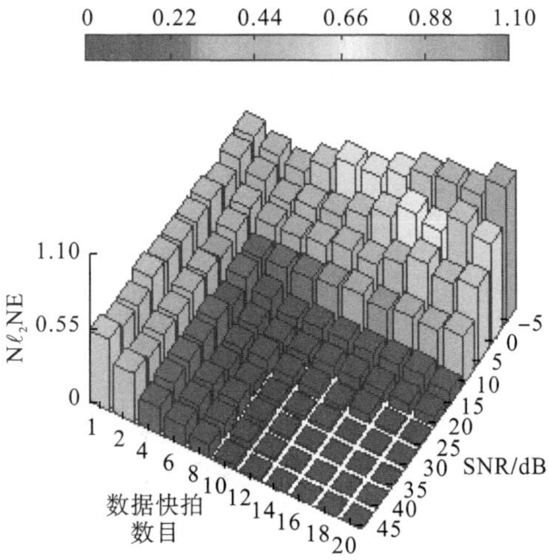

(aⅡ)Nℓ_2NE，传统球面ESPRIT

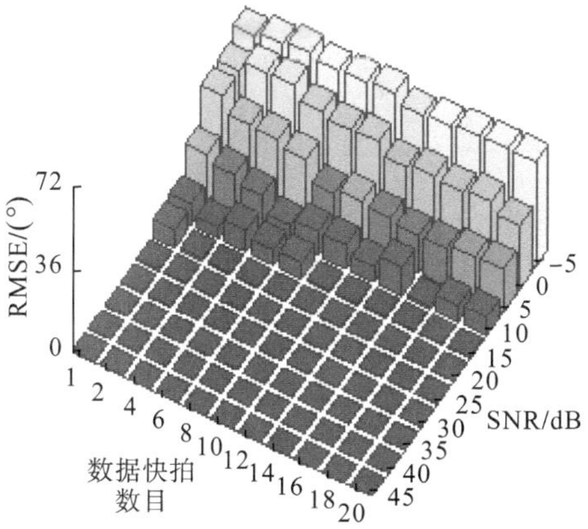

(bⅠ)RMSE，无网格连续压缩波束形成
基于IPM的SDPT3求解器

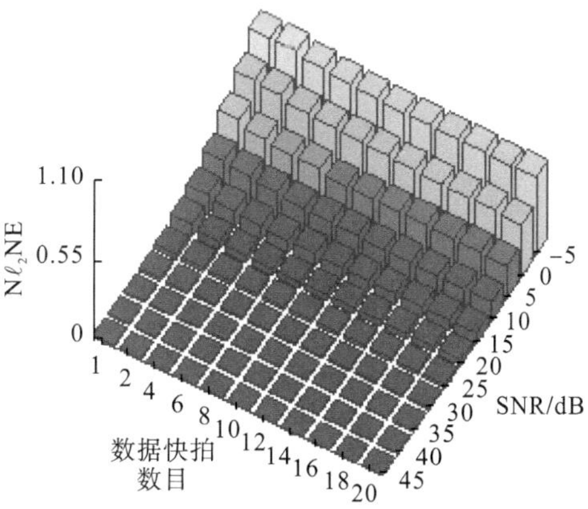

(bⅡ)$N\ell_2NE$，无网格连续压缩波束形成
基于IPM的SDPT3求解器

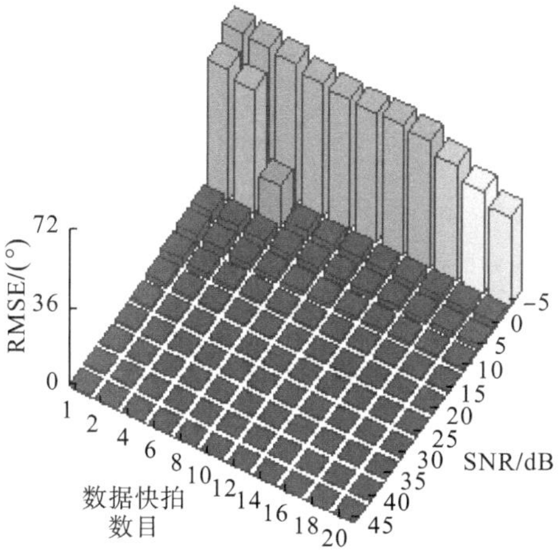

(cⅠ)RMSE，无网格连续压缩波束形成
基于ADMM的求解器

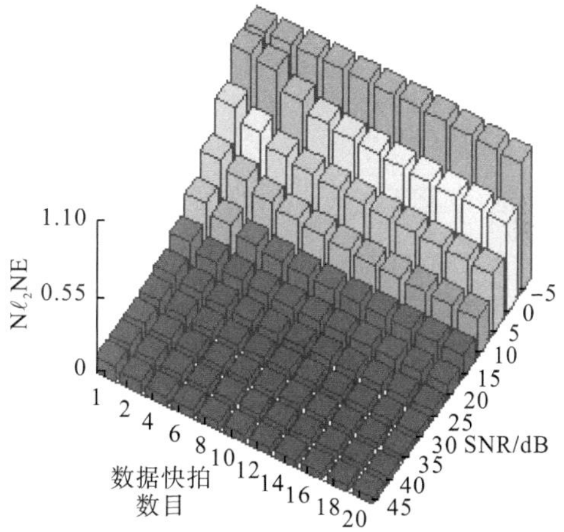

(cⅡ)$N\ell_2NE$，无网格连续压缩波束形成
基于ADMM的求解器

图 6.8　RMSE 和 $N\ell_2NE$ 的柱状图

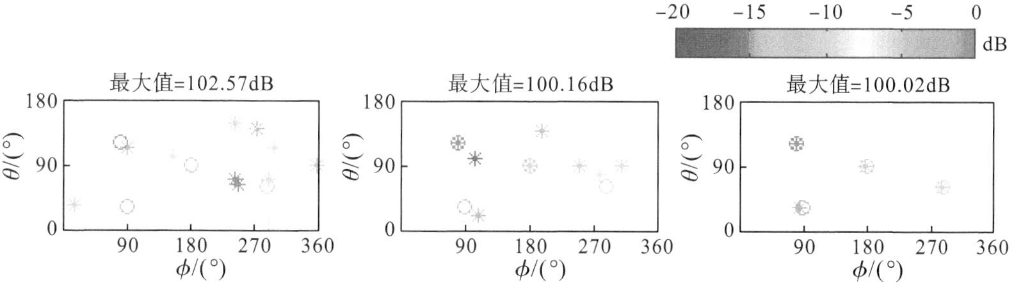

(aⅠ)SNR=0dB
传统球面ESPRIT

(aⅡ)SNR=10dB
传统球面ESPRIT

(aⅢ)SNR=20dB
传统球面ESPRIT

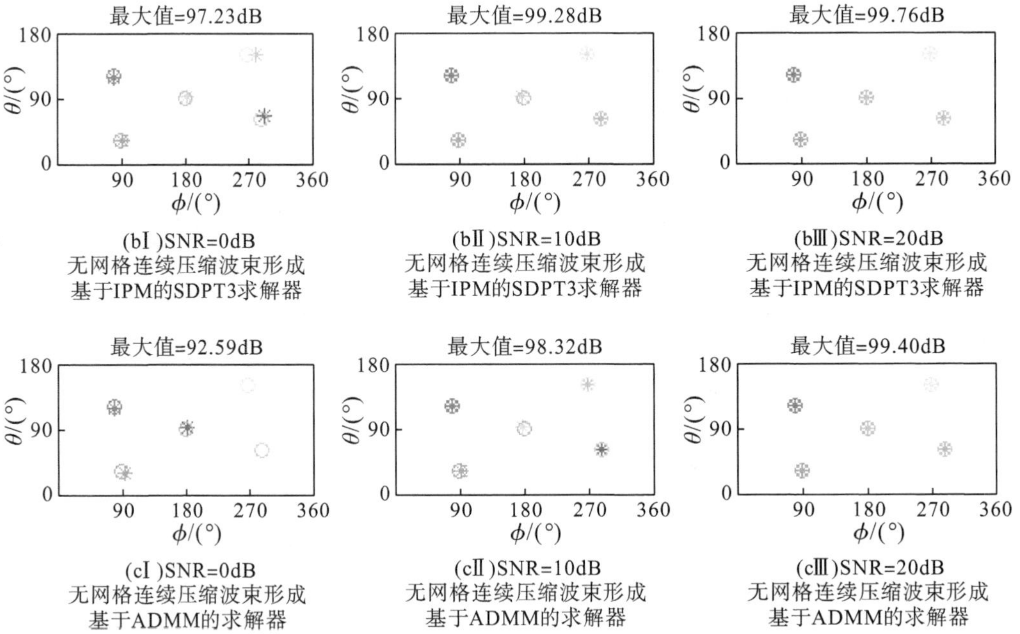

图 6.9　1500Hz 频率、声源互不相干且 20 个数据快拍条件下不同 SNR 的具有代表性的声源成像图

注：○表示真实声源分布，∗表示重构声源分布，分别参考各自的最大值进行 dB 缩放。

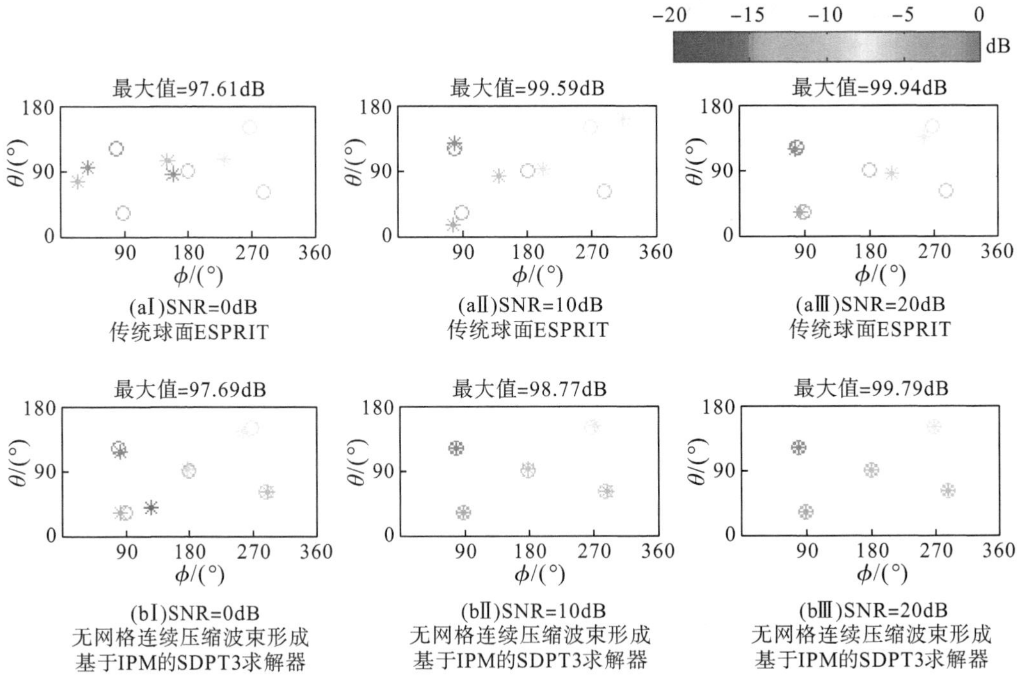

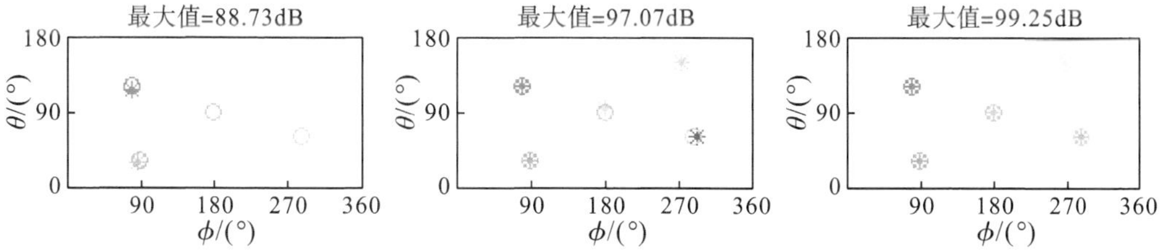

(cⅠ)SNR=0dB 无网格连续压缩波束形成 基于ADMM的求解器

(cⅡ)SNR=10dB 无网格连续压缩波束形成 基于ADMM的求解器

(cⅢ)SNR=20dB 无网格连续压缩波束形成 基于ADMM的求解器

图 6.10　1500Hz 频率、声源互不相干且 5 个数据快拍条件下不同 SNR 的具有代表性的声源成像图

注：○表示真实声源分布，✳表示重构声源分布，分别参考各自的最大值进行 dB 缩放。

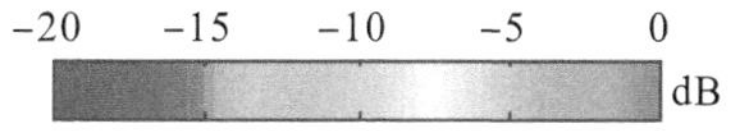

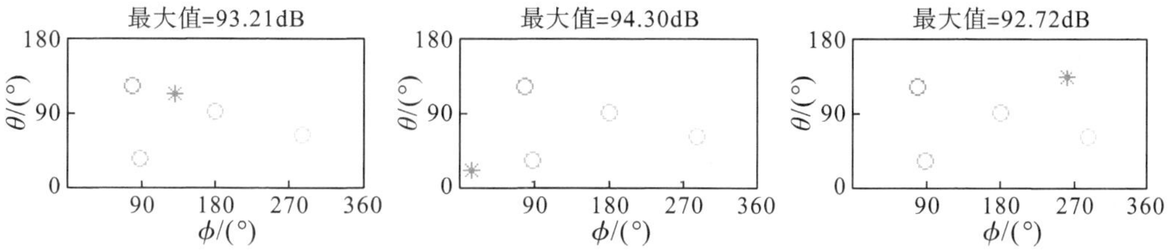

(aⅠ)SNR=0dB 传统球面ESPRIT

(aⅡ)SNR=10dB 传统球面ESPRIT

(aⅢ)SNR=20dB 传统球面ESPRIT

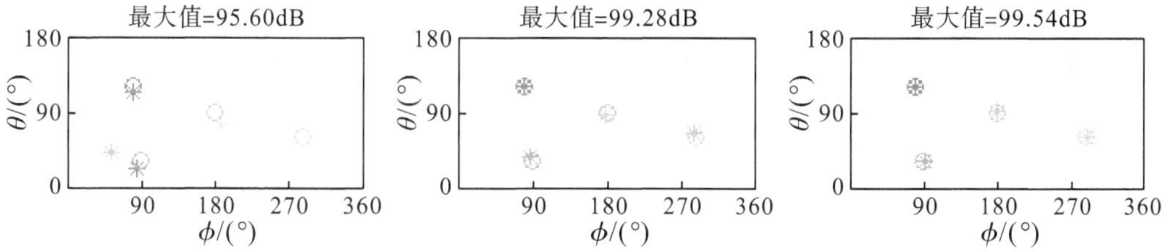

(bⅠ)SNR=0dB 无网格连续压缩波束形成 基于IPM的SDPT3求解器

(bⅡ)SNR=10dB 无网格连续压缩波束形成 基于IPM的SDPT3求解器

(bⅢ)SNR=20dB 无网格连续压缩波束形成 基于IPM的SDPT3求解器

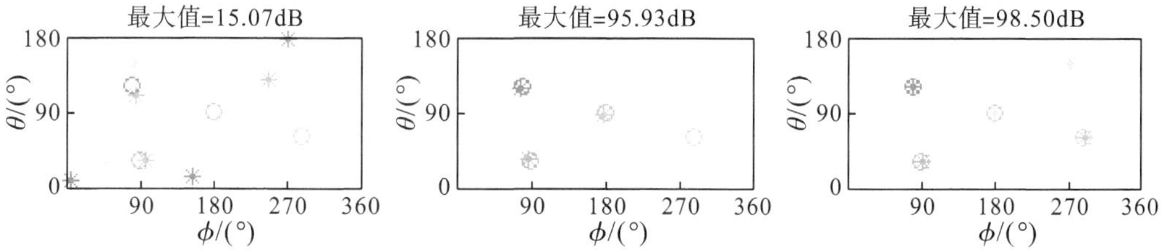

(cⅠ)SNR=0dB 无网格连续压缩波束形成 基于ADMM的求解器

(cⅡ)SNR=10dB 无网格连续压缩波束形成 基于ADMM的求解器

(cⅢ)SNR=20dB 无网格连续压缩波束形成 基于ADMM的求解器

图 6.11　1500Hz 频率、声源互不相干且 1 个数据快拍条件下不同 SNR 的具有代表性的声源成像图

注：○表示真实声源分布，✳表示重构声源分布，分别参考各自的最大值进行 dB 缩放。

表 6.2 列出了获得图 6.9～图 6.11 各方法的耗时，再次证明：无网格连续压缩波束形成比传统球面 ESPRIT 耗时严重；相比基于 IPM 的 SDPT3 求解器，基于 ADMM 的求解器更高效，尤其在多数据快拍下，无网格连续压缩波束形成涉及的矩阵维度变大，该优势更明显。

表 6.2　获得图 6.9～图 6.11 传统球面 ESPRIT 和无网格连续压缩波束形成的耗时　（单位：s）

数据快拍个数	方法及求解算法		SNR=0dB（第 I 列）	SNR=10dB（第 II 列）	SNR=20dB（第III列）
20（图 6.9）	传统球面 ESPRIT（第 a 行）		0.003	0.003	0.003
	无网格连续压缩波束形成	采用基于 IPM 的 SDPT3 求解器（第 b 行）	17.58	17.90	19.98
		采用基于 ADMM 的求解器（第 c 行）	2.23	1.65	3.04
5（图 6.10）	传统球面 ESPRIT（第 a 行）		0.003	0.003	0.003
	无网格连续压缩波束形成	采用基于 IPM 的 SDPT3 求解器（第 b 行）	5.05	5.19	5.49
		采用基于 ADMM 的求解器（第 c 行）	3.35	1.20	1.86
1（图 6.11）	传统球面 ESPRIT（第 a 行）		0.003	0.003	0.003
	无网格连续压缩波束形成	采用基于 IPM 的 SDPT3 求解器（第 b 行）	3.56	3.97	3.45
		采用基于 ADMM 的求解器（第 c 行）	1.90	1.92	1.90

6.5　验 证 试 验

本节首先基于 3.5 节的半消声室内扬声器声源识别试验验证数值模拟结论的正确性并检验提出方法在半消声测试环境中的有效性，然后基于 4.4 节的普通房间内扬声器声源识别试验，检验提出方法在普通测试环境中的有效性。使用信号段总时长为 5s，采样频率为 16384Hz，信号添加汉宁窗，每个快拍时长为 1s、对应的频率分辨率为 1Hz，采用 90% 的重叠率，共 40 个数据快拍被获得。各方法中相关参数的设置与数值模拟中一致。

6.5.1　半消声室内试验

试验布局如图 3.15 所示。图 6.12 给出了声源成像图，a～c 列依次对应传统球面 ESPRIT、采用基于 IPM 的 SDPT3 求解器的无网格连续压缩波束形成和采用基于 ADMM 的求解器的无网格连续压缩波束形成。Ⅰ～Ⅴ行对应五个扬声器均由稳态白噪声信号激励的工况，声源互不相干。获得第Ⅰ行时，采用 20 个数据快拍，频率为 1500Hz（$4=N \leqslant N_D=5$）。如图 6.12（aⅠ）所示，传统球面 ESPRIT 较准确地识别了右侧三个声源，而未准确识别最左侧和地面上的声源，这可能是受地面反射干扰的缘故；如图 6.12（bⅠ）和图 6.12（cⅠ）所示，无网格连续压缩波束形成准确识别了每个声源。获得第Ⅱ行和第Ⅲ行时，频率分别为 3000Hz（$7=N>N_D=5$）和 5000Hz（$10=N>N_D=5$），均采用 20 个数据快拍。图 6.12（aⅡ）和图 6.12（aⅢ）证明传统球面 ESPRIT 在 $N>N_D$ 的高频失效；图 6.12（bⅡ）、图 6.12（cⅡ）、图 6.12（bⅢ）和图 6.12（cⅢ）证明无网格连续压缩波束形成高频时仍能准确识别声源。获得第Ⅳ行和第Ⅴ行时，分别仅采用 5 个和 1 个数据快拍，频率均为 1500Hz。图 6.12(aⅣ)和图 6.12(aⅤ)证明传统球面 ESPRIT 在少数据快拍时失效；图 6.12(bⅣ)、图 6.12(cⅣ)、图 6.12(bⅤ)和图 6.12(cⅤ)证明无网格连续压缩波束形成在少数据快拍时仍能准确识别声源。第Ⅵ行对应五个扬声器均由同一纯音信号激励的工况，声源彼此相干，采用 20 个数据快拍和 1500Hz 频率。图 6.12(aⅥ)证明传统球面 ESPRIT 对相干声源失效；图 6.12(bⅥ)和图 6.12(cⅥ)证明无网格连续压缩波束形成仍能准确识别相干声源。

表 6.3 列出了获得图 6.12 各方法的耗时：相比传统球面 ESPRIT，无网格连续压缩波束形成耗时严重；基于 ADMM 的求解器比基于 IPM 的 SDPT3 求解器更高效。这些试验结果与数值模拟结果一致，证明数值模拟结论正确，同时表明提出的无网格连续压缩波束形成方法在半消声测试环境中有效。

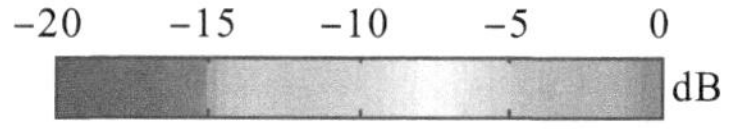

最大值=38.45dB　最大值=37.29dB　最大值=37.50dB

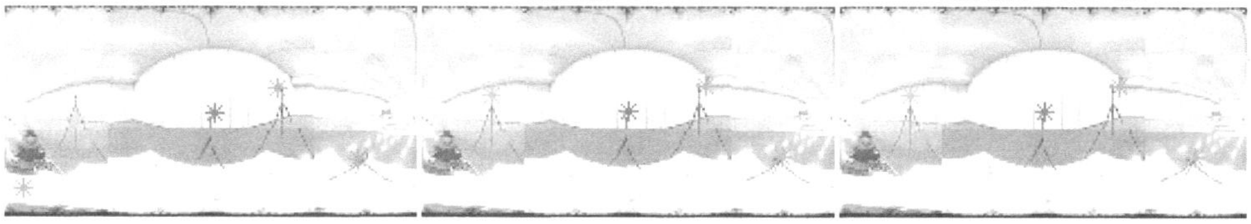

(aⅠ)不相干声源，1500Hz 20个数据快拍 传统球面ESPRIT

(bⅠ)不相干声源，1500Hz 20个数据快拍 无网格连续压缩波束形成 基于IPM的SDPT3求解器

(cⅠ)不相干声源，1500Hz 20个数据快拍 无网格连续压缩波束形成 基于ADMM的求解器

最大值=35.87dB　最大值=39.80dB　最大值=39.57dB

(aⅡ)不相干声源，3000Hz 20个数据快拍 传统球面ESPRIT

(bⅡ)不相干声源，3000Hz 20个数据快拍 无网格连续压缩波束形成 基于IPM的SDPT3求解器

(cⅡ)不相干声源，3000Hz 20个数据快拍 无网格连续压缩波束形成 基于ADMM的求解器

最大值=38.57dB　最大值=42.95dB　最大值=43.23dB

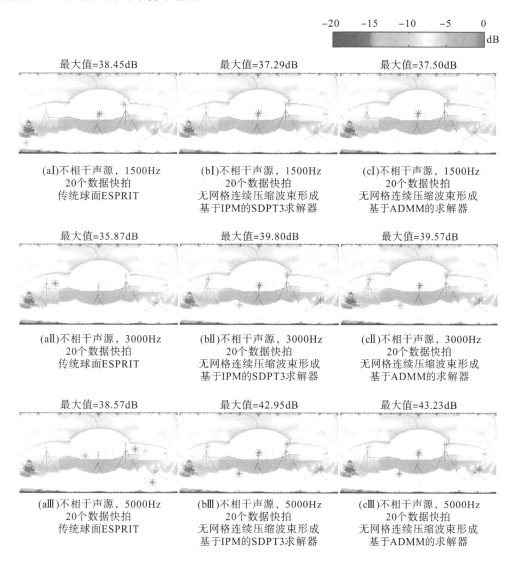

(aⅢ)不相干声源，5000Hz 20个数据快拍 传统球面ESPRIT

(bⅢ)不相干声源，5000Hz 20个数据快拍 无网格连续压缩波束形成 基于IPM的SDPT3求解器

(cⅢ)不相干声源，5000Hz 20个数据快拍 无网格连续压缩波束形成 基于ADMM的求解器

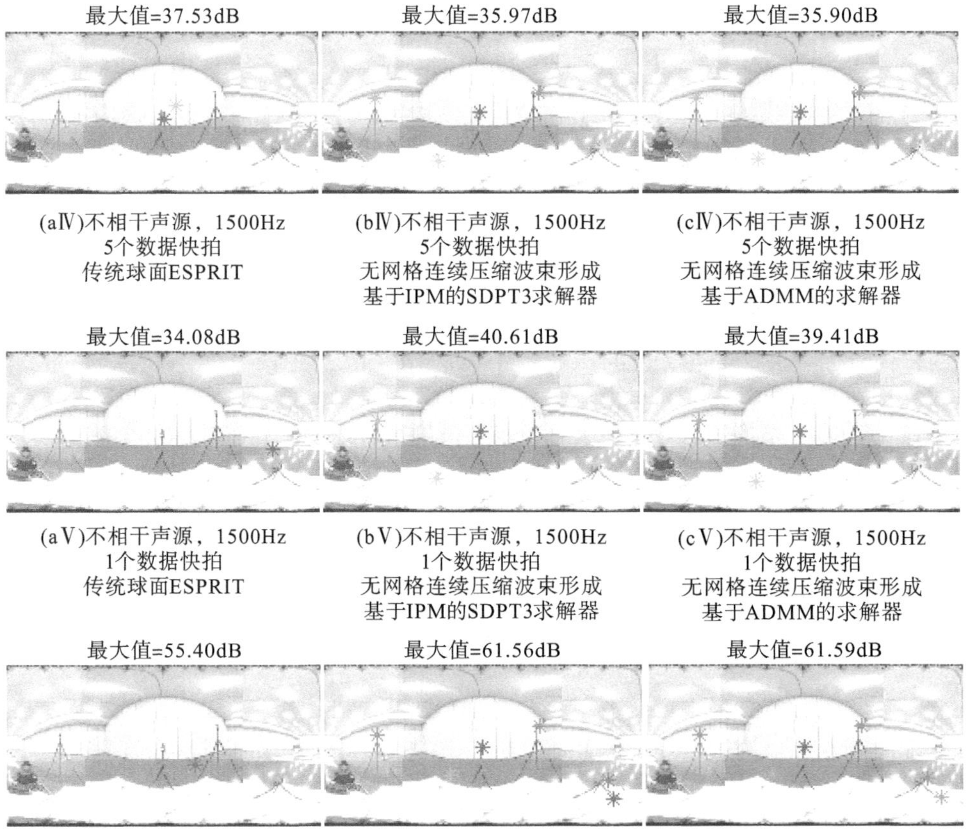

(aⅣ)不相干声源，1500Hz 5个数据快拍 传统球面ESPRIT

(bⅣ)不相干声源，1500Hz 5个数据快拍 无网格连续压缩波束形成 基于IPM的SDPT3求解器

(cⅣ)不相干声源，1500Hz 5个数据快拍 无网格连续压缩波束形成 基于ADMM的求解器

(aⅤ)不相干声源，1500Hz 1个数据快拍 传统球面ESPRIT

(bⅤ)不相干声源，1500Hz 1个数据快拍 无网格连续压缩波束形成 基于IPM的SDPT3求解器

(cⅤ)不相干声源，1500Hz 1个数据快拍 无网格连续压缩波束形成 基于ADMM的求解器

(aⅥ)相干声源，1500Hz 20个数据快拍 传统球面ESPRIT

(bⅥ)相干声源，1500Hz 20个数据快拍 无网格连续压缩波束形成 基于IPM的SDPT3求解器

(cⅥ)相干声源，1500Hz 20个数据快拍 无网格连续压缩波束形成 基于ADMM的求解器

图 6.12　半消声室内五个扬声器声源的成像图

注：∗表示重构声源分布，参考最大值进行 dB 缩放。

表 6.3　获得图 6.12 传统球面 ESPRIT 和无网格连续压缩波束形成的耗时　（单位：s）

试验条件及计算参数	传统球面 ESPRIT(第 a 列)	无网格连续压缩波束形成	
		采用基于 IPM 的 SDPT3 求解器(第 b 列)	采用基于 ADMM 的求解器(第 c 列)
不相干声源，1500 Hz，20 个数据快拍(第Ⅰ行)	0.003	18.16	2.02
不相干声源，3000 Hz，20 个数据快拍(第Ⅱ行)	0.008	213.07	23.19
不相干声源，5000 Hz，20 个数据快拍(第Ⅲ行)	0.02	1445.49	413.95
不相干声源，1500 Hz，5 个数据快拍(第Ⅳ行)	0.003	4.50	1.29
不相干声源，1500 Hz，1 个数据快拍(第Ⅴ行)	0.003	2.95	1.78
相干声源，1500 Hz，20 个数据快拍(第Ⅵ行)	0.003	21.16	6.19

6.5.2　普通房间内试验

试验布局如图 4.17 所示。五个扬声器均由稳态白噪声信号激励，采用 20 个数据快拍，图 6.13 为声源成像图。Ⅰ～Ⅴ行依次对应 1000Hz、2000Hz、3000Hz、4000Hz 和 5000Hz 的频率；a～c 列依次对应传统球面 ESPRIT、采用基于 IPM 的 SDPT3 求解器的无网格连续压缩波束形成和采用基于 ADMM 的求解器的无网格连续压缩波束形成。五个频率下，传统球面 ESPRIT 均不能准确识别声源，除 1000Hz 外的其他频率下，不论采用哪种求解器，无网格连续压缩波束形成均能准确识别声源，尽管估计的声源数目多于真实声源数目，识别结果中多出一些弱的虚假源。1000Hz 和 2000Hz 时传统球面 ESPRIT 失效及 1000Hz 时无网格连续压缩波束形成的低精度主要归因于低频时较严重的房间反射及混响干扰，3000Hz、4000Hz 和 5000Hz 时传统球面 ESPRIT 失效主要归因于其对 $N > N_D$ 的高频失效的缺陷。这些现象证明：即使在普通测试环境中，提出的无网格连续压缩波束形成方法仍然有效。

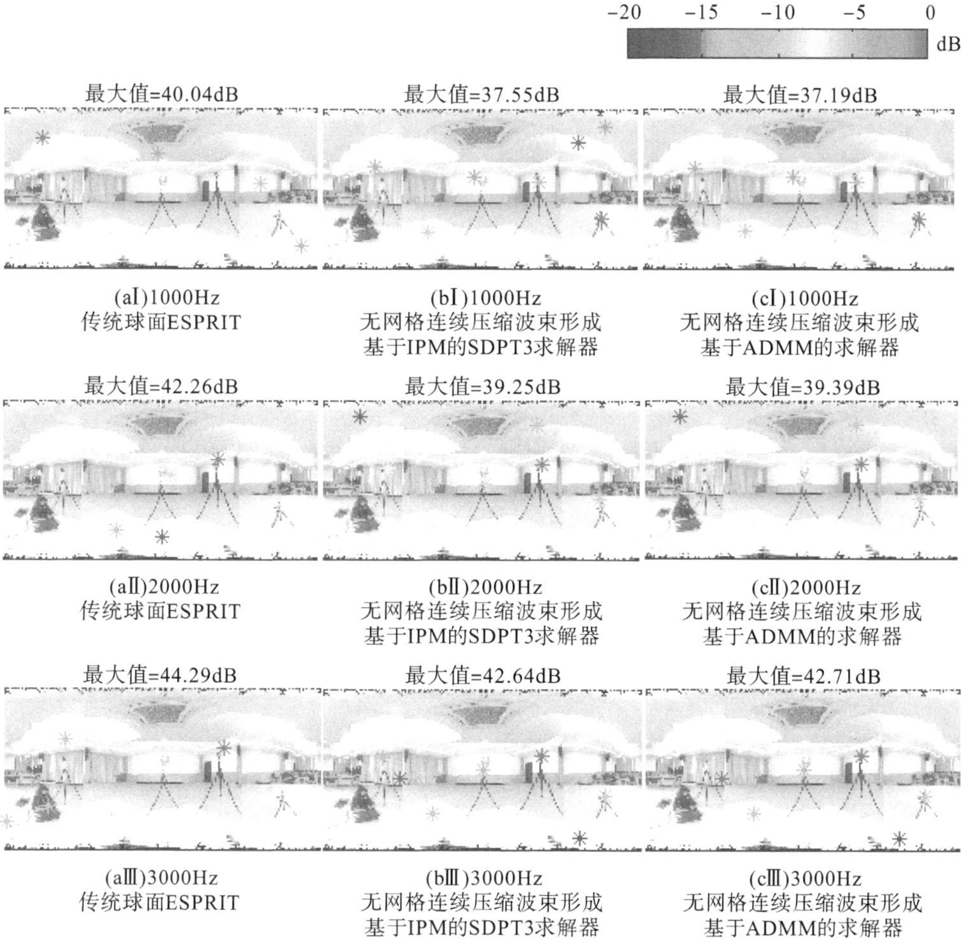

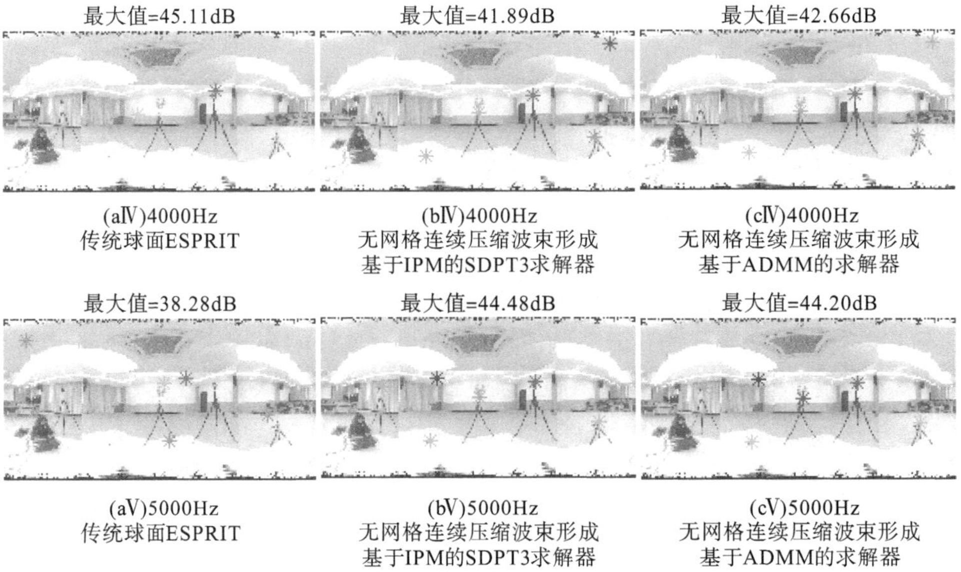

图 6.13 采用 20 个数据快拍时普通房间内五个由稳态白噪声信号激励扬声器声源的成像图

注：∗表示重构声源分布，参考最大值进行 dB 缩放。

6.6 本 章 小 结

本章为球面传声器阵列测量提出无网格连续压缩波束形成，其不但继承了平面传声器阵列无网格连续压缩波束形成的性能优势，同时具有更广阔声源识别区域，综合性能显著优于其他不需要离散目标声源区域的方法(传统球面 ESPRIT)。所做工作为三维空间内声源的 360° 全景准确识别提供新途径，对完善球面传声器阵列的声源识别功能具有重要意义。具体工作及取得的结论如下。

(1) 提出方法的基本思路：基于球谐函数的特殊结构，建立可转化为半正定规划进行求解的传声器测量声压信号去噪声数学模型；用基于球谐函数递归关系的球面 ESPRIT 后处理数学模型求解结果来提取声源 DOA；基于提取的声源 DOA 和求解数学模型重构的传声器声压信号可量化声源强度。

(2) 将提出方法与传统球面 ESPRIT 进行对比，数值模拟结果表明：传统球面 ESPRIT 具有对高频声源、相干声源、少数据快拍或低 SNR 工况失效的缺陷，提出方法能完美克服前三个缺陷并有效缓解第四个缺陷。

(3) 采用两种求解器(基于 IPM 的 SDPT3 求解器和基于 ADMM 的求解器)求解传声器测量声压信号去噪声数学模型的等价半正定规划，数值模拟结果表明：采用两种求解器获得的声源 DOA 估计精度相当；采用基于 ADMM 的求解器获得的声源强度量化精度略低于采用基于 IPM 的 SDPT3 求解器；基于 ADMM 的求解器的计算效率明显优于基于 IPM 的 SDPT3 求解器。

(4) 半消声室和普通房间内的验证试验表明：数值模拟结论正确；提出方法在半消声和普通测试环境内均能有效识别实际声源。

第 7 章 总结与展望

7.1 工 作 总 结

围绕“空间分辨能力增强、寄生虚假声源抑制、定位定量精度提升、鲁棒稳健性能强化、声源识别功能完善”的目标，本书研究反卷积波束形成、函数型波束形成和压缩波束形成三类高性能声源识别方法，常用的平面和球面传声器阵列同时被涵盖。主要工作如下。

(1) 针对平面传声器阵列的反卷积波束形成，系统分析对比四类十种算法（第一类：DAMAS、NNLS、FISTA 和 RL，第二类：CLEAN，第三类：DAMAS2、FFT-NNLS、FFT-FISTA 和 FFT-RL，第四类：CLEAN-SC）的性能，明确各算法的优劣势，建议各类算法的选择原则；为假设 PSF 空间转移不变的第三类算法提出新型聚焦点生成方法，用新型的不规则聚焦点分布取代常规的规则聚焦点分布能提高真实 PSF 空间的转移不变性，从而扩大声源识别的有效区域且增强对小分离声源的空间分辨能力；改进 CLEAN-SC 算法以增强对小分离声源的空间分辨能力，仅以轻微增加计算耗时为代价。

(2) 球面传声器阵列框架下，从全新视角推导 SHB 理论，表示 SHB 输出为基于传声器测量声压信号互谱矩阵的简洁矩阵运算形式，为在统一数学框架下实现四类反卷积波束形成奠定基础；推导 SHB 的 PSF，建立 PSF 计算所需阶截断的确定方法，实现第一类、第二类和第三类反卷积，提出采用周期边界条件的第三类反卷积；推导 SHB 输出间的相干系数，建立声源标示点确定方法和声源在传声器处产生声压信号的互谱矩阵的重构方法，实现包括 CLEAN-SC 和改进 CLEAN-SC 的第四类反卷积。基于数值模拟和试验检验反卷积对 SHB 的性能提升、分析对比各类反卷积算法的性能、探究聚焦距离不等于声源距离时 SHB 和反卷积的表现及相应机理、建议聚焦声源面的设置原则。

(3) 球面传声器阵列框架下，建立满足 PSF 在声源位置输出值极接近 1 且在非声源位置输出值大于 0 且小于 1 的 DAS，为实现函数型波束形成奠定基础；建立 FDAS，揭示典型因素（聚焦距离不等于声源距离、聚焦方向不涵盖声源方向、背景噪声、传声器及测试通道频响特性幅相误差、数据快拍数目、声源相干性）对 FDAS 性能的影响规律及影响机理，分析 FDAS 对不同类型声源的适用性并建议使用原则；引入互谱矩阵 DiRec 来移除背景噪声导致的 FDAS 性能下降，引入 RD 和 DAMAS 来提高 FDAS 的空间分辨能力和声源量化精度；基于普通房间内的声源识别试验和分布声源的数值模拟，分析对比函数型波束形成和反卷积波束形成的性能。

(4) 矩形和稀疏矩形平面传声器阵列框架下，阐述传统有网格离散压缩波束形成的理论，阐明目标声源区域离散化带来的基不匹配缺陷；建立能从根本上规避基不匹配缺陷的基于 ANM 的无网格连续压缩波束形成方法，揭示典型因素（声源相干性、声源最小分离、噪声干扰、数据快拍数目）对性能的影响规律及影响机理；发展基于 ADMM 的求解器，用其替代现成的基于 IPM 的 SDPT3 求解器求解 ANM，能在保持声源 DOA 估计准确度的同时明显提高计算效率，仅轻微牺牲声源在传声器处产生声压的重构准确度和声源强度的量化准确度；针对基于 ANM 的无网格连续压缩波束形成在小声源分离和强噪声干扰下失效的缺陷，提出能增强声源分布稀疏性从而显著缓解缺陷的 IRANM 方法。

(5) 球面传声器阵列框架下，利用球谐函数的特殊结构，建立可转化为半正定规划进行求解的基于 ANM 的传声器测量声压信号去噪声数学模型，发展基于 ADMM 的半正定规划求解器，引入球面 ESPRIT 后处理求解结果来提取声源 DOA 进而量化声源强度，最终实现球面传声器阵列的无网格连续压缩波束形成。基于数值模拟和试验检验提出方法相比传统球面 ESPRIT 的优势，前者能完美克服或有效缓解后者对高频声源、相干声源、少数据快拍或低 SNR 工况失效的缺陷，发展的基于 ADMM 的求解器的高效性亦被检验。半消声室和普通房间内的声源识别试验验证了提出方法在不同测试环境下的有效性。

五部分工作提出的方法均能增强空间分辨能力、抑制寄生虚假声源、提升定位定量精度、强化鲁棒稳健性能，如表 7.1 所示，各类波束形成方法适宜的声源识别区域和声源类型不同，彼此相互补充，完善了波束形成技术的声源识别功能。

表 7.1 各类波束形成方法适宜的声源识别区域和声源类型

方法	适宜的声源识别区域	是否适宜不同相干性声源			是否适宜稳态、瞬态或运动声源		对分布声源识别有无潜力
		不相干	部分相干	完全相干	稳态(有足够数据快拍)	瞬态或运动(仅有少量数据快拍)	
平面传声器阵列的反卷积波束形成	阵列前方局部区域	适宜	第一至三类反卷积算法有适用性，相干劣化识别效果；第四类反卷积算法无适用性		适宜	第一至三类反卷积算法有适用性，快拍偏少劣化识别效果；第四类反卷积算法无适用性	NNLS、FISTA 和 RL 有潜力
球面传声器阵列的反卷积波束形成	阵列周围 360°全景	适宜			适宜		
球面传声器阵列的函数型延迟求和波束形成	阵列周围 360°全景	适宜	不适宜	不适宜	适宜	不适宜	FDAS+RD 最具潜力
平面传声器阵列的无网格连续压缩波束形成	阵列前方半球空间	适宜	适宜	适宜	适宜	适宜	无(要求声源稀疏分布)
球面传声器阵列的无网格连续压缩波束形成	阵列周围 360°全景	适宜	适宜	适宜	适宜	适宜	

7.2 展 望

本书围绕“高性能波束形成声源识别方法”主题做出了较多工作，丰富了声源识别方法，提升了声源识别性能，完善了声源识别功能。为进一步提升声源识别性能和完善声源识别功能，下列主题或方向值得被探索尝试：

(1) 本书提出的基于平面传声器阵列测量的无网格连续压缩波束形成方法尚仅适用于传声器规则分布的矩形阵列和稀疏矩形阵列，建立兼容任意平面传声器阵列的无网格连续压缩波束形成方法不仅有助于该方法的推广应用，而且有望通过优化传声器分布提升声源识别性能。因此，作者将进一步研究兼容任意平面传声器阵列的无网格连续压缩波束形成。

(2) 本书研究的波束形成方法均采用自由场假设，测试环境中的混响干扰会劣化声源识别性能，研究在强混响干扰环境中仍能高精度识别声源的波束形成方法有助于扩大波束形成技术的应用空间。因此，强混响环境下的高性能波束形成声源识别方法是值得深入研究的一个主题。

(3) 本书关注二维声源识别问题，未考虑声源深度信息，用已研究的波束形成方法沿深度方向识别声源时，空间分辨能力弱，探究同时在三个维度上均能高精度识别声源的方法对三维空间内声源的准确识别具有重要意义。因此，三维高性能波束形成声源识别方法是值得深入研究的又一主题。

(4) 深度学习是机器学习的一个新兴研究方向，能够让机器具有人一样的学习分析能力，将深度学习与波束形成技术相融合以提升声源识别性能及声源识别技术的应用智能化值得尝试。

参 考 文 献

[1] Johnson D H, Dudgeon D E. Array Signal Processing: Concepts and Techniques[M]. New Jersey: Prentice Hall, 1993.

[2] Van Trees H L. Detection, Estimation, and Modulation Theory, Part IV: Optimum Array Processing[M]. New York: John Wiley & Sons Inc, 2002.

[3] Chiariotti P, Martarelli M, Castellini P. Acoustic beamforming for noise source localization-reviews, methodology and applications[J]. Mechanical Systems and Signal Processing, 2019, 120: 422-448.

[4] Merino-Martinez R, Sijtsma P, Snellen M, et al. A review of acoustic imaging methods using phased microphone arrays[J]. CEAS Aeronautical Journal, 2019, 10: 197-230.

[5] Ginn K B, Haddad K. Noise source identification techniques: simple to advanced applications[C]//Proceedings of the Acoustics 2012 Nantes Conference, Nantes, 2012.

[6] Michel U. History of acoustic beamforming[C]//Proceedings on CD of the 1st Berlin Beamforming Conference, Berlin, 2006.

[7] Billingsley J, Kinns R. The acoustic telescope[J]. Journal of Sound and Vibration, 1976, 48(4): 485-510.

[8] Guidati S. Advanced beamforming techniques in vehicle acoustic[C]//Proceedings on CD of the 3rd Berlin Beamforming Conference, Berlin, 2010.

[9] 杨洋，倪计民，褚志刚，等. 基于互谱成像函数波束形成的发动机噪声源识别[J]. 内燃机工程，2012，33(3)：82-87.

[10] 杨洋，倪计民，褚志刚，等. 基于波束形成的发动机噪声源识别及声功率计算[J]. 内燃机工程，2013，34(3)：39-43,49.

[11] 褚志刚，蔡鹏飞，蒋忠翰，等. 基于声阵列技术的柴油机噪声源识别[J]. 农业工程学报，2014，30(2)：23-30.

[12] 王子腾，杨殿阁，李兵，等. 运动汽车噪声的可视化测量方法比较研究[J]. 振动工程学报，2011，24(5)：578-584.

[13] 褚志刚，杨洋，王卫东，等. 基于波束形成方法的货车车外加速噪声声源识别[J]. 振动与冲击，2012，31(7)：66-70.

[14] Gade S, Hald J, Gomes J, et al. Recent advances in moving-source beamforming[J]. Sound and Vibration, 2015, 49(4): 8-14.

[15] Ballesteros J A, Sarradj E, Fernandez M D, et al. Noise source identification with beamforming in the pass-by of a car[J]. Applied Acoustics, 2015, 93: 106-119.

[16] Zhang J, Squicciarini G, Thompson D J. Implications of the directivity of railway noise sources for their quantification using conventional beamforming[J]. Journal of Sound and Vibration, 2019, 459: 114841.

[17] Haddad K. Noise source identification with a spherical microphone array: application to a realistic environment[C]//Inter-noise and Noise-con Congress and Conference Proceedings, Ottawa, 2009.

[18] Haddad K. Conformal mapping based on spherical array measurements: noise source identification in a car cabin[C]//Inter-noise and Noise-con Congress and Conference Proceedings, Baltimore, 2010.

[19] Massarotti M, Ribeiro Y, Calçada M. Using spherical beamforming to evaluate wind noise paths[C]//SAE Brasil International Noise and Vibration Colloquium 2014, Sao Paulo, 2014.

[20] Battista G, Chiariotti P, Castellini P. Spherical harmonics decomposition in inverse acoustic methods involving spherical arrays[J]. Journal of Sound and Vibration, 2018, 433: 425-460.

[21] Christensen J J, Hald J. Improvements of cross spectral beamforming[C]//Inter-noise and Noise-con Congress and Conference Proceedings, Seogwipo, 2003.

[22] Hald J, Christensen J J. Technical review beamforming[J]. Measurement, 2004, 12(1): 15-28.

[23] Yardibi T, Bahr C, Zawodny N, et al. Uncertainty analysis of the standard delay-and-sum beamformer and array calibration[J]. Journal of Sound and Vibration, 2010, 329(13): 2654-2682.

[24] 褚志刚，杨洋. 近场波束形成声源识别的改进算法[J]. 农业工程学报，2011，7(12)：178-183.

[25] Meyer J, Elko G. A highly scalable spherical microphone array based on an orthonormal decomposition of the soundfield[C]// ICASSP 2002-2002 IEEE International Conference on Acoustics, Speech, and Signal Processing (ICASSP), Orlando, 2002.

[26] Rafaely B. Plane-wave decomposition of the sound field on a sphere by spherical convolution[J]. Journal of the Acoustical Society of America, 2004, 116(4): 2149-2157.

[27] Park M, Rafaely B. Sound-field analysis by plane-wave decomposition using spherical microphone array[J]. Journal of the Acoustical Society of America, 2005, 118(5): 3094-3103.

[28] Haddad K, Hald J. 3D localization of acoustic sources with a spherical array[C]//7th European Conference on Noise Control 2008, France, 2008.

[29] 褚志刚，周亚男，王光建，等. 基于声压球谐函数分解的球面波束形成噪声源识别[J]. 农业工程学报，2012，28(S1)：146-151.

[30] 褚志刚，杨洋，贺岩松，等. 球谐函数波束形成声源识别扩展方法[J]. 机械工程学报，2015，51(20)：45-53.

[31] Rafaely B. Fundamentals of Spherical Array Processing[M]. Berlin: Springer, 2015.

[32] Brooks T F, Humphreys W M. A deconvolution approach for the mapping of acoustic sources (DAMAS) determined from phased microphone arrays[J]. Journal of Sound and Vibration, 2006, 294(4-5): 856-879.

[33] Brooks T F, Humphreys W M. Three-dimensional applications of DAMAS methodology for aeroacoustic noise source definition[C]//Proceedings of the 11th AIAA/CEAS Aeroacoustics Conference, Monterey, 2005.

[34] Brooks T F, Humphreys W M. Extension of DAMAS phased array processing for spatial coherence determination (DAMAS-C) [C]//Proceedings of the 12th AIAA/CEAS Aeroacoustics Conference, Cambridge, 2006.

[35] Dougherty R P. Extensions of DAMAS and benefits and limitations of deconvolution in beamforming[C]//Proceedings of the 11th AIAA/CEAS Aeroacoustics Conference, Monterey, 2005.

[36] Lawson C L, Hanson R J. Solving Least Squares Problems[M]. Englewood Cliffs: Prentice Hall, 1974.

[37] Richardson W H. Bayesian-based iterative method of image restoration[J]. Journal of the Optical Society of America, 1972, 62(1): 55-59.

[38] Lucy L B. Iterative technique for rectification of observed distributions[J]. Astronomical Journal, 1974, 79(6): 745-754.

[39] Ehrenfried K, Koop L. Comparison of iterative deconvolution algorithms for the mapping of acoustic sources[J]. AIAA Journal, 2007, 45(7): 1584-1595.

[40] Hogbom J A. Aperture synthesis with a non-regular distribution of interferometer baselines[J]. Astronomy and Astrophysics Supplement Series, 1974, 15(3): 417-426.

[41] Schwarz U J. Mathematical-Statistical description of iterative beam removing technique (Method CLEAN) [J]. Astronomy and Astrophysics, 1978, 65(3): 345-356.

[42] Sijtsma P. Clean based on spatial source coherence[J]. International Journal of Aeroacoustics, 2007, 6(4): 357-374.

[43] Dougherty R P, Podboy G. Improved phased array imaging of a model jet[C]//Proceedings of the 15th AIAA/CEAS Aeroacoustics Conference, Miami, 2009.

[44] Cousson R, Leclere Q, Pallas M A, et al. A time domain CLEAN approach for the identification of acoustic moving sources[J].

Journal of Sound and Vibration, 2019, 443: 47-62.

[45] Sijtsma P, Snellen M. High-resolution CLEAN-SC[C]//Proceedings on CD of the 6th Berlin Beamforming Conference, Berlin, 2016.

[46] Sijtsma P, Merino-Martinez R, Malgoezar A M N, et al. High-resolution CLEAN-SC: theory and experimental validation[J]. International Journal of Aeroacoustics, 2017, 16(4-5): 274-298.

[47] Luesutthiviboon S, Malgoezar A M N, Merino-Martinez R, et al. Enhanced HR-CLEAN-SC for resolving multiple closely spaced sound sources[J]. International Journal of Aeroacoustics, 2019, 18(4-5): 392-413.

[48] Merino-Martinez R, Luesutthiviboon S, Zamponi R, et al. Assessment of the accuracy of microphone array methods for aeroacoustic measurements[J]. Journal of Sound and Vibration, 2020, 470: 115176.

[49] 褚志刚，余立超，杨洋，等. CLEAN-SC 波束形成声源识别改进[J]. 振动与冲击，2019，38(15)：87-94.

[50] Yardibi T, Li J, Stoica P, et al. Sparsity constrained deconvolution approaches for acoustic source mapping[J]. Journal of the Acoustical Society of America, 2008, 123(5): 2631-2642.

[51] Chu N, Picheral J, Mohammad-Djafari A, et al. A robust super-resolution approach with sparsity constraint in acoustic imaging[J]. Applied Acoustics, 2014, 76: 197-208.

[52] Li X, Tong W, Jiang M. Sound source localization via elastic net regularization[C]//Proceedings on CD of the 5th Berlin Beamforming Conference, Berlin, 2014.

[53] Bai B, Li X. Acoustic sources mapping based on the non-negative $L_{1/2}$ regularization[J]. Applied Acoustics, 2020, 169: 107456.

[54] Dougherty R P, Ramachandran R C, Raman G. Deconvolution of sources in aeroacoustic images from phased microphone arrays using linear programming[J]. International Journal of Aeroacoustics, 2013, 12(7-8): 699-717.

[55] Beck A, Teboulle M. A fast iterative shrinkage-thresholding algorithm for linear inverse problems[J]. SIAM Journal on Imaging Sciences, 2009, 2(1): 183-202.

[56] Lylloff O, Fernandez-Grande E, Agerkvist F, et al. Improving the efficiency of deconvolution algorithms for sound source localization[J]. Journal of the Acoustical Society of America, 2015, 138(1): 172-180.

[57] Shen L, Chu Z, Tan L, et al. Improving the sound source identification performance of sparsity constrained deconvolution beamforming utilizing SFISTA[J]. Shock and Vibration, 2020, 2020: 1482812.1-1482812.9.

[58] Padois T, Berry A. Orthogonal matching pursuit applied to the deconvolution approach for the mapping of acoustic sources inverse problem[J]. Journal of the Acoustical Society of America, 2015, 138(6): 3678-3685.

[59] Bergh T F. Deconvolution approach to the mapping of acoustic sources with matching pursuit and matrix factorization[J]. Journal of Sound and Vibration, 2019, 459: 114842.

[60] Chu Z, Chen C, Yang Y, et al. Two-dimensional total variation norm constrained deconvolution beamforming algorithm for acoustic source identification[J]. IEEE Access, 2018, 6: 43743-43748.

[61] 樊小鹏，张鑫，褚志刚，等. 分裂增广拉格朗日收缩反卷积声源识别算法[J]. 振动与冲击，2020，39(23)：141-147.

[62] Ma W, Liu X. Improving the efficiency of DAMAS for sound source localization via wavelet compression computational grid[J]. Journal of Sound and Vibration, 2017, 395: 341-353.

[63] Ma W, Liu X. DAMAS with compression computational grid for acoustic source mapping[J]. Journal of Sound and Vibration, 2017, 410: 473-484.

[64] Chu N, Zhao H, Yu L, et al. Fast and high-resolution acoustic beamforming: a convolution accelerated deconvolution implementation[J]. IEEE Transactions on Instrumentation and Measurement, 2021, 70: 6502415.

[65] 徐亮，胡鹏，张永斌，等. 可用于相干声源的快速反卷积声源成像算法[J]. 机械工程学报，2018，54(23)：82-92.

[66] Bahr C J, Cattafesta L N. Wavespace-based coherent deconvolution[C]//Proceedings of the 18th AIAA/CEAS Aeroacoustics Conference, Colorado Springs, 2012.

[67] Bahr C J, Cattafesta L N. Wavenumber-frequency deconvolution of aeroacoustic microphone phased array data of arbitrary coherence[J]. Journal of Sound and Vibration, 2016, 382: 13-42.

[68] Suzuki T. DAMAS2 using a point-spread function weakly varying in space[J]. AIAA Journal, 2010, 48(9): 2165-2169.

[69] Xenaki A, Jacobsen F, Tiana-Roig E, et al. Improving the resolution of beamforming measurements on wind turbines[C]//Proceedings of 20th International Congress on Acoustics, Sydney, 2010.

[70] Xenaki A, Jacobsen F, Fernandez-Grande E. Improving the resolution of three-dimensional acoustic imaging with planar phased arrays[J]. Journal of Sound and Vibration, 2012, 331(8): 1939-1950.

[71] Yang Y, Chu Z, Shen L, et al. Enhancement of two-dimensional acoustic source identification with Fourier-based deconvolution beamforming[J]. Journal of Vibroengineering, 2016, 18(5): 3337-3361.

[72] Chu Z, Chen C, Yang Y, et al. Improvement of Fourier-based fast iterative shrinkage-thresholding deconvolution algorithm for acoustic source identification[J]. Applied Acoustics, 2017, 123: 64-72.

[73] Shen L, Chu Z, Yang Y, et al. Periodic boundary based FFT-FISTA for sound source identification[J]. Applied Acoustics, 2018, 130: 87-91.

[74] Shen L, Chu Z, Zhang Y, et al. A novel Fourier-based deconvolution algorithm with improved efficiency and convergence[J]. Journal of Low Frequency Noise Vibration and Active Control, 2020, 39(4): 866-878.

[75] Fleury V, Bulte J. Extension of deconvolution algorithms for the mapping of moving acoustic sources[J]. Journal of the Acoustical Society of America, 2011, 129(3): 1417-1428.

[76] Pannert W, Maier C. Rotating beamforming-motion-compensation in the frequency domain and application of high-resolution beamforming algorithms[J]. Journal of Sound and Vibration, 2014, 333(7): 1899-1912.

[77] Zhang X, Chu Z, Yang Y, et al. An alternative hybrid time-frequency domain approach based on fast iterative shrinkage-thresholding algorithm for rotating acoustic source identification[J]. IEEE Access, 2019, 7: 59797-59805.

[78] Ma W, Bao H, Zhang C, et al. Beamforming of phased microphone array for rotating sound source localization[J]. Journal of Sound and Vibration, 2020, 467: 115064.

[79] Mo P, Jiang W. A hybrid deconvolution approach to separate static and moving single-tone acoustic sources by phased microphone array measurements[J]. Mechanical Systems and Signal Processing, 2017, 84: 399-413.

[80] Mo P, Jiang W. A hybrid deconvolution approach to separate acoustic sources in multiple motion modes[J]. Journal of the Acoustical Society of America, 2017, 142(1): 276-285.

[81] Chu Z, Shen L, Yang Y, et al. Non-negative least squares deconvolution method for mirror-ground beamforming[J]. Journal of Vibration and Control, 2016, 22(16): 3470-3478.

[82] Sun D, Ma C, Mei J, et al. Improving the resolution of underwater acoustic image measurement by deconvolution[J]. Applied Acoustics, 2020, 165: 107292.

[83] Sijtsma P. Using phased array beamforming to identify broadband noise sources in a turbofan engine[J]. International Journal of Aeroacoustics, 2010, 9(3): 357-374.

[84] 褚志刚，杨洋. 基于非负最小二乘反卷积波束形成的发动机噪声源识别[J]. 振动与冲击，2013，32(23)：75-81.

[85] 杨洋，倪计民，褚志刚. 基于反卷积 DAMAS2 波束形成的发动机噪声源识别[J]. 内燃机工程，2014，35(2)：59-65.

[86] Gerges S N Y, Fonseca W D, Dougherty R P. State of the art beamforming software and hardware for applications[C]//Proceedings of the 16th International Congress on Sound and Vibration - ICSV 2009, Kraków, 2009.

[87] Gade S, Hald J, Ginn B. Refined beamforming with increased spatial resolution[C]//Inter-noise and Noise-con Congress and Conference Proceedings, New York , 2012.

[88] Hald J, Makihara T, Ishii Y, et al. Mapping of contributions from car-exterior aerodynamic sources to an in-cabin reference signal using Clean-SC[C]//Inter-noise and Noise-con Congress and Conference Proceedings, Hamburg, 2016.

[89] 杨洋，褚志刚. 基于 CLEAN-SC 清晰化波束形成的汽车前围板隔声薄弱部位识别[J]. 声学技术，2015，34(5)：449-456.

[90] He Y, Wang B, Shen Z, et al. Correlation analysis of interior and exterior wind noise sources of a production car using beamforming techniques[C]//SAE World Congress Experience, Detroit, 2017.

[91] Hald J, Ishii Y, IShii T, et al. High-resolution fly-over beamforming using a small practical array[C]//Proceedings of the 18th AIAA/CEAS Aeroacoustics Conference, Colorado Springs, 2012.

[92] Wang J, Ma W. Deconvolution algorithms of phased microphone arrays for the mapping of acoustic sources in an airframe test[J]. Applied Acoustics, 2020, 164: 107283.1-107283.13.

[93] Gomes J. Noise source identification with blade tracking on a wind turbine[C]//Inter-noise and Noise-con Congress and Conference Proceedings, New York, 2012.

[94] Ramachandran R C, Raman G, Dougherty R P. Wind turbine noise measurement using a compact microphone array with advanced deconvolution algorithms[J]. Journal of Sound and Vibration, 2014, 333(14): 3058-3080.

[95] Yardibi T, Zawodny N, Bahr C, et al. Comparison of microphone array processing techniques for aeroacoustic measurements[J]. International Journal of Aeroacoustics, 2010, 9(6): 733-762.

[96] Chu Z, Yang Y. Comparison of deconvolution methods for the visualization of acoustic sources based on cross-spectral imaging function beamforming[J]. Mechanical Systems and Signal Processing, 2014, 48(1-2): 404-422.

[97] Ramachandran R C, Raman G, Dougherty R P. Linear programming acoustic beamforming versus other deconvolution methods for a full scale 1.5MW wind turbine[C]//Proceedings of the 19th AIAA/CEAS Aeroacoustics Conference, Berlin, 2013.

[98] Herold G, Sarradj E. Performance analysis of microphone array methods[J]. Journal of Sound and Vibration, 2017, 401: 152-168.

[99] Herold G, Geyer T F, Sarradj E. Comparison of inverse deconvolution algorithms for high-resolution aeroacoustic source characterization[C]//Proceedings of the 23rd AIAA/CEAS Aeroacoustics Conference, Denver, 2017.

[100] Sarradj E. A fast signal subspace approach for the determination of absolute levels from phased microphone array measurements[J]. Journal of Sound and Vibration, 2010, 329(9): 1553-1569.

[101] Legg M, Bradley S. Comparison of CLEAN-SC for 2D and 3D scanning surfaces[C]//Proceedings on CD of the 4th Berlin Beamforming Conference, Berlin, 2012.

[102] Chu Z, Yang Y, He Y. Deconvolution for three-dimensional acoustic source identification based on spherical harmonics beamforming[J]. Journal of Sound and Vibration, 2015, 344: 484-502.

[103] Yang Y, Chu Z, Shen L, et al. Fast Fourier-based deconvolution for three-dimensional acoustic source identification with solid spherical arrays[J]. Mechanical Systems and Signal Processing, 2018, 107: 183-201.

[104] Chu Z, Zhao S, Yang Y, et al. Deconvolution using CLEAN-SC for acoustic source identification with spherical microphone arrays[J]. Journal of Sound and Vibration, 2019, 440: 161-173.

[105] Zhao S, Chu Z, Yang Y, et al. High-resolution CLEAN-SC for acoustic source identification with spherical microphone arrays[J]. Journal of the Acoustical Society of America, 2019, 145(6): EL598-EL603.

[106] Chu Z, Yang Y X, Yang Y. A new insight and improvement on deconvolution beamforming in spherical harmonics domain[J]. Applied Acoustics, 2021, 177: 107900.

[107] Tiana-Roig E, Jacobsen F. Deconvolution for the localization of sound sources using a circular microphone array[J]. Journal of the Acoustical Society of America, 2013, 134(3): 2078-2089.

[108] Holmes S. Circular harmonics beamforming with spheroidal baffles[J]. Proceedings of Meetings on Acoustics, 2013, 19: 055077.

[109] Hald J. Spherical beamforming with enhanced dynamic range[J]. SAE International Journal of Passenger Cars-Mechanical Systems, 2013, 6(2): 1334-1341.

[110] 褚志刚，陈涛，赵书艺，等. 基于声压贡献的球面阵波束形成声源识别滤波求和算法[J]. 机械工程学报，2018，54(4)：238-244.

[111] Chu Z, Yin S, Yang Y, et al. Filter-and-sum based high-resolution CLEAN-SC with spherical microphone arrays[J]. Applied Acoustics.

[112] Dougherty R P. Functional beamforming[C]//Proceedings on CD of the 5th Berlin Beamforming Conference, Berlin, 2014.

[113] Dougherty R P. Functional beamforming for aeroacoustic source distributions[C]//Proceedings of the 20th AIAA/CEAS Aeroacoustics Conference, Atlanta, 2014.

[114] Dougherty R P. Determining spectra of aeroacoustic sources from microphone array data[C]//Proceedings of the 25th AIAA/CEAS Aeroacoustics Conference, Delft, 2019.

[115] Dougherty R P. Adaptive projection beamforming[C]//Proceedings on CD of the 8th Berlin Beamforming Conference, Berlin, 2014.

[116] Merino-Martinez R, Herold G, Snellen M, et al. Assessment and comparison of the performance of functional projection beamforming for aeroacoustic measurements[C]//Proceedings on CD of the 8th Berlin Beamforming Conference, Berlin, 2020.

[117] Suzuki T. L-1 generalized inverse beam-forming algorithm resolving coherent/incoherent, distributed and multipole sources[J]. Journal of Sound and Vibration, 2011, 330(24): 5835-5851.

[118] Suzuki T, Day B J. Comparative study on mode-identification algorithms using a phased-array system in a rectangular duct[J]. Journal of Sound and Vibration, 2015, 347: 27-45.

[119] Merino-Martinez R, Snellen M, Simons D G. Functional beamforming applied to imaging of flyover noise on landing aircraft[J]. Journal of Aircraft, 2016, 53(6): 1830-1843.

[120] Ramachandran R C, Raman G. On using functional beamforming to resolve noise sources on a large wind turbine[C]//Proceedings of the 20th AIAA/CEAS Aeroacoustics Conference, Atlanta, 2014.

[121] 褚志刚，段云炀，沈林邦，等. 函数波束形成声源识别性能分析及应用[J]. 机械工程学报，2017，53(4)：67-76.

[122] Ma W, Liu X. Compression computational grid based on functional beamforming for acoustic source localization[J]. Applied Acoustics, 2018, 134: 75-87.

[123] Xu Z, Wang Q, He Y, et al. An improved algorithm for noise source localization based on equivalent source method[J]. Shock and Vibration, 2016, 2016: 8302862.

[124] Li S, Xu Z, Zhang Z, et al. Functional generalized inverse beamforming with regularization matrix applied to sound source localization[J]. Journal of Vibration and Control, 2017, 23(18): 2977-2988.

[125] Li S, Xu Z, He Y, et al. Functional generalized inverse beamforming based on the double-layer microphone array applied to separate the sound sources[J]. Journal of Vibration and Acoustics-Transactions of the ASME, 2016, 138(2): 021013.

[126] 黎术，徐中明，贺岩松，等. 基于函数广义逆波束形成的声源识别[J]. 机械工程学报，2016，52(4)：1-6.

[127] 陈思，张志飞，徐中明，等. 基于高阶矩阵函数的广义逆波束形成改进算法[J]. 振动与冲击，2017，36(10)：98-103.

[128] Zhang Z, Chen S, Xu Z, et al. Iterative regularization method in generalized inverse beamforming[J]. Journal of Sound and Vibration, 2017, 396: 108-121.

[129] Yang Y, Chu Z, Shen L, et al. Functional delay and sum beamforming for three-dimensional acoustic source identification with solid spherical arrays[J]. Journal of Sound and Vibration, 2016, 373: 340-359.

[130] Chu Z, Yang Y, Shen L. Resolution and quantification accuracy enhancement of functional delay and sum beamforming for three-dimensional acoustic source identification with solid spherical arrays[J]. Mechanical Systems and Signal Processing, 2017, 88: 274-289.

[131] Elad M. Sparse and Redundant Representations from Theory to Applications in Signal and Image Processing Prologue[M]. New York: Springer, 2010.

[132] Foucart S, Rauhut H. A Mathematical Introduction to Compressive Sensing[M]. New York: Birkhäuser Basel, 2013.

[133] Boche H, Calderbank R, Kutyniok G, et al. Compressed Sensing and Its Applications[M]. New York: Springer, 2019.

[134] Chi Y, Scharf L L, Pezeshki A, et al. Sensitivity to basis mismatch in compressed sensing[J]. IEEE Transactions on Signal Processing, 2011, 59(5): 2182-2195.

[135] Xenaki A, Gerstoft P, Mosegaard K. Compressive beamforming[J]. Journal of the Acoustical Society of America, 2014, 136(1): 260-271.

[136] Gerstoft P, Xenaki A, Mecklenbrauker C F. Multiple and single snapshot compressive beamforming[J]. Journal of the Acoustical Society of America, 2015, 138(4): 2003-2014.

[137] Zhong S, Wei Q, Huang X. Compressive sensing beamforming based on covariance for acoustic imaging with noisy measurements[J]. Journal of the Acoustical Society of America, 2013, 134(5): EL445-EL451.

[138] Wei Q, Chen B, Huang X. Application of compressive sensing based beamforming in aeroacoustic experiment[C]//Proceedings on CD of the 5th Berlin Beamforming Conference, Berlin, 2014.

[139] Wei Q, Yu W, Huang X. Compressive sensing based beamforming and its application in aeroacoustic experiment[C]//Proceedings of the 20th AIAA/CEAS Aeroacoustics Conference, Atlanta, 2014 .

[140] Ning F, Wei J, Qiu L, et al. Three-dimensional acoustic imaging with planar microphone arrays and compressive sensing[J]. Journal of Sound and Vibration, 2016, 380: 112-128.

[141] 宁方立，卫金刚，刘勇，等. 压缩感知声源定位方法研究[J]. 机械工程学报，2016，52(19)：42-52.

[142] Ning F, Pan F, Zhang C, et al. A highly efficient compressed sensing algorithm for acoustic imaging in low signal-to-noise ratio environments[J]. Mechanical Systems and Signal Processing, 2018, 112: 113-128.

[143] 宁方立，张超，潘峰，等.飞机起落架噪声源定位的压缩感知算法[J]. 航空学报，2018，39(5)：81-91.

[144] 张晋源，杨洋，褚志刚. 压缩波束形成声源识别的改进研究[J]. 振动与冲击，2019，38(1)：195-199.

[145] Nannuru S, Gerstoft P, Ping G, et al. Sparse planar arrays for azimuth and elevation using experimental data[J]. Journal of the Acoustical Society of America, 2021, 149(1): 167-178.

[146] Lei Z, Yang K, Duan R, et al. Localization of low-frequency coherent sound sources with compressive beamforming-based passive synthetic aperture[J]. Journal of the Acoustical Society of America, 2015, 137(4): EL255-EL260.

[147] Meng F, Li Y, Masiero B, et al. Signal reconstruction of fast moving sound sources using compressive beamforming[J]. Applied Acoustics, 2019, 150: 236-245.

[148] Bu H, Huang X, Zhang X. High-resolution acoustical imaging for rotating acoustic source based on compressive sensing beamforming[C]//Proceedings of the 25th AIAA/CEAS Aeroacoustics Conference, Delft, 2019.

[149] Yang Z, Xie L, Zhang C. Off-grid direction of arrival estimation using sparse Bayesian inference[J]. IEEE Transactions on Signal Processing, 2013, 61(1): 38-43.

[150] Li J, Li Y, Zhang X. Two-dimensional off-grid DOA estimation using unfolded parallel coprime array[J]. IEEE Communications Letters, 2018, 22(12): 2495-2498.

[151] Shen F, Liu Y, Zhao G, et al. Sparsity-based off-grid DOA estimation with uniform rectangular arrays[J]. IEEE Sensors Journal, 2018, 18(8): 3384-3390.

[152] Yu Q, Lei Z, Hu H, et al. A novel 2D off-grid DOA estimation method based on compressive sensing and least square optimization[J]. IEEE Access, 2019, 7: 113596-113604.

[153] Si W, Zeng F, Zhang C, et al. Two-dimensional off-grid DOA estimation with improved three-parallel coprime arrays on moving platform[J]. Circuits Systems and Signal Processing, 2020.

[154] Park Y, Seong W, Gerstoft P. Block-sparse two-dimensional off-grid beamforming with arbitrary planar array geometry[J]. Journal of the Acoustical Society of America, 2020, 147(4): 2184-2191.

[155] Park Y, Gerstoft P. Compressive 2-D off-grid DOA estimation for propeller cavitation localization[C]//ICASSP 2020-2020 IEEE International Conference on Acoustics, Barcelona, 2010.

[156] 樊小鹏，余立超，褚志刚，等. 二维动态网格压缩波束形成声源识别方法[J]. 机械工程学报，2020，56(22)：46-55.

[157] Yang Y X, Chu Z, Yang Y, et al. Two-dimensional Newtonized orthogonal matching pursuit compressive beamforming[J]. Journal of the Acoustical Society of America, 2020, 148(3): 1337-1348.

[158] Fang J, Li J, Shen Y, et al. Super-resolution compressed sensing: An iterative reweighted algorithm for joint parameter learning and sparse signal recovery[J]. IEEE Signal Processing Letters, 2014, 21(6): 761-765.

[159] Fang J, Wang F, Shen Y, et al. Super-resolution compressed sensing for line spectral estimation: An iterative reweighted approach[J]. IEEE Transactions on Signal Processing, 2016, 64(18): 4649-4662.

[160] Mamandipoor B, Ramasamy D, Madhow U. Newtonized orthogonal matching pursuit: Frequency estimation over the continuum[J]. IEEE Transactions on Signal Processing, 2016, 64(19): 5066-5081.

[161] Candes E J, Fernandez-Granda C. Towards a mathematical theory of super- resolution[J]. Communications on Pure and Applied Mathematics, 2014, 67(6): 906-956.

[162] Candes E J, Fernandez-Granda C. Super-resolution from noisy data[J]. Journal of Fourier Analysis and Applications, 2013, 19(6): 1229-1254.

[163] Xenaki A, Gerstoft P. Grid-free compressive beamforming[J]. Journal of the Acoustical Society of America, 2015, 137(4): 1923-1935.

[164] Park Y, Choo Y, Seong W. Multiple snapshot grid free compressive beamforming[J]. Journal of the Acoustical Society of America, 2018, 143(6): 3849-3859.

[165] Ang Y Y, Nguyen N, Gan W S. Multiband grid-free compressive beamforming[J]. Mechanical Systems and Signal Processing, 2020, 135: 106425.

[166] Lin J, Ma X, Hao C, et al. Direction of arrival estimation of sparse rectangular array via two-dimensional continuous compressive sensing[C]//6th International Conference on Information Science and Technology, Dalian, 2016.

[167] Yang Z, Xie L. Enhancing sparsity and resolution via reweighted atomic norm minimization[J]. IEEE Transactions on Signal

Processing, 2016, 64(4): 995-1006.

[168] Yang Z, Xie L, Stoica P. Vandermonde decomposition of multilevel Toeplitz matrices with application to multidimensional super-resolution[J]. IEEE Transactions on Information Theory, 2016, 62(6): 3685-3701.

[169] Tian Z, Zhang Z, Wang Y. Low-complexity optimization for two-dimensional direction-of-arrival estimation via decoupled atomic norm minimization[C]//ICASSP 2017-2017 IEEE International Conference on Acoustics, Speech, and Signal Processing (ICASSP), New Orleans, 2017.

[170] Zhang Z, Wang Y, Tian Z. Efficient two-dimensional line spectrum estimation based on decoupled atomic norm minimization[J]. Signal Processing, 2019, 163: 95-106.

[171] Liu M, Dong C, Dong Y, et al. Superresolution 2D DOA estimation for a rectangular array via reweighted decoupled atomic norm minimization[J]. Mathematical Problems in Engineering, 2019, 2019: 6797168.

[172] Lu A, Guo Y, Li N, et al. Efficient gridless 2-D direction-of-arrival estimation for coprime array based on decoupled atomic norm minimization[J]. IEEE Access, 2020, 8: 57786-57795.

[173] Yang Y, Chu Z, Xu Z, et al. Two-dimensional grid-free compressive beamforming[J]. Journal of the Acoustical Society of America, 2017, 142(2): 618-629.

[174] Yang Y, Chu Z, Ping G, et al. Resolution enhancement of two-dimensional grid-free compressive beamforming[J]. Journal of the Acoustical Society of America, 2018, 143(6): 3860-3872.

[175] Yang Y, Chu Z, Ping G. Alternating direction method of multipliers for weighted atomic norm minimization in two-dimensional grid-free compressive beamforming[J]. Journal of the Acoustical Society of America, 2018, 144(5): EL361-EL366.

[176] Yang Y, Chu Z, Ping G. Two-dimensional multiple-snapshot grid-free compressive beamforming[J]. Mechanical Systems and Signal Processing, 2019, 124: 524-540.

[177] Yang Y, Chu Z. Two-dimensional multiple-snapshot grid-free compressive beamforming using alternating direction method of multipliers[J]. Shock and Vibration, 2020, 2020: 1310805.

[178] Liu Y, Chu Z, Yang Y. Iterative Vandermonde decomposition and shrinkage-thresholding based two-dimensional grid-free compressive beamforming[J]. Journal of the Acoustical Society of America, 2020, 148(3): EL301-EL306.

[179] Chi Y, Chen Y. Compressive two-dimensional harmonic retrieval via atomic norm minimization[J]. IEEE Transactions on Signal Processing, 2015, 63(4): 1030-1042.

[180] Hua Y. Estimating 2-dimensional frequencies by matrix enhancement and matrix pencil[J]. IEEE Transactions on Signal Processing, 1992, 40(9): 2267-2280.

[181] Boyd S, Parikh N, Chu E, et al. Optimization and statistical learning via the alternating direction method of pultipliers[J]. Foundations and Trends® in Machine Learning, 2011, 3(1): 1-122.

[182] Fernandez-Grande E, Xenaki A. Sparse acoustic imaging with a spherical array[C]//EuroNoise 2015, Maastricht, 2015.

[183] Fernandez-Grande E, Xenaki A. Compressive sensing with a spherical microphone array[J]. Journal of the Acoustical Society of America, 2016, 139(2): EL45-EL49.

[184] Huang Q, Zhang G, Fang Y. Real-valued DOA estimation for spherical arrays using sparse Bayesian learning[J]. Signal Processing, 2016, 125: 79-86.

[185] Ping G, Chu Z, Yang Y. Compressive spherical beamforming for acoustic source identification[J]. ACTA Acustica United with Acustica, 2019, 105(6): 1000-1014.

[186] Ping G, Fernandez-Grande E, Gerstoft P, et al. Three-dimensional source localization using sparse Bayesian learning on a

spherical microphone array[J]. Journal of the Acoustical Society of America, 2020, 147(6): 3895-3904.

[187] Yin S, Chu Z, Zhang Y, et al. Adaptive reweighting homotopy algorithm based compressive spherical beamforming with spherical microphone arrays[J]. Journal of the Acoustical Society of America, 2020, 147(1): 480-489.

[188] Huang Q, Xiang L, Liu K. Off-grid DOA estimation in real spherical harmonics domain using sparse Bayesian inference[J]. Signal Processing, 2017, 137: 124-134.

[189] Huang Q, Huang J, Liu K, et al. 2-D DOA tracking using variational sparse Bayesian learning embedded with Kalman filter[J]. Eurasip Journal on Advances in Signal Processing, 2018: 23.

[190] Bendory T, Dekel S, Feuer A. Exact recovery of Dirac ensembles from the projection onto spaces of spherical harmonics[J]. Constructive Approximation, 2015, 42(2): 183-207.

[191] Bendory T, Dekel S, Feuer A. Super-resolution on the sphere using convex optimization[J]. IEEE Transactions on Signal Processing, 2015, 63(9): 2253-2262.

[192] Bendory T, Eldar Y C. Recovery of sparse positive signals on the sphere from low resolution measurements[J]. IEEE Signal Processing Letters, 2015, 22(12): 2383-2386.

[193] Pan J, Zhu Y, Zhou C, et al. Covariance matrix denoising based direction of arrive estimation for spherical array with atomic norm minimization[C]//2017 13th IEEE International Conference on Electronic Measurement & Instruments, Yangzhou, 2017.

[194] Pan J, Zhu Y, Zhou C. Direction of arrive estimation in spherical harmonic domain using super resolution approach[C]//2nd International Conference on Machine Learning and Intelligent Communications, Weihai, 2017.

[195] Pan J. Spherical harmonic atomic norm and its application to DOA estimation[J]. IEEE Access, 2019, 7: 156555-156568.

[196] Goossens R, Rogier H. Unitary spherical ESPRIT: 2-D angle estimation with spherical arrays for scalar fields[J]. IET Signal Processing, 2009, 3(3): 221-231.

[197] Yang Y, Chu Z, Yang L, et al. Enhancement of direction-of-arrival estimation performance of spherical ESPRIT via atomic norm minimisation[J]. Journal of Sound and Vibration, 2021, 491: 115758.

[198] Herzog A, Habets E A P. Eigenbeam-ESPRIT for DOA-vector estimation[J]. IEEE Signal Processing Letters, 2019, 26(4): 572-576.

[199] Jo B, Choi J W. Parametric direction-of-arrival estimation with three recurrence relations of spherical harmonics[J]. Journal of the Acoustical Society of America, 2019, 145(1): 480-488.

[200] Jo B, Zotter F, Choi J W. Extended vector-based EB-ESPRIT method[J]. IEEE-ACM Transactions on Audio Speech and Language Processing, 2020, 28: 1692-1705.

[201] 杨洋. 基于波束形成的发动机噪声源识别及声功率计算[D]. 上海：同济大学，2013.

[202] 周亚男. 球面波束形成声源识别技术的研究与应用[D]. 重庆：重庆大学，2014.

[203] 赵书艺. 球面阵波束形成的 CLEAN-SC 反卷积及其高分辨率声源识别算法研究[D]. 重庆：重庆大学，2019.

[204] Hald J. Cross-spectral matrix diagonal reconstruction[C]//Inter-noise and Noise-con Congress and Conference Proceedings, Hamburg, 2016.

[205] Grant M, Boyd S. CVX: MATLAB software for disciplined convex programming[EB/OL]. http://cvxr.com/cvx, 2020.

[206] Alhasson H F, Willcocks C G, Alharbi S S, et al. The relationship between curvilinear structure enhancement and ridge detection methods[J]. Visual Computer, 2020:37(8): 2263-2283.

[207] Staal J, Abramoff M D, Niemeijer M, et al. Ridge-based vessel segmentation in color images of the retina[J]. IEEE Transactions on Medical Imaging, 2004, 23(4): 501-509.

[208] Wu C, Kang Derwent J J, STANCHEV P. Retinal vessel radius estimation and a vessel center line segmentation method based on ridge descriptors[J]. Journal of Signal Processing Systems, 2009, 55(1-3): 91-102.

[209] Boyd S, Vandenberghe L. Convex Optimization[M]. UK: Cambridge University Press, 2004.

[210] Chandrasekaran V, Recht B, Parrilo P A, et al. The convex geometry of linear inverse problems[J]. Foundations of Computational Mathematics, 2012, 12(6): 805-849.

[211] Dumitrescu B. Positive Trigonometric Polynomials and Signal Processing Applications[M]. Dordrecht: Springer, 2007.

[212] Yang Z, Xie L. Exact joint sparse frequency recovery via optimization methods[J]. IEEE Transactions on Signal Processing, 2016, 64(19): 5145-5157.

[213] Li Y, Chi Y. Off-the-grid line spectrum denoising and estimation with multiple measurement vectors[J]. IEEE Transactions on Signal Processing, 2016, 64(5): 1257-1269.

[214] Hjorungnes, A. Complex-valued Matrix Derivatives[M]. New York: Cambridge University Press, 2011.

[215] Hunter D R, Lange K. A tutorial on MM algorithms[J]. American Statistician, 2004, 58(1): 30-37.

[216] Sun Y, Babu P, Palomar D P. Majorization-Minimization algorithms in signal processing, communications, and machine learning[J]. IEEE Transactions on Signal Processing, 2017, 65(3): 794-816.

[217] Moler C B, Stewart G W. An algorithm for generalized matrix eigenvalue problems[J]. SIAM Journal on Numerical Analysis, 1973, 10(2): 241-256.

[218] 吴崇试. 数学物理方法[M]. 北京：北京大学出版社，1999.